L'ÂNE D'OR

Collection

fondée par Alain Segonds

et dirigée par Vincent Bontems

L'UNIVERS INFINI DANS LE MONDE DES LUMIÈRES

Jean Seidengart

L'UNIVERS INFINI DANS LE MONDE DES LUMIÈRES

PARIS

LES BELLES LETTRES

2020

Publié avec le concours de l'Université Paris Nanterre

www.lesbelleslettres.com
Retrouvez Les Belles Lettres sur Facebook et Twitter.

ISBN : 978-2-251-45058-2

Introduction

« Celui qui dans une belle nuit regarde le Ciel, ne peut sans admiration contempler ce magnifique spectacle. Mais si ses yeux sont éblouis par mille étoiles qu'il aperçoit, son esprit doit être plus étonné, lorsqu'il saura que toutes ces étoiles sont autant de Soleils semblables au nôtre ; [...] lorsque l'astronomie lui apprendra que ces Soleils [...] quant à leur nombre, que notre vue paraît réduire à environ deux mille, on le trouve toujours d'autant plus grand, qu'on se sert de plus longs télescopes : toujours de nouvelles étoiles au-delà de celles qu'on apercevait ; point de fin, point de borne dans les cieux. »

MAUPERTUIS, *Essai de cosmologie*, 1751,
p. 175-177.

LES CONTROVERSES AUTOUR DE L'IDÉE D'INFINI
AU SIÈCLE DES LUMIÈRES

À l'âge classique, la révolution astronomique avait remis en chantier le concept d'infini que la tradition religieuse réservait auparavant à Dieu seul. Du coup, l'attribut « *infini* » ne pouvait plus s'appliquer de manière univoque à Dieu et à l'univers. Il fallait donc innover et déterminer aussi précisément que possible les sens respectifs que prend ce terme dans ces deux domaines distincts. En outre, les controverses entre philosophes empiristes et rationalistes à propos de l'origine de nos connaissances et des bornes de l'entendement humain produisirent des réponses diamétralement opposées tout particulièrement au sujet de l'idée d'infini. Bien qu'ils aient admis de part et d'autre, d'un commun accord, que l'on ne saurait passer du fini à l'infini par une série d'intermédiaires, ils demeuraient en total désaccord lorsqu'il s'est agi de décider ce qui est le véritable *positif*. Pour les empiristes, nous n'avons affaire qu'à du *fini*, car c'est seulement ce que peuvent nous procurer les données observationnelles de l'expérience sensible ou les mesures physiques. Seul le *fini* est positif, en tant qu'il nous est donné, tandis que l'idée d'*infini* est négative comme la forme linguistique de ce terme semble l'indiquer. D'où cette critique de John Locke à l'égard des rationalistes :

> « Ceux qui prétendent prouver que leur idée de l'infini est positive, se servent pour cela d'un argument qui me paraît bien frivole.

Ils tirent cet argument de la négation d'une fin, qui est, disent-ils, quelque chose de négatif, mais dont la négation est positive[1]. »

Pour les rationalistes, au contraire, c'est le *fini* qui est négatif, puisqu'il n'est que la *négation de l'infini*. D'ailleurs, le fini présuppose toujours quelque chose d'autre que lui-même et ainsi, à la réflexion, on doit reconnaître que le fini est plus incompréhensible que l'infini. Évidemment, pour un rationaliste comme Leibniz, qui entendait répondre aux analyses empiristes de Locke, « l'origine de la notion de l'infini vient de la même source que celle des vérités nécessaires[2] ». Autrement dit, l'idée d'infini vient de la seule raison et elle est entièrement *a priori*. Si tel est bien le cas, comment se fait-il que Locke ne s'en soit pas aperçu ? D'un autre côté, comment comprendre que, nous qui sommes finis, nous puissions posséder l'idée d'infini en nous, alors qu'il est communément admis que l'entendement humain a des bornes[3] ? Rationalistes et empiristes sont demeurés irréconciliables sur le plan de la théorie de la connaissance, tout comme l'était l'enquête lockienne sur la généalogie de nos idées avec l'entreprise fondationnelle de Leibniz ou l'analytique transcendantale de Kant.

En outre, s'il est vrai que l'on ne peut s'élever progressivement du fini à l'infini, en revanche les rationalistes entendaient démontrer qu'il est possible de passer directement de l'infini au fini. Du reste, selon eux, le fini présuppose l'*infini*, comme sa condition d'intelligibilité, car l'infini ne se trouve pas au terme d'une progression croissante illimitée dont il serait prétendument censé constituer la limite ou la clôture. C'est là une idée fausse de l'infini. Pour les rationalistes, l'infini n'est nullement une idée négative, mais elle est bien au contraire

1. Locke, *Essai sur l'entendement humain*, 1690, II, ch. XVII, § 14, trad. fr. Pierre Coste ; rééd. Paris, Hamou, 2009, p. 368.
2. Leibniz, *Nouveaux Essais sur l'entendement humain*, II, chap. XVII, § 16, GP, V, 145 ; rééd. Paris, GF, 1966, p. 134.
3. Cf. l'excellent article de G. Tonelli, « Les bornes de l'entendement humain au xviiie siècle et le problème de l'Infini », in *Revue de métaphysique et de morale*, Paris, Colin, n° 4, 1959, p. 396-427.

positive et pleinement affirmative en tant qu'elle est nécessairement requise pour concevoir tout ce qui est *fini*, dans la mesure où « toute détermination est négation[4] ». C'est donc en niant ou morcelant l'infini, en quelque sorte, que l'on parvient à former la notion du fini.

Encore fallait-il ne pas confondre l'infini avec l'*indéfini*. Certes, l'*indéfini* tel qu'il se présentait à l'époque classique, comme dans la suite des nombres entiers naturels, comportait une inépuisable multitude ordonnée de termes finis sans aucun principe de limitation, ce qui permet de le rapprocher de l'infini en tant qu'illimité. Cependant, pour accéder au statut d'*infini*, il manquait à l'*indéfini* de constituer une véritable *totalité*, une plénitude d'être. De son côté, le *fini* pouvait fort bien désigner une totalité close, mais nécessairement limitée. Donc, l'*infini*, pour le distinguer d'avec l'indéfini, doit être à la fois illimité et constituer pourtant un tout, une totalité d'appartenance. C'est du moins ce qui était requis à l'époque classique pour former l'idée d'univers infini.

N'oublions pas que ces controverses philosophiques étaient contemporaines de profondes transformations dues à l'avancée de la connaissance scientifique qu'il convient de prendre en compte pour en comprendre les enjeux. En effet, l'essor du calcul infinitésimal ainsi que l'édification de la mécanique newtonienne furent des avancées décisives qui remanièrent radicalement la signification complexe du concept d'infini. Certes, nous avons montré ailleurs[5] qu'il existait bien déjà dès la Renaissance une discontinuité interne propre au concept d'infini suivant ses divers champs d'application, car il ne revêtait pas la même signification en métaphysique, en mathématiques, ou en cosmologie. Or, comme ces deux derniers domaines ont subi de profondes transformations au cours des trois dernières décennies du XVIIe siècle, l'ensemble de leurs relations s'en est trouvé affecté.

---

4. Cf. Spinoza, lettre 50, du 2 juin 1674, à Jarig Jelles, éd. Pléiade, p. 1230-1231 : « *Omnis determinatio negatio est.* »
5. Cf. J. Seidengart : *Dieu, l'Univers et la Sphère infinie*, Paris, Albin Michel, 2006, p. 23-57.

Tandis que les Anciens avaient dû ruser en mathématiques pour parvenir à contourner les problèmes que pose l'infini, afin de sauvegarder la logique traditionnelle, il devint nécessaire d'élaborer de nouvelles règles pour penser l'infini sans contradiction ou sans apories et lui ménager ainsi une place dans l'ontologie du XVIIe siècle. Pour cela, il convenait de prendre des précautions particulières pour éviter de se heurter aux paradoxes traditionnels de l'infini en mathématiques. C'est ainsi, par exemple, que Galilée démontra de son côté que les prédicats d'égal, inégal, plus grand, plus petit, ne peuvent s'appliquer de façon pertinente qu'au *fini*, mais nullement à l'*infini*[6], sinon on se heurterait au fameux paradoxe en vertu duquel il y a autant de nombres pairs que de nombres impairs, aussi bien que de nombres entiers et de carrés[7]. Ce paradoxe développé par Galilée sera l'un des points de départ des travaux de Bolzano et de Cantor sur la théorie des ensembles infinis au XIXe siècle. De même, lorsque Leibniz admit son algorithme infinitésimal, il osa franchir le Rubicon ontologique qui était pourtant censé séparer absolument (selon les Anciens) l'*être* du *non-être*. En effet, il proposa un troisième terme entre l'être et le non-être, à savoir : le « *presque rien* » qu'est la grandeur infinitésimale, en tant que grandeur évanouissante. Comme dit Leibniz :

6. Galilée, grâce à ces précautions, peut ainsi éviter les paradoxes traditionnels de l'infini les plus connus. Il écrit justement dans ses *Discorsi e dimostrazioni matematiche intorno a due scienze attenenti alla mecanica*, Leyde, 1638, *Opere*, Ed. Nat., VIII, p. 77 ; trad. fr. P. H. Michel in *Galilée : dialogues et lettres choisies*, Paris, Hermann, 1966, p. 256 : « J'estime que ces attributs de supériorité, d'infériorité et d'égalité ne conviennent pas aux infinis, dont on ne peut dire que l'un est plus petit, plus grand ou égal par rapport à l'autre. » En outre, cela lui permettait de sauvegarder le huitième axiome des *Éléments* d'Euclide selon lequel « le tout est *plus grand* que la partie », en précisant qu'il ne doit pas s'appliquer à l'infini numérique ni géométrique.

7. Cf. GALILÉE, *Discorsi e dimostrazioni matematiche intorno a due scienze attenenti alla mecanica*, Leyde, 1638, *Opere*, Ed. Nat., VIII, p. 77-78 ; trad. fr. P. H. Michel in *Galilée : dialogues et lettres choisies*, Paris, Hermann, 1966, p. 257 : « Je ne vois pas d'autre parti que d'admettre qu'infinis sont les nombres, infinis les carrés, infinies leurs racines, que la multitude des carrés n'est pas inférieure à celle de tous les nombres, ni celle-ci supérieure à celle-là, et, en dernière conclusion, que l'égal, le plus et le moins sont des attributs qui ne conviennent pas aux infinis, mais seulement aux quantités limitées. »

« On entend par l'infiniment petit, l'état de l'évanouissement ou de commencement d'une grandeur, conçus à l'imitation des grandeurs déjà formées[8]. »

Tout se passe comme si l'être des grandeurs infinitésimales se réduisait en définitive à une sorte de *devenir réglé* par les lois du calcul. La logique de l'infini restait certes à constituer, mais l'existence de l'infini était indispensable à la philosophie et à la science classiques, c'est-à-dire aussi bien en métaphysique qu'en mathématiques et en physique, du moins dans la mesure où cette dernière a trouvé dans le calcul infinitésimal l'instrument indispensable pour formuler la plupart de ses lois[9].

Est-ce à dire que la réalité physique était elle-même conçue comme relevant de l'infini, ou bien est-ce que le recours à l'infini n'était qu'un artifice mathématique permettant simplement de faciliter les calculs ? C'est cette seconde branche de l'alternative qui caractérise en tout cas la position adoptée par D'Alembert, comme il le précisait dans l'*Encyclopédie* :

« Le calcul différentiel ne suppose point nécessairement l'existence de ces quantités ; que ce calcul ne consiste qu'à *déterminer algébriquement la limite d'un rapport de laquelle on a déjà l'expression en lignes, & à égaler ces deux limites, ce qui fait trouver une des lignes que l'on recherche*[10]. »

Cette définition purement opératoire permettait à D'Alembert d'éviter les attaques que Leibniz avait dû essuyer à cause de sa notion un peu vague d'*incomparable*. Aussi, préférait-il souligner qu'il s'agit simplement de déterminer les limites d'un rapport entre les différences (qui peuvent être finies) de deux variables.

---

8. Leibniz, *Essais de Théodicée*, 1710, *Discours*, art. 70, GP, VI, 90 ; Paris, éd. GF, 1969, p. 91-92.

9. Newton, il est vrai, s'efforça de présenter sa mécanique en recourant seulement à la théorie des proportions et il n'a réservé à l'emploi du calcul des fluxions que quelques rares pages du livre II de ses *Principia*.

10. D'Alembert, *Encyclopédie*, art. « *Différentiel* ». Pancoucke, t. 1, p. 522. C'est D'Alembert qui souligne.

C'est pourquoi il insistait sur le fonctionnement du calcul infinitésimal et n'hésitait pas à affirmer que les infiniment petits n'existent point :

> « Nous avons assez expliqué, au mot Différentiel, ce que c'est que ces prétendues quantités, & nous avons prouvé qu'elles n'existent réellement ni dans la nature, ni dans les suppositions des géomètres[11]. »

Cependant, sur le plan physico-mathématique, il était tout à fait compréhensible que l'on puisse admettre qu'il y ait de l'infini dans le fini, à condition d'entendre par là une infinité de grandeurs infinitésimales. Par ailleurs, en cosmologie la question se posait alors de savoir si l'immensité de l'univers est finie ou infinie. Dans ce dernier cas, serait-ce à dire que l'espace cosmique illimité comporte une pluralité infinie de mondes ou bien qu'il n'en contient qu'une quantité limitée, ce qui ménageait *ipso facto* une place immense au vide ou bien à l'éther ? Enfin, sur le plan de la durée, l'univers existe-t-il dans un temps illimité *a parte ante* (depuis toujours) ou *a parte post* (pour toujours), comme Aristote le pensait déjà, bien avant Newton, mais pour de tout autres raisons ? Cette question ne pouvait être posée sans venir heurter le dogme biblique de la création qui impliquait, non seulement un commencement absolu de l'univers *dans* le temps, mais aussi un commencement *du* temps.

Il est vrai que ces interrogations incontournables se posaient sur un plan purement spéculatif, car même s'il était possible de s'appuyer, d'une part sur les « faits observés » et, d'autre part, sur les « lois générales de la Nature qui en forment le lien », cela ne permettait pas de résoudre la question de l'infinité cosmique. On ne pouvait s'en tenir qu'à des conjectures : c'est pourquoi cette question devait relever, selon l'heureuse expression de D'Alembert, de « l'art du philosophe[12] ». Quelles furent donc

---

11. D'ALEMBERT, *Encyclopédie*, art. « *Infini* ». Pancoucke, t. 2, p. 208.

12. D'ALEMBERT, *Encyclopédie*, art. « *Cosmologie* ». Pancoucke, t. 1, p. 428 : « L'art du Philosophe consiste à ajouter de nouveaux chaînons aux parties séparées, afin de les rendre le moins distantes qu'il est possible [...]. Pour former les chaînons dont nous parlons, il faut avoir égard à deux choses ; aux faits

ces conjectures à même de combiner les « faits » observés avec celles des lois générales de la nature connues à cette époque ? Quelles pouvaient être les raisons d'affirmer l'infinité de l'univers ou bien d'en contester l'existence ? Quelle était la signification de l'idée d'infini dans cette controverse et quelles relations pouvait-elle entretenir avec les autres formes d'infinité ? Il ne faut jamais perdre de vue que la cosmologie, qui disposait enfin d'une véritable théorie physique (au sens strict) avec la mécanique newtonienne et de données observationnelles très supérieures à celles du temps de Galilée ou de Kepler, avait encore partie liée avec la théologie rationnelle, c'est-à-dire avec la métaphysique. C'est ce que faisait remarquer ce même D'Alembert :

> « L'utilité principale que nous devons retirer de la *Cosmologie*, c'est de nous élever par les lois générales de la Nature, à la connaissance de son auteur, dont la grande sagesse a établi ces lois, nous en a laissé voir ce qu'il nous était nécessaire d'en connaître, pour notre utilité ou pour notre amusement, & nous a caché le reste pour nous apprendre à douter. Ainsi, la *Cosmologie* est la science du Monde ou de l'Univers considéré en général, en tant qu'il est un être composé, & pourtant simple par l'union & l'harmonie de ses parties ; un tout, qui est gouverné par une intelligence suprême[13]. »

Au XVIIIe siècle, régnait en Angleterre et en Allemagne, bien davantage encore qu'en France, un engouement pour la physico-théologie, qui s'était installée progressivement en Europe à la suite de la pénétration du newtonianisme. En effet, de l'aveu de Newton l'univers abandonné à lui-même menaçait de s'effondrer sous l'action de la seule attraction universelle, par suite du dépérissement des impulsions dont les corps célestes disposaient lorsqu'ils accomplissaient leurs mouvements orbitaux. Donc, même si les lois du monde matériel relevaient essentiellement de la *mécanique*, l'ordre global de l'Univers devait dépendre d'une cause qui n'est pas en elle-même mécanique. D'ailleurs, Newton considérait

---

observés qui forment la matière des chaînons, & aux lois générales de la Nature qui en forment le lien. »
13. D'ALEMBERT, *Encyclopédie*, art. « *Cosmologie* ». Pancoucke, t. 1, p. 428.

expressément que la tâche de la « philosophie naturelle » (c'est-à-dire de la physique) est de « raisonner à partir des phénomènes sans feindre d'Hypothèses, et de déduire les Causes des Effets, jusqu'à ce que nous parvenions à la Cause première, qui certainement n'est pas mécanique[14] ». Ce qui montre bien qu'au siècle de Newton, il n'y avait pas encore de séparation totale et bien nette entre science et théologie dans les questions vives relevant de la physique et de la cosmologie.

14. Newton, *Opticks*, 1717^2 ; trad. fr. Coste, 1720, rééd. Gauthier-Villars, 1955, Question xxviii, t. II, p. 524.

Chapitre I

Infinitisme et téléologie
dans les cosmologies newtoniennes

> « Dans cette vaste mer de feux étincelants…
> Newton plonge ; il poursuit, il atteint ces grands corps
> Qui jusqu'à lui, sans lois, sans règles, sans accords,
> Roulaient désordonnés sous les voûtes profondes.
> De ces brillants chaos Newton a fait des Mondes.
> Atlas de tous ces cieux qui reposent sur lui
> Il fait l'un de l'autre et la règle et l'appui,
> Il fixe leurs grandeurs, leurs masses, leurs distances… »

Jacques DELILLE,
Les Trois Règnes de la Nature, 1809.

L'INFINITÉ DE L'ESPACE ET DU TEMPS ABSOLUS
DANS LA SCIENCE NEWTONIENNE

On ne saurait entrer dans la conception newtonienne de l'infinité cosmique sans rappeler qu'après la publication de ses *Principia mathematica philosophiae naturalis* en 1687, le grand physicien anglais ne s'est guère exprimé sur cette question. Toutefois, Newton y revint en 1692, lorsqu'il fut pressé par son correspondant Bentley de se prononcer sur les rapports entre Dieu et le Monde, afin d'élucider certaines difficultés d'ordre physico-théologique. Or, si l'on examine l'ensemble des considérations cosmologiques de Newton, on voit manifestement qu'elles s'inscrivent dans une tradition plus ancienne où figurent au premier plan les travaux des « platoniciens », ou plutôt des « néoplatoniciens », de Cambridge tels que Henry More et Ralph Cudworth, mais aussi ceux de Descartes, Boyle, Barrow, et même de Gassendi.

Vers le milieu du xviie siècle, la philosophie mécaniste était bien implantée en Angleterre et bien représentée par un penseur éminent comme Hobbes qui s'inspirait largement des travaux de Galilée et même de Descartes. Toutefois, les progrès spectaculaires de la philosophie mécaniste s'accompagnaient chez Hobbes d'un matérialisme et d'un empirisme qui ne faisaient nullement l'objet d'un consensus unanime au sein de la communauté philosophique anglaise. D'où des tensions internes violentes, mais fécondes, qui opposèrent les matérialistes et les antimatérialistes. C'est précisément au beau milieu de ces querelles que se forma la pensée du jeune Newton. Certes, on ne saurait s'autoriser de ce climat intellectuel pour prétendre « expliquer » la genèse de ses idées cosmologiques, ce serait les réduire grossièrement et manquer toute la cohérence interne d'une des pensées les plus puissantes de l'âge classique. Cependant, la cosmologie newtonienne ne fut pas créée *ex nihilo*, car elle hérita du questionnement cosmologique tel que lui avait légué la philosophie naturelle des grands cartésiens, des mécanistes matérialistes ou antimatérialistes, et des métaphysiciens néoplatoniciens de Cambridge. D'ailleurs, Newton montre dans ses écrits de jeunesse, comme dans sa correspondance, qu'il connaissait parfaitement les controverses cosmologiques de son temps. Commençons donc par examiner sa conception de l'espace et du temps puisque ceux-ci constituent un cadre formel absolu à l'intérieur duquel vient prendre place, en quelque sorte, son système du Monde.

a) Le système du Monde newtonien nécessite un réceptacle spatio-temporel illimité

Newton avait une conception infinitiste de l'espace et du temps cosmiques : pour lui, en effet, l'espace est une entité *infinie* existant *en acte* et la durée *illimitée* n'a ni commencement ni fin, aussi bien *a parte ante* qu'*a parte post*. Or, il se trouve que Newton était resté extrêmement discret sur ce point dans ses *Principia mathematica philosophiae naturalis*, car il était hors de question de donner dans cet ouvrage scientifique un fondement étranger aux principaux concepts constitutifs de la science mathématisée du mouvement des corps. Il n'est donc pas surprenant de ne trouver qu'une vague allusion à l'infinité de l'espace dans le *magnum opus* de 1687 où Newton déclarait, en passant, à propos de l'immobilité de l'espace absolu :

> « J'ai rapporté ci-dessus les mouvements absolus à un lieu immobile, & les mouvements relatifs à un lieu mobile. Il n'y a de lieux immobiles que ceux qui conservent à l'infini dans tous les sens leurs situations respectives ; & ce sont ces lieux qui constituent l'espace que j'appelle *immobile*[1]. »

---

1. NEWTON, *Principia mathematica philosophiae naturalis*, Livre I, Scolie précédant les *Axiomes ou lois du mouvement*, trad. fr. par Mme du Châtelet, Paris, 1759, rééd. Blanchard, 1966, t. 1, p. 12. C'est nous qui soulignons.

Or, que Newton ait eu besoin d'un cadre spatio-temporel illimité pour construire sa théorie physique, et notamment le principe d'inertie, c'est un fait certain, comme l'ont montré clairement Cassirer[2] et, à sa suite, Koyré[3]. Mais on peut se demander quelles furent les démarches intellectuelles suivies par Newton pour fonder philosophiquement l'existence de ce cadre spatio-temporel, et pour en fixer le statut ontologique avec toutes ses propriétés. Par bonheur, il existe un texte assez explicite sur toutes ces questions que Newton rédigea durant sa jeunesse[4], entre 1662 et 1665, mais qu'il ne publia pas, c'est le *De gravitatione et aequipondio fluidorum et solidorum in fluidis*, si du moins ce texte est bien de Newton[5].

Dans cet ouvrage, Newton utilise aussi bien le vocabulaire philosophique traditionnel de la scolastique que celui du néoplatonisme transmis par les philosophes de l'école de Cambridge et revu par son professeur de mathématiques Isaac Barrow. Surtout,

---

2. Ernst CASSIRER, *Das Erkenntnisproblem in der Philosophie und Wissenschaft*, Berlin, Bruno Cassirer, 1911[2], t. I, p. 397 ; trad. fr. Fréreux, Paris, Cerf, 2004, p. 296 : « Le premier pas dans cette voie (le développement est ici analogue à celui du concept de matière) consiste à définir pour le concept de mouvement un état quantitatif fondamental qui soit constant < *gleichbleibenden* >. La découverte de la *loi d'inertie* < *Beharrungsgesetzes* > est donc très évidemment en relation intrinsèque avec le point de départ et l'idée fondamentale de la recherche de Galilée. »

3. Cf. KOYRÉ, *Les Études galiléennes*, Paris, Hermann, 1966, p. 15 : « L'attitude intellectuelle de la science classique pourrait être caractérisée par ces deux moments, étroitement liés d'ailleurs : géométrisation de l'espace, et dissolution du Cosmos, c'est-à-dire disparition, à l'intérieur du raisonnement scientifique, de toute considération à partir du Cosmos ; substitution à l'espace concret de la physique prégaliléenne de l'espace abstrait de la géométrie euclidienne. C'est cette substitution qui permet l'invention de la loi d'inertie. »

4. Cf. NEWTON, *De gravitatione*, trad. fr. M.-F. Biarnais, Paris, Les Belles Lettres, 1985, Introduction, p. 13.

5. La plupart des spécialistes s'accordent pour reconnaître que Newton est bien l'auteur du *De gravitatione*. Toutefois, certains voient dans ce manuscrit un écrit de jeunesse remontant à la période de 1662-1665 (Mme Biarnais), alors que d'autres (comme Mrs. Betty Jo Teeter Dobbs) considèrent qu'il a été rédigé vers 1684-1685, c'est-à-dire durant la période de maturité. Ce qui fait problème, c'est que l'auteur du *De gravitatione* n'a porté aucune date sur son texte qui reste inachevé et n'a pas été édité avant la seconde moitié du xxe siècle. Pour notre part, ce texte contient vraiment les remarques de Newton sur la physique de Descartes telle qu'elle figurait dans les *Principia philosophiae* de 1644.

c'est dans le *De gravitatione* que Newton consomme sa rupture totale avec la philosophie de Descartes en réfutant les points fondamentaux des livres II et III des *Principes de la philosophie*. Dans son entreprise à la fois destructrice et constructive, il était inévitable que Newton fasse appel à des philosophèmes développés par des adversaires de Descartes tels que Gassendi et Henry More, mais aussi par d'autres auteurs comme Galilée et Walter Charleton[6], bien qu'aucun de ceux-ci ne soit jamais expressément cité dans le texte que nous allons analyser. Dans son *De gravitatione*, Newton se propose de présenter *more geometrico* des définitions, axiomes, propositions, corollaires et scolies destinés à constituer la science de la gravitation ainsi que de l'hydrostatique. Or, force est de reconnaître avec Mme Biarnais que :

> « Si Newton ressent bien les insuffisances de la physique de son époque, il est encore tout à fait incapable de produire lui-même à son tour les critères d'une physique consistante. [...] Mais le *De gravitatione* doit être considéré désormais comme le point de départ d'une nouvelle conception mécanique, celle-là même dont est issue la mécanique classique, encore en usage à ce jour[7]. »

C'est pourquoi nous ne nous attarderons ni sur les définitions ni sur les axiomes, mais plutôt sur les longues notes[8] que Newton a jugé indispensable d'insérer pour réfuter la philosophie naturelle de Descartes (qu'il prend soin de résumer auparavant) et pour définir sa propre conception de l'espace et de la nature corporelle. Certes, Newton considère dans son *De gravitatione*[9]

---

6. Il s'agit de Walter CHARLETON, l'auteur de la célèbre *Physiologia Epicuro-Gassendo-Charltoniana*, Londres, 1654. D'après Richard S. Westfall, Newton aurait eu une bonne connaissance de cet ouvrage dès l'époque où il rédigeait ses *Quaestiones quaedam philosophiae*, c'est-à-dire vers 1661. Cf. à ce sujet : WESTFALL, *Force in Newton's Physics. The Science of Dynamics in the Seventeenth Century*, Londres, Mac Donald, 1971, p. 326-327.

7. NEWTON, *De gravitatione*, trad. fr. M.-F. Biarnais, Paris, Les Belles Lettres, 1985, Introduction, p. 12-13.

8. NEWTON, *Ibid.*, p. 18-66.

9. NEWTON, *Ibid.*, p. 18 : « Les noms de quantité, de durée et d'espace sont trop connus pour pouvoir être définis par d'autres mots. »

(tout comme dans ses *Principia*[10]) que les notions de durée et d'espace sont tellement bien connues de tout le monde qu'il est inutile de les définir, sous peine de les obscurcir. Pourtant, cette prétendue connaissance commune a pris des tournures très diverses, comme ce fut le cas de Descartes qui réduisait le corps à l'étendue ; Newton, en revanche, introduit une radicale distinction entre l'espace et les corps :

> « Comme en ces Définitions, je suppose que l'espace < *spatium* > est donné comme une chose distincte du corps < *a corpore* > et comme je détermine le mouvement par rapport aux parties de cet espace et non pas par rapport à la position des corps voisins, je m'efforcerai de supprimer les fictions < *Figmenta* > de Descartes[11]. »

Dans son résumé de la doctrine cartésienne, Newton ne manque pas de montrer avec une certaine insistance que celle-ci ne peut échapper, malgré tous ses efforts, à la relativité du mouvement, et vient ainsi compromettre gravement la vérité du système copernicien :

> « Non seulement les absurdes conséquences de cette doctrine nous convainquent de sa confusion et de son désaccord avec la raison, mais en outre Descartes semble le reconnaître, en se contre-disant lui-même. Il dit en effet que la Terre et les autres Planètes ne se meuvent pas à proprement parler et au sens philosophique et que celui qui dit de la Terre qu'elle se meut à cause de sa transla-tion par rapport aux fixes (Articles 26, 27, 28, 29 – Partie III), parle sans bon sens et de manière vulgaire. Mais, cependant, par la suite, il attribue à la Terre et aux Planètes un effort pour s'éloigner du Soleil comme centre autour duquel elles se meuvent, effort par lequel elles sont placées en équilibre à leurs distances respectives du Soleil, au moyen d'un effort semblable du tourbillon en révolution (Article 140 – Partie III). Qu'en est-il donc[12] ? »

---

10. NEWTON, *Principia mathematica philosophiae naturalis*, Livre I, trad. fr. par Mme du Châtelet, Paris, 1759, rééd. Blanchard, 1966, t. I, Scolie, p. 7 : « Quant aux termes de *temps*, d'*espace*, de *lieu* & de *mouvement*, ils sont connus de tout le monde. »

11. NEWTON, *De gravitatione*, trad. fr. M.-F. Biarnais, Paris, Les Belles Lettres, 1985, p. 20-21.

12. NEWTON, *Ibid.*, p. 22-23.

Il ne suffit pas de sauver la vérité du copernicianisme en introduisant les concepts d'espace, de temps et de mouvement absolu (de manière à y faire intervenir des considérations dynamiques mettant fin à toute équivoque possible sur le vrai système du Monde[13]), encore faut-il « donner aux sciences mécaniques des fondements plus vrais [que ceux de Descartes][14] ».

Avant de procéder à l'analyse des propriétés de l'espace, Newton précise que l'étendue < *extensio* > possède un statut tout à fait particulier qui l'exclut des distinctions ontologiques traditionnelles, car elle n'est ni une substance ni un accident, ni un rien pur et simple. Sur ce point, il est indéniable que Newton suit de très près la pensée de Gassendi (telle qu'elle figure chez Walter Charleton et très partiellement chez Isaac Barrow[15]), du moins tant qu'il s'agit de montrer ce que l'étendue n'est pas. En

---

13. Newton s'indignait dans son *De gravitatione* que Descartes ait pu renvoyer dos à dos les systèmes de Ptolémée et de Copernic : « Comme si c'était la même chose que de produire la conversion des cieux de l'Orient à l'Occident avec une force formidable ou de faire tourner la Terre en sens contraire avec une petite force », in *Ibid.*, p. 28-29. Newton a recours à la notion de *force* que Descartes avait essayé d'éliminer, autant que possible, de sa physique.

14. NEWTON, *Ibid.*, p. 34.

15. Dans le commentaire que Mme M.-F. Biarnais publie à la suite de sa traduction du *De gravitatione*, elle cite un extrait des *Lectiones mathematicae*, Londres, 1685 (*Lectio X*) de Barrow, le professeur de Newton, où l'on trouvait déjà clairement exprimée une partie de l'argumentation newtonienne : « Ceux qui défendent la cause de l'espace n'élèvent pas celui-ci à la dignité de substance. Mais, l'espace n'est pas non plus un accident, puisqu'il est extérieur à toute substance, qu'il ne se meut pas avec elle et qu'il demeure en son absence ; et il ne dépend d'aucune autre chose » (in *Ibid.*, p. 110). Toutefois, il faut souligner que Barrow concevait l'espace d'une façon très différente de celle que son génial élève développa ultérieurement. En effet, pour Barrow, l'espace n'est pas une entité éternelle, infinie, tridimensionnelle, indépendante de Dieu, mais une pure potentialité, non dimensionnée en elle-même et qui n'a aucune existence en acte ; l'espace n'est qu'une simple capacité potentielle d'accueillir des grandeurs. N'étant ni une substance ni un accident, l'espace « connote une pure possibilité < *Nec alia praeter substantiam et accidens entia nova refert in censum* [...] *sed utriusque modum duntaxat aliquem, et possibilitatem connotat* > (*Lectio X*, 150 *sq.*) ». Comme on peut le constater ici, Newton ne doit rien à son maître à propos de la doctrine de l'espace puisqu'il en fait, au contraire, une entité tridimensionnelle, infinie, existant en acte.

revanche, lorsque Newton entend préciser ce qu'est la nature de l'espace, il se range plutôt au côté du philosophe de Cambridge Henry More puisqu'il fait intervenir une sorte de *causalité émanative*[16] étrangère à la pensée de Gassendi :

> « Peut-être s'attend-on maintenant à ce que je définisse l'étendue comme substance, accident ou rien du tout. Mais, assurément, elle n'est ni l'un ni l'autre car l'étendue a un certain mode d'exister qui lui est propre et qui n'appartient ni aux substances ni aux accidents. Elle n'est pas substance d'une part puisqu'elle ne demeure absolument pas par elle-même mais comme un effet émanant de Dieu ou une certaine affection de tout être ; d'autre part, puisqu'elle n'est pas le substrat des affections propres du genre de celles qui désignent une substance, à savoir les actions, telles que les pensées dans le cas de l'esprit et le mouvement dans le cas du corps[17]. »

Pour démontrer que l'étendue n'est pas non plus réductible au statut d'accident, Newton fait appel à l'expérience de pensée qu'avait déjà utilisée Gassendi[18] pour démontrer le caractère indépendant et immatériel de l'espace. En effet, Newton veut montrer que si Dieu annihilait le corps, la nature de l'espace n'en serait nullement affectée ou modifiée :

> « En outre, comme nous pouvons clairement concevoir l'étendue comme existant sans sujet, comme lorsqu'on imagine des espaces hors du monde ou des lieux vides de corps ; que nous croyons que l'étendue existe partout où nous n'imaginons pas de corps et que nous ne pouvons croire qu'elle doive périr avec le corps si Dieu annihile ce corps : il suit que l'étendue n'existe pas sous le mode d'un accident, c'est-à-dire en étant inhérente à un sujet. Ce n'est donc pas un accident. Moins encore dira-t-on de l'étendue qu'elle est le néant puisqu'elle est quelque chose de plus qu'un accident et qu'elle approche plus que lui de la nature de la substance. [...]

---

16. Mme Biarnais cite dans son édition du *De gravitatione*, p. 126, un passage du livre de Henry More intitulé *The Immortality of the Soul*, où l'auteur utilise couramment le concept d'« effet émanant », ce qui montre encore une fois que Newton suit vraiment de près la métaphysique du néoplatonicien de Cambridge.

17. NEWTON, *Ibid.*, p. 34-36.

18. Cf. GASSENDI, *Syntagma philosophicum*, Physica, deuxième partie, Livre II, chap. I, in *Opera omnia*, Lyon, 1658, I, p. 182.

Reste seule l'étendue uniforme et illimitée de l'espace en longueur, largeur et profondeur[19]. »

Une fois admis l'existence et le statut ontologique irréductibles de l'espace, bien que Newton n'ait pas précisé pour autant si celui-ci provenait directement de Dieu ou bien s'il n'était qu'une détermination générale de tout être, il reste à en définir les propriétés essentielles. Newton envisage celles-ci en détail et méthodiquement selon l'ordre suivant : l'espace est *divisible, infini, immobile,* c'est un *effet émanant* de Dieu, *vide, éternel* et *immuable.*

Nous rapprochons la *divisibilité* et *l'infinité* de l'espace que Newton distingue pourtant bien nettement, tout simplement parce que la réflexion sur la divisibilité inaugure une analyse du concept philosophique de limite qui permet au jeune savant anglais de démontrer l'infinité de l'espace. L'espace est divisible à l'infini, mais les parties qui résultent de cette division ont comme « limites communes des surfaces ». Les surfaces sont limitées par des lignes qui le sont à leur tour par des points. Donc, les surfaces, lignes et points sont des limites, c'est-à-dire des frontières qui séparent des entités possédant respectivement une dimension de plus qu'elles :

> « Étant donné que j'ai dit que cette surface était la frontière < *terminum* > de deux espaces ou leur extrémité commune < *extremitatem communem* > : il en est ainsi des lignes et des points. En outre les espaces sont partout contigus à des espaces, l'étendue est partout juxtaposée à l'étendue et ainsi les parties qui se touchent ont partout des frontières communes < *termini communes* > ; c'est-à-dire qu'il y a partout des surfaces qui délimitent les solides de tous côtés, partout des lignes le long desquelles les parties de surfaces se touchent et partout des points où se joignent les parties continues des lignes[20]. »

À ce niveau, Newton n'a plus qu'à montrer que toute limite unit aussi ce qu'elle sépare et que ce qu'elle unit doit posséder les mêmes dimensions, pour établir l'infinité de l'espace. Nous

19. NEWTON, *Ibid.,* p. 36.
20. NEWTON, *Ibid.,* p. 36-38.

retrouvons là un argument épicurien[21] que Bruno avait repris, développé et amplifié à son tour, comme Patrizi. Chez Newton, il est énoncé avec une très grande concision :

> « L'espace s'étend à l'infini absolument de tous côtés. En effet, nous ne pouvons pas imaginer de limite quelque part sans penser en même temps qu'il y a au-delà un espace[22]. »

Immédiatement Newton tient à préciser que l'infinité spatiale existe *en acte*. Or, il est extrêmement frappant de constater que les arguments qu'il avance en faveur de l'infini actuel sont d'ordre géométrique. Traditionnellement, les mathématiciens se contentaient d'affirmer que l'étendue géométrique est aussi grande que l'on voudra, en lui attribuant finalement une infinité *potentielle*. On se souvient d'ailleurs que la seule objection (qui n'est pas tout à fait innocente) qu'Aristote avait opposée à l'infinité de la grandeur continue, c'est qu'elle dépasserait les limites du ciel, et, partant, de l'univers[23]. Curieusement,

---

21. Cet argument épicurien était ainsi formulé par Épicure dans sa *Lettre à Hérodote*, § 41 6-9, cf. éd. Arrighetti, Turin, Einaudi, 1973, p. 38-39 : « L'univers < τὸ > est infini < ἄπειρον >. En effet, ce qui est fini a une extrémité < ἄκρον > ; or celle-ci est considérée par rapport à quelque chose qui lui est extérieur, de sorte que s'il n'a pas d'extrémité < ἄκρον > il n'a pas de fin < πέρας > ; mais s'il n'a pas de fin il est infini et non pas fini. » On le retrouve chez Lucrèce un peu modifié, cf. *De natura rerum*, I, v. 958-964, trad. Ernout, Paris, Les Belles Lettres, rééd. 1966, t. 1, p. 36 : « L'univers existant n'est donc limité dans aucune de ses dimensions ; sinon il devrait avoir une extrémité. Or il est évident que rien ne peut avoir d'extrémité, s'il ne se trouve plus loin quelque chose qui le délimite, pour que nous apparaisse le point au-delà duquel notre regard cesse de le suivre. Et comme en dehors de l'ensemble des choses il faut bien avouer qu'il n'y a rien, cet univers n'a pas d'extrémité : il n'a donc ni limite ni mesure. »

22. NEWTON, *Ibid.*, p. 38-39 : « *Spatium in infinitum usque omnifariam extenditur. Non possumus enim ullibi limitem imaginari quin simul intelligamus quod ultra datur spatium.* »

23. ARISTOTE, *Physique*, III, 207 b 15-21, trad. Pellegrin, Paris, GF, 2002, p. 196 : « Le continu est divisé en infini et il n'y a pas d'infini dans le sens de l'augmentation. En effet, ce qui peut être en acte est la mesure de ce qui peut être en puissance ; ainsi, puisqu'il n'y a pas de grandeur sensible qui soit infinie, il ne peut y avoir de grandeur qui dépasse toute grandeur déterminée, car ce serait une chose plus grande que le ciel < εἴη γὰρ ἄν τι τοῦ οὐρανοῦ μεῖζον > ».

la démonstration newtonienne part apparemment de l'exemple du triangle à base fixe dont on éloigne le sommet à l'infini en faisant pivoter l'un de ses côtés dans le même plan à partir de sa base jusqu'à ce qu'il ne puisse plus couper l'autre côté puisqu'il est désormais parallèle à ce dernier. Cette démonstration reprend allusivement celle de la proposition 32 du livre I des *Éléments* d'Euclide[24], mais Newton en tire des conséquences tout à fait originales. En effet, il déclare :

« Il est manifeste que tous ces points de [concours] se trouvent sur la droite qui porte le côté fixe et qu'ils continuent à s'éloigner d'autant plus que le côté mobile tourne plus longtemps jusqu'au moment où l'un des côtés devient parallèle à l'autre et ne peut plus le rencontrer où que ce soit. Je demande maintenant à quelle distance est le dernier point où les côtés se sont rencontrés ? Cette distance est certainement plus grande que n'importe quelle distance assignable ou plutôt aucun de ces points n'est le dernier : par conséquent, la droite sur laquelle on trouvera tous ces points de concours est en acte plus que finie. Il n'y a pas lieu non plus de dire qu'elle est infinie seulement en imagination et non pas en acte < *non actu infinitam* > ; car si un triangle est tracé en acte, ses côtés sont toujours dirigés en acte vers un point commun où ils concourraient tous les deux s'ils étaient prolongés ; et, par conséquent, un tel point de concours des côtés prolongés sera toujours en acte, même si on suppose ce point au-delà des limites du monde sensible < *extra mundi corporei limites* > ; et ainsi, la ligne que tous ces points déterminent sera actuelle, même si elle va au-delà de toute distance[25]. »

24. La proposition 32 du livre I stipule en effet : « Dans tout triangle, un des côtés étant prolongé, l'angle extérieur est égal aux deux angles intérieurs et opposés, et les trois angles intérieurs du triangle sont égaux à deux droits » (in Euclide, *Les Éléments*, trad. Vitrac, Paris, PUF, 1990, t. 1, p. 255-257). Il est vrai, comme le rappelle Bernard Vitrac dans son commentaire, que cette proposition complète et détermine les propositions 16 et 17 (*Ibid.*, p. 256). Mais on peut remarquer que la proposition 16 avait pour contraposée la proposition 27 qui n'est elle-même qu'une réciproque du célèbre cinquième postulat dit postulat des parallèles où intervient, au moins implicitement, la notion d'infini potentiel. Toutefois, le commentaire de Proclus s'est efforcé de minorer autant que possible la signification du vocable « infini » < ἄπειρον > ou de l'expression « à l'infini » < εἰς ἄπειρον > pour éviter tout conflit possible de la géométrie euclidienne avec la cosmologie finitiste d'Aristote, car l'astronomie qui faisait appel à l'une comme à l'autre aurait été gravement en difficulté. Cf. la remarque de Vitrac sur ce point in *Ibid.*, p. 169, n. 7.

25. NEWTON, *Ibid.*, p. 40-41.

Si l'on devait résumer ce passage de façon saisissante, on pourrait dire que Newton pense avoir fourni un contre-exemple à la limitation aristotélicienne de la grandeur continue : le triangle newtonien vient crever le ciel d'Aristote. Certes, il faut bien reconnaître que Newton lui-même admet la possibilité que le monde sensible soit fini, en désignant sous ce terme la masse globale de matière contenue dans l'univers. En revanche, l'espace cosmique ne peut être qu'*illimité*, car Newton ne fait manifestement aucune différence entre l'espace physique et l'étendue des géomètres. Dès lors, la *facultas intelligendi*, qui peut seule atteindre à la nécessité les démonstrations géométriques, nous permet de dépasser l'infirmité de notre imagination bornée à l'appréhension du *fini*, et de concevoir l'existence actuelle de l'étendue infinie. On ne peut s'empêcher de voir dans ce passage une charge polémique de Newton contre la philosophie de Hobbes qui prétendait écarter toute interrogation sur l'infinité de l'espace et du temps sous prétexte que « tout ce que nous imaginons est fini, même si l'on étend sa pensée jusqu'aux étoiles fixes, jusqu'à la neuvième, dixième ou finalement millième sphère[26] ».

De même qu'il opposait l'intellection de l'infini à l'imagination rivée au fini, Newton montre que l'idée d'infini est une idée éminemment *positive*. Ce point est ici de la plus haute importance. En effet, même les théologiens qui attribuaient sans réserve l'infinité actuelle à Dieu seul (donc une infinité positive), considéraient néanmoins que l'idée de cette infinité est pour notre entendement fini exclusivement négative. C'est ainsi qu'ils pensaient éviter ce que nous pourrions appeler de nos jours une contradiction performative[27]. En outre, rares furent les philosophes qui osèrent attribuer l'infinité à l'univers ; or, même quand ce fut le cas, ils refusèrent d'attribuer directement une infinité positive à celui-ci afin d'éviter toute équivoque possible avec l'infinité divine. C'est

---

26. HOBBES, *De corpore*, éd. Molesworth, t. I, *De loco et tempore*, p. 88-89 : « [...] *Quicquid enim imaginamur, eo ipso finitum est, sive ad stellas fixas sive ad sphaeram nonam, decimam, vel denique millesimam computemus.* »

27. Ainsi, saint Thomas distinguait le point de vue de l'« en soi » < *modus secundum se* > et celui du « pour nous » < *modus quoad nos* >, cf. *Somme théologique*, I, 2 ; 1-2.

ainsi que le cardinal Nicolas de Cues n'attribuait qu'une infinité privative à l'univers[28] et que Descartes (qui se croyait à tort plus prudent que le Cusain) préférait le qualifier d'*indéfini*[29]. Newton, pour sa part, n'hésite pas à qualifier l'infinité spatiale de conception pleinement positive. Toute son argumentation repose sur l'idée que la limite est une notion négative puisqu'elle introduit une restriction, c'est-à-dire une limitation dans l'être ou dans une réalité quelconque. Suivant les déterminations de la démarche aphairétique, Newton établit que seul l'infini est une idée positive puisqu'il exclut toute négation. L'erreur de ceux qui prétendent le contraire vient en fait d'un accident grammatical qui tend à faire croire que l'idée d'infini est négative sous prétexte que le mot qui l'exprime se présente sous une forme linguistique négative : *in-finitum*. Newton pense ainsi avoir écarté toutes les réserves habituelles que l'on oppose à l'égard de l'infini en général :

> « Si l'on me dit en outre que nous ne comprenons ce qu'est l'être infini que par la négation des limites du fini et que cette conception est négative et par suite défectueuse, je refuse cette position. Car, la limite ou le terme est une restriction ou une négation d'une plus grande réalité ou d'une plus grande "existence" dans le cas d'être limité ; et moins nous concevons un être comme contenu en des limites, plus nous comprenons que quelque chose

---

28. Cf. Nicolas de Cues, *La Docte Ignorance*, 1440, trad. fr. H. Pasqua, Paris, Payot & Rivages, 2008, II, chap. I, p. 103 : « Aussi, bien que par rapport à la puissance infinie de Dieu, qui est sans limite, l'univers puisse être plus grand, cependant, puisque la possibilité d'être – ou matière – qui n'est pas en acte extensible à l'infini s'y oppose, l'univers ne peut pas être plus grand. Et ainsi, il n'a pas de limite, car il n'y a rien de donné en acte qui soit plus grand que lui et qui le limiterait. Il est donc privativement infini. » C'est nous qui soulignons.

29. Cf. Descartes, la célèbre lettre à Chanut du 6 juin 1647 in *Œuvres philosophiques*, Paris, Garnier, rééd. Bordas, t. III, p. 737-738 : « Je ne dis pas que le monde soit *infini*, mais *indéfini* seulement. En quoi il y a une différence assez remarquable : car pour dire qu'une chose est infinie, on doit avoir quelque raison qui la fasse connaître telle, ce qu'on ne peut avoir que de Dieu seul ; mais pour dire qu'elle est indéfinie, il suffit de n'avoir point de raison par laquelle on puisse prouver qu'elle ait des bornes. »

lui est attribué, c'est-à-dire plus nous le concevons positivement. Par conséquent, la conception de l'infini par la simple négation de toute limite devient au plus haut point positive. La limite est un mot négatif quant au sens et ainsi l'infinité étant la négation d'une négation (c'est-à-dire des limites) est un mot au plus haut point positif quant à nos perception et conception bien que, grammaticalement, il paraisse négatif[30]. »

Fort de cette conception de l'espace ouvertement et pleinement infinitiste, Newton se permet de tancer au passage l'*indéfini* cartésien en taxant Descartes d'inconséquence. En effet, le terme *indéfini* est synonyme d'indéterminé ; à l'extrême rigueur, on peut admettre que ce qui est à présent indéfini est destiné à devenir déterminé dans le futur : dans ce cas, l'indéfini ne désigne qu'un infini potentiel. Or, ce dernier ne saurait nullement convenir à l'espace physique car il existe *en acte*. Tandis que Descartes considérait comme indécidable pour notre esprit *fini* la question de savoir si la *res extensa* est finie ou infinie, Newton pour sa part se place au point de vue de Dieu, non pas en vertu d'une quelconque témérité intellectuelle, mais seulement pour montrer que l'acception potentialiste de l'infini n'a aucun sens quand il s'agit de l'espace physique. De deux choses l'une, au niveau de l'omniscience divine, l'espace est soit limité soit illimité ; mais il ne peut en aucun cas attendre de l'avenir ses propres déterminations[31]. Malgré toute la sévérité de ses critiques à l'encontre de Descartes, il semble que le jeune Newton ait simplement écarté ce prétendu potentialisme, mais que l'indéfini cartésien soit plutôt un stratagème destiné à préserver l'infinité divine de toute équivoque possible,

30. NEWTON, *De gravitatione*, trad. fr. M.-F. Biarnais, Paris, Les Belles Lettres, 1985, p. 40-41.
31. NEWTON, *Ibid.*, p. 42-43 : « Ainsi, la ligne indéfinie est celle dont la longueur future n'est pas encore précisément déterminée. Ainsi, l'espace indéfini est celui dont la future grandeur n'est pas encore déterminée ; mais l'espace qui est maintenant en acte n'est pas à définir : ou il a des limites ou il n'en a pas et par suite il est soit fini soit infini. [...] Si nous en sommes ignorants, Dieu lui du moins comprend que l'espace n'a pas de limite, [...] d'une manière positive. »

c'est-à-dire de toute confusion malencontreuse avec l'infinité propre à la « chose étendue » :

> « Je vois bien ce que Descartes a craint : s'il posait l'espace comme infini, il lui donnerait peut-être le statut de Dieu à cause de la perfection de l'infinité. Mais il n'en est rien, car l'infinité n'est une perfection qu'en tant qu'elle est attribuée à d'autres perfections[32]. »

La réponse de Newton aux alarmes de Descartes est malheureusement insuffisante, car elle n'élucide nullement le statut du parfait. Il eût été mieux avisé de renvoyer Descartes à la distinction des scolastiques entre l'infini en son genre et l'infini absolu (*infinitum secundum quid, infinitum simpliciter*). Pourtant, Descartes connaissait très bien cette distinction qu'il utilise lui-même assez souvent[33], mais il faut croire qu'elle ne lui avait pas paru suffisamment probante pour éviter la divinisation de l'espace. D'ailleurs, c'est précisément la pente que suivront certains disciples de Newton. Sur ce point, on peut dire que les craintes de Descartes n'étaient pas sans quelque fondement. De plus, lorsque Newton aborde ensuite les autres propriétés de l'espace (comme son immobilité, son immuabilité et son éternité), il reprend à son propre compte les conceptions théologico-métaphysiques de Henry More que Descartes avait tant critiquées. Tout comme Henry More, Newton voit dans l'étendue réelle un effet de l'expansion de Dieu dans l'univers ; du moins, c'est ce qu'il déclare en employant un vocabulaire teinté d'émanatisme :

> « L'espace est une affection de l'être en tant qu'être. Aucun être n'existe ni ne peut exister sans être rapporté de quelque manière à l'espace. Dieu est partout, les esprits créés sont quelque part, le corps

---

32. Newton, *Ibid.*, p. 42-43.

33. Cf. par exemple, les réponses aux premières objections de Caterus, AT-IX, p. 89 : « Il n'y a rien que je nomme proprement infini, sinon ce en quoi de toutes parts je ne rencontre point de limites, auquel sens Dieu seul est infini. Mais les choses auxquelles sous quelque considération seulement je ne vois point de fin, comme l'étendue des espaces imaginaires, la multitude des nombres, la divisibilité des parties de la quantité et autres choses semblables, je les appelle *indéfinies*, et non pas *infinies*, parce que de toutes parts elles ne sont pas sans fin ni sans limites. »

est dans l'espace qu'il remplit et toute chose qui est ni partout ni quelque part n'a pas d'être. Il suit de là que l'espace est un effet émanant d'un être qui existe à titre premier, puisque, quel que soit l'être que l'on pose, l'espace est posé par là-même. [...] L'espace est de durée éternelle et de nature immuable, et ce, parce qu'il est l'effet émanant < *effectus emanativus* > d'un être éternel et immuable. Si jamais l'espace n'avait existé, alors Dieu n'aurait été présent nulle part ; et par conséquent, ou bien il aurait créé ensuite l'espace (où lui-même n'était pas) ou bien – ce qui ne choque pas moins la raison – il aurait créé sa propre ubiquité[34]. »

Nous retrouvons là une nouvelle mouture des idées métaphysiques défendues jadis par Henry More contre Descartes. Certes, ce dernier avait bien voulu admettre que Dieu est bien omniprésent dans le Monde et qu'il s'étend ainsi « d'une certaine manière < *eum esse quodammodo extensum* >[35] », mais cela ne signifiait pas cependant que Dieu possède une véritable étendue[36]. Pour Descartes, Dieu est inétendu par nature, mais si l'on fait intervenir la toute-puissance divine, on peut admettre à l'extrême rigueur qu'il *pourrait* s'étendre. Une fois parvenu à ce point de la discussion, Descartes refusait catégoriquement de faire de plus amples concessions à son correspondant anglais. Ce dernier, en effet, avait une conception aberrante de l'infinité divine :

« Vous dites que Dieu, écrit Descartes, est positivement infini, c'est-à-dire existant partout, etc. Je n'admets pas ce partout < *ubique* >, car il paraît que vous ne faites consister l'infinité de Dieu qu'en ce qu'il existe partout, ce que je ne vous passe point ; croyant au contraire que Dieu est partout à raison de sa puissance et qu'à raison de son essence il n'a absolument aucune relation au lieu[37]. »

Après la mort de Descartes, Henry More ne fera qu'amplifier ses vues à tel point qu'il ne sera plus guère possible de discerner

---

34. Newton, *Ibid.*, p. 44-45 ; 46-47.
35. Cf. Descartes, lettre à Morus du 5 février 1649, AT V, 269 : « *Si ex eo quod Deus sit ubique, dicat aliquis eum esse quodammodo extensum ; per me licet.* »
36. Descartes, *Ibid.*, p. 269 : « *Atqui nego veram extensionem.* »
37. Descartes, lettre à Morus du 15 avril 1649, AT V, p. 343 ; trad. fr. G. Lewis, Paris, Vrin, 1953, p. 161.

entre ce qui ressortit de la spatialité et de la divinité. Ainsi écrit-il dans son *Enchiridium Metaphysicum* de 1671 que l'espace immatériel est comme Dieu, et que l'on peut lui appliquer au moins une vingtaine d'attributs que les théologiens réservaient traditionnellement à Dieu même :

> « En effet, on ne considérera pas seulement cette extension infinie et immobile comme quelque chose de réel, mais aussi de divin [...] une fois que nous aurons énuméré les noms ou les titres divins, qui conviennent parfaitement à celle-ci. Voilà qui confirme que l'extension ne peut être un néant, étant donné que d'aussi sublimes attributs lui conviennent. Ces [attributs] que les métaphysiciens réservent en propre à l'Être Premier sont les suivants : Il est Un, Simple, Immobile, Éternel, Parfait, Indépendant, Existant par soi et Subsistant par soi, Incorruptible, Nécessaire, Immense, Incréé, Illimité, Sans bornes, Omniprésent, Incorporel, Pénétrant et embrassant toutes choses, Être par essence, Existant en acte, Acte pur[38]. »

Newton fut tellement séduit par la démarche de Henry More qu'il reprit à son propre compte l'essentiel de sa conception de l'espace incorporel, tridimensionnel et infini. Il est vrai que le livre I des *Principia* ne porte nulle trace de ces considérations métaphysico-théologiques, car il peut se soutenir par le seul jeu de ses définitions, axiomes, propositions et de la référence à l'expérience physique du baquet qui confirme l'existence des mouvements absolus. Toutefois, Newton ne tarda guère à

---

38. Henry Mоre, *Enchiridium Metaphysicum*, 1671, chap. VIII, § 8, p. 69 : « *Neque enim reale dumtaxat sed Divinum quiddam videbitur hoc Extensum infinitum ac immobile.* [...] *postquam Divina illa Nomina vel titulos, qui examussim ipsi congruunt enumeravimus : qui et ulteriorem fidem facient illud non posse esse Nihil, utpote cui tot tamque praeclara Attributa competunt. Hujusmodi sunt quae sequuntur quaeque Metaphysici Primo Enti speciatim attribuunt. Ut Unum, Simplex, Immobile, Aeternum, Completum, Independens, A se existens, Per se subsistens, Incorruptibile, Necessarium, Immensum, Increatum, Incirconscriptum, Incomprehensibile, Omnipraesens, Incorporeum, Omnia permaneans et complectens, Ens per Essentiam, Ens actu, Purus Actus.* » Il est vrai que Henry More était imprégné des enseignements de la kabbale juive et chrétienne que lui a transmis Christian Knorr von Rosenroth (1636-1689). Pour les kabbalistes, en effet, il était communément admis que Dieu remplit le monde comme l'âme investit le corps ; autrement dit, l'espace mondain, qui est réellement distinct des corps, n'est qu'une manifestation de la présence divine.

sortir de sa réserve, puisqu'il revint à ses considérations métaphysiques dans l'édition de son *Optice, sive de reflexionibus, refractionibus, inflexionibus et coloribus* traduite en latin et publiée par
Samuel Clarke en 1706, notamment dans les *Questions* 17 à 23
qu'il fit rajouter à ce livre écrit dès 1675. C'est ainsi qu'on lit à
la *Question* 23 de Newton :

> « Dieu est un Agent puissant & toujours vivant, qui par cela
> qu'il est présent partout, est plus capable de mouvoir par sa
> volonté les Corps dans son *Sensorium* uniforme & infini, & par
> ce moyen de former & de reformer les parties de l'Univers que
> nous ne le sommes par notre Volonté, de mettre en mouvement
> les parties de notre propre Corps. Nous ne devons pourtant
> pas considérer le Monde comme le Corps de Dieu, ni les diffé-
> rentes parties du Monde comme autant de Parties de Dieu. Dieu
> est un Être uniforme, sans organes, sans membres ou parties ;
> & toutes les différentes parties du Monde étant ses Créatures,
> lui sont subordonnées et dépendent entièrement de sa Volonté.
> [...] Comme l'Espace est divisible à l'infini, & la Matière n'est pas
> nécessairement dans toutes les parties de l'Espace, il faut convenir
> aussi que Dieu peut créer des particules de Matière de différentes
> grosseurs & figures en différents nombres, & en différentes quan-
> tités par rapport à l'Espace qu'elles occupent, & peut-être même
> de différentes densités & de différentes forces ; & diversifier par-là
> les Lois de la Nature, & faire des Mondes de différentes espèces
> en différentes parties de l'Univers. Je ne vois du moins aucune
> Contradiction en tout cela [39]. »

Toutefois, la 2e édition des *Principia* en 1714 faisait écho à
la divinisation de l'espace entrevue huit ans plus tôt dans l'*Optice*,
surtout dans le Scolie Général où l'on peut lire :

> « Dieu [...] est présent partout [dans] l'espace infini : il régit
> tout ; & il connaît tout ce qui est & tout ce qui peut être. Il n'est pas
> l'éternité ni l'infinité, mais il est éternel & infini ; il n'est pas la durée
> ni l'espace, mais il dure & il est présent ; il dure toujours & il est

---

39. NEWTON, *Traité d'optique*, 2e éd. angl. 1717-1718, trad. fr. Coste, 1722[2], rééd.
fac-similé, Paris, Gauthier-Villars, 1955, Livre III, Question XXXI (c'est-à-dire
Question 28 de l'édition latine de 1706), p. 490-492.

présent partout ; il est existant toujours & en tout lieu, il constitue l'espace & la durée[40]. »

Cette déclaration, qui est à vrai dire quelque peu contournée, signifie que Dieu est aussi l'espace infini et la durée éternelle, en vertu de son omniprésence et de son immensité, même s'il ne s'y réduit pas. Dès lors, il nous faut examiner le reste de la cosmologie de Newton, car la structure de l'univers est, selon les vues du savant anglais, totalement *indépendante* de son réceptacle spatio-temporel infini[41].

b) Les systèmes d'étoiles et les corpuscules sont innombrables

1. La philosophie corpusculaire de Newton et la divisibilité infinie de la matière

En rejetant l'identification cartésienne de l'étendue et de la substance corporelle, Newton voulait ménager la possibilité du vide cosmique afin d'expliquer les mouvements des corps célestes, ce qui aurait été impossible dans un univers plein de matière même fluide. Aussi, Newton se réfère dans sa physique à une conception atomistique de la matière, car il a besoin de recourir à des masses ponctuelles, à des sortes de points matériels pour résoudre les problèmes de mécanique. D'où une certaine réhabilitation de la conception atomistique du Monde que Newton

---

40. NEWTON, *Principia mathematica philosophiae naturalis*, Livre III, Scolie Général, trad. fr. par Mme du Châtelet, Paris, 1756, rééd. Blanchard, 1966, t. 2, p. 176.

41. C'est principalement pour cette raison que Jacques Merleau-Ponty parlait de « quasi-Cosmologie » à l'époque du newtonianisme. Cf. *Les Trois Étapes de la cosmologie*, Paris, Laffont, 1971, p. 87 : « Pour que le lecteur garde en mémoire ce caractère équivoque de la théorie de l'Univers, à l'âge classique de la Science, nous parlerons plutôt de la quasi-Cosmologie classique », cf. *Ibid.*, p. 106 et 110. C'est un jugement rétrospectif totalement justifié en tant qu'il se place au point de vue de la théorie de la relativité générale qui a renversé cette indépendance du contenant spatio-temporel par rapport à son contenu matériel.

proclame contre l'univers plein des cartésiens, tout en rendant hommage presque exclusivement aux atomistes anciens :

> « Donc pour assurer les mouvements réguliers & durables des Planètes & des Comètes, il est absolument nécessaire que les Cieux soient vides de toute matière, excepté peut-être quelques vapeurs très-légères, ou exhalaisons qui viennent des Atmosphères de la Terre, des Planètes & des Comètes ; & un *Milieu éthéré* excessivement rare, tel que nous l'avons décrit ci-dessus. [...] Un Fluide dense ne peut être d'aucun usage pour expliquer les Phénomènes de la Nature ; puisque sans cela l'on explique beaucoup mieux les mouvements des Planètes et des Comètes. [...] Ce Milieu a été rejeté en effet par les plus anciens & les plus célèbres philosophes de Grèce et de Phénicie, qui établirent pour premiers Principes de leur Philosophie, le Vide, les Atomes, & la pesanteur de ces Atomes, attribuant tacitement la pesanteur à quelque autre Cause qu'à une Matière dense [42]. »

En outre, un univers dont les espaces seraient également pleins de matière serait de densité égale ou homogène, ce qui rendrait impossible, par exemple, la descente d'un corps dans l'air, car il faut des différences de densité. L'idée d'un univers plein d'une matière continue rend la mécanique impraticable. Par conséquent, l'espace absolu et infini est vide de matière (même fluide) : il n'est qu'une étendue tridimensionnelle, pénétrable et continue. Newton développe ainsi une philosophie corpusculaire de la matière où les corps sont composés de particules simples, impénétrables, inaltérables, pondérables et indivisibles qui sont soumises aux forces d'attraction et de répulsion. Ainsi, s'expliquent aisément les phénomènes de condensation et de raréfaction des corps composés. La philosophie corpusculaire de Newton est très différente, à tous points de vue, de celle des atomistes antiques. Pour le savant anglais, en effet, les corpuscules matériels ont été créés par Dieu ; ils n'ont par conséquent aucune éternité *a parte ante* :

---

42. NEWTON, *Traité d'optique*, 2ᵉ éd. angl. 1717-1718, trad. fr. Coste, 1722², rééd. fac-similé, Paris, Gauthier-Villars, 1955, Livre III, Question XXVIII (c'est-à-dire *Question* 20 de l'édition latine de 1706), p. 443-444.

> « Il me semble très probable qu'au commencement Dieu forma
> la Matière en particules solides, massives, dures, impénétrables,
> mobiles [...] & si dures qu'elles ne s'usent ni ne se rompent jamais,
> rien n'étant capable selon le cours ordinaire de la Nature, de diviser
> en plusieurs parties ce qui a été fait originairement par la disposition
> de Dieu lui-même[43]. »

De nouveau, Newton fait intervenir l'existence et l'action
de Dieu dans sa physique, mais c'est pour garantir cette fois
l'insécabilité des corpuscules matériels, leur dureté et, en définitive, leur caractère inaltérable. Car c'est sur la « génidentité »
(au sens que lui donnera Hans Reichenbach bien plus tard)
des atomes, garantie par Dieu, que repose le principe de conservation de la matière ou de la masse corporelle, et avec elle
la stabilité de l'univers, malgré les modifications apparentes
que manifestent les phénomènes physico-chimiques[44]. L'atome
est le dénominateur commun de la physique et de la chimie :
en physique, il assume le rôle de masse ponctuelle (indispensable pour la question des centres de gravité) ; en chimie, il est
l'élément simple qui rentre dans les mixtes de la composition.
Malgré leur infime petitesse, et bien que leur masse ne puisse
se prêter à une évaluation, les atomes obéissent théoriquement
aux lois de la mécanique et à la gravité[45]. Or, comme les corpuscules ne se distinguent les uns des autres qu'en fonction de

43. Newton, *Traité d'optique*, 2ᵉ éd. angl. 1717-1718, trad. fr. Coste, 1722², rééd.
fac-similé, Paris, Gauthier-Villars, 1955, Livre III, Question XXXI (c'est-à-dire
Question 28 de l'édition latine de 1706), p. 486.

44. Newton, *Op. cit.*, p. 487 : « Afin que la Nature puisse être durable,
l'altération des Êtres Corporels ne doit consister qu'en différentes séparations,
nouveaux assemblages & mouvements de ces particules permanentes, mais dans
les endroits où ces particules sont jointes ensemble, & ne se touchent que par
un petit nombre de points. »

45. Dans le monde matériel, rien ne doit pouvoir échapper, à quelque niveau
que ce soit, à la gravité, car comme l'écrit Newton, in *Principia mathematica philosophiae naturalis*, Livre III, Proposition VII, Théorème VII, trad. fr. par Mme du
Châtelet, Paris, 1759, rééd. Blanchard, 1966, t. II, p. 21 : « La gravité appartient
à tous les corps, et elle est proportionnelle à la quantité de matière que chaque
corps contient. »

leur position dans l'espace absolu, on leur attribuera à tous la même densité :

> « Si les parties solides de tous les corps sont de la même densité, et qu'elles ne puissent se raréfier sans pores, il y a du vide. Je dis que les parties ont la même densité lorsque leurs forces d'inertie sont comme leur grandeur [46]. »

Les corpuscules sont très durs, mais ils sont liés entre eux par des forces de liaison du type de la gravité, bien que l'attraction chimique soit sélective, tandis que la gravité s'exerce sur tous les corps indistinctement. Newton passe de la dureté extrême des particules à la fluidité des corps composés par des degrés successifs suivant la loi qui stipule que le degré de dureté d'un corps varie en raison inverse de son degré de complexité. En droit, il doit être possible de transformer tout corps en n'importe quel autre à condition de disposer des forces nécessaires pour cette opération, et surtout d'avoir réussi à identifier très précisément la composition exacte de chaque type de corps :

> « Les plus petites particules de Matière peuvent être unies ensemble par les plus fortes Attractions, & composer de plus grosses particules dont la vertu attractive soit moins forte ; & plusieurs de ces dernières peuvent tenir ensemble, & composer des particules encore plus grosses, dont la vertu attractive soit encore moins forte, & ainsi de suite durant plusieurs successions, jusqu'à ce que la progression finisse par les plus grosses particules d'où dépendent les Opérations chimiques & les Couleurs des Corps Naturels, & qui jointes ensemble composent des Corps d'une grandeur sensible [47]. »

Malgré son atomisme physico-chimique délibéré, Newton reste très prudent, car il n'exclut pas dans l'absolu la possibilité de diviser la matière à l'infini. Toutefois, son mérite le plus

---

46. Newton, *Principia*, Livre III, Proposition VI, Théorème VI, Corollaire 4, *Ibid.*, t. II, p. 21.

47. Newton, *Traité d'optique*, 2e éd. angl. 1717-1718, trad. fr. Coste, 1722[2], rééd. fac-similé, Paris, Gauthier-Villars, 1955, Livre III, Question XXXI (c'est-à-dire *Question* 28 de l'édition latine de 1706), p. 478.

remarquable, à cet égard, est d'avoir soulevé la question sur le seul plan de la physique. En effet, il pose le problème uniquement en termes de force. D'ailleurs, Newton distingue clairement entre la divisibilité infinie du continu *géométrique* formée par les seules opérations de l'esprit, et la séparation *physique* qui est réalisable à l'aide des seules forces physiques au sein de la matière. Donc, la question de la sécabilité ou de la frangibilité des particules dures est désormais posée en des termes purement physiques (bien que la force reste une notion quelque peu ambiguë chez Newton) :

> « Tous les corps que nous connaissons étant mobiles, et doués d'une certaine force (que nous appelons force d'inertie) par laquelle ils persévèrent dans le mouvement ou dans le repos, nous concluons que tous les corps en général ont ces propriétés. L'extension, la dureté, l'impénétrabilité, la mobilité et l'inertie du tout vient donc de l'extension, de la dureté, de l'impénétrabilité, de la mobilité, et de l'inertie des parties : d'où nous concluons que toutes les petites parties de tous les corps sont étendues, dures, impénétrables, mobiles, et douées de la force d'inertie. Et c'est là le fondement de toute la physique. De plus, nous savons encore par les phénomènes, que les parties contiguës des corps peuvent se séparer, et les mathématiques font voir que les parties indivisées les plus petites peuvent être distinguées l'une de l'autre par l'esprit. On ignore encore si ces parties distinctes, et non divisées, pourraient être séparées par les forces de la nature ; mais s'il était certain, par une seule expérience, qu'une des parties qu'on regarde comme indivisibles, eût souffert quelque division en séparant ou brisant un corps dur quelconque : nous conclurions par cette règle, que non seulement les parties divisées sont séparables, mais que celles qui sont indivisées peuvent se diviser à l'infini [48]. »

Il est vrai qu'au temps de Newton, la force de désintégration des particules faisait totalement défaut, mais elle n'était pas impensable. Ici, à propos de la divisibilité du continu, s'articulent clairement les niveaux mathématique, physique et métaphysique.

---

48. NEWTON, *Principia mathematica philosophiae naturalis*, Livre III, Règle III, trad. fr. par Mme du Châtelet, Paris, 1759, rééd. Blanchard, 1966, t. II, p. 3-4.

2. Le nombre des étoiles
est « quasiment < *prope* > infini »

Nous apprenons grâce à sa correspondance avec son ami Richard Bentley, le jeune et brillant chapelain de l'évêque de Worcester, que Newton avait toujours lié dans son esprit ses recherches proprement physiques avec des visées plus théologiques, car il avoue :

> « Quand j'écrivais mon traité sur notre système [du Monde], j'avais un regard sur les principes qui pourraient aider la croyance en la Divinité ; et rien ne peut me réjouir davantage que de les voir servir à ce but. Mais si j'ai rendu au public quelques services dans cette voie, cela n'est dû à rien d'autre que travail et patiente méditation[49]. »

En outre, il ne faut pas oublier que cette correspondance avec Bentley fut déclenchée parce que ce dernier fut appelé à donner un sermon annuel en 1692-1693 dans le cadre des prestigieuses *Boyle Lectures*. Celles-ci avaient été fondées par Robert Boyle en 1691, l'année même de sa mort, afin de réhabiliter l'introduction des *causes finales* dans la philosophie naturelle. En effet, Robert Boyle lui-même considérait comme indissociables ses recherches scientifiques de la réflexion théologique. Mieux, il lui semblait que l'avancée des sciences de la nature permettait de faire apparaître de plus en plus nettement diverses formes de finalité, fournissant ainsi un puissant appui à la théologie pour prouver l'existence de Dieu. C'est d'ailleurs dans cet esprit que Boyle avait fondé l'institution qui devait subventionner les huit sermons annuels dont il était la figure éponyme, en stipulant dans son testament que leur objectif était « de prouver la religion

---

49. Newton, lettre à Richard Bentley du 10 décembre 1692, in Turnbull, *The Correspondence of Isaac Newton*, Cambridge, Cambridge University Press, 1961, t. III, p. 233 : « *When I wrote my treatise about our Systeme I had an eye upon such Principles as might work with considering men for the beleife of a Deity & nothing can rejoyce me more then to find it usefull for that purpose. But if I have done ye publick any service this way 'tis due to nothing but industry & a patient thought.* »

chrétienne contre les infidèles notoires, soit déistes, soit athées, soit païens, soit juifs, soit mahométans, sans jamais entrer dans une controverse qui puisse diviser les chrétiens eux-mêmes[50] ».

Bentley avait commencé par demander à Newton des conseils pour s'initier dans de bonnes conditions aux questions d'astronomie. À cet égard, il est tout à fait étonnant de constater que le savant anglais recommanda à son ami ecclésiastique de lire Gassendi pour comprendre correctement le système de Copernic : « For astronomy read first ye short of ye Copernican System in the end of Gassendus's Astronomy & then so much of Mercator's Astronomy.[51] » Ce bref conseil de Newton en dit long sur sa connaissance des écrits de Gassendi et sur l'estime qu'il leur portait.

Or, lorsqu'en novembre 1692, Bentley en vint à son septième sermon, il aborda la question de la structure visible de l'univers, apparemment bien ordonnée, et qui n'aurait nullement pu se produire spontanément à partir du chaos originel sans l'intervention d'un agent intelligent, tout-puissant et expert en géométrie ainsi qu'en mécanique. Aussi déclara-t-il :

> « [...] There were once no Sun no Stars nor Earth nor Planets ; but the Particles, that now constitute them, were diffused in the mundane Space in manner of a Chaos without any concretion and coalition ; those dispersed Particles could never of themselves by any kind of Natural motion, whether call'd Fortuitous or Mechanical, have conven'd into this present or any other like Frame of Heaven and Earth[52]. »

Pour préparer sérieusement son sermon, Bentley avait pris soin de soumettre ses notes à Newton, car il entrait de plain-pied dans le domaine de la philosophie naturelle, c'est-à-dire dans des questions d'ordre mécanique, astronomique et cosmologique. Ce fut donc le point de départ de l'importante correspondance

50. Cité in Hélène METZGER, *Attraction universelle et religion naturelle chez quelques commentateurs anglais de Newton*, Paris, Hermann, 1938, p. 80.

51. NEWTON, lettre à Bentley de juillet 1691, in TURNBULL, *The Correspondance of Isaac Newton*, Cambridge, Cambridge University Press, 1961, t. III, p. 155.

52. Cf. I. B. COHEN & R. E. SCHOFIELD, *Isaac Newton's Papers and Letters on Natural Philosophy and Related Documents*, Cambridge Mass., Harvard University Press, 1958, p. 316.

entre Newton et Bentley, ainsi que celui de la réflexion du grand savant anglais sur toutes ces questions qui viendront s'incorporer au célèbre « Scholie Général » qui vient clore le troisième et dernier livre des *Principia* ; mais il ne vit le jour qu'en 1713, lors de la 2ᵉ édition des *Principia*. En 1687, la 1ʳᵉ édition n'avait fait intervenir aucune considération théologique (si l'on excepte le poème de Halley que Newton y avait inséré). Par conséquent, l'événement est d'importance puisqu'il marque un net infléchissement de la pensée de Newton vers la physico-théologie. Celle-ci connut, comme on sait, une fortune considérable au xviiiᵉ siècle, au moins jusque vers les années 1770.

Sous les instances de Bentley, Newton commence à préciser ses idées sur l'intervention nécessaire de Dieu dans l'univers :

> « Il est évident qu'il n'y a pas de cause naturelle qui ait pu déterminer les planètes, principales et secondaires, à se mouvoir dans le même sens et dans le même plan, sans aucune variation importante : ceci a dû être l'effet d'une intention délibérée. [...] Faire un tel système, avec ses mouvements, nécessitait une cause qui comprenne et compare entre elles les quantités de matière constitutives du Soleil et des planètes, et par conséquent les pouvoirs de gravitation qui en résultent, les diverses distances des planètes primaires au Soleil, celles des planètes secondaires respectivement à Saturne, à Jupiter et à la Terre, ainsi que les vitesses de révolution de ces planètes à la distance où elles se trouvent par rapport aux masses de leur corps central. Et de comparer et d'ajuster toutes ces choses simultanément pour une telle variété de corps démontre que cette cause n'est ni aveugle, ni fortuite, mais experte en Mécanique et en Géométrie[53]. »

53. NEWTON, première lettre à Bentley du 10 décembre 1692, in TURNBULL, *Op. cit.*, t. III, p. 235 : « *Its plaine that there is no naturall cause which could determine all ye Planets both primary and secondary to move ye same way & in the same plane without any considerable variation. This must have been the effect of Counsel. [...] To make this systeme therefore with all its motions, required a Cause which understood & compared together the quantities of matter in ye several bodies of ye Sun & Planets & ye gravitating powers resulting from yhence, the several distances of the primary Planets from ye Sun & secondary ones from Saturn Jupiter & ye earth, & ye velocities with which these Planets could revolve at those distances about those quantities of matter in ye central bodies. And to compare & adjust all these things together in so great a variety of bodies argues that cause to be not blind & fortuitous, but very well skilled in Mechanicks & Geometry.* »

Or, cette réponse de Newton à Bentley escamotait un problème capital qui restait encore à résoudre, car le grand savant ne parlait que du système solaire en laissant de côté la question des interactions physiques qu'exercent entre elles toutes les étoiles dans l'univers entier. C'est pourtant sur ce point que Bentley avait sollicité l'aide et l'avis de Newton :

> « *I grant that if the whole World was but one Sun and all the rest of Planets moving about him, they would not convene. But in several fixt stars, that have no motion about each other ; they with their system of planets would all convene in the common center of mundane gravity ; if the present world was not sustained by a divine power. Sir, on a finite world where there are outward fixt stars, this seems plainly necessary. But in the supposition of an infinite space, let me ask your opinion*[54]. »

Cette question va préoccuper Newton qui réserva sa réponse pendant des années. D'ailleurs, nombre de manuscrits prouvent que Newton a tenté à maintes reprises de surmonter le problème, comme le signale l'historien de l'astronomie Michael Hoskin[55]. Signalons cependant que l'on trouve, apparemment, un élément de réponse, un peu vague il est vrai, dans les *Principia* :

> « Peut-être les étoiles fixes, qui sont également dispersées dans toutes les parties du ciel, détruisent-elles leurs forces mutuelles par leurs attractions contraires[56]. »

Or, cette ébauche de solution nécessite à son tour que Dieu, dès le début de la création, ait placé les étoiles fixes à une distance suffisante pour que leurs attractions mutuelles puissent en quelque sorte venir s'équilibrer. C'est donc là qu'intervient la Providence

---

54. BENTLEY, lettre à Newton du 18 février 1692, in TURNBULL, *Op. cit.*, t. III, p. 250.

55. Cf. l'important article de Michael HOSKIN intitulé : « Newton, God and the Stars », in *Journal for the History of Astronomy*, vol. 8, 2, juin 1977, p. 77-101.

56. NEWTON, *Principia*, Livre III, Proposition XIV, Théorème XIV, corollaire 2 ; trad. fr. par Mme du Châtelet, Paris, 1759, rééd. Blanchard, 1966, t. II, p. 31. L'anglais disait : « *Not to mention that the fixed stars, everywhere promiscuously dispersed in the heavens, by their contrary attractions destroy their mutual actions.* »

divine. Comme le souligne très justement Michael Hoskin, la divine Providence intervient non seulement pour mettre en place cet équilibre, mais aussi et surtout pour le préserver[57]. Ce qui reviendrait, de l'aveu même de Newton, à « faire tenir non pas seulement une unique aiguille mais un nombre infini d'entre elles sur leurs pointes[58] ». Cette déclaration de Newton laisse penser qu'il ne s'opposait nullement à l'idée qu'il existe une infinité de systèmes stellaires dans l'univers. D'ailleurs, on se souvient que Newton avait renversé les réticences de Bentley à l'égard d'un univers infini. En effet, son correspondant croyait que le simple fait de parler d'un nombre infini de mondes était contradictoire dans les termes. Newton rétorqua très justement qu'il arrive souvent que certaines expressions courantes soient contradictoires dans leur formulation, bien qu'elles désignent des réalités qui existent de manière incontestable. Le tout est de découvrir l'expression correcte pour désigner la chose infinie. Newton cite à l'appui un exemple de pluralité infinie en évoquant le cas de la ligne qui compte nécessairement un nombre infini de points. Malheureusement, on ne trouve pas trace dans cette lettre d'une démonstration positive en faveur de la pluralité infinie des mondes. Newton montre simplement quelles sont les insuffisances de l'appareil probatoire de Bentley :

> « Alors que de nombreux philosophes de l'Antiquité et d'autres encore, aussi bien Théistes qu'Athées, ont admis qu'il pouvait y avoir des mondes ou des parcelles de matière innombrables ou infinis ; vous le niez en le présentant comme tout aussi absurde que l'existence d'une somme ou nombre arithmétique positivement infini, ce qui constitue une contradiction *in terminis* : or, vous n'en montrez pas l'absurdité, pas plus que vous ne démontrez que ce que l'on entend par nombre ou somme infinis soit contradictoire dans la nature. Car

---

57. Hoskin, *Ibid.*, p. 94 : « *By contrast with the solar system, the system of the stars is infinite and at rest and the providential pattern in its spatial ordering far from obvious – indeed it has required a major effort by Newton to uncover it. But the need for providential intervention to preserve the system in good order is to Newton very evident, since God has not in fact chosen to give it the perfect symmetry that is as hard to make not one needle only but an infinite number of them [...] stand accurately poised upon their points.* »

58. Newton, cité in Hoskin, *Ibid.*

une contradiction *in terminis* ne démontre rien de plus qu'une impro-
priété du discours. Il se peut quelquefois que ces choses que l'on
désigne à l'aide de phrases incorrectes et contradictoires, existent
réellement dans la nature sans aucune forme de contradiction. [...]
Vous-même vous semblez admettre qu'il existe un nombre infini de
points dans une ligne[59]. »

Le seul et unique passage en notre possession où Newton
semble admettre positivement l'existence possible, sinon réelle,
d'une quantité infinie d'étoiles dans l'univers, se trouve dans
un manuscrit où le savant anglais se proposait de reformuler
le *Théorème* xv de la *Proposition* xv pour le Livre III des *Principia*.
Le texte est reproduit dans l'article de Michael Hoskin précédemment cité. À la suite de réflexions sur l'attraction que les étoiles
exercent les unes sur les autres et sur la relation entre leurs distances
et leur magnitude, Newton en arrive au cas des étoiles télescopiques, c'est-à-dire qui ne sont visibles qu'à l'aide d'un puissant
télescope. Et c'est là qu'il fait un raisonnement qui n'est pas sans
rappeler celui que fit Galilée lorsqu'il observa la Voie lactée à
l'aide de son plus modeste *perspicillum* : où s'arrêtent ses systèmes
d'étoiles invisibles à l'œil nu ? Newton pour sa part écrit :

« En effet, si l'on utilise des télescopes on découvre un nombre
tellement énorme et presque infini d'étoiles plus petites et plus éloignées : et ce nombre ira toujours croissant avec de meilleurs télescopes à tel point que la Nature semble ignorer toute espèce de limite
dans cette progression[60]. »

---

59. NEWTON, quatrième lettre à Bentley du 25 février 1692/3, in Turnbull,
Ibid., t. III, p. 254 : « *For whereas many ancient Philosophers & others as well Theits
as Atheists have allowed that there may be worlds & parcels of matter innumerable or
infinite, you deny this by representing it as absurd as that there should be positively an
infinite arithmetical summ or number which is a contradiction in terminis : but you do
not prove it as absurd. Neither do you prove that what men mean by an infinite summ
or number is a contradiction in nature. For a contradiction in terminis argues nothing
more then an improperty of speech. Those things which men understand by improper
& contradictious phrases may be sometimes really in nature without any contradiction
at all. [...] (you seem to allow an infinite number of points in a line).* »

60. Michael HOSKIN, « *Newton, God and the Stars* », in *Journal for the History
of Astronomy*, vol. 8, 2, juin 1977, p. 95 : « *Adhibitis enim Telescopiis tam ingens et*

Or, qu'il existe ou non une quantité infinie d'étoiles et de systèmes solaires identiques au nôtre, voilà qui ne change rien à la nécessité de faire appel à la toute-puissance de Dieu. C'est en cela que Newton et Bentley restent totalement d'accord[61]. Simplement, dans le cas d'un univers infini, peuplé d'une infinité d'étoiles, on se débarrasse de la question insurmontable de la limite du monde matériel dans un espace illimité. Force est de constater ici que Newton a toujours besoin de recourir à la théologie pour soutenir l'édifice de sa physique et de son système du Monde.

En outre, Newton avait eu recours aussi à l'action divine pour expliquer l'interaction gravitationnelle, qui n'est autre qu'une action à distance. En effet, prétendre, comme le fait Newton, que tous les corps exercent les uns sur les autres une attraction directement proportionnelle à leurs masses, mais inversement proportionnelle au carré de leurs distances, cela revient à dire que les corps peuvent agir là où ils ne sont pas. L'action à distance < *actio in distans* > passait pour une régression désastreuse aux yeux des contemporains de Newton, car cela revenait à une sorte de conception magique des actions physiques, tellement décriée depuis plus d'un demi-siècle. La seule forme de causalité matérielle et efficiente communément reçue dans les principes généraux de la connaissance en vigueur à l'époque, c'était l'action transitive immédiatement transmise par contact : pression, traction et percussion, c'est-à-dire finalement les lois du choc < *percussio* >[62].

---

prope infinitus numerus minorum et ulteriorum stellarum detegitur : et numerus ille melioribus Telescopiis in tantum semper augetur ut natura in hac progressione limitem minime novisse videatur. » Il s'agit du manuscrit ULC Add. MS 3965, f° 280ʳ. Michael Hoskin donne dans le même article une photocopie du folio d'où a été tirée notre citation, cf. *Ibid.*, p. 83.

61. Newton le dit expressément dans sa dernière lettre à Bentley du 25 février 1692/3, in *Ibid.*, p. 255 : « *And to all ye matter were at first divided into several systems & bevery system by a divine power constuted like our's : yet would the outwoard systemes descend towards ye middlemost so yt this frame of things could not always subsist without a divine power to conserve it. Wich is your second Argument, & to your third I fully assent.* »

62. Bachelard, in *L'Activité rationaliste de la physique contemporaine*, Paris, PUF, 1951, p. 84, a violemment critiqué ce *choquisme* de la science classique, mais

Newton lui-même était parfaitement au fait de cette difficulté ; d'ailleurs il répétait à l'envi qu'il ne faut pas considérer l'attraction comme une force inhérente aux corps, car seule l'inertie appartient en propre à la matière :

> « Je n'affirme point que la gravité soit essentielle aux corps. Et je n'entends par la force qui réside dans les corps que la seule force d'inertie, laquelle est immuable ; au lieu que la gravité diminue lorsqu'on s'éloigne de la Terre[63]. »

C'est encore pour cette même raison que Newton répondit à Bentley dans sa troisième lettre que la gravité est due à un agent immatériel qui agit constamment suivant certaines lois[64]. Le ton ironique de la lettre montre que Newton entendait ainsi retourner les objections « choquistes » contre les absurdités dans lesquelles ne manquent pas de sombrer ceux qui donnaient une interprétation étroitement matérialiste de son système du Monde.

Enfin, Newton invoquait aussi l'intervention de la divine providence pour rendre compte de l'impulsion latérale ou transversale propre aux planètes et dont la composition avec la force d'attraction produit les trajectoires orbitales désormais mieux

il reconnaît qu'il constituait en quelque sorte le paradigme de la causalité : « Il faudrait poser parallèlement au problème du *chosisme* le problème similaire du *choquisme*. Avec la notion de *choc* nous sommes devant une sorte de monstruosité épistémologique. On la donne comme *simple* et elle est d'une complexité initiale puisqu'elle synthétise des notions géométriques et des notions matérialistes. On construit alors science et philosophie sur un ensemble d'images grossières et naïves. [...] Un carambolage a suffi pour faire la philosophie de toute la nature. [...] Le choc donne vraiment la leçon naïve de la causalité. »

63. Newton, *Principia*, Livre III, Règle III, trad. fr. par Mme du Châtelet, Paris, 1759, rééd. Blanchard, 1966, t. II, p. 4.

64. Newton, lettre à Bentley du 25 février 1692, in Turnbull, *Ibid.*, t. III, p. 254 : « Admettre que la gravitation pourrait être innée, inhérente et essentielle à la matière, de telle manière qu'un corps pourrait agir sur un autre à distance à travers le vide, sans l'intermédiaire de quelque autre chose par quoi son action pourrait être transportée de l'un à l'autre, cela est pour moi une absurdité si grande que je crois que personne ayant une capacité quelconque de penser en matière philosophique ne saurait jamais y tomber. La gravitation doit avoir pour cause un agent agissant constamment conformément à certaines lois ; mais j'ai laissé à mes lecteurs de décider si cet agent sera matériel ou immatériel. »

connues : « Je ne connais, écrit Newton, dans la Nature aucun pouvoir qui pourrait causer ce mouvement transversal sans le bras de Dieu[65]. »

c) La philosophie naturelle de Newton implique l'existence d'un Dieu cosmique infini

C'est à la suite de sa correspondance avec Bentley que Newton développa ses conceptions théologiques. D'ailleurs, il préparait activement depuis 1693 la 2ᵉ édition des *Principia* qui devait contenir le célèbre « Scolie Général » où figure sa conception des rapports entre Dieu et l'Univers. Il est extrêmement difficile de déterminer dans l'œuvre de Newton une coupure absolue entre sa cosmologie et sa théologie. Toutefois, il est certain que la théologie représente, dans l'économie de la pensée newtonienne, un « *terminus ad quem* » et non pas un « *terminus a quo* » comme c'était encore le cas des grands systèmes métaphysiques dits cartésiens. Ainsi lit-on dans le *Traité d'optique* la déclaration suivante de Newton :

> « La grande & principale affaire qu'on doit se proposer dans la Physique, c'est de raisonner sur des Phénomènes sans le secours d'Hypothèses imaginaires ; de déduire les Causes des Effets, jusqu'à ce qu'on soit parvenu à la *Cause Première*, qui certainement n'est point mécanique ; & de développer non seulement le mécanisme du Monde, mais surtout de résoudre ces Questions & autres semblables : *Qu'est-ce qu'il y a dans les Lieux presque vides de Matière ? D'où vient la pesanteur réciproque des Planètes vers le Soleil, du Soleil vers les Planètes & des Planètes les unes vers les autres sans qu'il y ait de la Matière dense entre-deux ? D'où vient que la Nature ne fait rien en vain ? D'où procède tout cet Ordre & toute cette Beauté que nous voyons dans le Monde ? [...] Qu'est-ce qui empêche les Étoiles fixes de tomber les unes sur les autres ?* [...] Et ces choses étant dûment expliquées, ne paraît-il pas par les Phénomènes qu'il y a un Être incorporel, vivant, intelligent,

---

65. Newton, lettre à Bentley du 17 janvier 1692, in Turnbull, *Ibid.*, t. III, p. 240 : « *I do not know any power in nature which could cause this transverse motion without ye divine arm.* »

tout-présent ? qui, dans l'Espace infini, comme si c'était dans son *Sensorium*, voit intimement les choses en elles-mêmes, les aperçoit, les comprend entièrement & à fond, parce qu'elles lui sont immédiatement présentes ? [...] Quoique chaque pas que nous faisons réellement dans cette Philosophie ne nous conduise pas immédiatement à la connaissance de cette *Cause Première*, il nous en rapproche toujours plus ; & par cette raison, c'est une manière de philosopher très estimable[66]. »

Ce n'est pas un vain mot que de dire que Newton s'élève du Monde à Dieu, car force est de constater que ce sont les questions proprement cosmologiques qui débouchent directement sur l'existence et sur l'action de Dieu. À cet égard, Newton invoque comme preuve de l'existence de Dieu la répartition des planètes autour du Soleil, la distribution équilibrée des étoiles fixes dans l'immensité spatiale ainsi que la grande stabilité de l'Univers qui ne pourraient s'expliquer par des causes secondes d'ordre mécanique ni par la fortuité. En fait les diverses planètes du système solaire, avec leur cortège de satellites, ainsi que les comètes, se perturbent mutuellement puisque la force d'attraction est une force d'interaction. La conséquence est que si la vitesse orbitale de ces différents corps célestes diminue sous l'action de ces perturbations, elle risque d'être insuffisante pour pouvoir contrebalancer la force d'attraction et tout le système solaire devrait nécessairement finir par s'effondrer sur la masse du Soleil. La même remarque s'applique naturellement aux autres soleils que sont toutes les étoiles fixes. En effet, comme le « mouvement est beaucoup plus sujet à périr qu'à être produit ; il va toujours en dépérissant[67] ». Par conséquent, la conservation de la quantité globale de mouvement dans l'Univers requiert une intervention divine juste après l'instant initial de la Création. Autrement dit, Newton, qui a réussi à analyser les principaux mouvements que

66. NEWTON, *Traité d'optique*, 2ᵉ éd. angl. 1717, rééd. 1718, trad. fr. Coste, 1722², rééd. fac-similé, Paris, Gauthier-Villars, 1955, Livre III, Question XXVIII (c'est-à-dire *Question* 20 de l'édition latine de 1706), p. 444-446.

67. NEWTON, *Traité d'optique*, trad. fr. Coste, 1722², rééd. fac-similé, Paris, Gauthier-Villars, 1955, Livre III, Question XXXI (c'est-à-dire *Question* 28 de l'édition latine de 1706), p. 483.

comprend le système solaire, n'est pas parvenu à rendre compte de la stabilité de sa structure, ni de l'ordre total de l'Univers. Aussi, pour lever cette difficulté, Newton reconnaît que Dieu doit « remettre en ordre » de temps à autre les objets de sa création, sinon celle-ci irait d'elle-même à sa propre perte : il arrive que « le système ait besoin d'être réformé[68] ». Bien que les lois du monde matériel soient essentiellement mécaniques, l'ordre total de l'Univers dépend d'une cause qui n'est pas en elle-même mécanique[69]. Certes, il faut reconnaître que ce n'est pas cet aspect de l'œuvre de Newton que retint la postérité ; celle-ci vit plutôt dans la mécanique newtonienne une des premières formes du positivisme où règnent en maîtres l'observation et le calcul.

Tout l'édifice cosmique porte en quelque sorte témoignage en faveur de l'existence d'un agent omniscient, omnipuissant qui ne peut être autre que Dieu. Le Scolie Général, qui vient clore le Livre III des *Principia*, constitue une sorte d'apothéose finale du système du Monde où la pensée s'abîme dans la contemplation de l'ordre cosmique dont elle comprend désormais l'unité, la complexité et la précarité. Cependant, c'est aussi un aveu d'impuissance, car Newton reconnaît que les principes de sa mécanique ne peuvent rendre compte à eux seuls de la formation de l'Univers, de sa stabilité, ni de sa destination. Mais il serait mal venu d'interpréter cet aveu d'impuissance en termes d'échec, car Newton se réjouit au contraire de constater que sa philosophie naturelle conduit immanquablement à Dieu. La structure de l'Univers rend manifestes le choix et la finalité d'un Agent intelligent :

> « Les projectiles n'éprouvent ici-bas d'autre résistance que celle de l'air, & dans le vuide de Boyle la résistance cesse, en sorte qu'une plume & de l'or y tombent avec une égale vitesse. Il en est de même des espaces célestes au-dessus de l'atmosphère

---

68. NEWTON, *Op. cit.*, p. 489.

69. NEWTON, *Op. cit.*, p. 489 : « Il semble que toutes les choses matérielles aient été composées de ces Particules dures & solides [...] diversement assemblées dans la première formation des Choses par la direction d'un Agent intelligent : c'est à celui qui créa ces Particules, qu'il appartenait de les mettre en ordre. »

de la terre, lesquels sont vuides d'air : tous les corps doivent se mouvoir très-librement dans ces espaces ; & par conséquent les planètes & les comètes doivent y faire continuellement leurs révolutions dans des orbes donnés d'espèce & de position, en suivant les loix ci-dessus exposées. Et elles doivent continuer par les loix de la gravité à se mouvoir dans leurs orbes, mais la position primitive & régulière de ces orbes ne peut être attribuée à ces loix. Les six planètes principales font leurs révolutions autour du Soleil dans des cercles qui lui sont concentriques, elles sont toutes à peu près dans le même plan, & leurs mouvements ont la même direction. Les dix Lunes qui tournent autour de la Terre, de Jupiter & de Saturne dans des cercles concentriques à ces planètes, se meuvent dans le même sens & dans les plans des orbes de ces planètes à peu près. Tous ces mouvements si réguliers n'ont point de causes méchaniques ; puisque les comètes se meuvent dans des orbes fort excentriques, & dans toutes les parties du ciel. [...] Cet admirable arrangement du Soleil, des planètes et des comètes, ne peut être que l'ouvrage d'un être tout-puissant et intelligent < *could only proceed from the counsel and dominion of an intelligent and powerful Being* >. Et si chaque étoile fixe est le centre d'un système semblable au nôtre, il est certain, que tout portant l'empreinte d'un même dessein tout doit être soumis à un seul et même Être : car la lumière que le Soleil et les étoiles fixes se renvoient mutuellement est de même nature. De plus, on voit que celui qui a arrangé cet Univers, a mis les étoiles fixes à une distance immense les unes des autres, de peur que ces globes ne tombassent les uns sur les autres par la force de leur gravité[70]. »

D'ailleurs, c'est ce genre de démarche que les successeurs de Newton appelleront la physico-théologie et qui ne cessera de se développer au cours du XVIIIᵉ siècle, non seulement en Angleterre, mais aussi sur tout le continent, comme nous le verrons par la suite. En somme, il suffisait à Newton de montrer que la loi de l'attraction est universellement applicable à tous les phénomènes mécaniques pour prouver qu'ils « portent l'empreinte d'un même dessein[71] ». Enfin, l'universalité de la loi de l'attraction ne signifie nullement que les phénomènes et les êtres créés soient uniformes, car l'extrême diversité qui caractérise la création dans

70. Newton, *Principia*, Livre III, trad. fr. par Mme du Châtelet, Paris, 1759, rééd. Blanchard, 1966, t. II, p. 174-175.
71. Newton, *Ibid.*, Livre III, Scolie Général, p. 175.

son ensemble nécessite, davantage que la morne uniformité, l'intervention d'un être tout-puissant et infiniment Sage qui obtient ainsi un maximum d'effets à partir d'un minimum de lois, de forces, de causes secondaires, c'est-à-dire de moyens[72].

Le Dieu horloger de Newton domine son ouvrage qu'il contrôle en le réparant constamment. Il possède les attributs traditionnels du Dieu transcendant, car il est l'Architecte du Monde et son Législateur, c'est-à-dire « au-dessus de tout ». Sa Bonté et sa Justice infinies ne peuvent être le propre que d'un être qui possède une personnalité et une unité spirituelles. Le plus éminent de ses attributs est la domination sur l'ensemble de sa Création, ce qui le rend digne de respect et d'adoration : Dieu est le Seigneur et Maître de toutes choses :

> « Cet Être infini gouverne tout, non comme l'âme du Monde, mais comme le Seigneur de toutes choses. Et à cause de cet empire, le Seigneur-Dieu s'appelle *pantokravtwr*, c'est-à-dire le *Seigneur universel*. Car *Dieu* est un mot relatif & qui se rapporte à des serviteurs : & l'on doit entendre par divinité la puissance suprême non pas seulement sur des êtres matériels, comme le pensent ceux qui font Dieu uniquement l'âme du monde, mais sur des êtres pensants qui lui sont soumis. Le Très-Haut est un Être infini, éternel, entièrement parfait : mais un Être, quelque parfait qu'il fût, s'il n'avait pas de dénomination, ne serait pas Dieu. Car nous disons, *mon Dieu, votre Dieu, le Dieu d'Israël, le Dieu des Dieux, & le Seigneur des Seigneurs,* [...] mais nous ne disons point, *mon infini*, ni *mon parfait*, parce que ces dénominations n'ont pas de relation à des êtres soumis. Le mot Dieu signifie quelquefois le Seigneur. Mais tout Seigneur n'est pas Dieu. La domination d'un Être spirituel est ce qui constitue *Dieu* : elle est vraie dans le vrai Dieu, elle s'étend à tout dans le Dieu qui est au-dessus de tout, & elle est seulement fictive & imaginée dans les faux Dieux. Il suit de ceci que le vrai Dieu est un Dieu vivant, intelligent, & puissant ; qu'il est au-dessus de tout, & entièrement parfait[73]. »

---

72. Ces arguments assez fréquents dans l'œuvre de Newton se retrouvent aussi dans le *Bref exposé de la Vraie Religion*, publié in *Isaac Newton's Theological Manuscripts*, Herbert Maclachlan, Liverpool, 1950.

73. Newton, *Principia*, Livre III, Scolie Général, trad. fr. par Mme du Châtelet, Paris, 1759, rééd. Blanchard, 1966, t. II, p. 175-176.

Curieusement, Newton ajoute, à cette énumération, d'autres attributs qui en font un être plutôt immanent cette fois : l'omniprésence dans le temps et dans l'espace infinis. D'ailleurs, Newton déclare que « tout est mu et contenu en Lui » :

> « Il est éternel & infini, tout-puissant & omniscient, c'est-à-dire qu'il dure depuis l'éternité passée & dans l'éternité à venir, & qu'il est présent partout [dans] l'espace infini : il régit tout ; & il connaît tout ce qui est & tout ce qui peut être. Il n'est pas l'éternité ni l'infinité, mais il est éternel & infini ; il n'est pas la durée ni l'espace, mais il dure & est présent ; il dure toujours & il est présent partout ; il est existant toujours & en tout lieu, il constitue l'espace & la durée. Comme chaque particule de l'espace existe toujours, & que chaque moment indivisible de la durée dure partout, on ne peut pas dire que celui qui a fait toutes choses & qui en est le Seigneur n'est *jamais & nulle part*. Toute âme qui sent en divers temps, par divers sens, & par le mouvement de plusieurs organes, est toujours une seule & même personne indivisible. [...] Ainsi Dieu est un seul & même Dieu partout & toujours. Il est présent partout, non seulement *virtuellement*, mais *substantiellement*, car on ne peut agir où l'on n'est pas. Tout est mû & contenu dans lui, mais sans aucune action des autres êtres sur lui. Car Dieu n'éprouve rien par le mouvement des corps : & sa toute-présence ne leur fait sentir aucune résistance, il est évident que le Dieu suprême existe nécessairement : & par la même nécessité il existe partout & toujours[74]. »

Comme on peut le constater, Newton répond à la fin de ce texte aux réserves que Descartes avait affichées expressément à l'égard de la théologie de More en disant que Dieu est étendu en puissance < *ratione Potentiae* >, mais pas à raison de son essence < *ratione suae essentiae* >[75]. L'ubiquité et l'omniprésence divine sont donc réellement requises par la physique et la cosmologie de Newton afin que tous les mouvements des corps restent constamment soumis aux lois mathématiques de la nature.

---

74. NEWTON, *Ibid.*, p. 176-177.
75. Cf. DESCARTES, lettres à Henry More d'avril et août 1649 déjà citées ci-dessus, cf. n. 34, 35, 36.

ÉCLAIRCISSEMENTS MÉTAPHYSIQUES
DU DOCTEUR SAMUEL CLARKE SUR L'INFINITÉ DIVINE,
MATHÉMATIQUE ET COSMOLOGIQUE

Après de brillantes études à Norwich, puis à Cambridge (1690-1696), au cours desquelles il assimila le contenu des *Principia* de Newton, Samuel Clarke fit la connaissance du théologien arianiste et physicien William Whiston ainsi que de John Moore, évêque de Norwich, qui lui inspirèrent un vif intérêt pour l'Église primitive. Cependant, son premier ouvrage fut consacré à retraduire dans un latin clair (mais en introduisant dans ses notes un esprit profondément newtonien) la *Physique* du philosophe cartésien Jacques Rohault. Ce manuel resta en usage à Cambridge pendant plus de trente ans[76].

Pourtant, ce ne sont pas ses travaux scientifiques qui lui assurèrent tout d'abord la célébrité, mais plutôt les sermons qu'il prononça à Norwich et qui lui valurent l'honneur d'être élu (en 1704, puis en 1705) aux prestigieuses *Boyle Lectures*. Le contenu de ces seize sermons fut publié sous les deux titres suivants : *A Demonstration of the Attributes of God* et *A Defense of Natural and Revealed Religion*. L'année suivante, Clarke fut chargé, par Isaac Newton en personne, de traduire son *Opticks* en latin[77] afin d'en assurer une plus large diffusion dans l'Europe savante. Esprit réputé pour sa pénétration et sa clarté, Samuel Clarke fut également chargé de combattre le matérialisme de Henry Dodwell et d'Anthony Collins, du moins en ce qui concerne l'essence de l'âme et la question de son immortalité. L'ascension de Clarke dans la hiérarchie ecclésiastique le conduisit rapidement à la charge prestigieuse de recteur de Saint James à Westminster. Toutefois, l'arianisme latent de ses écrits ne passa pas inaperçu

---

76. Samuel CLARKE, *Jacobi Rohaulti, Physica ; latine vertit Samuel Clarke, recensuit et uberioribus, ex illustrissimi Isaac Newtoni philosophia maximam partem hausti, amplificavit et ornavit*, London, 1697.

77. NEWTON, *Optice, sive de reflexionibus, refractionibus, inflexionibus et coloribus [...] authore Isaaco Newton, equite aurato, vertit Samuel Clarke*, London, 1706.

puisqu'il lui fut signifié en 1714 de ne plus rien enseigner ou publier sur la question de la Sainte Trinité.

a) Le concept d'infini actuel
n'est pas contradictoire en soi

Les principales idées de Samuel Clarke sur le statut ontologique de l'infini sont antérieures à sa correspondance avec Leibniz ; elles sont même antérieures à sa traduction latine de l'*Opticks* de son ami Newton qu'il publia en 1706. En effet, celles-ci avaient été largement développées à l'occasion des sermons qu'il prononça dans le cadre des *Boyle Lectures* en 1704. C'est ainsi, par exemple, que l'on trouve des précisions très éclairantes sur sa conception philosophique de l'infini (à laquelle Newton semble avoir sous-crit sans réserve) dans le texte qui reproduit la première série des sermons de 1704, intitulée un peu différemment, à savoir : *The Being and Attributes of God*.

L'objet de cet ouvrage était de démontrer, d'une part, l'exis-tence de Dieu à partir de la contingence du Monde et, d'autre part, que son essence infinie ne tombe pas sous le coup des diffi-cultés que certains opposants croyaient pouvoir relever dans l'idée d'infinité. Clarke devait tout d'abord écarter les apories de l'infini afin de pouvoir affirmer sans contradiction l'existence d'un Dieu transcendant et infini, tout en réfutant par la même occasion le déisme et le matérialisme des athées.

Clarke entend démontrer que « quelque chose doit être actuel-lement infinie[78] », c'est-à-dire qu'elle doit posséder une infinité existant *en acte*. Or, avant même d'entrer dans le processus probatoire, il convient d'écarter toutes les objections erronées qui prétendent que l'idée d'un infini actuel s'empêtre dans des apories, des paradoxes et des contradictions insurmontables. Pour Samuel Clarke, les apories de l'infini ne sont pas inhé-rentes à son concept, mais proviennent de ce que l'on applique

---

78. CLARKE, *The Being and Attributes of God*, 1704 ; trad. fr. A. Jacques, in *Œuvres philosophiques de S. Clarke*, Paris, Charpentier, 1843, ch. II, p. 15.

à ce qui relève de l'infini des concepts qui ne conviennent qu'au domaine du fini. Sur ce point, il rejoint (malgré lui) la position que Spinoza avait déjà adoptée dans sa célèbre lettre à Louis Meyer[79]. Bien que pour illustrer son propos Clarke ne fasse appel qu'à des exemples mathématiques (tout à fait élémentaires), il affirme dès le départ que ces difficultés (ou pseudo-difficultés) sont d'ordre métaphysique, en sous-entendant par là que ses adversaires fondent leurs objections sur des prémisses métaphysiquement erronées. Ce sont évidemment les conséquences de ces prémisses ou de ces postulats ontologiques fondamentaux qui sont ruineuses tant en mathématiques, qu'en cosmologie et en théologie. Il faut donc s'attaquer au mal à sa racine. Pour cela, il convient de montrer que le fini n'a aucune proportion avec l'infini. Certes, cette idée de Clarke n'est pas neuve, puisqu'elle figurait déjà comme une sorte d'axiome dans l'œuvre d'Aristote qui déclarait : « Entre le fini et l'infini, il n'existe aucune proportion concevable[80]. » Or, le Stagirite s'autorisait de cette incommensurabilité entre le fini et l'infini pour évincer l'infini purement et simplement de l'étude des phénomènes naturels et des mathématiques[81]. Clarke, en revanche, met l'accent sur la nécessité de séparer absolument les concepts qui s'appliquent à l'infini de ceux qui ne conviennent qu'au fini. L'idée d'infini, même d'infini en acte, est tout à fait valide dès l'instant qu'on lui applique un traitement conceptuel approprié :

> « Par exemple on prouve démonstrativement que quelque chose doit être actuellement infinie. On oppose d'un autre côté à cette vérité plusieurs difficultés métaphysiques qui ne viennent que de ce qu'on

79. Cf. J. Seidengart : *Dieu, l'Univers et la Sphère infinie*, Paris, Albin Michel, 2006, chap. V, p. 474 *sq.*

80. Aristote, *De cœlo*, I, 7, 275 a 13-14, trad. fr. Moraux, Paris, Les Belles Lettres, 1965, p. 23-24

< τὸ γὰρ ἄπειρον πρὸς τὸ πεπερασμένον ἐν οὐθενὶ λόγῳ ἐστίν >.

81. Comme on le sait, Aristote n'admettait que l'existence de l'infini en puissance. Or, même dans ce cas, il remarquait que les mathématiciens eux-mêmes n'avaient pas véritablement besoin de faire appel à l'infini, mais comme il dit in *Physique*, III, 7, 207 b 29-31, trad. Pellegrin, Paris, GF, 2002, p. 197, « ils ont seulement besoin qu'il existe une < droite > finie de la grandeur qu'ils veulent ».

applique à l'infini les mesures et les relations des choses finies, ce qui est absurde. On suppose que le fini est partie aliquote de l'infini, ce qui n'est pas, puisqu'il n'est à l'infini que comme le point mathématique est à la quantité, avec laquelle il n'a point de proportion[82]. »

L'expression de Clarke est très explicite : « Le fini ne peut être partie aliquote de l'infini », car si c'était le cas, il faudrait pouvoir exprimer par un nombre entier (fini) le nombre exact de parties finies comprises en un tout infini, ce qui implique contradiction. Reprenant sans le nommer l'argument de Galilée[83], Clarke montre clairement que les concepts *comparatifs* d'« égal » et d'« inégal », de nombre et de mesure qui entrent en jeu précisément dans la théorie des proportions, ne sont plus pertinents dès qu'on les applique à des grandeurs infinies ; d'où ce que l'on appelle les « paradoxes » de l'infini, mais qui sont fabriqués de toutes pièces à l'aide d'une argumentation impropre :

> « On s'imagine encore que tous les infinis sont égaux, ce qui est manifestement faux dans les disparates, puisqu'une ligne infinie est infiniment moindre qu'une surface infinie, et qu'une surface infinie est infiniment moindre qu'un espace infini, suivant toutes ses dimensions. Il est donc clair que toutes les difficultés métaphysiques, fondées sur de fausses suppositions de la nature de celles que je viens de rapporter, n'ont aucune force et ne méritent pas qu'on s'y arrête. De plus, on démontre mathématiquement que la quantité est divisible à l'infini. Il faut donc rejeter comme entièrement faibles et vaines toutes les objections qu'on fait sur ces vérités démontrées, tant que celles qui supposent que les sommes totales de tous les infinis sont égales, ce qui est manifestement faux à l'égard des parties disparates, que celles que l'on tire de la prétendue égalité ou inégalité

82. CLARKE, *The Being and Attributes of God*, 1704 ; trad. fr. A. Jacques, in *Œuvres philosophiques de S. Clarke*, Paris, Charpentier, 1843, ch. II, p. 15.

83. Cf. GALILÉE, *Discorsi e dimostrazioni matematiche intorno a due scienze attenenti alla mecanica*, Leyde, 1638, Ed. Nat., VIII, p. 77-78 ; trad. fr. P. H. Michel in *Galilée : dialogues et lettres choisies*, Paris, Hermann, 1966, p. 256 : « Les difficultés de cet ordre proviennent de ce que nous raisonnons avec notre intelligence finie sur les infinis, leur donnant les mêmes attributs qu'aux choses finies et limitées, procédé injustifiable à mon sens, car j'estime que ces attributs de supériorité, d'infériorité et d'égalité ne conviennent pas aux infinis, dont on ne peut dire que l'un est plus petit, plus grand ou égal par rapport à l'autre. »

numérique des quantités inégales, puisque ces parties n'ont, à proprement parler, point de nombre déterminé, qu'au contraire, elles ont toutes des parties sans nombre. Demander si les parties des quantités inégales, qui n'ont absolument point de nombre sont égales en nombre, ou si elles ne le sont pas, c'est à peu près comme si l'on demandait si deux lignes infinies sont également longues ou si elles ne le sont pas ; c'est-à-dire si deux lignes qu'on suppose n'être point terminées se terminent au même point, ce qui est une question ridicule[84]. »

Il est tout à fait remarquable et digne d'être noté au passage que Clarke distingue clairement divers ordres d'infinités, ce qui permet de préparer le lecteur à une hiérarchisation des types d'infinis (mathématiques ou non). Clarke maintient un ordre là où les adversaires sombraient dans un confusionnisme généralisé. Ce qu'il faut écarter, ce n'est pas l'idée d'infini, mais les idées confuses sur sa nature. C'est là que Clarke va au-delà de Galilée, car il considère que l'idée d'infinité peut être, au moins en partie, appréhendée positivement par l'esprit humain.

84. CLARKE, *Op. cit.*, chap. II, p. 15. C'est toujours cette même démarche que suit Samuel Clarke qui explique un peu plus loin, ch. IV, p. 40 : « Toutes les quantités finies, quelles qu'elles soient, petites ou grandes, unies ensemble ou séparées, ont justement avec l'infini la même proportion que les points mathématiques ont avec la ligne, les lignes avec les surfaces, et les moments avec le temps, c'est-à-dire qu'elles n'ont ensemble aucune proportion. C'est donc se moquer des gens que de nier la possibilité d'un espace ou d'un temps infini, uniquement à cause de l'inégalité imaginaire du nombre de leurs parties finies, puisque ces parties n'en sont pas des parties constituantes, et qu'elles ne sont à leur égard que de purs néants. C'est tout comme si je niais la possibilité et l'existence d'une quantité finie et déterminée, sous prétexte de l'égalité ou de l'inégalité imaginaire du nombre des points ou des lignes mathématiques que cette quantité contient, puisque tant ces lignes que ces points sont, à proprement parler, absolument sans nombre. Il n'y a ni nombre ni quantité qui puisse être partie aliquote de l'infini ; il n'y en a point qui puisse entrer en comparaison avec l'infini, ni avoir aucune proportion avec lui, ni servir de fondement aux arguments où il est question de l'infini. »

b) L'infinité de l'Univers ne change rien
à sa contingence et requiert l'existence
d'un être nécessaire et immuable

Une fois ces précisions mises en place, Clarke passe à la preuve de l'existence de Dieu que la tradition appelait preuve *a contingentia mundi* et qui avait été employée habituellement dans une perspective finitiste. La question est de savoir si la preuve par la contingence du Monde reste concluante même dans le cas où l'on admettrait que l'Univers compte une infinité d'êtres dans l'espace et dans le temps. En effet, si l'on admet avec certains qu'il existe une infinité d'êtres dépendants et finis, la question de leur origine risque de se diluer et de se perdre dans « la nuit des temps » : car on sombre alors dans une régression causale à l'infini qui rend l'intervention d'une *Cause première* apparemment inutile et vaine. Ici, Clarke envisage une série causale infinie, puisque tout être contingent dépend nécessairement d'un autre être pour tirer de lui son existence et être causé. Aristote lui-même avait abordé cette question, sans admettre pour autant l'idée de création. D'une part, il considérait que le Monde est éternel *a parte ante* et *a parte post*, mais il exigeait d'autre part qu'à l'intérieur de la suite illimitée du temps la série des mouvements célestes du monde supralunaire qui durent éternellement possède elle-même une cause indépendante, car « il est nécessaire que tout ce qui est mû soit mû par quelque chose < ἅπαντα ἂν τὰ κινούμενα ὑπό τινος κινοῖτο >[85] ». D'où il concluait :

> « Il est impossible que les moteurs eux-mêmes mus par quelque chose d'autre soient en nombre infini < Ἀδύνατον γὰρ εἰς ἄπειρον ἰέναι τὸ κινοῦν καὶ τὸ κινούμενον ὑπ'ἄλλου αὐτό >, car dans les suites infinies il n'y a rien qui soit premier. [...] Il est nécessaire de s'arrêter et de ne pas aller indéfiniment < ἀνάγκη στῆναι καὶ μὴ εἰς ἄπειρον ἰέναι >[86]. »

---

85. Aristote, *Physique*, VIII, 7, 256a 14-15, trad. Pellegrin, Paris, GF, 2002, p. 406.
86. Aristote, *Physique*, VIII, 7, 256a 18-19 ; 29-30, trad. Pellegrin, Paris, GF, 2002, p. 406-407.

Dans la perspective de Clarke, ce qui est en question, ce n'est plus le problème de la cause du mouvement de ce qui est mû ni celui du rapport du mû à un premier moteur immobile, mais celui de la *série infinie des êtres créés* et dépendants avec la cause originelle de leur existence contingente : c'est-à-dire de la raison d'être de ce qui est contingent. La solution de Clarke consiste à faire valoir qu'une série infinie d'êtres contingents reste en elle-même contingente. À ce niveau, la détermination du tout n'est rien de plus ni d'autre que celle de ses parties, car la quantité des membres de la série (finie ou même infinie) ne change en rien son statut ontologique contingent :

> « Une succession infinie d'êtres dépendants, sans cause originale et indépendante, est donc la chose du monde la plus impossible. C'est supposer un assemblage d'êtres qui n'ont ni cause intérieure ni cause extérieure de leur existence, c'est-à-dire des êtres qui, considérés séparément, auront été produits par une cause (car on avoue qu'aucun d'eux n'existe nécessairement et par lui-même), et qui, considérés conjointement, n'auront pourtant été produits par rien ; ce qui implique contradiction. Or, s'il y a de la contradiction à s'imaginer qu'il en est ainsi maintenant, il n'y en a pas moins à supposer que les choses ont été ainsi de toute éternité, puisque le temps ne fait rien à l'affaire. Il s'ensuit donc qu'il faut de toute nécessité qu'un tel Être immuable et indépendant ait existé de toute éternité. Supposer une succession infinie d'êtres dépendants et sujets au changement, dont l'un a été produit par l'autre dans une progression à l'infini, sans aucune cause originale, n'est autre chose que reculer l'objection pas après pas, et faire perdre de vue la question touchant le fondement et la raison de l'existence des choses. C'est réellement et en fait d'argumentation, la même supposition que si l'on supposait un être continu, d'une durée sans commencement ni fin, qui ne serait ni nécessaire ni existant par lui-même, et dont l'existence ne serait fondée sur aucune cause existant par elle-même. Ce qui est directement absurde et contradictoire[87]. »

Autrement dit, l'erreur suprême en métaphysique pour Clarke serait de confondre ou de considérer comme convertibles

---

87. CLARKE, *Op. cit.*, ch. III, p. 17.

les notions d'infinité et d'aséité. L'infinité n'est pas l'apanage de l'être nécessaire, c'est-à-dire de l'être qui existe nécessairement *par lui-même*, elle peut être attribuée également, mais d'une autre façon, au Monde créé. L'infini créé, s'il existe, n'en est pas moins *dépendant* : qu'il soit infini ou non, l'Univers est à jamais contingent. Cette dépendance n'est pas de l'ordre de la spatio-temporalité, contrairement à ce que l'on pourrait croire si l'on s'en tenait à une conception simpliste de l'idée de Création, mais de l'ordre ontologique du fondement. À ce niveau, Clarke admet deux types d'infinités : celle de l'*être nécessaire* et celle qui s'applique à l'uni-totalité des *êtres contingents*. Mieux, c'est l'infinité des êtres contingents qui implique nécessairement, du fait même de sa réalité effective, l'existence d'un être nécessaire et non dépendant ou autosuffisant, c'est-à-dire qui porte en soi-même sa propre raison d'être. En effet, par définition, ce qui est contingent peut aussi bien être que n'être pas, donc s'il existe des êtres contingents il faut nécessairement une raison (transcendante) qui puisse rendre compte pourquoi il en est ainsi plutôt qu'autrement. Sur ce point, l'argumentation du docteur Clarke a des résonances étrangement leibniziennes :

> « J'argumente d'une autre manière, et je dis qu'il faut reconnaître qu'il y a toujours eu un être indépendant et immuable, de qui tous les autres êtres tirent leur origine, ou admettre une succession infinie d'êtres dépendants et sujets au changement, qui se sont produits les uns les autres dans un progrès à l'infini, sans aucune cause première et originale. Suivant cette dernière supposition, il n'y a rien dans l'Univers qui existe par lui-même et nécessairement. Or, si rien n'existe nécessairement, il est évident qu'il est tout aussi possible que rien n'ait existé de toute éternité, qu'il est possible que cette succession d'êtres changeants et muables aient eu l'existence. Mais cela supposé, je voudrais bien qu'on me dise par qui et comment cette succession d'êtres a été de toute éternité plutôt déterminée à être qu'à n'être pas. Ce n'a pas été une affaire de nécessité, puisque par la supposition même, ces êtres ont aussi bien pu n'exister pas qu'exister. Ce n'a pas été un coup du hasard ; car le hasard est un nom vide de sens, un grand mot qui ne signifie rien. Ce n'a pas été enfin l'ouvrage de quelque autre être, puisqu'on suppose qu'il n'y en avait auparavant aucun. [...] D'où je conclus, comme ci-dessus,

qu'il faut nécessairement qu'un être immuable et indépendant ait existé de toute éternité[88]. »

Malgré la solidité de l'argumentation *a contingentia mundi* suivie par Clarke ici, qui reste très fidèle à la tradition sur ce point, on peut regretter qu'il se soit dispensé de prouver l'infinité de l'Univers, en se contentant de montrer simplement que celle-ci n'implique point de contradiction *in terminis* et qu'elle ne constitue pas une réelle menace pour les preuves de l'existence de Dieu. Tout au plus trouve-t-on chez Clarke la preuve apagogique qui consiste à s'appuyer sur l'impensabilité d'un Univers fini pour affirmer, en vertu de la logique du tiers exclu, son infinité spatio-temporelle :

> « Je trouve, dis-je, quoi que je fasse, les idées de l'infinité et de l'éternité si bien imprimées dans mon âme, que je ne puis m'en défaire, c'est-à-dire que je ne puis pas supposer, sans tomber dans une contradiction dans les termes mêmes, qu'il n'y a point d'êtres dans l'Univers en qui ces attributs sont nécessairement inhérents. [...] Supposer l'immensité bannie de l'Univers, ou qu'elle n'est pas éternelle, est une supposition contradictoire[89]. »

Dès lors, dans cette perspective hautement infinitiste se pose la redoutable question de la *création*, c'est-à-dire d'un commencement de l'Univers. Certes, l'idée d'un Univers dont la durée *a parte post* est illimitée n'est pas impensable et même acceptable pour la théologie révélée. Toutefois, la question de savoir si l'Univers a commencé ou bien s'il a toujours existé ne relève pas de la philosophie naturelle ou de la seule raison, mais de la seule Révélation. Pour la seule raison cette question est proprement indécidable[90]. Il serait naïf, ou au pire malhonnête, de prétendre

---

88. CLARKE, *Op. cit.*, ch. III, p. 18.
89. CLARKE, *Op. cit.*, ch. IV, p. 20.
90. À ce propos, Clarke fait appel à l'histoire de la philosophie ancienne pour justifier la perplexité de la raison sur cette difficile question, car les Anciens avaient d'aussi bonnes raisons pour plaider en faveur de l'éternité du monde que pour affirmer qu'il a dû avoir un commencement, cf. *Op. cit.*, ch. IV, p. 34 : « Chez les philosophes anciens : quelque chose doit avoir été de toute éternité et

(comme le fait le néoplatonicien de Cambridge, Cudworth) que la raison s'empêtre dans des paradoxes ou des apories lorsqu'elle adopte une perspective éternaliste, ce qui devrait incliner selon lui à admettre plutôt le point de vue créationniste, c'est-à-dire l'idée que l'Univers a dû avoir un commencement *a parte ante* :

> « Mais ces questions, en quel temps le Monde a-t-il été créé ? La création a-t-elle été faite, à proprement parler dans le temps ? Ces questions, dis-je, ne sont nullement faciles à décider par la raison (comme il paraît par la diversité des opinions que les anciens philosophes ont eues sur cette matière), ce sont des choses dont il a fallu chercher la décision dans la Révélation. Ceux qui s'efforcent de prouver qu'un espace infini ou une durée infinie sont des chimères fondées sur l'impossibilité qu'une addition de parties finies compose ou épuise jamais l'infini (Cudworth, *System*, p. 643), qui objectaient l'inégalité imaginaire du nombre des années, des jours et des heures contenus dans un temps infini, ou l'inégalité des lieues, des toises et des pieds contenus dans un espace infini ; ces gens-là, dis-je, errent parce qu'ils supposent faux. Ils supposent que les infinis sont composés de parties finies, c'est-à-dire que les quantités finies sont des parties aliquotes ou parties constituantes de l'infini, ce qui n'est pas [91]. »

Clarke a clairement montré que les parties finies que contient une grandeur infinie sont sans nombre, donc il serait absurde de parler d'inégalité puisque l'on ne peut procéder à des comparaisons entre des grandeurs incommensurables. De même qu'il y a incommensurabilité entre le fini et l'infini, il doit y avoir également incommensurabilité entre l'infini contingent et l'infini nécessaire, ce qui constitue pour nous le propre de la transcendance divine.

---

l'Univers 1°) n'a pas pu sortir du néant : c'est à quoi aboutissent tous les arguments d'Ocellus Lucanus. 2°) Les autres (Aristote) le monde est une production éternelle et nécessaire, sortie de la toute-puissance essentielle et immuable de la nature divine. 3°) Les autres enfin ont dit que le monde était une émanation éternelle et volontaire de la cause suprême infiniment sage (platoniciens). »
91. Clarke, *Op. cit.*, ch. IV, p. 40-41.

*c) Les deux formes d'infinités : l'infinité de plénitude
ou d'immensité et l'Univers illimité*

Comme tous les partisans de l'infinité cosmique, Clarke doit mettre en place un ensemble de distinctions clairement définies afin d'éviter toute confusion possible entre l'infinité divine et l'infinité de l'Univers créé, d'autant plus qu'il se proposait de combattre le matérialisme des athées, le déisme et le panthéisme d'un Spinoza. Donc il n'est pas question de laisser planer le moindre doute sur une éventuelle identification possible de Dieu et de l'Univers. Clarke se fait plus rigoureux dans son vocabulaire en montrant que l'infinité divine exclut d'elle tous les attributs de la matière. Tandis que la matière est composée, « l'être existant par lui-même doit être simple, immuable, incorruptible, sans parties, sans figure, sans mouvement et sans divisibilité[92] ». À cela s'ajoute surtout l'infinité de plénitude qui distingue à tout jamais le Créateur de sa création contingente :

> « De là, je conclus premièrement, que l'infinité de l'être existant par lui-même doit être une infinité de plénitude aussi bien que d'immensité, c'est-à-dire, que comme elle n'a point de bornes, elle n'est sujette ni à aucune diversité, ni à aucun défaut, ni à aucune interruption. Par exemple, qu'on suppose, si l'on veut, la matière illimitée, il ne s'ensuivra pas pour cela qu'elle soit infinie dans un sens de plénitude, puisqu'elle pourrait n'avoir point de bornes, et qu'il pourrait pourtant s'y rencontrer des vides. Mais ce qui existe par soi-même doit nécessairement exister également en tous lieux, et être présent également partout. Il a donc une infinité véritable, une infinité absolue de plénitude aussi bien que d'immensité[93]. »

L'infinité divine, prise au sens d'*immensité*, signifie donc une modalité exceptionnelle de son existence dans la mesure où

---

92. Clarke, *Op. cit.*, ch. VII, p. 50.
93. Clarke, *Op. cit.*, ch. VII, p. 40-50.

Dieu est actuellement présent partout et même tout entier en chaque point de l'espace, contrairement aux êtres contingents dont l'existence relative est prise dans un réseau de collocations déterminées par une succession de *hic et nunc* toujours provisoires. Toutefois, il serait téméraire de prétendre pouvoir aller plus loin dans la détermination du mode de la présence divine[94]. Bien qu'il fustige les scolastiques en leur reprochant d'avoir voulu comprendre la modalité de la présence divine, Clarke s'aventure lui-même sur ce terrain en précisant ce que signifie l'omniprésence de Dieu :

> « Ce qu'on peut dire là-dessus avec plus de certitude, qu'on ne craint pas que l'athée ose traiter d'absurde, et qui pourtant renferme tout ce qu'il nous importe de savoir, revient à ceci : qu'au lieu que les êtres créés et finis ne peuvent être présents que dans un seul lieu à la fois, et qu'au lieu que les êtres corporels ne sont dans ce lieu-là même que d'une manière très imparfaite et très inégale par rapport à leur pouvoir et à leur activité, qui ne se fait sentir que par le mouvement successif de leurs membres ou de leurs organes ; la cause suprême au contraire (qui possède une essence infinie et parfaitement simple et qui comprend en soi-même toutes choses d'une manière très éminente) ; la cause suprême, dis-je, est en tous temps également présente à chaque point de l'immensité, tout comme si l'immensité ne consistait réellement que dans un seul point, présente, au reste, en deux manières, et par son essence très simple, et par l'exercice immédiat de tous ses attributs[95]. »

L'infinité de l'Univers signifie au contraire que le nombre des créatures et l'extension spatiale sont illimités, c'est-à-dire dépourvus de bornes. Cette seconde forme d'infinité est en quelque sorte dérivée et n'exclut nullement de soi des manques,

---

94. Clarke, *Op. cit.*, ch. VII, p. 50-51 : « Mais s'agit-il de déterminer la manière de son infinité et comment il peut être présent partout, c'est ce que nos entendements bornés ne sauraient ni expliquer ni comprendre. La chose est cependant très véritable. Il est actuellement présent partout, et la certitude que nous avons de sa toute-présence va de pair avec celle de son infinité qui ne peut être niée par ceux qui font usage de leur raison, et qui ont médité sur ces choses. »

95. Clarke, *Op. cit.*, ch. VII, p. 51.

des imperfections, des limites internes, bref un certain déficit ontologique qui la rend dépendante de « l'infinité de l'être existant par lui-même ». En définitive, cette seconde forme d'infinité ne s'applique à aucun des êtres créés en particulier, car ils sont tous finis par définition, mais à l'ensemble des êtres créés en tant qu'ils constituent une totalité illimitée et pourtant contingente. En ce sens, il existe véritablement un infini cosmologique, et c'est pourquoi il n'était pas déplacé de partir de ce dernier pour prouver *a posteriori* l'existence de Dieu.

En revanche, une fois admise l'existence nécessaire de Dieu, Clarke a parfaitement raison de penser l'infinité de l'espace et de la durée à partir de l'infinité divine « éminente » qui en constitue le fondement ontologique, sans tomber dans un cercle logique : ainsi, le Monde est conçu dans sa cause. Toutefois, la connaissance des principaux attributs de Dieu et la démonstration de son existence ne nous permettent nullement d'en comprendre l'être ou l'essence :

> « L'espace infini n'est, après tout, qu'une idée abstraite de l'immensité, de la même manière que la durée infinie est une idée abstraite de l'éternité ; de sorte qu'on pourrait aussi vraisemblablement faire consister l'essence de la cause suprême dans l'éternité que dans l'immensité. La vérité est que l'une et l'autre ne sont que des attributs d'une essence qui nous est incompréhensible[96]. »

Tout ce que nous pouvons comprendre, c'est le lien indissoluble (c'est-à-dire nécessaire) qui unit les attributs divins les uns aux autres[97]. En ce sens, l'infinité divine et son existence *par soi* sont totalement convertibles, tandis que l'existence d'un infini

---

96. CLARKE, *Op. cit.*, ch. V, p. 44-45.
97. Cf. CLARKE, *Op. cit.*, chap. VII, p. 48 : « L'idée de l'infinité ou de l'immensité, aussi bien que celle de l'éternité, est si étroitement liée avec l'idée de l'existence par soi-même, que qui pose l'une pose nécessairement l'autre ; car puisqu'il est absolument nécessaire qu'il y ait un infini indépendamment et par lui-même (et peut-il y en avoir d'autre, à moins qu'on ne suppose un effet plus parfait que sa cause ?), puisque, dis-je, il doit y avoir un tel infini, il s'ensuit qu'il faut nécessairement qu'il existe par lui-même, et s'il existe naturellement par lui-même, il faut réciproquement qu'il soit infini. »

créé (l'Univers) implique nécessairement autre chose que soi dont il puisse tirer son être relatif. Mais une fois admises l'immensité et l'éternité de Dieu, il reste à déterminer la nature de l'infini extensif qui est en lui-même dépourvu de l'absolue plénitude de la présence divine. Ce point fut développé surtout dans la correspondance que Clarke entretint avec Leibniz de 1715 à 1716.

d) L'infinité cosmique en question dans la correspondance Leibniz-Clarke

Dès 1704, Clarke se présentait déjà comme le défenseur de la métaphysique newtonienne contre Descartes, Spinoza, Hobbes et contre les déistes anglais. À cet égard, on peut dire que Clarke est resté fidèle toute sa vie à la philosophie des *Principia* de Newton. Toutefois, c'est dans les cinq échanges de lettres avec Leibniz que Clarke exposa de la façon la plus rigoureuse les grandes lignes de sa conception de l'Univers (espace, temps, mouvement absolu), de l'âme (immatérialité et immortalité), de la liberté et de Dieu (sa Providence, son autosuffisance, son immensité et son éternité).

Leibniz et Clarke ne sont ni l'un ni l'autre à l'origine de cette correspondance. Mises à part d'anciennes querelles au sujet de la priorité de la découverte du calcul infinitésimal remontant déjà à plus de trente années, Leibniz entretenait des rapports épistolaires avec Newton qui ne manquaient ni de courtoisie ni d'une certaine cordialité. Ce sont les newtoniens de la *Royal Society* comme John Keil qui provoquèrent Leibniz ouvertement dans des déclarations publiques officielles et dans des pamphlets au début du xviiie siècle. Même le grand Newton finit par suivre ce courant violemment anti-leibnizien dans un écrit de 1714. Le décès de la reine Anne en août 1714 et l'accession du duc de Hanovre (dont Leibniz avait été le conseiller) au trône d'Angleterre sous le nom de Georges Ier ne manquèrent pas de donner une tournure politique à cette querelle. Ce fut l'intervention efficace de la princesse de Galles, Caroline von Anspach, élève et amie de Leibniz, qui permit de dépasser les rivalités de personne et de déboucher sur une véritable controverse philosophique faisant place aux seuls principes et à leurs conséquences nécessaires dans un appareil probatoire cohérent. Le roi Georges Ier décida que Clarke (qui était également ami de la princesse de Galles) se chargerait de défendre la philosophie anglaise face à Leibniz, tandis que Newton se chargerait plus particulièrement des questions de physique et de mathématiques.

Dans cet échange de lettres, Leibniz ouvrit la controverse par une attaque dirigée contre le système du Monde newtonien :

> « M. Newton et ses sectateurs ont encore une fort plaisante opinion de l'ouvrage de Dieu. Selon eux, Dieu a besoin de remonter de temps en temps sa montre. [...] Il est obligé de la décrasser de temps en temps par un concours extraordinaire et même de la raccommoder. [...] Selon mon sentiment, la même force et vigueur y subsiste toujours, et passe seulement de matière en matière, suivant les lois de la nature, et le bel ordre préétabli[98]. »

Du premier au cinquième et dernier échange, la correspondance gagne en ampleur et en profondeur, si bien que ce sont deux conceptions de l'Univers qui viennent s'opposer point par point. En effet, Leibniz rejette l'attraction newtonienne entendue comme action à distance, car il voit en elle le retour aux forces occultes si laborieusement écartées par Descartes. De même il rejette l'idée chère aux *Principia* d'un espace, d'un temps et d'un mouvement absolus, tout en refusant de lier, comme le fait Clarke, l'immensité divine à l'infinité spatiale et l'éternité de Dieu à la durée infinie *a parte post* de l'Univers. Pour Leibniz au contraire, l'*espace* qu'étudie l'*analysis situs* n'est qu'une *entité relationnelle* et relative aux êtres dont il définit l'*ordre de coexistence*[99] : c'est le phénomène des rapports dyna-

---

98. Leibniz, *Premier Écrit*, in *Correspondance Leibniz-Clarke*, éd. Robinet, Paris, PUF, 1957, p. 23.
99. Cf. Leibniz, *Quatrième Écrit*, (9), in *Correspondance Leibniz-Clarke*, éd. Robinet, Paris, PUF, 1957, p. 85-87 : « Si l'espace infini [...] est vuide, il sera un attribut sans sujet, une étendue d'aucun étendu. C'est pourquoy en faisant de l'espace une propriété, l'on tombe dans mon sentiment qui le fait un ordre des choses ; et non pas quelque chose d'absolu. »

miques qu'entretiennent mutuellement les substances. Il en va de même pour le *temps* qui « ne saurait être qu'une chose idéale[100] » et définit l'ordre des *existences successives*. L'espace et le temps ne sauraient donc être antérieurs à la Création puisqu'ils ne sont que des systèmes de relations entre choses créées, en ce sens l'espace et le temps absolus newtoniens ne sont que de pures fictions.

Pour Clarke, qui est ici le porte-parole officiel de Newton[101], l'attraction newtonienne n'est pas un « miracle », c'est un phénomène naturel, accessible à l'expérimentation et mesurable, bien qu'il ne soit pas proprement mécanique et que sa cause en soit encore inconnue. En revanche, c'est « l'hypothèse de l'harmonie préétablie qui n'est qu'une pure fiction et un songe[102] ». Quant à l'autarcie nécessaire de la nature dont Leibniz se vante d'être le défenseur, elle a pour conséquence impie d'exclure Dieu de l'Univers ou, du moins, de le réduire à une totale passivité, ce qui est à la fois contraire à la religion (Providence) et à la physique newtonienne (qui rend l'Univers dépendant de Dieu en raison de la diminution de la force active)[103].

En ce qui concerne l'*espace*, Clarke affirme qu'il est éternel et incréé, car c'est le *sensorium Dei*, suivant l'expression même

---

100. LEIBNIZ, *Cinquième Écrit*, sur 10 (49), in *Correspondance Leibniz-Clarke*, éd. Robinet, Paris, PUF, 1957, p. 147.

101. LEIBNIZ, comme il le précise explicitement dans sa lettre à Rémond du 15 août 1716, éd. Gerhardt, *Philosophische Schriften*, t. III, p. 676 : « [...] M. Clarke, ou plustost M. Newton, dont M. Clarke soutient les dogmes, est en dispute avec moy sur la Philosophie ; nous avons déjà échangé plusieurs Écrits, et Madame la Princesse de Galles a la bonté de souffrir que cela passe par ses mains. »

102. CLARKE, *Cinquième Réponse*, § 110-116, in *Correspondance Leibniz-Clarke*, éd. Robinet, Paris, PUF, 1957, p. 208 : « [...] *The Hypothesis of an Harmonia praestabilita is merely a fiction and a dream.* »

103. Cf. CLARKE, *Troisième Réponse*, sur 13 & 14, in *Correspondance Leibniz-Clarke*, éd. Robinet, Paris, PUF, 1957, p. 71 : « *The Active Forces, which are in the Universe, diminishing themselves so as to stand in need of New impressions ; is no Inconvenience, no Disorder, no Imperfection in the Workmanship of the Universe ; but is the consequence of the nature of Dependent Things. Which Dependency of Things, is not a matter that wants to be Rectified. The Case of a Humane Workman making a Machine, is quite another thing : Because the Powers or Forces by which the Machine continues to move, are altogether independant on the Artificer.* »

qu'avait employée Newton dans son *Opticks*[104]. Comme on sait, Leibniz fut outré de voir ce terme sous la plume de Clarke, à tel point qu'il somma son correspondant d'en préciser le sens puisque le célèbre dictionnaire de Rudolphus Goclenius[105] ne lui reconnaissait d'autre acception possible que celle d'« organe de la sensation[106] ». Aussitôt, Clarke répliqua qu'il fallait prendre ce terme non pas dans le sens de Goclenius, mais dans celui de Newton qui se réfère à Scapula pour l'expliciter comme un *domicilium*, c'est-à-dire un réceptacle prêt à accueillir la matière lorsqu'il plaira à Dieu de la créer[107]. Mais il importait plus encore à Clarke d'écarter l'accusation de Leibniz qui prétendait :

> « Ces Messieurs soutiennent donc que l'Espace est un être réel absolu, mais cela les mène à des grandes difficultés. Car il paroist que cet Être doit être éternel et infiny. C'est pourquoy il y en a qui ont cru que c'estoit Dieu luy-même, ou bien son attribut, son immensité. Mais comme il a des parties, ce n'est pas une chose qui puisse convenir à Dieu[108]. »

Clarke ne pouvait supporter, en effet, de voir sa pensée et celle de Newton réduites à une sorte de spinozisme contre

---

104. Cf. NEWTON, *Optice, sive de reflexionibus, refractionibus, inflexionibus et coloribus [...] authore Isaaco Newton, equite aurato, vertit Samuel Clarke*, London, 1706, Question 20, p. 315 : « [...] *Atque annon ex Phaenomenis constat, esse Entem Incorporeum, viventem, intelligentem, omnipraesentem, qui in spatio infinito, tanquam sensorio suo, res ipsas intime cernat, penitusq. perspiciat, totasq. intra se praesens praesentes complectatur.* »

105. GOCLENIUS, *Lexicon philosophicum*, Francofurti, 1613.

106. LEIBNIZ, *Troisième Écrit*, (10), in *Correspondance Leibniz-Clarke*, éd. Robinet, Paris, PUF, 1957, p. 55 : « Il sera difficile de nous faire accroire, que dans l'usage ordinaire, SENSORIUM ne signifie pas l'organe de la sensation. Voicy les paroles de Rudolphus Goclenius [...] : v. SENSITERIUM [...] αἰσθητήριον *ex quo illi fecerunt Sensiterium, pro Sensorio, ID EST ORGANO SENSATIONIS.* »

107. CLARKE, *Troisième Réponse*, 10, in *Correspondance Leibniz-Clarke*, éd. Robinet, Paris, PUF, 1957, p. 70 : « *The question is not, what Goclenius, but what Sr Isaac Newton means by the word SENSORIUM. [...] Scapula explains it by Domicilium, the place where the mind resides.* »

108. LEIBNIZ, *Troisième Écrit*, (3), in *Correspondance Leibniz-Clarke*, éd. Robinet, Paris, PUF, 1957, p. 52-53.

lequel il s'est toujours élevé avec une extrême vigueur. Ici, il lui faut montrer que l'espace n'est pas identique à Dieu, bien qu'il en soit une propriété < *property* >. Certes, Dieu est *immense*, mais l'*immensité* divine n'est pas Dieu, car Dieu est la substance dont l'immensité est un attribut. Comme on le voit, la marge de manœuvre du porte-parole de Newton est devenue très restreinte sur ce point et Leibniz le sait bien, car on lit sous la plume de Clarke :

> « *Space is not a Being, an eternal and infinite Being ; but a Property, or a consequence of the Existence of a Being infinite and eternal. Infinite Space is Immensity : But Immensity is not God : And therefore Infinite Space is not God* [109]. »

Malgré toutes ses dénégations, Clarke défend une position qui admet finalement que Dieu est omniprésent et s'étend partout en longueur, largeur et profondeur, puisqu'il reconnaît ouvertement qu'il est absurde de vouloir distinguer l'immensité divine de l'infinité spatiale et l'éternité de Dieu de la durée illimitée :

> « *To say that Immensity does not signify Boundless Space, and that Eternity does not signify Duration or Time without Beginning and End, is (I think) affirming that words have no meaning* [110]. »

En cela, Clarke reste fidèle à la fois à Newton (qui avait dit la même chose dans le Scolie Général des *Principia* [111]) et à

---

109. CLARKE, *Troisième Réponse*, 3, in *Correspondance Leibniz-Clarke*, éd. Robinet, Paris, PUF, 1957, p. 69.

110. CLARKE, *Cinquième Réponse*, § 104-106, in *Correspondance Leibniz-Clarke*, éd. Robinet, Paris, PUF, 1957, p. 205. On peut aussi alléguer dans le même sens la formule qui figure dans la même Réponse au paragr. 36-48, p. 193 : « *Space [...] is always invariably the Immensity of one only and always the same Immensum.* »

111. NEWTON, *Principia*, Scholie Général du Livre III, rééd. Blanchard, Paris, 1966, t. 2, p. 176 : « Dieu [...] est éternel et infini, tout-puissant et omniscient, c'est-à-dire qu'il dure depuis l'éternité passée et dans l'éternité à venir, et qu'il est présent partout [dans] l'espace infini : il régit tout ; et il connaît tout ce qui est et tout ce qui peut être. Il n'est pas l'éternité ni l'infinité, mais il est éternel et infini ; il n'est pas la durée ni l'espace, mais il dure et est présent ; il dure

la patristique[112]. C'est plutôt la position *relativiste* ou *relationnelle* défendue par Leibniz qui échappait le mieux au risque de diviniser l'espace et le temps, car :

> « L'immensité et l'éternité de Dieu sont quelque chose de plus éminent que la durée et l'étendue des créatures [...]. Ces attributs divins n'ont point besoin des choses hors de Dieu, comme sont les lieux et les temps actuels. Ces vérités ont été assez reconnues par les Théologiens et par les Philosophes[113]. »

En définitive, Clarke admet, aussi bien que Leibniz, l'infinité de l'Univers, et tous deux distinguent clairement l'infinité cosmique des autres formes d'infinités et notamment de l'infinité divine. Tous deux admettent également que l'infinité extensive de l'Univers existe en acte puisque Leibniz définit l'espace comme « un Ordre de l'existence des choses qui se remarque dans leur simultanéité[114] », et que Clarke voit dans l'espace infini une réalité « Une et absolument Indivisible[115] ». Ce qui

toujours et est présent partout ; il est existant toujours et en tout lieu, il constitue l'espace et la durée. »

112. C'est ainsi qu'on lit chez Hugues de Saint-Victor, par exemple, in Migne, PL, t. 176, p. 224 a : « Du fait de son immensité, Dieu ne peut être absent d'un lieu, bien qu'il soit supérieur à toute localisation. » D'ailleurs, Clarke se réfère à la célèbre formule biblique qui figure dans les Actes des apôtres, XVII, 27, 28 : *In ipso enim vivimus, et movemur et sumus*, lorsqu'il écrit dans sa *Cinquième Réponse*, § 36-48, éd. Robinet, p. 193 : « [...] *the Immensity or Omnipresence of God* [...] *is not a mere Intelligentia Supramundana, is not far from every one of us ; for in Him We (and all things) Live And Move And Have our Being.* »

113. Leibniz, *Cinquième Écrit*, (106), in *Correspondance Leibniz-Clarke*, éd. Robinet, Paris, PUF, 1957, p. 172.

114. Leibniz, *Cinquième Écrit*, (29), in *Correspondance Leibniz-Clarke*, éd. Robinet, Paris, PUF, 1957, p. 135. Autrement dit, l'extension spatiale existe *tot et simul*, car les parties de l'espace coexistent simultanément et non pas successivement comme l'exigerait un infini potentiel. Leibniz ajoute à ce sujet (30), p. 136 : « Absolument parlant, il paroist que Dieu peut faire l'univers matériel fini en extension, mais le contraire paroist plus conforme à sa sagesse. »

115. Clarke, *Troisième Réponse*, 3, in *Correspondance Leibniz-Clarke*, éd. Robinet, Paris, PUF, 1957, p. 69 : « *For Infinite Space is One, absolutely & Essentially Indivisible ; And to suppose it Parted, is a contradiction in Terms ; because there must be Space in the Partition Itself ; which is to suppose it Parted, & yet Not parted at the same time.* »

oppose radicalement nos deux correspondants, ce n'est donc plus la question de l'infinité cosmique en elle-même, mais plutôt leur système du Monde respectif qui prend place au sein de cette infinité. En effet, Leibniz considère, en parlant du système newtonien que « la fiction d'un Univers matériel fini qui se promène tout entier dans un espace vuide infini, ne saurait être admise[116] ». D'une part cette limitation de la quantité globale de matière par Dieu est arbitraire (même si elle peut être un effet de sa toute-puissance) et ressortit plutôt de l'avarice du Créateur que de sa bonté infinie. De plus, elle implique nécessairement l'existence d'un espace vide extramondain et même intramondain qui viole le principe de Raison suffisante et celui des indiscernables. Ce n'est pas à dire que Leibniz identifie, comme Descartes, la matière et l'étendue, même s'il est comme lui pléniste et antivacuiste. En fait, le différend vient du statut relatif et relationnel que Leibniz confère à l'espace :

> « Je ne dis point que la matière et l'espace est la même chose ; je dis seulement qu'il n'y a point d'espace, où il n'y a point de matière ; et que l'espace en luy-même n'est point une réalité absolue. L'espace et la matière diffèrent comme le temps et le mouvement. Cependant ces choses quoyque différentes se trouvent inséparables[117]. »

C'est d'ailleurs la conception relativiste de l'*espace* que propose Leibniz ici qui permet d'éviter de placer celui-ci au niveau de Dieu, puisqu'il n'a d'existence idéale que relativement à l'ordre du créé dont il marque la coexistence simultanée. Ce n'est pas sans raison que Leibniz accuse Clarke et les newtoniens d'en revenir aux « plaisantes imaginations de feu M. Henry Morus[118] », c'est-à-dire d'avoir une conception mystique de l'espace. Curieusement, Clarke répond aux objections de Leibniz,

---

116. LEIBNIZ, *Cinquième Écrit*, (29), in *Correspondance Leibniz-Clarke*, éd. Robinet, Paris, PUF, 1957, p. 135.
117. LEIBNIZ, *Cinquième Écrit*, (62), in *Correspondance Leibniz-Clarke*, éd. Robinet, Paris, PUF, 1957, p. 155.
118. LEIBNIZ, *Cinquième Écrit*, (48), in *Correspondance Leibniz-Clarke*, éd. Robinet, Paris, PUF, 1957, p. 146.

mais ne juge pas utile de se prononcer sur la philosophie de son compatriote Morus, dont on retrouve de nombreux éléments chez Newton.

Toutefois, par-delà ces querelles concernant l'existence du vide et l'absoluité de l'espace, Leibniz reproche au newtonianisme de perdre de vue que l'Univers a dû avoir un commencement, puisqu'il a été créé. Or, nous avons vu que Clarke était perplexe au sujet du commencement de l'Univers, puisqu'il affirmait que, si l'on doit opter pour un commencement de celui-ci, ce n'est pas en vertu des enseignements de la Raison, mais de la seule Révélation. De son côté, Newton avait clairement admis l'infinité du temps *a parte ante* et *a parte post*. Mais Leibniz considérait quant à lui qu'il n'y avait aucune raison philosophique valable pour nier que l'Univers ait pu avoir un commencement, quoiqu'il possède une infinité temporelle *a parte post*. Chez Leibniz, comme chez Clarke aussi, l'infinité de l'Univers découle de l'infinité de son créateur, dont elle est en quelque sorte comme la marque. Ainsi Leibniz écrit en ce sens :

> « De l'étendue à la durée, *non valet consequentia* : quand l'étendue de la matière n'aurait point de bornes, il ne s'ensuit point que sa durée n'en ait pas non plus, pas même en arrière, c'est-à-dire qu'elle n'ait point eu de commencement. [...] Le commencement du monde ne déroge point à l'infinité de sa durée *a parte post*, ou dans la suite ; mais les bornes de l'Univers dérogeroient à l'infinité de son étendue. Ainsi il est plus raisonnable d'en poser un commencement, que d'en admettre des bornes ; à fin de conserver dans l'un et dans l'autre le caractère d'un auteur infini [119]. »

Pour l'un comme pour l'autre, la physique a donc partie liée avec la théologie. Or, c'est précisément la doctrine leibnizienne de l'harmonie préétablie qui représente aux yeux de Clarke le danger suprême de l'athéisme, car une fois posée la création : « Dieu est exclu du gouvernement du Monde ainsi que sa providence [...] et laisse toutes choses [...] se réaliser en vertu des lois purement

---

119. Leibniz, *Cinquième Écrit*, (74), in *Correspondance Leibniz-Clarke*, éd. Robinet, Paris, PUF, 1957, p. 160.

mécaniques[120]. » Enfin, soumettre la volonté divine au principe de raison suffisante, c'est l'assujettir à une loi de motivation qui ne peut convenir ni à sa toute-puissance, ni à sa totale liberté : c'est « voir en Dieu une balance, non un Agent[121] ».

Mais malgré la connaissance approfondie que chacun pouvait avoir de la pensée de l'autre, leurs présupposés ontologiques et épistémologiques fondamentaux les faisaient vivre dans des Univers incomparables ou incommensurables. Toutefois, il est important de souligner ici, tout particulièrement, que l'admission de l'infini en théologie, en cosmologie et en mathématiques ne faisait par elle-même désormais plus véritablement problème. L'avènement du paradigme newtonien en cosmologie et ses rapports conflictuels avec les cosmologies dites « cartésiennes » n'a donc pas remis en cause le bien-fondé de l'infinitisme. En revanche, ce sont les raisons d'admettre ces différentes formes d'infinités et d'envisager leurs rapports mutuels qui ne pouvaient nullement aboutir à un consensus unanime.

L'INFINITISME PANTHÉISTE DE JOHN TOLAND
ET SES RELATIONS AVEC LA PENSÉE DE GIORDANO BRUNO

Grâce aux récentes recherches philologiques, historiques et bibliographiques de Heinemann[122] et plus encore à celles de G. Aquilecchia[123] et de Mme Sturlese[124], il a été possible de faire

120. CLARKE, *Cinquième Réponse*, 110-116, in *Correspondance Leibniz-Clarke*, éd. Robinet, Paris, PUF, 1957, p. 208-209.

121. CLARKE, *Cinquième Réponse*, 1 & 2, in *Correspondance Leibniz-Clarke*, éd. Robinet, Paris, PUF, 1957, p. 108 : « *This Notion leads to universal Necessity & Fate, by supposing that Motives have the same relation to the Will of an Intelligent Agent, as weights have to a Balance ; [...] A Balance is No Agent, but is merely passive & acted upon by the weights.* »

122. F. H. HEINEMANN, *John Toland and the Age of Enlightenment*, in *Review of English Studies*, vol. XX, N° 78 (avril 1944), Oxford University Press, p. 125-146.

123. G. AQUILECCHIA, *Nota su John Toland traduttore di G. Bruno*, in *English Miscellany*, IX, 1958, p. 77-86.

124. M. R. STURLESE, *Postille autografe di John Toland allo « Spaccio » del Bruno*, in *Giornale critico della filosofia italiana*, LXV, 1986, 27-41. Cf. aussi du même

toute la lumière sur les circonstances au cours desquelles John Toland fit l'acquisition de certains des plus grands écrits italiens de Giordano Bruno et même de la trilogie latine de Francfort. Toutefois, il ne faudrait pas en conclure pour autant que le libre-penseur irlandais n'avait jamais entendu parler de Bruno ni de sa philosophie avant la date capitale de 1698. Inversement, la grande érudition dont témoignent les écrits de Toland doit nous conduire à penser que la philosophie de Bruno n'est que l'une des nombreuses composantes de sa propre philosophie, même si la référence au Nolain représente certainement l'une de celles qui exercèrent l'influence la plus profonde et la plus durable sur ce libre-penseur.

a) *Toland découvre les grands écrits de Bruno en 1698*

En fait, c'est au cours d'une vente aux enchères de la biblio-thèque de Francis Bernard[125], qui eut lieu en 1698, qu'un ouvrage relié réunissant plusieurs livres de Bruno fut acheté par John Toland. Cet ouvrage est l'exemplaire qui avait appartenu personnellement autrefois à la reine Élisabeth Ire, car il porte les armes d'Angleterre sur le maroquin noir de sa reliure ; il réunissait en un seul volume : le *Spaccio*, la *Cena*, le *De l'infinito* et le *De la causa*. Les recherches très précises de G. Aquilecchia ont même permis de rectifier une erreur commise par John Toland en personne à propos de la date de cette acquisition. En effet, John Toland écrivit en novembre 1709 au baron Hohendorf qu'il avait acheté le *Spaccio* en 1696, alors que la vente n'eut lieu qu'en 1698, donc deux ans après la publi-cation de *Christianity not Mysterious*[126]. Revenant sur les recherches

auteur : *Bibliografia, censimento e storia delle stampe originali di Giordano Bruno*, Florence, 1987, p. XXIV-XXVI, XXXIII et 49-50, 53, 56, 58, 63, 65-66, 105.

125. Francis Bernard était un médecin de grande réputation au service du roi Jacques II d'Angleterre. Homme d'une grande érudition et polyglotte, Francis Bernard était étroitement lié aux Tories et à la High Church.

126. AQUILECCHIA publie, dans sa *Nota su John Toland traduttore di G. Bruno*, in *English Miscellany*, IX, 1958, p. 85, la transcription de la note manuscrite de l'antiquaire anglais, John Bagford, qui fait état de cette vente à John Toland : « *Mr*

effectuées par Aquilecchia, Saverio Ricci a montré que John Toland devait également posséder la trilogie de Francfort[127], car ce même Catalogue mentionnait ces poèmes ainsi que leur prix de vente[128]. Nos analyses des textes de Toland apportent une confirmation à cette hypothèse, car nous verrons plus loin quelques passages du *free-thinker* répétant mot pour mot certaines des formules de Bruno qui ne figurent que dans le *De immenso*. L'enthousiasme fidèle de Toland pour la « *nolana filosofia* » et son puissant réseau de relations intellectuelles à travers l'Europe constituent finalement l'un des plus importants pôles de diffusion de l'infinitisme brunien au début du XVIIIe siècle.

b) Toland et l'interprétation panthéiste
de la cosmologie brunienne

À la suite de ses recherches personnelles sur la vie et l'œuvre de Giordano Bruno, Toland réunit un certain nombre de documents qu'il critiqua avec une prudence et une finesse tout à fait remarquables. Parmi ceux-ci, il faut citer le petit mémoire intitulé *De genere, loco et tempore mortis Jordani Bruni Nolani*, qu'il adressa

---

T[oland] : *bought the booke out of my handes in the sale of dr Fran : Bernards Bookes in Little Brittane it was printed in at London as the Letter unquestionably proves. And if you turne to page 20 of the Cataloug part the III : you will find Number 242 : 243 : 244 : 245 to be sevirall pises of Giordano : Bruno Nolana [sic] bound togeteher as the brace at the end of the Lines shows you. Number 244 : intitled Spattio della Bestia : Trionfante Dialogo. That is in English the dispatching of the Triumphing Beast (meaning the Revelation). It is in Italian and by the Armes all bound together it apperes to have been Queene Elezabeth owne Booke.* » Aquilecchia s'est reporté audit Catalogue qui précise à la p. 20 : « 242 *Bruno Nolano de la Causa Principio ; 243 De l'Infinito Universo e Mundo ; 244 Spaccio de la Bestia Trionfante Dialogo ; 245 Dialoghi la Cena de la Ceneri.* »

127. C'est-à-dire, le *De monade*, le *De triplici minimo* et le *De immenso et innumerabilibus*.

128. Saverio RICCI, *La Fortuna del Pensiero di G. Bruno (1600-1750)*, Florence, Le Lettere, 1990, IV, *Dio e natura*, p. 242-243, note 11 : « Cf. *A Catalogue Of The Library of the late Learned Dr. Francis Bernard, Fellow of the College of Physicians, and Physician to S. Bartolomew's Hospital [...] sold by Auction [...] October 4. 1698, pp. 58, nn. 55-56 per i Poemi francofortesi. [...]* Sono annotati, accanto ai titoli bruniani, i prezzi pagati dall'acquirente : £ 4 per i Poemi, £ 2.5.0 per lo Spaccio e per gli altri dialoghi. »

à son ami, le baron Hohendorf en 1709 depuis Amsterdam[129]. Ce texte contient la célèbre lettre que Gaspard Schopp, ce protestant converti au catholicisme et résidant à Rome au moment de la fin du procès de Bruno, envoya à son maître Conrad von Rittershausen pour lui relater les péripéties du procès d'Inquisition, certains des chefs d'accusation et l'exécution capitale du Nolain au Campo dei Fiori le 17 février 1600. Cette lettre de Schopp contient en quelque sorte la déposition d'un témoin oculaire de l'exécution de Bruno, comme le rappelle le déiste irlandais :

> « *Bruniani supplicii hic habemus non auritum modo, sed magis adhuc credibilem testem, oculatum nempe, Gasparem Scioppium ; qui Inquisitoribus, dum Brunus interrogaretur, aderat ; quique eundem postea in Campo Florae igni devorandum, ab urbis Praefacto traditum, viderat*[130]. »

John Toland ne doute pas un seul instant que Bruno ait été brûlé vif sur ordre de l'Inquisition ; d'ailleurs il est même outré des réserves que Bayle avait émises sur ce point dans son *Dictionnaire historique et critique* en se référant à son tour à l'article « Bruno » de la *Bibliotheca Neapolitana* rédigé par Toppi et Nicodème[131].

129. Le texte de cette lettre a été publié dans l'édition posthume des œuvres de John TOLAND : *A Collection of Sevral Pieces of Mr. John Toland*, London, 1726, t. 1, p. 304-328. Saverio RICCI signale que le texte original manuscrit se trouve actuellement à la Nationalbibliothek de Vienne, cf. *La Fortuna del Pensiero di G. Bruno (1600-1750)*, Florence, Le Lettere, 1990, IV, *Dio e natura*, p. 268 sq.

130. John Toland, *De genere, loco et tempore mortis Jordani Bruni Nolani*, 1709, in *A Collection of Sevral Pieces of Mr. John Toland*, London, 1726, t. 1, p. 311. Le début de la lettre de G. Schopp déclare, p. 305-306 : « *Quas ad nuperam tuam expostulatoriam epistolam rescripsi, non jam sane dubito quin tibi sint redditae ; quibus me tibi, de vulgato responso meo satis purgatum confido. Ut vero nunc etiam scriberem hodierna ipsa diesme instigat, qua Jordanus Brunus propter haeresin, vivus vidensque, publice in Campo Florae, ante Theatrum Pompeii, est combustus. Existimo enim & hoc ad extremam impressae Epistolae meae partem, qua de Haereticorum poena egi, pertinere. Si enim nunc Romae esses, ex plerisque omnibus Italis audires Lutheranum esse combustum ; & ita non mediocriter in opinione tua confirmareris, de saevitia nostra.* »

131. John TOLAND, *Op. cit.*, p. 312, c'est nous qui traduisons : « Chez celui-ci même [*i. e.* Bayle], diras-tu, l'incertitude historique apparaît de plus en plus ; et il ne semble pas que Bayle soit totalement dénué de preuve[s] puisqu'il écrit que Nicodème, dans les *Additions à la Bibliothèque de Naples* déjà rappelées, avait

C'est juste après le texte de cette lettre que Toland émet des considérations critiques sur certains points de la doctrine de Bruno tout en écartant toutes les calomnies qui défiguraient la véritable philosophie nolaine. Très habilement, Toland fait remarquer que Nicodème ainsi que Gaspard Schopp ne sont pas véritablement crédibles lorsqu'ils font état de la pensée de Bruno, puisqu'ils rapportent des propos contradictoires. Calmement, Toland dénonce au passage la technique habituelle de falsification des dépositions des personnes suspectes d'hérésie, reposant sur la mauvaise foi caractéristique des Inquisiteurs décidés à perdre les prévenus qui ne vont pas à résipiscence. Le libre-penseur irlandais réussit même à montrer la monstrueuse absurdité des prétendues réponses de Bruno, qui laisse apparaître clairement la machination grotesque des accusateurs :

> « Or, Nicodème n'y parle pas de la mort de Brunus, mais des diverses pensées de celui-ci que les Inquisiteurs et Scioppius, qui sont de mauvaise foi < *mala fide* >, lui avaient attribuées ; et ce qu'il y a de plus certain, c'est que ces [propos] ne sont pas tous véridiques, ni vraisemblables, parce que c'est tout à fait clair dans les écrits de celui-ci [Scioppius] et qu'il y a même une contradiction entre ses pensées. Ceci est habituel pour les Inquisiteurs et c'est une pratique fréquente que de dénigrer d'une manière odieuse au préalable ceux qu'ils désirent ardemment perdre ; de sorte qu'une fois chargés de la plupart des vices propres à l'âme et au corps, ils sont jugés dignes non point de quelque miséricorde, mais plutôt de la haine de tous. Or, comment Brunus pourrait-il donc combattre pour défendre le salut des Démons (par exemple), comme Origène l'avait fait jadis, s'il considérait les *Écritures Saintes* comme des songes ? Ou bien, étant donné qu'il a rejeté les *Écritures*, quel genre de discours pourrait-il donc tenir de son propre chef au sujet des Diables ou du salut éternel ? C'est pourtant ce qu'insinuaient les Pères du Saint-Office[132]. »

affirmé que tout ce qui est mentionné par Ursinus d'après la Lettre de Scioppius, n'est pas vrai. »

132. John TOLAND, *Op. cit.*, p. 312 : « *At ibi de Bruni morte non loquitur Nicodemus, sed de variis sententiis ipsi ab Inquisitoribus & Scioppio malà fide imputatis ; ac certo sertius est, ista non esse vera omnia, neque verisimilia, quod & scriptis ejus clarissime liquet, & ex ipsa quidem sententiarum repugnantia. Solenne hoc est Inquisitoribus, & nunquam non usurpatum, illos, quos perdere gestiunt, foede prius*

Il faut reconnaître, bien sûr, que la confiance que Toland accordait à la cohérence de la pensée brunienne reposait sur la lecture de ses œuvres et non pas sur des témoignages plus ou moins suspects de ses contemporains. Dès lors, Toland s'efforce de montrer le bien-fondé de la philosophie brunienne en reconduisant certaines expressions ou certains écrits à leur sens authentique ; le ton de John Toland se fait ici nettement plus militant en faveur du Nolain. C'est ainsi, par exemple, que Toland explique à son correspondant que le terme de *magie* ou même celui de *transmigration* qui figurent à maintes reprises dans les écrits de Bruno ne doivent pas être pris dans un sens obscur ou mystérieux [133].

Toland reproche à G. Schopp de n'avoir pas su distinguer dans les *Dialogues* italiens entre les propos des divers personnages et ceux qui expriment la *nolana filosofia*. Il faut bien reconnaître que ce n'est pas toujours chose aisée, car Bruno excelle dans l'art de l'équivoque, ce qui permet au lecteur éventuel de se troubler et de se projeter à son tour dans sa propre lecture. Tel est le cas de Toland qui lit ainsi l'intention du *Spaccio* en déclarant :

> « En vérité, c'est un fait que Scioppius n'a pas saisi partout la pensée de [Brunus], notamment parce qu'il croit que le petit livre *De Bestia Triumphante* vise le Pape ; alors qu'il n'y est fait nulle part mention du Pape, et que cette Bête [désigne] toutes les sortes de superstitions qui règnent largement sur les hommes crédules (c'est ce qu'il veut dire), en tous temps et en tous lieux [134]. »

denigrare ; ut plerisque animi & corporis vitiis contaminati, nullius misericordià, sed omnium potius aversatione, digni censeantur. Quo pacto enimvero Daemonum salutem (exempli gratia) propugnare posset Brunus, ut olim fecerat Origenis, si sacras literas pro somniis duxisset ? aut, rejectis scripturis, quinam omnino de Diabolis, vel aeterna salute, sermo ipsi esset instituendus ? Viderint haec S. Officii Patres. »

133. John Toland, *Op. cit.*, t. 1, p. 312-313 : « Sans doute dans ses écrits n'a-t-il jamais entendu par magie autre chose qu'une sagesse un peu plus ésotérique et inaccessible au vulgaire, bien qu'elle soit tout à fait < maxime > naturelle. C'est ainsi qu'il lui arrive parfois d'appeler *Transmigration* l'éternelle mutation des formes matérielles ; chez lui ce vocable prend souvent ce sens. Il en va du reste comme de ce dont on peut juger ici. »

134. John Toland, *Op. cit.*, t. 1, p. 313.

Bref, pour Toland, Bruno est un pourfendeur des superstitions religieuses qui ont perverti la vraie religion, non seulement à l'époque où il vivait, mais de tout temps. C'est à ce titre que l'auteur du *Spaccio* sert de référence à Toland pour lutter contre les affabulations obscurantistes des religions dites révélées et qui s'autorisent de cette Révélation pour exiger de la part des laïcs une soumission docile aux clercs et au Prince.

Sans s'étendre davantage sur cette question, Toland expose les grandes lignes de la cosmologie brunienne en se référant au *De l'infinito* et au *De la causa*. Le déiste irlandais voit en Bruno un infinitiste convaincu, car il affirme que l'extension de l'Univers est infinie aussi bien que la quantité de matière et la pluralité des mondes qu'il contient. À cet égard, Bruno passe pour un « précurseur » de Descartes et même de Fontenelle[135]. Sur ce point, Toland suit assez fidèlement les enseignements du *De l'infinito,* dont il avait d'ailleurs traduit en anglais la « *Proemiale Epistola* » (qui résumait les principaux arguments de l'ouvrage) avec une grande rigueur[136]. Dans l'aperçu du *De genere, loco et tempore mortis Jordani Bruni Nolani*, Toland respecte la hiérarchisation brunienne des systèmes de mondes (soleils lumineux par eux-mêmes ; planètes et satellites réfléchissant la lumière de leur soleil respectif) qui vient multiplier à l'infini le modèle copernicien du système solaire puisqu'il considère chaque étoile fixe comme un soleil entouré de ses planètes et satellites, c'est-à-dire comme le centre relatif d'un monde organisé. John Toland souscrit lui-même sans réserve à cette cosmologie infinitiste, mais en lui

---

135. John TOLAND, *Op. cit.*, t. 1, p. 314 : « Mais pourtant je ne suis pas homme à accuser ici Fontenelle ou plutôt Descartes de plagiat, même si ce dernier fut l'objet de nombreux soupçons. » Ici, manifestement, Toland fait allusion aux accusations de plagiat que le père Daniel Huet porta contre Descartes en prétendant qu'il s'était plus qu'« inspiré » des ouvrages de Bruno pour sa cosmologie, et notamment du *De immenso*. Cette accusation de plagiat est reproduite par Bayle dans son *Dictionnaire* à l'article « Bruno ».

136. Cf. la traduction de John TOLAND intitulée : *An Account of Jordano Bruno's Book Of the infinite Universe and innumerable Worlds : In five Dialogues*, in *A Collection of Sevral Pieces of Mr. John Toland*, London, 1726, t. 1, p. 316-330.

donnant une forte coloration matérialiste dont Bruno s'était pourtant clairement et vigoureusement écarté à plusieurs reprises :

> « Cependant, pour ne rien te cacher, il croyait que la totalité des choses était constituée de la seule matière, et même au sens strict qu'elle était une et infinie ; et que, pour cette raison, les globes ou les terres, ou plutôt les planètes et les mondes sont innombrables et tournent sans fin dans l'immense extension de l'éther autour de leurs soleils respectifs, autrement dit autour des étoiles fixes. Il affirmait aussi que la plupart d'entre eux [ces mondes], sinon tous, étaient accompagnés de leur cortège de lunes, ou (comme on dit), de satellites [137]. »

Il existe toutefois un point précis de la cosmologie brunienne que rejette totalement John Toland, à savoir l'idée que les mondes que l'Univers comprend en lui soient altérables, dissolubles et sujets à la mort. En effet, Bruno, qui semblait encore assez imprécis sur cette question dans ses *Dialogues italiens* [138], a pris une position claire et définitive dans son *De immenso et innumerabilibus* (1591) en faveur de la dissolubilité des mondes dans l'Univers immuable. Il écrit à ce propos :

137. John TOLAND, *Op. cit.*, t. I, p. 313-314.

138. Cf. BRUNO, in *La Cena de le ceneri*, 1584, Paris, Les Belles Lettres, 1994, *Dialogo Terzo*, Quatrième Proposition de Nundinio, p. 170-172. Bruno semble admettre que les astres soient sujets à la mort, car ils perdent des atomes et peuvent également en acquérir, puisqu'ils sont dans un échange constant de particules insécables avec les autres corps composés que sont les mondes innombrables. Toutefois, si une *vertu* ou une *puissance* divine intervient, il est également possible qu'elle conserve une structure identique des astres malgré le renouvellement incessant de leurs particules constitutives. De même, BRUNO déclare in *De l'infinito*, 1584, trad. fr. J.-P. Cavaillé, Paris, Les Belles Lettres, 1995, 2006², *Dialogo Quarto*, p. 260 : « Les corps mondains sont véritablement dissolubles ; mais il est possible que par vertu intrinsèque ou extrinsèque ils restent éternellement les mêmes, parce qu'affluent en eux autant d'atomes qu'il en efflue ; et ainsi se conservent-ils en nombre égal, comme nous, qui de la même façon, en notre substance corporelle, jour après jour, heure après heure, minute après minute, nous renouvelons par l'absorption et digestion que nous faisons par toutes les parties du corps. » Tocco avait déjà remarqué l'évolution de la pensée de Bruno vers l'affirmation du caractère transitoire et périssable des corps célestes, cf. *Le Opere latine di Giordano Bruno esposte e confrontate con le italiane*, Florence, 1889, p. 230, note 1.

« Si du moins, tu voulais finalement établir la raison pour laquelle les mondes se modifient, s'effondrent sous le poids de leur grand âge [...], comme la Terre qui semble succomber sous le poids de son âge, tu trouverais qu'il faut reconnaître que tous les grands animaux, que sont ces mondes, périssent aussi (comme c'est manifeste pour les petits [animaux]) : ils changent, chancèlent et se dissolvent. La matière, une fois lassée de son ancien aspect < *species* >, se tient continuellement à l'affût d'un tout nouvel aspect, puisqu'elle désire ardemment devenir toutes choses et, dans la mesure de ses forces, devenir tout à fait semblable à tout étant : c'est ce qu'Anaxagore a compris, et cela est tout à fait possible si les efflux propres [d'un corps] et les influx qui proviennent de corps éloignés se pressent les uns vers les autres [139]. »

John Toland oppose au mobilisme brunien une cosmologie éternaliste. Cet éternalisme va de pair, pour Toland, avec son infinitisme. En effet, il considère que la durée de l'Univers est infinie *a parte ante* comme *a parte post*. Ainsi, l'Univers n'ayant jamais commencé, il n'aura pas de fin, tout comme la matière. Pour critiquer Bruno sur ce point et lui substituer une cosmologie éternaliste, Toland place le mobilisme brunien devant une alternative dont les deux branches sont également irrecevables. En effet, de deux choses l'une : ou bien l'ordre et la stabilité apparents du système du Monde sont l'effet d'un Intellect divin qui garantit la constance de sa structure, ou bien il doit être l'effet du hasard. Or, une Intelligence divine étant par nature immatérielle, elle ne saurait avoir d'action directe sur les masses matérielles, puisqu'il y a hétérogénéité entre la substance matérielle et la substance dite spirituelle. En outre, il ne saurait y avoir d'instance intermédiaire entre la matière et l'esprit puisque les deux ne sauraient

---

139. BRUNO, *De immenso et innumerabilibus*, Francfort, 1591, Livre II, chap. V, in éd. Fiorentino/Tocco, *Opera latine conscripta*, I, t. 1, p. 272. On lit de même dans la glose latine de ce chapitre p. 274 : « Certes nous ignorons si ces animaux [que sont les astres] se corrompent de la même manière que nous nous dissolvons, mais puisque ce sont apparemment les mêmes éléments qui procèdent à la composition d'autres individus, après avoir quitté leur substrat, nous savons assurément qu'ils sont composés et par conséquent dissolubles. D'ailleurs, [...] toute la nature l'indique. » C'est nous qui traduisons.

rien avoir en commun. Il reste alors à faire appel au hasard des épicuriens, c'est-à-dire au jeu fortuit des interactions entre les particules matérielles, mais il ne pourrait à lui seul rendre compte de la totalité de l'ordre complexe ni de la constance ou de la stabilité qui caractérisent la structure de l'Univers. Mieux vaut donc réduire à néant le problème du commencement et de la fin des mondes en recourant à un éternalisme délibéré. Cette position recule ainsi à l'infini la question de l'origine de l'ordre cosmique et se contente d'en garantir la constance en faisant appel à la notion un peu vague de lois de la nature. Le matérialisme de Toland est le support de son éternalisme et de son infinitisme cosmologiques. C'est ce que donne à comprendre la fin de la lettre de Toland à son ami Hohendorf :

> « Il pensait aussi que ses mondes (je l'avais presque oublié) ne sont pas éternels, en ce qui concerne leur forme présente et leur structure, ce qui est parfaitement absurde : puisqu'il ne peut y avoir aucun intermédiaire entre une certaine Intelligence prééminente, qui gouverne et informe toute la matière, et l'existence éternelle ainsi que la disposition de toutes choses, qui en arrivent maintenant à être perçues déjà de cette façon. Il est impossible qu'une mouche, et un monde à plus forte raison, soient l'effet du hasard ; ce que je me charge de démontrer contre n'importe quel Épicurien, bien que je sois conscient de mes modestes capacités [intellectuelles]. Et l'on pourrait venir à bout de cette affaire sans plus de difficulté contre les Platoniciens ; car j'ai la ferme conviction que ce qui n'a jamais eu de commencement n'aura jamais de fin, de même que tout ce qui a été engendré < *factum est* > sera corrompu < *infectum* > : donc le monde est ou bien éternel et incorruptible, ou bien il a été créé < *creatus* > un jour et il périra[140]. »

Surtout, l'infidélité de Toland à la pensée de Bruno apparaît manifestement à propos de la question de « l'âme » ou de l'« esprit du monde » que le libre-penseur irlandais réduisait à une partie de la matière, mais dont la seule différence spécifique avec le reste des corps résidait dans sa grande subtilité et mobilité

140. John TOLAND, *De genere, loco et tempore mortis Jordani Bruni Nolani*, 1709, in *A Collection of Sevral Pieces of Mr. John Toland*, London, 1726, t. 1, p. 314-315.

qui ne la soustrayait pas cependant aux lois de la mécanique. Toland précise explicitement en effet :

> « Pour ce qui est de l'âme du monde, il s'exprime d'une manière ambiguë dans son livre italien *De infinito, universo, & mundis* [*sic*] ; prends garde de ne pas confondre [sa pensée] avec celle des Platoniciens : puisqu'il n'entend par esprit < *spiritus* > rien qui soit distinct du composé matériel, mais seulement une partie de la matière plus subtile et plus mobile, agissant mécaniquement < *subtiliorem tantum ac mobiliorem materiae partem, mechanice agentem* >. C'est ce qui apparaîtra clairement si tu lis attentivement ces *Dialogues* dans lesquels il expose d'une manière vraiment brillante et érudite sa doctrine de la pluralité des mondes [141]. »

Certes, il va de soi que Toland substitue subrepticement sa propre conception de l'âme du monde à celle de Bruno. En effet, Toland se borne non seulement à plaquer sur la doctrine de Bruno la conception épicurienne de l'âme, mais en outre il dote l'Univers matériel d'une âme, ce qui était pourtant totalement exclu aux yeux de l'épicurisme. Or, il nous faut revenir précisément sur ces deux points.

Il est clair que Toland « emprunte » à Lucrèce sa doctrine de l'âme ainsi que sa terminologie, car le disciple latin d'Épicure écrivait :

> « La nature de l'esprit et de l'âme est matérielle. [...] Cet esprit est tout à fait subtil [...] et d'une mobilité sans égale [142]. »

Toutefois, jamais Lucrèce ni Épicure n'ont parlé d'action mécanique des composants de l'âme. À ce niveau, John Toland forge sa nouvelle conception de l'âme en amalgamant les enseignements de l'atomisme antique avec ceux de la pensée mécaniste du xviie siècle. Toutefois, Toland savait bien qu'il innovait en

---

141. John Toland, *Op. cit.*, t. 1, p. 313-314.
142. Lucrèce, *De natura rerum*, III, v. 161-162 ; v. 179 ; v. 205, Paris, Les Belles Lettres, t. 1, p. 92-93 : « *Haec eadem ratio naturam animi atque animai corpoream docet esse. [...] Principio esse aio persubtilem [...] animi natura reperta mobilis egregie.* » C'est nous qui soulignons.

dotant l'Univers d'une âme matérielle (il faut lui rendre cette justice), car il ne pouvait ignorer que les épicuriens et même les atomistes en général se sont toujours opposés catégoriquement à l'idée d'âme du monde[143].

C'est plutôt à l'égard de Bruno que John Toland n'est pas rigoureusement fidèle. En effet, le Nolain n'est peut-être pas si « matérialiste » que le libre-penseur irlandais le prétend. Toland déclare pourtant qu'il se fonde sur les assertions qui figurent dans le *De la causa* :

> « Mais en ce qui concerne l'unité indivisible des choses, et l'extension infinie < *infinita extensione* > de l'Univers, il faut se référer à l'autre livre italien de Brunus, *De causa, principio, & uno* ; où il soutient que tout ce qui existe est absolument < *prorsus* > matériel[144]. »

Ce point est des plus délicats et mérite de notre part une attention toute particulière, car il engage non seulement le sens de la philosophie nolaine, mais aussi la portée véritable du panthéisme de John Toland, comme nous aurons l'occasion de le montrer à propos des *Lettres à Serena* et du *Pantheisticon*. Sans chercher des subtilités byzantines à propos de la définition du matérialisme, ce qui n'est pas notre propos ici, il s'agit simplement d'examiner si Bruno a écrit ou laissé entendre que « tout ce qui existe est matériel », comme le prétend son disciple irlandais tardif. Il convient à ce propos de rappeler que tout le dialogue du *De la causa* suit un mouvement d'élévation vers l'Un. Bruno distingue la *cause* du *principe* en ce que la première « a son être en dehors de la composition », tandis

143. Il n'est que d'ouvrir le très célèbre *De placitis philosophorum*, de PSEUDO-PLUTARQUE, par exemple, livre II, 3, trad. Lachenaud, Paris, Les Belles Lettres, 1993, p. 104, pour lire que : « D'une façon générale, on considère que le monde est pourvu d'une âme et régi par la providence. En revanche, Démocrite, Épicure et tous ceux qui admettent l'existence des atomes et celle du vide considèrent qu'il n'est ni pourvu d'une âme < οὔτ'ἔμψυχον >, ni administré par la providence < οὔτε προνοίᾳ διοικεῖσθαι >, mais par une nature irrationnelle. »

144. John TOLAND, *Op. cit.*, t. 1, p. 314 : « *De unitate autem rerum indivisibili, & infinita Universi extensione, videatur alter Bruni libellus Italicus, de causa, principio, & uno ; ubi omne, quod existit, prorsus esse materiale, contendit.* »

que le second « concourt intrinsèquement à la constitution de la chose et demeure dans l'effet[145] ». Ensuite, il montre que la matière est plutôt un principe qu'une cause et même qu'elle est le principe fondamental de tout ce qui est, donc quelque chose de divin :

> « Cette matière, qui explique ce qu'elle tient impliqué, doit donc être appelée chose divine et excellente parente, génitrice et mère des choses naturelles et même : nature tout entière en substance[146]. »

Contrairement aux enseignements de l'École qui voyait dans la matière une sorte de non-être, Bruno la considère comme un véritable sujet, comme une substance et comme un principe d'être. Toutefois, la conception brunienne de la matière n'est pas des plus simples parce qu'il distingue une matière corporelle et, à l'instar des néoplatoniciens, une matière incorporelle ; toutefois, il considère que ces deux types de matières, quelque différents qu'ils soient, ne sont qu'une « seule et même chose[147] ». Tout ce que l'on peut dire à ce niveau, c'est que Bruno refuse d'écarter toute substance formelle de sa philosophie, et, à cet égard, celle-ci n'est nullement un matérialisme strict. Bruno l'avait lui-même précisé expressément dans son *De la causa* :

> « Démocrite et les Épicuriens, donc, selon lesquels ce qui n'est pas corps n'est rien, soutiennent par conséquent que la matière seule est la substance des choses, et même qu'elle est la nature divine, comme l'a dit un Arabe nommé Avicébon : il le montre dans un livre intitulé *Source de vie*. Ils soutiennent également, de concert avec les cyniques et les stoïciens, que les formes ne sont rien d'autre que certaines dispositions accidentelles de la matière : j'ai moi-même été longtemps un chaud partisan de cette opinion, pour cette seule raison que ses fondements correspondent plus à la nature que ceux d'Aristote ; mais après mûre réflexion, et eu égard à davantage d'éléments, nous trouvons qu'il est nécessaire

---

145. BRUNO, *De la causa, principio e Uno*, 1584, trad. fr. Luc Hersant, Paris, Les Belles Lettres, 1996, *Dialogo Secondo*, p. 110-112.
146. BRUNO, *Ibid., Dialogo Quarto*, p. 258.
147. BRUNO, *Ibid., Dialogo Quarto*, p. 242.

de reconnaître dans la nature deux genres de substances : la forme et la matière[148]. »

Toutefois, il serait déplacé de voir dans ce passage l'affirmation d'un véritable dualisme métaphysique, c'est-à-dire en l'occurrence d'une sorte d'hylémorphisme traditionnel à peine remanié. Nous savons que le Nolain emprunte souvent des formes d'expression diverses qui n'ont pas manqué de dérouter plus d'un commentateur. En fait, il faut ne pas perdre de vue que l'objectif essentiel du dialogue italien *De la causa* c'est une remontée vers l'UN. Ainsi n'est-il pas déplacé de dire que, d'une certaine manière, son naturalisme est une sorte de matérialisme[149], mais ce vocable est tout simplement très imprécis. On pourrait en dire tout autant du « *matérialisme* » des stoïciens, que Toland connaissait fort bien. Dans le cas de Bruno, le qualificatif de matérialiste reste beaucoup trop large et trop vague pour caractériser sa pensée de façon significative.

Pour notre part, nous voudrions montrer plutôt ici, qu'avec Bruno et John Toland, c'est une tout autre façon de penser la nature, l'Univers et Dieu qui se met en place dans ce que nous appellerons une *logique de l'immanence*. Cette pensée immanentiste, John Toland l'appellera, comme on sait, le *panthéisme*[150]. Ce terme sera bien plus fécond et plus juste pour qualifier les doctrines respectives de Bruno et de Toland, car il met en avant, d'une part, l'idée d'uni-totalité du réel et, d'autre part, celle de Dieu, qui n'apparaissaient pas vraiment sous le vocable

---

148. BRUNO, *Ibid., Dialogo Terzo*, p. 168.

149. Comme on sait, telle est l'interprétation générale de BADALONI, in *La Filosofia di Giordano Bruno*, Firenze, 1955.

150. À ce sujet, on s'accorde traditionnellement à faire remonter les termes de « *panthéisme* » et « *panthéiste* » aux écrits de John TOLAND, notamment à son *Socinianism Truly Stated* de 1705. Toutefois, on trouvait déjà le terme de *panthéisme* sous la plume de Joseph RAPHSON dans son célèbre *De spatio reali*, où il écrivait en 1697, p. 21 : « *Pantheismum etiam hodie apud Indos retinent Brachmanes, qui Deum, seu primam rerum causam per immensam araneam denotant, omnia ex suis texentem visceribus, quae tamen aliquando retrahet forsan, & in seipsum absorbebit ; inter Europaeos insuper Pantheismum profiteri videntur Fanatici quidam & Enthusiastae, sed horum meminisse, vix operae pretium duximus, utpote ab historia Philosophica alienum.* »

de « matérialisme ». Tout se passe comme si John Toland avait voulu faire comprendre à son correspondant qu'il risquerait de commettre un grave contresens sur la doctrine de Bruno en voyant dans l'« âme du monde » un principe *transcendant*. Ce n'est pas tant la non-immatérialité de l'âme que souligne Toland, que son caractère *immanent*. D'ailleurs, Bruno s'était efforcé de le montrer tout au long du deuxième dialogue du *De la causa*, en affirmant la différence de sa doctrine par rapport à celle des « platoniciens », à savoir que l'âme ou l'Intellect du monde n'est pas une cause transcendante, mais plutôt un principe immanent qui façonne la matière de l'intérieur. Lorsqu'il rédigea sa notice sur la philosophie nolaine pour Hohendorf, John Toland faisait très certainement allusion au passage suivant de Bruno que nous citons ici :

> « L'Intellect universel est la faculté ou la partie en puissance la plus intérieure, la plus réelle et la plus propre de l'âme du monde. C'est lui qui, un et identique, emplit le tout, illumine l'Univers et guide la nature pour qu'elle produise ses espèces comme il convient ; et il est à la production de choses naturelles ce que notre intellect est à la production correcte d'espèces rationnelles. Les pythagoriciens l'appellent "moteur" et "agitateur de l'Univers", ainsi que l'a expliqué le poète, qui a dit :
>
> > *Totamque infusa per arctus* [sic],
> > *mens agitat molem, et toto se corpore miscet.*
>
> Les platoniciens le nomment "artisan du monde". Selon eux, cet artisan procède depuis le monde supérieur (qui est parfaitement un) vers ce monde sensible, qui est divisé en de multiples mondes. [...] Plotin dit qu'il est "le père et le géniteur", parce que c'est lui qui distribue les semences dans le champ de la nature, et parce qu'il est le dispensateur prochain [des] formes. Quant à nous, nous l'appelons "l'artiste intérieur", parce qu'il informe et façonne la matière de l'intérieur, de même que, à partir de l'intérieur du germe ou de la racine, il fait sortir et déployer le tronc, à partir de l'intérieur du tronc il fait sortir branches [...] à partir de l'intérieur de ces derniers il forme, façonne, tisse – et, pour ainsi dire, innerve – les feuilles, les fleurs, et les fruits [151]. »

---

151. BRUNO, *De la causa, principio e Uno*, 1584, trad. fr. Luc Hersant, Paris, Les Belles Lettres, 1996, *Dialogo Secondo*, OC, III, p. 112-116.

Sur ce point de l'immanence, Toland et Bruno s'accordent profondément. En revanche, ils divergent du tout au tout lorsqu'ils se prononcent sur la nature de l'âme du monde, dans la mesure où Toland affirme sa matérialité, tandis que nulle part Bruno n'accepte une telle idée. Pour Bruno, l'âme du monde et la *forme universelle* ne sont pas présentes dans le Monde à la manière des corps matériels dont chacune des parties occupe une portion déterminée de l'espace, car « elles sont présentes partout [...] pas d'une façon corporelle ou dimensionnelle, [...] car c'est d'une façon spirituelle qu'elles sont tout entières partout[152] ». L'option matérialiste de Toland confère davantage d'homogénéité et de simplicité à sa propre cosmologie qu'à celle de Bruno ; en revanche, sa conception mécaniste de l'âme du monde l'écarte considérablement de la conception brunienne du *principe formel* agissant intrinsèquement dans l'intériorité des êtres.

c) Le développement des arguments infinitistes dans les Lettres à Serena

C'est certainement dans ses *Lettres à Serena* que John Toland expose le plus clairement sa conception de l'*infini*, de la *matière*, de l'*espace*, du *temps* et du *mouvement* des corps. D'ailleurs, l'auteur de ces *Lettres* doit être d'autant plus persuasif qu'il entend du même coup rectifier, critiquer ou même renverser certains points de la philosophie naturelle de Descartes, Morus, Clarke, Raphson et même des deux grands penseurs qu'il admire tant, à savoir Newton et Locke. Nous envisagerons surtout ici la cinquième *Lettre*, car c'est elle qui consacre les développements les plus importants à la conception de l'*infini*.

---

152. Bruno, *Ibid.*, *Dialogo Secondo*, OC, III, p. 148-150.

1. L'abstraction comme source de préjugés
   sur la nature de l'espace et de l'infini

Comme nombre de nominalistes illustres, Toland refuse les pièges de l'*abstraction*, bien qu'il en reconnaisse le caractère indispensable pour des disciplines comme les mathématiques. Parmi ces pièges, le pire de tous consiste à réifier des abstractions creuses, puis à prendre ces pseudo-entités comme point de départ pour toutes sortes de constructions intellectuelles dont les conclusions sont finalement frappées de nullité. C'est ce genre de démarche qui aboutit à toutes les erreurs, aux apories et aux difficultés de tous ordres, par suite d'une sorte d'équivoque sur le statut véritable des abstractions intellectuelles. C'est ainsi que John Toland reproche aux mathématiciens d'avoir abusé du recours à l'abstraction et d'avoir laissé croire aux non-spécialistes que leurs définitions nominales pouvaient avoir une valeur réelle. D'où des malentendus regrettables sur la composition du *continu* et de l'*espace géométrique* à l'aide de *points discontinus* et *inétendus*. De même pour le nombre ou quantité discrète susceptible d'un accroissement à l'infini par addition successive de l'unité à elle-même qui laisse croire qu'après un temps infini, on pourrait former un « nombre infini ». Comme on le voit, ces critiques de Toland à l'égard de la pensée mathématique ne sont qu'un prélude à la mise en place de sa philosophie naturelle ouvertement infinitiste. Plus précisément, l'infinitisme de Toland n'est qu'une entrée en matière, dans tous les sens du terme : il définit le cadre intellectuel à l'intérieur duquel il pourra expliciter les concepts d'espace ou d'étendue et de matière dont les attributs essentiels sont la solidité et l'activité. John Toland reconnaît lui-même qu'un terme comme celui d'*infini* a pu donner lieu à tout un ensemble de faux problèmes. Or, si notre *free-thinker* critique l'abstraction et le pseudo-infini des mathématiciens, c'est-à-dire l'*infini potentiel*, c'est qu'il entend réhabiliter en même temps l'*infini véritable* tout en le distinguant radicalement de ce que purent en dire ses contemporains les plus illustres, y compris les infinitistes les plus convaincus.

L'erreur gravissime du potentialisme des mathématiciens, c'est de confondre la propriété d'une *opération* de l'esprit qui peut être continuellement réitérée (sans se heurter à un quelconque principe interne de limitation) avec une *propriété* effective des choses, c'est-à-dire une propriété existant réellement *en acte*. Il ne faut pas confondre un *processus infini* avec un *être infini* :

> « C'est ainsi que le mot *infini* a donné lieu à de très grands embarras qui ont fait naître une foule d'erreurs & d'équivoques. On a rendu le nombre infini, comme si de ce que des unités peuvent se joindre à des unités sans fin il s'ensuivoit qu'il existe réellement un nombre infini ; c'est ainsi que l'on a fait un temps infini, on a fait la pensée de l'homme infinie, on a imaginé des lignes asymptotes, & plusieurs autres progressions sans fin, qui ne sont infinies que relativement aux opérations de notre esprit, sans l'être en elles-mêmes : car ce qui est réellement infini devrait exister actuellement comme tel, au lieu que ce qui n'est que potentiellement infini ne l'est pas positivement[153]. »

L'infini potentiel n'est pas un infini véritable, parce qu'il consiste à lier sériellement du fini à du fini ; c'est pourquoi son infinité n'est que négative, puisqu'elle repose sur l'absence de limitation dans une quelconque opération qui reste cependant toujours inachevée. Laissant ouverte la question de savoir ce qu'est cet infini véritable *existant en acte*, Toland s'appuie sur sa critique de l'abstraction pour réfuter la conception newtonienne de l'espace et du temps *absolus*, malgré l'immense admiration qu'il vouait au grand physicien anglais[154]. En effet, c'est au nom

---

153. John Toland, *Letters to Serena*, London, 1704, Cinquième lettre, trad. du baron d'Holbach, Paris, 1768, § 11, p. 204 ; rééd. Frommann, 1964, p. 179 : « *So the word Infinite has bin wonderfully perplex'd ; which has given occasion to a thousand Equivocations and Errors. Number was made infinite ; as if it follow'd, because Units may be added to one another without end, that there actually existed an infinite Number. Of this nature are infinite Time, the infinite Cogitation of man, asymptot Lines, and a great many other boundless Progressions, which are infinite only with respect to the Operations of our Minds, but not so in themselves, for whatever is really infinite, does actually exist as such ; whereas what only may be infinite, is very positively not so.* »

154. C'est ainsi, par exemple, que Toland dit dans ses *Letters to Serena*, London, 1704, § 13, p. 206 ; rééd. Frommann, 1964., p. 182, qu'il voit dans Newton « le plus grand des hommes de l'univers < *the greatest Man in the world* > ».

de l'*absoluité* de l'espace (fondée sur le caractère *absolu* des accélérations en mécanique, dont Toland n'a pas du tout saisi le sens) que Newton avait affirmé la distinction réelle de l'espace et de la matière. Or, c'est précisément cette distinction qui est inadmissible aux yeux de Toland parce qu'elle conduit directement à l'idée qu'il puisse exister en dehors et indépendamment de la matière un espace incorporel et vide que certains, tel Joseph Raphson, n'ont pas hésité à diviniser. La philosophie naturelle de Toland est une philosophie du plein et c'est la raison pour laquelle ce dernier affirme qu'on pourrait, à la limite, se passer de la notion abstraite d'espace puisque tout ce qui existe est matériel. Du moins, si l'espace existe, ce n'est pas un être substantiel, mais seulement un *rapport*, une *relation* entre des êtres qui sont tous matériels :

> « L'*Espace*, n'est qu'une notion abstraite, comme vous le verrez par la suite, ou n'est que le rapport qu'un être a avec d'autres êtres qui sont à une distance de lui, sans avoir égard aux choses qui se trouvent entre eux ; quoique ces choses aient une existence réelle. Ainsi le *Lieu* est ou la position relative d'un corps eu égard aux autres corps qui l'environnent, ou la place que ce corps remplit de son propre volume, d'où l'on conçoit que tous les autres corps sont exclus ; ce ne sont là que de pures abstractions vu que la capacité ne diffère point du corps contenu. De même la distance est la mesure entre deux corps quelconques sans avoir égard aux choses dont l'étendue est ainsi mesurée. Néanmoins comme les Mathématiciens ont eu besoin de supposer un espace sans matière, de même qu'ils ont supposé une durée sans êtres, des points sans quantité &c., les Philosophes, qui n'ont point pu sans cela rendre raison de la génération du mouvement dans la matière qu'ils regardoient comme inerte, ont imaginé un espace réel distingué de la matière, qu'ils ont regardé comme étendu, incorporel, immobile, homogène, indivisible, infini[155]. »

155. John TOLAND, *Ibid.*, § 12, p. 204-205 ; rééd. Frommann, 1964, p. 180-181 : « *Space, which is only an abstracted Notion (as you shall perceive hereafter) or the Relation that any thing has to other Beings at a distance from it, without any consideration of what lies between them, tho they have at the same time a real Existence. Thus Place is either the relative Position of a thing with respect to the circumambient Bodys, or the Room it fills with its own Bulk, and from which it is conceiv'd to exclude all other*

La fin de ce passage n'est pas si générale qu'il y paraît. En effet, elle reprend *verbatim* l'énumération des principaux attributs de l'espace prétendument réel, pour engager une violente polémique contre la philosophie de Joseph Raphson[156], l'auteur du célèbre *De spatio reali seu ente infinito* (paru en 1697). Ce dernier avait précisément soutenu, en procédant par voie de synthèse à l'instar des mathématiciens (c'est-à-dire à l'aide de déductions tirées de définitions, axiomes et postulats), que « l'espace est absolument et par nature indivisible (Prop. 1a), immobile (Prop. 2a), infini (Prop. 3a), acte pur (Prop. 4a), comprenant et pénétrant tout (Prop. 5a), incorporel (Prop. 6a), immuable (Prop. 7a)[157] ».

bodys, which are but mere Abstractions, the Capacity nothing differing from the Body contain'd : and so Distance is the Measure between any two Bodys, without reguard to the things whose Extension is so measur'd. Yet because the Mathematicians had occasion to suppose Space without Matter, as they did Duration without Things, Points without Quantity, and the like ; the Philosophers, who cou'd not otherwise account for the Generation of Motion in Matter which they held to be inactive, imagin'd a real Space distinct from Matter, which they held to be extended, incorporeal, immoveable, homogeneal, indivisible, and infinite. »

156. D'ailleurs Toland reconnaît ouvertement qu'il s'en prend nommément à Raphson, cf. *Letters to Serena*, London, 1704, rééd. Frommann, 1964, p. 219, Cinquième lettre, trad. du baron d'Holbach, Paris, 1768, § 26, p. 246 : « Plusieurs d'entre eux [*i. e.* ceux qui soutiennent l'existence d'un espace absolu, après avoir considéré la matière abstraction faite de l'étendue] ont voulu le [*i. e.* l'espace] faire passer pour l'Être suprême lui-même, ou du moins pour une idée incomplète de la Divinité, comme on peut voir dans le traité de l'espace réel de M. Ralphson [*sic*] que j'ai eu en vue dans les deux paragraphes précédents ; quoique l'on puisse voir d'après les autorités qu'il allègue qu'il n'est point le premier inventeur de cette notion, ni le seul qui la soutienne aujourd'hui. < *Nay many of them have not stuck to make it pass for the Supreme Being it self, or at least for an inadequate Conception of God, as may be seen in the ingenious Mr. RALPHSON'S Book of Real Space, to whom I had an eye in the two foregoing Paragraphs ; tho, as may be likewise learnt from his own Authoritys, he was neither the first Braocher of this conceit, nor the only Maintainer of it now.* > »

157. Joseph Raphson, *De spatio reali seu ente infinito conamen mathematicometaphysicum*, Londini, 1697, cap. V, Propositions 1 à 7, p. 74-76.

2. L'espace et la matière sont coextensifs et nécessairement infinis

Toland déploie tous ses efforts pour exposer sa conception de l'espace et de la matière, mais considère qu'il est inutile d'entreprendre une démonstration particulière pour établir qu'ils ont une existence infinie en acte. En effet, John Toland affirme que l'infinité de l'étendue est devenue désormais une évidence communément reçue[158]. Toutefois, les arguments qu'il cite au passage ont une forme purement apagogique et reposent globalement sur l'impossibilité d'assigner une quelconque limite absolue à l'espace et à la matière, puisque toute *limite* est un concept *relatif* dans la mesure où elle unit ce qu'elle sépare et doit être de même quelque chose d'étendu comme ce qu'elle vient borner :

> « Tout le monde convient que l'étendue est infinie vu qu'elle ne peut être bornée par l'inétendue ; les démonstrations de ce principe sont si universellement reconnues & adoptées que je ne vous les répète point. La matière n'est pas moins infinie quand on la conçoit comme une substance étendue ; car vous ne pouvez point imaginer des limites auxquelles vous ne puissiez ajouter encore de l'étendue à l'infini ; ainsi, si elle n'est pas actuellement infinie, sa qualité d'être finie doit venir d'une autre cause que de son étendue[159]. »

Certes, il est vrai que cet argument apagogique invoqué ici figure chez de très nombreux auteurs. Mais il fait appel à la *continuité* de l'espace et surtout à une sorte d'axiome implicite

---

158. Toland va même jusqu'à reprocher à Locke, pour lequel il a la plus grande admiration, d'avoir repris l'argument traditionnel de la main ou javelot (qui remonte à Épicure et Lucrèce et que Bruno cite fréquemment), pour prouver que l'idée d'un univers clos est impensable.

159. John TOLAND, *Ibid.*, § 24, p. 240 ; rééd. Frommann, 1964, p. 213-214 : « *Extension is granted on all hands to be infinite, for it cannot be terminated by inextension ; and the Demonstrations for this are so universally known and acknowledg'd, that I shall not trouble you with repeating them. No less infinite is Matter, when conceiv'd as an extended thing, for you can imagin no bounds of it, to which you may not add more Extension infinitely ; and therefore if it be not actually infinite, its Finiteness must proceed from some other Cause besidesits Extension.* »

d'homogénéité nécessaire entre le limitant et le limité qui rappelle de façon manifeste l'appareil probatoire du Nolain. C'est ce même argument que Bruno avait développé avec une force toute particulière dans son dialogue *De l'infinito* et que Toland connaissait parfaitement puisqu'il en avait traduit le résumé général qui figure dans la lettre liminaire dudit ouvrage :

> « Tu seras toi-même bien empêtré pour nous faire entendre comment une chose incorporelle, intelligible et sans dimension, peut être le lieu d'une chose dimensionnée. [...] Parce qu'il est absolument impossible qu'en recourant à quelque sens ou imagination (même si l'on disposait d'autres sens et d'autres imaginations) tu puisses me faire affirmer en conscience qu'il y ait telle surface, telle limite, telle extrémité, hors de laquelle il n'y ait ni corps, ni vide, Dieu même s'y trouvant : car la divinité ne sert pas à remplir le vide, et par conséquent il n'appartient d'aucune manière à sa nature de terminer le corps[160]. »

Toutefois, le point faible de l'argumentation de Toland, c'est que l'argument brunien ne peut s'appliquer à la matière qu'à la seule condition d'avoir préalablement démontré que l'existence du vide est impossible. Car on pourrait très bien se figurer l'extension infinie de l'espace qui ne contiendrait qu'une quantité finie de matière. Telle est d'ailleurs la conception cosmologique développée par Newton et Clarke. C'est pourquoi aussi toute la démonstration de Toland n'a de sens qu'à partir de sa critique initiale de l'abstraction et dont la seule finalité était de montrer que l'espace et la matière sont réellement inséparables, coextensifs et même convertibles : « Pour moi je ne peux pas plus admettre un espace absolu distingué de la matière que le lieu où le placer, ou que je ne puis admettre un temps absolu

---

160. BRUNO, *De l'infinito*, 1584, trad. fr. J.-P. Cavaillé, Paris, Les Belles Lettres, 1995, 2006², *Dialogo Primo*, p. 62-64. Bruno reprend le même argument dans son *De immenso*, Francfort, 1591, Livre I, chap. VI, in *Opera latine conscripta*, Naples, I, 1, p. 222 : « Comment peut-il se faire qu'un corps soit limité par quelque chose d'autre qui, dis-tu, ne soit pas un corps, que le plan soit [limité] par ce qui n'est pas plan, et ce qui est étendu par ce qui n'est pas étendu ? » C'est nous qui traduisons.

distingué des choses dont on considère la durée[161]. » En outre, cette assertion tirait sa propre force de la conception relationnelle de l'espace que Toland avait judicieusement établie au début de sa démonstration. C'est donc parce que l'espace ne peut être conçu qu'infini et parce qu'il n'est rien d'autre qu'un *rapport* entre des êtres corporels et étendus, qu'il implique l'existence d'une quantité infinie de matière. Autrement dit, il ne faut jamais oublier que, pour Toland, comme pour son ami Leibniz, l'espace n'est pas une substance, il n'est rien par soi ; c'est une entité à structure *relationnelle*[162]. À l'absolutisme newtonien, Toland oppose la relativité de l'espace et du temps ; mais par contre-coup, ce renversement élève la matière au niveau de l'absolu. Ce qui revient à dire qu'il n'y a pas lieu d'espérer atteindre à l'en soi de l'espace et du temps, puisqu'ils ne sont plus que des déno-minations générales et vides de sens dès qu'on les sépare de leur contenu matériel fait de substances étendues et engagées dans la durée. Ou plutôt, l'en soi des choses, leur être et leur substance, c'est la matière. Or, étant donné que la matière est éternelle et que ses parties doivent nécessairement coexister de façon simultanée, il s'ensuit que son infinité n'a rien de commun avec l'infinité potentielle (c'est-à-dire processive) des mathéma-ticiens : elle ne peut être qu'*infinie en acte* puisque le temps n'y peut rien changer. De deux choses l'une : la matière *est* ou bien finie ou bien infinie, mais son extension n'est nullement en devenir. Or, comme la matière ne saurait être limitée par rien, elle est donc infinie en acte.

En utilisant les concepts traditionnels de la métaphysique, Toland avance très brièvement un autre argument en faveur de l'infinité de la matière, mais qui est également apagogique.

---

161. John TOLAND, *Ibid.*, § 13, p. 206-207 ; rééd. Frommann, 1964, p. 182 : « *For my part, I can no more believe an absolute Space distinct from Matter, as the place of it ; than there is an absolute Time, different from the things whose duration are consider'd.* »

162. Le relativisme de Toland revient à la définition d'ARISTOTE qui figure dans son traité des *Catégories*, 7, 6 a 36 ; trad. Tricot, Paris, Vrin, rééd. 1997, p. 29 : « On appelle *relatives* ces choses dont tout l'être consiste en ce qu'elles sont dites dépendre d'autres choses, ou se rapporter de quelque façon à autre chose. »

Celui-ci se borne à montrer que si l'étendue est une propriété, c'est-à-dire la propriété de la chose qui s'étend, elle ne saurait être le fait du néant, mais seulement d'un sujet matériel, car :

> « Comme le néant n'a point de propriétés, l'étendue que tout le monde s'accorde à reconnaître pour infinie, convient à ce sujet qui est infini lui-même, & qui est modifié à l'infini par son mouvement, son étendue et ses attributs inséparables[163]. »

Dès lors, d'où vient cette idée de néant qui est, pour ainsi dire, comme le support ontologique de notre concept physique de vide, et partant, de l'idée newtonienne d'espace vide absolu et infini ? Toland montre qu'il faut attribuer l'origine de nos idées de néant et même de vide au dévergondage de nos abstractions. Ces deux idées ne sont rien en elles-mêmes, ce sont des fictions de notre imagination morcelante qui mutile et fragmente le réel en y introduisant des limites, des divisions et des coupures onto-logiques qui n'y sont pas :

> « Quand on conçoit les corps comme finis, mobiles, divisibles, en repos, pesants ou légers, de différentes formes & dans des situations variées, alors nous séparons par abstraction les modifications du sujet, ou, si vous voulez, nous séparons les parties du tout. & nous imaginons des limites propres à certaines portions de la matière qui les séparent & les distinguent de tout le reste ; c'est de là qu'est venue originairement la notion du vide[164]. »

De son côté, le plénisme de Bruno reposait sur le principe théologique de plénitude, car il faisait valoir, par l'absurde, que

---

163. John TOLAND, *Ibid.*, § 24, p. 242 ; rééd. Frommann, 1964, p. 215 : « *As Nothing has no Propertys, so that the acknowledg'd infinite Extension belongs to this infinite Subject, which is infinitely modify'd in its Motion, Extension, and other inseparable Attributes.* »
164. John TOLAND, *Ibid.*, § 25, p. 242 ; rééd. Frommann, 1964, p. 216 : « *When Bodys are conceiv'd finite, movable, divisible, at rest, heavy or light, under different Figures, and in various Situations ; then we abstract the Modifications from the Subject, or, if you will, the Parts from the Whole, and imagine proper Boundarys to certain Portions of Matter, which seperate and distinguish them from all the rest, whence came originally the Notion of a Void.* »

« ce serait un mal pour cet espace de n'être pas plein[165] ». En effet, Dieu étant tout-puissant, ce serait pour lui une forme d'avarice, c'est-à-dire d'imperfection, que de ne créer qu'une quantité *finie* de corps et de matière alors que sa Sagesse, sa Bonté et sa Puissance sont illimitées. John Toland, pour sa part, n'invoque nullement le principe théologique de plénitude, mais seulement le souci d'éviter la double impasse que constitue soit la réification du vide spatial (impasse newtonienne), soit la divinisation de l'espace (impasse de Joseph Raphson). Toland présente sa démarche qui entend unifier la matière et l'extension comme la seule position philosophique vraiment conséquente :

> « Ceux qui soutiennent l'existence d'un espace absolu, après avoir considéré la matière abstraction faite de l'étendue, ont distingué l'étendue générale, de l'étendue particulière de la matière de tel ou tel corps, comme si la dernière était quelque chose de surajouté à la première ; quoiqu'ils ne pussent point assigner le sujet de la première étendue, ni dire si c'était une substance qui ne fût ni corps ni esprit ou si c'était une nouvelle espèce de néant, doué pourtant des propriétés de l'être. Bien plus, plusieurs d'entre eux ont voulu le faire passer pour l'Être suprême lui-même[166]. »

3. Trois propriétés de la matière infinie existant en acte : l'extension, l'activité et la solidité

Outre l'extension infinie de la matière, Toland affirme qu'elle est essentiellement *active*, en entendant par là qu'elle est continuellement en mouvement, ce qui a l'avantage d'écarter définitivement la question du commencement. Le mouvement a toujours été et sera toujours ; on ne peut donc que l'épouser ou le prolonger, mais jamais le commencer ou l'achever[167].

---

165. Bruno, *De immenso*, 1591, livre I, ch. VI, éd. Fiorentino/Tocco, I, I, p. 223 : « *Esset ut ergo malum huic spacio non esse repletum.* »

166. Toland, *Ibid.*, § 26, p. 246.

167. Toland écrit en effet, *Ibid.*, § 12, p. 181 ; rééd. Frommann, 1964, p. 188-191 : « Si la matière elle-même est essentiellement active, on n'a pas

Ce mobilisme universel avait déjà été explicitement affirmé et développé par Giordano Bruno tant dans ses écrits italiens que dans son œuvre latine[168]. Pour Toland, l'activité irrémittente de la matière ne s'oppose nullement, bien au contraire, à la connaissance scientifique des phénomènes physiques. En effet, cette conception dynamiste de la matière doit libérer la recherche scientifique de la nécessité de faire appel à un *Deus ex machina* pour remettre en ordre sa création, comme c'était encore le cas de la physique newtonienne. Dans l'Univers de Toland, rien ne se perd et rien ne se crée ; c'est de là que proviennent son autarcie et, finalement, son immuabilité sous ses changements :

> « Toutes les parties de l'Univers sont continuellement dans un mouvement qui produit & détruit. [...] Il n'est point d'être qui demeure le même pendant une heure de suite ; or tous ces changements n'étant que des mouvements de différentes espèces, sont indubitablement des effets d'une action universelle. Mais les changements des parties ne produisent aucuns changements dans l'Univers ; car il est évident que les altérations, les successions, les révolutions, les transmutations continuelles de la matière ne peuvent pas plus accroître ou diminuer la somme de cet Univers que l'alphabet ne peut perdre aucune de ses lettres malgré les combinaisons infinies que l'on en fait dans une langue. [...] L'Univers ainsi que toutes ses parties demeure toujours le même[169]. »

besoin de recourir à cette invention pour lui procurer le mouvement, & il n'est pas nécessaire de chercher la génération de ce mouvement. < *If Matter it self be essentially active, there's no need to help it to Motion by this Invention, nor is there any Generation of Motion.* > »

168. Cf. Bruno, *De triplici minimo*, Livre II, chap. 5, in *Op. lat.*, I, III, p. 204 : « Tu ne trouveras pas deux fois la même source, parce que toi aussi tu n'es pas le même, et, de même, on ne peut pas voir deux fois la même flamme d'une torche. » Comme on l'a déjà montré ailleurs, cf. J. Seidengart, *Dieu, l'Univers et la Sphère infinie*, Paris, Albin Michel, 2006, chap. 3, p. 203, c'est précisément le *mobilisme* universel de Bruno qui le détourna définitivement de tout projet de mathématiser les phénomènes physiques.

169. John Toland, *Ibid.*, § 15 et 16, p. 213-215 ; rééd. Frommann, 1964, p. 188-191 : « *All the Parts of the Universe are in this constant Motion of destroying and begetting and destroying. [...] And these Changes being but several kinds of Motion, are therefore the incontestable Effects of some universal Action. But the Changes*

Toutefois, pour établir que l'activité est l'un des trois principaux attributs de la matière, Toland s'est efforcé de combattre le principe d'inertie[170] qui avait été pourtant mis en place avec tant de difficultés par Galilée, Descartes et Newton. De son côté, Newton avait toujours expressément refusé de voir dans la force motrice en général, et surtout dans la force d'attraction, une propriété inhérente à la matière ; seule l'*inertie* pouvait être considérée comme une propriété essentielle et intrinsèque des corps[171]. Sur ce point, Toland ne semble pas avoir réellement conscience qu'il ne lui est plus guère possible de se dire véritablement newtonien après avoir écarté la loi d'inertie, l'absoluité de l'espace et du temps, l'existence du vide, la divisibilité de la matière, etc. En outre, étant donné que le concept tolandien d'inertie < *inactivity* > est trivial et erroné, puisqu'il identifie celui-ci avec une sorte de tendance au repos (tout comme Kepler et même Leibniz à sa suite), cela ne l'empêche nullement de croire (à tort, cela va de soi) que Newton lui-même s'était aussi opposé à la notion d'inertie sous prétexte qu'il avait intitulé le premier livre de ses *Principia* : « Des mouvements des corps[172] ». Pour Toland, qui fait une critique en règle de

---

in the Parts make no Change in the Universe : for it is manifest that the continual Alterations, Successions, Revolutions, and Transmutations of Matter, cause no Accession or Diminution therein, no more than any Letter is added or lost into so many different Words and Languages. [...] The World, with all the Parts and Kinds thereof, continuing at all times in the same condition. »

170. Cf. TOLAND, *Ibid.*, § 18-24, p. 220-239 ; rééd. Frommann, 1964, p. 195-212. Cf. spécialement § 21 éd. angl. p. 202 : « *I think after all that has bin said that Action is essential to Matter, since it must be the real Subject of all those Modifications which are call'd local Motions, Changes, Differences, or Diversitys ; and principally because absolute Repose, on which the Inactivity or Lumpishness of Matter was built, is ebntierly destroy'd, and prov'd no where to exist.* »

171. NEWTON avait écrit, en effet, dans ses *Principia*, Livre III, Règle III, trad. fr. par Mme du Châtelet, Paris, 1759, rééd. Blanchard, 1966, t. II, p. 4 : « Je n'affirme point que la gravité soit essentielle aux corps. Et je n'entends par la force qui réside dans les corps que la seule force d'inertie, laquelle est immuable ; au lieu que la gravité diminue lorsqu'on s'éloigne de la Terre. »

172. Cf. TOLAND, *Ibid.*, § 20, rééd. Frommann, 1964, p. 201-202 : « *Mr. Newton [...] declares that perhaps no one Body is in absolute Rest, that perhaps no immovable bodily Center is to be found in Nature. [...] and indeed all Physicks ought to be*

la connaissance sensible[173], tout ce que nous croyons percevoir en repos dissimule, en fait, une activité cachée que seule notre raison peut nous permettre de découvrir[174]. Une fois admis ce dynamisme universel et continuel, sans commencement ni fin (*a parte ante* ou *a parte post*), Toland peut enfin établir que l'Univers matériel jouit d'une sorte d'autosuffisance[175], le mot n'est pas trop fort, bien que ce statut ontologique ait toujours été réservé à Dieu seul. Quant à la *solidité*, c'est-à-dire ce que l'on appelait traditionnellement l'impénétrabilité (ou antitypie), elle désigne la *résistance* que les corps opposent aux autres corps lorsqu'ils tentent d'occuper le même lieu en même temps. Ainsi, Toland pense avoir découvert les trois propriétés essentielles de la matière à partir desquelles il devrait être possible de rendre compte désormais de tous les phénomènes. Ces trois propriétés, bien que distinctes les unes des autres, sont étroitement solidaires[176]. On peut même dire que leur indéfectible solidarité est constitutive de l'essence de la matière :

> « L'étendue est le sujet immédiat de toutes les divisions, les figures & les portions de la matière ; mais c'est son action qui produit ces changements, & ils ne pourraient point être distingués sans la solidité. L'action est la cause immédiate de tout mouvement local, de tous les changements & de toutes les variétés que nous voyons dans la matière ; mais l'étendue est le sujet & la mesure de

denominated from the Title he has given to the first Book of his Principles, viz. of the Motion of Bodys. »

173. Cf. Toland, *Ibid.*, § 18, rééd. Frommann, 1964, p. 195 *sq.*

174. Toland, *Ibid.*, § 19, rééd. Frommann, 1964, p. 199 : « *Since Rest therefore is but a Determination of the Motion of Bodys, a real Action of Resistance between equal Motions, 'tis plain that this is no absolute Inactivity among Bodys, but only a relative Repose with respect to other Bodys that sensibly change their place.* »

175. Toland, *Ibid.*, § 24, p. 239 ; rééd. Frommann, 1964, p. 213 : « La matière n'étant point inactive, & n'ayant pas besoin que le mouvement lui soit continuellement imprimé par un agent extérieur. < *But Matter not being inactive, nor wanting to have Motion continually imprest by an external Agent.* > »

176. Toland, *Ibid.*, § 29, p. 259 ; rééd. Frommann, 1964, p. 231 : « Ce sont trois idées distinctes sans être trois êtres différents, ce sont des façons diverses d'envisager la matière. < *Three distinct Ideas, but not three different things ; only the various considerations of one and the self-same Matter.* > »

leurs distances, & c'est de la solidité que dépend la résistance, l'impulsion & la protrusion des corps, & cependant c'est l'action qui les produit dans l'étendue[177]. »

Désormais, John Toland peut construire une cosmologie à partir des principes élémentaires et des termes primitifs *indéfinissables* que sont les trois attributs de la matière infinie. Dans cette perspective, l'extension infinie en acte de l'Univers joue un rôle tout à fait éminent dans la stricte mesure où Toland lui-même considère celle-ci comme évidente et communément reçue sans susciter aucune espèce de polémique. Comme Bruno[178], Toland pense que si l'on admet d'emblée l'infinité de l'Univers, la plupart des faux problèmes posés par la philosophie naturelle disparaîtront d'eux-mêmes, comme par enchantement[179]. Étant donné que les extrémités de l'Univers sont fictives, l'infinitisme cosmologique de Toland consacre le triomphe de la raison sur les sens et sur l'imagination morcelante.

---

177. TOLAND, *Ibid.*, § 29, p. 258-259 ; rééd. Frommann, 1964, p. 230 : « *Extension is the immediate Subject of all the Divisions, Figures, and Parcels of Matter ; but t'is Action that causes thoses Alterations, and they cou'd not be distinct without Solidity. Action is the immediate Cause of all local Motions, Changes, or Varietys in Matter ; but Extension is the Subject and Measure of their Distances : and tho upon Solidity depends the Resistance, Impulse, and Protrusion of Bodys, yet 'tis Action that produces them in Extension.* »

178. BRUNO, *De l'infinito*, 1584, trad. fr. J.-P. Cavaillé, Paris, Les Belles Lettres, 1995, 2006², *Dialogo Primo*, p. 78 : « Je le vois bien à dire vrai : affirmer que le monde (ou, comme vous dites, l'univers) est sans terme < *interminato* >, cela ne comporte aucun inconvénient et nous libère d'innombrables difficultés dans lesquelles l'affirmation contraire nous enferme. »

179. *Ibid.*, § 27, p. 251 ; rééd. Frommann, 1964, p. 224 : « Sans parler des difficultés insurmontables qui résultent de ces extrémités fictives. < *Not to insist on insurmountable Difficultys arising from those fictitious Extremitys.* > »

d) La structure de l'Univers infini
au sens du Pantheisticon (1720)

1. L'esquisse d'une cosmologie
dans les Lettres à Serena

Fort de ses analyses et de ses réfutations en philosophie naturelle, Toland n'avait plus qu'à déduire les éléments principaux de sa cosmologie infinitiste. Ainsi retenait-il huit propriétés principales, mais solidaires les unes des autres, car l'Univers est : *immuable, indivisible, infigurable, immense, il englobe tout, il pénètre tout, il est Un, il est le lieu de toutes choses, et il est homogène*[180]. Il est tout à fait déconcertant de constater ici que Toland suit presque mot pour mot l'ordre énumératif adopté par Joseph Raphson (auquel il emprunte également ses principaux arguments) et que nous avions déjà rencontré à propos des propriétés de l'espace. Ce qui revient à dire qu'exception faite de la divinisation de l'Espace, Toland rejoint nombre des démonstrations de Raphson[181], qu'il ne cesse pourtant de dénigrer par ailleurs. Enfin, Toland et Raphson ont pillé l'un comme l'autre littéralement la conception de l'espace et de ses propriétés que Bruno avait développée surtout dans le premier livre de son *De immenso*[182].

---

180. TOLAND, *Ibid.*, § 25, p. 243-244 ; rééd. Frommann, 1964, p. 216-217 : « *The Universe [...] is immovable and indivisible ; and also without all Figure, since it has no Bounds or Limits ; and immense, since no Quantity, tho never so often repeated, can equal or measure its Extension. [...] all containing. [...] permeates all things ; [...] it is one ; [...] it is the Place of all things. [...] it is homogeneal.* »

181. De son côté, Joseph RAPHSON, qui s'était chargé de faire un historique « complet » des opinions des Anciens et des Modernes sur les attributs de Dieu, au chapitre I de son *De spatio reali*, cite tous les grands philosophes à l'exception de Bruno qu'il a pourtant pillé puisqu'il reprend même une démonstration accompagnée d'une figure géométrique complexe qu'il reproduit intégralement sans jamais citer son auteur, cf. *Ibid.*, chap. IV, p. 63. Ladite figure se trouve dans BRUNO, *De immenso*, livre VII, chapitre V, éd. Fiorentino/Tocco, *Opere latine conscripta*, t. I, 2, p. 250.

182. BRUNO, *De immenso*, 1591, livre I, ch. VIII, éd. Fiorentino/Tocco, *Opere latine conscripta*, I, I, p. 231-233.

Au moins, il faut rendre justice à Toland en soulignant qu'il a eu tout de même le courage de reconnaître, contrairement à Raphson, une bonne partie de ses dettes envers Giordano Bruno. Au cas où nous ne l'aurions pas compris, Toland se charge lui-même de nous rappeler, suivant en cela littéralement la formule du Nolain, que « l'Univers est Un, bien qu'il contienne des mondes innombrables < *there's but one Universe, tho there may be numberless Worlds* >[183] ». Or, la cosmologie tolandienne nous réserve encore des surprises, car s'il est vrai qu'elle est fortement imprégnée des démonstrations bruniennes, elle fait appel à la théorie cartésienne des tourbillons pour expliquer l'organisation interne de chacun des systèmes de mondes que compte l'Univers :

> « Quoique la matière de l'Univers soit partout la même, cependant, eu égard à ses différentes modifications, on la conçoit divisée en une infinité de systèmes particuliers & de tourbillons de matière ; ces systèmes de tourbillons se soudivisent encore en d'autres plus ou moins grands, qui dépendent les uns des autres, comme chacun d'eux dépend du tout dans leurs centres, leurs tissus, leurs formes, leur cohérence. Notre Soleil, par exemple, est le centre de l'un de ces grands systèmes qui en renferme un grand nombre d'autres plus petits dans la sphère de son activité, de même que toutes les planètes qui se meuvent autour de lui ; ces systèmes sont soudivisés en d'autres plus petits qui en dépendent, comme les satellites de Jupiter dépendent de lui, ou comme la Lune dépend de la Terre[184]. »

Cette référence au modèle tourbillonnaire est d'autant plus surprenante que Newton avait explicitement démontré la fausseté

---

183. Bruno, *Ibid.*

184. Toland, *Ibid.*, § 15, p. 211-212 ; rééd. Frommann, 1964, p. 187 : « *Tho the Matter of the Universe be every where the same, yet, according to its various Modifications, it is conceiv'd to be divided into numberless particular Systems, Vortexes, or whirlpools of Matter ; and these again are subdivided into other Systems greater or less, which depend on one another, as every one on the Whole, in their Centers, Texture, Frame, and Coherence. Our Sun (for example) is the Center of one of those bigger Systems, which contains a great many lesser ones within the Sphere of its Activity, as all the Planets that move about it : and these are subdivided into yet lesser Systems that depend on them, as his Satellites wait upon Jupiter, and the Moon on the Earth.* »

et l'impossibilité de la théorie cartésienne des tourbillons à partir du théorème des forces centrales[185]. Conformément à sa pratique courante, Toland ne retient des auteurs que ce qui semble lui convenir. Cependant, il est préférable de se tourner vers le *Pantheisticon* pour trouver la forme la plus achevée de la cosmologie panthéiste de John Toland.

2. L'Univers éternel et infini des panthéistes

Lorsqu'on lit le *Pantheisticon*, on est frappé par le caractère apparemment officiel, institutionnel et quasiment canonique des propos de Toland. Désormais, le ton n'est plus à la discussion ni à la confrontation, comme au temps des *Lettres à Serena*, mais à l'exposé de la *doctrine panthéiste* définitivement constituée et opposée radicalement aux *chaologistes*. D'ailleurs, Toland déclare qu'il ne fait que rapporter sous forme condensée le *credo* de la « *sodalitas socratica* » qui répète inlassablement les formules rituelles consacrées :

> « Ils assurent que l'Univers (dont le monde que nous connaissons n'est qu'une très petite partie) est infini en étendue comme en puissance ; que par la continuité du tout et la contiguïté de ses parties il est un ; qu'il est immobile dans sa totalité, n'ayant hors de lui ni espace, et mobile à l'égard de ses parties dans des intervalles infinis ; incorruptible et nécessaire de l'une et l'autre façon,

185. Cf. Newton, *Principia*, 1687, trad. fr. Mme du Châtelet, Paris, 1756, Livre II, Scolie de la Prop. LII, rééd. Blanchard, 1966, t. 1, p. 423-424 : « J'ai cherché les propriétés des tourbillons dans cette proposition [Prop. LII, p. 416 *sq.*], afin de connaître s'il était possible d'expliquer les phénomènes célestes par des tourbillons. [...] Que si les tourbillons (comme c'est l'opinion de quelques-uns) se meuvent plus vite près du centre, & ensuite plus lentement jusqu'à un certain éloignement, & enfin de nouveau plus promptement près de la circonférence ; il est certain qu'ils ne pourront observer ni la raison sesquiplée des distances, ni aucune proportion déterminée. C'est donc aux Philosophes à voir comment ils pourront expliquer cette loi de la raison sesquiplée par le moyen des tourbillons. » Cf. le Scolie final du livre II, rééd. Blanchard, livre II, t. 1, p. 426 : « Il est donc certain que les planettes ne sont point transportées par des tourbillons de matière. Car les planettes qui tournent autour du Soleil, selon l'hypothèse de Copernic, font leurs révolutions dans des ellipses qui ont le Soleil dans un de leurs foyers, et elles parcourent des aires proportionnelles au temps. »

c'est-à-dire éternel par son existence et par sa durée ; qu'il est intelligent par une raison éminente qui a beaucoup de rapport avec notre âme intelligente ; enfin que ses parties intégrantes sont toujours les mêmes et que ses parties composantes sont toujours en mouvement. [...] De ce mouvement et de cette intelligence (qui est la force et l'harmonie du Tout infini) naissent des espèces sans nombre, dont chaque individu est en soi-même force et matière ; ainsi tout se régit avec une prudence infinie et un ordre parfait dans l'Univers, dans lequel sont compris une infinité de mondes. [...] Enfin, cette force et cette énergie du Tout, qui a tout créé et qui gouverne tout, ayant toujours le meilleur objet pour but, est Dieu, que vous appellerez, si vous voulez, *Esprit* et *Âme de l'Univers* ; d'où les Associés Socratiques ont été nommés Panthéistes, parce que, selon eux, cette âme ne peut être séparée de l'Univers même, que par le raisonnement[186]. »

Ce *credo* panthéiste ne fait que rassembler sous une forme dogmatique les thèses qui avaient été établies antérieurement dans les autres écrits du *free-thinker*. Il n'y a donc pas lieu d'y revenir. En revanche, ce sont les considérations cosmologiques et théologiques de Toland que nous analyserons pour finir, dans la mesure où elles apportent quelques éléments nouveaux et significatifs à l'ensemble de la démarche panthéiste.

Tout d'abord, la critique tolandienne de la cosmologie épicurienne se fait plus perspicace que par le passé. En effet, elle avait surtout rejeté auparavant l'idée que les rencontres et assemblages d'éléments puissent être purement fortuits. À présent, Toland

---

186. TOLAND, *Pantheisticon*, Londres, 1720, trad. fr. anonyme du XVIIIe siècle rééditée par Albert Lantoine in *Un précurseur de la franc-maçonnerie, John Toland*, Paris, Librairie E. Nourry, 1927, § III et IV, p. 192-193. Cette formule finale de Toland qui affirme que Dieu n'est pas réellement distinct de l'univers et qui est le noyau dur du panthéisme, n'est qu'un simple plagiat littéral des formules bruniennes. On lit en effet sous la plume de BRUNO, in *De immenso*, 1591, Livre VIII, chap. X, in *Op. lat.*, I, II, p. 312 : « Dieu est infini < *infinitum* > dans l'infini < *infinito* >, partout en toutes choses, il n'est ni au-dessus ni à l'extérieur, mais il est ce qu'il y a de plus intime < *praesentissimum* > [en toutes choses] ; de telle sorte que l'entité < *entitas* > n'est nullement au-delà ni à l'extérieur des étants < *entia* >, la nature n'est nullement au-delà des êtres naturels < *naturalia* >, la bonté n'est nullement au-delà des choses bonnes. Mais on peut distinguer l'essence < *essentia* > de l'être < *ab esse* > seulement logiquement < *tantum logice* >. »

voit dans la prétendue chute verticale et éternelle des atomes dans l'espace cosmique infini une inconséquence puisque « dans un espace infini il ne peut y avoir ni haut ni bas, ni centre ni extrémités[187] ». Ce n'est donc pas à l'atomisme antique que Toland rattache la cosmologie des panthéistes, mais à une tout autre source philosophique, bien plus ancienne cette fois puisqu'elle est censée remonter à l'Égypte ancienne. Toland tombe comme le père Kircher au xviie siècle et comme Bruno, Patrizi, Ficin et tant d'autres à la Renaissance, dans une sorte d'égyptianisme, c'est-à-dire dans le mythe d'une « *prisca philosophia* » dont Pythagore et même Copernic seraient des descendants spirituels plus ou moins inspirés. En cela, Toland n'innove pas puisque la plupart des partisans du copernicianisme à la Renaissance et à l'âge classique voyaient dans l'héliocentrisme copernicien un retour de la pensée pythagoricienne :

> « Les Panthéistes suivent l'astronomie de Pythagore, ou plutôt celle des Égyptiens, et, pour parler selon les modernes, celle de Copernic. Ils placent le Soleil au centre des Planètes, qui font leurs révolutions autour de lui, et entre lesquelles la Terre que nous habitons n'est pas la plus petite ni la plus basse. Ils pensent qu'il y a un nombre infini d'autres Terres semblables à la nôtre qui tournent autour de leurs Soleils (que nous nommons étoiles fixes) dans des temps proportionnés et toujours aux mêmes distances : ils disent la même chose des comètes, qui ont de beaucoup plus grands cercles à décrire. [...] Il n'y a point de véritables irrégularités dans le cours des planètes ; il n'y a aucune rétrogradation, aucune station, aucun excentrique, comme cela paraît aux yeux[188]. »

On peut constater que ce pythagorisme ou ce copernicianisme, dans la mesure où il multiplie à l'infini les systèmes héliocentriques, n'est autre que celui de Bruno. Toutefois, pour ce qui concerne les forces d'interaction chargées d'assurer la cohésion du Tout, Toland se contente de renvoyer ses lecteurs à l'œuvre scientifique de Newton, ce qui le dispense habilement d'avoir à se prononcer sur les divergences profondes qui séparent sa philosophie naturelle

187. TOLAND, *Op. cit.*, 1720, § V, p. 195.
188. TOLAND, *Ibid.*, § IX, p. 202.

de celle des *Principia*[189]. La suite de l'exposé sur l'ordre du Monde est tout à fait élémentaire. Mais, curieusement, Toland consacre l'essentiel de ses développements au troisième mouvement de la Terre, le mouvement de précession des équinoxes, pour démontrer que ce dernier découle de la doctrine de la coïncidence des opposés[190]. Tout se passe comme si les philosophes (égyptiens, bien entendu[191]) avaient déduit *a priori* le troisième mouvement de la Terre, tandis que les longues observations d'Aristarque, d'Eudoxe, d'Hipparque, de Ptolémée, de Copernic et même de Halley n'auraient fait qu'en constater laborieusement *a posteriori* le bien-fondé[192]. Après quelques considérations assez confuses[193] sur les modalités du mouvement de précession des équinoxes, qu'il n'hésite pas à attribuer à toutes les autres planètes de l'Univers, Toland en conclut qu'il assure ainsi le retour éternel du même, ce que Bruno avait pourtant refusé expressément[194].

189. TOLAND, *Ibid.*, § V, p. 195 : « Notre institution nous défend de disputer sur l'action réciproque des globes les uns sur les autres, ou sur les arguments concernant le vide, qui ont été discutés par plusieurs Philosophes très illustres. Ceux qui voudront apprendre quelque chose de ces matières n'auront qu'à consulter le fameux Newton. »

190. TOLAND, *Ibid.*, § IX-X, p. 203-204 : « Que d'agréables énigmes sont ainsi expliquées sans peine par les élèves des Panthéistes ! [...] Mais seulement pour dire un mot en passant de leur doctrine *Sur la coïncidence des extrêmes* (s'il est permis de parler de la sorte). [...] De cette *Coïncidence des extrêmes*, nos philosophes infèrent que la Terre a un troisième mouvement, véritablement admirable, qui se mesure par le mouvement progressif des points équinoxiaux et par la lente mais continuelle déclinaison de la Méridienne. »

191. TOLAND écrit plus bas, *Ibid.*, § XI, p. 205-206 : « Ô combien de fois me suis-je moqué de ceux qui méprisaient les Égyptiens sans entendre seulement leurs termes et sans avoir aucune connaissance de la Saine Astronomie, se contentant de faire des cercles inintelligibles et éblouissant l'esprit du petit peuple par des prodiges supposés. »

192. TOLAND, *Ibid.*, § IX-XI, p. 204.

193. Non point que Toland n'ait pas compris en quoi consiste le mouvement de précession des équinoxes, car il lui arrive de s'exprimer assez correctement à ce sujet au paragr. 11. Mais il sombre dans une erreur totale lorsqu'il entreprend de se servir du cône de précession pour montrer *Ibid.*, p. 205, que « le point de la Terre qui répond aujourd'hui au pôle Arctique se trouvera sous le pôle Antarctique ».

194. Cf. BRUNO, *De immenso*, 1591, livre III, chap. VII : « D'où l'on conclut qu'il est tout à fait inepte d'imaginer cette année du monde qui ramène les mêmes

Après avoir assez rapidement esquissé les rudiments de la cosmologie des panthéistes, Toland aborde dans la seconde partie, qui prend une tournure nettement plus ésotérique, les questions d'ordre théologique. Il passe ainsi du Tout à l'« Un qui est tout entier en toutes choses », c'est-à-dire à Dieu. Cette formule, chère au « holenmérisme » de Henry More, reprend aussi intégralement les enseignements du *De l'infinito* et du *De la causa* de Bruno sans jamais les citer[195]. Comme nombre de ses contemporains, Toland appuie son panthéisme sur la formule célèbre de l'Évangile : « C'est en lui que nous vivons, que nous nous mouvons et que nous existons[196]. » Dans cette logique panthéiste, Dieu est en quelque sorte ce par quoi le Tout est Un, tandis que l'Univers infini est bien le Tout de l'Un puisqu'il épuise la totalité de l'être et ne saurait donc être limité par un Autre de quelque ordre que ce soit. L'un se déploie dans le Tout ; le Tout n'est tel que parce qu'il est un. Et la connaissance de l'uni-totalité infinie qui délivre l'être de la crainte ou de la menace que suscite toute limitation et toute négation s'accompagne nécessairement d'une joie sereine. La sagesse du décentrement nous apprend à nous défaire de nos vues tronquées qui prenaient la partie pour le tout, car l'être est au niveau du tout. Des stoïciens à Bruno, de Bruno à Spinoza, puis à John Toland c'est la même sagesse qui s'affirme en se diversifiant. Comme le dit un jour Toland à un importun qui lui demandait d'où il était : « Le Soleil est mon père, la Terre est ma mère, le Monde est ma patrie et tous les Hommes sont mes parents[197]. »

---

effets pratiquement dans la même place et qui [veut] que les astres retournent exactement dans le même arrangement et dans la [même] conjonction. » De son côté, TOLAND affirme dans son *Pantheisticon*, § XIV, p. 211-212 : « Ce que nous avons déjà enseigné sur la continuelle déclinaison de la Méridienne, et par conséquent sur le changement de l'Axe de la Terre [...] nous dirons que tous les globes qui sont dans l'espace infini ont le même sort. »

195. Cf. BRUNO, par exemple, *De la causa, principio e Uno*, 1584, trad. fr. Luc Hersant, Paris, Les Belles Lettres, 1996, *Dialogo Quinto*, p. 280 : « Vous voyez donc comment toutes les choses sont dans l'univers et l'univers dans toutes les choses, nous dans lui et lui dans nous : ainsi tout coïncide dans une parfaite unité. »

196. TOLAND, *Ibid.*, IIe Partie, p. 224 qui reproduit littéralement le texte des Actes des apôtres, 17, 27-28.

197. TOLAND, *Ibid.*, § VIII, p. 202.

RÉTICENCES À L'ÉGARD DE L'INFINITISME
DANS LA COSMOLOGIE DE BUFFON

a) Le problème cosmogonique au milieu du xviii siècle :*
un débat entre science et religion

Depuis environ une dizaine d'années triomphait dans toute l'Europe savante la science newtonienne, lorsque Buffon fit paraître en 1749 son *Histoire naturelle générale et particulière.* Cependant les œuvres physiques de Newton laissaient pour compte les questions d'ordre proprement cosmologique : qu'il s'agisse de la structure de l'Univers, de sa stabilité, de sa formation ou de son évolution. Sur ces points, nous avons vu que Newton était contraint de faire appel à la théologie et aux causes finales, qui sont pourtant peu compatibles avec l'épistémologie des *Principia.* Or, le problème cosmologique n'avait pas pour autant cessé de préoccuper l'esprit des « philosophes et des savants », c'est d'ailleurs ce que l'on peut constater si l'on se reporte à l'abondante littérature de l'époque consacrée à cette question. Ce qui caractérise les principaux ouvrages traitant de cosmologie à l'époque de Newton, c'est leur intime liaison avec les considérations proprement théologiques. Pour s'en convaincre, il suffit de citer cette brève remarque d'un auteur aussi indépendant que D'Alembert tirée de son article « Cosmogonie » de l'*Encyclopédie* :

> « De quelque manière qu'on imagine la formation du Monde, on ne doit jamais s'écarter de deux principes : 1°) celui de la création ; car il est clair que la matière ne pouvant se donner l'existence à elle-même, il faut qu'elle l'ait reçue ; 2°) celui d'une intelligence suprême qui a présidé non seulement à la création, mais encore à l'arrangement des parties de la matière en vertu duquel ce Monde s'est formé. Ces deux principes une fois posés, on peut donner carrière aux conjectures philosophiques, avec cette attention pourtant de ne point s'écarter dans le système qu'on suivra de celui que la Genèse nous indique que Dieu a suivi dans la formation des différentes parties du Monde[198]. »

198. D'ALEMBERT, *Encyclopédie,* t. IV, article « Cosmogonie », 1754, p. 292-293.

Que ce texte représente l'intime conviction de son auteur ou bien qu'il soit destiné à tourner la censure religieuse, dans les deux cas on ne peut que constater la profonde emprise de la pensée religieuse sur la pensée cosmologique à cette époque. En effet, à la fin du xviie siècle et au début du siècle suivant, les adeptes du newtonianisme considéraient comme une sorte d'évidence première que l'étendue de l'espace cosmique est infinie puisqu'elle découle de la toute-puissance et de la gloire de Dieu. C'est ainsi que William Derham concevait l'immensité cosmique dans sa *Physico-Theology* de 1713, bien qu'il n'ait nullement voulu s'arrêter à cette question pour l'approfondir, car il se proposait au contraire de définir les propriétés de la lumière ; il se contente de citer l'autorité des travaux de Robert Hooke à ce propos :

« *Another thing of great consideration about light is, its vast Expansion, it's almost incomprehensible, and inconceivable Extension, which as a late ingenious Author* [R. Hooke, *Post. Works*, Lect. of Light, p. 76] *faith, "Is a boundless and unlimited as the Universe itself, or the Expansum of all material Beings : The vastness of which is so great, that it exceeds the Comprehensions of Man's Understanding. Insomuch that very many have asserted it absolutely Infinite, and without any Limits or Bounds". And that this noble Creature of God is of this Extent, is manifest from our seeing some of the farthest distant Objects, the heavenly Bodies, some with our naked Eye, some with the help of Optical Instruments, and others in all Probability farther and farther, with better and better Instruments. And had we Instruments of Power, equivalent to the extent of Light, the luminous Bodies of the utmost Parts of the Universe, would for the same Reason be visible too* [199]. »

Comme on peut le constater, ce texte relève davantage d'un contexte théologique que proprement scientifique. En effet, le livre de Derham ne fait que reproduire des *sermons* prononcés dans le cadre des prestigieuses *Boyle Lectures* entre 1711 et 1712, sermons qui se proposaient essentiellement de démontrer

---

199. William DERHAM, *Physico-Theology or, A Demonstration of the Being and Attributes of God, from his Works of Creation*, London, 1713, rééd. anastasique, Olms, Hildesheim, 1976, Book I, chap. IV, p. 30-31.

l'existence de Dieu à partir de preuves *a posteriori*, c'est-à-dire par les effets. À ce niveau, la cosmologie n'est encore que le point de départ et le faire-valoir de la théologie de la toute-puissance. Or, ce qui fait toute l'originalité et l'intérêt philosophique de ce genre d'entreprise, c'est qu'elle s'efforce de partir de l'image de l'Univers que présente la science newtonienne de l'époque. Comme on sait, Kant ne resta pas insensible à ce type de démarche *physico-théologique*, même si la première *Critique* finit par lui retirer toute valeur scientifique. Toutefois, il serait hors de propos ici de passer en revue les principaux auteurs en cette matière, il nous suffira de considérer celles des hypothèses cosmogoniques que Buffon évoque rapidement avant de présenter sa propre théorie de la formation du système du Monde.

1. Burnet, Woodward et Leibniz

Précisons d'emblée que Buffon ne portait guère d'estime à ces hypothèses, même s'il y trouva quelques matériaux pour édifier sa propre cosmogonie :

> « Toutes ces hypothèses faites au hasard et qui ne portent que sur des fondements ruineux n'ont point éclairci les idées et ont confondu les faits ; on a mêlé la fable à la physique[200]. »

Si Buffon évoque les hypothèses de Whiston, Burnet, Woodward, Leibniz et Scheuchzer, en fait il semble bien que seules les cosmogonies de Whiston et de Leibniz aient été véritablement prises en considération. Il voit en effet, dans la *Telluris theoria sacra* (1681) de Burnet « un livre qu'on peut lire pour s'amuser mais qu'on ne doit pas consulter pour s'instruire[201] ». En fait Burnet, le secrétaire de Guillaume III, était un théologien qui prétendait concilier la cosmologie cartésienne et la Révélation

---

200. Buffon, Second Discours, *Histoire et théorie de la Terre*, 1744, 1ʳᵉ édition, 1749 ; édition Lanessan T. I, p. 35. Toutes les citations de Buffon, dans le présent article, renvoient à l'édition J. L. Lanessan des œuvres complètes en 14 volumes, Paris, 1884-1885.
201. Buffon, *Op. cit.*, I, p. 87.

biblique, mais qui manque à la fois de rigueur scientifique et de fidélité à la lettre de la Bible. Si Buffon reproche à Burnet d'avoir « la tête échauffée de visions poétiques[202] », et par là même d'être un théologien hétérodoxe, il blâme le Suisse Scheuchzer « de vouloir mêler la physique à la théologie[203] ».

De son côté Woodward, auteur d'*An Essay towards the Natural History of the Earth* (1695), apparaît comme un meilleur observateur qui a le mérite d'avoir rassemblé plusieurs données importantes, mais n'était pas aussi bon physicien qu'il était bon observateur, « si bien que le fondement de son système porte manifestement à faux[204] ». La fausseté de son système transparaît dans le fait qu'il s'écarte à la fois des « lois de mécanique » et de la lettre de la « Sainte Écriture[205] ». Buffon ne fait malheureusement que mentionner le « fameux Leibniz[206] » et l'esquisse de sa *Protogea*[207] dont il reprit cependant l'idée de l'origine ignée de la Terre contrairement aux vues « préneptunistes » de Bernard Palissy.

L'auteur qui semble avoir le plus vivement intéressé et « influencé » la pensée cosmologique de Buffon, c'est sûrement le disciple de Newton William Whiston. Ce chapelain de l'évêque de Norwich avait publié en 1696 *A New Theory of the Earth*[208] où il tentait, comme la plupart de ses compatriotes de l'époque, de

---

202. BUFFON, *Op. cit.*, I, p. 35.
203. BUFFON, *Op. cit.*, I, p. 92.
204. BUFFON, *Op. cit.*, I, p. 88.
205. BUFFON, *Op. cit.*, I, p. 87, 89.
206. BUFFON, *Op. cit.*, I, p. 91.
207. LEIBNIZ, *Protogea*, in *Acta eruditorum* de 1683, p. 40, qui n'est en fait qu'une esquisse du texte qui parut dans les *Acta eruditorum* de 1693. La *Protogea* dut attendre 1749 (année même de la parution de la *Théorie de la Terre* de Buffon) pour être éditée intégralement à Göttingen. Elle figura également dans l'édition Dutens des Œuvres de Leibniz (1768), avant d'être traduite en français par Bertrand de Saint-Germain en 1859. On peut consulter l'intéressant article de Catherine Pécaud sur « L'Œuvre géologique de Leibniz » in *Revue générale des sciences pures et appliquées*, t. LVIII, n° 9-10, 1951, p. 282-296.
208. WHISTON, *A New Theory of the Earth* (1696), connut six éditions successives, mais Buffon disposait de celle de 1708. Il semble ignorer ici l'existence des *Astronomical Principles of Religion*, London, 1717, et 1726.

concilier la science et la Révélation. Cette fois, c'est à un astronome que nous avons affaire et au sujet duquel Buffon porte
un jugement nuancé :

> « Plus ingénieux que raisonnable [...] il explique à l'aide
> d'un calcul mathématique, par la queue d'une comète, tous les chan
> gements qui sont arrivés au globe terrestre[209]. »

Le ton apparemment badin de cette remarque pourrait laisser
entendre que Buffon ne prend guère au sérieux Whiston, mais
le long compte-rendu qu'il nous présente d'*A New Theory of the
Earth* permet d'affirmer qu'il n'en est rien.

2. L'impact de la grande comète de 1680 sur la cosmogonie de Whiston

L'astronome et théologien William Whiston avait entrepris d'expliquer, dans *A New Theory of the Earth*, la formation
du globe terrestre et son évolution géologique conformément aux lois de la mécanique newtonienne sans s'écarter du
récit de la Genèse. Il avait été fasciné comme ses contemporains par l'apparition spectaculaire de la grande comète
de 1680 observée par Flamsteed, Pound, Halley et Newton
qui en rapporte les caractères particuliers dans le livre III
des *Principia*[210]. Entre autres caractères, on peut signaler que
cette grande comète resta visible durant environ cinq mois
(de novembre 1680 à mars 1681) avec une queue atteignant
une longueur de 240 millions de kilomètres, soit dix fois
la longueur moyenne connue jusqu'alors. Halley pensa qu'il
s'agissait d'une comète périodique dont il estima la période
à cinq cent soixante-quinze ans. Selon Whiston, avant le récit
mosaïque, la Terre n'était qu'une comète très excentrique et
totalement inhabitable. Comme le précise Buffon dans son
compte-rendu :

---

209. Buffon, *Op. cit.*, p. 35.
210. Newton, *Principia*, Livre III, trad. fr. par Mme du Châtelet, Paris, 1759,
rééd. Blanchard, 1966, t. II, p. 129-161.

« Les comètes sont, en effet, sujettes à des vicissitudes terribles, à cause de l'excentricité de leurs orbites ; tantôt comme dans celle de 1680, il y fait mille fois plus chaud qu'au milieu d'un brasier ardent, tantôt il y fait mille fois plus froid que dans la glace, et elles ne peuvent guère être habitées que par d'étranges créatures, ou, pour trancher court, elles sont inhabitées. Les planètes au contraire, sont des lieux de repos où, la distance au soleil ne variant pas beaucoup, la température reste à peu près la même, et permet aux espèces de plantes et d'animaux de croître, de durer et de multiplier[211]. »

Ce que le texte mosaïque prend pour le premier jour de la création, n'est, selon Whiston, que le passage de la « comète Terre » à l'état de planète par une très forte diminution de l'excentricité de son orbite elliptique approchant le cercle parfait. Dans ces conditions, la planète Terre se couvrit d'une abondante végétation et se peupla d'animaux et d'humains au point d'être « mille fois plus peuplée qu'à présent ». La chaleur bienfaisante du noyau terrestre permettait alors aux végétaux, animaux et humains de vivre dix fois plus longtemps qu'aujourd'hui. Par un calcul assez simple, Buffon, qui trouve « ingénieuses » toutes ces suppositions de Whiston, précise que :

« Cette chaleur peut bien durer plus de six mille ans, puisqu'il en faudrait 50 000 à la comète de 1680 pour se refroidir[212]. »

Whiston prend en compte dans sa cosmogonie quelques considérations d'ordre calorifique, même s'il ne dispose pas de l'appareil théorique permettant de les maîtriser sérieusement. Cette chaleur vivifiante dérégla les mœurs des habitants de la planète (animaux et humains) à l'exception des poissons qui appartiennent à un élément froid ; tout se corrompit dans le péché et mérita le châtiment du déluge :

---

211. BUFFON, *Théorie de la Terre*, Preuves, art. II, p. 83.
212. BUFFON, *Op. cit.*, I, p. 84.

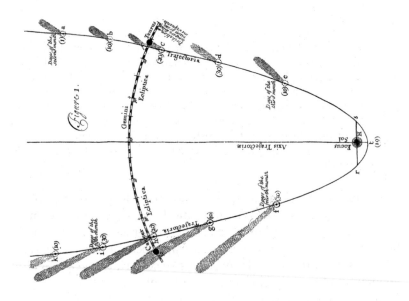

Whiston, *A New Theory of the Earth*, planche n° 1 :
la rencontre de la Terre avec la comète.

« Lorsque l'homme eut péché, écrit Whiston, une comète passa
très près de la terre, et, coupant obliquement le plan de son orbite,
lui imprima un mouvement de rotation. […] Dieu avait prévu que
l'homme pécherait, et que ses crimes, parvenus à leur comble, deman-
deraient une punition terrible ; en conséquence, il avait préparé dès
l'instant de la création une comète qui devait être l'instrument de
ses vengeances[213]. »

Cette comète est celle qui a été observée en 1680. En
s'appuyant sur l'estimation de Halley, Whiston faisait remonter
le cataclysme du déluge, qu'évoque le récit mosaïque, au
mercredi 27 novembre 2349 avant J.-C.[214]. Ce jour-là, ladite
comète coupa le plan de l'orbite terrestre, alors qu'elle appro-
chait ou revenait de son périhélie, en un point situé environ

213. Whiston, *A New Theory of the Earth*, 1696, Book IV, Chap. iv, p. 359 *sq.*
214. Whiston, *A New Theory of the Earth*, 1696, Book II, Proposition ix, p. 123.

à 14 000 kilomètres de la Terre, déchaînant par son attraction les eaux des mers et des océans ainsi que les eaux situées sous la croûte terrestre. La Terre prise également dans la queue de la comète en reçut des trombes d'eau qui tombèrent pendant quarante jours et quarante nuits consécutifs. L'arche de Noé permit aux espèces embarquées à bord de survivre au déluge. Whiston va même jusqu'à prédire la fin de notre Terre dans un déluge de feu qu'occasionnera la même comète en retardant notre planète et en augmentant considérablement l'excentricité de son orbite : « La Terre sera emportée près du Soleil et elle y éprouvera une chaleur d'une extrême intensité ; elle entrera en combustion[215]. » Enfin, après que les Saints auront régné mille ans sur la Terre régénérée par le feu et rendue de nouveau habitable par la volonté divine, « une dernière comète viendra heurter la Terre, l'orbite terrestre s'allongera excessivement, et la Terre redeviendra comète[216] ». Ainsi, elle cessera d'être habitable.

La cosmogonie de Whiston encore fort en vogue au XVIIIᵉ siècle n'a pas manqué d'intéresser Buffon, mais celui-ci ne lui a pas ménagé ses critiques. La plus grave d'entre elles porte contre la méthodologie employée par Whiston, à savoir : celle de la physico-théologie. Buffon reconnaît que ce système de Whiston « a été reçu avec grand applaudissement[217] », qu'il est « éblouissant[218] », qu'il fait des « suppositions ingénieuses [...] ne laissent pas d'avoir un degré de vraisemblance[219] ». Toutefois, Buffon rejette à la fois cette méthode et les principes dont il est parti, en remarquant que :

> « Whiston a pris les passages de l'*Écriture Sainte* pour des faits de physique et pour des résultats d'observations astronomiques, et il a si étrangement mêlé la science divine avec nos sciences humaines, qu'il en a résulté la chose du monde la plus extraordinaire qui est

215. WHISTON, *A New Theory of the Earth*, 1696, Book IV, ch. V, p. 378.
216. WHISTON, *Ibid.*
217. BUFFON, *Op. cit.*, I, p. 86.
218. BUFFON, *Op. cit.*, I, p. 83.
219. BUFFON, *Op. cit.*, I, p. 82.

le système que nous venons d'exposer. [...] Toutes les fois que l'on sera assez téméraire pour vouloir expliquer par des raisons physiques les vérités théologiques [...] on tombera nécessairement dans les ténèbres et le chaos où est tombé l'auteur de ce système[220]. »

Ce rejet de toute physico-théologie est très novateur pour l'époque dans la mesure où il refuse de mêler dans un discours unique les vérités de la Révélation et les vérités scientifiques, alors que c'était une pratique courante depuis les dernières décennies du xviie siècle jusqu'au milieu du siècle suivant. Cela nous apparaîtra très clairement en analysant l'hypothèse cosmogonique de Buffon.

b) Une genèse mécanique des planètes et de leurs satellites

1. Les données du problème cosmogonique

Comme Huygens dans son *Cosmotheoros*[221] et Newton dans le Scholie Général des *Principia*[222], Buffon souligne que :

> « Les planètes tournent toutes dans le même sens autour du soleil, et presque dans le même plan, n'y ayant que sept degrés et demi d'inclinaison entre les plans les plus éloignés de leurs orbites : cette conformité de position et de direction dans le mouvement des planètes suppose nécessairement quelque chose de commun dans leur mouvement d'impulsion, et doit faire soupçonner qu'il leur a été communiqué par une seule et même cause[223]. »

Frappé par cette remarquable régularité dans la disposition des orbites planétaires et dans la direction commune de leurs

220. BUFFON, *Op. cit.*, I, p. 86.
221. Christiaan HUYGENS, *Cosmotheoros*, 1698, in *Œuvres complètes*, t. XXI, p. 692.
222. NEWTON, *Principia mathematica philosophiae naturalis*, Livre III, Scolie Général, trad. fr. par Mme du Châtelet, Paris, 1756, rééd. Blanchard, 1966, t. 2, p. 175.
223. BUFFON, *Op. cit.*, I, p. 69.

mouvements, Buffon cherche une cause physique de cet ordre. En cela, il s'inscrit à la suite des recherches de Maupertuis qui, dans son *Essai de cosmologie*, rédigé dès 1741, avait reproché à Newton de s'en remettre, pour expliquer cet ordre remarquable, au choix de Dieu ou au hasard. Or, nous dit Maupertuis, « l'alternative d'un choix ou d'un hasard extrême, n'est fondée que sur l'impuissance où était Newton de donner une cause physique de cette uniformité[224] ». L'originalité de Buffon apparaît dans ce refus de faire intervenir la « main de Dieu » pour rendre compte scientifiquement de la formation et de la structure du système solaire. Il ne s'agit point d'opposer science et religion, mais de spécifier que la théologie ne peut en elle-même accroître la connaissance scientifique, car elle ne se situe pas sur le même plan : « On doit, écrit-il, autant qu'on peut, en physique s'abstenir d'avoir recours aux causes qui sont hors de la Nature[225]. » La théologie n'a donc nullement à combler les lacunes du paradigme newtonien : elle ne joue aucun rôle ancillaire à l'égard de la physique. Ce point est capital car il va à l'encontre de la démarche personnelle de Newton qui ne cesse d'affirmer que la physique ne peut se passer de recourir à l'intervention divine, comme il l'écrit par exemple dans une lettre à Bentley :

> « L'hypothèse qui dérive l'ordre du monde de l'action de principes mécaniques sur une matière répandue de façon égale à travers les cieux est incompatible avec mon système[226]. »

Si Buffon refuse de recourir à des causes transcendantes dans sa cosmogonie, il refuse également de remonter à l'origine absolue de la matière, de l'espace, du temps et du mouvement. Il se limite à rendre raison de la formation de la Terre et des planètes à partir de deux forces fondamentales : la force d'attraction et ce qu'il appelle la force d'impulsion, mais qui n'est pour nous que

224. Maupertuis, *Essai de cosmologie*, 1751, *Avant-propos*, p. 18.
225. Buffon, *Op. cit.*, I, p. 69.
226. Newton, lettre à Bentley du 11 février 1693, in Turnbull, *Op. cit.*, III, p. 244.

l'inertie. Au sujet de la première, citant les travaux de Galilée, Kepler et Newton, Buffon écrit :

> « Cette force, que nous connaissons sous le nom de pesanteur, est donc généralement répandue dans toute la matière ; les planètes, les comètes, le soleil, la terre, tout est sujet à ses lois, et elle sert de fondement à l'harmonie de l'Univers ; nous n'avons rien de mieux prouvé en physique que l'existence actuelle et individuelle de cette force dans les planètes, dans le soleil, dans la terre et dans toute la matière que nous touchons ou que nous apercevons[227]. »

Il est frappant de voir combien Buffon renverse ici la perspective épistémologique des *Principia*. En effet, Newton avait placé l'inertie au tout début des *Principia* à titre de Définition et d'Axiome constitutifs du cadre général de sa physique[228], tandis qu'il avait pris soin de renvoyer les considérations physiques sur la gravité au dernier livre, qui applique le cadre général de la mécanique au système solaire[229]. Cette différence épistémologique vient du fait que Newton déplorait sa propre incapacité à rendre compte des causes de la gravité : « Je n'ai pu encore parvenir, dit-il, à déduire des phénomènes la raison de ces propriétés de la gravité, et je n'imagine point d'hypothèses[230]. » Buffon, au contraire, voit dans la force de gravité « une cause générale connue[231] », puisqu'elle a été établie par le calcul et que les observations en ont confirmé les effets. Donc l'attraction

---

227. BUFFON, *Op. cit.*, I, p. 68.

228. NEWTON, *Principia mathematica philosophiae naturalis*, Livre I, trad. fr. par Mme du Châtelet, Paris, 1756, rééd. Blanchard, 1966, t. 1, Livre I, Déf. III et Axiome 1, p. 2-3, 17.

229. NEWTON, *Principia*, Livre III, Théorème VII, même édition, t. 2, p. 21 *sq.*, et Scolie Général, p. 178 *sq.* Si Newton parle de la force d'attraction dans les deux premiers livres des *Principia*, ce n'est que d'un point de vue strictement mathématique (cf. Livre I, 11e section, t. 1, p. 167 ; et Théorème XXIX, scolie, t. 1, p. 201.

230. NEWTON, *Principia mathematica philosophiae naturalis*, Livre III, Scolie Général, trad. fr. par Mme du Châtelet, Paris, 1756, rééd. Blanchard, 1966, t. 2, p. 179.

231. BUFFON, *Op. cit*, I, p. 68.

mutuelle des corps célestes ne faisant pas problème pour Buffon, il reste à comprendre la cause physique qui a pu imprimer, conformément aux lois de la mécanique, « une force d'impulsion en ligne droite[232] » capable de contrebalancer la force d'attraction qui accélère les planètes et leurs satellites vers le centre de gravité du soleil. À cette question précise mais générale, Buffon ne cherche pas de réponse globale remontant jusqu'à l'origine absolue du mouvement. Il suit l'esprit analytique de la physique newtonienne en ne visant qu'une solution *locale*.

Tout le problème consiste à trouver une cause commune qui ait pu communiquer cette force d'impulsion dont nous pouvons observer et calculer les effets aujourd'hui dans notre système solaire. À noter, en outre, que cette force d'impulsion a dû arracher au soleil la matière nécessaire à la formation des planètes et des satellites. Or, seuls des corps célestes extérieurs à l'ordre systématique du système solaire ont pu être à l'origine de cette formidable impulsion : à savoir les *comètes*. Ce qui distingue les comètes des planètes et des satellites (bien qu'elles soient soumises comme tous les corps à la force d'attraction), c'est que :

> « Les comètes parcourent le système solaire dans toute sorte de directions, et que les inclinaisons des plans de leurs orbites sont fort différentes entre elles, en sorte que [...] les comètes n'ont rien de commun dans leur mouvement d'impulsion ; elles paraissent à cet égard absolument indépendantes les unes des autres[233]. »

Buffon se garde bien ici de s'inquiéter de l'origine des comètes, fidèle à sa méthode : il part des faits connus pour remonter à la formation et au premier état de la Terre, en s'appuyant sur les lois de la mécanique.

---

232. BUFFON, *Ibid.*
233. BUFFON, *Op. cit.*, I, 69.

2. L'hypothèse de la comète : une collision féconde

Remaniant ainsi très profondément la cosmogonie de Whiston, Buffon construit son hypothèse cosmogonique en s'appuyant sur les longues analyses de Newton consacrées à la grande comète de 1680. Newton, il est vrai, n'avait lui-même jamais exclu qu'une comète puisse entrer en collision avec le Soleil en approchant de son périhélie : il prédit même l'inéluctable chute de la grande comète sur l'astre du jour au cours d'un de ses prochains passages en écrivant :

> « La comète qui parut l'année 1680 était à peine éloignée du Soleil, dans son périhélie, de la sixième partie du diamètre du Soleil ; et à cause de l'extrême vitesse qu'elle avait alors et de la densité que peut avoir l'atmosphère du Soleil, elle dut éprouver quelque résistance, et par conséquent son mouvement dut être un peu retardé, et elle dut approcher plus près du Soleil, et en continuant d'en approcher toujours plus près à chaque révolution, elle tombera à la fin sur le globe du Soleil[234]. »

Newton n'exclut pas non plus le cas où l'attraction des autres comètes freinerait considérablement ladite comète à son aphélie au point de la précipiter brusquement sur le Soleil[235]. Buffon connaît très bien ces textes de Newton qu'il cite presque littéralement ici comme pour cautionner la vraisemblance de son hypothèse[236]. Reprenant le chiffre avancé par Halley, qui estimait à cinq cent soixante-quinze ans la périodicité de la grande comète de 1680, Buffon prévoit même sa chute possible sur le Soleil pour l'année 2255[237]. Ce qui signifie que dans l'esprit de la science newtonienne la chute des comètes sur le Soleil n'a rien d'exceptionnel, c'est un phénomène qui doit se reproduire relativement

---

234. NEWTON, *Principia mathematica philosophiae naturalis*, trad. fr. par Mme du Châtelet, Paris, 1756, rééd. Blanchard, 1966, Livre III, t. 2, p. 171-172.
235. NEWTON, *Ibid.*
236. BUFFON, *Op. cit.*, I, p. 70.
237. BUFFON, *Ibid.*

fréquemment. D'où le célèbre énoncé de l'hypothèse cosmogonique qui inspira encore des théories catastrophiques[238] de l'origine de notre système solaire au début du XXe siècle :

> « Ne peut-on pas imaginer avec quelque vraisemblance qu'une comète, tombant sur la surface du Soleil, aura déplacé cet astre, et qu'elle en aura séparé quelques petites parties auxquelles elle aura communiqué un mouvement d'impulsion dans le même sens et par un même choc, en sorte que les planètes auraient autrefois appartenu au corps du Soleil et qu'elles en auraient été détachées par une force impulsive commune à toutes, qu'elles conservent encore aujourd'hui[239] ? »

L'hypothèse de la collision permet de résoudre le problème de l'origine de la « force d'impulsion » commune aux planètes et aux satellites du système solaire. La comète fournit ainsi la cause du mouvement d'impulsion, mais encore faut-il exposer comment cette force d'impulsion a pu à la fois former les planètes et les satellites, et les distribuer dans l'ordre systématique que nous observons actuellement. La comète, dit le texte, déplace le Soleil et en détache une petite portion de matière en fusion qui, en se refroidissant après s'être divisée en globes fluides, constituera les corps du système solaire. Toute la question est de savoir si cette hypothèse résout plus de problèmes qu'elle n'en pose par elle-même.

Or, la toute première objection que soulèvent les lois de la mécanique newtonienne, c'est que si la comète est tombée sur le Soleil obliquement, il semble impossible que les planètes puissent avoir le Soleil au centre ou au foyer de leurs orbites respectives. En fait, les planètes devraient avoir une trajectoire orbitale qui repasse nécessairement par le point d'où elles ont été arrachées au Soleil.

Cette question avait été clairement évoquée par Newton dans ses *Principia* dont une des éditions avait même ajouté une planche pour illustrer ce cas de figure[240] [cf. fig. ci-dessous].

---

238. Cf. par exemple, JEANS, JEFFREYS, LYTTLETON, etc.
239. BUFFON, *Op. cit.*, I, p. 69.
240. NEWTON, *Principia*, London, éd. de 1728, figure 1 du Livre III.

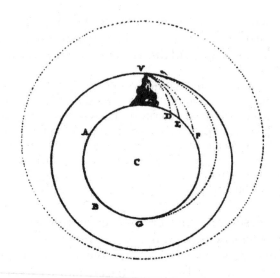

Newton, *Principia*, livre III, éd. 1728, Londres.

Buffon semble d'ailleurs y faire directement allusion en reprenant la même image :

> « Supposons qu'on tirât du haut d'une montagne une balle de mousquet, et que la force de la poudre fût assez grande pour la pousser au-delà du demi-diamètre de la Terre, il est certain que cette balle tournerait autour du globe et reviendrait à chaque révolution passer au point d'où elle aurait été tirée[241]. »

Contre cette objection imparable, dans les termes mêmes où elle est formulée, Buffon répond qu'une accélération suffisante permettrait à ce « torrent de matière[242] » détaché du Soleil de s'écarter définitivement du point d'impact et de suivre une orbite circumsolaire peu excentrique. Il substitue ainsi à l'image newtonienne de la balle de mousquet celle de la « fusée volante » :

241. BUFFON, *Op. cit.*, I, p. 72.
242. BUFFON, *Op. cit.*, I, p. 71.

« Si au lieu d'une balle de mousquet, nous supposons qu'on ait tiré une fusée volante où l'action du feu serait durable et accélérerait beaucoup le mouvement d'impulsion, cette fusée [...] ne reviendrait pas au même point, comme la balle de mousquet[243]. »

Cet exemple de la fusée volante n'est pas une pure fiction de l'imagination débridée de Buffon, bien au contraire, on doit se souvenir qu'il en a fabriqué et perfectionné lui-même, comme il nous le rapportait en 1740 dans son *Mémoire sur les fusées volantes*[244]. Toutefois, tandis que la balle de mousquet recevait une impulsion perpendiculaire à la force d'attraction, la fusée volante était tirée verticalement à partir du sol, ce qui est très différent pour le cas qui nous occupe ici. D'ailleurs Buffon semble ne pas s'en soucier lorsqu'il évoque également l'image des éruptions volcaniques du Vésuve dont les émissions de matière se succèdent en s'entre-accélérant : « La manière, dit-il, dont se font les grandes irruptions des volcans peut nous donner une idée de cette accélération du mouvement dans le torrent dont nous parlons[245]. » Cette image un peu confuse relève d'une sorte de théorie du « *bootstrap* » où le torrent de matière est censé s'accélérer soi-même en se tirant « par ses propres bottes » si l'on peut dire !

En outre, Buffon suppose que le Soleil, d'une manière ou d'une autre, est lui-même en mouvement autour du centre de gravité du système, ou même que la force élastique de la matière lumineuse du Soleil a décuplé la force d'impulsion de la comète :

« J'avoue, dit-il, que je ne puis pas dire si c'est par l'une ou par l'autre des raisons que je viens de rapporter que la direction du premier mouvement d'impulsion des planètes a changé ; mais ces raisons suffisent au moins pour faire voir que ce changement est possible, et même probable, et cela suffit aussi à mon objet[246]. »

243. Buffon, *Op. cit.*, I, p. 72.
244. Buffon, *Mémoire sur les fusées volantes* du 23 août 1740, réédité par Lesley Hanks, in *Revue d'histoire des sciences*, T. XIV, n° 2, avril-juin 1961, p. 143-152.
245. Buffon, *Op. cit.*, I, p. 72.
246. Buffon, *Op. cit.*, I, p. 73.

Bref, cette accumulation d'explications possibles, diverses et variées, montre son indécision sur la question et son incapacité à rendre compte de la faible excentricité des orbites planétaires. Mis à part la difficile question des faibles excentricités des orbites planétaires, Buffon infère à partir de l'hypothèse de la comète la formation des planètes, et cela de façon correcte si l'on en croit le jugement sans concession de Laplace :

> « Buffon est le seul que je connaisse, qui, depuis la découverte du vrai système du monde, ait essayé de remonter à l'origine des planètes et des satellites. [...] Cette hypothèse satisfait au premier des cinq phénomènes précédents ; car il est clair que tous les corps ainsi formés doivent se mouvoir à peu près dans le plan qui passait par le centre du soleil, et par la direction du torrent de matière qui les a produits [247]. »

Certes, une chute verticale de la comète sur le Soleil serait restée stérile, tout comme un impact rasant tangentiellement l'orbe solaire ; donc, il ne restait plus qu'une chute oblique qui puisse véritablement détacher un torrent de matière suffisant pour constituer les protoplanètes encore en fusion. Buffon s'appuie sur le fait que la masse totale des planètes et des satellites ne représente que 1/650 de la masse du Soleil (ce qui est bien peu) pour faire ressortir la grande vraisemblance de son hypothèse. Il aurait été cependant indispensable de calculer la vitesse, la masse et la densité de la comète, pour déterminer si une telle collision pouvait détacher suffisamment de matière pour former les planètes. Curieusement, Buffon rejette l'étude quantitative du problème : « Cette recherche serait ici hors de sa place [248]. »
Buffon fait reposer son hypothèse sur la vitesse énorme de la comète (qui s'accélère d'autant qu'elle se rapproche de son périhélie) et surtout sur sa densité remarquable qu'il estime « cent douze mille fois plus dense que le Soleil [249] ». Toutefois, le refus

247. LAPLACE, *Exposition du système du monde*, 6ᵉ édition, Paris, éd. Bachelier, 1835, note VII, p. 464.
248. BUFFON, *Op. cit.*, I, p. 70.
249. BUFFON, *Op. cit.*, I, p. 71.

de recourir au calcul et à la géométrie n'est pas une dérobade de la part de Buffon devant la difficulté ; ce n'est pas non plus un mépris pour la rigueur mathématique qu'il savait appliquer avec talent. En fait, Buffon considère que le calcul n'ajoute aucune force probatoire à ce qui n'est au départ qu'une conjecture. D'ailleurs il s'en explique clairement :

> « J'aurais pu faire un livre gros comme celui de Burnet ou de Whiston si j'eusse voulu délayer les idées qui composent le système qu'on vient de voir, et, en leur donnant l'air géométrique, comme l'a fait ce dernier auteur, je leur eusse en même temps donné du poids ; mais je pense que des hypothèses, quelque vraisemblables qu'elles soient ne doivent être point traitées avec cet appareil qui tient un peu de la charlatanerie [250]. »

Sur ce point pourtant, D'Alembert se montra très critique, reprochant à Buffon le manque de mathématiques dans son hypothèse cosmologique, comme en témoigne sa lettre à Gabriel Cramer du 21 septembre 1749 où il écrit :

> « À propos de calculs, et de géométrie, vous nous trouverez bien maltraités dans le nouvel ouvrage de M. de Buffon. Il est vrai qu'avec du calcul et de la géométrie, il n'eût peut-être pas tant hasardé de choses sur la formation de la Terre et qu'il en aurait même rayées plusieurs [251]. »

3. La formation et la distribution des planètes

Une fois arraché au Soleil, par la comète, ce torrent de matière s'est ensuite conglobé, sous l'effet de l'attraction, en six planètes de grosseur et de densité inégales (bien que sur ce mode de formation, Buffon soit resté très discret). Le choc primitif a dû séparer les parties les moins denses des parties les plus denses, chassant au loin les « protoplanètes » les plus grosses et les moins

---

250. BUFFON, *Op. cit.*, I, p. 82.
251. D'ALEMBERT, MS. supp. 384, BPU Genève, cité in Lesley HANKS, *Buffon avant l'Histoire naturelle*, Paris, PUF, 1966, p. 27.

denses (Saturne et Jupiter), tandis que celles d'entre elles qui sont les plus denses (Mercure, Vénus, la Terre et Mars) n'ont pu s'éloigner aussi sensiblement faute d'une force d'impulsion suffisante pour surmonter l'attraction du Soleil. Autrement dit, tout en exposant le mode de formation des planètes, Buffon rend compte de leur distribution dans le système solaire à partir d'une relation entre la densité des planètes et leur vitesse orbitale :

> « La force d'impulsion, écrit Buffon, se communiquant par les surfaces, le même coup aura fait mouvoir les parties les plus grosses et les plus légères de la matière du Soleil avec plus de vitesse que les parties les plus massives [...]. Mais la force d'attraction ne se communiquant pas, comme celle d'impulsion, par la surface et agissant au contraire sur toutes les parties de la masse, elle aura retenu les portions de matière les plus denses, et c'est pour cette raison que les planètes les plus denses sont les plus voisines du Soleil, et qu'elles tournent autour de cet astre avec le plus de rapidité que les planètes les moins denses, qui sont aussi les plus éloignées[252]. »

Buffon jubile en pensant avoir établi fermement cette relation, bien que les chiffres qu'il avance ne s'accordent de façon satisfaisante que dans le cas de Saturne et de Jupiter où les densités sont entre elles comme 67 à 94 ½, et les vitesses comme 67 à 90 11/16. Il lui faut recourir à des hypothèses *ad hoc* pour sauver ladite relation dans le cas des autres planètes, en invoquant notamment la « condensation ou la coction des planètes » due à leur plus ou moins grande proximité de la chaleur solaire. Toujours est-il qu'il ne manque pas de critiquer la relation que Newton avait pensé établir entre la densité des planètes et le degré de chaleur qu'elles ont à supporter ; ce n'est aux yeux de Buffon « qu'une cause finale[253] ». Le sens de cette critique témoigne une fois de plus de son esprit « positif », pourrait-on dire rétrospectivement, et qui est issu pour une bonne part de l'épistémologie cartésienne fermement implantée en France, même si le contenu de la science cartésienne était à l'époque dépassé depuis plusieurs décennies.

252. Buffon, *Op. cit.*, p. 73.
253. Buffon, *Op. cit.*, p. 74.

Par conséquent, les hypothèses *ad hoc* invoquées par Buffon ont au moins le mérite d'exclure tout recours aux causes finales, et permettent de substituer à celles-ci une relation « mécaniste » entre la densité des planètes et leur vitesse orbitale.

Il reste à rendre compte du passage de l'état fluido-lumineux des « protoplanètes » à l'état solide et opaque qu'elles présentent actuellement. Contrairement à Leibniz qui pensait dans sa *Protogea*[254] que la Terre était une étoile refroidie, Buffon montre ici que « la matière opaque qui compose les corps des planètes fut réellement séparée de la matière lumineuse qui compose le Soleil[255] ». Cette séparation due à la collision primitive donne un sens physique au récit mosaïque de la Création qui relatait la séparation de la lumière d'avec les ténèbres. Dieu n'a donc pas à intervenir directement, seules les causes secondes du refroidissement suffisent à rendre compte de ce changement d'état. Pour confirmer son hypothèse, Buffon s'appuie sur les célèbres « *novae* » qui, bien que lumineuses par elles-mêmes, comme toute étoile, ont fini par s'éteindre et par devenir opaques. Quelle est la cause de ce changement d'état de la matière stellaire ? À cette question, Buffon répond par une image relevant de l'expérience courante : d'une part, c'est la vitesse qui a dû éteindre le feu du torrent de matière lumineuse (comme on éteint une chandelle en l'agitant rapidement) et d'autre part ce doit être le manque de combustible. On reconnaît, au passage, certaines des spéculations que Stephen Hales avait développées dans son célèbre ouvrage *Vegetable Statics* que Buffon avait traduit et préfacé dès 1735.

Il est toutefois très important de remarquer ici que Buffon établit une relation entre la durée de la formation du système solaire et les phénomènes *thermiques*. Certes, en 1745 Buffon ne pouvait disposer des connaissances que la thermodynamique n'a pu constituer qu'un siècle plus tard, mais il met, malgré tout, au premier plan les phénomènes calorifiques dans son hypothèse cosmogonique et cela influencera largement la pensée cosmologique de Kant et surtout celle de

---

254. Leibniz, *Protogea*, *Acta eruditorum*, 1693.
255. Buffon, *Op. cit.*, I, p. 69.

Laplace. Buffon reprend à Descartes[256] et à Leibniz[257] l'idée d'une origine ignée de la Terre et des planètes, mais avec Leibniz et contre Descartes il admet l'action conjuguée du feu et de l'eau dans la formation des irrégularités des surfaces planétaires. La fluidité des « protoplanètes » qui permet de rendre compte de leur forme sphérique ne peut provenir que de leur énorme chaleur primitive. On sait que Kant reprochera quarante ans plus tard à Buffon de n'avoir pas cherché d'où peut provenir cette extrême chaleur primitive des étoiles qui est la cause de leur état fluidique[258]. Kant semble ignorer dans son article *Sur les volcans lunaires* de 1786 que Buffon s'est penché sur la question dans ses *Époques de la nature*. Buffon étend, cependant, ses considérations sur les phénomènes calorifiques au Soleil et aux étoiles qui devront finir par s'éteindre et s'opacifier à leur tour, sur une durée considérablement plus grande : « Le soleil, écrit-il, s'éteindra probablement par la même raison, mais dans des âges futurs et aussi éloignés des temps auxquels les planètes se sont éteintes que sa grosseur l'est de celle des planètes[259]. »

Il va sans dire que cette relation entre la température et la durée des étoiles et des planètes vient rallonger considérablement l'estimation de l'âge du système solaire traditionnellement admis. D'ailleurs, on retrouvera près de trente ans plus tard, dans les *Époques de la nature*, ce même genre de considérations sur le temps nécessaire au refroidissement des planètes et des corps célestes, qui le conduiront à envisager des durées tellement énormes (trois millions d'années) qu'il n'osera pas les publier et

---

256. Descartes, *Principia philosophiae*, 1644, IVe Partie, début.

257. Leibniz, *Protogea*, cf. note 203 *supra*.

258. Kant, *Über die Vulkane im Monde*, Berlinische Monatschrift, 1785, Ak, VIII, p. 74 : « Sans chaleur, il n'y a pas de fluidité. Mais d'où est venue cette chaleur originelle ? Affirmer comme Buffon qu'elle émane de l'incandescence du Soleil d'où proviendraient toutes les planètes par morcellement, ne serait qu'un pis-aller de courte durée, car d'où est venue la chaleur du Soleil ? » Cité in Kant, *Théorie du ciel*, Paris, Vrin, 1984, p. 264. Nous donnons la traduction complète de cet article de Kant en Annexe de l'ouvrage.

259. Buffon, *Op. cit.*, I, p. 75.

préféra avancer timidement le chiffre plus acceptable à l'époque de soixante-quinze mille ans pour la Terre.

4. La rotation axiale des planètes et la formation des satellites

Il reste encore à rendre compte de la rotation des planètes et de la formation des satellites connus à l'époque, c'est-à-dire la Lune, les quatre satellites galiléens de Jupiter et les cinq satellites connus de Saturne. Buffon poursuit toujours le même schéma explicatif unique : la chute oblique de la comète qui a mis en rotation axiale les parties de matière qu'elle a détachées du Soleil. La rotation axiale des « protoplanètes » est donc due à l'obliquité de la collision à la surface du Soleil conformément aux lois du choc et comme l'expérience courante des boules de billard ou du jeu de la toupie peuvent en fournir l'illustration. Une cause unique est donc à l'origine de la formation des planètes, de leur révolution autour du Soleil à peu près dans le même plan et dans la même direction, et de leur rotation axiale également dans la même direction. Or, c'est précisément cette rotation axiale, lorsqu'elle est suffisamment rapide, qui a pu détacher de certaines « protoplanètes » la matière constitutive de leurs futurs satellites. Dans ce cas précis, la force centrifuge a dû l'emporter sur la force gravitationnelle. Pour confirmer ses vues, Buffon allègue le fait que :

> « Les planètes qui tournent le plus vite sur leur axe sont celles qui ont des satellites ; la Terre tourne plus vite que Mars dans le rapport d'environ 24 à 15, la Terre a un satellite et Mars n'en a point [Deimos et Phobos étaient encore inconnus] ; Jupiter surtout dont la rapidité autour de son axe est cinq ou six cents fois plus grande que celle de la Terre, a quatre satellites, et il y a grande apparence que Saturne qui en a cinq et un anneau, tourne encore beaucoup plus vite que Jupiter[260]. »

C'est encore le même raisonnement que Buffon applique à la formation de l'anneau de Saturne et qui fit si grande impression

---

260. BUFFON, *Op. cit.*, I, p. 76.

sur Kant et Laplace qu'il fut à l'origine de leurs idées cosmologiques. Autrement dit, les satellites sont à leur planète principale ce que les planètes sont au Soleil. Ainsi, ce qui caractérise cette hypothèse de Buffon, c'est que les planètes et les satellites ont dû, sous l'effet de cette cause unique qu'est le choc primitif de la comète, se former presque simultanément et se disposer à peu près dans l'ordre actuel de notre système solaire (du moins si l'on met à part les longues considérations sur le refroidissement de la Terre et des planètes[261]). En revanche, l'hypothèse que la tradition appelle depuis Helmholtz « l'hypothèse Kant-Laplace[262] » envisage une genèse progressive et continue du système solaire sans faire intervenir de cause perturbatrice extérieure au système.

5. De la *Théorie de la Terre* aux *Époques de la nature*

Près de trente années séparent la publication de la *Théorie de la Terre* (1749) de celle des *Époques de la nature* (1779), et la question se pose de savoir quelle fut l'évolution des idées cosmologiques de Buffon durant toutes ces décennies. En fait, il est frappant de voir qu'il est resté très proche des vues qu'il avait exposées dans la *Théorie de la Terre*. Toutefois, il nous semble que trois points nouveaux se dégagent à la lecture des *Époques de la nature*. Ceux-ci viennent non pas remanier mais consolider, préciser et amplifier l'hypothèse développée trente ans auparavant.

Le premier point que la *Théorie de la Terre* avait laissé dans l'ombre, c'est l'origine des comètes et de leur formidable force d'impulsion. Bien que la question manque à la fois cruellement de données observationnelles et d'un appui théorique précis reposant sur la physique newtonienne, Buffon hasarde avec la plus grande réserve l'idée que :

> « Les comètes de notre système solaire ont été formées par l'explosion d'une étoile fixe ou d'un soleil voisin du nôtre, dont toutes les parties dispersées, n'ayant plus de centre ou de foyer commun,

---

261. Buffon, *Op. cit.*, I, p. 337-414.
262. Cf. Helmholtz, *Vorträge und Reden*, 1896, t. 1, p. 72 dans un texte qui remonte à 1854 et qui est intitulé : *Über die Wechselwirkung der Naturkräfte*.

auront été forcées d'obéir à la force attractive de notre soleil, qui dès lors sera devenu le pivot et le foyer de toutes nos comètes[263]. »

Cette idée, qui n'a rien de scandaleux sur le plan de la mécanique rationnelle, est si ingénieuse qu'elle fut considérée comme plausible jusqu'à la fin du XIXe siècle. Il est frappant de voir que Buffon insiste à plusieurs reprises sur les profonds changements qui peuvent affecter les étoiles dites fixes, comme dans le cas des « novae » qui « se sont éteintes aux yeux mêmes des observateurs[264] ».

L'explosion d'une étoile permet ainsi de rendre compte de la très grande variété de plans des orbites cométaires. Mais il faut rendre justice du fait que l'on n'a pu comprendre la vie et la mort des étoiles avant l'instauration de la physique nucléaire et l'interprétation de l'évolution stellaire à l'aide du cycle du carbone et du cycle proton-proton.

Quant au second point, qui porte sur les causes de la chaleur solaire, on ne trouve que des considérations très contestables, mais qui ne sont peut-être pas dépourvues de liaison avec le point précédent. En effet, si des étoiles explosent de temps à autre, peut-être faut-il penser que cela soit dû à un excès de chaleur. Celle-ci en tout cas est causée, d'après Buffon, « par la pression active des corps opaques, solides et obscurs qui circulent autour du soleil[265] ». Tout se passe comme si les rayons-vecteurs, qui relient le centre de gravité des planètes et des comètes au centre de gravité du Soleil, frottaient[266] sur ce dernier, le comprimant et l'échauffant ainsi par une sorte de pression que Buffon estime proportionnelle au nombre des corps en orbite, à leur vitesse et à leur masse. Autrement dit, tant que ces corps graviteront autour du Soleil, ils entretiendront sa chaleur. Or, comme nous avons vu que l'existence des comètes a précédé l'apparition des planètes et des satellites, elles ont donc un rôle prépondérant dans l'entretien de la chaleur solaire. Est-ce à dire que

263. BUFFON, *Les Époques de la nature*, éd. Lanessan, II, p. 26.
264. BUFFON, *Op. cit.*, II, p. 74-75.
265. BUFFON, *Op. cit.*, II, p. 28.
266. BUFFON, *Op. cit.*, II, p. 29.

l'extinction des *novae* soit due au fait que plus aucun corps ne gravite autour d'elles ? Sur ce point, Buffon ne donne aucune indication. Peut-il même se faire que les comètes viennent à manquer aux étoiles ? Buffon laisse cette question sans réponse et se contente d'affirmer que :

> « Plus les corps circulants seront nombreux, grands et rapides, plus le corps qui leur sert d'essieu ou de pivot s'échauffera par le frottement intime qu'ils feront subir à toutes les parties de sa masse[267]. »

Le dernier point enfin, certainement le plus original et le plus important de tous, c'est la prise en compte des phénomènes calorifiques pour constituer une échelle de temps permettant de donner un sens *physique* à l'évolution cosmique. Déjà, à l'époque de la *Théorie de la Terre*, les *Recherches sur le refroidissement de la Terre et des planètes* étaient assez étendues[268]. Mais on constate que trente années plus tard elles se sont enrichies de nombreuses études expérimentales effectuées dans des forges sur les corps les plus divers[269] et que leurs résultats ont été utilisés pour dater les principaux événements de la formation et de l'évolution du système solaire :

> « Toutes [les planètes] au commencement étaient brillantes et lumineuses ; chacune formait un petit soleil, dont la chaleur et la lumière ont diminué peu à peu et se sont dissipées successivement dans le rapport des temps, que j'ai ci-devant indiqué, d'après mes expériences sur le refroidissement des corps en général, dont la durée est toujours à peu près proportionnelle à leur diamètre et à leur densité[270]. »

Buffon est donc « moderne » non seulement parce qu'il voit dans l'histoire de la nature la dimension d'intelligibilité du réel, mais encore et surtout parce qu'il a cherché dans les phénomènes physiques le moyen de mesurer le temps de l'évolution cosmique.

---

267. Buffon, *Op. cit.*, II, p. 30.
268. Buffon, *Op. cit.*, I, p. 337-414.
269. Buffon, *Op. cit.*, II, p. 270-334.
270. Buffon, *Op. cit.*, II, p. 37.

Malheureusement pour lui, la science des phénomènes calorifiques et thermodynamiques était encore loin de voir le jour.

D'où un décalage épistémologique énorme entre la valeur de son projet cosmogonique et celle de ses résultats positifs. Ce qui reste, malgré tout, c'est le style épistémologique de Buffon qui inspira profondément et durablement la pensée cosmologique européenne du xviiie siècle.

Cette influence s'exerça principalement sur deux des plus grands cosmologistes du xviiie siècle : Kant et Laplace. Tous deux ont retrouvé chez Buffon ce même souci d'expliquer la formation du système du Monde sans quitter le cadre fixé par la mécanique newtonienne. Kant écrivit par exemple dans sa *Théorie du ciel* de 1755 : « M. De Buffon, ce philosophe de réputation si bien méritée [271] » et son admiration pour lui dura toute sa vie comme en témoignent les abondantes citations qui parsèment le corpus kantien et que souligne avec vigueur la précieuse étude de Jean Ferrari [272]. De son côté, Laplace reste le plus grand spécialiste de la mécanique céleste de son temps et son hypothèse cosmologique survécut durant plus d'un siècle, comme le remarquait Henri Poincaré [273]. Ce même Laplace s'est montré à la fois héritier et critique de l'hypothèse de Buffon. Comment ne pas reconnaître sous la plume de Laplace un hommage à l'œuvre cosmologique de Buffon lorsqu'il écrit : « Buffon est le seul que je connaisse qui, depuis la découverte du vrai système du Monde, ait essayé de remonter à l'origine des planètes et des satellites [274] » ? Toutefois, si Laplace reconnaît que ladite hypothèse peut rendre compte du mouvement des planètes dans le même sens et quasiment dans le même plan, en revanche elle ne peut expliquer que

271. Kant, *Histoire générale de la nature et théorie du ciel*, 1755, Ak I, p. 277 ; trad. fr. Roviello, Paris, Vrin, 1984, II, chap. 2, p. 115.
272. Jean Ferrari, *Les Sources françaises de la philosophie de Kant*, Paris, Klincksieck, 1979, p. 112 *sq.* et p. 296.
273. Henri Poincaré, *Leçons sur les hypothèses cosmologiques*, Paris, Hermann, 1913, préface.
274. Laplace, *Exposition du système du monde*, 1re éd. 1796, II, p. 294 ; 2e éd. p. 344 ; 3e éd., p. 389 ; 4e éd., p. 429 ; 5e éd., note VII ; 6e éd. 1835, rééd. Paris, Fayard, 1984, p. 564.

le mouvement de rotation axiale des planètes ou des satellites soit dirigé dans le même sens que leur mouvement orbital, ni le peu d'excentricité des orbites planétaires qui est cette fois contraire à l'hypothèse. Laplace précise :

> « On sait par la théorie des forces centrales que si un corps mû dans un orbe rentrant autour du soleil rase la surface de cet astre, il y reviendra constamment à chacune de ses révolutions ; d'où il suit que si les planètes avaient été primitivement détachées du soleil, elles le toucheraient à chaque retour vers cet astre, et leurs orbes, loin d'être circulaires, seraient fort excentriques[275]. »

Certes, Buffon avait lui-même aperçu cette difficulté dès la *Théorie de la Terre*, mais son imagination scientifique l'avait crue surmontable sans aucun résidu. Il n'est donc pas surprenant que Laplace l'ait repris et critiqué sur ce point. Mais il nous semble que c'est dans cette critique même que Laplace lui a rendu hommage car c'est la seule hypothèse qui lui ait paru digne d'être évoquée, discutée et dépassée :

> « Conservons avec soin, écrit Laplace, augmentons le dépôt de ces hautes connaissances, les délices des êtres pensants[276]. »

c) « On doit rejeter de la philosophie [...] l'idée de l'existence actuelle de l'infini[277] »

Buffon s'est interrogé au sujet de l'infini tant sur le plan des *mathématiques* que sur celui de la *philosophie naturelle*. Dans ce dernier cas, Buffon a évoqué une première fois, très brièvement, le problème de l'infini à propos de « la Reproduction en général ». En effet, dans la mesure où les animaux (et aussi les végétaux) possèdent la possibilité de se reproduire et de se multiplier

---

275. LAPLACE, *Op. cit.*, 6ᵉ éd., rééd. Paris, Fayard, 1984, p. 565.
276. LAPLACE, *Op. cit.*, 6ᵉ éd. , rééd. Fayard, p. 552.
277. BUFFON, *Op. cit.*, t. IV, *Histoire des animaux*, chap. II, *De la reproduction en général*, p. 159.

sans fin, la question se pose de savoir si « la première graine ou le premier animal [contient] une postérité infinie[278] ». Ici, Buffon se place (mais pour la critiquer) au point de vue de la théorie de l'emboîtement des germes, théorie qui ne peut exclure que chaque individu soit « une source de générations à l'infini[279] ». D'emblée Buffon s'oppose totalement à l'idée d'un infini existant en acte en faisant appel à la genèse de notre idée d'infini.

> « L'idée de l'infini ne peut venir que de l'idée du fini ; c'est ici un infini de succession, un infini géométrique, chaque individu est une unité, plusieurs individus font un nombre fini, et l'espèce est le nombre infini ; ainsi, de la même façon que l'on peut démontrer que l'infini géométrique n'existe point, on s'assurera que le progrès ou le développement à l'infini n'existe point non plus[280]. »

Sur ce point, Buffon retrouve les enseignements de la théorie empiriste de la connaissance. Ainsi affirme-t-il d'emblée que c'est seulement le *fini* qui est positif, car notre idée de l'infini résulte d'une abstraction, c'est-à-dire d'une mutilation mentale, qui « ôte [au fini] les limites qui doivent nécessairement terminer toute grandeur[281] ». Cependant, au lieu de démontrer ce qu'il vient d'avancer, Buffon se contente de renvoyer ses lecteurs aux développements qu'il avait consacrés à ce sujet en 1740 dans la présentation de sa traduction de *La Méthode des fluxions et des suites infinies* de Newton. Pour le moment, Buffon attaque les partisans de l'infinitisme en affirmant que ce qu'ils appellent *infini* n'est qu'un nombre « indéterminable ou indéfini, un nombre plus grand qu'aucun nombre dont nous puissions avoir une idée, mais qui n'est point infini[282] ». En effet, Buffon se permet de briser ainsi la discussion sans autre forme de procès, tout simplement parce qu'il admet, depuis la publication de sa *Théorie de la Terre*, que les mondes sont

---

278. BUFFON, *Ibid.*
279. BUFFON, *Ibid.*
280. BUFFON, *Ibid.*
281. BUFFON, *Ibid.*
282. BUFFON, *Op. cit.*, t. IV, p. 160.

périssables : en conséquence, les générations doivent cesser de se succéder et doivent brusquement s'arrêter à la « fin du monde[283] » (c'est-à-dire à la fin de la durée de chaque planète), ce qui en limite nécessairement le nombre et la série. Bien que Buffon découvre légèrement sa position ici, ce n'est pas l'infini qu'il thématise, mais simplement le recours indirect à la régression infinie dont abusent les partisans de la « préexistence des germes » :

> « Pour peu que nous nous laissions aller à ces raisonnements, nous allons perdre le fil de la vérité dans le labyrinthe de l'infini, et, au lieu d'éclairer et de résoudre la question, nous n'aurons fait que l'envelopper et l'éloigner ; c'est mettre l'objet hors de portée de ses yeux, et dire ensuite qu'il n'est pas possible de le voir[284]. »

C'est dans son édition française de *La Méthode des fluxions et des suites infinies* de Newton que Buffon aborde vraiment le problème de l'infini. Il semble même que ces considérations représentent sa pensée définitive sur ce sujet étant donné qu'il s'est contenté de les reproduire intégralement dans son *Essai d'arithmétique morale* qu'il publia à trente-sept ans d'intervalle[285]. Dans son *Introduction* à *La Méthode des fluxions*, Buffon brosse un tableau historique du *calcul de l'Infini*. C'est, pour lui, l'occasion de porter des jugements de valeur sur les travaux respectifs des différents protagonistes de cette longue histoire en se situant d'un point de vue philosophique bien précis sur « la nature de l'infini, qui en éclairant les hommes semble les avoir éblouis[286] ».

---

283. BUFFON, *Op. cit.*, t. IV, p. 159 : « Il n'est pas également certain que le bouton qui est le germe pour la seconde année, et que les germes des années suivantes, non plus que tous les petits êtres organisés et les graines qui doivent se succéder jusqu'à la fin du monde ou jusqu'à la destruction de l'espèce, soient contenus dans la première graine. »

284. BUFFON, *Op. cit.*, t. IV, p. 159.

285. Cf. BUFFON, *Essai d'arithmétique morale*, 1777, in Supplément à l'*Histoire naturelle*, éd. Lanessan, t. XI, chap. XXIV, p. 331-332. Buffon s'est contenté d'ajouter quelques précisions supplémentaires d'ordre épistémologique au chap. XXV.

286. BUFFON, *La Méthode des fluxions et des suites infinies de Newton*, trad. fr. Buffon, 1740, Préface, éd. Lanessan, t. XI, p. 331.

Le ton quelque peu polémique et acide de ses propos dirigés contre ses contemporains, qu'il accuse d'avoir dénaturé l'idée véritable de l'infini[287], ne doit pas nous faire oublier sa propre position à ce sujet. Pour Buffon, l'infini véritable est une pure potentialité. En effet, toute quantité, aussi bien continue (ou *grandeur*) que discontinue (le *nombre*), est nécessairement susceptible d'*accroissement* et de *diminution* sans que rien puisse venir mettre un terme à ce double processus. Ce que nous appelons l'infini ne désigne pas un *être*, mais un *processus* illimité : « C'est cette possibilité d'augmentation ou de diminution sans bornes en quoi consiste la véritable idée qu'on doit avoir de l'infini[288] ». Or, puisque toute quantité donnée peut être indifféremment augmentée ou diminuée, il s'ensuit qu'elle est en elle-même *finie*. Si bien que nous avons toujours affaire à du *fini*, quoique les suites d'opérations sur ces quantités finies soient, en elles-mêmes, illimitées.

Buffon est proche, en définitive, de la conception empiriste de l'infini, bien qu'il ne parte pas comme celle-ci des *sense data*, mais seulement de notre idée du nombre et de la grandeur. Les empiristes aboutissaient à la conclusion que notre idée d'infini est purement *négative* ; tandis que Buffon, dans sa généalogie de l'idée d'infini, montre plutôt que celle-ci est une idée *privative* :

287. BUFFON, *La Méthode des fluxions...*, trad. fr. Buffon, 1740, Préface, éd. Lanessan, t. XI, p. 447 : « Le fond de la Métaphysique de l'Infini n'a point changé [depuis *L'Arénaire* d'Archimède], & ce n'est que dans ces derniers tems que quelques Géomètres nous ont donné sur l'Infini des vües si différentes de celles des Anciens, & si éloignées de la nature des choses, qu'on les a méconnues jusque dans les ouvrages de ces grands hommes ; & de là sont venues toutes les oppositions, toutes les contradictions qu'on a fait & qu'on fait encore souffrir au calcul infinitésimal ; de là sont venues les disputes entre les Géomètres sur la façon de prendre ce calcul, & sur les principes dont il dérive ; on a été étonné des prodiges que ce calcul opéroit, cet étonnement a été suivi de confusion. »

288. BUFFON, *Ibid.* Remarquons au passage que Buffon ne fait que reprendre, sans la mentionner, la conception de l'illimité que développe Platon dans son *Philèbe*, 25 d, cf. trad. Robin, Paris, Gallimard, Pléiade, 1950, t. 2, p. 570 : « Bref, tout ce qu'auparavant nous avons rattaché à l'unité de cette nature qui fait place au "plus" et au "moins" < τὸ μᾶλλόν τε καὶ ἧττον >. – C'est de la nature de l'Illimité que tu veux parler ? – Oui. »

> « Cette idée [d'infini] nous vient de l'idée du fini, une chose finie
> est une chose qui a des termes, des bornes ; une chose infinie n'est
> que cette même chose finie à laquelle nous ôtons ces termes & ces
> bornes ; ainsi l'idée de l'infini n'est qu'une idée de privation, & n'a
> point d'objet réel[289]. »

Bien évidemment, pour Buffon comme pour les empiristes,
seul le *fini* est véritablement *positif*, en ce sens qu'il possède
un ensemble clos de déterminations distinctes accessibles aux
opérations de nos facultés de connaître : le fini seul est compréhensible parce que nous pouvons en saisir ou en comprendre
les *limites*. C'est ainsi que Buffon s'appuie sur la définition
antique du nombre, pris comme « un assemblage d'unités de
même espèce[290] » pour montrer que tout nombre est, par nature,
fini. Or, afin d'éviter d'hypostasier les nombres comme s'il s'agissait de réalités séparées, Buffon les réduit à de simples *signes* qui
permettent de *dénoter* et de *dénombrer* les objets qu'ils *représentent*.
Autrement dit, le nombre n'existe point en dehors du nombrable
dont il est simplement le signe :

> « Mais ces Nombres ne sont que des représentations & n'existent
> jamais indépendamment des choses qu'ils représentent ; les carac-
> tères qui les désignent ne leur donnent point de réalité, il leur faut
> un sujet, ou plutôt un assemblage de sujets à représenter pour que
> leur existence soit possible ; j'entends leur existence intelligible,
> car ils n'en peuvent avoir de réelle ; or un assemblage d'unités
> ou de sujets ne peut jamais être que fini, c'est-à-dire, on pourra
> toujours assigner les parties dont il est composé, par conséquent

---

289. BUFFON, *Ibid.*
290. BUFFON, *La Méthode des fluxions...*, trad. fr. Buffon, 1740, Préface,
éd. Lanessan, t. XI, p. 448. Aristote avait, en effet, défini le nombre comme
« une multiplicité finie » [*Métaphysique*, Δ, 13, 1020 a, trad. Tricot, Paris,
Vrin, 1974, t. I, p. 289]. On retrouve exactement la même conception chez
Euclide qui définissait le nombre comme « une multiplicité composée
d'unités » [*Éléments*, VII, Déf. 2]. En ce sens, il n'est pas étonnant qu'Aristote
ait précisé que l'Unité n'est pas un nombre, puisque tout nombre implique
une multiplicité d'unités, cf. *Métaphysique*, N, 1, 1088 a 6-7, trad. Tricot, Paris,
Vrin, 1974, t. II, p. 802.

le Nombre ne peut être Infini, quelque augmentation qu'on lui donne[291]. »

Buffon pense pouvoir ainsi démontrer que la nature même du nombre exclut d'emblée l'idée d'infini. En effet, puisqu'il faut toujours être en mesure d'assigner, c'est-à-dire de dénombrer, les parties dont se compose tout nombre, il va de soi qu'un nombre ne saurait être une totalité infinie, sinon il serait impossible d'*achever* le dénombrement de ses parties constitutives. Toutefois, s'il est vrai que tout nombre [entier naturel] est *fini*, la suite des nombres entiers naturels n'est pas elle-même finie, de telle sorte que l'on pourrait se demander si le nombre qui permettrait d'en dénombrer les parties ou tous les termes successifs n'est pas lui-même *infini*. Buffon écarte cette objection en restant attaché inconditionnelle-ment à la double propriété qui doit définir tout nombre : la possi-bilité d'en dénombrer *toutes* les parties et d'en accroître ou d'en diminuer la quantité sans jamais s'arrêter à une borne inférieure ou supérieure. Donc tout nombre est un assemblage *fini* de parties, car toute sommation de parties finies doit aboutir progressivement à un nombre *fini*, qui peut à son tour être augmenté autant qu'il nous plaira. C'est d'ailleurs cette possibilité illimitée d'accroître (ou de diminuer) toute quantité donnée qui constitue pour Buffon la *preuve* que cette dernière est nécessairement *finie*. En effet, si un nombre *infini* était concevable, on ne pourrait plus de ce fait l'accroître en quelque manière, ce qui est absurde :

> « Il paroît que les Nombres doivent à la fin devenir Infinis puisqu'ils sont toujours susceptibles d'augmentation ; à cela je réponds que cette augmentation dont ils sont susceptibles, prouve évidemment qu'ils ne peuvent être Infinis. [...] Lorsqu'on suppose qu'une suite a un dernier Terme, & que ce dernier Terme est un nombre infini, on va contre la définition du nombre & contre la loi générale des suites[292]. »

En conséquence, l'idée d'un infini existant en acte est erronée et illusoire, puisqu'elle consiste à considérer comme réalité

---

291. Buffon, *Ibid.*
292. Buffon, *Ibid.*

authentique une idée *finie* mutilée, c'est-à-dire privée précisément de celles de ses déterminations qui lui conféraient toute sa pertinence et son intelligibilité. L'idée d'infini est une *abstraction* qui nous conduit à prendre en considération quelque chose qui n'est rien d'autre qu'un artefact de notre propre pensée. En toute rigueur, l'infini pour Buffon désigne *l'indéterminé*, car on en produit la pensée en *retranchant* ou en *privant* un sujet de son *terminus a quo* et de son *terminus ad quem*. Ainsi, là où les partisans de l'infini pensent avoir découvert un surcroît inépuisable de sens ou d'être immanent au fini, ils ont affaire en réalité à une idée affaiblie, incomplète et indéterminée :

> « La plupart de nos erreurs en Métaphysique viennent de la réalité que nous donnons aux idées de privation, nous connoissons le fini, nous y voyons des propriétés réelles, nous l'en dépouillons, & en le considérant après ce dépouillement, nous ne le reconnoissons plus, & nous croyons avoir créé un être nouveau, tandis que nous n'avons fait que détruire quelque partie de celui qui nous étoit anciennement connu[293]. »

S'il est vrai que l'analyse de l'infini numérique est menée avec rigueur par Buffon, il reste encore à régler le cas de l'infinité spatiale, temporelle et causale qui n'est plus directement réductible aux déterminations afférentes à l'idée de nombre entier naturel, mais qui ressortissent plutôt du continu dont il laisse l'analyse en suspens.

Cependant, on ne saurait en conclure que Buffon est un adversaire de tout recours à l'infini dans la connaissance, car l'ouvrage de Newton dont il présente la traduction ici est précisément consacré à *La Méthode des fluxions*. L'hypothèse de l'infini propre au calcul infinitésimal de type leibnizien ou au calcul des fluxions développé par Newton est féconde et même recommandable dans la mesure où elle permet de *simplifier* et d'*alléger* la pratique scientifique[294]. C'est donc une hypothèse

---

293. Buffon, *Ibid.*
294. Buffon, *Ibid.* Buffon précise : « On ne doit donc considérer l'Infini soit en petit, soit en grand, que comme une privation, un retranchement à l'idée du

heuristique qui conditionne un calcul nouveau et très puissant, mais il faut prendre garde de ne pas transformer cette « sublime Méthode[295] » en entité métaphysique, ce qui serait confondre l'usage qu'on en doit faire avec l'abus qu'on en a fait. Est-ce à dire que Buffon ait une conception unifiée de l'Infini ? Par exemple, lui est-il possible d'appliquer, aux « quantités fluentes » du nouveau calcul, sa philosophie du nombre entier ? Si ce n'est pas le cas, il reste donc à élaborer une « métaphysique du calcul infinitésimal », mais que d'autres scientifiques (comme Lazare Carnot) tenteront de mener à bien. Si Buffon ne s'est pas davantage occupé de cette question, c'est qu'il s'intéresse avant tout à la philosophie naturelle. Or, dans ce domaine, ce qui compte c'est l'observation, l'expérimentation et la mesure. Par conséquent, en dehors des détours par l'hypothèse de l'infini que nécessite le recours au calcul infinitésimal, Buffon ne s'intéresse qu'au *fini*, c'est-à-dire qu'à ce qui se laisse dénombrer et mesurer. Enfin, comme on ne saurait mesurer l'infini, au sens où Buffon entend pratiquer la mesure physique, il est impossible de le prendre comme un objet de connaissance, ni comme la fin du connaître, mais seulement comme un moyen ou un simple expédient.

> « Toutes nos connaissances sont fondées sur des rapports & des comparaisons, tout est donc relation dans l'Univers ; et dès lors tout est susceptible de mesure, nos idées même étant toutes relatives n'ont rien d'absolu[296]. »

---

fini, dont on peut se servir comme d'une supposition qui dans quelques cas peut aider à simplifier les idées, & doit généraliser leurs résultats dans la pratique des Sciences ; ainsi tout l'art se réduit à tirer parti de cette supposition, en tâchant de l'appliquer aux sujets que l'on considère. »

295. BUFFON, *La Méthode des fluxions...*, trad. fr. Buffon, 1740, Préface, éd. Lanessan, t. XI, p. 455. Buffon avait commencé par faire l'éloge de cette nouvelle méthode en écrivant, *Op. cit.*, p. 449 : « La Métaphysique de l'Infini étoit familière aux Anciens ; mais l'application qu'on en a faite de nos jours du calcul à cet Infini, nous a mis au-dessus d'eux & nous a valu toutes les nouvelles découvertes. »

296. BUFFON, *Essai d'arithmétique morale*, 1777, in Supplément à l'*Histoire naturelle*, éd. Lanessan, t. XI, chap. XXV, p. 332.

D'Alembert suivit de très près la conception buffonienne de l'infini[297] en montrant que l'idée du *fini* précède celle d'infini et qu'il convenait d'employer en mathématiques plutôt la notion d'*indéfini* que celle d'*infini*, car cette dernière recèle trop de difficultés pour être véritablement efficace[298]. À l'époque de Buffon, l'infini cesse d'être un objet d'investigation scientifique, pour devenir un moyen puissant de corréler et d'exploiter des mesures physiques finies. Sur le plan de la théorie de la connaissance, le développement considérable de ce que l'on appelle la philosophie empiriste atteindra de plein fouet les plus hautes ambitions des grands systèmes métaphysiques, d'inspiration rationaliste, et les plongera dans une crise dont la philosophie de l'infini sortira profondément transformée. Mais avant d'étudier ces remaniements, il nous faut d'abord nous enquérir de la conception empiriste de l'idée d'infini ainsi que des attaques dissolvantes venues des horizons sceptiques ou créationnistes.

297. D'ALEMBERT mentionne, dans son article « Infini » de l'*Encyclopédie*, la conception de l'infini que Buffon développe dans la Préface à sa traduction de *La Méthode des fluxions de Newton*, p. 208, col. a.

298. D'ALEMBERT, *Éléments de philosophie*, Paris, 1759, in *Œuvres*, Paris, 1871, t. I, p. 288-289. On lit également dans *L'Encyclopédie*, article « Infini » rédigé par D'Alembert pour l'édition de 1765, p. 208, col. b : « L'idée que nous avons de l'*infini* est donc absolument *négative*, & provient de l'idée du fini, et le mot même négatif d'*infini* le prouve. [...] Il y a cette différence entre infini & indéfini, que, dans l'idée d'infini, on fait abstraction de telle ou telle borne en particulier. Ligne *infinie* est celle qu'on suppose n'avoir point de bornes ; ligne *indéfinie* est celle qu'on suppose se terminer où l'on voudra, sans que sa longueur, ni par conséquent ses bornes soient fixées. »

Chapitre II

Remise en cause de l'infinitisme dans les théories de la connaissance

« L'Univers est-il borné ? Son étendue est-elle immense ? Les soleils et les planètes sont-ils sans nombre ? Quel privilège aurait l'espace qui contient une quantité de soleils et de globes, sur une autre partie de l'espace qui n'en contiendrait pas ? Que l'espace soit un être ou qu'il ne soit rien, quelle dignité a eue l'espace où nous sommes pour être préféré à d'autres ?

Si notre Univers matériel n'est pas infini, il n'est qu'un point dans l'étendue. S'il est infini, qu'est-ce qu'un infini actuel auquel je puis toujours ajouter par la pensée ? »

VOLTAIRE, *Dictionnaire philosophique*,
art. « *Infini* », 1764, rééd. Paris,
Garnier, 1879, vol. 19, p. 457.

Vers la fin du XVIIe siècle et au début du siècle suivant se dessine progressivement un nouveau tournant dans la manière d'envisager le problème de l'infini en général et de l'infinité cosmique en particulier. En effet, en même temps que les travaux sur le calcul infinitésimal connaissaient un essor technique très poussé qui mettait celui-ci hors de portée du public cultivé, on assistait à un foisonnement d'écrits d'allure philosophique, et plus ou moins profonds, sur les *bornes* de l'esprit humain qui prenaient comme point d'appui les difficultés inextricables dans lesquelles notre pensée s'empêtre lorsqu'elle tente d'élucider l'idée d'infini. Il y avait là dans cette collusion une sorte de paradoxe. En effet, d'un côté, l'infini faisait l'objet de calculs réglés de façon stricte et de plus en plus complexe (avec toutes les « retombées » positives qu'il comportait pour les sciences physiques), tandis que, d'un autre côté, la pensée philosophique, qui avait fondé tant d'espoirs sur l'idée d'infini depuis les débuts de la Renaissance, commençait à y renoncer, du moins sur le plan de la théorie de la connaissance. Tel est le sens de ces innombrables traités sur la nature de l'infini, de l'espace et du temps, de la matière et du continu, du mouvement et du vide, de la réalité du monde extérieur, etc. Partout, éclataient d'âpres controverses sur les apories, des paradoxes, voire des « antilogies[1] » de *l'infini*. Toutes ces difficultés étaient

1. Terme employé par Pierre BAYLE, in *Dictionnaire historique et critique*, 1740⁵, t. 3, art. Pitiscus, p. 752. KANT emploie aussi ce terme d'*antilogie* dans ses cours

étalées avec plus ou moins de bonheur pour conduire les lecteurs vers un scepticisme de rigueur, vers une plus grande modération dans leurs opinions, et vers une prise de conscience plus aiguë des bornes de l'esprit humain. L'infini, entendons *l'infini métaphysique*, était devenu désormais le miroir de nos incertitudes. Dans ce nouveau contexte, on constate un net recul de la pensée métaphysique du siècle passé au profit d'un engouement général pour les analyses critiques de la philosophie empiriste, pour le scepticisme, pour la psychologie et pour la théorie de la connaissance. Certes, il est vrai que le Grand Siècle n'avait pas manqué d'écrits importants déjà consacrés aux apories dans lesquelles s'abîme l'esprit humain lorsqu'il entreprend de sonder l'infini. Tel était bien le cas non seulement des philosophes empiristes anglais ou continentaux, mais aussi des pyrrhoniens à la mode (comme La Mothe Le Vayer, Huet, Glanville, etc.), et même des grands métaphysiciens plus ou moins rationalistes qui n'ont cessé de souligner l'écart insurmontable qui sépare notre esprit fini de l'Être infini[2]. Toutefois, le triomphe initial de la doctrine cartésienne des *idées innées* au xviie siècle (au moins sur le continent) permettait d'affirmer à la fois que notre esprit est fini, et qu'il porte en lui, comme les veines dans le marbre, entre autres idées innées, l'idée d'infinité. Cette double affirmation permettait de réconcilier la foi et la raison, la sagesse et la piété, en montrant

de logique, cf. par exemple, la *Logik Pölitz*, (1788-1790), Ak XXIV, 509 : « Après cela viennent les sceptiques parmi lesquels on peut nommer Lulle, David Hume et Bayle qui sont aussi des antilogiques (c'est-à-dire qui mettent la raison dans l'incertitude). » Sur ce point, cf. Jean Ferrari, *Les Sources françaises de la philosophie de Kant*, Paris, Klincksieck, 1979, p. 91-99. Kant classe Bayle parmi les sceptiques modernes, cf. *Logik Blomberg*, Ak XXIV, p. 211 et 217, suivant en cela l'enseignement de Jean-Pierre De Crousaz sur le pyrrhonisme de 1733. Cf. aussi l'excellente étude de Michel Puech, *Kant et la causalité : étude sur la formation du système critique*, Paris, Vrin, 1990, p. 148 *sq.*

2. Cf., par exemple, Malebranche in *De la recherche de la vérité*, Livre III, chap. II, Paris, Vrin, 1962, p. 219 : « Ce qu'on trouve donc d'abord dans la pensée de l'homme, c'est qu'elle est très limitée ; d'où l'on peut tirer deux conséquences très importantes : la première, que l'âme ne peut connaître parfaitement l'infini ; la seconde, qu'elle ne peut pas même connaître distinctement plusieurs choses à la fois. » Toutefois, chez Malebranche, comme chez Descartes, l'idée d'infini précède celle du fini, cf. *Op. cit.*, p. 250.

que les mystères de la foi sont *au-dessus* de notre raison, mais non pas *contraires* à celle-ci. Dès lors, consciente de ses propres limites, la raison humaine n'avait plus qu'à se *soumettre* pacifiquement aux vérités qui la dépassent, d'autant plus qu'elle pouvait penser que la vérité ne peut s'opposer à la vérité, entendons : la vérité partielle de l'entendement humain, à la vérité absolue de l'entendement infini de Dieu. En ce sens Fénelon avait écrit :

> « J'apperçois une extrême différence entre concevoir et comprendre. Concevoir un objet, c'est avoir une connoissance qui suffit pour le distinguer de tout autre objet avec lequel on pourroit le confondre, et ne connoître pourtant pas tout ce qui est en lui, qu'on puisse s'assurer de connoître distinctement toutes les perfections de l'objet, autant qu'elles sont intelligibles. Il n'y a que Dieu qui connoisse infiniment l'infini : nous ne connoissons l'infini que d'une manière finie. Il doit donc voir en lui-même une infinité de choses que nous ne pouvons y voir ; et celles mêmes que nous y voyons, il les voit avec une évidence et une précision, pour les démêler et les accorder ensemble, qui surpasse infiniment la nôtre[3]. »

À partir du moment où les assauts de l'empirisme lockien finirent par renverser la doctrine cartésienne des *idées innées*, l'idée d'infini subit aussitôt un terrible choc en retour dont la métaphysique traditionnelle ne parvint pas véritablement à sortir indemne. Seule subsistait, encore intacte, l'*infinité cosmique* qui semblait faire toujours l'objet d'un traitement particulier et d'un consensus presque unanime. Était-ce simplement l'effet d'un retard de la pensée philosophique partagée entre un *infini divin* définitivement inconnaissable et un *infini mathématique* entièrement produit par les contraintes d'une technique opératoire instituée par l'esprit humain lui-même ? N'était-ce pas plutôt l'effet, plus ou moins pervers, de l'application des mathématiques (elles-mêmes infinitistes) à la connaissance de l'Univers

---

3. François Salignac de la Mothe Fénelon, *Traité de l'existence et des attributs de Dieu*, IIe Partie, 1685, chap. V, in *Œuvres*, vol. II, Paris, éd. 1787, p. 301-302. Notons également que Fénelon affirme explicitement après Descartes que notre idée d'infini est innée parce qu'elle dérive directement de Dieu qui l'a implantée en nous, cf. *Op. cit*, Ire Partie, chap. IV, § 11.

physique ? Mais, dans ce cas, existe-t-il un rapport véritable entre les propriétés de l'*infini potentiel* des mathématiques (de l'époque) et celles de l'*infini cosmologique* extensif existant *en acte* ? On peut se demander, enfin, si les liens privilégiés qui unissaient la nouvelle image du Monde à l'idée d'infinité, depuis la Renaissance, ne sont pas tributaires de tout l'ensemble des présupposés philosophiques qui conditionnèrent l'instauration et le développement de la science classique ? Pour tenter de résoudre ces questions, il convient de reprendre le cheminement des raisons productrices qui finirent par transformer peu à peu les prétentions du dogmatisme rationaliste du Grand Siècle.

DES PARADOXES DE ZÉNON AUX ANTINOMIES DE L'INFINI

a) *Pierre Bayle : les apories de l'infini et les bornes de l'entendement humain*

Bien que de très nombreux auteurs se soient penchés sur les apories de Zénon d'Élée à l'âge classique, force est de reconnaître que c'est Pierre Bayle qui les a réactivées dans l'important article « Zénon » de son *Dictionnaire historique et critique* en y synthétisant l'ensemble des discussions de ses contemporains et en y ajoutant ses propres réflexions personnelles. Certes, les considérations sur l'infini s'accumulent de façon un peu désordonnée dans cet article, mais il convient d'en préciser les intentions et la finalité afin de ne pas mésinterpréter leur véritable portée. Bayle entend s'appuyer sur les apories de la raison pour montrer non seulement les bornes de l'entendement humain[4], mais aussi et surtout qu'il est vain de se lancer dans une discussion philosophique sur les mystères de

---

4. Pierre BAYLE, *Dictionnaire historique et critique*, Rotterdam, édition de 1720, t. IV, art. « *Zénon* », rem. G, I, p. 2910-2911 : « On se sauve dans la nature même du sujet, et l'on allègue que notre esprit étant borné, personne ne doit trouver étrange que l'on ne puisse résoudre ce qui concerne l'infini, et qu'il est de l'essence d'un tel continu d'être environné de difficultés insurmontables à la créature humaine. »

la religion, puisque ceux-ci dépassent notre raison finie qui est dans l'incapacité de les comprendre[5]. De ce point de vue, Bayle rejoint les positions de *La Logique ou l'Art de penser* d'Arnauld et Nicole qu'il mentionne explicitement :

> « Encore que je me sente très-incapable de résoudre toutes les difficultés qu'on vient de voir, et qu'il me semble que les réponses philosophiques qu'on y peut faire sont peu solides, je ne laisse pas de suivre l'opinion commune. Je suis même persuadé que l'exposition de ces arguments peut avoir de grands usages par rapport à la religion, et je dis ici à l'égard des difficultés du mouvement, ce que dit M. Nicolle sur celle de la divisibilité à l'infini : "L'utilité que l'on peut tirer de ces spéculations [...] c'est d'apprendre à connaître les bornes de notre esprit, et à lui faire avouer malgré qu'il en ait, qu'il y a des choses qui sont, quoiqu'il ne soit pas capable de les comprendre ; et c'est pourquoi il est bon de le fatiguer à ces subtilités, afin de dompter sa présomption, et lui ôter la hardiesse d'opposer jamais ses faibles lumières aux vérités que l'Église lui propose, sous prétexte qu'il ne les peut pas comprendre."[6] »

L'habileté de Bayle pour renvoyer dos à dos les mathématiciens, pour montrer les inconséquences de la philosophie naturelle (*i. e.* qui admet l'existence de corpuscules) avec les axiomes fondamentaux de la géométrie (plutôt continuiste), n'est pas vaine, car elle sert à retrouver la prétendue thèse zénonienne de « l'incompréhensibilité de toutes choses[7] ». Bayle ne croit nullement que les mathématiques puissent avoir une prise quelconque

---

5. Déjà, Bayle avait montré que le caractère illimité de notre ignorance devrait nous incliner ou nous inciter à nous en remettre aux enseignements de la foi, cf. BAYLE, *Dictionnaire historique et critique*, article « Pyrrhon » : « Le pyrrhonisme peut avoir ses usages pour obliger l'homme par le sentiment de ses ténèbres, à implorer le secours d'en haut et à se soumettre à l'autorité de la Foi. »

6. Pierre BAYLE, *Dictionnaire historique et critique*, t. XV, art. « Zénon », p. 49, col. b, rem. G, VI. L'extrait de la *Logique* de Port-Royal que cite Bayle ici figure dans la IVe Partie, chap. 1, rééd. Paris, Flammarion, 1970, p. 366-367.

7. Pierre BAYLE, *Dictionnaire historique et critique*, art. « Zénon », p. 56, col. a, rem. I, I : « La dispute de Zénon ne pourrait être entièrement infructueuse ; car s'il manquait sa principale entreprise qui est de prouver qu'il n'y a point de mouvement, il aurait toujours l'avantage de fortifier l'hypothèse de l'*acatalepsie*, ou de l'incompréhensibilité de toutes choses. »

sur la réalité physique, c'est pourquoi la certitude mathématique ne peut rien changer au scepticisme ni même au pessimisme fonciers de Bayle. Ainsi écrit-il à l'article « Pyrrhon » :

> « Il importe peu qu'on dise que l'esprit de l'homme est trop borné, pour rien découvrir dans les vérités naturelles, dans les causes qui produisent la chaleur et le froid, le flux de la mer, etc. Il nous doit suffire qu'on s'exerce à chercher des hypothèses probables, et à recueillir des Expériences, et je suis fort assuré qu'il y a très peu de bons physiciens dans notre Siècle, qui ne soient convaincus que la nature est un abîme impénétrable, et que ses ressorts ne sont connus qu'à celui qui les a faits, et qui les dirige. Ainsi tous ces Philosophes sont à cet égard Académiciens et Pyrrhoniens[8]. »

Certes, Bayle ne traite pas vraiment de l'infini extensif, mais seulement de l'infini de division et de la composition du continu. À bien lire les arguments de Bayle, une doctrine générale se dégage peu à peu des difficultés insurmontables concernant ce qui a trait à l'infini dans le cas de la divisibilité de l'étendue. La solution que Pierre Bayle propose s'inspire fortement de la doctrine de Malebranche en montrant que la conception réaliste de l'étendue et de la corporéité sombre dans de furieuses contradictions ; il faut, par conséquent, se tourner vers l'*idéalisme* qui n'attribue à la substance étendue qu'une existence mentale :

> « Quand une chose ne peut avoir tout ce que son existence demande nécessairement, il est sûr que son existence est impossible : puis donc que l'existence de l'étendue demande nécessairement le contact immédiat de ses parties, et que ce contact immédiat est impossible dans une étendue divisible à l'infini, il est évident que l'existence de cette étendue est impossible et qu'ainsi cette étendue n'existe que mentalement[9]. »

Cassirer n'avait pas manqué de remarquer au passage que ce genre de considérations pourrait très bien être à l'origine du

---

8. Pierre BAYLE, *Dictionnaire historique et critique*, note à l'article « Pyrrhon ».
9. Pierre BAYLE, *Dictionnaire historique et critique*, Rotterdam, édition de 1720, t. IV, art. « *Zénon* », rem. G, I, p. 2911.

criticisme kantien[10]. Certes, les propos de Bayle sur les paradoxes de Zénon ne sont ni originaux ni porteurs de solutions
nouvelles, mais ils déclenchèrent de vives réactions dans toute
l'Europe savante qui déstabilisèrent les partisans de l'infinitisme
puisqu'ils étaient mis en demeure de résoudre ces impasses de
la raison sans pouvoir reformuler *autrement* le problème sous
peine d'être taxés d'avoir commis le sophisme dit de l'« *igno-
ratio elenchi* ». Avec Bayle, la thèse de l'infinité de l'Univers n'est
pas directement menacée en elle-même, mais c'est la question
des bornes de l'entendement humain qu'il faut *d'abord* affronter
avant d'émettre quelque prétention que ce soit en matière de
cosmologie. C'est ce qui explique le retour en force du problème
de la connaissance dans tous les traités de science et de philosophie. Malgré son penchant pour l'idéalisme de Malebranche et
pour le scepticisme, l'œuvre de Bayle contraignit l'arrogance du
rationalisme à marquer le pas et favorisa, sans l'avoir véritablement souhaité, l'essor de l'empirisme sur le continent.

*b) Arthur Collier : le monde extérieur
   ne saurait être à la fois fini et infini*

Moins connu que George Berkeley ou même que Malebranche
dont il était l'émule, Arthur Collier n'a pas seulement mis en
doute, mais il a même nié l'*existence du monde extérieur* afin de
mettre un terme ainsi à l'antinomie du fini et de l'infini dans
laquelle tombe nécessairement l'esprit chaque fois qu'il entend
démontrer l'existence substantielle ou absolue du monde matériel
et de l'extension spatiale, à l'instar des newtoniens. Tandis que

---

10. Cf. CASSIRER, *Das Erkenntnisproblem in der Philosophie und Wissenschaft
der neueren Zeit*, Berlin, Bruno Cassirer, 1911², t. I, p. 592-594 ; trad. fr. Fréreux,
Paris, Cerf, 2004, p. 431-433. Dans ce passage Cassirer insiste sur le fait que Bayle
est le premier philosophe de l'époque moderne qui ait reconnu l'importance
des antinomies pour fonder l'idéalisme. Malheureusement, Kant n'aime guère
citer ses sources, si bien qu'il est encore actuellement impossible de savoir s'il a
vraiment lu des articles du *Dictionnaire* de Bayle, soit dans sa version française,
soit dans l'édition allemande de 1741-1744 traduite par Gottsched.

les considérations de Bayle sur les paradoxes de Zénon avaient simplement conforté son scepticisme tout en renforçant, par contrecoup, l'autorité des articles de la foi, l'idéalisme d'Arthur Collier se montre plus incisif en s'appuyant sur l'antinomie du fini et de l'infini pour refuser radicalement toute réalité au monde extérieur. Ainsi, Collier rejette l'idée chère à Arnauld et Nicole, mais reprise explicitement par Bayle, selon laquelle il est bon pour la foi de fatiguer l'esprit dans les apories de l'infini. En effet, s'il est vrai que les vérités de la foi sont au-dessus de notre faible raison, il n'y a pas lieu de capituler cependant, par excès d'humilité, devant la question de la réalité du monde extérieur. Il ne faut jamais perdre de vue ce principe élémentaire, accessible à tout un chacun, selon lequel :

> « L'être n'est pas non-être ; ce qui est, est ; il est impossible qu'une même chose à la fois soit et ne soit pas. S'il en est ainsi, nous devons dire ou bien que l'humilité du jugement n'est pas une vertu, ou bien qu'il lui reste une marge de manœuvre, tant que nous tenons ce principe sans éprouver le moindre doute ou la moindre hésitation [11]. »

Désormais, il devenait impossible d'échapper à cette redoutable question, car depuis que les philosophes anglais eurent ruiné la distinction cartésienne entre les qualités secondes et les qualités premières, on était dans l'incapacité de démontrer de façon apodictique que l'Univers physique, ou le monde

---

11. Arthur COLLIER, *Clavis universalis, or a New Inquiry after Truth being A Demonstration of the Non-Existence, or Impossibility of an External World*, London, 1713 ; rééd. in *Metaphysical Tracts by English Philosophers of the Eighteenth Century*, London, 1837, Part II, chap. IV, Argument IV, p. 55 : « *If we will reason at all, we cannot well have a more evident principle to go upon than this, that being is not not-being, that what is, is ; or that it is impossible for the same thing both to be and not be. If so, we must either say that humility of judgment is not virtue, or that there is still room enough left for the exercises of it, whilst we hold this principle without the least doubt or wavering.* » Quelques lignes plus haut, Collier venait de citer en anglais le célèbre passage de la *Logique ou l'Art de penser* où Arnauld et Nicole montraient l'utilité pour la foi de « *tire or fatigue the mind with such kind of difficulties in order to tame its presumption, and to make it less daring ever to oppose its feeble light to the truths proposed to it in the gospel, &c.* » [*Ibid.*, p. 55.]

extérieur, existe réellement indépendamment de notre faculté subjective d'appréhension. Inversement, Arthur Collier reconnaissait à la raison humaine la capacité de *réfuter*, à juste titre selon lui, l'existence du monde extérieur. Ainsi, tandis que la non-contradiction d'une idée ne peut suffire à établir l'existence de son objet, toute attribution de prédicats contradictoires à un même sujet, en même temps et sous le même rapport, est suffisante pour rejeter l'existence du sujet et de ses prédicats. En ce sens, la raison a prise sur l'existence grâce à la logique et au principe de non-contradiction : c'est l'apogée de l'idéalisme immatérialiste.

> « Il y a réellement eu une controverse entre les philosophes au sujet d'un attribut d'un monde extérieur, à savoir au sujet de son étendue. Un des partis a démontré son infinité en s'appuyant sur son existence externe ; tandis que l'autre, a prouvé qu'il est fini en partant de l'idée qu'il a été créé. Tous les deux supposent qu'il a une existence extérieure et qu'il a été créé. En même temps, aucun des deux ne prétend répondre aux arguments du parti opposé, mais seulement justifier directement sa propre cause. Et pourtant, tous les deux admettront que si un monde extérieur est à la fois fini et infini, cela revient à dire qu'un tel monde n'existe pas [12]. »

Collier va même jusqu'à s'indigner à propos de ce désaccord (relatif à l'extension de l'Univers) qui déchire le monde des philosophes en deux partis, celui des finitistes et celui des infinitistes, en déclarant qu'il vient déshonorer la philosophie, c'est l'« *opprobrium philosophorum* [13] ». Toutefois, il est intéressant de noter au passage que Collier n'est pas le moins du monde troublé à l'idée d'appliquer le principe de non-contradiction tant au

12. Arthur Collier, *Clavis universalis*, in *Ibid.*, Part II, chap. III, Argument III, p. 49-50. L'argument de Collier portant sur l'extension de l'univers avait été déjà exprimé plus haut sous une forme un peu plus scolastique : « Ce qui est à la fois fini et infini en étendue est absolument non existant, ou il n'y a ni ne peut y avoir un tel monde. Ou bien, une telle extension ou étendue, qui est à la fois finie et infinie, n'est ni finie ni infinie, c'est-à-dire n'est pas du tout une étendue. Or, c'est bien le cas d'une étendue extérieure < *external* >, donc il n'y a ni ne peut y avoir une telle étendue. » [*Ibid.*, p. 47.]
13. Arthur Collier, *Clavis universalis*, in *Ibid.*, Part II, chap. III, Argument III, p. 47.

fini qu'à l'infini. Or, la plupart des philosophes infinitistes de la Renaissance avaient clairement exprimé l'idée que, lorsque l'on affaire à l'infini, les déterminations de la logique aristotélicienne traditionnelle, conçues dans une perspective finitiste, ne sont plus valides. Collier, au contraire, entend soumettre le prédicat *infini* au même traitement logique que n'importe quel autre type de prédicat.

Pour ce qui est des raisons invoquées par les partisans de l'étendue cosmique *infinie*, Collier ne se donne pas vraiment la peine de les exposer, il se contente simplement de prendre en compte les conséquences qu'ils en tirent. Collier semble plus attaché à l'ordre formel de ses syllogismes et à l'exactitude de ses conclusions qu'au contenu même de l'argumentation qui a permis d'établir les prémisses. La seule indication consiste à dire, comme le fait l'avant-dernière citation de Collier, que les infinitistes s'appuient sur le caractère *externe* de la spatialité pour en démontrer l'infinité ; tandis que les partisans du fini partent du principe que l'étendue cosmique ne peut qu'être finie du fait qu'elle a été *créée*. Collier précise peu après que le prédicat *infini* se réduit à l'*absoluité*, tandis que le *fini* est synonyme de *relatif* : « *Or rather thus, infinite is to be absolute, finite, to be not absolute*[14]. » Voilà qui est plus clair, car on comprend ainsi plus aisément que le fini suppose toujours autre chose que lui-même, donc il est pris dans une relation de dépendance à l'égard de ce qui vient le limiter. De ce point de vue, le plus incompréhensible n'est pas l'infini, mais le fini. En effet, l'infini en vertu de son illimitation ne dépend de rien d'autre que soi, c'est-à-dire que rien ne peut venir s'opposer à lui de l'extérieur, car tout ce qui est « extérieur » est *en* lui finalement puisqu'il englobe la totalité illimitée de l'extériorité. Collier prétend ne pas vouloir rappeler tous les arguments de l'infinitisme, sous prétexte que ses lecteurs n'auront aucune peine à en trouver l'exposé[15]. Pourtant, Collier donne

---

14. Arthur Collier, *Clavis universalis*, in *Ibid.*, Part II, chap. IV, Argument IV, p. 51.

15. Cf. par exemple, Arthur Collier, in *Ibid.*, p. 59 : « *I suppose my reader does not need my information, and also it will be time enough to do this, when I am advertized of an adversary. […] Whatever arguments have been used to prove the*

une information supplémentaire sur les raisons qui semblent déterminantes aux partisans du finitisme cosmologique, ce sont les *contradictions* inhérentes à la conception infinitiste. Autrement dit, le point de départ du finitisme cosmologique repose soit sur les enseignements de la Révélation (selon laquelle l'étendue cosmique a été créée), soit sur les apories de l'infinitisme. Dans ce dernier cas, on peut dire que l'argumentation finitiste est *apagogique* puisqu'elle part de l'absurdité ou des inconséquences de l'infinitisme[16]. Du reste, ces « absurdités de l'infini » n'apparaissent pleinement que lorsque Collier aborde la question du mouvement et retrouve les fameux paradoxes de Zénon. C'était d'ailleurs déjà à l'aide de ses paradoxes que Zénon avait nié l'existence possible du *mouvement*. Mais Collier utilise ces mêmes arguments pour nier non seulement la réalité du mouvement, mais aussi celle de l'espace, de la matière et même du monde extérieur :

> « *In such translation the space or line through which the body moved is supposed to pass, must be actually divided into all its parts. This is supposed in the very idea of motion : but this all is infinite, and this infinite is absurd, and consequently it is equally so, that there should be any motion in an external world. [...] These are some of the absurdities which attend the supposal of motion in an external world ; whence I might argue simply, that such a world is impossible*[17]. »

Ici, Collier ne tient pas une balance égale entre le fini et l'infini, puisque le fini semble satisfaire aussi bien les enseignements de la foi que les exigences de la raison. Mieux, l'auteur de la *Clavis universalis* ne semble pas penser un seul instant que le finitisme débouche sur des apories qui pourraient à leur tour servir la cause de l'infinitisme. Donc, tout se passe comme si l'infinitisme était

---

world to be infinite in extent, will be found to have proceeded on the formal notion of its being external. »
16. Arthur Collier, in *Ibid.*, p. 60 : « *Whereas those which have been produced on the contradictory part* [les finitistes] *have been altogether silent as to this idea, and have proceeded either on the idea of its being created, or on the absurdities attending the supposition of infinite.* »
17. Arthur Collier, in *Ibid.*, chap. V, Argument V, p. 60-61.

indispensable pour rendre intenable l'idée même d'un monde extérieur qui serait à la fois fini et infini.

L'autre argument favorable au finitisme s'appuie sur la Révélation en faisant valoir que l'étendue spatiale a été *créée* ; par conséquent, elle est sous la dépendance de Dieu qui la fonde et aussi la limite puisqu'elle reste *extérieure* à Lui. Or, un lecteur moderne éprouve une réelle déception devant la sécheresse de cette argumentation qui semble ignorer totalement la distinction, pourtant familière aux cartésiens et même à tous les grands penseurs infinitistes classiques, entre l'infini au sens absolu du terme et l'infini « en son genre », c'est-à-dire entre l'infini « *simpliciter* » et l'infini « *secundum quid* ». C'est d'ailleurs cette distinction qui avait permis non seulement de penser sans contradiction les rapports de Dieu et du Monde, mais encore de distinguer différentes formes d'infinis et de les ordonner selon une stricte hiérarchie.

À la lecture de la *Clavis universalis*, on ne peut manquer de relever des ressemblances troublantes avec l'exposition de l'*Antithétique de la raison pure* que Kant développe dans la *Critique de la raison pure*. Est-ce à dire que Kant ait eu l'idée de ce qui deviendra la *Dialectique transcendantale* en lisant l'œuvre d'Arthur Collier ? Cette hypothèse n'est pas à écarter[18]. Certains commentateurs en ont avancé l'idée, comme Cassirer[19], Robinson[20] et aussi Vleeschauwer[21], bien que cette possibilité soit une simple

---

18. Certes, Kant connaissait très mal l'anglais, mais la *Clavis universalis* fut traduite en allemand par Johan Christian Eschenbach et publiée à Rostock en 1756 avec d'autres écrits de philosophes qui nient la réalité du monde extérieur sous le titre suivant : *Sammlung der vornehmsten Schriftsteller, die die Wirklichkeit ihres eigenen Körpers und der ganzen Körperwelt leugnen. Enthaltend des Berkeley Gespräche zwischen Hylas und Philonous und des Collier Allgemeinen Schlüssel.*

19. Cassirer, *Das Erkenntnisproblem*, Berlin, Bruno Cassirer, 1911², t. II, livre VI, chap. 2, v, p. 328-334 et livre VIII, chap. 2, v, p. 756 *sq* ; trad. fr. Fréreux, Paris, Cerf, 2005, p. 238-242 et p. 534 *sq*.

20. Lewis Robinson, *Contributions à l'histoire de l'évolution philosophique de Kant*, in *Revue de métaphysique et de morale*, 31ᵉ année, 1924, N° 2, avril-juin, p. 269-353.

21. Herman Jan De Vleeschauwer, « Les Antinomies kantiennes et la *Clavis universalis* d'Arthur Collier », in *Mind*, xlvii, n° 187, juillet 1938, p. 303-320.

hypothèse que rien ne vient confirmer ni démentir dans les écrits de Kant. En effet, l'ouvrage de Collier ne figure pas dans l'inventaire des livres de la bibliothèque personnelle de Kant[22], mais cela ne prouve nullement qu'il ne l'ait pas lu même s'il ne le cite jamais. Toutefois, étant donné que, dans les écrits de Leibniz, dans la célèbre correspondance Leibniz-Clarke (publiée en allemand à Francfort en 1720), dans les écrits de Bayle, de Collier et de Gottfried Ploucquet[23] les antinomies de l'infini sont amplement étalées et discutées, il n'est peut-être pas très opportun de réduire l'inspiration kantienne à la lecture d'une œuvre unique alors que l'on retrouve ce thème chez la plupart des penseurs de cette première moitié du xviiie siècle. Ce qu'il convenait de souligner avant tout, c'était le discrédit philosophique qui commence à se porter sur l'idée d'infini. Les critiques les plus pénétrantes, donc les plus graves, furent surtout menées par les philosophes empiristes vers lesquels il nous faut nous tourner à présent.

L'ANALYSE CRITIQUE DES EMPIRISTES ANGLO-SAXONS :
BACON, HOBBES, LOCKE, BERKELEY ET HUME

À l'âge classique, les empiristes et les rationalistes s'accordent pour reconnaître que l'on ne peut passer du fini à l'infini par une série d'intermédiaires. En revanche, ils sont en total désaccord lorsqu'il s'agit de décider ce qui est le véritable positif : pour les empiristes c'est le fini, tandis que ce dernier n'est que la négation de l'infini pour les rationalistes. Contrairement à la démarche des philosophes continentaux qui soulèvent directement une interrogation métaphysique à propos de l'infinité divine et de l'infinité cosmique avant de s'aventurer sur le terrain de la théorie de la connaissance, les philosophes empiristes anglais traitent préalablement du problème de la connaissance. Ils mettent

---

22. Cf. A. WARDA, *Kants Bücher*, Berlin, 1922, Verlag von Martin Breslauer, p. 7-57.
23. Cf. Gottfried PLOUCQUET, *Principia de substantiis et phaenomenis*, Francfort et Leipzig, 1753, § 56.

d'emblée en question la notion même d'infini et s'enquièrent de sa genèse ou de sa formation à partir du caractère limité de notre représentation. En outre, les empiristes ont une attitude très méfiante à l'égard de l'idée d'infini, car elle ne présente à première vue aucune sorte d'utilité pour la vie humaine. Surtout, la fonction curative de la théorie de la connaissance est d'écarter toute imposture, toute illusion, fiction ou aporie et tout malentendu possibles. Bacon ne s'est guère attardé sur l'idée d'infini, tandis que Hobbes lui a consacré une place plus importante dans ses analyses. Toutefois, force est de reconnaître que c'est John Locke qui renouvela totalement la recherche épistémologique sur cette question en examinant, dans sa physiologie de l'entendement humain, l'origine et la valeur de l'idée d'infini par rapport à tous les autres concepts que nous formons dans nos pratiques cognitives.

a) Francis Bacon

Bacon n'est pas, malgré ses dires et ses résolutions les plus fermes, le grand promoteur du mouvement qui a engendré la révolution scientifique, même si sa démarche personnelle a tenté d'y contribuer en quelque manière. Il a défendu l'affranchissement de l'esprit humain à l'égard de toute autorité dans la connaissance scientifique, tout en reconnaissant que la raison ne peut ni contredire ni démontrer les vérités révélées puisqu'elle relève d'un autre ordre. Pour se garder de tout verbalisme scolastique, la science doit œuvrer pour le bien de l'humanité en adoptant une orientation pratique et utilitaire : non pas savoir pour savoir, mais savoir pour pouvoir, car « *tantum possumus quantum scimus* ». Elle ne doit plus se confondre avec la recherche livresque, avec la *scientia litteralis* de la scolastique ; désormais, son livre de référence, c'est le livre de la Nature. Ainsi, la nouvelle voie à suivre, c'est celle de l'observation et de l'expérience, dans la mesure où ce sont elles qui nous permettent de maîtriser la nature.

C'est dans son *Novum organum* (inachevé) de 1620, qui constituait la seconde des six parties initialement projetées pour l'*Instauratio magna*, que Bacon présente sa méthode nouvelle tout en analysant les principales causes du retard qui affecte l'avancement de la connaissance. La première cause est avant tout la vaine logique syllogistique, tandis que les autres causes se réduisent en définitive à toutes sortes de préjugés. Outre l'admiration immodérée pour l'autorité des Anciens, les autres types de préjugés relèvent tantôt de l'espèce humaine tout entière, tantôt de l'individu, tantôt du langage et de la rumeur, tantôt des coteries intellectuelles ou des dogmes en vigueur à telle ou telle époque de l'histoire humaine. Or, c'est en examinant les « *idola tribus* », c'est-à-dire les idoles propres à l'espèce humaine tout entière, donc les plus fortement implantées en nous, que Bacon rencontre la notion d'infini.

D'après l'aphorisme 48, il y aurait en tout homme une aspiration à aller toujours plus avant. C'est de là que notre idée d'infini (qui n'est qu'une idole) tire son origine : elle naît de cette aspiration immanente à l'esprit humain qui ne sait s'arrêter ni se reposer sur un terme, sur une borne ou une limite :

> « L'entendement humain se gonfle et ne sait pas s'arrêter ni trouver le repos ; il aspire à aller plus avant ; mais en vain[24]. »

Autrement dit, l'inconcevabilité de toute limite ultime ne vient pas de la limite en elle-même, mais de la relance de l'esprit qui s'interroge sur l'au-delà de la limite et transgresse celle-ci du même coup. Cette aspiration s'applique aussi bien à l'extension infinie de l'espace cosmique qu'à l'infinité de l'éternité *a parte ante* et *a parte post*, à la divisibilité infinie des lignes géométriques (le continu) et également à la série infinie des causes les plus éloignées :

> « Ainsi, ne peut-on concevoir que le monde ait un terme ou une borne : toujours, comme par nécessité, s'offre l'idée qu'il y a quelque chose au-delà. On ne peut pas non plus penser comment l'éternité s'est écoulée jusqu'à ce jour ; car la distinction généralement

---

24. Francis Bacon, *Novum organum*, 1620 ; trad. fr. M. Malherbe & J.-M. Pousseur, Paris, PUF, 1986, Aphorisme 48, p. 114.

reçue d'un infini *a parte ante* et d'un infini *a parte post* est totalement insoutenable. Il s'ensuivrait en effet qu'il existe un infini plus
grand que l'autre, et que l'infini s'épuise et tend vers le fini < *vergat
ad finitum* >. Même subtilité à propos de la divisibilité sans fin
des lignes, du fait de l'impuissance de la pensée. Mais cette impuissance de l'esprit se fait sentir avec plus de dommage encore dans
l'invention des causes [25]. »

Pour Bacon, l'inconcevabilité des limites du Monde ne peut
en elle-même constituer une preuve de son infinité ; tout au plus
nous renseigne-t-elle sur les traits caractéristiques de notre propre
pensée. Bacon y voit surtout une forme d'impuissance de notre
pensée qui s'empêtre d'elle-même dans des subtilités, des apories
et des paradoxes qu'elle ne parvient pas à surmonter [26]. C'est
là toute l'originalité de l'approche baconienne du problème de
l'infini. À travers ce seul aphorisme 48, on sent malgré tout
le poids de l'antique aversion qu'éprouvaient les Anciens pour
l'infini pris au sens négatif ou privatif d'illimité et d'inachevé.
Mais, outre ce manque d'intérêt pour la spéculation sur les difficultés liées à l'idée d'infini, Bacon en fait ressortir l'inutilité pour
toute son entreprise philosophique.

Il est donc manifeste que, quel que soit le type d'infinité
visée, elle repose en définitive sur une disposition malsaine de
notre esprit qui finit par prêter au Monde et aux réalités qui ne
dépendent pas de nous une propriété (l'infinité) qui provient
des désirs qu'engendrent les frustrations de notre connaissance
limitée. L'examen philosophique de cette méprise, et surtout de
la stérilité de ses conséquences, devrait nous en guérir une fois
pour toutes, car elle ne débouche que sur des abstractions creuses
sans accroître en quelque façon que ce soit notre savoir :

25. Francis BACON, *Ibid.*, p. 114-115.
26. La principale difficulté théorique que Bacon met en avant, c'est l'impossibilité de comprendre comment une série infinie peut converger vers
une valeur finie. Il voit une contradiction mortelle dans le fait de poser
un progrès infini qui doit également converger vers un terme fini. Il ne semble
guère nécessaire d'insister ici sur son ignorance farouche des mathématiques.
Mais à cet égard, il ne constitue pas un cas isolé dans l'histoire de la pensée
philosophique.

« Car, bien que les principes les plus universels dans la nature doivent être admis positivement tels qu'on les découvre, étant en vérité sans causes auxquelles les référer, cependant l'entendement humain, ne sachant trouver le repos, demande encore quelque chose de plus connu. Mais alors, pour vouloir aller au plus loin, il retombe au plus proche, c'est-à-dire aux causes finales, qui manifestement tiennent plus à la nature de l'homme qu'à la nature de l'Univers, et qui sont à la source d'une corruption singulière de la philosophie. Or, c'est le propre d'un esprit malhabile et peu philosophique, d'un côté de demander des causes pour ce qu'il y a de plus universel, de l'autre côté de ne pas rechercher de causes dans ce qui est subordonné et subalterne[27]. »

Dans tous les cas, l'entendement manifeste cette *vaine* aspiration térébrante, il s'enfle de son *désir d'infini*, mais il ne fait qu'étaler son ignorance et, partant, son impuissance puisque cette aspiration ne pourra jamais atteindre le repos : d'où sa vacuité.

b) Hobbes : la « science de l'infini est inaccessible à un chercheur fini »

Selon Hobbes, la connaissance dérive de nos impressions, qui par leur persistance dans la mémoire rendent possible le raisonnement dont elles sont le matériau, tandis que le raisonnement s'appuie à son tour sur le langage. Toute image est *finie*, donc on ne saurait avoir une représentation de l'infini, à moins d'être soi-même infini, ce qui n'est pas le cas. Donc pour nous, l'idée d'infini est *négative*, de même que c'est à partir de notre *impuissance* que nous formons *négativement* l'idée d'un Dieu tout-puissant. Il n'existe que des êtres singuliers dans la nature et ce qu'il y a d'universel ce sont les noms qui sont utiles, car ils permettent de classer les individus semblables. La logique, de son côté, doit nous éviter les ambiguïtés, les absurdités et les non-sens.

L'esprit humain ne peut exécuter que deux sortes d'opérations : *percevoir* et *calculer*, c'est-à-dire appréhender un objet et

27. Francis BACON, *Ibid.*, p. 115.

combiner des signes ou des perceptions. Or, nous n'avons aucune image de l'infini. Il n'est donc pas étonnant ici que Hobbes éprouve une vive aversion pour toute spéculation qui sort des limites de l'expérience. D'ailleurs, l'intention profonde qui traverse toute l'entreprise philosophique de Hobbes est une visée d'ordre pratique :

> « La fin ou le but de la philosophie, c'est que nous puissions utiliser à notre profit < *commoda* > des effets prévus ou bien de produire, à l'aide de l'industrie des hommes pour l'utilité < *usus* > de la vie humaine, des effets semblables à partir d'effets conçus dans notre esprit par application de [certains] corps sur d'[autres] corps, dans la mesure de la force humaine et de ce que peut supporter la matière < *materia rerum* >[28]. »

Certes, il est tout à fait possible de soulever des interrogations sur des sujets qui outrepassent les limites de l'expérience, mais il faut prendre clairement conscience du fait que l'on ne pourra rien établir de solide comme réponse. Il est vrai que l'homme ne peut s'empêcher de s'interroger sur la structure et sur l'étendue de l'Univers aussi bien dans l'espace que dans le temps. Hobbes pose ainsi la question de l'*infinité cosmique* dans son *De corpore* :

> « Les questions qui portent sur la grandeur < *magnitudine* > du monde sont les suivantes : est-il fini ou infini ? Celles qui concernent la durée : est-il éternel ou a-t-il commencé ? Concernant le nombre, est-il un ou multiple ? Toutefois, si le monde était infiniment grand, aucune controverse ne pourrait avoir lieu au sujet du nombre[29]. »

---

28. Hobbes, *De corpore*, 1655, éd. Molesworth, in *Opera philosophica quae latine scripsit omnia*, Londres, 1839-1845, t. I, p. 6 : « *Finis autem seu scopus philosophiae est, ut praevisis effectibus uti possimus ad commoda nostra, vel ut effectibus animo conceptis per corporum ad corpora applicationem, effectus similes, quatenus humanavis et rerum materia patietur, ad vitae humanae usus industria hominum producantur.* » C'est nous qui traduisons.

29. Hobbes, *De corpore*, chap. XXVI, in *Ibid.*, t. I, p. 335 : « *De magnitudine mundi quaestiones sunt, an finitus an infinitus ; de duratione an inceperit, an aeternus ? de numero an unus an plures ? etsi de numero, si mundus magnitudine infinitus fuerit, controversia nulla esse potest.* » C'est nous qui traduisons.

Dans la mesure où le mot « monde » ne renvoie à aucune sensation ou impression, ce n'est qu'un « *flatus vocis* », un simple signe qui ne correspond à aucune image déterminée. Outre la vacuité de ce terme de monde, la question de sa finité ou de son infinité n'a pas de sens rigoureux puisque nous ne pouvons nous représenter que ce qui est fini :

> « Lorsque l'on se demande si le monde est fini ou infini, l'esprit ne met rien derrière ce vocable de *monde < mundus >*. En effet, tout ce que nous imaginons est de ce fait fini, même si l'on étend sa pensée jusqu'aux étoiles fixes, jusqu'à la neuvième, dixième ou finalement millième sphère. On se demande seulement si l'on peut ajouter autant d'espace à l'espace que Dieu a adjoint de corps au corps [existant] en acte[30]. »

Or, ce n'est pas une raison suffisante pour décréter que le Monde doit être *fini*, ni pour conclure qu'il est *infini* sous prétexte qu'il est irreprésentable comme fini. En bonne logique, la question reste insoluble. Toutefois, elle prend un sens dans la mesure où l'on peut se figurer le Monde comme une sphère ou comme un système de sphères emboîtées les unes dans les autres. Dans ce cas, la question de son infinité consiste à savoir si l'on peut ou si l'on doit s'arrêter dans la conception de sphères de plus en plus grandes. Là, il s'agit d'un *processus* réglé de l'esprit qui consiste à englober à son tour la dernière sphère représentée. C'est ce *processus* de l'esprit en lui-même qui ne contient aucune limitation interne : d'où provient l'idée d'infinité. Toutefois, la fin de ce paragraphe 12 est extrêmement subtile, car elle met en regard, d'une part, la possibilité qu'a l'homme de réitérer, par récurrence, l'opération d'addition (additionner l'espace à l'espace, les sphères aux sphères) ; et, d'autre part, l'existence *en acte, tot et simul,* des corps que Dieu a créés

---

30. Hobbes, *De corpore,* in *Ibid.,* t. I, p. 88-89 : « *De loco et tempore.* [...] § 12. *Denique cum quaeritur an mundus sit finitus an infinitus, nihil in animo est sub voce mundus, quicquid enim imaginamur, eo ipso finitum est, sive ad stellas fixas sive ad sphaeram nonam, decimam, vel denique millesimam computemus. Quaeritur hoc solum, an quantum nos spatium spatio addere possumus, tantum Deum corpus corpori actu adjunxerit.* » C'est Hobbes qui souligne. C'est nous qui traduisons.

(au cas où il y en aurait une infinité : un Univers matériel infini existant en acte). Ce qui montre que Hobbes oppose la possibilité infinie, c'est-à-dire l'infini potentiel, et l'infini actuel. Or, l'homme peut-il étendre les opérations de son esprit aussi loin que s'étend le pouvoir créateur de Dieu ? En d'autres termes, ce que Dieu a réalisé comme *infini en acte* représente la limite supérieure de nos opérations récurrentes, mais étant donné que nous ne pouvons qu'additionner du fini au fini, il restera toujours une infinité d'additions à effectuer pour rejoindre l'infini en acte. Ceci appelle deux remarques à propos de « l'ironie » du questionnement hobbesien :

a) La possibilité infinie de combiner des grandeurs (*finies*) n'est-elle pas condamnée d'avance à l'échec, dès l'instant qu'il s'agit de parvenir à la construction d'une grandeur *infinie en acte* ?

b) D'autre part, s'il était malgré tout possible que l'esprit parvienne au terme de cette construction, n'aurait-on pas affaire à un *infini successif* ou processif (c'est-à-dire à une suite illimitée d'opérations réglée par des lois), alors que son objectif est d'atteindre un *infini simultané* existant en acte (coexistence des corps dans l'espace) ?

Ce que Hobbes a dit de l'infiniment grand ou de l'additivité infinie, il l'applique à l'infini de division. Avec lucidité et prudence, il critique l'intervention de la notion d'infini (qui nous dépasse) dans le cas de la divisibilité des continus que sont l'espace et le temps. Il préfère une formule *négative*, comme celle qui écarte l'idée de *minimum* dans la division : c'est-à-dire celle qui nie qu'il puisse y avoir une quantité plus petite qu'une certaine donnée :

> « C'est pourquoi il ne faut pas admettre ce que l'on dit habituellement, à savoir que l'espace et le temps peuvent être divisés à l'infini < *in infinitum* >, et s'il se produisait une division infinie ou éternelle on expliquerait mieux le sens de cette expression de la façon suivante [en disant] que : *tout ce que l'on divise se divise en parties qui sont à leur tour divisibles* ; ou encore ainsi : *il n'y a pas de divisible minimum* ; ou bien comme le déclarent la plupart des géomètres : *on peut prendre*

une quantité plus petite que n'importe quelle quantité donnée, ce qui est alors facile à démontrer[31]. »

Ces formules écartent l'idée d'une limitation dans nos opérations de division. En somme, pour nos opérations intellectuelles, il n'existe ni limite supérieure (*maximum*), ni limite inférieure (*minimum*), mais il est vain de parler d'*infiniment grand* ou bien d'*infiniment petit*.

Toutefois, au lieu de poursuivre plus avant ses investigations sur l'infinité cosmique, Hobbes met brusquement un terme à toutes ces interrogations en affirmant que les questions qui ont trait à l'infini sont définitivement hors de portée pour tout esprit fini : « La science de l'infini est inaccessible à un chercheur fini. < *Est autem infiniti scientia finito quaesitori inaccessibilis.* >[32] » Pour convaincre ses lecteurs de l'impuissance de la *raison*, lorsqu'elle s'aventure sur le terrain de l'infini, Hobbes en appelle aux apories et aux absurdités dans lesquelles elle ne manque pas de s'empêtrer :

> « C'est pourquoi je ne puis faire l'éloge de ceux qui se vantent d'avoir démontré à l'aide de leur raison ce que fut l'origine du

31. HOBBES, *De corpore*, in *Ibid.,* t. I, p. 89 : « *De loco et tempore.* § 13 [...] *Itaque quod dici solet spatium et tempus dividi posse in infinitum, non ita accipiendum est, ac si fieret aliqua infinita sive aeterna divisio, sensus ejus dicti, melius explicatur hoc modo, quicquid dividitur, dividitur in partes rursus divisibiles ; vel sic, non datur minimum divisibile, vel ut geometrae plerique enuntiant, quavis quantitate data sumi posse minorem, id quod facile demonstrari potest sic.* » C'est Hobbes qui souligne et c'est nous qui traduisons.

32. HOBBES, *De corpore*, chap. XXVI, in *Ibid.,* t. I, p. 335. C'est pour cette raison d'ailleurs que Hobbes avait rejeté la preuve cartésienne de l'existence de Dieu qui reposait sur la présence en moi de l'idée d'infini. Hobbes objectait à Descartes que l'idée d'infini que nous avons est toute négative, cf. HOBBES, *Troisièmes Objections*, sur les *Méditations* III, 22, in éd. Alquié, Paris, Garnier-Bordas, 1992, II, p. 619 : « Par le nom de Dieu, j'entends *une substance,* c'est-à-dire j'entends que Dieu existe (non point par aucune idée, mais par le discours) ; *infinie* (c'est-à-dire que je ne puis concevoir ni imaginer ses termes ou des parties si éloignées, que je n'en puisse encore imaginer de plus reculées) : d'où il suit que le nom d'*infini* ne nous fournit pas l'idée de l'infinité divine, mais bien celle de mes propres termes et limites. [...] Et ainsi toute l'idée de Dieu est réfutée ; car quelle est cette idée qui est sans fin et sans origine ? »

monde à partir des réalités naturelles < *rebus naturalibus* >. Ils sont méprisés par les profanes < *ab idiotis* > parce qu'ils ne comprennent pas ce qu'ils disent, et par les érudits parce qu'ils les comprennent, dans les deux cas c'est à juste titre. En effet, qui approuverait celui qui donne une démonstration de la façon suivante ? Si le monde existait de toute éternité < *ab aeterno* >, alors le nombre de jours, ou de n'importe quelle mesure de temps, qui a précédé la naissance d'Abraham, serait infini ; or, la naissance d'Abraham a précédé celle d'Isaac ; donc un infini est plus grand qu'un autre infini et une éternité plus grande qu'une autre éternité : ce qu'il dit est absurde. C'est la même démonstration que si quelqu'un en partant du fait que le nombre des nombres pairs est infini, concluait qu'il existe autant de nombres pairs qu'il y a purement et simplement de nombres entiers < *simpliciter numeri* >, c'est-à-dire de nombres qui comptent à la fois les [nombres] pairs et impairs. Quant à ceux qui écartent l'éternité du monde, ne suppriment-ils pas du même coup l'éternité de son créateur < *mundi conditori* > ? C'est ainsi qu'ils tombent d'une absurdité dans une autre, ils sont forcés de dire qu'*à présent a lieu l'éternité* et que le nombre infini des nombres c'est l'*unité*, ce qui est bien plus absurde[33]. »

Ce qui ne veut pas dire qu'il nous soit impossible d'obtenir quelque vérité à ce sujet, car si la lumière naturelle ou la raison des esprits finis est incompétente dans le domaine de l'infini, en revanche les ministres du culte religieux sont dépositaires de lumières surnaturelles qui permettent d'étendre nos connaissances, mais qui restent inaccessibles tant aux profanes qu'aux érudits. Ainsi, Hobbes quitte le terrain de la spéculation et ne

---

33. Hobbes, *De corpore*, chap. XXVI, in *Ibid.*, t. I, p. 336-337 : « *Illos igitur, qui mundi originem aliquam fuisse rationibus suis a rebus naturalibus demonstrasse se jactitant, laudare non possum. Ab idiotis, quia qui dicant non intellegunt ; ab eruditis, quia intelligunt, ab utrovis merito contemnuntur. Quis enim hoc modo demonstrantem laudet ? Si mundus ab aeterno erat, tunc numerus dierum sive alius cujus vis temporum mensurae infinitus natalem Abrahami antecessit ; sed nativitas Abrahami antecessit Isaaci ; infinitum ergo infinito, sive aeternum aeterno majus : quod, inquit, absurdum est. Similis demonstratio est ac si quis ex eo, quod numerorum parium numerus fit infinitus, totidem esse concluderet numeros pares quot sunt simpliciter numeri, id est, pares et impares simul sumpti. Nonne qui aeternitatem mundi sic tollunt, eadem opera etiam mundi conditori aeternitatem tollunt ? Itaque ab hoc absurdo in aliud incidunt, coacti aeternitatem nunc stans, et numerorum infinitum numerum unitatem dicere, quod multo est absurdius.* »

fait que déplacer le problème dans le champ du religieux, de la Révélation et des Saintes Écritures[34]. Mais dans la mesure où Hobbes congédie la recherche philosophique sur la question qui nous occupe et refuse de s'élever au concept pour les raisons épistémologiques qu'il a invoquées plus haut, nous n'avons pas à le suivre sur le terrain de la Révélation ni de la religion civile.

c) *John Locke*

John Locke a eu le courage d'aborder de front l'idée d'infinité dans son *magnum opus* de 1690, *An Essay Concerning Human Understanding*, dans lequel il se propose d'établir la généalogie de nos idées afin d'en déterminer la valeur et de régler, à partir de cette investigation, l'activité de notre esprit dans son usage cognitif. C'est donc dans le cadre d'une théorie de la connaissance que Locke aborde le problème de l'infini. Nous suivrons donc sa démarche de près en étudiant la formation de notre idée d'infini qui repose sur la physiologie de notre entendement, puis nous examinerons les propriétés particulières de cette idée lorsqu'elle s'applique respectivement aux objets mathématiques, à l'Univers et à Dieu.

---

34. Hobbes, *De corpore*, chap. XXVI, in *Ibid.*, t. I, p. 335 : « Quant aux questions qui concernent l'origine et la grandeur du monde, ce n'est donc pas aux philosophes qu'il appartient de les traiter, mais à ceux qui sont légitimement préposés à l'organisation du culte de Dieu. Car il en va de même lorsque Dieu *Souverainement Parfait* accorda à ses prêtres les tout premiers fruits qu'il s'était réservés, tandis qu'il conduisait son peuple en Judée ; de même il voulut que les opinions qu'il était pourtant le seul à détenir au sujet de l'infini et de l'éternité soient, comme les tout premiers [fruits] de la sagesse, appréciées < *judicari* > par ceux dont le ministère est consacré à l'organisation de la religion, tandis que le monde qu'il avait créé était l'objet de discussions où s'attardaient les hommes. » C'est nous qui traduisons.

1. La généalogie de l'idée complexe d'infini comme mode simple de la quantité

Après avoir réfuté l'existence des idées innées, qu'avaient affirmée Descartes et Cherbury, Locke montre que nos idées tirent toutes leur origine soit de l'expérience externe < *sensation* >, soit de l'expérience interne < *reflection* >. L'idée d'infini en tant qu'elle désigne un *mode* de la quantité n'est pas une idée simple[35], puisque les idées complexes, formées par abstraction à l'aide du support sémiologique que constitue le langage, tirent leur origine de la réflexion. Locke retient comme principales idées *complexes*, les idées de *mode*, de *substance* et de *relation*. Les idées de modes ne font intervenir ni support ni substrat, mais seulement des *propriétés*.

C'est précisément dans ce cadre purement *quantitatif* que John Locke s'interroge sur la genèse en nous de cette idée complexe d'infini par le truchement de diverses *opérations* de notre entendement. Il convient d'avoir toujours présents à l'esprit les trois domaines quantitatifs que sont l'espace, la durée et le nombre. Et d'ailleurs le trait caractéristique qui permet de les rattacher à la quantité, c'est qu'ils possèdent tous les trois des parties, donc qu'ils sont susceptibles d'accroissement et de diminution :

> « Il me semble que le *Fini & l'Infini* sont regardés comme des *Modes de la Quantité*, & qu'ils ne sont attribués originairement & dans leur première dénomination qu'aux choses qui ont des parties, & qui sont

---

35. D'ailleurs LOCKE prend le soin de nous le rappeler à la fin de sa longue et brillante analyse de l'idée d'infini, dans *An Essay Concerning Human Understanding*, London, 1690 (1re édition), trad. fr. par Pierre Coste d'après la 4e éd. de 1700, Amsterdam, 1700, *Essai*, Livre II, chap. XVIII, § 1, rééd. par E. Naert, Paris, Vrin, 1972, p. 171 : « L'idée même de l'*infinité*, qui, bien qu'elle paraisse plus éloignée d'aucune perception sensible, que quelque autre idée que ce soit, ne renferme pourtant rien qui ne soit composé d'*idées simples* qui nous sont venues par voie de Sensation, & que nous avons ensuite joint ensemble par le moyen de cette faculté que nous avons de répéter nos propres idées. » C'est nous qui soulignons. Désormais, nous abrégeons les références à cet ouvrage par « *Essai* », car toutes nos références à l'*Essay* seront puisées dans la traduction classique de Coste, revue par Locke lui-même.

capables du plus ou du moins par l'addition ou la soustraction de la moindre partie. Telles sont les idées de l'Espace, de la Durée & du Nombre, dont nous avons parlé dans les Chapitres précédents[36]. »

Dès le début de cette longue analyse, Locke entend écarter toute réflexion sur l'idée de Dieu, même s'il est possible de penser dans le cadre quantitatif à l'ubiquité et à la durée illimitée de Dieu, et aussi au caractère illimité de ses attributs traditionnels[37]. Cette question particulière reviendra plus tard en son lieu[38].

Locke réaffirme ici, comme partout ailleurs, que toutes les idées que nous formons sont toujours *finies*. Par conséquent, il suit de la finitude de notre pensée que notre idée d'infini, en tant qu'elle demeure *finie* par nature comme toute autre idée quelle qu'elle soit, reste inadéquate à son objet. Il y a donc une *disproportion* radicale entre notre idée d'infini et ce dont elle est l'idée. C'est de cette disproportion que proviennent toutes les difficultés, apories, paradoxes et absurdités en tous genres qui nous assaillent lorsque nous essayons d'appliquer notre pensée à l'infinité. Remarquons que Locke n'a jamais voulu dire que l'infini recelait en lui-même des difficultés : il est prêt à en admettre la validité. Toute son analyse critique porte exclusivement sur *notre idée* de l'infini :

« Je me suis figuré jusqu'ici, que ces grandes & inexplicables difficultés qui ne cessent d'embrouiller tous les discours qu'on fait sur l'Infinité soit de l'Espace, de la Durée, ou de la Divisibilité, étoient des preuves certaines des idées imparfaites que nous nous formons de l'Infini, & de la disproportion qu'il y a entre

36. Locke, *Essai*, Livre II, chap. XVII, § 1, rééd. par E. Naert, Paris, Vrin, 1972, p. 159.
37. Locke, *Essai*, II, chap. XVII, § 1, p. 159 : « À la vérité, nous ne pouvons qu'être persuadés que DIEU, cet Être suprême de qui & par qui sont toutes choses, est *inconcevablement* infini [...]. Je ne prétends pas expliquer comment ces Attributs [sagesse, bonté et puissance] sont en Dieu, qui est infiniment au-dessus de la foible capacité de notre esprit, dont les vues sont si courtes ; ces attributs contiennent sans doute en eux-mêmes toute perfection possible ; mais telle est, dis-je, la manière dont nous les concevons, & telles sont les idées que nous avons de leur infinité. »
38. Cf. Locke, *Essai*, II, chap. XVII, § 1 et 6 ; II, chap. XV, § 9 ; II, chap. XXIII, § 33-35 ; IV, chap. X, § 3.

l'Infinité & la compréhension d'un Entendement aussi borné que le nôtre[39]. »

C'est d'ailleurs ce qui constitue toute l'originalité et l'intérêt de la démarche génétique de Locke. Fidèle à sa critique des idées innées, Locke part, dans ses analyses, du fait que ce qui est premier dans la formation de nos idées d'étendue et de durée, ce sont les « portions bornées » qui viennent frapper nos sens. Tout le problème est de déterminer comment nous formons, à l'aide de quantités *finies* de durée et d'étendue, l'idée d'*immensité* et d'*éternité*, c'est-à-dire des longueurs illimitées. Il va de soi que c'est par le truchement d'une *opération* de l'esprit qui peut toujours *ajouter* une portion d'étendue à une quelconque étendue ou une durée à une autre durée. Bref, à l'origine de notre idée d'infini, il y a notre capacité intellectuelle de *répéter*, de réitérer une opération sans se heurter à une quelconque limitation : « Quiconque a l'idée de quelque longueur déterminée d'Espace [...] trouve qu'il peut répéter cette idée [...] & avancer toujours de même sans jamais venir à la fin des additions[40]. » Dans le cas des longueurs spatiales ou des durées, cette *additivité* des grandeurs continues reste inchangée même si l'on décidait de prendre comme unités de référence des longueurs de plus en plus grandes (par exemple, si l'on passe du pied au diamètre terrestre ou même à « *l'Orbis Magnus*[41] »). Autrement dit, si notre capacité de *répéter sans fin* une opération mentale (donc d'étendre sans fin notre idée d'espace ou de durée) est bien positive en elle-même puisqu'elle ressortit d'une activité interne de l'esprit, elle repose sur un principe négatif, car notre esprit « n'a aucune raison de s'arrêter[42] ». Tout se passe comme si l'axiome d'Eudoxe-Archimède régulait totalement le domaine de la quantité, qu'il s'agisse des nombres discontinus ou des grandeurs continues que sont l'espace et la durée. Est-ce à dire qu'en

---

39. Locke, *Essai*, II, chap. XVII, § 21, p. 170.
40. Locke, *Essai*, II, chap. XVII, § 3, p. 160.
41. Locke, *Ibid.* L'*Orbis Magnus* désigne traditionnellement l'orbite annuelle de la Terre.
42. Locke, *Ibid.*

réitérant des accroissements sans fin de quantités finies nous parvenions à une grandeur véritablement infinie cette fois ? Si c'était le cas, il faudrait violer l'axiome d'Archimède (que Locke ne cite jamais dans son analyse et qui fonctionne donc implicitement) en admettant l'existence d'un « *nombre infini* ». Or, c'est là une chose totalement absurde parce qu'elle contient une contradiction *in adjecto*. En effet, cela reviendrait à poser, d'une part, l'idée d'une progression sans fin (comme l'infini l'exige) et, d'autre part, de s'arrêter à un nombre particulier (sous prétexte qu'il est le dernier du processus, pourtant considéré comme illimité) ! Comparant ce processus mental infini à un *mouvement* illimité et le « *nombre infini* » au terme de celui-ci, c'est-à-dire au *repos*, Locke use d'une image qui fait très clairement ressortir l'absurdité qu'enveloppe l'idée d'un infini existant en acte, c'est-à-dire d'un mouvement au repos :

> « Car supposons qu'un Homme forme dans son esprit l'idée de quelque Espace ou de quelque Nombre, aussi grand qu'on voudra, il est visible que l'Esprit s'arrête & se borne à cette idée, ce qui est directement contraire à l'idée de l'Infinité qui consiste dans une progression qu'on suppose sans bornes. [...] Voulant combiner deux idées qui ne sauraient subsister ensemble, bien loin d'être deux parties d'une même idée, comme je l'ai dit d'abord pour m'accommoder à la supposition de ceux qui prétendent avoir une idée positive d'un Espace ou d'un Nombre infini, nous ne pouvons tirer des conséquences de l'une sans nous engager dans des difficultés insurmontables, & toutes pareilles à celles où se jetteroit celui qui voudroit raisonner du Mouvement sur l'idée d'un mouvement qui n'avance point, c'est-à-dire, sur une idée aussi chimérique & aussi frivole que celle d'un Mouvement en repos. [...] Car enfin rien n'est infini que ce qui n'a point de bornes, & telle est cette idée de l'*Infinité* à laquelle nos pensées ne sauroient trouver aucune fin [43]. »

Du point de vue psychologique, on l'aura compris, l'idée d'un nombre infini produit la collusion d'un mouvement de la pensée toujours inachevé et d'un arrêt de la pensée qui peut se reposer sur une représentation achevée (l'idée de nombre).

43. LOCKE, *Essai*, II, chap. XVII, § 8, p. 163.

Or, comme ces deux idées ne peuvent subsister ensemble, leur rapprochement engendre une aporie insurmontable.

En réalité, Locke s'efforce de montrer que l'idée d'infini que nous parvenons véritablement à former dans notre esprit contient deux composantes : 1°) une *opération mentalement répétable* de façon illimitée, bien que nous capitulions très rapidement dans cette fastidieuse répétition qui fatigue l'entendement sans pour autant parvenir à lui faire quitter la sphère du fini pour atteindre le domaine de l'infini ; 2°) l'idée d'un « reste inépuisable », c'est-à-dire de la suite illimitée des opérations que nous pourrions en droit effectuer sans être jamais arrêtés par quelque obstacle. C'est d'ailleurs dans ce second point que Locke pense avoir trouvé l'origine de notre idée d'infini qui reste « confuse et incompréhensible[44] », puisque le premier point n'aboutit qu'à un arrêt arbitraire au niveau d'une grandeur *finie* :

> « Quelques idées positives que nous ayons en nous-mêmes d'un certain Espace, Nombre ou Durée, de quelque grandeur qu'elles soient, ce seront toujours des idées finies. Mais lorsque nous supposons un reste inépuisable où nous ne concevons aucunes bornes, de sorte que l'Esprit y trouve de quoi y faire des progressions continuelles sans en pouvoir jamais remplir toute l'idée, c'est là que nous trouvons notre idée de l'Infini[45]. »

Ce « reste confus » désigne aussi bien la suite des opérations illimitées effectuables par notre esprit que l'ensemble des objets auxquels ce dernier peut s'appliquer (nombres, durées, espaces). Toutefois, dans la mesure où ce reste est précisément inconnu et indéterminé, il n'est qu'une idée *négative* de l'infini. Locke va donc devoir montrer que c'est l'idée du *fini* et du limité qui est *positive* pour nous, contre tous ceux qui (rationalistes et innéistes pour la plupart d'entre eux) prétendaient que le fini et le limité, en tant qu'ils impliquent l'idée de *négation* ou de *privation*, sont purement négatifs. En effet, la tradition apophatique développée par les néoplatoniciens et par tous les grands courants de la mystique

---

44. Locke, *Essai*, II, chap. XVII, § 9, p. 164.
45. Locke, *Essai*, II, chap. XVII, § 8, p. 163. C'est nous qui soulignons.

avait établi que seule l'idée d'infini est totalement affirmative et que toute détermination particulière *finie* n'est qu'une *négation* ou une *privation* de l'infini. Inversement, la voie de l'apophase consiste à nier les négations ou limitations du fini pour s'élever vers l'Infini, qui est Un et absolu. Locke, en suivant une démarche très subtile et d'allure *gestaltiste* (avant l'heure) montre que le fini n'implique en lui-même aucune négation, car le *terme* ou la limite du fini n'est, en quelque sorte, que le dernier degré de sa positivité et non pas la négation de son être :

> « Ceux qui prétendent prouver que leur idée de l'Infini est positive, se servent pour cela d'un Argument qui me paraît bien frivole. Ils le tirent [...] de la négation d'une fin, qui est, disent-ils, quelque chose de négatif, mais dont la négation est positive. Mais quiconque considérera que la fin n'est autre chose dans le Corps que l'extrémité ou la superficie de ce Corps, aura peut-être de la peine à concevoir que la fin soit quelque chose de purement négatif ; & celui qui voit que le bout de sa plume est noir ou blanc, sera porté à croire que la *Fin* est quelque chose de plus qu'une pure négation : & en effet lorsqu'on l'applique à la Durée, ce n'est point une pure négation d'existence, mais c'est, à parler plus proprement, le dernier moment de l'existence[46]. »

Locke n'hésite pas à recourir à des arguments plus polémiques, au cas où il aurait affaire à des lecteurs opiniâtres ou obstinés. En effet, il s'efforce de leur montrer que cette pseudo-idée d'infini positif se « finitise », pour ainsi dire, et se change immédiatement en son contraire dès l'instant qu'on lui applique un traitement quantitatif en lui adjoignant un accroissement de surérogation qui reste toujours pensable :

> « Cependant il y a des gens qui se figurent avoir des idées positives d'une Durée infinie, ou d'un Espace infini. Mais pour anéantir une telle idée positive de l'Infini que ces personnes prétendent avoir, je crois qu'il suffit de leur demander s'ils pourroient ajouter quelque chose à cette idée, ou non, ce qui montre sans peine le peu de fondement de cette prétendue idée[47]. »

---

46. LOCKE, *Essai*, II, chap. XVII, § 14, p. 166.
47. LOCKE, *Essai*, II, chap. XVII, § 13, p. 165.

Il est vrai, toutefois, que ceux qui affirment que l'idée d'un infini existant en acte est positive n'ont jamais prétendu que cette idée relevait de l'ordre de la quantité, c'est-à-dire d'un accroissement ou d'une diminution possibles. En fait Locke prête à ses adversaires sa propre conception personnelle de l'infini. Mais il ne s'agit là que d'un argument polémique qui ne doit pas nous détourner de l'analyse lockienne de l'idée d'infini. Pour Locke, l'idée d'infini n'est pas entièrement négative : elle comporte à la fois une part de positivité et un aspect négatif. En effet, les deux composantes de l'idée d'infini que nous avions évoquées plus haut ne sont pas du même ordre. La première composante, qui est toujours finie, peut être très grande puisqu'elle est faite d'un assemblage de nombreuses parties homogènes (durée, espace, nombres) ; mais, en tant qu'elle nous donne une représentation fort étendue, elle est véritablement *positive*. En revanche, la seconde composante, l'idée d'un « reste, d'un surplus » qui outrepasse les limites du représentable, est de ce fait confuse et négative. D'où la conséquence implacable de l'examen lockien :

> « De sorte que tout ce qui est au-delà de notre idée positive à l'égard de l'Infini est environné de ténèbres, & n'excite dans l'esprit qu'une confusion indéterminée d'une idée négative, où je ne puis voir autre chose si ce n'est que je ne comprends point ni ne puis comprendre tout ce que j'y voudrois concevoir, & cela parce que c'est un Objet trop vaste pour une capacité foible & bornée comme la mienne : ce qui ne peut être que fort éloigné d'une idée complette & positive, puisque la plus grande partie de ce que je voudrois comprendre, est à l'écart sous la dénomination vague de quelque chose qui est toujours plus grand[48]. »

Cette analyse est emblématique de toute critique empiriste de l'idée d'infini. Mais la position de Locke est encore beaucoup plus subtile qu'il n'y paraît, puisqu'il semble réserver un traitement tout particulier à l'idée d'un « espace infini ».

---

48. LOCKE, *Essai*, II, chap. XVII, § 15, p. 167.

2. L'« Espace est actuellement infini < *actually infinite* > »

Contrairement au cas des nombres (entiers naturels) qui ont un commencement (le premier terme indivisible qu'est l'unité), l'espace peut être augmenté ou diminué de façon illimitée. Certes, nous pouvons prendre comme repère arbitraire, comme point origine, le lieu où nous nous trouvons et étendre à l'infini dans toutes les directions la dilution spatiale ; c'est ce que Locke nomme l'« Immensité[49] ». Or, il va de soi que nous pouvons mentalement déplacer le point origine où nous nous trouvons, ce qui a pour effet d'annuler l'idée de centration tout en faisant place à un *continuum* spatio-temporel, puisque nous pouvons procéder de même avec la durée en remontant à l'infini *a parte ante* et *a parte post*.

Le plus étonnant est de constater que Locke admet sans discussion que l'espace est une réalité distincte des corps et dont l'extension a une existence infinie en acte. Pour lui, ces deux idées sont nécessairement liées entre elles. En cela, il ne fait que suivre la conception newtonienne de l'espace :

> « Je pense être en droit de dire que nous sommes portés à croire qu'effectivement l'Espace est en lui-même actuellement infini ; & c'est l'idée même de l'Espace qui nous y conduit naturellement. »

D'ailleurs, Locke avoue que sans l'existence d'un espace vide, le mouvement des corps serait purement impossible. Or, précisément, c'est en se figurant le mouvement d'un corps dans l'espace vide que Locke en infère l'extension infinie, puisque rien dans le vide ne saurait en arrêter la translation. Pour illustrer cet argument en faveur de l'infinité spatiale, Locke a recours à la célèbre image de la main qui franchit la limite convexe de la sphère des fixes :

> « Si l'on ne suppose pas le Corps infini, ce que personne n'osera faire, à ce que je crois, je demande, si un Homme que Dieu auroit

---

49. LOCKE, *Essai*, II, chap. XVII, § 11, p. 165.

placé à l'extrémité des Êtres corporels, ne pourroit point étendre sa main au-delà de son corps. S'il le pouvait, il mettroit donc son bras dans un endroit où il y avoit auparavant de l'Espace sans Corps ; et si sa main étant dans cet Espace, il venoit à écarter les doigts, il y auroit encore entre deux de l'Espace sans Corps[50]. »

Bien que l'argumentation de Locke soit correctement formulée et reste imparable, on se demande comment elle pourrait s'accorder avec sa théorie de la connaissance qui considérait notre idée d'un infini existant en acte comme confuse. En fait, Locke avait pris le soin de distinguer expressément entre « l'idée de l'*Infinité de l'Espace*, & l'idée d'un *Espace infini*[51] ». La première n'est que l'idée du *progressus* de la pensée qui ajoute successivement un espace à un espace. La dernière, c'est l'idée que l'Esprit aurait achevé ce *progressus* illimité, ce qui implique une contradiction *in adjecto*, comme nous l'avons déjà vu précédemment. Or, lorsque Locke s'interroge sur l'existence possible ou non d'un espace infini en acte, il ne se situe plus sur le terrain de la formation

50. LOCKE, *Essai*, II, chap. XIII, § 20, p. 128. Le texte de Locke renvoie dans une note au célèbre passage du *De natura rerum* de Lucrèce où la question se pose de savoir ce qu'il adviendrait d'un individu qui lance un trait dans les murailles de l'univers, cf. livre I, v. 967 *sq*. Cf. la même idée, mais avec des résonances nettement plus cosmologiques, reprise par Locke un peu plus loin dans l'*Essai*, II, chap. XVII, § 4, p. 160-161 : « Il est impossible que l'Esprit y puisse jamais trouver ou supposer des bornes, ou être arrêté nulle part en avançant dans cet Espace, quelque loin qu'il porte ses pensées. Tant s'en faut que des bornes de quelque Corps solide, quand ce seraient des murailles de Diamant, puissent empêcher l'esprit de porter ses pensées plus avant dans l'Espace & dans l'Étendue, qu'au contraire cela lui en facilite les moyens. [...] Mais lorsque nous sommes parvenus aux dernières extrémités du Corps, qu'y a-t-il là qui puisse arrêter l'esprit, & le convaincre qu'il est arrivé au bout de l'Espace, puisque bien loin d'apercevoir aucun bout, il est persuadé que le Corps lui-même peut se mouvoir dans l'espace qui est au-delà ? » La forme argumentative de cet extrait ressemble davantage à celle de Patrizi qu'à celle de Lucrèce. Bruno avait eu recours très souvent à ce procédé argumentatif, car on le trouvait déjà au livre I du *De l'infinito* et encore dans son *De immenso et innumerabilibus* publié en 1591 à Francfort, cf. livre I, chap. VII, v. 60-66, in éd. Fiorentino/Tocco, *Op. lat.*, I, I, p. 227-228. Sur ce point, cf. J. SEIDENGART : *Dieu, l'Univers et la Sphère infinie*, Paris, Albin Michel, 2006, chap. III, p. 171-173.

51. LOCKE, *Essai*, II, chap. XVII, § 7, p. 162.

de nos idées complexes. Le philosophe anglais sait parfaitement que l'examen des idées que nous avons des choses ne préjuge en rien de la *nature* des choses : c'est même une « question tout à fait différente[52] ». Donc, Locke n'est pas amené à se contredire de façon aussi grossière qu'on aurait pu le penser initialement. Toutefois, ce que Locke ne thématise pas clairement ici, c'est l'origine et la valeur de ces raisons qui le portent, comme il le reconnaît lui-même, à « croire qu'effectivement l'Espace est en lui-même actuellement infini[53] ». Autrement dit, il reste à considérer comment Locke peut « croire » à une *idée* dont sa théorie de la connaissance avait pourtant établi qu'elle était *confuse, indéterminée, incomplète* et *négative*. Ce n'est pas tant une inconséquence qu'une *lacune* dans l'économie générale de son investigation « car rien de ce qui est fini, n'a aucune proportion avec l'infini ; & par conséquent cette proportion ne se trouve point dans nos idées qui sont toutes finies[54] ». Il n'est donc pas déplacé d'affirmer, à cet égard, que *l'idée cosmologique d'espace physique infini existant en acte* jouit d'un statut épistémologique *privilégié* dans la philosophie de Locke.

Il est tout à fait frappant de retrouver chez Locke cette idée chère à Pascal, aux auteurs de *La Logique ou l'Art de penser* et à Malebranche, idée selon laquelle ce qui est inconcevable ou incompréhensible pour nous ne laisse pas d'être cependant[55]. C'est également au

52. LOCKE, *Essai*, II, chap. XVII, § 4, p. 160 : « Mais parce que nos idées ne sont pas toujours des preuves de l'existence des choses, examiner après cela si un tel espace sans bornes dont l'esprit a l'idée, existe actuellement, c'est une question tout à fait différente. » À cet égard, la position philosophique de Locke est une fois de plus aux antipodes de celle d'un DESCARTES qui avait affirmé dans ses *Réponses aux Septièmes objections* formulées par le père Bourdin, in AT, VII, 519, § 731 ; éd. Alquié, t. II, Paris, 1992, Garnier-Bordas, p. 1025 : « Du connaître à l'être la conséquence est bonne. »

53. LOCKE, *Essai*, II, chap. XVII, § 4, p. 160.

54. LOCKE, *Essai*, II, chap. XIX, § 16, p. 295. Locke a repris ce thème de la *disproportion* entre notre entendement fini et l'infini à la *Logique* de Port-Royal qui avait fait une forte impression sur lui lors de son voyage en France entre 1672 et 1674.

55. Cf. PASCAL, *Pensées*, L 149 ; B 430, Paris, Seuil, coll. « L'Intégrale », 1963, p. 521 ; Arnauld et Nicole, *La Logique ou l'Art de penser*, 5ᵉ édition, 1683, Paris, rééd. Flammarion, 1970, IVᵉ Partie, chap. I, p. 364 : « Mais il faut remarquer

nom de cette incompréhensibilité de tout ce qui relève de l'infinité pour notre esprit borné que John Locke admet sans aucune réserve non seulement l'infinité en acte de l'espace cosmique, mais encore l'existence de l'*Être infini*, c'est-à-dire de Dieu :

> « Il n'est pas raisonnable de nier la puissance d'un Être infini, sous prétexte que nous ne saurions comprendre ses opérations. [...] D'ailleurs, c'est avoir trop bonne opinion de nous-mêmes, que de réduire toutes choses aux bornes étroites de notre capacité ; & de conclure que tout ce qui passe notre compréhension est impossible, comme si une chose ne pouvait être, dès-là que nous ne saurions concevoir comment elle se peut faire. Borner ce que Dieu peut faire à ce que nous pouvons comprendre, c'est donner une étendue infinie à notre compréhension, ou faire Dieu lui-même fini[56]. »

L'empirisme lockien est bien une philosophie de la modération et de la modestie, car elle ne prétend nullement réduire le réel à notre représentation. Cependant, la soumission lockienne à l'infini divin est relativement compréhensible, car, bien que celui-ci dépasse les capacités de notre entendement borné[57], la Révélation et la foi peuvent prendre le relais de la lumière naturelle[58]. Cette modestie n'est pourtant pas le seul fait des philosophes empiristes, car c'était également par un autre tour de modestie que Descartes affirmait lui aussi qu'il n'avait jamais écrit sur l'infini que pour s'y soumettre[59]. Ce qui distingue l'empirisme

qu'il y a des choses qui sont incompréhensibles dans leur manière, & qui sont certaines dans leur existence. On ne peut concevoir comment elles peuvent être, & il est certain néanmoins qu'elles sont. » Pour Malebranche, cf. *De la recherche de la vérité*, Livre III, chap. II, Paris, Vrin, 1962, p. 221. Au sujet de Malebranche, DUCHESNEAU écrit dans son ouvrage consacré à *L'Empirisme de Locke*, Martinus Nijhoff, La Haye, 1972, chap. VI, p. 206 : « Locke connaissait *De la recherche de la vérité* depuis 1678, époque de son séjour prolongé en France. »

56. LOCKE, *Essai*, IV, chap. X, § 19, p. 524.

57. L'infinité divine nous dépasse, mais Locke pensait pouvoir prouver démonstrativement l'existence de Dieu à partir de notre propre existence et de l'ordre apparent de l'univers.

58. À cet égard, on trouve des échos du *Syntagma* de Gassendi que Locke connaissait fort bien, tout comme son savant ami, Robert Boyle.

59. DESCARTES affirme, dans sa lettre à Mersenne du 28 janvier 1641, AT, III, p. 293 ; éd. Alquié, Paris, Garnier-Bordas, 1992, II, p. 313 : « Je n'ai jamais

d'un Locke et le rationalisme de Descartes, du moins eu égard à la question de l'infini, ce sont les tenants et les aboutissants de la connaissance certaine. C'est d'ailleurs la raison pour laquelle John Locke avait exclu du champ de la connaissance l'infinité divine sur laquelle Descartes s'était appuyé, au contraire, pour passer de la conscience de soi à l'Être absolu ainsi qu'à l'existence des choses matérielles.

d) Berkeley

Tout comme Locke, dont il est un grand admirateur, Berkeley part de la finitude de l'esprit humain pour montrer que les considérations sur l'infini sont hors de notre portée :

> « L'esprit de l'homme est fini, et quand il traite des choses qui participent de l'infinité, il ne faut pas s'étonner s'il rencontre des absurdités et des contradictions dont il est impossible qu'il se tire jamais, car il est de la nature de l'infini de n'être pas compris par ce qui est fini [60]. »

Toutefois, les intentions philosophiques de Locke n'étaient pas celles de Berkeley qui sont d'ordre purement apologétique. Aussi, convient-il de prendre conscience que les analyses berkeleyennes de l'idée d'infini ont avant tout pour finalité de montrer que les mathématiques, qui prétendaient être un modèle de clarté et de rigueur, recèlent en fait des obscurités et des inconséquences inadmissibles. Par conséquent, les mathématiques aussi bien que les mathématiciens ne devraient plus rien objecter contre les mystères de la religion au nom d'une prétendue certitude

---

traité de l'infini que pour me soumettre à lui, et non point pour déterminer ce qu'il est ou ce qu'il n'est pas. » En un sens assez voisin, DESCARTES avait écrit à Mersenne le 15 avril 1630, éd. Alquié, t. I, Paris, 1988, Garnier-Bordas, p. 262 : « Quelle raison avons-nous de juger si un infini peut être plus grand que l'autre, ou non ? vu qu'il cesserait d'être infini si nous le pouvions comprendre. »

60. BERKELEY, A Treatise Concerning the Principles of Human Knowledge, Dublin, 1710, trad. fr. D. Berlioz, Paris, Garnier, 1991, Introduction, § 2, p. 40. Nous abrégerons ce titre comme : Principes.

implacable, s'ils avaient conscience des faiblesses de leur propre discipline[61]. Les *Philosophical Commentaries* portent des traces importantes des recherches de Berkeley tantôt pour souligner les « inconséquences » des mathématiciens, tantôt pour montrer les avantages de ses propres conceptions philosophiques ou même mathématiques[62]. Mais c'est sûrement dans son petit mémoire intitulé *Of Infinites*, lu par Berkeley devant la *Dublin Philosophical Society* le 19 novembre 1707, qu'apparaissent les toutes premières analyses berkeleyennes de la notion d'infini. Bien que ce petit mémoire commence par une longue reprise des critiques développées par Locke dans son *Essay Concerning Human Understanding*[63], Berkeley annonce d'emblée qu'il entend ne pas en rester là et porte le problème sur le plan d'une analyse critique du langage :

> « Ceux qui traitent des fluxions ou du calcul différentiel [...] représentent sur le papier des infinitésimaux de plusieurs ordres comme s'ils avaient dans l'esprit des idées correspondant à ces mots ou à ces signes, ou comme s'il n'était pas contradictoire qu'il existât une ligne infiniment petite et que, cependant, il en existât une autre infiniment moindre qu'elle. [...] Il ne saurait exister rien de tel qu'une ligne plus petite que toute ligne donnée < *quavis data minor* > ou infiniment petite[64]. »

61. Berkeley, *The Analyst*, Dublin, Londres, 1734, trad. fr. in *Œuvres*, sous la direction de G. Brykman, Paris, PUF, t. II, *Quest*, 64, p. 332 : « Les mathématiciens, qui sont si susceptibles sur les questions religieuses, sont-ils d'une rigueur aussi scrupuleuse dans leur propre science ? Ne se soumettent-ils pas à l'autorité, n'acceptent-ils rien de confiance et ne croient-ils pas à des règles incompréhensibles ? N'ont-ils pas leurs mystères et, ce qui est pis, leurs incohérences et leurs contradictions ? »

62. Cf. Berkeley, in *Œuvres*, sous la direction de G. Brykman, Paris, PUF, t. I, *passim* les notes du cahier B, p. 28 à 74.

63. Locke, *Essay Concerning Human Understanding*, II, chap. XVII, section 7. L'extrait figure dans *Œuvres*, Paris, PUF, t. I, p. 145 ; texte anglais in éd. Luce-Jessop, *Works*, vol. IV, p. 235-236 : « *They [the Writers of fluxions or the infinitesimal calculus] represent upon paper, infinitesimals of several orders, as if they had ideas in their minds corresponding to those words or signs, or as if it did not include a contradiction that there should be a line infinitely small & yet another infinitely lesse than it. [...] Therefore there can be no such thing as a line quavis data minor or infinitely small.* »

64. Berkeley, *Of Infinites*, novembre 1707, trad. fr. in *Œuvres*, Paris, PUF, t. I, p. 146.

Il ressort clairement de cet extrait que Berkeley refuse d'admettre l'existence de grandeurs infinitésimales et qu'il entend leur substituer l'idée de *minimum sensible*. En effet, Berkeley, qui réduit l'idée à la représentation, nie non seulement la divisibilité du continu à l'infini, mais aussi l'existence possible de parties au-delà de ce même *minimum sensible*. C'est même, d'après ce philosophe irlandais, l'admission sans aucune démonstration de la divisibilité infinie de l'étendue[65] qui engendre en géométrie tous les paradoxes qui accompagnent traditionnellement l'idée d'infini, mais qui répugnent profondément au sens commun. En fait, ce que nous appelons l'étendue, n'est pas autre chose que la somme des parties perceptibles qui la constituent. Inversement, une infinité de parties ne saurait se trouver dans une étendue finie attendu que cette dernière ne saurait contenir une pluralité innombrable de parties perceptibles. Il n'en faut pas davantage à Berkeley pour récuser ce que l'on appelle désormais la *densité* du continu : « Si donc je ne peux pas percevoir des parties innombrables dans l'étendue finie que je considère, il est certain qu'elles n'y sont pas contenues[66]. » Au cas où l'on n'aurait pas saisi le fondement de la démonstration berkeleyenne, son auteur nous renvoie directement à l'expérience perceptive : « Dire qu'une quantité ou une étendue finie est composée de parties infinies en nombre, est une contradiction si manifeste que chacun s'en aperçoit au premier coup d'œil[67]. » Par conséquent, ce que la géométrie prend comme axiome ou comme principe n'est en définitive qu'un vieux préjugé. En outre, il serait vain de vouloir argumenter en se référant à une pure

---

65. BERKELEY, *Principes*, 1710, trad. fr. D. Berlioz, Paris, Garnier, 1991, § 123, p. 146 : « L'*infinie* divisibilité de l'étendue *finie*, bien qu'elle ne soit pas expressément posée comme axiome ou théorème dans les éléments de cette science, s'y trouve pourtant présupposée. [...] Cette notion est la source de tous les plaisants paradoxes de la géométrie, qui sont si directement opposés au simple sens commun de l'humanité et qui n'entrent pas sans résistance dans un esprit qui n'a pas encore été corrompu par le savoir. »

66. BERKELEY, *Principes*, in *Ibid.*, § 124, p. 146.

67. BERKELEY, *Ibid.*, p. 147.

étendue, existant en soi indépendamment de toutes nos représentations, car la critique berkeleyenne des idées abstraites en a définitivement montré l'inconsistance. Autrement dit, Berkeley entend éradiquer toutes les difficultés qui tiennent à l'idée d'infini en plaçant cette dernière idée en dehors du connaissable. Fort de cette éradication, Berkeley montre qu'elle est profitable tant à la *raison* qu'à la *religion*, parce qu'elle débarrasse la première des difficultés inextricables de l'infini, tandis qu'elle permet de combattre efficacement les *sceptiques* et les *athées* dans le cadre de la critique des idées abstraites en évacuant « l'existence absolue des objets corporels[68] », de sorte qu'il ne reste plus que des idées et des intelligences. Dès lors, il s'ensuit que la notion de partie infinitésimale est un non-sens, une idée ou plutôt un signe qui ne renvoie à aucune réalité si ce n'est à d'autres signes qui fonctionnent de façon purement aveugle et sur des principes erronés :

> « Si l'on dit que divers théorèmes indubitablement vrais ont été découverts par des méthodes où l'on emploie les infinitésimaux, ce qui n'aurait jamais pu se faire si leur existence enfermait une contradiction, je réponds que, si on examine la question à fond, l'on trouvera qu'il n'y a pas de cas où il soit nécessaire d'employer, ou de concevoir, des parties infinitésimales de lignes finies, ou même des quantités plus petites que le *minimum sensible* : bien plus, il sera évident que cela ne se fait jamais, car c'est impossible[69]. »

La logique de Berkeley est implacable, à partir du moment où l'on admet que l'idée ne doit en aucune façon s'écarter de la perception ou du senti, du moins en tant qu'elle prétend atteindre une connaissance. Tout ce qui ne peut donner lieu à une perception relève de l'ordre des chimères. Dans cette perspective, il est bien évident que l'infini ne peut avoir droit de cité. Comme l'avait écrit explicitement Bruno au début du dialogue *De l'infinito* : « Il n'y a pas de sens qui voie l'infini, il n'y a pas de sens dont on puisse exiger cette conclusion, parce que l'infini

---

68. BERKELEY, *Ibid.*, § 133, p. 153.
69. BERKELEY, *Ibid.*, § 132, p. 152.

ne peut être objet des sens[70]. » Toutefois, la question qui reste en suspens, c'est de savoir s'il est vraiment judicieux de limiter la connaissance au niveau du sensible et du senti.

Certes, les attaques contre les infiniment petits sont davantage développées que celles contre les infiniment grands. Dans ce dernier cas, c'est encore leur caractère irreprésentable qui conduit à leur élimination hors du champ de la connaissance : « Nous ne pouvons pas imaginer une ligne ou un espace infiniment grand, il est donc absurde d'en parler ou de faire des propositions à ce sujet[71]. » Les explications plus détaillées que fournit Berkeley font valoir que d'une part nous ne pouvons nous figurer que du *donné*, tandis que, d'autre part, l'idée d'infinité extensive implique nécessairement une étendue « plus grande que quoi que ce soit de donné < *quovis dato majus* >[72] », ce qui est contradictoire dans les termes. D'où une impossibilité principielle et factuelle de se figurer une étendue infinie. Ainsi, tout le sens des critiques adressées par Berkeley aux promoteurs du calcul infinitésimal, et même aux mathématiciens en général, est de tenter d'éliminer l'infini des procédures opératoires et des énoncés mathématiques en général. Curieusement, Berkeley pense pouvoir conserver le calcul des fluxions ou le calcul infinitésimal en éliminant tout recours aux grandeurs évanouissantes ou infiniment petites. Mieux, outre le fait que les fondements du calcul des fluxions contiennent des obscurités, le calcul lui-même procède à des substitutions totalement abusives de signes ou de lettres algébriques que la logique traditionnelle réprouve, puisque cela revient à changer subrepticement le sens des suppositions :

> « Le changement de l'hypothèse ou (comme nous pouvons le nommer) la *fallacia suppositionis* (le sophisme sur ce que l'on suppose) n'est-il pas un sophisme qui corrompt profondément

70. Bruno, *De l'infinito*, 1584, trad. fr. J.-P. Cavaillé, Paris, Les Belles Lettres, 1995, 2006², *Dialogo Primo*, p. 58.

71. Berkeley, *Philosophical Commentaries*, cahier A, in *Œuvres*, Paris, PUF, t. I, § 417, p. 77.

72. Berkeley, *Ibid.*, in *Œuvres*, Paris, PUF, t. I, § 418, p. 77.

les raisonnements modernes, aussi bien dans la philosophie mécanique que dans la plus abstruse des géométries[73] ? »

Berkeley était profondément choqué par les pratiques
des calculateurs qui introduisaient des grandeurs infinitésimales
qu'ils éliminaient par la suite à la fin de leurs calculs ; inversement, il trouvait abusif d'introduire arbitrairement, ce que nous
appellerions de nos jours des constantes d'intégration pour s'en
débarrasser par la suite. Aussi proposait-il d'éviter tout recours
à des grandeurs infinies en mathématiques, qu'elles soient infiniment grandes ou infiniment petites ou même d'ordres d'infinis totalement différents : « Ces mêmes choses que l'on fait
maintenant avec l'aide des infinis ne peuvent-elles se faire avec
l'aide des quantités finies ? Et cela ne serait-il pas un grand
soulagement pour l'imagination et l'entendement des mathématiciens[74] ? » Certes, Berkeley n'a guère fait avancer la réflexion
sur l'infini dans ses écrits philosophiques, mais il s'inscrit, qu'il
le veuille ou non, dans le profond mouvement de déconstruc-
tion des grands systèmes métaphysiques qui fut amorcé par
la critique lockienne de l'innéisme cartésien, puis prolongé par
l'essor prodigieux de la méthode expérimentale dans les sciences
de la nature, et renforcé précisément par la vigoureuse critique
berkeleyenne des idées abstraites, comme celles de substance
matérielle, d'espace et de temps absolus de type newtonien, et
d'infini mathématique. Tout se passe comme si Berkeley venait
ruiner les résidus d'entités métaphysiques que contenait encore
l'œuvre scientifique de Newton, pourtant déjà considéré sur
le continent, et notamment en France, comme un esprit antimétaphysique et comme le chef de file de la méthode inductive. Il
faudra cependant attendre l'œuvre de Hume pour que le puissant dissolvant des systèmes métaphysiques parvienne à ses fins
en ruinant les idées de substance spirituelle et de causalité. En
effet, si l'on prend en compte l'ensemble de l'œuvre de Berkeley,

---

73. BERKELEY, *The Analyst*, Dublin, Londres, 1734, trad. fr. in *Œuvres*, Paris,
PUF, t. II, *Quest*, 28, p. 327.
74. BERKELEY, *Ibid.*, *Œuvres*, Paris, PUF, t. II, *Quest*, 54, p. 331.

il faut reconnaître que sa critique des entités métaphysiques s'est montrée beaucoup moins féroce dans le texte très étrange qu'est la *Siris*[75]. On y trouve toute une cosmologie néoplatonicienne qui intègre en son sein des éléments stoïciens et même des enseignements du *Corpus hermeticum*[76]. Dans la *Siris*, tout se passe comme si les critiques et les réserves de la théorie de la connaissance étaient momentanément oubliées pour ménager une place importante à une conception générale de l'Univers et même à certains prolongements ouvertement infinitistes. Ainsi apprend-on à partir de l'article 154 que l'Univers entier est gouverné par un *Esprit infini* qui utilise comme agent médiateur l'*éther ou feu ou substance lumineuse* :

> « L'ordre et le cours des choses, et les expériences que nous faisons journellement montrent qu'il y a un Esprit qui gouverne et actue ce système mondain, comme l'agent et la cause réels propres ; et que la cause instrumentale inférieure est le pur éther, feu ou substance de la lumière, qui est appliqué et déterminé par un Esprit Infini < *Infinite Mind* > dans le macrocosme ou Univers, avec une puissance illimitée < *with unlimited power* > et selon des règles établies ; et comme cela l'est dans le microcosme avec une puissance et une habileté limitées par l'esprit humain[77]. »

75. BERKELEY, *Siris : a Chain of Philosophical Reflections and Enquiries Concerning the Virtues of Tar-water*, Dublin et Londres, 1744 ; rééd. de l'original, Paris, Vrin, 1973 ; trad. fr. Pierre Dubois, Paris, Vrin, 1971.

76. BERKELEY, bien qu'il ait eu connaissance des recherches critiques de Casaubon qui portèrent un coup fatal au crédit du *Corpus hermeticum*, il n'hésite pas à s'y référer, car il pense qu'à côté des falsifications de tous ordres, il doit y avoir des restes de la prestigieuse philosophie égyptienne, comme il le précise dans la *Siris* à l'article 298, angl., Vrin p. 128-129 ; trad. fr. Vrin, p. 137-138 : « Bien qu'aucun des livres attribués à Hermès Trismégiste ne fût écrit par lui, et qu'on reconnaisse qu'ils contiennent des falsifications évidentes, on reconnaît pourtant aussi qu'ils contiennent des doctrines de l'ancienne philosophie égyptienne, bien que présentées peut-être sous une forme moderne. » Cf. aussi l'article 178, trad. fr., Paris, Vrin, 1971, p. 88.

77. BERKELEY, *Siris*, Dublin et Londres, 1744 ; trad. fr. Pierre Dubois, Paris, Vrin, 1971, p. 79, c'est nous qui soulignons ; rééd. de l'original, Paris, Vrin, 1973, p. 67-68 : « *The order and course of things, and the experiments we daily make, shew there is a Mind that governs and actuates this mundane system, as the proper real agent and cause ; and that the inferior instrumental cause is pure aether, fire, or*

Il ne s'agit nullement ici d'une coquetterie intellectuelle de la part de l'évêque de Cloyne qui se serait laissé aller à présenter d'anciennes cosmologies, car il revendique explicitement l'exactitude et le bien-fondé des éléments cosmologiques pythagorico-platoniciens :

> « Les Pythagoriciens et les Platoniciens avaient une notion du véritable système du monde. Ils reconnaissaient des principes mécaniques, mais actués par l'âme ou par l'esprit. [...] Ils voyaient qu'un esprit d'une puissance infinie, inétendu, invisible, immortel < *a mind infinite in power, unextended, invisible, immortal* > gouvernait, reliait et contenait toutes choses : ils voyaient qu'il n'existait point d'espace absolu réel[78]. »

Ces anciens philosophes devaient être d'une redoutable perspicacité intellectuelle, puisqu'ils avaient même déjà réfuté la conception absolutiste de l'espace que développèrent si tard Newton et son disciple Joseph Raphson ! Il est tout à fait étonnant de voir Berkeley renouer avec l'égyptianisme et la *prisca philosophia* si chers aux penseurs de la Renaissance, et plus encore de constater qu'il use de leurs anciens arguments pour réfuter la théorie newtonienne du *sensorium Dei*[79]. En outre, contrairement au panthéisme de John Toland, Berkeley refuse de réduire Dieu à l'esprit ou à l'intellect du Monde, car Dieu « n'est pas fait de parties et n'est pas Lui-même partie de quelque Tout que ce soit[80] ».

Toutefois, il est encore bien plus surprenant d'apprendre ici que l'*infinité* n'est pas le seul fait de cet Esprit immortel qui gouverne tout, mais aussi de l'*Univers* lui-même. L'Univers est *infini*, mais Berkeley ne prend pas la peine de nous préciser si

the substance of light–which is applied and determined by an Infinite Mind in the macrocosm or universe, with unlimited power, and according to stated rules–as in the microcosm with limited power and skill by the human mind. »

78. BERKELEY, *Siris* ; trad. fr. Pierre Dubois, Paris, Vrin, 1971, art. 266, p. 124.

79. Cf. BERKELEY, *Ibid.*, art. 289, p. 133 : « Il n'y a en Dieu ni sens ni *sensorium*, ni quoi que ce soit qui ressemble aux sens ni au *sensorium*. »

80. BERKELEY, *Siris, Ibid.*, art. 288, p. 133.

son infinité est extensive ou intensive, dans la complexité infinie
de son organisation :

> « Comme un seul esprit directeur donne l'unité à l'agrégat infini
> des choses < *as one presiding mind gives unity to the infinite aggregate*
> *of things* >, par une communion mutuelle d'actions et de passions,
> et par un ajustement des parties faisant que le tout concoure en
> une seule vue à une seule et même fin, il semblerait raisonnable de
> dire avec Ocellus Lucanus le Pythagoricien, que tout comme la vie
> maintient ensemble les corps des animaux, dont la cause est l'âme,
> et comme une cité est cimentée par la concorde, dont la cause est
> la loi, de même le monde est maintenu par l'harmonie, dont la cause
> est Dieu[81]. »

Dans la *Siris*, comme on peut le constater, Berkeley ne se situe
plus sur le plan des *Principes* qui relevaient d'une théorie de
la connaissance. Il s'élève à l'indicible en prenant appui sur la foi
et sur ce que la *piété* nous permet de dire[82], tout en invoquant
une sorte de *consensus* philosophique qui pourrait venir renforcer
la crédibilité de ses assertions. On peut donc en conclure non
seulement que, pour Berkeley, la philosophie n'est pas séparable
de l'apologétique (comme l'avait déjà très amplement montré
Geneviève Brykman dans son étude magistrale sur l'évêque de
Cloyne[83]), mais aussi que sa critique des idées abstraites n'a pas
donné lieu *ipso facto* à un coup d'arrêt aux spéculations métaphysiques sur Dieu, sur l'Univers et sur l'infini.

Il nous faut donc examiner encore ce qui reste de l'idée d'infini dans la perspective de la critique humienne qui ébranla non
seulement le rationalisme métaphysique traditionnel, mais aussi
les fondements du raisonnement expérimental.

---

81. BERKELEY, *Siris, Ibid.*, art. 279, p. 129-130.
82. Cf. BERKELEY, *Ibid.*, par exemple, art. 291, p. 134 : « La piété nous permet
seulement de dire qu'un Agent divin pénètre et gouverne par Sa puissance le feu
élémentaire ou lumière, qui sert d'esprit animal pour vivifier et actuer la masse
tout entière et tous les membres de ce monde visible. Et cette doctrine n'est pas
moins philosophique que pieuse. »
83. Cf. Geneviève BRYKMAN, *Philosophie et Apologétique*, Paris, Vrin, 1984.

e) David Hume

Avant même d'évoquer l'analyse humienne de l'idée d'infini, il convient de rappeler que toute son entreprise philosophique est essentiellement centrée sur l'étude de la *nature humaine* et non pas sur une théorie de la connaissance. Par conséquent, nous ne retiendrons de la critique humienne que ce qui a pu avoir une incidence ultérieure sur les recherches qui ont trait à l'idée d'infini.

Hume ne traite de l'infini qu'à propos de nos idées d'*espace* et de *temps*, ces toutes premières idées de l'esprit, c'est-à-dire immédiatement après avoir analysé l'origine et la connexion de nos idées. Tout se passe comme si la question de la nature de nos idées d'espace et de temps devait servir, d'une part, de contre-épreuve à sa conception empiriste de la connaissance humaine, et, d'autre part, de bélier contre les conceptions substantialistes et absolutistes de la spatio-temporalité établies par les newtoniens et les néoplatoniciens de Cambridge. Autrement dit, le problème de l'infini n'est pas traité pour lui-même ni en lui-même, mais seulement pour montrer que toute connaissance humaine est nécessairement *finie* et tire son origine à partir d'éléments qui doivent être eux-mêmes *finis*. Contrairement à Bayle qui s'était appuyé sur les apories de l'infini pour montrer que l'incapacité de l'esprit humain devrait nous conduire à un scepticisme conséquent, Hume entend faire valoir les droits de la connaissance humaine dès l'instant qu'elle sait reconnaître ses capacités finies et limitées. C'est d'ailleurs le point de départ qu'adopte Hume dans son analyse critique :

> « C'est une opinion universellement reçue que l'esprit est de capacité limitée et qu'il ne peut jamais parvenir à une pleine et adéquate conception de l'infini [84]. »

---

84. HUME, *A Treatise of Human Nature*, London, 1739-1740 ; trad. fr. Leroy, Paris, Aubier-Montaigne, 1968, Livre I, IIe partie, sect. I, t. 1, p. 93. Hume reprend un peu plus loin la même assertion, *Ibid.*, sect. IV, p. 107 : « La capacité de l'esprit n'est pas infinie, par suite il n'y a pas d'idée d'étendue, ni de durée, qui se

Malheureusement, Hume semble n'avoir consacré tous ses efforts qu'au cas de l'infini de division, car c'était une question cruciale pour la théorie empiriste de la connaissance[85]. Hume part du « fait » même de la connaissance humaine qui est bien une réalité, mais qui est *finie*. Donc, aussi complexes que puissent être nos idées ou nos connaissances, elles doivent pouvoir se résoudre en éléments simples, finis et assignables. Bref, il *doit* exister des *minima* sensibles qui servent de *points de départ* à toutes nos connaissances :

> « Il est certain que nous avons une idée de l'étendue ; sinon, pourquoi en parlerions-nous ? Il est également certain que cette idée, telle que la conçoit l'imagination, malgré sa divisibilité en parties ou idées inférieures, n'est pas divisible à l'infini et qu'elle n'est pas composée d'un nombre infini de parties : car cela dépasse la compréhension de nos facultés limitées[86]. »

Ainsi, comme on peut le constater, Hume opère un glissement très important pour tout l'ensemble de sa démarche philosophique et qui consiste à poser que tout ce qui est valable pour les idées peut être également valable pour les objets dont nous avons formé les idées : « Tout ce qui peut se concevoir par une idée claire et distincte, implique possibilité d'existence[87]. » C'est d'ailleurs la raison pour laquelle Hume passe directement de « la divisibilité à l'infini de nos idées d'espace et de temps » (Section I) à « la divisibilité à l'infini de l'espace et du

---

compose d'un nombre infini de parties ou idées inférieures ; les parties sont en nombre fini et elles sont simples et indivisibles. »

85. C'est ce que fait particulièrement bien ressortir Yves MICHAUD dans son livre, *Hume et la fin de la philosophie*, Paris, PUF, 1983, p. 150-151 : « De ce point de vue, la question de la divisibilité à l'infini est l'analogue chez lui [Hume] de celle des idées innées chez Locke : s'il y a des idées dont on n'a pas conscience ou des parties insensibles plus petites que tout ce que nous pouvons imaginer, c'en est fini de l'empirisme. »

86. HUME, *A Treatise of Human Nature*, London, 1739-1740 ; trad. fr. Leroy, Paris, Aubier-Montaigne, 1968, Livre I, IIᵉ partie, sect. II, t. 1, p. 100.

87. HUME, *Ibid.*, Livre I, IIᵉ partie, sect. IV, t. 1, p. 111.

temps » (Section II), divisibilité qu'il exclut dans les deux cas bien évidemment[88].

On regrette de voir que Hume ne s'est guère attardé sur la question de la composition de l'étendue à partir de ces *minima*, c'est-à-dire sur la question de l'*infinité extensive* de l'espace et sur celle de sa *continuité*. En effet, pour composer le *continu*, Hume s'est contenté de la notion de *contiguïté* sans voir les insuffisances de sa démarche. Toutefois, comme le fait très justement remarquer Ayer, les considérations sur la continuité n'ont pris toute leur pertinence et leur solidité qu'au cours du siècle suivant[89]. En outre, pour ce qui concerne l'*infinité extensive*, qui relève directement de la cosmologie, Hume a montré avec force que toute cosmologie ou cosmogonie est une entreprise vaine puisqu'elle dépasse totalement nos capacités finies par ses prétentions illimitées. C'est ce qu'il fait dire à Philon, le porte-parole du scepticisme philosophique :

> « J'ai affirmé encore que nous n'avions pas de données pour établir un système quelconque de cosmogonie. Notre expérience, si imparfaite en elle-même, et si limitée à la fois en étendue et en durée, ne peut nous fournir aucune conjecture probable touchant l'ensemble des choses.[90] »

Dès lors, si la cosmologie ne peut légitimement devenir une science ou une connaissance certaine, elle ne saurait nous fournir une preuve *a posteriori* de l'existence de Dieu. C'est là un point de rupture explicite avec la « philosophie » de Newton.

---

88. HUME, *Ibid.*, Livre I, IIe partie, sect. I et II, t. 1, p. 93 et 96.

89. Cf. Sir Alfred Jules AYER, *Hume*, Oxford, 1980, p. 48 : « *Among other obvious difficulties, Hume's theory clearly falls foul of Zeno's paradoxes, but the theory of mathematical continuity was not properly developed until the nineteenth century, and Hume's troubles partly arose from his inability to see how an infinite number of parts could constitute anything less than an infinite whole. Even so it is strange that the only spatio-temporal relation which he was willing to acknowledge as given to sense was that of contiguity, for this is to impose a restriction upon our sense-experience to which it simply does not conform.* »

90. HUME, *Dialogues sur la religion naturelle*, 1749 (posthume), trad. David, Paris, Alcan, 1912, p. 243.

Hume suit Newton dans la stricte mesure où il s'en tient aux « *Regulae philosophandi* », mais il refuse de passer, comme le physicien anglais n'hésita pas à le faire, de la considération des causes secondes proprement mécaniques à la « cause première » c'est-à-dire à l'Auteur de l'Univers. Hume ne retient que l'aspect « positiviste » (avant l'heure) de la philosophie de Newton et nullement sa théologie. Yves Michaud cite à ce propos le jugement que Hume porta très explicitement sur Newton dans sa monumentale *History of England* :

> « En Newton cette île peut se flatter d'avoir produit le plus grand et le plus rare génie qui naquit jamais pour l'ornement et l'instruction de l'espèce. Prudent en n'admettant de principes que ceux fondés dans l'expérimentation, mais résolu à adopter tout principe de ce genre [...]. Cependant qu'il semblait retirer le voile de quelques-uns des mystères de la nature, il montra au même moment les imperfections de la philosophie mécanique et par là rendit ses derniers secrets à l'obscurité où ils étaient restés et resteront toujours[91]. »

La cosmologie et la physico-théologie restent des domaines purement conjecturaux qui ne font qu'accumuler des hypothèses dépourvues de certitude. À tel point qu'il est impossible de démêler ce qui est plausible d'avec ce qui ne l'est pas. Dans ce domaine, un certain scepticisme est de rigueur[92]. C'est de là que la religion naturelle tire son origine, car l'homme sent en soi un désir irrépressible de rendre compte de l'ordre partiel qu'il découvre dans la nature tant dans la vie courante que dans la science de la nature la plus poussée. En outre, il faut bien trouver un moyen d'apaiser nos craintes et de nous donner des espérances en ouvrant des perspectives sur une éventuelle vie future. C'est ainsi qu'est née l'idée d'un Dieu propre au

---

91. HUME, *History of England*, chap. LXXI, cité par Yves MICHAUD, in *Hume et la fin de la philosophie*, Paris, PUF, 1983, p. 54.

92. HUME déclare en ce sens dans *The Natural History of Religion*, 1757, trad. fr. Malherbe, Paris, Vrin, 1971, XV, *Corollaire Général*, p. 104 : « Le tout est un abîme, une énigme, un mystère inexplicable. Le doute, l'incertitude, la suspension de jugement semblent les seuls résultats de notre examen le plus attentif sur ce sujet. »

monothéisme en augmentant à l'infini toutes nos qualités, bien que l'idée d'un infini existant en acte soit pour nos capacités limitées une impossibilité. Le rationalisme traditionnel avait tort d'abuser de cette idée d'un entendement infini de Dieu qui aurait, paraît-il, quelque analogie avec l'entendement humain : tout simplement parce qu'il lui donne le faux espoir de parvenir un jour à une intelligibilité intégrale de l'Univers. Cette confiance immodérée dans les pouvoirs de la raison humaine n'est, en réalité, rien d'autre qu'une simple *croyance*. Du reste la célèbre preuve de l'existence de Dieu dite *a posteriori* repose sur une inférence à partir de la relation causale qui n'est qu'une extension abusive de notre expérience personnelle extrêmement limitée. C'est ce que fait remarquer Philon, le porte-parole du scepticisme :

> « Bien loin d'admettre que les opérations d'une partie puissent nous fournir de justes conséquences sur l'origine du tout, je ne vous accorderai pas même qu'une partie puisse former une règle pour une autre partie, si cette dernière est bien éloignée de la première. [...] Tandis que la nature a si excessivement varié sa manière d'opérer dans ce petit globe, pouvons-nous imaginer qu'elle ne fait que se copier elle-même dans l'immensité de l'Univers ? Et si la pensée, comme nous pouvons le supposer, est affectée exclusivement à ce petit coin et ne s'y déploie que dans une sphère si limitée, quelle raison particulière avons-nous de la peindre comme la cause primitive de toutes choses[93] ? »

Les *Dialogues* démontrent ainsi qu'il est impossible de connaître quoi que ce soit de la nature de Dieu et de son existence, pour ne rien dire de son infinité. Cette dernière étant véritablement inconnaissable, on ne saurait pas davantage partir d'elle pour en tirer une conséquence cosmologique, que tenter de tirer des considérations cosmologiques le moindre indice en faveur de l'existence d'un Dieu infini. Hume connaissait parfaitement bien l'argumentation théologique qui consistait à s'appuyer sur

---

93. HUME, *Dialogues Concerning Natural Religion*, 1779, trad. d'un anonyme du XVIIIe siècle, reproduite in éd. Hatier, Paris, 1982, IIe partie : « La connaissance du Monde peut-elle conduire à la connaissance de Dieu ? », p. 80.

la nouvelle image agrandie de l'Univers par les plus récentes découvertes de l'astronomie de son temps[94], mais il en inverse le sens à l'aide de sa théorie de la connaissance. Il montre, en effet, que plus l'Univers nous apparaît immense, moins il nous est possible de nous en figurer la cause. Il ne serait pas déplacé de résumer sa démarche en disant que notre connaissance de l'Univers est inversement proportionnelle à sa grandeur extensive : si celle-ci tend vers l'infini, alors notre connaissance tend vers zéro :

> « Toutes les nouvelles découvertes en astronomie, tendant à prouver l'immense grandeur et la vaste magnificence des ouvrages de la nature, sont autant de nouveaux arguments de la Divinité, d'après le système du théisme ; mais suivant votre hypothèse de théisme expérimental, elles se changent en objections, en transportant l'effet à un plus grand éloignement de ressemblance avec les effets de l'art et de l'industrie de l'homme. [...] Il est encore moins raisonnable de former nos idées sur une cause si peu limitée, d'après l'expérience que nous avons du cercle étroit dans lequel sont renfermés les ouvrages du génie et du dessein de l'homme[95]. »

Connaissance humaine et infinité sont exclusives l'une de l'autre : Hume place ses lecteurs devant l'*aut aut* de la conception empiriste de la connaissance : entre un infini inaccessible à notre capacité de connaître et une connaissance finie qui sait renoncer à des entreprises vaines et chimériques, le philosophe écossais a fait son choix. Il entend ainsi renoncer d'une part à toute recherche en matière de cosmologie, faute de *données* sur ce sujet[96], et, d'autre part, écarter le terme même d'*infini* de toutes les discussions théologiques puisqu'il introduit des éléments

94. D'ailleurs, HUME ne manque pas d'évoquer les découvertes de Copernic et de Galilée dans les *Dialogues*, IIe partie, *Ibid.*, p. 82-83.

95. HUME, *Dialogues Concerning Natural Religion*, 1779, trad. d'un anonyme du xviiie siècle, reproduite in éd. Hatier, Paris, 1982, V^e partie, p. 98.

96. HUME écrit même avec insistance dans ses *Dialogues*, VIIe partie, p. 110 : « J'ai déjà posé que nous n'avons pas de *données* pour établir aucun système de cosmogonie. Notre expérience si limitée en elle-même et si limitée soit pour l'étendue, soit pour la durée, ne peut nous fournir aucune conjecture plausible sur l'ensemble des choses. »

passionnels et émotionnels qui sont nuisibles à une authentique recherche philosophique digne de ce nom[97].

Hume a porté un coup fatal au dogmatisme des grands systèmes métaphysiques antérieurs et, malgré sa relative incompétence dans le domaine scientifique, il réussit à promouvoir l'esprit positif en donnant ainsi aux sciences une leçon de philosophie qui sera entendue finalement par les scientifiques eux-mêmes. L'infinitisme cosmologique triomphant de la Renaissance et de l'âge classique entrait désormais dans une période de crise et de profonds bouleversements dont il ne se remit jamais véritablement.

CRITIQUE MÉTAPHYSIQUE DE L'IDÉE D'UN « *INFINI ACTUEL CRÉÉ* » EN ALLEMAGNE DE CHRISTIAN WOLFF À WEITENKAMPF

C'est en Allemagne que l'on trouve encore au xviiie siècle un vif intérêt pour la question de l'infinité cosmique. C'est d'ailleurs à cette époque que la cosmologie acquit un statut bien défini, du moins sur le plan académique et institutionnel, même si c'était loin d'être toujours le cas dans la division du travail intellectuel. Il nous faut donc revenir d'abord brièvement sur la situation intellectuelle de l'Allemagne au début de l'époque des Lumières pour comprendre le sens des controverses philosophiques autour de l'idée d'un *infini actuel créé*. Nous serons alors en mesure de comprendre le contexte intellectuel à l'intérieur duquel prit naissance la pensée cosmologique de Kant.

En Europe, au cours de la première moitié du xviiie siècle, se développa le courant philosophique des Lumières sans qu'il

---

97. Hume, *Ibid.*, XIe partie, p. 135-136 : « J'étais porté à soupçonner que la répétition fréquente du mot *infini*, que nous rencontrons dans tous les écrivains théologiques, sentait plus la flatterie des faiseurs d'éloges que le bon sens des philosophes ; que l'on remplirait beaucoup mieux l'objet que l'on se propose dans un raisonnement et que l'on rendrait même un plus grand service à la religion, si l'on s'en tenait à des expressions plus exactes et plus modérées. »

soit aisé de déterminer précisément son *terminus a quo* ni son *terminus ad quem*. Cependant, ce courant d'idées prit des colorations philosophiques tout à fait différentes d'un pays à l'autre. Ainsi, en France, par exemple, le courant des *Lumières* fut profondément antireligieux, antimétaphysique et porté vers le matérialisme. En ce sens, l'« *Aufklärung* » n'est pas la simple traduction des « Lumières », du moins telles qu'elles se développèrent en France. Au contraire, ce que l'on appelle « *Aufklärung* » revêtit en Allemagne un caractère hautement spéculatif où science, religion et philosophie étaient étroitement liées, tandis qu'en France, on se passionnait plutôt pour la psychologie, la morale et la politique en affichant du dédain pour la métaphysique et la religion. Ces deux dernières, en tout cas, étaient prépondérantes en Allemagne, du moins dans la formation universitaire.

La philosophie allemande se développa surtout dans les universités et dans les églises, en présentant un caractère pesamment scolaire dans sa forme d'expression. Comme le dit à juste titre G. Tonelli, c'est « une philosophie de professeurs[98] ». En effet, cela était dû au contrôle omnipuissant de l'administration sur la culture, l'enseignement et les cultes confessionnels. C'est ce qui explique que les aristotéliciens sévissaient encore dans les universités à la fin du xviiᵉ siècle et se heurtaient violemment aux idées plus modernes des philosophes inspirés par les idées de Leibniz. Toutefois, les philosophes (toutes tendances confondues) étaient constamment menacés de l'extérieur par les penseurs religieux, qu'ils soient piétistes ou plutôt traditionalistes, car ces derniers voyaient dans l'exercice de la philosophie un danger pour l'autorité de la foi. Au cours de ces querelles, il fallut bien que les théologiens missent leurs arguments en forme pour attaquer les démarches des philosophes ; inversement, ces derniers furent contraints de fixer un statut philosophique aux « vérités » de la foi. Ainsi peut-on dire que la question des rapports entre

---

98. Giorgio Tonelli, dans son excellente présentation de *La Philosophie allemande de Leibniz à Kant*, in *Histoire de la philosophie*, Paris, Gallimard, 1973, Pléiade, t. II, p. 729. Cf. aussi son étude plus ancienne, assez sociologisante : *Elementi metodologici e metafisici in Kant dal 1745 al 1768*, Torino, 1959, *Introduzione*, p. xv-xxiii.

la *foi* et la *raison* occupait le devant de la scène philosophique en Allemagne depuis la mort de Leibniz. Malheureusement, la pensée allemande s'enferra dans ces querelles et resta ainsi à l'écart des prodigieux développements des sciences nouvelles. Ce qui plaçait l'Allemagne très loin derrière l'Angleterre, la France, les Pays-Bas et l'Italie sur le plan de la connaissance scientifique. D'ailleurs les travaux de Newton ne commencèrent à y être mieux connus qu'à partir de 1740.

En Allemagne, la *Frühaufklärung* se développa en suivant non pas Newton, mais Leibniz. C'est ce qui conduisit les philosophies nouvelles à repenser les rapports entre la métaphysique et la religion. Les plus rationalistes parmi les *Aufklärer* considéraient, comme Leibniz l'avait fait auparavant, que la vérité ne saurait contredire la vérité. Or, étant donné que la raison était pour eux la pierre de touche de la vérité, ils estimaient que les mystères de la religion devraient être rationalisés, autant que faire se peut. C'est d'ailleurs la raison de l'opposition violente entre les philosophes wolffiens et les penseurs piétistes. Pour les wolffiens, il ne doit ni ne peut y avoir de contradiction entre la vérité philosophique et la vérité religieuse. La vérité religieuse doit pouvoir être présentée sous une forme rationnelle. Ainsi, admettent-ils (comme Leibniz) que le « principe de raison suffisante ou déterminante » (qui est un principe d'intelligibilité totale) a une portée universelle. D'ailleurs, un philosophe dogmatique comme Wolff tenta de réduire le principe de *raison suffisante* au principe de *non-contradiction*. Dès lors, la méthode de la philosophie devait être synthético-déductive comme celle des mathématiques. Enfin, entre les vérités intellectuelles et les vérités religieuses, les rationalistes affirmaient qu'il y avait la même différence qu'entre la connaissance claire et la connaissance confuse.

a) La Cosmologia generalis *de Christian Wolff*
et son écho chez Baumgarten

C'est dans ce contexte très particulier que le philosophe Christian Wolff conféra à la cosmologie un statut académique[99]. La *Cosmologia generalis* de 1731 précisait la place et le rôle que Wolff entendait assigner à la cosmologie au sein de son *Opus metaphysicum*. Elle appartenait à la *Métaphysique*, bien qu'elle fasse suite immédiatement à l'ontologie (c'est-à-dire à la science de l'être en tant que possible), car elle permettait de démontrer l'existence et les attributs de Dieu à partir de la contingence de l'Univers et de l'ordre naturel. La cosmologie générale est bien un instrument de la théologie rationnelle (ou « transcendantale » comme dit Wolff[100]). Elle fait le pont, non seulement entre l'*ontologie* et la *théologie*, mais aussi entre la *physique* et la *métaphysique*, c'est-à-dire entre leurs objets respectifs que sont le *sensible* et le *suprasensible*. C'est donc une sorte de discipline carrefour, dont l'utilité est multilatérale. Elle fournit à la théologie des moyens supplémentaires pour tourner l'esprit vers Dieu, tandis qu'elle offre à la philosophie et à la physique des « idées directrices » pour comprendre la nature : « *In Physica multiplicem usum praestat*

---

99. C'est ce que WOLFF avait annoncé dans son *Discursus praeliminaris de philosophia in genere*, chap. III, § 77 et 78. S'il est vrai qu'il n'a pas créé le terme d'*ontologie*, en revanche il prétend user pour la première fois, semble-t-il, de celui de *cosmologie*. Nous citons le texte de ces deux paragraphes au début de l'*Introduction* de notre ouvrage : *Dieu, l'Univers et la Sphère infinie*, Paris, Albin Michel, 2006, p. 17-18.

100. Christian WOLFF, *Cosmologia generalis, methodo scientifica pertractata, qua ad solidam, imprimis Dei atque naturae, cognitionem via sternitur*, Francfort & Leipzig, 1731, 1737[2] ; rééd. Olms, Hildesheim, 1964, *Praefatio*, p. 9 : « *Inauditum in Scholis nomen est Cosmologia, quam et transcendantalem appellare soleo [...] eam fecimus secundam Metaphysicae partem : utilitatis enim longe maximae est per omnem philosophiam. Inprimis autem in Theologia naturali et Physica amplissimus ejus usus est. Sane in Theologia naturali existentiam Numinis ex principiis cosmologicis demonstramus. Contingentia universi et ordinis naturae una cum impossibilitate casus puri sunt scala, per quam a mundo hoc adspectabili ad Deum ascenditur.* » Plus loin Wolff ajoute, *Prolegomena*, § 6, p. 4 : « *Ex iis, quae in Cosmologia generali traduntur, tum existentia Dei, tum notiones attributorum ejus demonstrativa methodo colligi possunt.* »

Cosmologia generalis. [...] Cosmologia igitur notiones directrices suppeditat de rebus naturalibus recte philosophandi[101]. » La cosmologie se subdivise en deux branches, l'une est dite « scientifique » (c'est-à-dire *a priori* ou démonstrative à partir des principes les plus généraux de l'ontologie), tandis que l'autre est « expérimentale » parce qu'elle prend appui sur l'observation et sur l'expérience[102]. Non sans une certaine ironie, Jean Formey, le secrétaire perpétuel de l'Académie de Berlin, fit remarquer, dans une note qu'il avait adressée à D'Alembert au sujet de la cosmologie de Wolff, que :

> « De ces deux *Cosmologies*, M. Wolff s'est proprement borné à la première, comme le titre de son ouvrage l'indique ; mais il n'a pas négligé néanmoins les secours que l'expérience a pu lui donner pour la confirmation de ses principes[103]. »

Tout se passe comme si la *Cosmologia generalis* était l'*ancilla theologiae*. Par conséquent, Wolff ne retenait des expérimentations, des observations ou même des énoncés théoriques formulés par tel ou tel astronome ou physicien que ce qui pouvait servir les intérêts de son ontologie. Or, étant donné que Wolff suit d'assez près la métaphysique leibnizienne, il va de soi qu'il rejette la loi de l'attraction universelle de Newton en tant qu'*influxus physicus* faisant appel à la notion, inacceptable pour le mécanisme classique, d'action à distance < *actio in distans* >[104]. Curieusement, ce n'est pas dans sa *Cosmologia* que Wolff aborde le problème de l'infinité cosmique, mais dans sa *Philosophia prima sive ontologia*. Il faut dire que la question de l'infini n'est pas au centre de

---

101. WOLFF, *Ibid.*, *Praefatio*, p. 10 ; 13.

102. WOLFF, *Ibid.*, *Prolegomena*, p. 3 : « *Datur adeo Cosmologia duplex : altera scientifica, altera experimentalis. Cosmologia generalis scientifica est, quae theoriam generalem de mundo ex Ontologiae principiis demonstrat ; contra experimentalis est, quae theoriam in scientifica stabilitam vel stabiliendam ex observationibus elicit.* »

103. La note de FORMEY est citée par D'ALEMBERT à l'article « Cosmologie » de l'*Encyclopédie*, p. 418. Cette ironie de Formey n'est cependant pas infidèle à la lettre même de WOLFF qui remarquait au paragr. 5 des *Prolegomena*, p. 4 : « *Cosmologia experimentalis scientificam praesupponit.* »

104. WOLFF, *Ibid.*, § 322-323, p. 340-341 : « *Actio corporis unius in alterum absque contactu impossibilis (§ 321). Ergo actio in distans impossibilis.* »

ses préoccupations philosophiques, même s'il lui est arrivé de prendre connaissance de la cosmologie infinitiste de Giordano Bruno qu'il avait présentée et discutée dès 1717 dans son *Specimen physicae*[105]. En effet, tout ce qui lui importait, c'était de montrer que le Monde est *contingent*. D'ailleurs, c'est vers le concept de *série* que Wolff se tourne pour définir, au moins nominalement, l'ensemble des êtres créés constitutifs du Monde ou de l'Univers (Baumgarten et Kant s'en souviendront) :

> « On appelle *Monde*, ou même *Univers*, la série des êtres finis qui sont liés entre eux aussi bien simultanément que successivement[106]. »

Or, tandis que Leibniz avait montré que la série ou l'agrégat contingent des êtres créés demeure pour toujours *contingent* – qu'il soit fini ou infini : cela ne change rien[107] –, Wolff considère pour sa part qu'un *progressus in infinitum* d'êtres finis contingents est impensable et contradictoire en soi, puisqu'il ne contient aucune raison suffisante de sa propre existence[108]. Toutefois, il

105. WOLFF présente Bruno comme le véritable théoricien de l'infinité cosmique dans son *Specimen physicae ad theologiam naturalem applicatae, sistens notionem intellectus divini per opera naturae illustratam*, Halae Magdeburgicae, 1717, p. 8 : « *Nostro aevo dubio carere videtur, quod a veteribus nonnullis obscurius indigitatum [...], apertius docuit Iordanus Brunus in libro de infinito et innumerabilibus, fixas scilicet totidem esse soles ac tot esse systemata planetaria, quot dantur fixae, hoc est innumera.* »

106. WOLFF, *Cosmologia generalis*, in *Ibid.*, § 48, p. 44 : « *Series entium finitorum tam simultaneorum, quam successivorum inter se connexorum dicitur Mundus*, sive etiam *Universum.* » Wolff s'efforce de démontrer aux paragr. 49 à 55 (p. 44-54) qu'il existe des liaisons ou des connexions de simultanéité et de succession entre les êtres finis qui constituent le monde visible < *mundus adspectabilis* > qu'étudient l'astronomie et la physique.

107. Cf. LEIBNIZ, *De rerum originatione radicali*, 1697, GP, VII, p. 302 ; trad. fr. Prenant, Paris, Aubier, 1972, p. 339 : « Non seulement dans aucun des êtres pris à part, mais dans tout leur agrégat et leur série complète on ne peut trouver une raison suffisante d'existence. [...] Il suit de là évidemment que, par une éternité prêtée au monde, on ne peut esquiver la raison dernière des choses et extérieure au monde – c'est-à-dire Dieu. Les raisons du monde résident donc en quelque réalité qui lui est extérieure et diffère de la chaîne des états ou série des choses, dont l'agrégat du monde est fait. »

108. Cf. WOLFF, *Cosmologia generalis*, in *Ibid.*, § 93, glose, p. 86 : « *Etenim si quaesiveris, cur intellectus non ferat infinitum causarum nexum, rationem sane aliam*

semble que Wolff ait adopté une position plus nuancée dans ses *Opuscula metaphysica* en admettant que l'*actualisation* par Dieu des êtres contingents successifs n'exclut pas une série de causes qui soit illimitée, bien que Dieu en soit la *cause première* et transcendante puisqu'il contient en lui la raison suffisante des êtres contingents[109]. Dans sa *Luculenta commentatio*, Wolff s'efforçait de montrer que si son système admet l'idée d'un *progressus in infinitum*, il ne conduit nullement au spinozisme ni à l'athéisme pour autant, contrairement à ce que prétendaient les piétistes, violemment anti-wolffiens. Toujours est-il que s'il existe un *progressus in infinitum* de l'Univers, *a parte post* (car il ne faut jamais perdre de vue qu'il a été *créé*), cela n'a rien à voir avec une prétendue « éternité » du Monde. Wolff est très clair sur ce point et se réclame de saint Thomas pour distinguer entre l'*éternité* et l'idée d'une *durée illimitée*. Dire que Dieu est éternel, cela signifie qu'il est *hors* du temps ; tandis que l'idée d'un *progressus in infinitum* de l'Univers ne soustrait nullement celui-ci à l'ordre des successions, c'est-à-dire au temps[110]. L'infinité successive *a parte post* du temps créé ne change rien à son existence contingente.

Wolff n'admet donc qu'un infini *potentiel* pour la série des êtres créés finis. C'est pour réserver à Dieu seul l'infinité *actuelle* qu'il refuse de l'attribuer aussi à l'Univers. En définitive, toute la conception wolffienne de l'infini était déjà définitivement fixée dès 1730, lors de la publication de sa *Philosophia prima sive ontologia* qui ne faisait que développer son œuvre allemande de 1720 : *Vernünftige Gedanken von Gott, der Welt und der Seele des Menschen*. En effet, Wolff commence par donner

---

reddere non poteris, quam quod in progressu hoc in infinitum nunquam perveniatur ad causam, in cujus existentia adquiescere possis, sed semper redeat quaestio circa effectum primum & ejus causam mota, unde haec causa actualitatem suam fuerit consecuta, consequenter quod in illo non reperias, per quod intelligatur, quomodo tandem effectus datus actualitatem suam obtinuerit. Repugnat igitur progressus in infinitum intellectui, quatenus is actualitatem rei concipere nequit sine ratione sufficiente (§ 74. Ontol.), talem autem in illo non percipit, effectu quocunque assumto. »

109. Cf. WOLFF, *De differentia nexus rerum sapientis et fatalis necessitatis, nec non systematis harmoniae praestabilitae et hypothesium Spinosae luculenta commentatio*, Halle, 1723 et 1737, sect. I, § 16, p. 52-53.

110. WOLFF, *Luculenta commentatio*, sect. I, § 17, p. 55-56.

une définition mathématique (du moins, c'est ce qu'il prétend)
de l'infini :

> « En mathématiques, on appelle infini ce à quoi on ne peut
> assigner de limites, ce au-delà de quoi il n'y a pas d'accroissement
> possible[111]. »

Aussitôt, il déduit de la définition du nombre et de la grandeur qu'ils peuvent être toujours augmentés de façon illimitée,
si bien que l'idée de nombre infini ou de grandeur infinie
n'est qu'un non-sens[112]. Quant aux quantités infinitésimales
des mathématiciens, ce sont des *êtres imaginaires*, comme l'avaient
déjà montré non seulement Leibniz, mais aussi Jean Baptiste Du
Hamel, le secrétaire de l'Académie royale des sciences de Paris[113].
Puis Wolff en vient à la définition de l'*infini réel existant en acte*,
c'est-à-dire de Dieu seul qui est tout en même temps et contient
en même temps en acte tout ce qui est en lui :

> « L'être infini [...] ne peut avoir des états successifs, mais son
> existence est simultanément tout ce qu'il lui est possible d'être.
> D'ailleurs on peut définir l'*Être infini* comme l'être dans lequel existe
> simultanément tout ce qui peut être actuellement contenu en lui.
> Ceci est la notion féconde de l'être infini réel dont on se sert dans
> la Théologie naturelle, puisque Dieu seul est cet être infini et qu'il
> n'en est point d'autre en dehors de lui ; bien au contraire, il n'est pas
> même possible de se figurer un autre être infini réel[114]. »

---

111. Wolff, *Philosophia prima sive ontologia*, 1730, 1736², Pars II, sect. II,
chap. 3, *De ente finito & infinito*, § 796, p. 597 : « *Infinitum in Mathesi dicimus,
in quo nulli assignari possunt limites, ultra quos augeri amplius nequeat.* » Wolff
donne une meilleure définition de l'infini mathématique en disant que l'infini
des mathématiciens n'est qu'une façon de parler, suivant laquelle nous estimons
qu'il y a plus que ce qui peut être compris dans un nombre, cf. *Ibid.*, § 805,
p. 602 : « *Infinitum Mathematicorum tantummodo modus loquendi est, quo plura
adesse dicimus, quam quae numero comprehendi possunt.* »
112. Wolff, *Ibid.*, § 797, p. 597 : « *Numeri infiniti & magnitudo infinita impos-
sibiles.* »
113. Wolff, *Ibid.*, § 804-805, p. 602-603.
114. Wolff, *Ibid.*, § 838, p. 628 : « *Igitur ens infinitum [...] successive alios
aliosque status habere nequit* (§ 834), *sed simul est, quod esse potest* (§ 835). *Potest
adeo Ens infinitum definiri per ens, in quo sunt omnia simul, quae eidem actu inesse*

Il est donc tout à fait clair que Wolff exclut d'emblée la possibilité de concevoir l'extension spatiale comme un infini existant en acte. Avant tout, Wolff tient à éviter de réifier l'extension spatiale comme l'avaient fait Newton, Clarke et les philosophes néoplatoniciens de Cambridge, car cela entraîne des difficultés insurmontables puisqu'il faudrait admettre d'après lui : soit qu'il a été créé par Dieu, soit qu'il est coéternel à Dieu, ou même qu'il est l'un de ses attributs[115]. En effet, Wolff reprend à Leibniz sa conception relativiste de l'espace et du temps qui sont respectivement l'ordre des coexistences et l'ordre des successions[116] ; ces ordres ne sont que les phénomènes des *relations* dynamiques entre les substances simples. Or, étant donné que les êtres finis créés sont soumis continuellement au changement, il va de soi que la notion d'infini existant en acte, prise à la rigueur métaphysique d'être *achevé* et *immuable*, ne saurait s'appliquer à des ordres phénoménaux constitués de relations variables entre les substances simples. Certes, ce n'est pas l'existence de l'infinité extensive que rejette Wolff, ni même l'idée de simultanéité (car cette dernière peut conduire à l'idée d'un système du Monde bien ordonné téléologiquement[117]), mais seulement son statut d'*actualité* qui exige qu'un être soit *tot et simul* tout ce qu'il peut être. Or, puisque les êtres créés sont soumis au changement, ils ne sauraient être d'emblée tout ce qu'ils sont ni tout ce qu'ils

possunt. Haec est foecunda notio entis infiniti realis, qua in Theologia naturali utemur, cum solus Deus sit hoc ens infinitum, nec praeter eum detur, immo ne fingi quidem possit ens infinitum reale aliud. »

115. Wolff, *Ontologia*, in *Ibid.*, Pars II, sect. I, chap. 2, *De extensione, continuitate, spatio & tempore*, § 611 p. 469 : « *Quodsi spatium imaginarium consideramus tanquam ens reale, aut dicendum erit, id esse ens a Deo creatum, aut Deo coaeternum, aut ad ipsum Deum pertinere.* » Wolff cite Henry More comme principal représentant de la troisième hypothèse (intenable selon lui).

116. Cf. Wolff, *Ibid.*, Pars II, sect. I, chap. 2, p. 425-477 ; *Vernünftige Gedanken von Gott, der Welt und der Seele des Menschen*, Halle, 1720, § 46, p. 19 et § 94, p. 38 *sq.*

117. Cf. Wolff, *Cosmologia generalis*, in *Ibid.*, Sect. I, chap. I, § 53, p. 47, 49 : « *Res coëxistentes in mundo adspectabili inter se connectuntur.* [...] *Nexus hic rerum naturalium, quo unum alterius usui inservit, in Teleologia explicatur distinctius.* »

ont à être. Par conséquent, la coexistence simultanée d'êtres en devenir et engagés dans la durée, même s'ils forment une multitude innombrable ou infinie de créatures finies, ne saurait être prise pour une infinité achevée ou existant en acte.

Pour ce qui est d'Alexander Gottlieb Baumgarten, dont Kant a fait l'éloge[118], il faut savoir qu'il ne fut pas le disciple direct de Wolff, mais seulement de certains de ses émules à Halle, juste après le départ du maître. Il n'est donc pas surprenant que Baumgarten soit revenu à des positions philosophiques plus proches de Leibniz que de Wolff, comme l'a montré clairement Mario Casula[119]. D'emblée, Baumgarten exclut, comme Wolff, que l'infini *créé* puisse exister en acte, car ce qui est créé est contingent et rien de ce qui est contingent n'est d'emblée tout ce qu'il peut être : il a donc une existence successive. Inversement, est un infini actuel ce qui a une existence nécessaire et immuable[120]. La philosophie de Baumgarten reste cependant très attachée à l'infinitisme dans la mesure où c'est de l'infini réel, existant en acte, que la suite des êtres créés et contingents tire tout son sens et son

---

118. Cf. KANT, *Annonce pour le programme de 1765-1766*, Ak II, p. 308-309 ; trad. fr. in *Œuvres philosophiques*, Paris, Pléiade, 1980, t. I, p. 517, où il explique qu'il utilisait la *Métaphysique* de Baumgarten « surtout à cause de la richesse et de la précision de sa manière d'enseigner ». Il faut reconnaître également que son *Aesthetica* de 1750 présente un réel intérêt philosophique.

119. Cf. Mario CASULA, *La Metafisica di A. G. Baumgarten*, Milano, 1973 ; et aussi son article « Baumgarten entre Leibniz et Wolff », in *Archives de philosophie*, t. 42, cahier 4 (oct.-déc. 1979), p. 547-574.

120. BAUMGARTEN, *Metaphysica*, 1739, 1757², rééd. Olms, Hildesheim, 1982, Pars I, chap. II, s. XI, § 252-260, p. 76-78 : « *Si ens infinitum esset interne mutabile, determinationes, quae aliis succederent, mutarent realitatis gradum. At hic interne immutabilis est. Ergo ens infinitum est interne immutabile. Interne actuale immutabile, est qua determinationes internas actu, quicquid esse potest. Ergo ens infinitum, qua determinationes internas, est actu, quicquid esse potest. Quod non est actu, qua determinationes internas, quicquid esse potest, non est ens finitum. Ergo omne ens contingens est finitum. [...] Quod est actu, qua determinationes internas, quicquid esse potest, est ens necessarium, ergo infinitum. Hinc definiri potest ens infinitum per ens, quod actu est, qua determinationes internas, quicquid esse potest. Ens contingens non est actu, qua determinationes internas, quicquid esse potest. Ens finitum est ens contingens. Ergo ens finitum definiri potest per ens, quod non est actu, qua determinationes internas, quicquid esse potest.* »

fondement : « *Infinitudo est realitas, cujus ratio est gradus realitatis maximus, finitudo seu limitatio est negatio, cujus ratio limes est*[121]. » Pour Baumgarten comme pour les grands rationalistes, on ne passe pas du fini à l'infini, mais inversement de l'infini positif, de l'*omnitudo realitatis*, vers le fini qui n'en est qu'une négation ou une limitation.

b) La querelle entre les wolffiens et les piétistes à propos de l'éternité du Monde

Rejoignant la position de Bayle et de tant d'autres philosophes à propos des bornes de l'entendement humain, Christian August Crusius, qui était un piétiste anti-wolffien, considérait que toutes les discussions philosophiques autour de l'infini sont sans objet, parce qu'une créature finie comme l'homme ne saurait nullement concevoir l'infinité divine[122]. Toutefois, pour des philosophes post-leibniziens comme Wolff et Baumgarten, on ne trouve de véritable infini qu'en Dieu seul. Dans ce contexte, toute réflexion sur la question de l'infinité cosmique est par avance oblitérée, puisque rien en dehors de l'infinité divine ne peut être dit véritablement infini, pas même l'infini mathématique en tant qu'il est considéré comme purement *imaginaire*. Toute démarche philosophique qui tenterait d'échapper à cette alternative entre l'infini actuel divin et l'infini potentiel des mathématiques serait aussitôt accusée de spinozisme, de panthéisme, voire d'athéisme ou de matérialisme. C'est donc en vain que l'on chercherait des éléments nouveaux sur l'infini cosmologique chez des philosophes mineurs, aussi bien wolffiens comme H. S. Reimarus, qu'anti-wolffiens comme N. Béguelin[123].

121. Baumgarten, *Metaphysica*, 1739 et 1757, rééd. Olms, Hildesheim, 1982, Pars I, chap. II, s. XI, § 261, p. 78.

122. Christian August Crusius, *Entwurf der nothwendigen Vernunft-Wahrheiten*, Leipzig, 1745, § 241.

123. Cf. Reimarus, *Die vornehmsten Wahrheiten der natürlichen Religion*, Hambourg, 1754/1755, Ier Discours, § 4-9, p. 4 *sq.*, et p. 12 où il est dit que la notion d'infini est une nichée de contradictions ; Nicolas Béguelin, *Sur l'éternité*

En fait, le monde philosophique est plutôt sur la défensive en Allemagne, car il lui faut démontrer que les enseignements de la foi sont compatibles avec les exigences de la raison. C'est la raison pour laquelle on assiste à une prolifération de publications philosophiques qui tentent de démontrer que l'Univers a dû avoir un commencement, et, partant, qu'il n'est pas éternel, c'est-à-dire que sa durée n'est pas illimitée *a parte ante* ni même *a parte post*[124]. Certes, il ne s'agit pas d'explorer systématiquement cette littérature académique, souvent pauvre en idées (surtout si l'on songe aux prodiges d'intelligence et de subtilité dont avaient fait preuve jadis les penseurs médiévaux, chrétiens, juifs et arabes, à ce sujet) ; nous ne retiendrons que quelques cas symptomatiques dans la mesure où ils exercèrent une influence sur la suite de la pensée cosmologique.

Si l'on se tourne vers un philosophe mineur comme Martin Knutzen, bien qu'il fût le maître de Kant, on découvre qu'il avait choisi comme sujet de thèse *pro receptione* en 1733 de démontrer que l'éternité du Monde est impossible[125]. Certes, comme son maître Franz Albert Schultz auquel il doit sa promotion à l'âge de vingt et un ans à l'université de Königsberg, Knutzen s'était élevé au-dessus de la querelle qui opposait depuis plusieurs années les piétistes et les wolffiens. Or, précisément, Wolff avait affirmé que les philosophes, jusqu'à présent, n'avaient pas réussi à démontrer que l'Univers peut ne pas être éternel. Il

du monde, in *Histoire de l'Académie de Berlin*, 1762, p. 419 *sq*. Tous deux sont cités par Jonas COHN, *Geschichte des Unendlichkeitsproblems*, Leipzig, Engelmann, 1896, rééd. Olms, Hildesheim, 1960 ; trad. fr., J. Seidengart, Paris, Cerf, 1994, p. 222-223.

124. Cf. par exemple à titre d'échantillons : M. KNUTZEN, *Dissertatio metaphysica de aeternitate mundi impossibili*, 1734 ; J. A. KÖSELITZ, *Dissertatio de successione momentorum in ipsa aeternitate*, Leipzig, 1746 ; P. MAGNUS, *Dissertatio metaphysica de impossibilitate mundi aeterni*, Iéna, 1741 ; A. J. J. VON SIEDEN, *Dissertatio mathematico-metaphysica de mundo finito et infinito*, Rostock, 1738 ; WEITENKAMPF, *Lehrgebäude vom Untergange der Erden*, Braunschweig et Hildesheim, 1754 ; J. H. WINKLER, *Dissertatio de infinitate*, Leipzig, 1729 ; J. WITTICH, *Oratio de infinito*, La Haye, 1734 ; etc.

125. Martin KNUTZEN, *Dissertatio metaphysica de aeternitate mundi impossibili*, 1734.

avait même invoqué l'autorité de saint Thomas qui avait établi que la raison est impuissante sur cette matière et qu'il convient de s'en remettre aux enseignements de la foi[126]. Les théologiens piétistes comme Joachim Lange et Johann Franz Buddeus, professeurs à Halle, accusèrent aussitôt Christian Wolff de sombrer dans l'athéisme, puisque l'Univers éternel pourrait alors se passer de Dieu. C'est la raison pour laquelle le jeune Martin Knutzen tenta de démontrer *philosophiquement* (sans jamais citer Wolff dont la doctrine avait été interdite par le roi sous la pression des piétistes influents) que l'éternité du Monde est impossible, c'est-à-dire sa *durée illimitée*. Son argumentation qui se présente sous une forme syllogistique part du principe que la durée de l'Univers ne peut être infinie *a parte ante* puisque toute série de termes successifs implique nécessairement un terme premier, or l'Univers est une telle série, donc elle possède un terme initial. Inversement, l'Univers ne saurait être infini *a parte post*, parce qu'il devrait comporter un nombre infini d'instants, or l'idée d'un nombre infini est contradictoire en soi, par conséquent l'Univers ne saurait avoir une telle infinité[127]. Ce syllogisme est pourtant très faible, car s'il est vrai que le concept de nombre infini dans la pensée mathématique du xviiie siècle était contradictoire, en revanche rien ne s'oppose à ce que la suite du temps *a parte post* soit illimitée tout comme la suite des nombres entiers naturels ! Il faut croire que la faiblesse de la démarche de Knutzen est simplement due au désir de « plier » à tout prix l'argumentation philosophique au service des « vérités » de la foi (si chères aux piétistes) plutôt qu'à de graves lacunes en mathématiques.

126. Cf. Saint Thomas d'Aquin, *Somme théologique*, I, Q. 46, a. 2 : « Que le monde a commencé, nous ne le savons que par la Révélation. Cela tient à ce que le commencement du Monde ne peut être démontré en partant du Monde lui-même. Toute démonstration s'appuie sur l'essence des choses. Or, l'essence d'une chose est toujours considérée par abstraction, indépendamment du temps et du lieu. [...] Impossible donc de démontrer que l'homme, le ciel ou la pierre n'ont pas toujours existé. [...] Ainsi, que le Monde a commencé est une affirmation de la foi, et ne peut être objet de science ou de démonstration. »

127. Cf. Martin Knutzen, *Dissertatio metaphysica de aeternitate mundi impossibili*, 1734, p. 52 *sq.*

En effet, Knutzen possédait une solide formation en mathématiques, en physique et en astronomie, disciplines qu'il enseignait à l'université de Königsberg. C'est même lui qui enseigna au jeune Kant la physique newtonienne et qui l'initia au maniement du calcul infinitésimal.

Enfin, on peut citer la tentative faite par Johann Friedrich Weitenkampf [128] que cite Kant dans sa *Théorie du ciel* [129] comme « un métaphysicien adversaire du concept d'étendue infinie du Monde ». Là aussi, Weitenkampf fonde toute sa démonstration *apagogique* de la finité de l'Univers sur des considérations mathématiques. En effet, dans son ouvrage intitulé *Gedanken über wichtige Wahrheiten aus der Vernunft und Religion*, Weitenkampf montre que si l'étendue cosmique était infinie, elle devrait comporter une quantité infinie de parties coexistantes, ce qui aboutit à l'idée absurde en mathématiques d'une quantité infinie existant en acte [130]. C'est encore la même argumentation apagogique qui revient dans un autre ouvrage du même auteur qui entreprend cette fois de démontrer que l'existence éternelle de l'Univers est impossible. Ainsi, Weitenkampf affirme dans sa *Lehrgebäude vom Untergange der Erden* que si la durée de l'Univers était infinie, alors Dieu aurait créé une infinité d'âmes (immortelles), c'est-à-dire qu'une quantité infinie d'âmes existerait en acte, ce qui est absurde en mathématiques, puisqu'un nombre infini était considéré comme contradictoire dans les termes [131]. C'est donc toujours

---

128. Johann Friedrich Weitenkampf fut *Privatdozent* à l'université de Helmstaedt avant de devenir diacre à Braunschweig où il mourut, ensuite, en 1758.

129. KANT, *Théorie du ciel*, Ak I, p. 309-310, note < *Der Begriff einer unendlichen Ausdehnung der Welt findet unter der Metaphysikkündigern Gegner und hat nur neulich an dem Herrn M. Weitenkampf einen gefunden* > ; trad. fr. A. Roviello, Paris, Vrin, 1984, p. 148.

130. WEITENKAMPF, *Gedanken über wichtige Wahrheiten aus der Vernunft und Religion*, Braunschweig & Hildesheim, 3 vol. 1753-1755, t. II (1754), *Gedanken über die Frage : ob das Weltgebäude Grenzen habe ?*, § 9-26, p. 19-21.

131. WEITENKAMPF, *Lehrgebäude vom Untergange der Erden*, Braunschweig et Hildesheim, 1754, p. 60-63. Dans cet ouvrage-ci, l'auteur renvoie explicitement à la démonstration qu'il avait déjà donnée dans ses *Gedanken über wichtige Wahrheiten aus der Vernunft und Religion*.

le même argument qui venait s'opposer à l'infinité de l'Univers dans l'espace et dans le temps : l'idée d'une quantité infinie, actuellement réalisée, est absolument impossible en mathématiques donc irréalisable dans le monde physique.

Pour sortir de cette impasse, les infinitistes du xviiie siècle durent s'appuyer sur d'autres conceptions de l'infinité et de l'Univers. Certes, comme nous venons de le voir, les infinitistes commencent à se faire de plus en plus rares depuis le début du xviiie siècle, mais l'élévation de leur génie compense largement le petit nombre de ces théoriciens.

Chapitre III

L'univers infini
des écrits précritiques de Kant

« Je ne vois rien qui élève l'esprit de l'homme à un étonnement plus noble, en lui ouvrant une perspective sur le champ infini de la toute-puissance, que cette partie de la théorie qui concerne l'accomplissement successif de la création. »

KANT, *Histoire générale de la nature et théorie du ciel*, 1755, Ak I, p. 312.

L'ENGAGEMENT INFINITISTE DU KANT PRÉCRITIQUE
DANS SON *HISTOIRE GÉNÉRALE DE LA NATURE*
ET THÉORIE DU CIEL (1755)[1]

La démarche que suivit le jeune Kant, pour présenter sa cosmologie, est extrêmement claire. Kant commence, dans sa première partie, par décrire l'actuelle structure globale de l'Univers observable (c'est-à-dire la Voie lactée) ainsi que la hiérarchie probable des systèmes physiques qu'il contient (théorie dite des « univers-îles »). Ensuite, dans la deuxième partie, vient la cosmogonie proprement dite, c'est-à-dire l'hypothèse kantienne relative à la formation des corps célestes (système solaire, Voie lactée et « univers-îles ») et à l'évolution de l'Univers. Enfin, dans la troisième et dernière partie, le philosophe allemand esquisse quelques réflexions sur les habitants des planètes (considérations très prisées à l'époque et même de longue date) et sur les mondes « sans nombre < *Welten ohne Zahl* > », mais qu'il récusera par la suite et refusera de publier lors des nombreuses rééditions successives que connut la *Théorie du ciel*, de son vivant[2]. Notre analyse va donc porter uniquement

---

1. Cette étude reprend seulement une partie de notre longue introduction à l'ouvrage de Kant *Histoire générale de la nature et théorie du ciel* publié en 1984 chez Vrin, mais elle contient aussi de nombreux compléments, ajouts et développements portant plus particulièrement sur la question de l'infinité de l'univers qui n'y figuraient pas.

2. L'*Histoire générale de la nature et théorie du ciel* de KANT connut huit éditions successives avant 1810, dont sept de son vivant : 1°) L'édition *princeps* parue en mars 1755 à Königsberg & Leipzig chez Petersen ; 2°) Un extrait de

sur les deux premières parties de la *Théorie du ciel*, dans la mesure
où elles développent un modèle d'Univers infini dont l'œuvre
de Kant a gardé la trace malgré les sérieuses réserves ultérieures
de la *Critique de la raison pure*, réserves que dissipa cependant
l'*Opus postumum* comme nous aurons l'occasion de le voir à
la fin du chapitre suivant.

À la fin du xviie siècle, deux types de conceptions de l'Univers
s'affrontaient âprement[3] : d'une part la conception tourbillonnaire
des « cartésiens » et, d'autre part, la conception newtonienne avec
la loi de l'attraction universelle sur la nature de laquelle Newton
est toujours resté extrêmement réservé. Or, c'est précisément cette
loi de l'attraction universelle qui heurtait les cartésiens, car elle
impliquait la notion (obscure, pour le moins) d'*action à distance*.
À leurs yeux, l'attraction newtonienne conduisait à réintroduire
les qualités occultes tant décriées depuis près d'un siècle, et à faire
fi de la rationalité propre au mécanisme « choquiste » (y compris
dans la version nouvelle de l'occasionnalisme malebranchien

---

la *Théorie du ciel* publié à titre d'appendice par Johann Friedrich Gensichen
à la suite de la traduction en langue allemande par Sommer des *Écrits sur
la construction du ciel* de W. Herschel à Königsberg, 1791, chez Nicolovius,
p. 163-200 ; 3°) *Immanuel Kants sämtliche kleine Schriften nach der Zeitfolge geordnet*,
t. I, publié prétendument à Königsberg et Leipzig, mais en réalité à Iéna, en
1797-1798 (p. 1 à 130), chez Voigt ; 4°) *Allgemeine Naturgeschichte und Theorie
des Himmels*, nouvelle édition avec les corrections de l'auteur (Kant), Frankfurt
et Leipzig, 1797, avec une notice historique d'un certain Frege ; 5°) *Immanuel
Kant frühere noch nicht gesammelte kleine Schriften*, Frankfurt et Leipzig, 1797,
Partie II, p. 1 à 130 ; 6°) *Allgemeine Naturgeschichte und Theorie des Himmels*, 1798,
chez Wilhelm Webel ; 7°) *Immanuel Kant vermischte Schriften*, 8e édition, complète,
Halle, 1799, t. I, p. 283-520 ; 8°) *Allgemeine Naturgeschichte und Theorie des Himmels*,
5e édition, avec les nouvelles corrections de l'auteur, chez Wilhelm Webel, 1808.

3. Pierre-Louis MOREAU DE MAUPERTUIS présentait l'état de la pensée
cosmologique dans son *Discours sur les différentes figures des astres*, Paris, 1732
(1re éd.), réed. Olms, Hildesheim, 1974, sous la direction de Giorgio Tonelli,
d'après l'édition de 1768 à Lyon, t. I, p. 104 : « Je crois qu'il ne sera pas inutile
de donner ici quelque idée des deux grands systèmes qui partagent aujourd'hui
le monde philosophe. Je commencerai par le système des tourbillons, non seulement tel que Descartes l'établit, mais avec tous les raccommodemens qu'on y a
faits. J'exposerai ensuite le système de Newton, autant que je le pourrai faire,
en le dégageant de ces calculs qui font voir l'admirable accord qui règne entre
toutes ses parties, & qui lui donne tant de force. »

ou du système leibnizien de l'harmonie préétablie). Pour illustrer l'indignation qu'éprouvaient les « cartésiens » à l'égard de la notion newtonienne d'action à distance, Maupertuis écrit dans son *Discours sur les différentes figures des astres* :

> « Quelques-uns de ceux qui rejettent l'attraction la regardent comme un *monstre métaphysique* ; ils croient son impossibilité si bien prouvée, que quelque chose que la Nature semblât dire en sa faveur, il vaudrait mieux consentir à une ignorance totale, que de se servir dans les explications d'un principe si absurde[4]. »

Cette résistance des *cartésiens* fut si farouche que le newtonianisme ne réussit vraiment à s'imposer sur le continent que vers le milieu du XVIIIe siècle. Le triomphe de la conception newtonienne n'était possible que si l'on pouvait réfuter expérimentalement la théorie tourbillonnaire à propos d'un problème-type faisant le pont entre les deux théories en présence et les phénomènes empiriques. Or, le cas qui se présenta fut celui de la détermination exacte de la *figure de la Terre*. Maupertuis parvint à convaincre les milieux dirigeants en France d'entreprendre des expéditions géodésiques, seules à même de décider de la victoire ou de la défaite de la mécanique newtonienne face à la physique cartésienne. Deux expéditions géodésiques furent organisées dès 1735. La première, qui était composée de Lacondamine, Bouguer et Godin, tous chargés de mesurer un degré de méridien à l'équateur, s'embarqua pour Quito au Pérou le 15 mai 1735. La seconde expédition, organisée par Maupertuis qui était accompagné de Clairaut, Lemonnier, Camus, Outhier et Celsius, séjourna un an en Laponie de 1736 à 1737 pour effectuer le même travail. Les résultats ne se firent guère attendre : l'aplatissement aux pôles et le renflement équatorial étaient évidents. C'était le triomphe de la mécanique newtonienne et de la loi de l'attraction universelle sur la mécanique tourbillonnaire des cartésiens. Cinquante ans après la parution des *Principia*, les mesures géodésiques confirmaient le bien-fondé des attaques de Newton

---

4. MAUPERTUIS, *Ibid.*, p. 93-94. C'est nous qui soulignons.

contre les tourbillons cartésiens, car celui-ci avait déjà remarqué depuis longtemps :

> « L'hypothèse des tourbillons répugne à tous les phénomènes astronomiques et paraît plus propre à les troubler qu'à les expliquer[5]. »

En 1740, l'abbé Lacaille, participant à une expédition astronomique, corrobora les précédents résultats en mesurant un degré de méridien à la hauteur du Cap[6]. Ainsi, le newtonianisme venait de s'imposer solidement sur le continent au début des années 1740 et les *Principia* triomphaient, tant sur le plan méthodologique que sur celui de leur contenu scientifique proprement dit, lors de l'entrée du jeune Kant à l'université de Königsberg.

a) Les insuffisances du paradigme newtonien en cosmologie

De par sa structure propre, la science newtonienne est incapable de rendre compte de l'*origine* et de la *fin* de l'Univers, puisqu'elle postule d'emblée l'infinité du temps *a parte ante* et *a parte post*. Il est encore plus préoccupant que la mécanique newtonienne ne puisse fournir une explication entièrement mécanique de l'*organisation particulière* du système solaire, ni aucune garantie en faveur de la *stabilité* du système du Monde. En effet, la seule loi de l'attraction universelle peut aussi bien produire l'effondrement gravitationnel de l'édifice cosmique, que sa dispersion dans les vastes profondeurs de l'espace universel. Newton lui-même avait affirmé, notamment dans le Scolie Général des *Principia*, que

---

5. NEWTON, *Principes mathématiques de la philosophie naturelle*, 1687[1], trad. fr. par Mme du Châtelet, 1759, t. I, livre II, Proposition LIII, Théorème XLI, Scolie, p. 427.

6. Sur le triomphe du newtonianisme à l'occasion des expéditions géodésiques, cf. l'ouvrage de Pierre BRUNET, *Maupertuis, son œuvre et sa place dans la pensée scientifique et philosophique du xviiie siècle*, Paris, Blanchard, 1929, t. II, chap. III, p. 89-166. Sur le développement du newtonianisme sur le continent, cf. du même auteur, *L'Introduction des théories de Newton en France au xviiie siècle*, Paris, Hermann, 1931, (inachevé), rééd. Slatkine Reprints, Genève, 1970.

l'intervention divine est absolument indispensable pour stabiliser la Création :

> « On voit que celui qui a arrangé cet Univers, a mis les étoiles fixes à une distance immense les unes des autres, de peur que ces globes ne tombassent les uns sur les autres par la force de leur gravité[7]. »

La théologie se fait ainsi, en quelque sorte, la « servante » de la physique, de la philosophie naturelle et de la cosmologie. Bien que Newton procédât à l'inverse de Descartes en ne faisant intervenir l'existence de Dieu qu'à la fin de sa physique (et non pas comme le philosophe français *avant* celle-ci), le système du Monde newtonien ne peut en aucune façon se passer de l'intervention divine, comme le rappelle cette lettre à Bentley :

> « L'hypothèse qui dérive l'ordre du monde de l'action de principes mécaniques sur une matière répandue de façon égale à travers les cieux est incompatible avec mon système[8]. »

Cette nécessité dans laquelle se trouvait la physique newtonienne de recourir à la théologie et aux causes finales pour rendre raison de la stabilité et de l'arrangement de l'édifice cosmique, exalta nombre d'esprits pénétrants qui étaient enclins à un amour spéculatif de l'ordre naturel.

b) La genèse de la Théorie du ciel de Kant

C'est au cours de ses neuf années de préceptorat, de 1746 à 1755, que le jeune Kant approfondit sa formation scientifique et prépara ses tout premiers ouvrages consacrés à la mécanique, à la géophysique et à la cosmologie. Toutefois, on ne dispose que de fort peu d'indications solides sur la genèse de la *Théorie du ciel*.

---

7. NEWTON, *Principia mathematica philosophiae naturalis*, Livre III, trad. fr. par Mme du Châtelet, Paris, 1759, rééd. Blanchard, 1964, t. II, p. 175.
8. NEWTON, Lettre à Bentley du 11 février 1693, *Correspondance*, III, p. 244.

Le premier groupe d'indications consiste dans les différents emprunts, reconnus du reste par Kant lui-même, lors de ses lectures sur la cosmologie. Ces emprunts, sur lesquels nous reviendrons plus en détail ultérieurement, concernent surtout la question abordée par Kant dans la première partie de son ouvrage, consacrée à la « constitution de l'Univers en général ». Il s'agit d'abord du compte-rendu, paru en 1751 dans les *Hamburgische freie Urteile*[9], de l'ouvrage que Thomas Wright of Durham avait publié en 1750[10], d'un mémoire de Bradley[11] daté de 1748, et des considérations sur les nébuleuses émises par Maupertuis[12] dans un résumé des *Nova Acta eruditorum* pour l'année 1745. Les dates de ces publications permettent de penser que la *Théorie du ciel* est le résultat de longues méditations, de recherches et de lectures effectuées durant les neuf années de préceptorat. La diversité, la richesse et l'unité des préoccupations dont font preuve les publications de 1745 à 1756 sont là pour en témoigner.

9. Les références de ce journal allemand sont les suivantes : *Hamburgische Freye Urtheile und Nachrichten zum Aufnehmen der Wissenschaften und der Historie überhaupt*, numéros des 1er, 5 et 8 janvier 1751. Pour l'ouvrage de Wright of Durham, cf. la note suivante. Nous reviendrons plus bas sur les attendus de cet emprunt de Kant à Wright.

10. WRIGHT OF DURHAM, *An Original Theory or New Hypothesis of the Universe Founded upon the Laws of Nature, and Solving by Mathematical Principles the General Phaenomena of the Visible Creation ; and Particularly The Via Lactea*, London, 1750, rééd. M. Hoskin, London, 1971.

11. James BRADLEY, l'astronome anglais qui découvrit dès 1727 l'aberration de la lumière et en 1747 le phénomène de la nutation. Kant fait ici mention du mémoire célèbre de Bradley qui parut dans les *Philosophical Transactions* en 1748 sous le titre suivant : *A Letter to the Right Honourable George Earl of Macclesfield Concerning an Apparent Motion Observed in Some of the Fixed Stars*. Selon toute apparence, Kant s'est fondé sur la traduction allemande de ce texte qui parut en 1748 dans le *Hamburgisches Magazin*, III, 6, p. 616-617.

12. Kant ne connaît qu'un résumé, paru dans les *Acta eruditorum* en 1745, de l'ouvrage de MAUPERTUIS intitulé *Discours sur les différentes figures des astres* et qui avait été publié pour la première fois à Paris en 1732, la seconde édition date de 1742. La 1re édition de Paris ne contient pas encore le chapitre VI consacré aux étoiles nébuleuses qui n'apparut que dans celle de 1742 et figure aussi dans l'édition complète de Lyon de 1768, p. 142 *sq*. Le texte que Kant a lu se trouve in *Nova Acta eruditorum, anno* MDCCXLV, Leipzig, p. 221-229 et le passage sur les « *Stellae nebulosae* » tient de la p. 224 à la p. 226.

Toutefois, il semble bien que la seconde partie de l'ouvrage, dont Kant reconnaît qu'il contient l'apport le plus original de son travail, soit à mettre presque totalement[13] au crédit de l'auteur « poursuivant aussi loin que possible les conséquences de ses principes[14] ». Fort heureusement, c'est à son sujet que l'on dispose de précieuses indications. En effet, il faut se reporter, sur ce point, à l'annonce de la prochaine parution de la *Théorie du ciel* faite par Kant à la fin de son opuscule intitulé : *Recherches sur la question : la Terre a-t-elle subi quelques modifications dans son mouvement de rotation axiale depuis son origine ?* Cet opuscule avait été publié en 1754 dans la célèbre revue de Königsberg : *Wöchentliche Königsbergsche Frag- und Auszugs Nachrichten.* En réalité, il était destiné à l'Académie des sciences de Berlin dont le président Maupertuis avait mis au concours, en 1752, la question suivante :

> « Le mouvement de la Terre a-t-il été de tout temps de la même vitesse ou non ? Par quels moyens s'en assurer ? Au cas où il aurait quelque inégalité, quelle en est la cause ? »

La teneur de la réponse du jeune Kant consistait à faire valoir que les mouvements des marées contrarient le mouvement diurne de rotation axiale propre à la Terre, au point de le ralentir et de l'arrêter dans deux millions d'années environ ! À la fin de son opuscule, en étendant ses vues aux dimensions de la cosmologie, Kant avait écrit :

> « On peut considérer cette toute dernière remarque comme l'échantillon d'une histoire naturelle du ciel, dans laquelle l'état premier de la Nature, la production des corps célestes et les causes de leurs rapports systématiques, devraient être déterminées à partir des indices ou des marques que font apparaître les relations

---

13. Nous disons « presque » parce que l'on trouve chez Pierre Estève, dont *L'Origine de l'Univers* avait été publiée en 1748 à Berlin, une idée très voisine : à savoir que si les lois de Newton expliquent l'ordre naturel du système du monde, elles doivent pouvoir en expliquer également la formation et l'évolution. Cf. Préface à *L'Origine de l'Univers*, p. V-VI. (Cf. notes 44, 63 et 65 *infra*).

14. Kant, *Théorie du ciel*, Préface, Ak I, 235.

constitutives de la structure du monde. Cette considération, qui est semblable à grande échelle (ou plutôt à une échelle infinie) à ce que l'histoire de la Terre contient à une petite échelle, peut être prise, dans cette large extension, avec autant de confiance que les tentatives faites de nos jours pour esquisser une telle conception de notre globe terrestre. J'ai consacré à ce sujet une longue suite de méditations et je les ai rassemblées en un système qui va être prochainement publié sous le titre suivant : *Cosmogonie, ou essai pour déduire l'origine de l'Univers, la formation des corps célestes et les causes de leurs mouvements à partir des lois universelles du mouvement de la matière, conformément à la théorie de Newton*[15]. »

Tout se passe comme si Kant avait saisi la possibilité épistémologique d'étendre à l'infini, conçu ici comme la totalité englobante de l'Univers, l'ensemble des considérations mécaniques reconnues comme valables pour le système Terre-Lune-Soleil. D'ailleurs, ce genre de rapprochement analogique, concevant la partie comme une représentation en miniature de ce qu'est le Tout à grande échelle, se retrouve constamment dans la *Théorie du ciel*. Par exemple, Kant écrit :

« L'aspect du ciel étoilé est donc dû à une distribution systématique des étoiles, qui reproduit en grand ce qu'est en petit notre système planétaire[16]. »

Du reste, comme le remarque très pertinemment F. Marty[17], il est symptomatique que la notion d'analogie intervienne cinquante fois dans la période précritique dont trente et une fois pour la seule *Théorie du ciel*. Autrement dit, et ceci est encore à mettre

---

15. KANT, *Recherches sur la question : la Terre a-t-elle subi quelques modifications dans son mouvement de rotation axiale depuis son origine ?*, Ak I, p. 190-191. Le titre que Kant annonçait initialement en allemand était donc le suivant, p. 191 : « *Kosmogonie, oder Versuch, den Ursprung des Weltgebäudes, die Bildung der Himmelskörper und die Ursachen ihrer Bewegung aus den allgemeinen Bewegungsgesetzen der Materie der Theorie des Newtons gemäß her zu leiten.* » C'est nous qui traduisons.

16. KANT, *Théorie du ciel*, Ak I, p. 251, l. 22-25.

17. F. MARTY, *La Naissance de la métaphysique chez Kant : une étude sur la notion kantienne d'analogie*, Paris, Beauchesne, 1980, p. 8 note 6.

au crédit de l'épistémologie leibnizienne : Kant s'appuie sur le *principe de continuité* pour passer sériellement du *local* au *global*, ou d'une totalité partielle à des systèmes de systèmes de plus en plus étendus. Ceci n'ira pas sans soulever de graves difficultés à propos de la notion de centre de l'Univers, comme nous le verrons plus loin. Toujours est-il que l'avantage méthodologique considérable de ce développement croissant et continu des raisons, est de faire coïncider l'*ordre diachronique* de « l'Histoire générale de la Nature », avec l'*ordre rationnel* des séries causales nécessairement régies par les mêmes lois fondamentales de la mécanique. La cosmogonie du jeune Kant a mis, pour ainsi dire, la IIIe partie des *Principia* de Newton (c'est-à-dire le « Système du Monde ») en mouvement à partir d'une *origine absolue* (idée qui leur était profondément étrangère). Cette *origine absolue* n'est autre que la *singularité* de l'instant initial de la Création.

c) La structure de la Voie lactée

Dans toute l'histoire de la cosmologie, Kant apparaît comme le premier théoricien qui ait découvert, au moins sur le plan spéculatif, la structure correcte de la Galaxie, ce qui est tout à fait remarquable. Certes, Galilée avait déjà découvert la nature stellaire de la Voie lactée, comme en témoigne son célèbre *Sidereus nuncius*[18], mais il ne put reconduire la simple apparence phénoménale de celle-ci à la forme de son organisation systématique. Christiaan Huygens avait réduit à néant les élucubrations mystico-pythagoriciennes que Johannes Kepler avait développées dans son *Epitome* à propos de la distribution des étoiles fixes. Selon Kepler, la distance du Soleil (considéré comme le centre de l'Univers) à la surface concave de la sphère des étoiles fixes *devait être* de six cent mille diamètres terrestres[19].

18. Cf. GALILÉE, *Sidereus nuncius*, Venetiis, 1610, trad. fr. Isabelle Pantin, Paris, 1992, p. 26.

19. Pour justifier son estimation, Kepler affirmait que le diamètre de l'orbite de Saturne *devrait être* au diamètre de la sphère des fixes comme le diamètre du Soleil à celui de l'orbite de Saturne (soit comme 1 à 2 000 !). HUYGENS, indigné

De l'aveu même du jeune Kant, ses idées sur la structure de la Voie lactée lui ont été inspirées par celles que l'Anglais Thomas Wright of Durham avait développées dans un ouvrage publié à Londres en 1750 sous le titre suivant : *An Original Theory or New Hypothesis of the Universe*[20]. Plus exactement, Kant reconnaît explicitement qu'il ne lut pas cet ouvrage, mais seulement le compte-rendu qu'en fit le célèbre magazine de Hambourg : *Freye Urtheile und Nachrichten*[21].

En ce qui concerne la structure de la Voie lactée exposée dans la « Septième lettre » de l'ouvrage de Wright (ou plutôt dans son compte-rendu en allemand), il n'est peut-être pas aussi clair que le laisse entendre M. Hoskin[22], à savoir que Kant se soit fourvoyé. Le passage du compte-rendu allemand évoque deux dispositions possibles des étoiles qui pourraient permettre de réduire géométriquement l'apparence de la Voie lactée, tout en sauvegardant l'organisation systématique et régulière de celle-ci. Après avoir démontré que le système stellaire auquel appartient notre Soleil est en rotation autour d'un centre donné, Wright envisage les *deux seules solutions possibles*, sans dissimuler sa

---

de la légèreté des arguments de Kepler, remarquait dans son *Cosmotheoros*, in *Œuvres complètes*, t. XXI, p. 812 : « Il est étonnant que de telles idées soient provenues d'un homme si génial, qui fut le grand instaurateur de l'Astronomie. »

20. Cf. le titre complet de l'ouvrage de Thomas WRIGHT OF DURHAM : *An Original Theory or New Hypothesis of the Universe Founded upon the Laws of Nature and Solving by Mathematical Principles the General Phenomena of the Visible Creation and Particularly the Via Lactea*, London, 1750 ; rééd. et introduction de M. Hoskin, London, éd. Macdonald, 1971.

21. Cf. *Hamburgische Freye Urtheile und Nachrichten zum Aufnehmen der Wissenschaften und der Historie überhaupt*, numéros des 1er, 5 et 8 janvier 1751. C'est dans le compte-rendu des Ve et VIIe Lettres que Kant découvrit la conception ingénieuse de la Voie lactée que Wright of Durham avait publiée un an plus tôt dans son livre *An Original Theory or New Hypothesis of the Universe* (1750). En fait, il ne s'agissait pas vraiment d'une recension d'ouvrage, mais plutôt d'une succession de longs extraits assez bien choisis et tout simplement traduits en allemand.

22. L'astronome Gerald J. Whitrow ne partage pas cet avis dans son introduction à l'édition anglaise de la *Théorie du ciel*, cf. *Kant's Cosmogony*, in coll. Sources of Science, n° 133, Johnson Reprint Corporation, New York & London, 1970, p. XXVII-XXIX.

nette préférence pour la *seconde*, en précisant selon le texte du compte-rendu :

> « Il n'y a que deux voies possibles à proposer pour y parvenir et je pense que l'une d'entre elles est hautement probable ; mais je ne me risquerai pas à déterminer laquelle des deux recevra votre approbation. La première est telle que je l'ai décrite ci-dessus, c'est-à-dire que toutes les étoiles se meuvent dans le même sens en ne déviant guère du même plan, comme le font les planètes autour du corps solaire dans leur mouvement héliocentrique. [...] La seconde méthode pour résoudre ce phénomène est la disposition sphérique des étoiles, se déplaçant toutes dans différentes directions autour d'un centre commun, comme le font ensemble les planètes et les comètes autour du Soleil, mais à l'intérieur d'une coque sphérique ou d'une figure concave[23]. »

Autrement dit, la seconde solution, préférable aux yeux de Wright, était un modèle sphérique où les étoiles seraient uniformément réparties et enserrées à l'intérieur d'une mince couche stellifère concave, animée d'un mouvement de rotation axiale. Dans ce cas, l'*effet de Voie lactée* ne pourrait se produire que lorsqu'un observateur, situé comme nous dans le système solaire, tourne son regard en direction du plan tangent à l'enveloppe sphérique. En revanche, cet aspect de bande laiteuse faiblement lumineuse disparaîtrait lorsque l'on regarde vers l'intérieur ou vers l'extérieur de la sphère stellifère, en raison de la minceur de la couche stellaire. Dans ce dernier cas, l'apparence relative de *désordre* parmi les étoiles qui sont les plus proches du lieu d'observation et perpendiculaires au plan tangent à l'enveloppe sphérique, n'est imputable qu'à notre situation *locale* dans la Voie lactée et non pas à la structure *globale* de celle-ci. Bref, ce n'est qu'un effet de perspective explicable géométriquement. Toujours est-il que le jeune Kant ne semble guère avoir relevé l'alternative

---

23. Nous n'avons pu avoir accès au texte allemand du compte-rendu figurant dans les *Hamburgische Freye Urtheile und Nachrichten zum Aufnehmen der Wissenschaften und der Historie überhaupt*, de janvier 1751, mais à sa traduction anglaise dans l'édition de Hastie, in *Kant's Cosmogony*, Glasgow, James Maclehose & Sons, 1900, rééd. par Whitrow en 1970, Appendix B : *The Seventh Letter*, p. 190.

proposée par Wright ni sa préférence nettement affirmée pour le modèle sphérique. Il se contente d'écarter purement et simplement l'antique « sphère des étoiles fixes » en écrivant : « Les étoiles ne sont pas placées dans la concavité apparente de la sphère céleste[24]. »

Le mérite de Kant n'est pas seulement d'avoir tranché (consciemment ou non) l'alternative posée par Wright dans le sens que cautionnèrent l'astrophysique et la cosmologie du XXe siècle, mais surtout d'avoir choisi le modèle en forme de disque aplati *par analogie* avec le système solaire : pour rester fidèle aux principes newtoniens qu'il considère comme *universellement* valables. Ainsi, l'aplatissement de la Galaxie aux pôles est dû à l'action de la force centrifuge produite par sa rotation axiale qui vient précisément contrebalancer la force gravitationnelle, comme c'est le cas pour l'aplatissement de la Terre aux pôles, prédit par la mécanique newtonienne et mesuré par les expéditions géodésiques mentionnées plus haut. C'est donc bien en suivant le fil conducteur de l'*analogie* que Kant parvint à concevoir correctement sur le plan spéculatif, et pour la première fois, la structure de la Voie lactée.

Toute la difficulté du problème tenait au fait que l'on ne peut être à la fois *dans* une forêt (image familière en cosmologie) et en décrire la configuration globale. Inversement, on ne saurait déterminer aisément ses éléments constitutifs en se tenant à une énorme distance de celle-ci. La solution de Kant consistait donc à rapprocher l'apparence *locale* de la Voie lactée de celle des objets célestes que l'on appelait alors des « étoiles nébuleuses » et dont l'existence avait été révélée par de récentes observations télescopiques. Or, Kant considérait ces « étoiles nébuleuses » comme des galaxies ou voies lactées semblables à celle dont fait partie le système solaire, alors que les observations télescopiques de l'époque ne permettaient pas vraiment d'en déterminer la nature. Pourtant, Kant pensait que le principe d'analogie pouvait légitimement s'appliquer en cosmologie en raison de la portée *universelle* attribuée par la science classique aux *lois* de la Mécanique.

---

24. KANT, *Théorie du ciel*, Ire partie, Ak I, p. 248.

L'universalité des lois fondamentales de la mécanique devait donc permettre à Kant de passer sériellement, et suivant un ordre croissant de systèmes hiérarchiquement emboîtés, de la partie au Tout comme il l'écrit à de nombreuses reprises :

> « On peut se représenter le système des étoiles comme un système planétaire énormément agrandi. [...] L'aspect du ciel étoilé [...] reproduit en grand ce qu'est notre système planétaire. [...] La Voie lactée est, pour ainsi dire, le zodiaque de ces étoiles nouvelles[25]. »

Kant définit donc la Voie lactée comme un système dynamique où les deux forces universelles d'attraction et de répulsion se font équilibre :

> « Cette attraction du Soleil porte à peu près jusqu'à l'étoile fixe la plus proche et les étoiles agissent autour d'elles comme autant de soleils dans le même périmètre, par suite toute la cohorte des étoiles fixes tendent, du fait de l'attraction, à un rapprochement de toutes les autres. Ainsi, tous les systèmes de mondes se trouvent en état de tomber ensemble en une seule masse du fait du rapprochement réciproque qui est incessant et n'est empêché par rien, pour autant que cette ruine n'est pas contrecarrée, comme dans les globes de notre système planétaire, par les forces centrifuges qui, en faisant dévier les corps célestes de la chute en ligne droite, et en liaison avec les forces d'attraction, engendrent des orbites éternelles ; de cette façon l'édifice de la création est assuré contre la destruction et rendu apte à une durée impérissable. Ainsi tous les soleils du firmament ont des mouvements de révolution soit autour d'un centre commun, soit autour de plusieurs[26]. »

Il est intéressant de remarquer que Kant a essayé de calculer la vitesse de rotation axiale de la Voie lactée en se fondant d'une part sur la troisième loi de Kepler, et, d'autre part, sur la distance moyenne (mesurée par Huygens[27]) de notre Soleil à l'étoile Sirius considérée (à l'époque) comme corps central de

---

25. KANT, *Théorie du ciel*, Iʳᵉ partie, Ak I, p. 250, 251, 253.
26. KANT, *Théorie du ciel*, Iʳᵉ partie, Ak I, p. 250 ; trad. fr. Roviello corrigée, Paris, Vrin, 1984, p. 91.
27. HUYGENS, *Cosmotheoros*, in *Œuvres complètes*, t. XXI, p. 812-814.

notre Voie lactée[28]. Kant estime que la durée de rotation axiale de notre Voie lactée est, dans les conditions avancées ci-dessus, d'environ « un million et demi d'années ». Or, si l'on refait le calcul, on s'aperçoit que Kant s'est fourvoyé (tout comme dans le cas de l'estimation de la rotation de l'anneau de Saturne).

En effet, la troisième loi de Kepler revient à l'expression mathématique suivante (si l'on néglige les perturbations) :

$$\frac{t^2}{t'^2} = \frac{a^3}{a'^3}$$

– t et t' = temps de révolution des corps célestes envisagés,
– a et a' = les demi-grands axes des ellipses décrites par les corps célestes.

D'où l'on tire aisément, si $t^2 = 1$ et $a^3 = 1$, que $t' = \sqrt{a'^3}$.

En admettant pour simplifier que l'orbite soit parfaitement circulaire, alors l'excentricité $e = 0$ et a' représente la distance entre le Soleil et Sirius, soit (d'après Huygens) 21 000 fois la distance Terre/Soleil ou 21 000 UA. Par conséquent, on doit obtenir :

$$t' = \sqrt{(21.000)^3} = 3.043.189,117 \; années.$$

Or, Kant obtient un résultat *2 fois moins élevé* que celui-ci : *1 500 000 années*. Son erreur doit être certainement imputable au fait qu'il a voulu, malencontreusement, diviser a' par 2, oubliant par là que a' représente toujours le *demi-grand axe* de l'orbite. Son erreur se retrouve dans l'estimation qu'il nous donne de la vitesse angulaire constante de la Voie lactée. Posons, en symbolisme moderne, que : $\omega = \dfrac{2\pi R}{t}$.

Donc $\omega' = \dfrac{360°}{3.043.189,117 \; années}$. D'où l'on tire que la Voie lactée

parcourt 1° en 8 453,303 années, alors que Kant avançait le chiffre

---

28. Kant, *Théorie du ciel*, IIe partie, chap. VII, Supplément, Ak I, p. 328 : « Il me semble très probable que Sirius est le corps central du système que forment les étoiles de la Voie lactée et qu'il occupe le point vers lequel tendent toutes ces étoiles. »

de *1° pour 4 000 ans*, c'est-à-dire encore une fois *la moitié* du bon résultat. Dans l'édition partielle de la *Théorie du ciel* qu'il publia en 1791, le mathématicien Gensichen apporta quelques précisions sur les calculs effectués par son ami Kant[29]. Cette estimation était, aux yeux mêmes de Kant, très inférieure à ce que devrait être la vitesse réelle de la Galaxie, car, bien que Sirius soit à son avis le centre galactique, notre Soleil ne peut être considéré comme l'une des étoiles les plus éloignées de ce centre. Pour Kant, il s'agit donc là d'un chiffre assez modeste, car si l'on prend des soleils plus éloignés de Sirius que le nôtre, la vitesse angulaire diminuera considérablement et le temps de révolution sera beaucoup plus long sur un arc de 1°.

Ces remarques de Kant nous permettent de souligner qu'il est également le premier théoricien qui ait attribué à notre Galaxie une *rotation différentielle*, actuellement confirmée par les travaux de Jan H. Oort et de Bertil Lindblad. En effet, le passage en question de la *Théorie du ciel*[30] montre clairement qu'il ne s'agit pas d'une rotation solide étant donné que les étoiles tournent avec une vitesse angulaire qui diminue quand on s'éloigne du centre. Cette *rotation différentielle* permet ainsi à Kant de prévoir les déplacements propres de certaines étoiles les unes par rapport aux autres. Toutefois, la référence de Kant aux déplacements d'étoiles très faiblement perceptibles, observés par l'astronome anglais James Bradley, ne saurait être en réalité la confirmation observationnelle de la rotation différentielle de la Galaxie, car il ignore qu'il s'agit en fait de l'aberration de la lumière due au mouvement propre de la Terre. Malgré cette méprise, Kant avait définitivement volatilisé la « sphère des étoiles fixes[31] » et c'est

---

29. Cf. l'extrait important de la *Théorie du ciel* de Kant publié (avec l'approbation de ce dernier) à titre d'appendice par Johann Friedrich Gᴇɴsɪᴄʜᴇɴ à la suite de la traduction en langue allemande par Sommer de quelques écrits de W. Hᴇʀsᴄʜᴇʟ sur la construction du ciel intitulée : *Über den Bau des Himmels. Drey Abhandlungen aus dem Englischen übersetzt. Nebst einem authentischen Auszug aus Kants allgemeiner Naturgeschichte und Theorie des Himmels*, Königsberg, chez F. Nicolovius, 1791, p. 163 ; spécialement la note de Gensichen p. 193 à 195 et 201 à 204.

30. Kᴀɴᴛ, *Théorie du ciel*, Iʳᵉ partie, Ak I, p. 252.

31. Kᴀɴᴛ, *Théorie du ciel*, Iʳᵉ partie, Ak I, p. 248.

sûrement la raison pour laquelle il a rejeté le modèle sphérique de Wright. Désormais, toute la matière cosmique est distribuée en systèmes hiérarchisés et emboîtés les uns dans les autres, mais possédant chacun ses mouvements propres.

d) La théorie des « univers-îles »

Kant poursuit sa description d'ensemble des principaux systèmes physiques que contient l'Univers, en appliquant aux « étoiles nébuleuses » (qu'il prenait pour d'autres galaxies ou voies lactées semblables à la nôtre) le principe de l'*analogie* qui lui avait déjà permis d'expliquer la structure du monde saturnien, du système solaire et de la Voie lactée. Ainsi, développe-t-il une théorie que la postérité reprendra une centaine d'années plus tard sous le nom de théorie des « univers-îles [32] ». Cette conception des univers-îles ne triompha et ne s'imposa qu'en 1924, lorsque l'astronome Edwin Hubble lui apporta une éclatante confirmation sur le plan de la cosmologie observationnelle [33]. Certes, à l'époque de la rédaction de la *Théorie du ciel*, les recherches concernant les « nébuleuses » n'avaient fourni que de maigres résultats.

Au début du xviiie siècle, Halley livra une description de six « nébuleuses » dans un mémoire intitulé : *Of Nebulae or Lucid Spots among the Fix'd Stars* [34]. Ces « nébuleuses » sont : celle d'Andromède (M 31), celle d'Orion (M 42) – (re)découverte le 26 novembre 1610 par Peiresc [35] et étudiée de nouveau par Huygens en 1656

---

32. Ce n'est pas Kant, mais Alexander von HUMBOLDT qui employa pour la première fois le terme de « Weltinseln », dans son grand ouvrage : *Kosmos – Entwurf einer physischen Weltbeschreibung*, Stuttgart und Tübingen, Cotta, 1850, t. 3, p. 178 ; 322.

33. Cf. Jacques MERLEAU-PONTY, in *Cosmologie du xxe siècle*, Paris, Gallimard, 1965, p. 14-17.

34. Edmund HALLEY, in *Philosophical Transactions*, XXIX, 1714-1716, p. 390 *sq.*

35. Cf. l'article de Georges COURTÈS in *L'Astronomie*, sept. 1982, p. 383-388. Nous disons « redécouverte », car elle avait été cataloguée auparavant comme une étoile.

(bien que ce dernier n'ait cru apercevoir qu'une percée lumineuse au travers du ciel nocturne) – et enfin les deux dernières découvertes par Halley lui-même : (M 13) dans Hercule et ω *Centauri* entrevue lors de son voyage à Sainte-Hélène en 1677. Ces deux dernières ne sont en fait que des amas stellaires.

Ensuite, William Derham recensa seize nébuleuses qu'il décrivit en 1733 dans un article[36]. En réalité, sur ces seize nébuleuses, quatorze ont été reprises à la liste donnée par Hévélius (qu'il dénommait : « *fixae nebulosae* »), et les deux dernières sont celles que Halley avait découvertes. Pour Derham, comme pour Christiaan Huygens, toutes ces nébuleuses n'étaient autre chose que des trouées dans le ciel nocturne laissant entrevoir les lueurs du séjour divin. Après tout, Derham, qui était chanoine de Windsor, ne faisait que « christianiser » la conception païenne d'Anaximandre, et pensait trouver ainsi un argument supplémentaire en faveur de l'existence de Dieu. Pareille attitude est tout à fait contraire à la démarche que Kant s'était fixée dans sa Préface à la *Théorie du ciel* et sa critique ne s'est pas fait attendre :

> « L'auteur de l'*Astrothéologie* se figurait que c'étaient des trous dans le firmament, à travers lesquels il croyait voir le ciel de feu ou l'Empyrée[37]. »

Aussi, Kant se réfère-t-il plus volontiers aux vues de Maupertuis dont les explications, fondées sur la dynamique newtonienne, pouvaient bien mieux rendre compte de l'aplatissement caractérisant toute une classe de nébuleuses. C'est d'ailleurs en lisant dans sa seconde édition de 1742 le *Discours*

---

36. Cf. William DERHAM (1657-1735), *Observations of the Appearences among the Fix'd Stars, Called Nebulous Stars*, in *Philosophical Transactions*, pour l'année 1733, t. XXXVIII, p. 70 *sq.*

37. KANT, *Théorie du ciel*, Ire partie, Ak I, p. 254. À propos des idées de Derham, MAUPERTUIS écrivait déjà dans son *Discours sur les différentes figures des astres*, 1742[2], rééd. Olms, Hildesheim, 1974, t. I, § VI, *Des taches lumineuses découvertes dans le Ciel*, p. 145 : « M. Derham a été plus loin, il regarde ces taches comme des trous à travers lesquels on découvre une région immense de lumière, & enfin le *Ciel empyrée*. »

sur les différentes figures des astres de Maupertuis, que Kant y trouva inséré à titre d'appendice le mémoire précédemment cité de Derham[38]. Or, s'il est vrai que Kant est plus proche de Maupertuis que de Derham au sujet des « nébuleuses », il faut préciser que sa propre théorie est très différente de celles de tous ses prédécesseurs et qu'elle constitue à ses yeux « la partie la plus séduisante du système[39] ».

La conception kantienne des « nébuleuses » s'inscrit dans la suite des considérations sur la structure de la Voie lactée. Puisque celle-ci est un système immense constitué de systèmes solaires analogues au nôtre, pourquoi arrêter la série croissante des systèmes d'objets physiques à notre seule Voie lactée ? D'emblée, Kant considérait que ces « nébuleuses » ne sont pas des objets situés *à l'intérieur* de notre Galaxie, mais qu'elles sont des systèmes (que l'on appelle de nos jours) extragalactiques. Or, il s'agit là d'une pure spéculation de la part de Kant, car la nature véritable des nébuleuses était encore totalement inconnue à son époque : s'agissait-il de nuages de gaz éclairés par des étoiles et qui feraient partie de notre Galaxie, ou bien étaient-elles des objets extragalactiques de nature semblable à notre Galaxie ? Il fallut attendre la fin des deux premières décennies du xxᵉ siècle pour trancher la question à partir des observations et des mesures. Kant, pour sa part, assimilait *toutes* les nébuleuses à des galaxies. En outre, dans la série des mondes et de systèmes de mondes, on ne saurait trouver de fin, car il ne faut surtout pas ériger une totalité partielle en *totalité ultime* en l'absence de tout critère permettant de décider si un système de systèmes n'est plus à son tour englobé dans ordre supérieur dont il ne serait qu'une partie. Comme dit Kant, en se référant à la notion toute mathématique de *série* qu'employaient les philosophes leibniziens[40] pour définir l'Univers :

38. Cf. Georges Courtès, in *L'Astronomie*, sept. 1982, p. 383-388.

39. Kant, *Théorie du ciel*, Iʳᵉ partie, Ak I, p. 253.

40. Cf. par exemple, Leibniz, *De rerum originatione radicali*, § 11, GP VII, 306 ; trad. fr. Schrecker, in *Opuscules philosophiques choisis*, Paris, Vrin, 1966, p. 89 : « Le monde n'est pas seulement le plus parfait physiquement ou bien, si l'on préfère, métaphysiquement, parce qu'il contient la série des choses qui

« Nous voyons les premiers termes d'une progression continue de mondes et de systèmes, et cette première partie d'une progression infinie < *unendliche Progression* > nous donne déjà à reconnaître ce qu'il faut conjecturer de l'ensemble. Cette série n'a pas de fin, elle s'enfonce dans un abîme véritablement insondable[41]. »

De là, l'idée que les objets télescopiques très faiblement lumineux que les observateurs nomment « nébuleuses » sont des voies lactées *analogues* à la nôtre. La conséquence directe de cette conception est que l'impossibilité matérielle de résoudre au télescope, c'est-à-dire de séparer les sources ponctuelles de lumière que sont les étoiles appartenant à ces « voies lactées », ne peut être due qu'à leur extraordinaire éloignement. C'est l'unique argument en faveur de leur situation extragalactique, mais sa portée est considérable. Cette argumentation de Kant est solide et pertinente, mais comme l'a clairement montré Kenneth Glyn Jones dans son article[42], elle demeure strictement limitée au seul plan spéculatif. C'est également l'avis d'E. Adickes[43]. En effet, les « divers observateurs » allégués par Kant ne comptent que les trois astronomes suivants : Hévélius, Halley et Derham. Du reste, c'est surtout Derham qui faisait autorité sur le plan observationnel au milieu du xviiie siècle, du moins si l'on en croit Pierre Estève[44]. En réalité, Derham, qui était déjà septuagénaire, n'avait observé que cinq objets nébuleux[45] et cela, au

présente le maximum de réalité en acte, mais qu'il est encore le plus parfait possible moralement. »

41. KANT, *Théorie du ciel*, Ire partie, Ak I, p. 256.

42. Cf. K. G. JONES, *The Observational Basis for Kant's Cosmogony ; a Critical Analysis*, in *Journal for History of Astronomy*, II, (1971), p. 29-34.

43. Erich ADICKES, *Kant als Naturforscher*, Berlin, 1924, t. II, § 259, p. 231-235.

44. Cf. Pierre ESTÈVE, (1720-1790), *L'Origine de l'Univers*, Berlin, 1748, t. II, chap. XI, p. 137-138. Membre depuis 1746 de l'Académie royale des sciences de Montpellier, Pierre Estève était aussi l'auteur de plusieurs autres ouvrages dont un consacré à l'*Histoire générale et particulière de l'Astronomie*, Paris, 1755, 3 vol. On lui doit aussi nombre de mémoires sur la physique et les mathématiques, dont certains sont d'un bon niveau technique.

45. Ces cinq objets nébuleux sont, dans la liste dressée par MESSIER : M11, M31, M42, M13, M22.

moyen d'un réflecteur de huit pieds de focale dont le miroir commençait passablement à se ternir, selon ses propres dires ! Or, c'est seulement deux de ces cinq objets nébuleux (M 31, M 22) qui pouvaient présenter l'apparence des taches elliptiques allongées que Kant et Maupertuis avaient évoquées : voilà qui est fort peu comme base observationnelle pour étayer l'hypothèse de Kant.

Il est vrai que Kant encourage les observateurs du ciel à redoubler de perspicacité et de persévérance dans leurs recherches empiriques, car « il y a là un vaste champ ouvert aux découvertes, dont l'observation doit donner la clé[46] ». Toutefois, l'allure programmatique de cette formule et la confiance totale dans les observations à venir ne doivent pas nous faire oublier qu'elles ne sont que la conséquence d'une confiance primordiale dans la théorie déjà élaborée de toutes pièces ! En revanche, Maupertuis avait considéré chaque « nébuleuse » comme un unique corps solide et lumineux par soi-même, tel un soleil immense, et il pensait que l'aplatissement qui le caractérise serait seulement dû à son mouvement propre de rotation axiale :

> « Dans ces derniers temps [...] on a porté la vue jusques dans le Ciel des Étoiles fixes, & par le moyen des grandes lunettes on a trouvé dans ces régions éloignées des phénomènes qui semblent annoncer une aussi grande variété dans ce genre, qu'on en voit dans tout le reste de la nature. Des amas de matière fluide, qui ont un mouvement de révolution autour d'un centre, doivent former des astres fort applatis & en forme de meules. [...] De célèbres Astronomes s'étant appliqués à observer ces apparences célestes, qu'on appelle *nébuleuses*, & qu'on attribuoit autrefois à la lumière confondue de plusieurs petites Étoiles fort proches les unes des autres, & s'étant servis de lunettes plus fortes que les lunettes ordinaires, ont découvert que du moins plusieurs de ces apparences, non seulement n'étoient point causées par ces amas d'Étoiles qu'on avoit imaginés, mais même n'en renfermoient aucune ; & ne paroissoient être que

46. KANT, *Théorie du ciel*, Ire partie, Ak I, p. 255. Il est vrai que William Herschel découvrit, à lui seul, par la suite, plus de 2 500 objets nébuleux à l'aide de ses télescopes géants, cf. ADICKES, *Kant als Naturforscher*, Berlin, 1924, t. II, § 261, p. 237.

de grandes aires ovales, lumineuses, ou d'une lumière plus claire que le reste du Ciel[47]. »

Autrement dit, Maupertuis défend le point de vue de la *rotation solide*. Au contraire, Kant objecte que, compte tenu du prodigieux éloignement des nébuleuses, celles-ci devraient présenter, d'après la conception de Maupertuis, des dimensions inimaginables et surtout incompatibles avec la luminosité extrêmement faible qui les caractérise ! Kant pour sa part évitait ce paradoxe, car il pensait que chaque « nébuleuse » est un système constitué d'une multitude d'étoiles (système animé d'une rotation différentielle) qui seraient imperceptibles, compte tenu de leur énorme distance, si chacune d'elles était prise séparément. En ce sens, une « nébuleuse » est, selon Kant, une voie lactée aperceptible grâce au très grand nombre d'étoiles qu'elle contient, qui, prises chacune isolément resteraient imperceptibles pour un observateur aussi éloigné que nous le sommes depuis notre propre Voie lactée. Voilà une belle application de la célèbre théorie leibnizienne des petites perceptions à la cosmologie observationnelle :

> « Il est bien plus naturel et compréhensible de supposer qu'il ne s'agit pas de si grandes étoiles uniques mais de systèmes de nombreuses étoiles que leur distance dispose en un espace si étroit que leur lumière, imperceptible pour chacune prise en particulier, nous parvient grâce à leur foule innombrable en une pâle lueur uniforme. L'analogie avec le système d'étoiles dans lequel nous nous trouvons, leur forme qui est précisément comme elle doit être selon notre conception, la faiblesse de la lumière qui nous oblige à supposer une distance infinie, tout concorde pour que nous considérions ces figures elliptiques comme de tels ordres de mondes et pour ainsi dire, comme des Voies lactées dont nous venons de développer la constitution ; et si des présomptions, dans lesquelles l'analogie et l'observation concourent parfaitement à se soutenir mutuellement, ont autant de dignité que des preuves formelles, on devra tenir pour établie la certitude de ces systèmes[48]. »

---

47. Maupertuis, *Discours sur les différentes figures des astres*, 1742², rééd. Olms, Hildesheim, 1974, t. I, § VI, *Des taches lumineuses découvertes dans le Ciel*, p. 142-143.
48. Kant, *Théorie du ciel*, Ire partie, Ak I, p. 254-255 ; trad. fr. Roviello, Paris, Vrin, p. 95-96.

Une fois posée cette théorie des « univers-îles », le jeune Kant donne libre cours à ses aperçus infinitistes dont il ne dissimule aucunement les tenants et les aboutissants théologiques. Il faut préciser qu'il n'est question ici, dans la première partie de la *Théorie du ciel*, que de l'*infinité spatiale* de l'Univers et de la *pluralité infinie des mondes* qu'il contient. Dans l'ordre suivi par la *Théorie du ciel*, l'exposition de l'infinité spatiale précède celle de l'infinité *a parte post* du temps, comme l'exige le plan de l'ouvrage qui n'aborde le problème de la *genèse* de l'Univers qu'une fois résolu celui de sa *structure* actuelle. Revenons donc sur le concept d'infinité cosmique.

e) Le « champ infini de la Création » et l'infinité de Dieu

Le jeune Kant présente dans sa *Théorie du ciel* l'une des dernières grandes cosmologies infinitistes de l'Âge classique en étayant l'essentiel de son argumentation sur la théologie de la toute-puissance divine. Dans cet écrit précritique resurgit avec une vigueur remarquable, et même renforcée par l'ensemble des nouveaux acquis scientifiques de son temps, toute la puissance probatoire qu'avait déployée en son temps Giordano Bruno en faveur de l'infinité cosmique. Certes, Kant ne cite jamais Bruno, qu'il n'a d'ailleurs probablement jamais lu : tout au plus, peut-on penser qu'il a pu en entendre parler dans des comptes-rendus de disputes théologiques ou même dans l'intéressant chapitre que Brucker lui a consacré dans son *Histoire de la philosophie* et que Kant connaissait très bien[49]. Il est aussi fort probable que

49. Cf. Jacob Brucker, *Historia critica philosophiae a mundi incunabulis ad nostram usque aetatem deducta*, Leipzig, 1742-1744 (1ʳᵉ éd.), 5 vol., rééd. Olms, Hildesheim, 1975, spécialement le t. IV, 2, 1744, chap. 2, p. 12-62. Brucker avait finement montré que la philosophie de Bruno qu'il connaissait bien (pour avoir étudié de très près le *De la causa* et le *De immenso et innumerabilibus*) différait profondément de celle de Spinoza, contrairement à ce qu'en avait écrit Bayle dans son *Dictionnaire historique et critique*. Peut-être le jeune Kant avait-il entendu parler de Bruno par le canal de l'école wolffienne à propos de la querelle qui

le jeune Kant a su retrouver la voie de l'infinitisme en suivant sa propre réflexion tout en s'appuyant sur les enseignements traditionnels de la philosophie. Or, les perspectives infinitistes de la *Théorie du ciel* confèrent au jeune Kant une place tout à fait exceptionnelle dans la pensée cosmologique de son temps. En effet, il ne faut pas confondre ce que l'on pourrait appeler un certain « infinitisme convenu » qui vient orner les perspectives finales des traités d'astronomie (ou de cosmologie), avec les cosmologies qui établissent une véritable conceptualisation de l'infini[50]. Pointer du doigt l'abîme sans fond de notre ignorance, ce n'est pas la même chose que de vouloir démontrer positivement l'infinité de l'Univers. Ainsi, pourrait-on considérer, par exemple, les propos suivants de Maupertuis comme une illustration du premier type, lorsqu'il écrit :

> « Celui qui dans une belle nuit regarde le Ciel, ne peut sans admiration contempler ce magnifique spectacle. Mais si ses yeux sont éblouis par mille Étoiles qu'il apperçoit, son esprit doit être plus étonné lorsqu'il saura que toutes ces Étoiles sont autant de Soleils semblables au nôtre, qui ont vraisemblablement comme lui leurs planètes & leurs comètes ; lorsque l'Astronomie lui apprendra que ces Soleils [...] quant à leur nombre, que notre vue paraît réduire à environ deux mille, on le trouve toujours d'autant plus grand,

opposa entre 1720 et 1730 Joachim Lange à Wolff à propos des rapports entre foi et raison et de l'accusation de spinozisme. Toutefois, il ne s'agit là que de suppositions extrêmement ténues qui ne reposent sur aucun document précis, ni sur aucun témoignage direct. On peut consulter utilement sur cette question délicate les indications générales qui figurent dans les articles suivants : Jean-Louis Vieillard-Baron, « Bruno et l'idéalisme allemand », *RMM*, 1971, 76, p. 406-423 ; Saverio Ricci, « La Ricezione del pensiero di Giordano Bruno in Francia e in Germania da Diderot a Schelling », *Giornale Critico della Filosofia Italiana*, Firenze, Fasc. III, Settembre-Dicembre 1991, p. 431-465.

50. Rappelons que Couturat avait montré dans un célèbre article consacré à « La philosophie des mathématiques de Kant », *RMM*, 1904, n° 2, p. 378, que c'est dans la *Théorie du ciel* que Kant « a trouvé la juste définition de l'infini » : « L'infini est, parmi toutes les grandeurs, celle qui n'est pas diminuée par la soustraction d'une partie finie < *das Unendliche ist unter allen Größen diejenige, welche durch Entziehung eines endlichen Theiles nicht vermindert wird* > » [Ak I, p. 354]. Couturat déplore simplement que Kant ne s'en soit pas tenu par la suite à cette définition, notamment dans les *Antinomies de la raison pure* de la première *Critique*.

qu'on se sert de plus longs télescopes : toujours de nouvelles Étoiles au-delà de celles qu'on appercevoit ; point de fin, point de bornes dans les Cieux[51]. »

En revanche, le jeune Kant thématise expressément l'infini, car il veut en conceptualiser les caractères essentiels et réfuter, à l'aide d'une argumentation serrée, les thèses cosmologiques finitistes qui étaient cependant les plus répandues à l'époque. La conception de Kant repose sur trois points bien distincts : 1°) tout d'abord, vient l'idée que tout l'Univers est constitué de *systèmes* de corps célestes bien *ordonnés* et inclus les uns dans les autres suivant une hiérarchie stricte, mais structurés par les *mêmes lois* (conformément au modèle newtonien) et en *relation réciproque*[52] ; 2°) Dieu est par nature un être *absolument infini*, c'est-à-dire que ses attributs entitatifs, comme la Sagesse, la Bonté et la Puissance, sont des perfections illimitées ; 3°) l'infinité absolue du Dieu créateur n'a de sens qu'en tant qu'elle s'*exprime* ou se *manifeste* en se déployant dans sa création.

C'est seulement la conjonction de ces trois concepts qui permet à Kant d'établir l'infinité de l'Univers, car chacun d'eux pris séparément faisait l'objet, à l'époque, d'un consensus quasi unanime. En revanche, la mise en relation de ces trois éléments dans une perspective unique faisait problème. Certes, nombre d'astronomes « croyants », admettaient sans réserve l'infinité divine et la nécessité que sa gloire se manifeste dans ses œuvres, mais ils ne voyaient en ces options théologiques rien qui puisse aider en quelque manière leur propre pratique scientifique. D'ailleurs, la connaissance scientifique repose sur des mesures, tandis que l'infini pour les classiques échappe précisément à toute mesure, puisqu'il ne peut exister de *proportion* entre des unités

---

51. Maupertuis, *Essai de cosmologie*, 1750, rééd. de Lyon, 1768 ; Olms, Hildesheim, 1974, t. I, p. 74-75.

52. Cf. Kant, *Théorie du ciel*, Ak I, p. 255 ; trad. fr. Roviello, Paris, Vrin, 1984, p. 96 : « La création dans toute l'étendue infinie de sa grandeur est partout systématique et en relation réciproque. < *die Schöpfung in dem ganzen unendlichen Umfange ihrer Größe allenthalben systematisch und auf einander beziehend ist.* > »

de mesure *finies* (aussi grandes soient-elles) et l'*infini* qu'elles seraient censées arpenter[53]. Inversement, l'étude du système solaire et du monde sidéral à l'aide des seules lois de la mécanique classique n'avait guère de rapport avec les pratiques purement exégétiques de la théologie.

Kant réunit donc dans sa cosmologie précritique des énoncés que la physique et la théologie tenaient pour absolument séparés. La physico-théologie kantienne de 1755 entend démontrer que l'infinité de Dieu permet d'établir comme hautement probable l'infinité de l'Univers. Certes, Kant sait pertinemment qu'il ne s'agit là que d'une conjecture, d'une hypothèse, qui extrapole et pousse ses considérations cosmologiques bien au-delà de la sphère de nos connaissances qui se limitent aux premiers termes de la série des systèmes organisés. Toutefois, cela ne l'empêche pas de considérer sa conjecture comme tout à fait plausible, étant donné que son *terminus a quo* est garanti, au moins en partie, par des observations et des mesures astronomiques et que son *terminus ad quem* s'appuie sur les enseignements traditionnels de la foi, de la philosophie post-leibnizienne et de la physico-théologie d'inspiration newtonienne : c'est-à-dire sur l'existence nécessaire d'un Créateur omniscient, omnipuissant et infiniment bon. Kant réactive donc une des plus anciennes « preuves » *a posteriori* de l'existence de Dieu. Mais il aurait suffi à cette « preuve » de partir de l'ordre, de la beauté, de l'harmonie et de la finalité manifestes de l'Univers pour s'élever à l'« Harmoniste » suprême qui est Dieu. Autrement dit, l'affirmation de l'infinité cosmique n'était pas une composante vraiment indispensable de la physico-théologie, tant s'en faut ! Nous avons vu, bien au contraire, que pour nombre de théoriciens (comme Kepler en particulier et tant d'autres à sa suite) les idées d'*ordre* et

---

53. Tel est bien le cas de D'ALEMBERT et de BUFFON que nous avons déjà évoqué au chapitre I en analysant l'œuvre cosmologique de ce dernier qui déclarait dans son *Essai d'arithmétique morale*, 1777, dans le *Supplément à l'Histoire naturelle*, éd. Lanessan, t. XI, chap. XXV, p. 332 : « Toutes nos connaissances sont fondées sur des rapports & des comparaisons, tout est donc relation dans l'Univers ; et dès lors tout est susceptible de mesure, nos idées même étant toutes relatives n'ont rien d'absolu. »

de *finalité* s'opposaient radicalement à l'idée d'*infinité*. Par conséquent, toute l'originalité de la démarche kantienne réside dans
la corrélation qu'il établit entre l'infinité du Créateur et celle de
sa création, en termes d'*expression* et de *manifestation*. Regardons
de plus près ce texte qui laisse filtrer un certain ravissement
jubilatoire de son auteur dont la troisième *Critique* se fera l'écho
trente-cinq ans plus tard :

> « La conception que nous avons exposée nous ouvre une perspec-
> tive dans le champ infini de la création < *eine Aussicht in das unend-
> liche Feld der Schöpfung* > et offre une représentation < *Vorstellung* >
> de l'œuvre de Dieu < *dem Werke Gottes* > conforme à l'infinité du
> grand Maître d'œuvre < *der Unendlichkeit des großen Werkmeisters* >. Si
> la grandeur d'un Univers planétaire, dans lequel la Terre n'est guère
> plus perceptible qu'un grain de sable, émerveille l'entendement, de
> quel étonnement est-on ravi lorsqu'on voit la foule infinie de mondes
> et de systèmes qui emplissent l'étendue de la Voie lactée ; mais
> combien cet étonnement s'accroît lorsqu'on s'aperçoit que tous ces
> ordres immenses d'étoiles forment à leur tour l'unité d'un nombre
> dont nous ne connaissons pas la limite, unité qui est peut-être tout
> aussi inconcevablement grande que ces ordres, et est cependant à son
> tour encore l'unité d'une nouvelle liaison numérique. Nous voyons
> les premiers membres d'une relation progressive de mondes et de
> systèmes, et la première partie de cette progression infinie laisse
> déjà reconnaître ce qu'on doit supposer du tout. Il n'y a pas ici de
> fin, mais un abîme d'une véritable immensité < *Unermeßlichkeit* >
> dans lequel sombre tout le pouvoir des concepts humains, celui-ci
> fût-il rendu supérieur grâce à la science des nombres. La Sagesse,
> la Bonté, la Puissance qui se sont manifestées < *offenbart* > sont infinies
> < *unendlich* > et dans la même mesure fécondes et actives, le plan de
> leur manifestation doit donc être comme elles infini < *unendlich* > et
> sans limites[54]. »

Dieu étant conçu comme *absolument infini*, il s'ensuit qu'il
ne saurait *exprimer* l'infinité de sa Sagesse, de sa Bonté et de
sa Puissance qu'en créant un Univers infiniment étendu dans
l'espace et dans sa durée *a parte post*. Ainsi, la relation de l'Univers

---

54. KANT, *Théorie du ciel*, Iʳᵉ partie, Ak I, p. 255-256 ; trad. fr. Roviello, Paris,
Vrin, 1984, p. 96-97.

à Dieu serait comparable à celle qui unit l'artiste à son œuvre et l'auteur à son ouvrage. Mais dans ce cas, la physico-théologie de la *Théorie du ciel* ne tombe-t-elle pas dans un cercle logique ou diallèle ? Celui-ci consisterait tout d'abord à s'élever de l'Univers à Dieu, puisque « à travers le système qui relie les grands membres de la création dans toute l'étendue de l'infinité [...] on voit à juste titre la main immédiate de l'Être suprême[55] », pour redescendre ensuite de Dieu à l'Univers, car Dieu doit exprimer ou manifester sa gloire. L'infinité créée impliquerait ainsi l'existence d'un Créateur infini, dont la toute-puissance illimitée ne peut se déployer que dans un Univers sans limite. En définitive, Kant ne fonde-t-il pas sa conception de l'infinité cosmique sur l'infinité de Dieu, alors qu'il entreprend également de fonder sa démonstration de l'existence de Dieu sur l'infinité de l'Univers ? Pour le jeune Kant, la relation fondant/fondé ne sombre nullement dans un diallèle. Pour utiliser une distinction issue de l'école wolffienne, que Kant n'a pas utilisée dans la *Théorie du ciel*, mais qu'il employa en novembre 1755 dans sa *Nova dilucidatio*[56], on serait tenté de dire que l'infinité de l'Univers

55. KANT, *Théorie du ciel*, Ire partie, Ak I, p. 221 ; trad. fr. Roviello, Paris, Vrin, 1984, p. 65.

56. KANT, *Nouvelle explication des premiers principes de la connaissance métaphysique*, 1755, section II, proposition IV, Ak I, 391-392 ; trad. fr. J. Ferrari, in Kant, *Œuvres philosophiques*, Paris, Gallimard, « Bibl. de la Pléiade », 1980, t. I, p. 119-120 : « La raison se divise en raison "antérieurement" déterminante et en raison "postérieurement" déterminante. La raison "antérieurement" déterminante est celle dont la notion précède ce qui est déterminé, c'est-à-dire sans la supposition de laquelle le déterminé n'est pas intelligible. La raison "postérieurement" déterminante est celle qui ne serait pas posée, si la notion déterminée par elle ne l'était pas déjà d'ailleurs. On pourrait appeler aussi la première raison celle qui répond à la question "pourquoi", c'est-à-dire celle qui concerne l'être ou le devenir, la seconde celle qui répond à la question "quoi", c'est-à-dire celle qui concerne la connaissance. [...] Cherchons-nous par exemple la raison des maux de ce monde ? Nous avons alors une proposition : le monde contient un grand nombre de maux. Nous ne cherchons pas la "raison de connaître", puisque l'expérience en tient lieu, mais bien la "raison d'être", c'est-à-dire une réponse à la question "pourquoi". » On connaît l'importance que Kant accorda à cette distinction dans la célèbre note de la Préface à la *Critique de la raison pratique*, Ak V, 4 ; trad. fr. « Bibl. de la Pléiade », t. 2, p. 610.

est la « *ratio cognoscendi* » de l'infinité divine, et que celle-ci est la « *ratio essendi* » de l'infinité cosmique, mais il n'a pas jugé bon de le faire ici. Bien sûr, ces deux infinis n'ont pas le même statut ontologique, puisque Kant ne s'est jamais écarté de la conception créationniste qui implique nécessairement que l'infinité créée soit ontologiquement dénivelée par rapport à l'infinité du Créateur où s'originent son essence et son existence contingente. L'infinité créée dépend directement de la toute-puissance infinie et absolue de l'Être nécessaire.

Toutefois, au niveau même de l'infinité du créé, il existe une différence notable qui conduit à distinguer le cas de l'espace de celui du temps. En effet, le choix du point de départ de la progression infinie[57] dans l'espace est purement contingent : notamment la Terre où nous nous trouvons ; alors que dans le cas de la durée infinie *a parte post*, il existe un commencement *absolu* : l'instant initial de la création, comme le montre la IIe partie de la *Théorie du ciel*. À l'époque précritique, l'infinité de l'espace et du temps ne présentent ni le même statut, ni les mêmes modalités ontologiques. L'infinité temporelle est bornée *a parte ante* et illimitée *a parte post*, et son existence est purement *potentielle* (puisqu'elle se prolonge d'instant en instant *successivement*) ; l'espace, en revanche, possède une infinité existant en *acte*, car ses parties n'existent pas de façon successive, mais *simultanée* : elles sont *coexistantes*. À ce niveau, l'infinité spatiale présente davantage de ressemblance avec l'infinité divine que celle du temps. D'ailleurs, le jeune Kant précise qu'il s'agit de « l'espace infini de la présence divine < *in dem ganzen unendlichen Raume der göttlichen Gegenwart* >[58] », en rejoignant ici la conception newtonienne.

Cette physico-théologie de 1755 ne repose donc pas vraiment sur la téléologie propre au monde de la vie organique, bien que très prisée à l'époque dans l'Europe savante, mais elle se tient également à l'écart de tout anthropomorphisme. Bref, l'infinité

---

57. Wolff employait l'expression philosophique traditionnelle « *progressus in infinitum* ».

58. KANT, *Théorie du ciel*, IIe partie, chap. VII, Ak I, 312 ; trad. fr. Roviello, p. 151.

du champ de la création rend caduque toute forme d'anthro-pocentrisme[59].

f) De l'instant initial de la Création à l'infinité
  a parte post de l'évolution cosmique.

La cosmogonie qui figure dans la seconde partie de la *Théorie du ciel*[60] aborde la question de l'origine mécanique de l'Univers et représente la contribution la plus originale du penseur de Königsberg dans toute l'histoire de la cosmologie classique. Nous avons vu précédemment que Newton avait expliqué dans la IIIe partie de ses *Principia* l'état *actuel* du système solaire, mais qu'il lui était impossible de rendre raison de l'ordre total, de la stabilité et de l'origine de l'Univers sans recourir aux causes finales et aux desseins de la divine Providence. Or, c'est précisément ce problème que traite le jeune Kant, comme il avait pris soin de nous en avertir dès sa *Préface* :

> « Je cherche à développer la constitution de l'Univers à partir de l'état le plus simple de la nature par les seules lois mécaniques[61]. »

Erich Adickes rappelle dans son *Kant als Naturforscher*[62] que pareille entreprise, à l'intérieur du cadre épistémique newtonien, avait déjà été tentée, en 1748 par Pierre Estève dans son ouvrage intitulé : *Origine de l'Univers expliquée par un principe de la matière*[63]. Or, dans l'ensemble, Kant cite assez souvent

59. Toutefois, il semble que dans la IIIe partie de la *Théorie du ciel*, Kant ait oublié ce refus infinitiste de tout anthropocentrisme. Mais il ne faut pas perdre de vue que Kant dit dans sa préface, au sujet de ladite IIIe partie, qu'elle reste « quelque peu au-dessous de l'indubitable ».

60. KANT, *Théorie du ciel*, IIe partie, chap. I et VII.

61. KANT, *Théorie du ciel*, Préface, Ak I, p. 234.

62. ADICKES, *Kant als Naturforscher*, Berlin, 1924, t. II, p. 294-295.

63. Pierre ESTÈVE, *Origine de l'Univers expliquée par un principe de la matière*, Berlin, 1748. Notons tout de même au passage que Pierre Estève est aussi un partisan de l'infinitisme cosmologique, *Op. cit.*, p. 35 : « L'espace est un Être immatériel, infini, qui contient et renferme tout. »

ses sources : d'ailleurs, la *Théorie du ciel* abonde en références précises, sans que le nom de Pierre Estève y figure[64]. Pourtant, l'idée-force qui anime toute la cosmogonie de Pierre Estève se retrouve intégralement dans la *Théorie du ciel*. Dans sa préface, Pierre Estève s'exprimait ainsi :

> « Puisque cette force [d'attraction découverte par Newton] ou cette propriété constante de la matière conserve l'ordre de l'Univers, n'aurait-elle pas donné elle-même l'ordre qu'elle entretient si bien ? On explique par les lois de l'attraction les mouvements, la figure, etc. des corps célestes ; ne peut-on aussi examiner si l'attraction ne serait point capable de les avoir formés eux-mêmes, de les avoir disposés comme nous les voyons ; en un mot d'avoir ordonné chaque monde comme il se soutient[65] ? »

Dans le même esprit, Kant écrit :

> « Je n'ai pas appliqué pour le développement du grand ordre de la nature d'autres forces que celles de l'attraction et de la répulsion, qui sont également certaines, également simples et en même temps également originaires et universelles. Toutes deux sont empruntées à la philosophie newtonienne[66]. »

Est-ce à dire, en se fondant sur ces seules ressemblances, que le jeune Kant ait lu Pierre Estève et qu'il s'en soit profondément inspiré ? Se serait-il aussi inspiré de l'ouvrage de Swedenborg, *Principia rerum naturalium*, qui remonte à 1734 et qui contenait aussi une esquisse de l'hypothèse nébulaire ? Rien ne permet de l'affirmer.

1. L'instant initial de la Création comme singularité

Le jeune Kant expose sa cosmogonie à l'aide d'un modèle unique qui s'applique aussi bien à la formation du système solaire

---

64. L'ouvrage de Jean Ferrari sur *Les Sources françaises de la philosophie de Kant*, Paris, Klincksieck, 1979, qui a exploré les 28 volumes des *Kants Werke* de l'Académie de Berlin, nous en apporte la confirmation.

65. Pierre Estève, *L'Origine de l'Univers*, Berlin, 1748, Préface, p. V-VI.

66. Kant, *Théorie du ciel*, Préface, Ak I, p. 234.

qu'à celle des systèmes d'ordre supérieur, comme les galaxies, incluant toute la portion d'Univers déjà organisé[67]. Cette approche dénote un profond souci d'unité et de simplicité sur le plan épistémologique, que vient renforcer une grande confiance dans le principe heuristique de l'*analogie* :

> « Toutes les étoiles fixes que l'œil découvre dans les profondeurs du ciel, et qui semblent témoigner d'une sorte de prodigalité, sont des soleils et des centres de systèmes semblables. L'analogie ne permet donc pas ici de douter que ceux-ci ont été engendrés de la même manière que celui dans lequel nous nous trouvons[68]. »

Ce fil conducteur de l'analogie permet de comprendre toute la série des systèmes hiérarchiquement organisés à partir de la formation de ses premiers termes, de la même façon dont, en mathématiques, on peut penser dans sa totalité une suite infinie de termes grâce à la loi de formation qui les engendre tous.

La cosmogonie du jeune Kant commence tout juste *après* l'instant initial de la création divine (conformément au livre de la *Genèse*) qui, en lui-même, n'est pas du ressort de la physique, mais de la Révélation. La toute première phase de la cosmogonie est celle du chaos, car comme l'écrit Kant : « Cet état de la nature [...] paraît être le plus simple qui ait pu succéder au néant[69]. » Cette création proprement dite de la matière cosmique dispersée originellement dans l'espace infini de l'Univers est le passage du *Rien* au *Chaos* primitif. Nous avons déjà là ce qui relèvera, dans la *Critique de la raison pure*, des catégories de la Qualité : *Réalité – Négation – Limitation*, comme le fait justement remarquer Jules Vuillemin[70]. Or, précisément, la Création de l'Univers est une notion-limite, dont on peut s'approcher asymptotiquement,

67. Cf. KANT, *Théorie du ciel*, IIe partie, chap. I, Ak I, p. 265 : « Après avoir examiné la production de notre système solaire, nous avancerons de la même manière vers l'origine des ordres supérieurs du monde et nous pourrons rassembler en une seule doctrine l'infinité de toute la création. »

68. KANT, *Théorie du ciel*, IIe partie, chap. VII, Ak I, p. 306.

69. KANT, *Théorie du ciel*, IIe partie, chap. I, Ak I, p. 263.

70. Jules VUILLEMIN, *Physique et métaphysique kantiennes*, Paris, PUF, 1955, p. 96-97.

mais que l'on ne peut nullement atteindre. Cette limite est ce que les mathématiciens et cosmologues contemporains appellent une *singularité* : c'est-à-dire un état ponctuel pour lequel les grandeurs physiques ne peuvent plus être définies et au sujet duquel les équations ne peuvent plus rien nous dire. C'est dans cet ordre d'idées que Kant fait commencer sa cosmogonie par le *chaos primitif,* quoique celui-ci ne soit qu'un commencement *subalterne* de l'Univers dans le temps. En effet, seul le passage du non-être au chaos primitif, c'est-à-dire la création *ex nihilo,* est un commencement *absolu* qui reste totalement étranger et inaccessible à la connaissance scientifique, qui ne porte que sur un donné spatio-temporel. Kant se place ici au point de vue physico-théologique qui procède toujours *a posteriori* en s'élevant de l'ordre systématique du Monde à son Auteur, mais non point suivant l'ordre inverse du Créateur à sa création. C'est d'ailleurs ce que nous rappelle sa *Préface* en déclarant :

> « Je reconnais toute la valeur de ces preuves que l'on tire de la beauté et de l'ordre parfait de l'Univers pour confirmer l'existence d'un Auteur souverainement sage. À moins de résister obstinément à toute conviction, on doit laisser triompher des raisons aussi irréfutables[71]. »

Ainsi, le chaos primitif est un état initial de décomposition, de dispersion et de repos propre à la matière cosmique, constituant le prélude négatif mais nécessaire à la formation des futurs systèmes organisés. La question se pose donc de savoir ce qui permet à la matière cosmique de sortir de son repos initial, sans l'intervention d'une « main étrangère[72] », pour se condenser

71. KANT, *Théorie du ciel,* Préface, Ak I, p. 222.
72. Descartes posait, pour sa part, que la matière cosmique avait été créée initialement par Dieu avec une quantité de mouvement constante, que la « création continuée » conserve d'instant en instant. De même, NEWTON considérait que l'univers a été façonné et mis en mouvement par « l'esprit de Dieu ou Éther ». Cf. la lettre à Burnet de janvier 1680 in TURNBULL, *Correspondance of Isaac Newton,* 1960, Cambridge University Press, II, p. 329-335. À notre connaissance, Pierre Estève est un des seuls théoriciens, avant Kant, qui n'ait pas eu recours à l'intervention de Dieu pour mettre la matière en mouvement.

ensuite en des masses distinctes animées de mouvements orbitaux. Il s'agit alors de passer du repos à un *double* mouvement : d'abord un mouvement de *condensation* « composant diverses masses[73] », puis un mouvement de *rotation* « transformant la chute verticale en mouvement circulaire autour du centre de la chute[74] ». Or, c'est ce passage du repos au mouvement qui fut le plus mal accueilli par les commentateurs tardifs de Kant. En revanche, Laplace, dans son *Exposition du système du Monde*[75], tourna la difficulté en se donnant d'emblée, à titre de condition initiale, une nébuleuse primitive animée d'un mouvement de rotation. La « solution kantienne » présente donc bien des différences avec celle de Laplace.

Si la distribution des éléments de la matière cosmique avait été parfaitement homogène et uniforme, l'équilibre général aurait persisté indéfiniment dans un repos perpétuel. Jamais Kant n'aurait pu dire : « Donnez-moi de la matière, je vous montrerai comment un monde doit en sortir[76] ». C'est précisément la *différence de densité* des éléments primitifs qui introduit l'instabilité dans le repos initial. Bien sûr, pour que cette différence de densité spécifique ait un sens, il importait de sortir du géométrisme cartésien, qui ne prenait en compte que les seules grandeurs extensives, et de recourir aux *grandeurs intensives* de la dynamique sur le statut desquelles Kant s'était déjà clairement prononcé dès son tout premier ouvrage de 1747 sur l'*Évaluation des forces vives*[77]. L'origine de la formation de l'Univers

---

73. KANT, *Théorie du ciel*, IIe partie, chap. I, Ak I, p. 264.

74. KANT, *Théorie du ciel*, IIe partie, chap. I, Ak I, p. 265.

75. LAPLACE, *Exposition du système du monde*, 1796[1], t. II, p. 294 *sq* ; puis dernière édition, 1835[6], note VII.

76. KANT, *Théorie du ciel*, Préface, Ak I, p. 229.

77. KANT, *Pensées sur la véritable évaluation des forces vives et critique des preuves dont se sont servi M. de Leibniz et d'autres mécaniciens dans cette controverse, avec quelques considérations préliminaires qui concernent la force des corps en général*, 1747. Kant écrit à ce sujet dans la IIIe section de cet ouvrage, § 117, Ak I, 141, l. 20 à 25 : « Le mouvement est le phénomène extérieur de la force, mais la tendance à conserver le mouvement est la base de l'activité, et la vitesse indique combien de fois on doit prendre celle-ci pour avoir toute la force : cette tendance, nous la nommerons intension < *Intension* > ; donc la force est égale au produit de

ne doit donc pas être recherchée ailleurs que dans la matière élémentaire qui possède en elle-même deux forces inhérentes à sa nature : la force d'attraction et celle de répulsion. Kant considère la première de ces deux forces comme une force essentielle à la matière[78]. Sur ce point, Kant se montre infidèle à la pensée de Newton, qui avait toujours refusé de considérer l'attraction comme une force essentielle aux corps[79].

Mais alors, comment comprendre qu'il y ait eu, juste au sortir du néant, une phase de repos initial, puisque les forces essentielles à la matière auraient dû agir *immédiatement* ? Pourquoi Kant écrit-il que « le repos universel ne dure qu'un instant[80] ». Pourquoi n'a-t-il pas fait intervenir d'emblée la force d'attraction à l'instant même où la matière cosmique venait d'être créée ? Le jeune Kant, semble-t-il, a recours à une genèse différentielle de la formation de l'Univers. C'est ce que donne à entendre la formule programmatique de la Préface : « Je vais vous montrer comment doit naître un monde[81]. » Pour exposer la formation progressive de l'Univers, Kant part d'un degré zéro d'organisation, où l'état de repos initial ne dure qu'un instant infinitésimal. Cet état-limite est le *terminus a quo*, intérieur au temps, où s'origine cette genèse

la vitesse par l'intension. » Cité par Jules VUILLEMIN, in *Physique et métaphysique kantiennes*, p. 240. Cette irréductibilité de la matière à l'étendue, Kant la maintiendra toujours, tant dans sa *Monadologie physique* (1756) que dans l'*Analytique des principes* de la première *Critique* (1781) où il distingue radicalement les grandeurs *extensives* des grandeurs *intensives* ; de même que les *Premiers Principes métaphysiques de la science de la nature* (1785) distinguent aussi radicalement le niveau de la *Phoronomie* de celui de la *Dynamique* pour les mêmes raisons.

78. Cf. KANT, *Théorie du ciel*, Préface, Ak I, p. 230 ; trad. fr. Roviello, Paris, Vrin, 1984, p. 73 : « Car si l'on a de la matière douée de la force d'attraction qui est *essentielle*. < *Denn wenn Materie vorhanden ist, welche mit einer wesentlichen Attractionskraft begabt ist.* > »

79. NEWTON, *Principia mathematica philosophiae naturalis*, Livre III, *Regulae philosophandi*, trad. fr. par Mme du Châtelet, 1759, rééd. Blanchard, 1966, t. 2, p. 4 : « Cependant, je n'affirme point que la gravité soit essentielle aux corps. Et je n'entends par la force qui réside dans le corps, que la seule force d'inertie, laquelle est immuable ; au lieu que la gravité diminue lorsqu'on s'éloigne de la Terre. »

80. KANT, *Théorie du ciel*, IIᵉ partie, chap. I, Ak I, 264.

81. KANT, *Théorie du ciel*, Préface, Ak I, p. 229.

différentielle[82]. Ainsi, Kant énonce les conditions géométriques (espace infini), cinématiques (éléments quasi ponctuels de matière, et temps infini *a parte post*) et dynamiques (forces, masses, centres de condensation et d'attraction) qui lui permettent de progresser suivant un ordre croissant de complexité, dans la formation de l'Univers.

Une fois ce point admis, le passage du repos au mouvement de condensation ou de concentration devient plus aisé. En effet, la diversité des densités spécifiques rompt l'équilibre et rend *instable* la distribution de la matière cosmique. Les éléments de plus forte densité deviennent centres d'attraction et attirent de proche en proche les éléments de moindre densité qui les environnent. La seule force d'attraction combinée avec la variété spécifique des éléments < *Verschiedenheit in den Gattungen der Elemente* > suffit pour mettre un terme à l'état initial de dispersion de la matière cosmique. Car une différence (même infinitésimale) de densité affectant une particule infime de matière peut, à elle seule, rompre l'équilibre des attractions mutuelles, provoquant ainsi un effondrement gravitationnel de tout l'Univers, à moins que les attractions mutuelles ne soient contrebalancées par des forces répulsives. Alors, chacun de ces centres de plus forte attraction devient une fournaise immense augmentant sa masse aux dépens des particules de moindre densité qui viennent se briser sur elle et transformer leur *force vive* en *chaleur*.

Encore faut-il expliquer le passage du repos au mouvement de rotation : c'est là le point qui soulève le plus de difficultés. Henri Poincaré s'est élevé contre cette possibilité dans ses *Leçons sur les hypothèses cosmogoniques* en déclarant :

> « Les affirmations de Kant sont en contradiction avec le principe des aires, d'après lequel le moment de rotation d'un système soustrait à toute action extérieure est constant : ce moment de rotation doit rester toujours nul s'il l'est initialement. Il est donc impossible qu'un système partant du repos ait engendré le système solaire, pour

---

82. KANT retrouve cette idée de genèse différentielle dans sa *Critique de la raison pure*, *Anticipations de la perception*, Ak. III, 154, trad. fr., in KANT, *Œuvres philosophiques*, Paris, Gallimard, « Bibl. de la Pléiade », 1980, t. 1, p. 909.

lequel le moment de rotation n'est pas nul : or, Kant suppose explicitement que la matière primitive du Soleil part du repos. Pourquoi Kant n'a-t-il pas supposé, comme le fit plus tard Laplace, une rotation initiale[83] ? »

Certes, s'il est vrai que Kant s'est mis cette fois « en contradiction absolue avec les lois de la mécanique[84] », il faut reconnaître que le principe de la conservation du moment angulaire, ici incriminé, n'avait pas encore été formulé à l'époque de la *Théorie du ciel*. L'historien Clifford Truesdell précise dans un article que ce principe n'a été pleinement formulé qu'en 1775 par Euler[85]. Malgré tout, lors des rééditions successives de la *Théorie du ciel* entre 1791 et 1799, Kant n'a pas jugé utile de revenir sur cette question.

Pourtant, s'il est exact que l'objection d'Henri Poincaré demeure insurmontable au niveau du système solaire *pris isolément*, en revanche elle peut être levée à propos de l'Univers *pris dans sa totalité*. D'ailleurs, Kant refuse de considérer le système solaire de façon isolée :

> « La création entière est un unique système, mettant en rapport tous les mondes et tous les ordres de mondes qui remplissent tout l'espace infini, avec un unique centre[86]. »

Ainsi, rien n'empêche de penser que le moment de rotation total des systèmes constitutifs de l'Univers puisse être nul, sans que pour autant celui du système solaire le soit également. La résultante de tous les vecteurs-quantité de mouvement caractérisant les diverses masses du système total considéré pourrait bien être nulle, quoique toutes les masses ne soient pas en repos, mais cela nécessiterait des conditions initiales tout à fait particulières et difficiles à justifier. Certes, bien que Kant n'ait pu

---

83. Henri POINCARÉ, *Leçons sur les hypothèses cosmogoniques*, Paris, Hermann, 1913², p. 3.
84. Henri POINCARÉ, *Op. cit.*, p. 2.
85. Cf. Clifford TRUESDELL, *Whence the Law of Moment of Momentum ?* in *Mélanges Koyré*, Paris, Hermann, 1964, t. 1, p. 588-611.
86. KANT, *Théorie du ciel*, II᷄ partie, chap. VII, Ak I, 311.

concevoir cette solution en ces termes, elle reste entièrement fidèle au cadre qu'il a assigné à sa cosmogonie. D'ailleurs, les exemples physico-cosmologiques mentionnés par Kant pour illustrer son *Essai pour introduire en philosophie le concept de grandeur négative* publié en 1763 (c'est-à-dire la même année que le résumé de sa cosmogonie[87]), fournissent explicitement ce genre de solution dont il nous faut préciser le sens.

Dans l'*Essai sur le concept de grandeur négative*, Kant s'était simplement proposé d'utiliser en philosophie un concept importé des mathématiques et de la physique. Avec l'essor de la mécanique newtonienne, la statique, qui a pour objet les lois de l'équilibre, fut réduite ensuite à un cas particulier de la dynamique. Tant que les concepts de masse, d'inertie, de vitesse et d'accélération, et même de force, n'avaient pas reçu de traitement mathématique rigoureux, il était impossible de donner une définition autre que descriptive de la notion d'équilibre. Or, depuis la mise en place de la dynamique newtonienne, il devint possible d'unifier les découvertes isolées concernant les lois de l'équilibre. D'où la définition rigoureuse de l'équilibre que donne D'Alembert :

> « Pour que deux corps ou deux forces se fassent équilibre, il faut que ces forces soient égales, & qu'elles soient directement opposées l'une à l'autre. Lorsque plusieurs forces ou puissances agissent les unes contre les autres, il faut [...] réduire toutes ces puissances à une seule. Or, pour qu'il y ait équilibre, il faut que cette dernière puissance soit nulle[88]. »

Cette idée de résultante nulle des forces agissant sur un corps est l'indice d'une toute nouvelle façon de conceptualiser l'équilibre. C'est précisément ce que Kant comprit en profondeur dans son *Essai sur le concept de grandeur négative*. En effet, il distingue l'opposition logique (ou contradiction) et l'opposition réelle (sans contradiction). Dans la première, les termes contradictoires se

---

87. KANT, *De l'unique fondement possible d'une démonstration de l'existence de Dieu*, IIᵉ partie, VIIᵉ *Considération*, Ak II, 137-151 ; tr fr. Zac, in KANT, *Œuvres philosophiques*, Paris, Gallimard, « Bibl. de la Pléiade », 1980, t. 1, p. 405 à 422.
88. D'ALEMBERT, in *Encyclopédie*, 1756, art. « *Équilibre* », t. 5, p. 873.

suppriment mutuellement et n'aboutissent à rien. En revanche, dans l'opposition réelle, il en résulte un état bien réel, comme l'équilibre[89].

Cette formulation un peu lourde indique d'une part qu'il y a une séparation bien nette entre la *logique pure* et l'*existence empirique*, et d'autre part qu'il existe une réelle *positivité* des grandeurs *négatives*. Avec ce concept de grandeur négative, Kant donnait enfin à la philosophie les moyens de comprendre la physique de son temps et il l'a même appliqué à la cosmologie en considérant que l'Univers pris comme totalité doit réaliser un état d'équilibre stable :

> « Tous les principes réels de l'Univers, si l'on additionne ceux qui s'accordent et si l'on soustrait les uns des autres ceux qui sont opposés entre eux, donnent un résultat qui est égal à zéro[90]. »

Dès lors, Kant pense être en mesure d'exposer son hypothèse sur la formation et l'organisation des mondes dont se compose l'Univers.

2. L'« expansion successive de la Création à travers les espaces infinis »

Kant revient sur l'infinité de l'Univers au chapitre VII, mais en se plaçant cette fois au point de vue dynamique de son évolution

---

89. Kant, *Essai pour introduire en philosophie le concept de grandeur négative*, 1763, IIIe section, Ak II, p. 171-172, 175-176 ; trad. fr. J. Ferrari, in Kant, *Œuvres philosophiques*, Paris, Gallimard, « Bibl. de la Pléiade », 1980, t. 1, p. 266 et 271 : « L'opposition réelle est celle où deux prédicats d'une chose sont opposés, mais non par le principe de contradiction. Certes, ce qui est posé par l'un est aussi supprimé par l'autre ; mais la conséquence est *quelque chose (cogitabile)*. La force motrice d'un corps d'un côté et un effort égal du même corps dans une direction opposée ne sont pas contradictoires et, comme prédicats, sont possibles en même temps dans un corps. La conséquence en est le repos qui est quelque chose *(repraesentabile)*. C'est pourtant là une véritable opposition. [...] L'opposition réelle ne se produit que dans la mesure où, de deux choses considérées comme des *principes positifs*, l'une supprime la conséquence de l'autre. »

90. Kant, *Essai pour introduire en philosophie le concept de grandeur négative*, 1763, IIIe section, Ak II, p. 197 ; trad. fr. Ferrari, in *Ibid.*, p. 294.

depuis l'instant initial de sa Création et non plus seulement au niveau de sa structure actuelle. Aussi commence-t-il par exposer le *progrès infini* de la structuration progressive de l'Univers dans le temps : c'est véritablement l'*histoire générale de la Nature* envisagée au sein du devenir cosmique illimité. Cette histoire articule l'idée religieuse de *création* (qui implique le concept redoutable de *commencement absolument premier*) avec celle d'*infinité* du temps cosmique illimité *a parte post*. Or, Kant reconnaît à ce niveau que sa physico-théologie conjecturale manque totalement d'apodicticité :

> « Je ne tiens pas aux conséquences que ma théorie propose au point de ne pouvoir reconnaître que la conjecture de l'extension successive de la création à travers les espaces infinis qui contiennent pour cela la matière < *Stoff* >, ne peut écarter entièrement le reproche du manque de preuves < *Unerweislichkeit* >[91]. »

Quelle est donc la signification de l'infinité cosmique dont Kant admet d'emblée l'existence ? L'*espace* est conçu comme « l'étendue infinie de la présence divine < *unendlichen Umfang der göttlichen Gegenwart* >[92] ». Cette formule, d'inspiration profondément newtonienne, revient à maintes reprises dans l'ouvrage[93]. Ensuite, l'infinité *a parte post* du *temps* est posée comme indissociable de l'infinité de l'*espace*, puisque la formation continue des mondes ne cesse de s'étendre dans l'espace universel. Les convictions créationnistes du jeune Kant le conduisent à rejeter l'infinité *a parte ante* du temps qui hantait les *Principia* de Newton, parce que cette dernière risquait de porter atteinte aux enseignements de la Révélation : ce que son *piétisme* ne pouvait accepter. Le temps cosmique possède donc un *terminus a quo*, mais point de *terminus ad quem*, ce qui laisse penser que Kant interprète la fin du monde évoquée dans l'*Apocalypse* de saint Jean comme la seule fin de *notre* monde, mais nullement comme

---

91. KANT, *Théorie du ciel*, IIe partie, chap. VII, Ak I, 315 ; trad. fr. Roviello (légèrement modifiée par nous), Paris, Vrin, 1984, p. 153.
92. KANT, *Théorie du ciel*, IIe partie, chap. VII, Ak I, 306.
93. Cf. KANT, *Théorie du ciel*, Ak I, 312, 313, 314, 329.

la ruine totale de l'Univers. Outre l'*infinité spatio-temporelle* (que la première *Critique* maintiendra sur un autre plan[94]), Kant affirme aussi l'existence d'une *quantité infinie de matière* qui est « une conséquence immédiate de l'existence de Dieu[95] ». Cette assertion relève de ce qu'Arthur Lovejoy appelle le « principe de plénitude[96] ». Ainsi, l'infinité du contenant spatio-temporel de l'Univers est-elle coextensive à celle de son contenu matériel.

Encore faut-il rendre compte de la construction et de l'organisation progressive des mondes dans l'espace cosmique. À cet effet, le jeu des forces attractive et répulsive[97] devrait pouvoir

94. Certes, bien que Kant se situe à deux points de vue radicalement différents dans l'*Esthétique transcendantale* et dans la *Dialectique transcendantale*, il n'en est pas moins vrai qu'il affirme dans la première : « L'espace est représenté comme une grandeur infinie donnée. » (Ak III, 43 ; trad. fr. in KANT, *Œuvres philosophiques*, Paris, Gallimard, « Bibl. de la Pléiade », 1980, t. 1, p. 786.) Tandis que dans la seconde il se montre extrêmement réservé sur ce point : « Une grandeur infinie donnée est impossible, et par conséquent aussi un monde infini. » (Ak III, 297 ; trad. fr. *Ibid.*, p. 1090.) Il semble à ce niveau que Kant n'ait pas une conception précise et stable de l'infini ; mais nous verrons au chapitre IV que ce point est bien plus complexe qu'il n'y paraît.

95. KANT, *Théorie du ciel*, IIe partie, chap. VII, Ak I, 310.

96. Cf. A. O. Lovejoy, *The Great Chain of Being*, 1936, rééd. Harvard University Press, 1964, Lecture II, p. 52 *sq.*

97. Outre la *force attractive* déjà évoquée, Kant allègue une *force répulsive* dont le statut n'est pas distinctement défini. À son sujet, KANT écrit dans la *Théorie du ciel*, Préface, Ak I, 234-235 : « Je ne prends ici la seconde force [répulsive], à laquelle la science naturelle de Newton ne peut sans doute accorder autant de clarté qu'à la première, que dans un sens où personne ne peut la contester, à savoir dans la plus fine dissolution de la matière, comme par exemple dans les vapeurs. » Cf. aussi, *Ibid.*, IIe partie, chap. 1, Ak I, 265. À ce niveau, la force répulsive se confond avec les phénomènes d'*élasticité* (pris dans un sens inadéquat de la part de Kant). Dans sa *Brève Esquisse de quelques méditations sur le feu*, (avril 1755), Ak I, propositions VII et VIII, 376-377, Kant expliquait les phénomènes de répulsion par l'*éther* qui n'est, selon lui, rien d'autre que la « matière ignée », la « matière calorique », la « matière élastique », et la « matière lumineuse ». Nous citons ces textes en traduction, cf. *infra* p. 263 la note 115. Sur ce point, Kant ne changea point d'avis, car on retrouve ces idées dans la période critique : cf. *Sur les volcans lunaires*, 1785, Ak VIII, p. 73-75 ; *Premiers Principes métaphysiques de la science de la nature*, 1785, Dynamique, Définition 2, Ak IV, p. 498 ; ainsi que dans certains passages de l'*Opus postumum*, Ak XXII, p. 212-214, 522. Mais il est curieux que Kant assimile, à cette matière élastique répulsive, les *forces d'impulsion* < *schiessende Kraft* >, les *forces centrifuges* < *Schwungskraft* > et l'*antitypie* ;

suffire. Pourtant, ce n'est pas le cas même en tenant compte de la diversité des densités spécifiques et de l'instabilité qu'elle introduit dans l'uniforme distribution de la matière cosmique. Kant juge indispensable d'affirmer, en outre, l'existence d'un *centre unique* de l'Univers infini, véritable point central à partir duquel s'étend la formation continue de chacun des mondes finis dans un processus continu, divergent, mais isotrope (selon le langage moderne). Certes, l'idée de la plus forte concentration d'éléments matériels à haute densité spécifique en un point déterminé de l'espace infini fait problème, ou plutôt elle est contradictoire. Du reste, le jeune Kant en est tout à fait conscient et le concède volontiers :

> « Il est bien vrai que dans un espace infini aucun point ne peut proprement avoir la prérogative de s'appeler centre[98]. »

Déjà, Nicolas de Cues avait montré, dans *La Docte Ignorance*, les conséquences qu'entraîne l'infinité de l'Univers en déclarant que « son centre est partout et sa circonférence nulle part[99] ». En réalité, Kant sait que son argument ne peut être d'ordre géométrique (l'espace géométrique infini est homogène) ; il est bien plutôt d'ordre *physique*, *métaphysique* et *méthodologique*. En effet, cette centration de l'Univers infini est la conséquence physico-métaphysique de l'idée d'un commencement du temps, car si sa structuration commence aussitôt après l'instant du repos initial et s'étend avec une vitesse *finie*, il faut bien que ce soit à partir

---

cf. à ce sujet la *Monadologie physique*, Prop. X, Ak I, p. 484 ; trad. fr. Zac, Paris, Vrin, 1970, p. 46 : « La force de l'impénétrabilité est une force répulsive qui empêche une chose extérieure quelconque de s'en rapprocher davantage. » Tout se passe comme si la notion de *force répulsive* était une notion *générique* se spécifiant sous une grande multiplicité d'aspects particuliers. En tout cas, est répulsif pour Kant tout ce qui a le pouvoir de contrebalancer l'attraction des corps comme il le dit clairement dans l'*Essai pour introduire en philosophie le concept de grandeur négative*, Ak II, p. 179 ; trad. fr. *Ibid.*, p. 274-275 : « La cause de l'impénétrabilité est une véritable force, puisqu'elle fait ce que fait une véritable force [...] ; l'impénétrabilité est une *attraction négative* [...]. Elle est en réalité une véritable répulsion. »

98. Kant, *Théorie du ciel*, IIe partie, chap. VII, Ak I, 312.

99. Nicolas de Cues, *La Docte Ignorance*, 1440, trad. fr. H. Pasqua, Paris, Payot & Rivages, 2008, II, chap. XI et XII, p. 160-168.

d'un certain point de l'espace. L'idée de *commencement* nécessite à titre de réquisit un *ubi/quando*. On sait avec quelle acuité cette question continua de préoccuper Kant toute sa vie durant[100]. Ce centre gravifique fondamental constitue à la fois l'*unité* systématique de l'Univers infini et le point-origine de l'organisation progressive de l'Univers :

> « Ce point, vers lequel tombe tout le reste de la matière élémentaire comprise dans des formations particulières < *Particularbildungen* >, et aussi loin que le développement de la Nature peut s'étendre, fait du grand Tout un seul et unique système dans la sphère infinie de la Création[101]. »

Il nous semble surtout que l'idée de centrer l'Univers infini est la rançon de la *méthode analogique* suivie jusqu'ici. En effet, si le système saturnien fournit un modèle réduit qui facilite la compréhension du système solaire, puis celui-ci pour la Voie lactée, et ainsi de suite à l'infini, Kant se voit contraint par la force de l'*analogie* de doter l'Univers infini d'un centre, à l'image des petites totalités partielles dont il est la réplique « à une échelle infinie[102] ». La question est de savoir si l'on peut légitimement étendre à l'infini ce qui est pertinent pour des ensembles *finis*. La tradition philosophique avait toujours été réservée sur cette question en faisant valoir que « de l'infini au fini il n'est pas de proportion[103] ».

---

100. Il est certain que ce sont bien des questions d'ordre cosmologique qui ont sorti KANT de son « sommeil dogmatique » et qui l'ont conduit sur la voie du criticisme, cf. les *Prolégomènes*, § 50, Ak IV, 338, trad. Rivelaygue, in KANT, *Œuvres philosophiques*, Paris, Gallimard, « Bibl. de la Pléiade », 1985, t. 2, p. 118 : « Ce produit de la raison pure dans son usage transcendant est le phénomène le plus remarquable de cette faculté, c'est aussi celui qui, de tous, agit avec le plus de vigueur pour éveiller la philosophie de son sommeil dogmatique et la mouvoir en direction de cette affaire ardue qu'est la critique de la raison. »

101. KANT, *Théorie du ciel*, IIe partie, chap. VII, Ak I, 312.

102. KANT emploie cette expression dans son article de 1754 : *Recherches sur la question : la Terre a-t-elle subi quelques modifications dans son mouvement de rotation axiale depuis son origine ?*, Ak I, 190-191.

103. L'adage scolastique « *inter finitum et infinitum non est proportio* » ne fait que reprendre le propos d'ARISTOTE, in *Traité du ciel*, I, 6, 274 a 7-8, Paris,

Pourtant, Kant n'effectue pas de saut brusque pour passer du fini à l'infini. Ce qui fait la force et l'originalité de sa cosmogonie, c'est que la sphère d'organisation de la matière cosmique s'étend à partir du point central, aux dépens du chaos originel, et se propage à vitesse *finie* dans l'espace *infini* pendant une *durée illimitée*. Autrement dit, la sphère d'ordre, la sphère actuellement formée ne cesse de s'étendre, mais si grande soit-elle, elle demeure toujours *finie*. Elle ne fait que tendre vers l'infini. En ce sens, Kant reprend à son compte, en la renouvelant, la théorie traditionnelle de la *création continuée* :

> « La création n'est jamais achevée. Elle a bien commencé un jour, mais elle ne finira jamais [104]. »

En termes de mécanique rationnelle, on dirait que le rayon R de la sphère d'activité organisatrice est fonction du temps, c'est-à-dire $R_{(t)}$. Toutefois, comme le cadre de la cosmologie kantienne reste newtonien, on ne saurait parler d'un Univers en « expansion » puisque le fondement du newtonianisme consiste à considérer les propriétés métriques de l'espace et du temps comme totalement *indépendantes* (Newton dit « absolues ») de la distribution des masses matérielles qu'elles contiennent. La différence qui sépare l'*extension* de l'*expansion* est du même ordre que celle qui sépare la mécanique *newtonienne* de la mécanique *relativiste*.

Dès lors, se dessine la célèbre hypothèse que les Allemands appellent « hypothèse de Kant-Laplace » depuis Helmholtz [105]. Sous l'effet de l'interaction gravitationnelle, des tourbillons de particules se forment autour du « point central » par composition de l'*attraction* et des *impulsions latérales* produites par leurs

---

Les Belles Lettres, 1965, p. 20 : « Il n'est pas possible d'établir un rapport < Λόγος > entre l'infini et le limité <τοῦ ἀπείρου πρὸς τὸ πεπερασμένον >. » On le retrouve chez Nicolas de Cues, *La Docte Ignorance*, I, chap. iii, 1440 ; trad. fr. Hervé Pasqua, Paris, Payot & Rivages, 2008, p. 43.

104. Kant, *Théorie du ciel*, IIᵉ partie, chap. VII, Ak I, 314 ; trad. fr. Roviello, Paris, Vrin, 1984, p. 153.

105. Helmholtz, *Voträge und Reden*, 1896, t. 1, p. 72, c'est-à-dire dans le texte de 1854 intitulé *Über die Wechselwirkung der Naturkräfte*.

entrechoquements au cours de leur chute commune convergente. Après un formidable entrecroisement de particules en rotation, certaines d'entre elles finissent par tourner suivant des orbites parallèles et de même sens ; les autres, animées d'une vitesse insuffisante pour graviter, viennent grossir la masse du corps central en lui imprimant un mouvement de rotation axiale de même direction. Alors, dit Kant, « tout est dans l'état de la moindre action réciproque < *in dem Zustande der kleinsten Wechselwirkung* >[106] ». Le théorème des forces centrales suffit pour expliquer que les particules en rotation se rassemblent dans un même plan qui prolonge l'équateur du corps central. Or, comme les particules en rotation sont *relativement* en repos les unes par rapport aux autres, le jeu de l'attraction newtonienne suffit à les condenser en noyaux massifs en fonction des densités spécifiques. Ainsi se constituent progressivement les corps célestes tandis que se vide l'espace interplanétaire, interstellaire et intergalactique.

Est-ce à dire que les mondes une fois formés et animés de mouvement de rotation demeurent éternellement dans cet état ? La question est importante puisque, pour Newton, le système du Monde n'a pas en lui-même les raisons de sa propre stabilité. À ce sujet, il avait écrit dans son *Optique* : « La Nature a plus de penchant à ce que le mouvement périsse qu'à ce qu'il ne naisse[107]. » Autrement dit, il y a dans la nature une action de frein en vertu de laquelle le travail se perd sans compensation. De ce fait, la conservation globale de l'ordre cosmique requiert une intervention divine selon Newton qui avait écrit dans ce sens : « Il arrive que le système ait besoin enfin d'être remis en ordre par son Auteur[108]. » Pour Kant, comme pour Newton, chaque système particulier de mondes a tendance à se dérégler, à freiner ses mouvements et à sombrer dans un effondrement gravitationnel[109].

---

106. KANT, *Théorie du ciel*, IIe partie, chap. I, Ak I, 266 ; trad. fr. Roviello, Paris, Vrin, 1984, p. 104.
107. NEWTON, *Opticks*, Quaestio XXXI, p. 483.
108. NEWTON, *Ibid.*, II, p. 577.
109. KANT, *Théorie du ciel*, IIe partie, chap. VII, Ak I, 317-318 : « Newton [...], se vit obligé de prédire à la Nature son déclin dû au penchant naturel qu'y a la mécanique des mouvements. »

En revanche, Kant s'écarte de Newton en refusant de faire intervenir « la main de Dieu » pour corriger les dérèglements naturels des mondes organisés. Les mondes finis passent, mais l'Univers infini subsiste : car il est d'une richesse inépuisable, puisque les ruines des mondes détruits deviennent autant de matériaux pour la formation des mondes à venir et que la régénération est incessante. Or, comme ce sont les mondes les plus âgés qui disparaissent les premiers, il va sans dire que ce sont les plus proches du centre cosmique qui seront d'abord détruits. Si bien que la sphère d'ordre est limitée entre deux chaos : sa convexité est limitée par le chaos originel « pré-organique », tandis que sa concavité est contiguë au second chaos « post-organique »[110]. Précisons, en outre, que, comme le processus de *régénération* est plus rapide que celui de *destruction*, il y a une *croissance de l'ordre* (bien que le reliquat de chaos primitif à organiser reste toujours *infini*) et le bilan cosmologique est ainsi nécessairement *positif*. Encore faut-il préciser comment les mondes détruits parviennent à renaître de leurs cendres, tels des phénix, sans l'intervention de Dieu.

L'élément naturel de toutes ces métamorphoses, donc à la fois destructeur et régénérateur des mondes finis, c'est le *feu*. Le feu assure ainsi la *permanence* et la *continuité* de l'Univers par-delà ses incessantes transformations. En ce sens, il faut reconnaître que c'est la théorie kantienne du feu[111] qui fonde la cohérence de ce modèle d'Univers non statique[112]. D'une part, le *feu* résout en leurs éléments premiers les composés organiques ; mais d'autre part, il produit par sa chaleur la raréfaction et disperse les éléments

---

110. KANT, *Théorie du ciel*, IIe partie, chap. VII, Ak I, 319 : « En conséquence, le Monde formé se trouve entre les ruines du Monde détruit et le chaos de la Nature non-encore formée. »

111. KANT a soutenu à l'université de Königsberg, le 17 avril 1755 (soit un mois après la publication de la *Théorie du ciel*), un mémoire sur la nature du feu écrit en latin et intitulé : *Brève Esquisse de quelques méditations sur le feu*.

112. Cf. l'article remarquable de Simon SHAFFER, « The Phoenix of Nature ; Fire and Evolutionary Cosmology in Wright and Kant », in *Journal for History of Astronomy*, oct. 1979, Vol. 9, Part. 3, p. 180-200.

en leur imprimant une nouvelle *force répulsive* « proportionnée à la chaleur et avec une vitesse qui n'est affaiblie par aucune résistance du milieu spatial[113] ». Du reste Bachelard a bien mis en lumière dans sa *Psychanalyse du feu* que le feu, considéré comme élément, est doté d'une nature ambivalente : à la fois *destructeur* et *régénérateur*[114].

L'intervention de la gravitation *seule* est incapable de déboucher sur un équilibre cosmique, car elle risque de conduire tout l'Univers matériel à un effondrement gravitationnel. En revanche, le feu par ses effets calorifiques produit la *raréfaction* des corps, restituant ainsi une nouvelle *force répulsive* capable de contrebalancer les effets de l'attraction. Mais subsiste la question de savoir ce que sont le feu et la chaleur.

Sur ce point, Kant avait pris ses distances avec Newton et s'était plutôt rallié à la conception du feu développée par Euler. Selon Newton, le feu et la chaleur ne sont pas des *substances,* mais seulement des *phénomènes.* En effet, les phénomènes thermiques se réduisent simplement à des agitations de particules qui se caractérisent par des mouvements vibratoires. La flamme n'est par elle-même qu'une transformation en « vapeur lumineuse » des aliments du feu.

Selon Kant, qui ne nie pas cet aspect des choses, tous ces phénomènes vibratoires seraient incompréhensibles si l'on n'avait pas recours également à l'existence de l'*éther,* c'est-à-dire à un fluide élastique capable de transmettre de façon *continue* les ondulations propres aux phénomènes thermiques. En outre, ce rôle de *medium* que joue l'éther (ou « matière élastique ») permet de mieux comprendre les phénomènes de raréfaction. Car, selon Kant, la propagation thermique dans les corps devrait finir par

113. KANT, *Théorie du ciel*, IIᵉ partie, chap. VII, Ak I, 320.
114. Cf. BACHELARD, *La Psychanalyse du feu*, Paris, Gallimard, 1938, rééd. coll. « Idées », 1968, p. 19-20 ; 103-105 : « Le feu est un phénomène privilégié qui peut tout expliquer. [...] Il peut se contredire : il est donc un des principes d'explication universelle. [...] Longtemps, on a cru que résoudre l'énigme du feu c'était résoudre l'énigme centrale de l'Univers. [...] Par les idées naïves que l'on se forme du feu, il donne un exemple de l'*obstacle substantialiste* et de l'*obstacle animiste* qui entravent l'un et l'autre la pensée scientifique. »

produire leur désagrégation, du moins si l'on ne retenait que la seule théorie cinétique de la chaleur. C'est là qu'intervient la théorie eulérienne remaniée par Kant : si les corps augmentent de volume en se raréfiant, c'est que la force répulsive de l'éther qui les compénètre s'intensifie, tandis que la force originaire de cohésion (l'attraction) reste inchangée. À la limite, l'élasticité de l'éther permet de comprendre la fusion des corps solides et même la vaporisation des liquides sous l'action de la chaleur. Inversement, la congélation des liquides s'explique par la diminution de la force répulsive[115].

115. Cf. KANT, *Brève Esquisse de quelques méditations sur le feu*, soutenue par Kant le 17 avril 1755, dont voici, en traduction, quelques extraits particulièrement éclairants, Ak I, 372-377 : « Section I : *PROPOSITION III* : Les corps solides tout comme les corps fluides tirent leur consistance non pas du contact immédiat des molécules, mais de la matière élastique qui s'interpose uniformément entre les constituants. [...] *PROPOSITION IV* : Expliquer les phénomènes des corps solides au moyen de la matière déjà citée, par l'intermédiaire de laquelle les éléments des corps, quoiqu'éloignés de tout contact mutuel, s'attirent cependant réciproquement. [...] *COROLLAIRE GÉNÉRAL* : Ainsi donc, tout corps, si je ne me trompe, est constitué de parties solides, réunies par l'intermédiaire d'une certaine matière élastique comme par un lien. Les particules élémentaires, quoique éloignées de tout contact mutuel, s'entr'attirent, grâce à l'interposition de cette matière élastique, et s'assemblent bien plus étroitement que cela ne se pourrait par un contact immédiat. En fait, puisque le contact des molécules les plus sphériques possible ne peut avoir lieu qu'en un point, il serait infiniment plus faible que la cohésion qui s'exerce sur la surface tout entière. C'est donc vraiment pour cette raison qu'il est possible de modifier la disposition des éléments sans que la cohésion en soit affectée, et l'on comprend aisément aussi comment les éléments peuvent se rapprocher les uns des autres et comment le volume peut diminuer si cette matière qui assure la liaison se retire quelque peu des interstices ; inversement, si d'elle-même cette matière augmente soit sa quantité soit même son élasticité, le corps peut commencer à augmenter de volume et les particules peuvent s'écarter les unes des autres sans que ce soit aux dépens de la cohésion. Voilà les points les plus importants pour la théorie du feu. [...]

Section II : *PROPOSITION VII* : La matière ignée n'est autre que la matière élastique (décrite dans la précédente section), qui relie les éléments de n'importe quel corps entre lesquels elle s'interpose ; et son mouvement ondulatoire ou vibratoire est le même que celui que produit la chaleur. [...] *PROPOSITION VIII* : La matière calorique n'est autre que le seul éther (autrement dit la matière lumineuse) comprimée à l'intérieur des interstices des corps par la force puissante de l'attraction (ou de l'adhésion). » C'est nous qui traduisons.

Ainsi entendu, le feu cosmique (ou éther, ou matière lumineuse, ou matière calorique), en tant que support permanent de l'évolution physique de l'Univers, rend inutile l'intervention du Créateur pour corriger les dérèglements de sa création. La puissance régénératrice du feu présente donc un double intérêt : d'abord, elle débarrasse la cosmologie mécaniste et la physique de tout *deus ex machina* ; et surtout, elle permet à la théologie rationnelle de concevoir de façon absolue l'*omnisuffisance* < *Allgenugsamkeit* > de Dieu. C'est certainement de cette manière que la physico-théologie de la *Théorie du ciel* peut parvenir à éviter l'*écueil du panthéisme*.

Enfin, le feu évoluteur, ce « Phénix de la Nature » comme dit Kant, sert également de soutien au souci de *théodicée*. Dans la *Théorie du ciel*, le point de vue de l'infinité cosmique invalide celui de la créature qui est nécessairement limité et erroné. Seule la considération synoptique de cette infinité doit pouvoir nous élever au-dessus des événements tragiques et déchirants. Le mal réside au niveau de la partie et non point du Tout. Or, puisque le Tout est la seule réalité véritable, le mal ne possède plus aucune espèce de consistance propre face à la totalité infinie de l'Univers. Même le terrible tremblement de terre qui ravagea Lisbonne le 1er novembre 1755 et entraîna la mort de quarante mille personnes environ ne fit pas changer d'avis le jeune Kant, comme en témoigne quatre ans plus tard son *Essai de quelques considérations sur l'optimisme*[116] ! D'où l'esquisse de théodicée dans ces quelques lignes :

> « La nature prouve qu'elle est aussi riche, aussi inépuisable dans la production de ce qu'il y a de plus parfait parmi les créatures que de ce qu'il y a de plus méprisable, et que leur perte même est

---

116. Cf. KANT, *Essai de quelques considérations sur l'optimisme*, 1759, Ak II, 35 ; tr fr. Lortholary, in KANT, *Œuvres philosophiques*, Paris, Gallimard, « Bibl. de la Pléiade », 1980, t. 1, p. 174 : « Moi, du point de vue où je me trouve, armé de la pénétration accordée à mon faible entendement, je regarderai autour de moi aussi loin que je le pourrai et j'apprendrai à toujours mieux comprendre *que l'univers est le meilleur possible et que tout est bon par rapport à l'univers.* » C'est Kant qui souligne.

une nuance nécessaire de la diversité de ses soleils parce que leur production ne lui coûte rien. Les effets nuisibles de l'air infecté, les tremblements de terre, les inondations exterminent de la surface de la terre des peuples entiers ; mais il ne semble pas que la nature ait subi par là quelque désavantage. De la même manière des mondes entiers et des systèmes quittent la scène après avoir joué leur rôle. L'infinité de la création est suffisamment grande pour regarder un monde ou une Voie lactée de mondes par rapport à elle comme on regarde une fleur ou un insecte par rapport à la Terre. Cependant que la nature décore l'éternité d'apparitions changeantes, Dieu demeure occupé en une création incessante à façonner < *zu formen* > la matière pour la formation de mondes encore plus grands[117]. »

Ce passage nous montre que le jeune Kant reste encore attaché à l'optimisme, mais il affiche une préférence pour l'optimisme de Pope, plus conséquent à ses yeux que celui de Leibniz. Cependant, c'est plutôt dans ses prises de position polémiques contre Weitenkampf que Kant faisait preuve d'originalité en dévoilant à ses lecteurs les raisons profondes de son infinitisme, comme il le fit encore quinze ans plus tard dans une longue note au début de la *Dissertation de 1770*, comme nous le verrons à la fin du chapitre III.

3. Kant critique du finitisme simpliste de J. F. Weitenkampf.

Tout d'abord, Kant, qui entend démontrer à propos de l'espace cosmique son infinité existant *en acte*, considère que le finitisme militant de Johann Friedrich Weitenkampf[118] n'est pas un cas

117. Kant, *Théorie du ciel*, IIᵉ partie, chap. VII, Ak I, 318 ; trad. fr. Roviello, Paris, Vrin, 1984, p. 156.
118. Johann Friedrich Weitenkampf n'est pas un inconnu. Il naquit à Königsberg en 1726 deux ans après Kant. Il fit une partie de ses études à l'Alma Albertina et fut comme Kant un des étudiants favoris de Martin Knutzen. En 1750 il accéda au grade de Maître en philosophie et Privatdozent à l'université de Helmstedt. Il fut également diacre à Braunschweig où il mourut en 1758. Il est l'auteur de trois principaux ouvrages : *Vernünftige Trostgründe bey den traurigen Schicksalen der Menschen*, Braunschweig, 1753 ; *Gedanken über wichtige Wahrheiten aus der Vernunft und Religion*, 3 vol., 1753-1755 ; *Lehrgebäude vom Untergange der Erde*, Braunschweig und Hildesheim, 1754. C'est dans le second

isolé, mais qu'il est bien le fait des métaphysiciens de son temps. Il va de soi que Kant pense à Wolff et à son école (qui inclut Baumgarten, malgré ses divergences avec le maître) aussi bien qu'aux philosophes dans la mouvance piétiste. Tous ces philosophes finitistes, qui admettent tout au plus l'existence éventuelle d'un infini *potentiel* créé (c'est-à-dire un *progressus in infinitum* de la série des êtres créés dont le Monde se compose), partent du principe que l'idée d'un *infini actuel créé* est un non-sens. Leur argumentation repose sur une certaine conception des mathématiques qui rend incompatibles les propriétés du *nombre*, de la multiplicité ou de la quantité < *Menge* > avec celles de l'*infini*. Certes, ils admettent volontiers qu'une *série* peut bien être illimitée, non bornée, mais il est seulement question dans ce cas d'une infinité *potentielle* et non pas *actuelle*, C.Q.F.D…

> « Le concept d'une étendue infinie du monde < *Der Begriff einer unendlich Ausdehnung der Welt* > trouve des adversaires parmi les métaphysiciens et il en a trouvé un tout récemment dans la personne de M. Weitenkampf. Si ces messieurs ne peuvent s'accommoder à cette idée à cause de la prétendue impossibilité d'une multitude sans nombre et sans limites < *Unmöglichkeit einer Menge ohne Zahl und Grenzen* >, je voudrais seulement [leur] demander en passant, si la suite future de l'éternité ne comprendra pas une véritable infinité de diversités et de changements, et si cette série infinie < *diese unendliche Reihe* > n'est pas déjà maintenant totalement < *gänzlich* > présente d'un seul coup à l'entendement divin[119]. »

Or, Kant court-circuite immédiatement leur argumentation en se plaçant au point de vue de l'*entendement divin*, dont la science

volume des *Gedanken über wichtige Wahrheiten*, intitulé : *Gedanken über die Frage : ob das Weltgebäude Grenzen habe* (1754) que Weitenkampf tente de démontrer en quelques dizaines de pages que l'univers ne peut être infini, suivant en cela l'enseignement de son maître Martin Knutzen. C'est à ce texte que pense Kant dans sa note critique, mais aussi à un passage de *Lehrgebäude vom Untergange der Erde*, où il est question de l'éternité. Les arguments de Weitenkampf contre l'infinité de l'univers inspireront plus tard la thèse de la première antinomie cosmologique de Kant.

119. KANT, *Théorie du ciel*, IIe partie, chap. VII, note de Kant, Ak I, 309 ; trad. fr. Roviello, Paris, Vrin, 1984, p. 148.

ne peut être qu'*intuitive*. Dieu étant nécessairement considéré comme *omniscient* par les croyants, son savoir étant illimité, il doit donc connaître exhaustivement *tot et simul* l'infinité des termes constitutifs d'une série de nombres non bornée. Kant évite, autant que possible, d'employer des termes à connotation temporelle, c'est pourquoi il dit « d'un coup < *auf einmal* > » et non pas *simultanément*, par exemple. Par conséquent, ce qu'un entendement fini (comme le nôtre) ne peut concevoir que dans une succession progressive de termes finis et, partant, d'une manière potentielle, un entendement *infini* doit l'intuitionner immédiatement comme un *infini* existant *en acte*. Évidemment, Kant ne se plaçait pas au point de vue de l'homme, mais à celui de l'entendement divin, comme le faisait couramment l'école leibnizo-wolffienne. Il rejoignait ainsi la démarche de saint Augustin qui avait clairement démontré dans la *Cité de Dieu* qu'il est impossible de refuser à Dieu la connaissance *actuelle* de l'infini[120]. Pour la métaphysique traditionnelle, l'entendement divin constituait un détour « théorique » nécessaire pour faire admettre et garantir la possibilité d'un infini *mathématique* existant *en acte*. D'ailleurs, Leibniz lui-même avait expressément admis que la science divine est *intuitive, immédiate, totale* et *illimitée*, ce qu'aucun des métaphysiciens post-leibniziens n'a jamais contesté[121]. Or, la démonstration de Kant ne s'en tenait pas là, car il entendait établir non seulement la possibilité, mais aussi la *réalité* de l'espace cosmique infini existant *en acte*. Certes, il serait mal venu de la part des métaphysiciens finitistes d'oser se prononcer contre Kant, sous prétexte qu'il se place à un point

120. Saint Augustin, *De Civitate Dei*, XII, 18. Nous avons examiné ce point dans l'*Introduction* de notre ouvrage : *Dieu, l'Univers et la Sphère infinie*, Paris, Albin Michel, 2006, *La Dialectique de l'infini*, p. 45-46.

121. Cf. ce qu'en dit Leibniz dans sa *Théodicée*, 1710, rééd. Paris, GF, 1969, IIe Partie, § 225, p. 253 : « La sagesse de Dieu, non contente d'embrasser tous les possibles, les pénètre, les compare, les pèse les uns contre les autres, pour en estimer les degrés de perfection ou d'imperfection, le fort et le faible, le bien et le mal ; elle va même au-delà des combinaisons finies, elle fait une infinité d'infinies, c'est-à-dire une infinité de suites possibles de l'univers, dont chacun contient une infinité de créatures. [...] Et toutes ces opérations de l'entendement divin, quoiqu'elles aient entre elles un ordre et une priorité de nature, se font toujours ensemble, sans qu'il y ait entre elles aucune priorité de temps. »

de vue absolu, proprement intenable pour un entendement fini, car c'était aussi dans l'*absolu* qu'ils se plaçaient pour affirmer de façon péremptoire que le « concept d'une étendue infinie du monde est impossible ». En revanche, si Kant opère ce détour par l'entendement infini et omniscient de Dieu, c'est pour montrer à ses adversaires finitistes que l'idée d'un Univers infini n'est pas impensable même pour notre entendement fini. En fait, si notre finitude nous interdit de *connaître* l'infini, elle ne saurait pour autant nous permettre d'affirmer la *finité* de l'Univers sous prétexte que cette affirmation sied mieux à notre entendement fini. L'infinitisme du jeune Kant nous paraît, de ce point de vue, plus prudent et plus conséquent que le finitisme dogmatique de ses adversaires.

La suite de l'argumentation de Kant est encore plus subtile et plus originale. En effet, Kant amorce un double mouvement : tout d'abord, il part du *temps* cosmique infini *a parte post*, conçu immédiatement dans l'entendement divin sous la forme d'une série infinie *et* achevée ou *en acte*, puis il passe ensuite à la représentation d'un *espace* cosmique infini existant, lui aussi, *en acte* :

> « Or, s'il était possible que Dieu puisse donner une réalité effective, en une série successive, au concept de l'infinité < *der Unendlichkeit* >, qui se présente d'un seul coup à son entendement, pourquoi ne devrait-il pas représenter le concept d'une autre infinité, dans sa connexion *liée selon l'espace* < *dem Raume nach verbundenen Zusammenhange* > et pouvoir rendre de cette manière l'étendue du monde sans limites < *den Umfang der Welt ohne Grenzen* >[122] ? »

Cette double démarche très habile lie de façon nécessaire deux propositions différentes dont on peut dire que la première est totalement acceptable de la part de ses adversaires (la science intuitive d'une succession temporelle infinie), tandis que la seconde est précisément celle qu'ils combattent et rejettent totalement (la représentation d'une étendue spatiale infinie). Le pivot de

---

122. KANT, *Théorie du ciel*, IIe partie, chap. VII, note de Kant, Ak I, 309-310. C'est Kant qui souligne et c'est nous qui traduisons.

ce double mouvement est en définitive le concept d'entendement divin qui était déjà décrit par Leibniz lui-même en termes
spatiaux, comme « région des vérités éternelles [123] ». C'est donc
l'entendement divin qui permet au jeune Kant de faire passer ses
adversaires d'un infini successif à un infini *simultané*, puisqu'il est
déjà le *lieu* où coexistent l'infinité des essences éternelles. Il reste
donc dans un dernier temps à passer de la *représentation possible*
d'un espace cosmique infini à la démonstration de son *existence
réelle*. À ce niveau, l'argumentation de Kant se fait encore plus
théologique en s'appuyant sur la *toute-puissance divine*, mais en
des termes qui font allusion aux récents acquis du calcul infinitésimal :

> « Je me servirai de l'occasion qui se présente pour lever
> la prétendue difficulté par une élucidation tirée de la nature
> des nombres, pour autant que l'on puisse estimer, dans une consi-
> dération plus exacte, que cette question demande à être débattue :
> ce qu'une puissance accompagnée de la sagesse suprême *a produit*
> < *was eine durch die höchste Weisheit begleitete Macht hervorgebracht hat* >
> pour se révéler a-t-il un rapport à ce qu'elle a *pu produire* comme
> une grandeur différentielle < *wie eine Differentialgröße* > [124] ? »

Kant montre que Dieu ne pourrait révéler sa toute-puissance
infinie en créant un Univers fini, car il n'y a pas de proportion entre le fini et l'infini ni entre une quelconque grandeur
finie assignable et une grandeur différentielle. Cet argument
a des résonances profondément bruniennes, quoique Bruno ne
possédât nullement l'idée d'une grandeur différentielle, car
il ne pouvait exprimer cette incommensurabilité qu'en opposant le fini à l'infini, le néant à l'être ou le zéro au fini. Bruno
déclarait :

---

123. Leibniz, *Monadologie*, 1714, § 43, GP, VI, 613-614 ; rééd. Frémont, in
Principes de la nature et de la grâce, éd. GF, Paris, 1996, p. 251 : « C'est parce que
l'entendement de Dieu est la région des vérités éternelles ou des idées dont elles
dépendent, et que sans lui il n'y aurait rien de réel dans les possibilités, et non
seulement rien d'existant, mais encore rien de possible. »
124. Kant, *Théorie du ciel*, IIe partie, chap. VII, note de Kant, Ak I, 309-310 ;
trad. Roviello, Paris, Vrin, 1984, p. 148. C'est Kant qui souligne.

« Toute chose finie n'est rien à l'égard de l'infini. [...] Quelle raison avons-nous de croire que l'agent capable de faire un bien infini le fasse fini[125] ? »

Kant n'a fait que réactiver l'argument brunien (sans en connaître l'auteur) en utilisant la notion de grandeur différentielle[126]. Or, celle-ci était relativement familière aux philosophes post-leibniziens, même si ceux-ci n'étaient guère avancés dans le maniement du calcul infinitésimal. Mais, puisque les adversaires de Kant refusaient de prendre en considération l'infiniment grand, sous prétexte que les notions de « nombre de tous les nombres » ou d'« espace le plus grand » sont contradictoires en soi, la seule voie qui restait encore ouverte pour illustrer cet argument fondé sur la toute-puissance infinie de Dieu était celle de l'incommensurabilité ou de la *disproportion* entre l'infiniment petit et le fini, qui est du même genre que celle qui règne entre le fini et l'infiniment grand. Cependant, Weitenkampf n'avait pas d'autre conception du nombre que celle d'Aristote et d'Euclide et ne pouvait se figurer ce qu'est une grandeur que l'on considère comme non archimédienne.

Pour Kant, l'infinité divine ne peut « se révéler < *offenbaren* > » (terme religieux) que s'il existe quelque *rapport* ou *proportion* entre l'Être suprême et sa manifestation. Cela permet d'éviter les subtiles distinctions théologiques de saint Thomas entre la *potentia absoluta* et la *potentia ordinata* qui pourraient porter atteinte à l'intégrité de la nature divine. En effet, que signifierait un Dieu qui ne *veut* pas créer tout ce qu'il *peut* créer ? En définitive, ce qui est le plus surprenant dans ces quelques lignes de Kant, c'est qu'un argument d'une pareille importance ne figure qu'en marge de la *Théorie du ciel*, à titre de note polémique et donc un peu

---

125. Bruno, *De l'infinito*, 1584, trad. fr. J.-P. Cavaillé, Paris, Les Belles Lettres, 1995, 2006², *Dialogo Primo*, p. 84-88 ; et cf. *De immenso*, 1591, livre I, chap. X, éd. Fiorentino/Tocco, in *Opera latine conscripta*, Naples, I, I, p. 238.

126. Dans le même ordre d'idées, Kant remarquait dans sa *Théorie du ciel*, IIᵉ partie, chap. VII, Ak I, p. 307 ; trad. Roviello, Paris, Vrin, 1984, p. 145 : « Auprès de l'infini, le grand et le petit sont tous deux petits. »

accessoire par rapport au contenu même du livre[127]. Aux yeux de Kant, seule son hypothèse cosmologique implique en elle-même l'infinité de l'Univers. Toutefois, la note que nous venons d'analyser ainsi que les nombreuses citations de Haller, Pope et Addison qui émaillent l'exposé cosmologique, trahissent aussi un certain attachement *affectif* de Kant à l'idée d'infini. Cet intérêt de Kant pour l'infini ne s'éteindra pas, car il opérera un retour en force trente-cinq ans plus tard, sur le plan des *jugements réfléchissants*, dans la philosophie du sublime de la troisième *Critique*, puis dans l'*Opus postumum*. Mais on trouve déjà une trace de ce qui deviendra aussi une philosophie de l'espérance dans ce passage final du chapitre VII (consacré à l'infinité de la création) :

> « Quand enfin seront tombés les liens qui nous tiennent attachés à la vanité des créatures, à l'instant déterminé pour la transformation de notre être, l'esprit immortel, libéré de la dépendance des choses finies, trouvera dans la communauté avec l'Être infini la jouissance de la vraie félicité[128]. »

Ici, Kant entend surmonter l'idée de la mort en évoquant l'idée d'une communauté possible *à venir* avec l'Être infini. Par cette vision sublime, la boucle physico-théologique de la *Théorie du ciel* est désormais bouclée. Pourtant, dans la présentation de sa cosmologie que Kant donnera huit années plus tard en 1763 dans son ouvrage intitulé *L'Unique Fondement possible d'une preuve de l'existence de Dieu*, la position de Kant sera beaucoup plus nuancée, comme nous allons le voir à présent.

---

127. Il est vrai que le texte même précédant cette note contre Weitenkampf avait déjà ébauché cet argument, on lit en effet, sous la plume de KANT, Ak I, 309 ; trad. Roviello, Paris, Vrin, 1984, p. 148 : « Tout ce qui est fini, qui a des bornes et un rapport déterminé à l'unité, est également éloigné de l'infini. Or, il serait absurde de rendre la divinité active seulement pour une part infiniment petite de son pouvoir créateur, et de penser que sa force infinie, ce trésor vraiment incommensurable de natures et de mondes, demeure inactive et enfermée dans un manque éternel d'exercice. [...] Pour cette raison, le champ de la révélation < *Offenbarung* > des propriétés divines est aussi infini que ces propriétés mêmes. » Traduction très légèrement modifiée.

128. KANT, *Théorie du ciel*, IIᵉ partie, chap. VII, Ak I, 322 ; trad. fr. Marty & Delamarre, Paris, Gallimard, Pléiade, 1980, t. 1, p. 90.

L'HYPOTHÈSE COSMOLOGIQUE
DANS LA PHYSICO-THÉOLOGIE DU *BEWEISGRUND* (1763)
OU L'EFFACEMENT DE L'INFINITÉ COSMIQUE
DEVANT L'INFINITÉ DIVINE

Le faible impact que connut la *Théorie du ciel* à l'époque (pour les raisons externes que nous avons mentionnées plus haut) décida Kant, huit ans plus tard, à en revendiquer la paternité, et à annoncer au début du *Beweisgrund*, non sans quelques réserves, qu'il allait reprendre de façon abrégée sa cosmologie de 1755. Il convient donc d'analyser les différences significatives qui caractérisent cette nouvelle version abrégée de son hypothèse cosmologique. Surtout, il nous faut dégager les raisons qui poussèrent le Kant du *Beweisgrund* à supprimer toute trace de l'*infinitisme* cosmologique qu'il avait pourtant arboré huit ans plus tôt.

a) *Le retour de l'hypothèse cosmologique*
   dans le Beweisgrund *et son nouveau statut*

1. Kant revendique la paternité
   et la priorité de sa *Théorie du ciel*

Dans son livre de 1763 sur *L'Unique Fondement possible d'une démonstration de l'existence de Dieu* (*Beweisgrund*), Kant dut revenir sur le statut de la physico-théologie et profita de cette occasion pour présenter au public une nouvelle fois, mais sous une autre forme très abrégée, ce qu'il appelle désormais son « hypothèse cosmogonique ». Dès l'*Avant-propos* Kant avoue expressément qu'il est l'auteur d'un livre dont « le titre est *Histoire générale de la nature et théorie du ciel*[129] ». L'on sent une certaine

---

129. KANT, *L'Unique Fondement possible…*, 1763, Ak II, p. 68-69 ; trad. fr. Zac, in KANT, *Œuvres philosophiques*, Paris, Gallimard, « Bibl. de la Pléiade », 1980, t. I, p. 321-322 : « La septième considération de la Deuxième partie exige à cet égard plus d'indulgence, car j'ai tiré son contenu d'un livre que j'ai publié [Le titre est *Histoire générale de la nature et théorie du ciel*, en note] auparavant sans y

amertume dans le ton de Kant qui déplore que la *Théorie du ciel* soit un écrit « peu connu[130] », contrairement aux *Lettres cosmologiques de Lambert*[131] dont il admire manifestement l'auteur. Il fait aussi remarquer en passant que sa *Théorie du ciel* avait vu le jour six ans avant l'hypothèse de Lambert, mais que, malgré sa priorité chronologique, il existe une profonde conformité entre ces deux cosmologies[132].

Or, le wolffien Sulzer, secrétaire de la classe de philosophie de l'Académie de Berlin, montra l'*Unique Fondement* de Kant en 1764 à Lambert. Un an plus tard, Lambert, très touché par la note de Kant sur ses *Lettres cosmologiques* dans son *Avant-propos*, lui écrivit :

> « Je puis vous assurer, cher Monsieur, que je ne suis pas encore revenu de la mention que vous faites de ma cosmologie dans la préface à votre *Unique Fondement*... Ce qui est dit dans les *Lettres cosmologiques* [...] est à dater de 1749. [...] Je couchai sur une feuille l'idée que j'eus alors de considérer la Voie lactée comme une écliptique des étoiles fixes, et c'est tout ce que j'avais produit en 1760 lorsque j'écrivis les *Lettres*...[133]. »

Sans tomber dans une querelle de priorité, finalement assez stérile, Lambert tient seulement à rétablir ses droits en la matière

---

mettre mon nom, où je traitais plus au long la question, en la liant, il est vrai, à des hypothèses différentes, assez risquées. [...] De même mon désir de voir les connaisseurs porter un jugement sur quelques éléments de mon hypothèse m'a déterminé à y introduire cette considération, peut-être trop courte pour en faire apparaître tous les fondements, ou trop longue pour ceux qui ne s'attendent à rencontrer ici que la métaphysique. »

130. KANT, *Ibid.*

131. J. H. LAMBERT, *Cosmologische Briefe über die Einrichtung des Weltbaues*, Augsburg, 1761, bey Eberhard Kletts Wittib.

132. Cf. KANT, *L'Unique Fondement possible...*, 1763, Ak II, p. 69 ; trad. fr. Zac in *Ibid.*, p. 322, note de l'auteur : « La conformité entre les pensées de cet homme ingénieux avec celles que j'ai exposées alors, s'accordant presque jusqu'aux moindres traits, renforce mon opinion que dans l'avenir cette hypothèse recevra des confirmations plus nombreuses. »

133. Lettre de LAMBERT à Kant du 15 novembre 1765, Ak X, 50-51 ; trad. fr. in *Correspondance par I. Kant*, Paris, Gallimard, 1991, p. 42-43.

et à préciser que si ses vues concordent avec celles de Kant, elles n'ont pas été pour autant inspirées par la lecture de la *Théorie du ciel*. De son côté, Kant semble se réjouir à cette époque de cette profonde convergence de ses propres hypothèses cosmologiques avec celles de Lambert, qu'il n'hésite pas à désigner comme « le premier *génie* de l'Allemagne[134] ». Toutefois, lorsque la publication de la trilogie critique valut à Kant gloire et célébrité, il continua toujours de revendiquer la priorité de ses vues cosmologiques sur celles de Lambert, tout en soulignant avec insistance qu'une profonde *divergence* les sépare totalement[135]. Certes, au lendemain de la publication de sa troisième *Critique*, Kant n'avait plus besoin de rechercher la caution scientifique de Lambert. Il convient donc de rester très nuancé au sujet des rapports entre Kant et Lambert en matière de cosmologie.

134. Cf. lettre de KANT à Lambert du 31 décembre 1765, Ak X, p. 54, trad. in Pléiade, t. I, p. 595 : « Je vous tiens pour le premier *génie* de l'Allemagne. »

135. C'est ce que montre clairement la lettre de KANT à son ami mathématicien Johann Friedrich Gensichen du 19 avril 1791, in Ak, XI, p. 252-253 ; et les *Kant-Studien*, II, 1897, p. 104 *sq.* : « Afin d'accorder le crédit qui revient en propre à chacun de ceux qui ont contribué à l'histoire de l'astronomie, je souhaite que vous ajoutiez un appendice à votre ouvrage pour expliquer combien mes modestes conjectures personnelles diffèrent de celles des théoriciens ultérieurs. 1°) La conception de la Voie lactée comme système de soleils en mouvement analogue à notre système planétaire, je l'ai exposée six ans avant que Lambert ne publie une théorie similaire dans ses *Lettres cosmologiques*. 2°) L'idée que les nébuleuses sont comparables à des Voies lactées lointaines n'a pas été hasardée par Lambert (quoique Erxleben le soutienne dans ses *Anfangsgründe der Naturlehre* page 540, même dans sa nouvelle édition), puisqu'il les prenait pour des corps obscurs (au moins l'une d'entre elles), éclairés par des soleils voisins. » C'est nous qui traduisons. Cet ouvrage auquel la précédente lettre faisait allusion, s'intitulait : W. Herschel, *Sur la constitution du ciel, trois mémoires traduits par G. M. Sommer, avec un précis authentique de l'Histoire générale de la nature et théorie du ciel de Kant*, Königsberg, chez F. R. Nicolovius, 1791. Le texte de Kant figure p. 163 à 200.

On trouvait des précisions similaires dans la lettre de KANT à l'astronome J. E. Bode du 2 septembre 1790, Ak XI, 203-204.

2. Le rôle de l'hypothèse cosmogonique dans le *Beweisgrund*

En 1763, Kant attribuait à la preuve ontologique inversée, qui est entièrement *a priori*, une prééminence indiscutable sur la preuve physico-théologique *a posteriori*. Cependant, il reconnaissait expressément que la preuve onto-théologique inversée présente un caractère *abstrait* qui est rebutant pour la raison commune, tandis que celle de la physico-théologie offre trois avantages particulièrement remarquables que n'a pas la première :

> « La conviction qu'elle fait naître est extrêmement vive et attrayante et, par conséquent, facilement saisissable pour l'entendement commun ; [...] elle est plus spontanée qu'aucune autre, attendu que c'est indubitablement par elle que tout le monde commence ; [...] elle procure une conception très intuitive de la sagesse suprême [...] qui, en remplissant l'âme, est éminemment propre à inspirer l'admiration, l'humilité et le respect[136]. »

Malheureusement, malgré tous ses avantages, la preuve physico-théologique ne pouvait atteindre à une *certitude mathématique*, mais seulement une *certitude morale*, qui suffit pour la conduite de la vie. Pourtant, il est des cas où la certitude morale ne suffit pas, notamment lorsqu'il s'agit de « vaincre le scepticisme, [...] le plus éhonté[137] ». Dès lors, pourquoi Kant a-t-il voulu consacrer de longs développements à la preuve physico-théologique si elle était *philosophiquement* inférieure à la preuve *a priori* et, finalement, insuffisante en elle-même ?

Kant allègue deux bonnes raisons, à savoir : d'une part, les défauts de preuve physico-théologique traditionnelle peuvent

---

136. Kant, *L'Unique Fondement possible...*, 1763, Ak II, p. 117 ; trad. fr. Zac in *Ibid.*, p. 381. Kant précise à la fin de son livre, IIIe Partie, iv, Ak II 161 ; trad. fr. p. 434 : « Eu égard à l'utilité, cette preuve [physico-théologique] est préférable à toute autre preuve visant à plus de rigueur, et même à la mienne. [...] Des preuves de ce genre ont une réelle efficacité, et laissent une place plus grande à la faculté intuitive. »

137. Kant, *Op. cit.*, IIIe Partie, iv, Ak II 160 ; trad. fr. p. 433.

être *rectifiés* et *corrigés* à partir d'une nouvelle « physico-théologie perfectionnée » et, d'autre part, cette dernière peut servir de « complément » à la preuve *a priori*. Nous allons donc voir que la totalité de la deuxième des trois parties que comporte l'*Unique Fondement*... est destinée à justifier et à établir la légitimité de l'hypothèse cosmogonique tirée de la *Théorie du ciel* dans la mesure où elle seule peut fournir une nouvelle forme, rénovée et perfectionnée, de la physico-théologie désormais conforme à « l'esprit de la vraie philosophie [138] ».

Tout d'abord, Kant définit la physico-théologie en général comme un procédé < *Art* >, comme une méthode < *Methode* > qui « remonte de la considération de la nature à la connaissance de Dieu [139] ». Plus précisément, cette considération de la nature recherche avant tout dans l'*expérience* des marques distinctives de régularité, de perfection, d'harmonie et de convenance dans l'ordre de la nature. Or, il existe trois manières d'envisager le statut de cet ordre naturel : la première fait sans cesse appel au *miracle*, mais elle a l'inconvénient d'« interrompre à tout moment l'ordre de la nature [140] » ; la deuxième manière (d'allure wolffienne) fait ressortir le caractère *contingent* de l'ordre naturel pour conduire à Dieu, l'Être nécessaire. Enfin, la troisième manière indique :

> « L'unité nécessaire perceptible dans la nature et l'ordre des choses [...] qui nous conduit à un principe suprême non seulement de cette existence, mais même de toute possibilité [141]. »

Kant considère que la première manière est le propre des hommes à l'état sauvage, tandis que la deuxième, qui est propre à toute âme bien née et civilisée, est conforme au bon sens et suffit à la vie vertueuse [142]. Seule la troisième manière

---

138. KANT, *L'Unique Fondement possible...*, 1763, IIe Partie, VIe Considération, Ak II, p. 136 ; trad. fr. Zac in *Ibid.*, p. 404.
139. KANT, *Op. cit.*, IIe Partie, Ve Considération, Ak II, p. 117 ; trad. fr. Zac in *Ibid.*, p. 380.
140. KANT, *Ibid.*
141. KANT, *Ibid.*
142. KANT, *Ibid.*

relève de la philosophie proprement dite, c'est celle qu'il désigne comme la « méthode perfectionnée de la physico-théologie[143] », tandis que la deuxième était plutôt celle de « la physico-théologie ordinaire[144] ». Par conséquent, Kant ne veut pas rejeter la physico-théologie, mais seulement écarter ses deux premières formes qui stérilisent la réflexion ainsi que toute recherche, car elles rattachent toute perfection naturelle à un dessein contingent et particulier de la volonté divine. Bien au contraire, conclut Kant :

> « Il est louable d'appliquer ses efforts à améliorer cette méthode plutôt qu'à la combattre, à corriger ses défauts plutôt qu'à la mépriser à cause d'eux[145]. »

Kant doit encore fixer les nouvelles règles de la méthode de cette physico-théologie perfectionnée, avant d'exposer les vues de son hypothèse cosmogonique.

3. La « physico-théologie perfectionnée » de 1763

Le newtonianisme de Kant a été profondément marqué par la signification toute particulière que Pierre Louis Moreau de Maupertuis lui a conférée, comme nous le verrons plus loin. En effet, Newton lui-même avait admis qu'il est nécessaire de faire appel aux causes finales et à l'intervention directe de Dieu en matière de cosmologie, car le système du Monde ne pourrait en aucune façon se passer de l'intervention divine, comme il l'écrit à Bentley :

> « L'hypothèse qui dérive l'ordre du monde de l'action de principes mécaniques sur une matière répandue de façon égale à travers les cieux est incompatible avec mon système[146]. »

---

143. KANT, Op. cit., IIe Partie, VIe Considération, Ak II, p. 123 ; trad. fr. Zac in Ibid., p. 388.
144. KANT, Op. cit., IIe Partie, Ve Considération, Ak II, p. 117 ; trad. fr. Zac in Ibid., p. 381.
145. KANT, Op. cit., IIe Partie, Ve Considération, Ak II, p. 123 ; trad. fr. Zac in Ibid., p. 388.
146. NEWTON, Lettre à Bentley du 11 février 1693, in Newton's Correspondance, III, p. 244.

Or, c'est précisément contre ce point de vue que Kant s'était élevé, car il risquait de donner libre cours à l'imagination la plus fantaisiste en matière de causes finales :

> « La célèbre théorie de Newton ne doit pas servir de prétexte à une confiance paresseuse, ni amener à prendre pour une explication conçue dans un esprit philosophique un recours précipité à une disposition directe de Dieu. [...] On s'expose encore au préjudice consistant à laisser de côté les causes efficientes, et à passer directement à une cause finale purement imaginaire[147]. »

Bref, Kant reprochait à Newton d'avoir suivi la voie de la physico-théologie *ordinaire* qui considère que tout ordre, toute perfection ou toute harmonie sont purement *contingents* dans la nature. Ce qui reviendrait à dire que c'est seulement en *violentant* la nature que Dieu la conduit à produire les effets particuliers qu'il veut y réaliser, comme prétendaient le montrer à sa suite Burnet[148], W. Derham[149] et W. Whiston[150]. Outre la stérilité intellectuelle de cette « physico-théologie ordinaire » rendant vaine toute recherche scientifique pour tenter d'expliquer les phénomènes naturels, elle finissait par conduire à ce que Kant appelle un « athéisme raffiné », dans la mesure où elle aboutissait non pas à un *Dieu créateur* tirant la matière du néant, mais à un « artisan qui l'ordonne et la façonne[151] ». D'ailleurs, la physico-théologie

147. KANT, *Op. cit.*, IIe Partie, v[e] Considération, Ak II, p. 121-122 ; trad. fr. Zac in *Ibid.*, p. 386-387.

148. BURNET, *Telluris theoria sacra*, 1681 ; Kant le critique in *L'Unique Fondement possible...*, 1763, IIe Partie, vi[e] Considération, Ak II, p. 127 ; trad. fr. Zac in *Ibid.*, p. 393.

149. William DERHAM, *Physico-Theology : or, a Demonstration of the Being and Attributes of God, from His Works of Creation*, London, 1713, 1720[5], trad. fr. J. Lufnen, Paris, 1730 ; *Astrotheology : or, a Demonstration of the Being and Attributes of God, from a Survey of the Heavens*, London, 1715, trad. fr. Bellanger, Paris, 1729, trad. allemande Fabricius, Hamburg, 1728.

150. William WHISTON, *Astronomical Principles of Religion*, London, 1726. Kant critique Whiston dans une note, cf. *Op. cit.*, IIe Partie, v[e] Considération, Ak II, p. 120-121 ; trad. fr. Zac in *Ibid.*, p. 385.

151. KANT, *Op. cit.*, IIe Partie, v[e] Considération, Ak II, p. 122-123 ; trad. fr. Zac in *Ibid.*, p. 388.

ordinaire ne mérite que les railleries de Voltaire dont il cite la boutade suivante :

« Voyez bien, si nous avons un nez, c'est assurément pour y pouvoir poser des besicles [152]. »

Certes, toute forme de physico-théologie, quelle qu'elle soit, admet qu'il existe une *dépendance* < *Abhängigkeit* > des choses de la nature envers Dieu. Or, cette *dépendance* peut être soit une connexion *contingente*, soit une connexion *nécessaire*. Kant insiste de son côté sur le fait que c'est à la suite des enseignements de la Révélation que cette dépendance a été spécifiée sous l'idée biblique de *création* [153]. Celle-ci implique la position absolue de la chose à la fois dans son *essence* et dans son *existence*, dans sa forme et dans sa matière, tandis que la physico-théologie ordinaire considérait Dieu comme l'*artisan* suprême qui a façonné l'ordre du Monde par un décret libre et *contingent* de sa volonté toute-puissante. Il faudrait donc que la physico-théologie perfectionnée < *verbesserte* > puisse conduire à l'existence d'un Dieu *créateur*.

Toute l'originalité du *Beweisgrund* consistait précisément à montrer que l'ordre de la nature possède une *unité nécessaire*, permettant seule de remonter à l'existence d'un Dieu créateur. Or, c'est la *cosmogonie* qui permettait à Kant de faire ressortir au mieux cette *unité nécessaire*. Est-ce à dire que tout soit absolument nécessaire dans l'ordre du Monde ?

Tout d'abord, Kant admettait que l'*existence* même des choses naturelles demeure toujours *contingente* et que de très nombreuses connexions soumises à des lois différentes à l'intérieur d'un même

---

152. KANT, *Op. cit.*, IIᵉ Partie, vıᵉ Considération, Ak II, p. 131 ; trad. fr. Zac in *Ibid.*, p. 398. Cette citation de Voltaire est tirée de son *Dictionnaire philosophique*, à l'article « Fin, causes finales ».

153. KANT, *Op. cit.*, IIᵉ Partie, vıᵉ Considération, Ak II, p. 124 ; trad. fr. Zac in *Ibid.*, p. 390 : « C'est peut-être seulement depuis que la Révélation a enseigné le principe de la dépendance complète du monde à l'égard de Dieu que la philosophie a commencé à faire l'effort nécessaire pour poser le problème de l'origine des choses elles-mêmes, c'est-à-dire de l'existence de la matière brute de la nature, et pour montrer qu'elle est impossible sans un Créateur. »

être relèvent d'une unité *contingente* et particulière, bien que nous ignorions ce qui assure l'unité interne des êtres vivants. En revanche, lorsque c'est un même principe qui commande la conformité de différentes choses à des lois qui impliquent à leur tour l'intervention d'autres lois, il règne une *unité néces-saire*. Kant allègue à titre d'exemple, pour illustrer son propos, le cas du « règne végétal » et du « règne animal » qui comportent une *unité contingente* remarquablement sage, mais tout de même *contingente*, car elle est arbitraire. C'est plutôt entre les lois univer-selles de la « nature inorganique » que l'on découvre une *unité nécessaire* :

> « [...] Ce ne sont pas des causes différentes qui font que la Terre est ronde, que les corps terrestres résistent à la force centrifuge, que la Lune est maintenue sur son orbite. La seule pesanteur est la cause suffisante de la production de ces effets. [...] La nature inorganique apporte [...] des preuves innombrables en faveur d'une unité néces-saire, résultant de la convenance de nombreux effets à un principe simple[154]. »

Sur ce point, Kant suivait de très près les vues que Maupertuis avait développées dans son *Essai de cosmologie* de 1750 et dont une traduction allemande vit le jour un plus tard[155]. Tout comme lui, Kant critiquait vivement les physico-théologies ordinaires qui voyaient dans chaque effet naturel le résultat d'un miracle indispensable pour réaliser les desseins de la Providence divine. Kant proposait, lui aussi, de promouvoir une physico-théologie rénovée à même d'intégrer les résultats les plus récents des sciences de la nature[156]. Enfin et surtout,

---

154. KANT, *Op. cit.*, IIe Partie, IIIe Considération, Ak II, p. 106-107 ; trad. fr. Zac in *Ibid.*, p. 368-369.

155. MAUPERTUIS, *Essai de cosmologie*, 1re éd. fr., Berlin, 1750 ; trad. allemande, *Versuch einer Cosmologie*, Berlin, 1751.

156. De même, MAUPERTUIS remarquait dans son *Essai de cosmologie*, éd. fr. de 1750, *Avant-Propos*, p. 55 : « Ce n'est donc point dans les petits détails, dans ces parties de l'Univers dont nous connoissons trop peu les rapports, qu'il faut chercher l'Être suprême : c'est dans les phénomènes dont l'universalité ne souffre aucune exception, & que leur simplicité expose entièrement à notre vûe. »

il pensait pouvoir s'appuyer sur un principe général qui *unifie* les diverses lois du mouvement, à savoir : le principe de la *moindre action* de Maupertuis[157], qui sert d'*unité nécessaire* aux lois du mouvement :

> « M. de Maupertuis a démontré que même les lois les plus géné-rales [...] obéissent toutes à une règle dominante d'après laquelle est observée, dans l'action, la plus grande économie. Par cette décou-verte, les effets de la matière, en dépit des grandes diversités qu'ils peuvent présenter entre eux, sont ramenés à une formule géné-rale qui exprime une aptitude à la convenance < *Anständigkeit* >, à la beauté et à l'harmonie < *Wohlgereimtheit* >. [...] C'est avec raison qu'il a cru que [...] un accord si universel dans les natures les plus simples des choses met à notre disposition une raison suffisante pour trouver avec certitude, dans quelque Être originaire et parfait la dernière cause de tout dans l'Univers[158]. »

L'avantage énorme que présente le principe maupertuisien de la moindre action, c'est non seulement qu'il ramène la diversité des lois du mouvement à l'unité d'un principe, mais aussi qu'il permet de réconcilier le *mécanisme* avec la *finalité* : tel est bien le sens de ce que Kant entend sous le terme de *convenance*[159] < *Anständigkeit* > selon lequel les effets ne sont pas seulement des résultats, mais aussi des fins. Ainsi, Kant pensait pouvoir tirer la physico-théologie de l'impasse dans laquelle Newton l'avait entraînée en se penchant sur le problème cosmologique. Au lieu de recourir, comme Newton, à la théologie et aux causes finales pour rendre raison de la stabilité et de l'ordre

---

157. MAUPERTUIS, in *Essai de cosmologie*, éd. fr. de 1750, *Avertissement*, p. XIX : « J'ai découvert un principe métaphysique sur lequel toutes les lois du mouve-ment et du repos sont fondées. J'ai fait voir la conformité de ce principe avec la puissance & la sagesse du créateur & de l'ordonnateur des choses. »

158. KANT, *Op. cit.*, IIe Partie, 1re Considération, Ak II, p. 98-99 ; trad. fr. Zac in *Ibid.*, p. 357-358.

159. On lit également dans l'*Essai de cosmologie* de MAUPERTUIS, éd. fr. de 1751, *Avertissement*, p. XVII : « C'est ainsi que malgré quelques parties de l'uni-vers dans lesquelles on n'aperçoit pas bien l'ordre et la convenance, le tout en présente assez pour qu'on ne puisse douter de l'existence d'un Créateur tout-puissant & tout sage. »

cosmique, Kant prend appui sur l'*unité* et la *convenance* des lois universelles pour montrer qu'entre le *fiat* créateur de Dieu et l'ordre cosmique que découvre progressivement l'astronomie, intervient la médiation des lois, car « les lois mécaniques ont une prédisposition à l'ordre[160] ». Ce sont les lois qui permirent d'organiser l'état originellement chaotique de la matière. Kant pense avoir ainsi épuré la physico-théologie des scories d'un finalisme incontrôlé et avoir donc permis au newtonianisme de réintégrer le problème cosmologique dans le cadre de la mécanique rationnelle :

> « Si [Newton] avait pu former une hypothèse bien fondée sur la constitution primitive de la matière, on peut même être certain qu'il eût cherché, selon le procédé requis par la philosophie, les principes de la constitution de l'Univers < *die Gründe von der Beschaffenheit des Weltbaues* > dans les lois générales de la mécanique, sans craindre pour cela que cette explication de l'origine du monde fasse passer la création des mains de Dieu à la puissance du hasard[161]. »

Bref, le Kant précritique du *Beweisgrund* pensait avoir engagé la cosmologie dans la voie sûre de la science newtonienne. Examinons quels sont les traits saillants de son hypothèse cosmogonique qui n'arborait plus le titre arrogant de « *Théorie du ciel* ».

b) Les remaniements de l'hypothèse cosmologique de 1755

Le titre de la VIIe *Considération* est simplement : *Cosmogonie*. Il ne fait que reprendre le titre que le jeune Kant avait voulu donner originellement à sa *Théorie du ciel* lors de l'annonce de sa parution dès 1754 dans un petit Mémoire destiné à l'Académie des sciences de Berlin. Le parallèle est frappant :

---

160. KANT, *Op. cit.*, IIe Partie, VIe Considération, Ak II, p. 130 ; trad. fr. Zac in *Ibid.*, p. 396.
161. KANT, *Op. cit.*, IIe Partie, Ve Considération, Ak II, p. 121 ; trad. fr. Zac in *Ibid.*, p. 386.

1754	1763
« *Kosmogonie, oder Versuch, den Ursprung des Weltgebäudes, die Bildung der Himmelskörper und die Ursachen ihrer Bewegung aus den allgemeinen Bewegungsgesetzen der Materie der Theorie des Newtons gemäß her zu leiten.* »	« *Kosmogonie* *Eine Hypothese mechanischer Erklärungsart des Ursprungs der Weltkörper und der Ursachen ihrer Bewegungen, gemäß denen vorher erwiesen Regeln.* »

On notera au passage à quel point Kant tenait à ses recherches cosmologiques antérieures, puisque près de dix années n'ont rien changé à sa détermination intellectuelle. La petite introduction qui précède l'hypothèse expose les données du problème. Celui-ci consiste à expliquer la formation des corps célestes ainsi que leurs mouvements à l'aide de la force fondamentale < *eine Grundkraft der Materie* > d'attraction dont on ne peut ni ne doit expliquer l'existence, puisqu'elle est originellement constitutive de la matière. Sur ce point, Kant s'écarte de la pensée de Newton qui refusait de considérer l'attraction comme une force essentielle aux corps [164]. Il restait donc à rendre compte, d'une part, du « mouvement d'impulsion < *Wurfsbewegung, Schwung* > » et, d'autre part, de sa « direction < *Richtung* > » qui s'ajoutent aux effets de l'attraction dans la constitution du système du Monde. Il n'est pas téméraire d'essayer d'expliquer l'origine du système du Monde, bien que l'on soit incapable d'expliquer « un vulgaire brin d'herbe ». En effet, Kant souligne que le succès incontestable de la mécanique dans le monde inorganique est dû à sa grande

---

162. Le titre de ce petit Mémoire de KANT était : *Recherches sur la question : la Terre a-t-elle subi quelques modifications dans son mouvement de rotation axiale depuis son origine ?*, 1754, cf. Ak I, 190-191.

163. KANT, *Op. cit.*, IIe Partie, VIIe Considération, Ak II, p. 137 ; trad. fr. Zac in *Ibid.*, p. 405.

164. NEWTON, *Principia mathematica philosophiae naturalis*, Livre III, *Regulae philosophandi*, trad. fr. par Mme du Châtelet, 1759, réed. Blanchard, 1966, t. 2, p. 4 : « Cependant, je n'affirme point que la gravité soit essentielle aux corps. Et je n'entends par la force qui réside dans le corps, que la seule force d'inertie, laquelle est immuable ; au lieu que la gravité diminue lorsqu'on s'éloigne de la Terre. »

simplicité, contrairement à l'incroyable complexité du monde organique qui le rend peu accessible à l'époque.

Le plan de la *Cosmogonie* de 1763 est identique à celui de la *Théorie du ciel*, à cette seule différence près que les considérations sur les habitants des planètes (qui venaient clore le livre de 1755) ont été purement et simplement supprimées. Dans la première section, Kant examine l'actuelle structure d'ensemble de l'Univers, en développant sa théorie de la Voie lactée et des « univers-îles » ; puis, dans les trois autres sections, il esquisse la formation mécanique de tout système planétaire, avant de proposer une nouvelle estimation de la durée de la rotation axiale de Saturne.

1. L'actuelle structure d'ensemble de l'Univers

Kant n'a rien changé dans son hypothèse, bien qu'il ait supprimé les digressions sur les autres hypothèses concurrentes. Il suit toujours le fil de l'*analogie* en partant du système solaire et passe ensuite à la Voie lactée (en tant que système de systèmes solaires), puis aux autres voies lactées que doivent être les nébuleuses récemment observées depuis un siècle (mais dont il affirme sans preuve la situation extragalactique) ; enfin, il en arrive aux éventuels amas galactiques qui sont des systèmes d'ordre 3, tout en laissant ouverte la question de savoir s'il existe encore des systèmes supérieurs. Tous ces systèmes sont assurément régis par les mêmes lois et c'est pourquoi ils doivent présenter la même structure, bien que ce soit à des échelles différentes :

> « Cette analogie fournit ici une raison sérieuse de supposer : [...] que les soleils, au nombre desquels figure le nôtre, constituent un système du monde réglé selon des lois semblables à celles de notre système planétaire, en petit [165]. »

Kant sait pertinemment que sa conception n'est pas communément reçue dans le monde savant, mais, en nous renvoyant

---

165. KANT, *Op. cit.*, IIe Partie, VIIe Considération, Ak II, p. 140 ; trad. fr. Zac in *Ibid.*, p. 409.

au catalogue d'opinions que Maupertuis dresse à ce sujet dans son *Discours sur les différentes figures des astres*[166], il montre bien qu'il n'en a cure. Dans la version de 1763, Kant n'affirme plus que cet emboîtement de systèmes de plus en plus vastes s'étend à l'infini. Il ne soulève même plus la question[167]. Nous aurons l'occasion d'y revenir. Toutefois, étant donné que cette théorie des « univers-îles » est purement conjecturale, Kant encourage les recherches observationnelles sur les « nébuleuses » pour mettre à l'épreuve son hypothèse dans un avenir assez proche.

2. La formation mécanique du système planétaire

Avant d'exposer directement son hypothèse cosmogonique, Kant éprouve le besoin de plaider en faveur d'une explication d'ordre mécanique, sans invoquer le recours aux causes finales comme le fit Newton. Contre la physico-théologie ordinaire qui se réfugie dans l'intervention directe de Dieu, Kant montre que, si l'ordre du système solaire est mathématisable et conforme aux lois physiques générales, il n'est pas pour autant absolument parfait : il connaît des écarts < *Abweichungen* >, des dérèglements < *Regellosigkeit* > et des aberrations. Or, ces écarts vis-à-vis de

---

166. KANT, *Op. cit.*, IIe Partie, VIIe Considération, Ak II, p. 141 ; trad. fr. Zac in *Ibid.*, p. 410 : « L'astronomie nous a découvert depuis longtemps de telles petites taches, malgré la diversité des opinions qu'on a à leur sujet, comme on peut le voir d'après les œuvres de Maupertuis sur les figures des astres. » Kant ne connaît qu'un résumé, paru dans les *Acta eruditorum* en 1745, de l'ouvrage de Maupertuis intitulé *Discours sur les différentes figures des astres* et qui avait été publié pour la première fois à Paris en 1732, la seconde édition date de 1742. Dans l'édition de 1768, Maupertuis mentionne seulement les observations et les interprétations de Huygens, Halley, W. Derham, mais il pense que sa propre interprétation est la seule qui soit juste, cf. in *Œuvres de Maupertuis*, Lyon, 1768, rééd. Olms, 1974, t. I, p. 145 : « Tous ces phénomènes, dit-il, se trouvent par notre système si naturellement & si facilement expliqués, qu'il n'est presque pas besoin d'en faire l'application. »

167. Comparer avec KANT, *Théorie du ciel*, Ire partie, Ak I, p. 256 : « Nous voyons les premiers termes d'une progression continue de mondes et de systèmes, et cette première partie d'une progression infinie < *unendliche Progression* > nous donne déjà à reconnaître ce qu'il faut conjecturer de l'ensemble. Cette série n'a pas de fin, elle s'enfonce dans un abîme véritablement insondable. »

la perfection < *Vollkommenheit* > (à savoir que les corps célestes ne sont pas des sphères parfaites, que les orbites planétaires ne sont pas parfaitement circulaires, que les plans des orbites s'écartent légèrement de celui de l'équateur solaire, pour ne rien dire des comètes), tous ces écarts prouvent donc que l'ordre cosmique n'est pas causé *directement* par Dieu, mais par l'intermédiaire des lois générales de la mécanique :

> « Dans une œuvre immédiatement divine, il ne peut jamais, au contraire, y avoir, de place pour des fins incomplètement atteintes [168]. »

La voie est donc libre pour exposer tout d'abord les grandes lignes de la formation du Soleil à partir de la matière primitive < *aus dem Grundstoffe* > répandue à travers l'espace cosmique dans un état de diffusion extrême. Le jeu de la force d'attraction condense autour du point de plus forte attraction toutes les particules qui chutent sur ce qui deviendra peu à peu le Soleil, tout en vidant progressivement l'espace.

Kant pense pouvoir expliquer la rotation de ce proto-soleil par la chute des particules animées d'un mouvement tangentiel dû aux chocs entre les particules lors de leur chute convergente vers le centre de gravité du Soleil. Dans un second moment, le reste des particules, qui étaient suffisamment éloignées du Soleil et dotées d'un mouvement circulaire dont la vitesse permet de contrebalancer les effets de son attraction, continuent d'orbiter en se regroupant dans le plan de l'équateur solaire [169]. Peu à peu les points de plus forte attraction permettent aux protoplanètes de se former par un mouvement de condensation qui les conglobe progressivement, tout en les éloignant d'autant plus du Soleil qu'elles sont moins denses.

Il est regrettable que dans le *Beweisgrund*, tout comme dans la *Théorie du ciel*, Kant ne se soit pas donné la peine de chiffrer les vitesses, les distances, les masses, les densités spécifiques

---

168. KANT, *Op. cit.*, IIe Partie, viie Considération, Ak II, p. 144 ; trad. fr. Zac in *Ibid.*, p. 413.
169. Cf. KANT, *Op. cit.*, IIe Partie, viie Considération, Ak II, p. 146-147 ; trad. fr. Zac in *Ibid.*, p. 417.

des corps célestes en formation, alors qu'il prétendait être « en mesure d'indiquer la condition qui, seule, rend possible une explication mécanique des mouvements célestes[170] ». Kant était pourtant tout à fait conscient du caractère très schématique de son hypothèse cosmogonique, car il invitait « des hommes d'esprit large à un examen plus approfondi[171] ». Il n'excluait pas que l'on puisse même découvrir d'autres hypothèses mécaniques, mieux conçues que la sienne. À cette époque, sa seule préoccupation était d'établir définitivement qu'*une* explication mécanique de la formation de l'Univers soit « compatible avec la foi en un Dieu sage[172] ».

Cependant, il n'en fut pas de même pour le cas de Saturne. En effet, Kant a consacré environ un quart de son exposé à l'explication de sa *méthode de calcul* pour évaluer la durée de la rotation de Saturne, sans montrer pour autant ses propres calculs dont il nous confie seulement le résultat final. Nous donnons ci-dessous en note la procédure mathématique qu'il a suivie pour obtenir ce résultat en nous appuyant sur les indications fournies en 1791 par son ami mathématicien, Gensichen[173]. Curieusement, Kant

---

170. KANT, *Op. cit.*, IIe Partie, viie Considération, Ak II, p. 145 ; trad. fr. Zac in *Ibid.*, p. 415.

171. KANT, *Op. cit.*, IIe Partie, viie Considération, Ak II, p. 148 ; trad. fr. Zac in *Ibid.*, p. 419.

172. KANT, *Ibid.*

173. La loi sur laquelle repose ce calcul est un genre de réplique de la 3e loi de Kepler faisant entrer en jeu l'accélération centrale du mouvement circulaire qui est en raison directe du carré de la vitesse, mais inverse de la distance au centre $= \dfrac{v^2}{r}$. KANT réduit cette formule à $\dfrac{v}{\sqrt{r}}$, puisqu'il écrit in Ak I, p. 294 : « On peut trouver la vitesse de la rotation axiale de Saturne en la déduisant de la vitesse d'un des satellites de Saturne, [ici, le 4e c'est-à-dire Titan découvert par Huygens en 1655] du fait qu'on trouve cette vitesse dans le rapport des racines carrées des distances au centre de la planète. » Kant établit les relations suivantes au niveau de la force centrifuge : $\gamma = \omega^2 R$ et comme $\omega = \dfrac{2\pi}{T}$ on a $\gamma = 4\pi^2 (\dfrac{R}{T^2})$. Si on néglige $4\pi^2$, il reste $(\dfrac{R}{T^2})$ ou $\dfrac{\sqrt{R}}{T}$. Si l'on met en relation ces deux formules on obtient : $\dfrac{v}{\sqrt{R}} = \dfrac{\sqrt{R}}{T}$ d'où l'on tire $R = T \cdot v$ ou même $T = \dfrac{R}{v}$. Il ne reste plus qu'à mettre en forme la comparaison des temps, des rayons et des vitesses respectivement du satellite Titan (paramètres connus grâce à

donne ici comme résultat : 5 h 40′, alors que la *Théorie du ciel* avait trouvé huit années plus tôt : 6 h 23′ 53″. Cet écart de plus de 40 minutes est certainement imputable à la prise en compte de mesures astronomiques différentes dans ces deux écrits. Dans le *Beweisgrund*, Kant utilise les mesures qui figurent dans un Mémoire de Cassini publié en 1705.

Bref, quelles que soient les imperfections de l'hypothèse cosmogonique de Kant, il s'agissait pour lui de montrer que la physico-théologie ordinaire n'est pas le meilleur moyen de

l'observation), avec les rayons de Saturne (rayon équatorial) et du bord interne de l'anneau (connus et mesurés par Cassini et repris par Newton in *Principia*, III, p. 7 et 8 du vol. II de la traduction de Mme du Châtelet). Une dernière précaution d'écriture consistera à se débarrasser de la vitesse encore inconnue du bord interne de l'anneau par la relation suivante où v_1 et $\sqrt{R_1}$ désignent respectivement la vitesse et la racine du rayon du satellite, et v_2 et $\sqrt{R_2}$ celles du bord intérieur de l'anneau :

$$\frac{\sqrt{R_2}}{\sqrt{R_1}} = \frac{v_1}{v_2} \; ; \; \text{d'où l'on tire } v_2 = \frac{v_1 \cdot \sqrt{R_1}}{\sqrt{R_2}}.$$ Si l'on reprend les indications de Gensichen données dans l'édition de 1791, et si l'on garde notre type de notation en ajoutant r pour désigner le rayon de Saturne et (T, t) respectivement pour le temps de révolution du satellite et pour le temps de rotation axiale de Saturne, on obtient :

$$\frac{T}{t} = \frac{\frac{R_1}{r}}{\frac{v_1}{v_2}}, \; \text{d'où l'on tire : } \frac{T}{t} = \frac{R_1 v_2}{r v_1}.$$ Débarrassons-nous de v_2 en le rempla-

çant par la formule citée plus haut : $\frac{T}{t} = \frac{R_1\sqrt{R_1}}{r\sqrt{R_2}}$, $t = \frac{T \cdot r\sqrt{R_2}}{R_1\sqrt{R_1}}$. Faisons

entrer les données observationnelles de Cassini dans l'équation finale : T = 15J . 22h . 40′ = 1.377.600′. Les rayons R_1, R_2, r, sont comme 72 ; 6,5 ; 4.

Donc $t = \dfrac{1.377.600 \times 4 \times \sqrt{6,5}}{72\sqrt{72}} = \dfrac{14.051.520}{610} = 23.035'''$ soit 6h. 23′55″. La diffé-

rence de 2″ avec le résultat de Kant est due à sa façon propre d'arrondir les décimales des racines. Malgré ces considérations, il ne m'a pas été possible de découvrir les raisons de l'écart que l'on constate dans l'estimation du *Beweisgrund*. Toutefois, il semble qu'entre-temps, d'autres données observationnelles aient été prises en compte par Kant.

combattre le système d'Épicure qui prétendait (à tort) tirer l'ordre à partir de la rencontre fortuite des atomes, c'est-à-dire du hasard. Au contraire, c'est seulement la physico-théologie perfectionnée qui permet de comprendre que « la nature elle-même passe, par le jeu des lois générales, du chaos à la régularité < *Regelmäßigkeit* >[174] ».

En dernier lieu, il nous faut examiner à présent pour quelles raisons Kant a totalement supprimé en 1763 la perspective cosmologique infinitiste affirmée avec force dès la Ire Partie de la *Théorie du ciel*[175] et développée longuement dans la IIe Partie sous le titre révélateur : « De la création dans toute l'étendue de son infinité aussi bien selon l'espace que selon le temps[176] ».

c) Le fléchissement de l'infinitisme en cosmologie face à son statut théologique

Bien qu'il reprenne dans son *Beweisgrund*, sous une forme abrégée, l'essentiel de sa *Théorie du ciel*, il est tout à fait manifeste qu'en 1763 Kant n'aborde plus ni ne mentionne la question de l'*infinité cosmique*. Ce n'est qu'à la *Huitième Considération* qui fait suite à l'exposé de sa *Cosmogonie* que Kant revient sur l'idée d'infini, à propos de l'infinité divine, mais c'est pour prendre ses distances avec ce terme dont il nous dit qu'en plus de ses déterminations conceptuelles propres, il possède une charge émotionnelle :

174. KANT, *Op. cit.*, IIe Partie, VIIe Considération, Ak II, p. 151 ; trad. fr. Zac in *Ibid.*, p. 422.

175. Cf. par exemple, KANT, *Théorie du ciel*, Ire Partie, Ak I, p. 256 : « Nous voyons les premiers termes d'une progression continue de mondes et de systèmes, et cette première partie d'une progression infinie < *unendliche Progression* > nous donne déjà à reconnaître ce qu'il faut conjecturer de l'ensemble. Cette série n'a pas de fin, elle s'enfonce dans un abîme véritablement insondable. »

176. KANT, *Théorie du ciel*, IIe Partie, chap. VII, Ak I, 306 : « *Von der Schöpfung im ganzen Umfange ihrer Unendlichkeit sowohl dem Raume, als der Zeit nach.* »

> « Certes le terme infini est beau et proprement esthétique. Ce qui dépasse tous les concepts du nombre émeut et met l'âme dans un état d'étonnement, en la troublant en quelque sorte[177]. »

Kant se laisse pourtant aller à quelques débordements enthousiastes dans ce livre, comme dans l'extrait suivant, mais en note seulement :

> « Quand j'élève mes yeux vers le haut pour regarder l'espace immense < *unermeßlichen Raum* > où pullulent des mondes comme s'ils étaient des poussières, aucune langue humaine n'est capable d'exprimer le sentiment que suscite en moi une telle pensée, et la plus subtile des analyses métaphysiques ne résiste pas à la sublimité et à la noblesse d'une pareille contemplation < *Anschauung* >[178]. »

Tout en démontrant ainsi son profond attachement à l'idée d'infini, Kant la chasse du domaine de la cosmologie et lui donne même momentanément congé dans la mesure où il considère que le terme d'« omnisuffisance < *Allgenugsamkeit* > » de Dieu « fournit pour désigner la plus grande perfection de cet Être un terme beaucoup plus juste que celui de l'Infini dont on se sert ordinairement[179] ». Il précise que l'emploi du terme *infini*, qui s'applique aussi bien aux mathématiques qu'à Dieu et aux choses créées, risque d'introduire toutes sortes d'équivoques et de confusions dont la pire est sans doute de constituer « entre de telles déterminations de Dieu et celles des choses créées, une analogie bien difficile à établir[180] ». Selon Kant, le plus grand danger qui menace l'infinitisme cosmologique, c'est une éventuelle collusion entre l'infinité divine et l'infinité cosmique dans une sorte de monisme réducteur. On sent ici le souci d'éviter toute déviance possible

---

177. Kant, *L'Unique Fondement possible…*, 1763, Ak II, p. 154 ; trad. fr. Zac in *Ibid.*, p. 426.
178. Kant, *Op. cit.*, IIe Partie, v{e} Considération, Ak II, p. 117, trad. fr. Zac in *Ibid.*, p. 381. Traduction rectifiée par nos soins.
179. Kant, *Op. cit.*, IIe Partie, viiie Considération, Ak II, p. 154 ; trad. fr. Zac in *Ibid.*, p. 426.
180. Kant, *Ibid.*

vers ce qui pourrait être taxé de panthéisme, voire de matérialisme ou d'athéisme, et surtout de *spinozisme*. Il lui faut montrer
au contraire que l'unique fondement possible d'une preuve de
l'existence de Dieu débouche sur un Dieu transcendant, immatériel et « *allgenugsam* ». C'est pourquoi le *Beweisgrund* s'efforce
d'écarter toute accusation possible de spinozisme :

> « Le monde n'est pas un accident de la divinité, puisqu'on y
> trouve des conflits, des manques et des changements, déterminations
> contraires à celles de la divinité. Dieu n'est pas la substance unique
> qui existe ; et toutes les autres choses sont aussi des substances, mais
> des substances dépendantes [181]. »

Il faut rappeler que le *Beweisgrund* est le seul texte précritique avant 1770 où Kant se livre à une critique du spinozisme
en citant même le nom de Spinoza [182]. Bien avant la « querelle
du panthéisme » ou *Pantheismusstreit*, le spinozisme servait déjà
de repoussoir à la plupart des penseurs du xviiie siècle comme
une sorte d'invective dans les querelles intellectuelles. Cependant,
le spinozisme demeurait incompris, car il n'était perçu qu'à
travers l'article célèbre de Bayle dans son *Dictionnaire historique
et critique* [183]. Kant ne pouvait ignorer cette grave accusation,
puisqu'elle avait opposé les piétistes anti-wolffiens à l'école
de Wolff [184] dès 1723. À l'époque de la rédaction de sa *Théorie
du ciel*, le jeune Kant ne reculait pas en métaphysique devant

181. Kant, *Op. cit.*, Ire Partie, ive Considération, Ak II, p. 90-91 ; trad. fr. Zac
in *Ibid.*, p. 349.
182. Kant, *Op. cit.*, Ire Partie, i[re] Considération, Ak II, p. 74 ; trad. fr. Zac in
Ibid., p. 328 : « Le Dieu de Spinoza est soumis à de perpétuels changements. »
183. Bayle, *Dictionnaire historique et critique*, Rotterdam, 1697[1], 1702[2], 1720[3],
1730[4], 1734[5]. La 5e édition est la meilleure. Cf. l'article « Spinoza » : trad. allemande par Gottsched (1741-1744).
184. Dans la *Luculenta commentatio*, Wolff s'efforce de montrer que si son
système admet l'idée d'un *progressus in infinitum*, il ne conduit nullement au
spinozisme ni à l'athéisme pour autant, contrairement à ce que prétendaient
les piétistes violemment anti-wolffiens. C'est pourquoi Wolff n'admettait
qu'un infini *potentiel* pour la série des êtres créés finis et il réservait à Dieu
seul l'infinité *actuelle* qu'il refuse d'attribuer à l'univers. Cf. Wolff, *De differentia
nexus rerum sapientis et fatalis necessitatis, nec non systematis harmoniae praestabilitae*

le danger d'accusation de « spinozisme » ; c'est une des raisons qui le conduisirent à publier sa cosmologie sans nom d'auteur. Aussi, n'avait-il pas hésité à recourir à l'argument de type théo-cosmologique pour déduire l'infinité cosmique de l'infinité divine[185]. Cet argument théo-cosmologique, qui remonte pour l'essentiel à Bruno[186] (et dont Kant a pu avoir connaissance en parcourant l'*Histoire critique de la philosophie* de Brucker[187]), ne réapparaîtra plus jamais dans l'œuvre de Kant, du moins sous cette forme. À l'époque du *Beweisgrund*, Kant ne peut donc plus se permettre de recourir à l'argument de type théo-cosmologique qui repose sur l'infinité divine, car il se méfie du concept d'infini en général, même en théologie où le terme d'*Allgenugsamkeit* lui semble mieux convenir à Dieu. C'est d'ailleurs la raison pour laquelle il n'hésitait pas à qualifier certaines des hypothèses de

---

et hypothesium Spinosae luculenta commentatio, Halle, 1723 et 1737, sect. I, § 16, p. 52-53.

185. Cf. KANT, *Théorie du ciel*, Ire Partie, Ak I, p. 255-256 ; trad. fr. Roviello, Paris, Vrin, 1984, p. 96-97 : « La conception que nous avons exposée nous ouvre une perspective dans le champ infini de la création < *eine Aussicht in das unendliche Feld der Schöpfung* > et offre une représentation < *Vorstellung* > de l'œuvre de Dieu < *dem Werke Gottes* > conforme à l'infinité du grand Maître d'œuvre < *der Unendlichkeit des großen Werkmeisters* >. [...] Il n'y a pas ici de fin, mais un abîme d'une véritable immensité < *Unermeßlichkeit* > dans lequel sombre tout le pouvoir des concepts humains, celui-ci fût-il rendu supérieur grâce à la science des nombres. La Sagesse, la Bonté, la Puissance qui se sont manifestées < *offenbart* > sont infinies < *unendlich* > et dans la même mesure fécondes et actives, le plan de leur manifestation doit donc être comme elles infini < *unendlich* > et sans limites. »

186. Cf. BRUNO, par exemple, *La Cena de le ceneri*, 1584 ; trad. fr. Y. Hersant, Paris, Les Belles Lettres, 1994, *Dialogo Primo*, p. 50 : « Ainsi sommes-nous conduits à découvrir l'effet infini de la cause infinie. » Cf. aussi BRUNO, *De l'infinito*, 1584, trad. fr. J.-P. Cavaillé, Paris, Les Belles Lettres, 1995, 2006², *Dialogo Primo*, p. 90 : « Donc qui nie l'effet infini nie la puissance infinie. » BRUNO, *Troisième Constitut du 2 juin 1592* ; trad. fr. A. Segonds, *Documents*, I, *Le Procès*, Paris, 2000, p. 66-67 : « Je jugeai chose indigne de la bonté et de la puissance divine, si elle pouvait produire un autre monde et encore un autre et une infinité d'autres, qu'elle n'ait produit qu'un seul monde fini. »

187. Cf. Jacob BRUCKER, *Historia critica philosophiae a mundi incunabulis ad nostram usque aetatem deducta*, Leipzig, 1742-1744 (1re éd.), 5 vol., spécialement le t. IV, 2.

la *Théorie du ciel* d'« assez risquées[188] » dans l'*Avant-propos* du *Beweisgrund*. Désormais, Kant s'exprime officiellement et ne peut plus prendre autant de risques qu'auparavant. Pourtant, il fut aussitôt attaqué, dès la publication de son *Beweisgrund*, pour son spinozisme larvé. C'est du moins ce que prétendait un jeune philosophe allemand, Daniel Weymann, dans une plaquette publiée en 1763 et intitulée *Bedenklichkeiten über den einzig möglichen Beweisgrund des Herrn I. Kants zu einer Demonstration des Daseyns Gottes*[189]. Weymann reprochait à la démonstration alléguée par Kant d'aboutir à un Dieu tout à fait semblable à celui de la substance unique de Spinoza. Comme on le sait, Kant ne répondit pas aux accusations de spinozisme avant la mort de son ami Moses Mendelssohn en 1786 contre lequel s'était déchaînée la querelle du panthéisme. Or, ce qui permit à Jacobi d'accuser Kant, à son tour, de spinozisme, c'est sa conception de l'espace infini qui figurait dans la *Critique de la raison pure*. Pour en revenir à l'année 1763, Kant avait écarté la question de l'infinité cosmique, car elle risquait de l'entraîner dans des polémiques stériles, et de lui faire manquer son but essentiel qui était de sortir la métaphysique de son impasse. Toutefois, Kant revint dix-huit ans plus tard sur les difficultés de l'infini dans les deux premières *Antinomies de la raison pure*, mais cette fois au profit de son entreprise critique.

LES AVATARS DU CONCEPT D'ESPACE ET DE SON INFINITÉ JUSQU'À LA *DISSERTATION DE 1770*

Si l'on assiste, à partir de 1763, à une éclipse momentanée de l'infinitisme en cosmologie, celui-ci continue cependant de se développer, mais sur un autre terrain : celui des recherches sur la nature de l'espace et de ses propriétés. En effet, Kant est resté toute sa vie indéfectiblement attaché à une conception *infinitiste*

---

188. KANT, *L'Unique Fondement possible...*, 1763, Ak II, p. 69 ; trad. fr. Zac in *Ibid.*, *Avant-propos*, p. 322 « *mit verschiedenen etwas gewagten Hypothesen* ».

189. Daniel WEYMANN, *Bedenklichkeiten über den einzig möglichen Beweisgrund des Herrn I. Kants zu einer Demonstration des Daseyns Gottes*, Königsberg, 1763, chez J. J. Kanter, le même éditeur que Kant.

de l'espace. Sans suivre exhaustivement toute l'évolution de la pensée kantienne au sujet des propriétés de l'espace, nous n'examinerons que les temps forts de celle-ci, à l'époque précritique, dans la mesure où elles ont trait à l'infinité spatiale.

a) La découverte de l'irréductibilité de l'espace et des inanalysables

S'il fallait caractériser d'un mot la démarche philosophique du jeune Kant dans ses tout premiers écrits, on pourrait dire que celui-ci partait d'oppositions ou d'*antinomies* (bien qu'il n'ait pas eu recours à ce terme à l'époque[190]) et recherchait les conditions de leur solution dans une complémentarité de type nouveau qui transformait les antagonismes philosophiques en les articulant dans des rapports subtils, mais clairement définis. Cette démarche conciliatrice était une première réponse à l'égard de la crise profonde que traversait la métaphysique de son temps en proie à de graves conflits internes. Du reste, le principal souci de Kant était de déterminer sous quelles conditions la métaphysique pourrait être rétablie dans ses droits en tant que science. C'est déjà ce que l'on pouvait lire dès le début de son premier écrit de 1747 :

> « Comme beaucoup d'autres sciences, notre métaphysique n'est encore en réalité qu'au seuil d'une véritable connaissance fondamentale. Dieu sait quand on la verra le franchir. Il n'est pas difficile d'apercevoir sa faiblesse dans plusieurs de ses entreprises[191]. »

190. Jean Ferrari a souligné à plusieurs reprises (suivant en cela Cassirer, Vleeschauwer et Heimsoeth) l'influence très probable de Bayle sur la pensée de Kant. En effet, le *Dictionnaire historique et critique* de Bayle avait été traduit en allemand en 1741-1744 par Gottsched, J. E. Schlegel, J. Schwabe *et alii* et publié à Leipzig en quatre volumes sous le titre suivant : *Historisches und kritisches Wörterbuch*. Cf. à ce sujet, J. FERRARI, *Les Sources françaises de la philosophie de Kant*, Paris, Klincksieck, 1979, p. 91-99.

191. KANT, *Pensées sur la véritable évaluation des forces vives*, § 19, Ak I, p. 30 : « *Unsere Metaphysik ist wie viele andere Wissenschaften in der That nur an der Schwelle einer recht gründlichen Erkenntnis ; Gott weiß, wenn man sie selbige wird überschreiten sehen. Es ist nicht schwer ihre Schwäche in manchem zu sehen, was sie unternimmt.* »

On trouve ainsi, à titre d'exemple, dans la *Théorie du ciel* la solution du conflit apparent qui opposait le *défenseur de la religion* au *naturaliste*, c'est-à-dire l'homme de foi à l'homme de science, à propos de la constitution de l'Univers. La cosmologie du jeune Kant voulait réconcilier le *mécanisme* et la *finalité* sur le terrain de la physico-théologie rénovée où le physique et le théologique pouvaient se porter un soutien mutuel au lieu de s'opposer, à condition que leur sphère d'appartenance ait été distinctement délimitée.

De même, la *Nova dilucidatio* de 1755 rencontrait, dans sa deuxième section, l'opposition de la *raison déterminante* (entendue comme causalité) et de la *liberté*[192]. Le philosophe Christian August Crusius s'était senti dans l'obligation de limiter l'extension du principe de raison déterminante pour ménager une place à la liberté. Kant, au contraire, maintenait l'universelle applicabilité du principe de raison déterminante, mais il prenait soin de distinguer la *causalité externe* (ou mécanisme naturel) du *motif interne* par lequel la volonté s'autodétermine. Kant exposait cette solution dans un dialogue imaginaire opposant *Caius*, le partisan de la liberté d'indifférence, et *Titius*, le déterministe rationaliste[193]. Cet artifice littéraire fait appel à des rivaux imaginaires, à l'instar de la méthode carnéadienne. Ce dialogue précritique n'est encore qu'un exercice d'école qui ignore tout de la solution que la première *Critique* proposera (entre autres) pour sa troisième antinomie.

Enfin, un dernier exemple de ces tentatives philosophiques de conciliation figure dans la *Monadologie physique* de 1756, lorsque Kant s'est attaqué au conflit qui opposait la *géométrie* à

---

192. KANT, *Nova dilucidatio*, 1755, Ak I, 401-405 ; trad. fr. J. Ferrari, in KANT, *Œuvres philosophiques*, Paris, Gallimard, « Bibl. de la Pléiade », 1980, t. 1, Section II, Proposition IX, *Réfutation des doutes*, p. 136-143.

193. Le recours à ce type de dialogue fictif entre Caius et Titius était un procédé fréquemment utilisé dans l'école philosophique de Wolff ; cf. par exemple WOLFF, *Cosmologia generalis*, Francfort et Leipzig, 1737, rééd. Olms, 1964, Sectio I, chap. I, § 36, p. 32 : « *Similiter si Titius Cajum gladio vulneravit ob convitia, quae in illum evomuit, vulneris causae plures sunt. Causa efficiens principalis Titius est, materialis vicem sustinet Cajus, instrumentalis gladius, impulsiva convitia sunt, quae in Titium evomuit Cajus.* »

la *philosophie naturelle* (ou à la métaphysique, sur ce point Kant n'est pas encore très précis), comme le *continu* au *discontinu*. En effet, pour la géométrie, l'espace est *divisible à l'infini*, tandis que pour la philosophie naturelle (qui porte sur les corps et les réalités physiques) les *monades physiques*, en tant qu'éléments simples constitutifs des corps composés, sont *indivisibles*. Ce conflit préoccupa Kant jusqu'à l'époque de la trilogie critique. Dans sa *Monadologie physique*, il soulevait le problème en ces termes :

> « Mais comment, dans cette question, est-il possible de concilier la métaphysique avec la géométrie ? Les griffons ne semblent-ils pas pouvoir être plus facilement unis à des chevaux que la philosophie transcendantale à la géométrie [194] ? »

Dans cet opuscule, Kant proposait une solution ingénieuse pour résoudre ce conflit en opérant une distinction subtile entre la *division spatiale* et la *séparation physique*, en ce sens qu'être dans l'espace < *esse in spatio* >, ce n'est pas la même chose que remplir l'espace < *implere spatium* > comme le font les monades physiques :

> « N'importe quel élément simple d'un corps, ou monade, est non seulement dans l'espace, mais remplit aussi l'espace, en gardant néanmoins intacte sa simplicité [195]. »

Contrairement à Descartes, Kant refusait donc de réduire la réalité physique à ses propriétés géométriques. L'espace ne concerne que les *relations* entre les monades physiques, mais il n'affecte pas leur *être*. Cette opposition précritique montre que le jeune Kant pensait encore que la connaissance de l'en soi substantiel (ou monades) est accessible à l'entendement : les composés relèvent des apparences (domaine propre des mathématiques), tandis que les éléments simples ou *monades* sont les véritables réalités accessibles à la philosophie naturelle et à la métaphysique. La *divisibilité* de l'espace va

---

194. KANT, *Monadologie physique*, 1756, *Considérations préliminaires* ; Ak I, p. 475 ; trad. fr. Zac, Paris, Vrin, 1970, p. 34.
195. KANT, *Monadologie physique*, 1756, Ire Section, Prop. V ; Ak, I, p. 480 ; trad. fr. Zac, Paris, Vrin, 1970, p. 39.

à l'infini, mais elle n'est qu'une opération purement *idéale*, légitime seulement en géométrie, alors que la *séparation* physique est réelle. D'ailleurs, il existe une véritable coupure ontologique entre les monades physiques. Il convient de toujours savoir distinguer les deux plans de l'*apparence* (extension continue infiniment divisible) et de la *réalité* (indivisibilité irréductible des monades réellement distinctes). En définitive, cette solution restait encore assez proche de la conception leibnizienne, à cette différence près (qui reste considérable) que pour Leibniz les monades ne sont pas des entités physiques, mais des unités spirituelles[196].

b) Réalité objective ou subjective de l'espace ?

Si tout avait pu en rester là, Kant se serait contenté d'expédients ingénieux et subtils, mais son œuvre serait tombée dans l'indifférence. Or, il est clair que notre philosophe était animé du souci de découvrir la *source* profonde des difficultés qui déchiraient la philosophie et le monde de la connaissance scientifique,

---

196. Cf. LEIBNIZ, lettre à De Volder du 19 janvier 1706, in GP, II, 282-283 : « Il ressort donc de ce que j'ai dit que seule la quantité discrète se trouve dans ce qui est en acte < *in Actualibus* >, cela est certain pour la multitude des monades ou substances simples, qui dépasse même tout nombre dans quelque agrégat sensible que ce soit ou dans ce qui leur correspond dans les phénomènes. Mais la quantité continue est quelque chose d'idéal qui concerne les possibles et les actuels, en tant que possibles. Il est certain que le continu enveloppe des parties indéterminées < *indeterminatas* >, bien que rien ne soit indéfini < *indefinitum* > dans ce qui est en acte, car dans ces derniers toute division réalisable est réalisée. Ce qui est réel se compose d'unités comme le nombre ; tandis que ce qui est idéal, comme le nombre, est composé de fractions : les parties existent en acte dans une totalité réelle, mais non pas dans une [totalité] idéale. Or, confondant ce qui est idéal avec les substances réelles et cherchant des parties réelles dans l'ordre des possibles et des parties indéterminées < *indeterminatas* > dans un agrégat de réalités, nous tombons de nous-mêmes dans le labyrinthe du continu et dans d'inextricables contradictions. Cependant, la science des continus, c'est-à-dire des possibles, contient des vérités éternelles, qui ne sont jamais violées par les phénomènes réels, puisqu'il existe toujours une différence qui est plus petite que toute donnée assignable. Or, nous ne possédons ni ne devons demander d'autre marque caractéristique de la réalité dans les phénomènes que le fait qu'ils s'accordent mutuellement les uns aux autres et avec les vérités éternelles. »

comme il le confia dans une lettre du 31 décembre 1765 à son
ami mulhousien Jean-Henri Lambert :

> « J'ai pendant plusieurs années dirigé mes considérations philoso-
> phiques de tous les côtés imaginables, et, après tant de renversements
> par lesquels je cherchais, à chaque fois, les sources de l'erreur ou
> l'intelligence de la façon de procéder, je suis à la fin parvenu à tenir
> pour assurée la méthode que l'on doit observer si l'on veut échapper
> à ces illusions du savoir qui fait que l'on croit à chaque instant être
> parvenu au point décisif, alors que l'on doit autant de fois revenir sur
> son chemin. De cette illusion provient aussi la désunion destructrice
> des prétendus philosophes, parce qu'en effet aucun étalon de mesure
> commune n'est là pour faire concorder leurs efforts [197]. »

La hauteur de vue du Kant précritique lui a permis de découvrir l'*absolue irréductibilité* de certaines notions telles que : l'*espace*,
le *temps*, l'*existence*, la *causalité*, le *sentiment*, la *foi*, la *pratique*, l'*histoire* et la *liberté*. Du reste, la plupart des écrits précritiques qui
s'échelonnent de 1762 à la publication de la première *Critique*,
en 1781, se présentent comme des tentatives pour cerner le champ
de ces *notions irréductibles* sur lesquelles le vieux dogmatisme rationaliste ne pouvait que se casser les dents. Ces notions irréductibles,
Kant les appelait alors « concepts primitifs ou inanalysables » et il
écrivait à leur sujet dans son célèbre « *Preisschrift* » de 1762 :

> « Il est inévitable d'arriver, dans l'analyse, à des concepts inanaly-
> sables, qui le seront ou bien en soi et pour soi, ou bien pour nous, et
> ils seront singulièrement nombreux. [...] Un grand nombre de ceux-ci
> ne peuvent absolument pas être analysés, par exemple le concept de
> *représentation*, de *simultanéité*, ou de *succession* ; d'autres ne le sont
> qu'en partie, comme les concepts de l'*espace*, du *temps*, de toutes
> sortes de sentiments de l'âme humaine, du *sentiment du sublime*, du
> *beau*, du *laid*, etc. [198] »

197. Lettre de Kant à Jean-Henri Lambert le 31 décembre 1765, Ak, X,
p. 55-56 ; trad. fr. Rivelaygue, in KANT, *Œuvres philosophiques*, Paris, Gallimard,
« Bibl. de la Pléiade », 1980, t. 1, p. 596.

198. KANT, *Recherche sur l'évidence*, 1763, Ak, II, p. 280 ; trad. fr. J. Ferrari,
in KANT, *Œuvres philosophiques*, Paris, Gallimard, « Bibl. de la Pléiade », 1980,
t. 1, § 3, p. 222.

L'irréductibilité des « concepts primitifs » montre bien à quelle tâche la métaphysique devait momentanément s'atteler : il lui fallait rechercher les concepts *inanalysables* dans l'expérience interne ou externe suivant la méthode analytique, et cela, à l'opposé de la méthode synthético-déductive des wolffiens. Voilà un sérieux coup d'arrêt méthodologique pour la manière traditionnelle de philosopher. Kant avait décelé le caractère irréductible de ces concepts inanalysables à partir des furieuses contradictions qu'ils engendraient lorsqu'on tentait de les rationaliser. Fort de cette découverte, Kant accueillait avec confiance et sérénité ce qu'il appelait la « crise du savoir » dans cette même lettre à Lambert :

> « Avant que la vraie philosophie ne revive, il est nécessaire que l'ancienne se détruise elle-même, et de même que la putréfaction est la dissolution la plus accomplie qui se produit toujours préalablement quand doit commencer une nouvelle création, ainsi la crise du savoir, en une époque comme la nôtre où il ne manque pourtant pas de bonnes têtes, me donne le meilleur espoir que la grande révolution des sciences, si longtemps souhaitée, n'est plus éloignée[199]. »

Comment Kant fut-il conduit à résoudre cette crise du savoir ? Sur ce point, on ne dispose que de rares et précieux indices. L'idée globale de la solution a dû surgir au cours de l'année 1769. En effet, la célèbre *Reflexio* 5037 nous apporte un élément de réponse un peu sommaire, mais instructif, sur les circonstances au cours desquelles il découvrit les éléments de la solution critique :

> « Si je parviens seulement à convaincre qu'il faut suspendre l'élaboration de cette science, tant qu'on n'a pas décidé de ce point, cet écrit aura atteint son but. Au début, je ne voyais ce concept doctrinal que dans la pénombre. Je cherchais avec sérieux à prouver des propositions et leurs contraires, non pour ériger une philosophie sceptique, mais parce que je pensais découvrir une illusion de l'entendement

---

199. KANT, lettre à Lambert du 31 décembre 1765, Ak, X, p. 57 ; trad. fr. Rivelaygue in *Ibid.*, p. 598.

dans laquelle elle s'enracinait. L'année 1769 m'apporta une grande lumière[200]. »

Malheureusement, Kant n'a pas précisé en quoi consistait au juste cette « grande lumière ». Cependant, si l'on compare l'opuscule de 1768 intitulé *Du premier fondement de la différence des régions dans l'espace*, avec la très justement célèbre *Dissertation sur la forme et les principes du monde sensible et du monde intelligible de 1770*, on peut se faire une idée assez précise du renversement opéré par Kant en 1769 dans sa manière de concevoir l'espace.

Dans l'opuscule de 1768, la distinction des régions dans l'espace ne relevait pas seulement de notre subjectivité ou de notre corps propre, mais elle était aussi considérée comme fondée « *in re* ». D'ailleurs, Kant précisait que cette distinction *qualitative* des régions dans l'espace est une marque distinctive permettant de caractériser *objectivement* les différentes espèces biologiques. Dans ce texte, Kant affirmait que l'espace possède une *réalité absolue*[201] ; sur ce point, sa position était restée très proche de celle de Newton et de Joseph Raphson. Kant s'efforçait de prouver que l'espace cosmique est une réalité absolue, indépendante de toute matière, constituant le fondement de toute composition corporelle *avant* même l'existence de la matière :

> « Mon but, dans cette dissertation, est de rechercher si l'on ne peut pas trouver dans les jugements intuitifs relatifs à l'étendue tels qu'on les rencontre dans la géométrie, une preuve évidente que *l'espace absolu, indépendant de l'existence de toute matière, envisagé comme*

---

200. KANT, Reflexio 5037, Ak, XVIII, p. 69 : « *Wenn ich nur so viel erreiche daß ich überzeuge, man müsse die Bearbeitung dieser Wissenschaft so lange aussetzen, bis man diesen Punkt ausgemacht hat, so hat diese Schrift ihren Zweck erreicht. Ich sahe anfänglich diesen Lehrbegriff wie in einer Dämmerung. Ich versuchte es ganz ernstlich, Sätze zu beweisen und ihr Gegenteil, nicht um eine Zweifellehre zu erreichen, sondern weil ich eine Illusion des Verstandes vermuthete, zu entdecken, worin sie stäcke. Das Jahr 69 gab mir großes Licht.* »

201. KANT, *Du premier fondement de la différence des régions dans l'espace*, 1768, Ak, II, p. 375-376 ; trad. fr. Zac, Paris, Vrin, 1970, p. 92 : « La région consiste non pas dans le rapport d'une chose dans l'espace avec une autre (ce qui à proprement parler est le concept de situation), mais dans le rapport du système de ces situations à l'espace absolu de l'univers. »

premier fondement de la possibilité de sa composition, comporte une réalité qui lui est propre[202]. »

Ainsi, montrait-il que l'*analysis situs* dont Leibniz était si fier, malgré les réserves expresses de Huygens[203], n'est pas justifiée puisque deux figures géométriques peuvent bien être semblables (dans la mesure où il existe entre leurs parties constitutives un même rapport), quoiqu'elles ne puissent être enfermées dans un même espace. C'est donc bien la preuve que la spatialité n'est pas réductible à un simple système de relations intellectuelles[204], comme le montre de façon éclatante le fameux « paradoxe des objets symétriques ». Par conséquent, il convient de prendre en compte non seulement les rapports de coexistence entre les « sites », comme le faisait Leibniz dans son *analysis situs*, mais en outre il est indispensable de distinguer des régions dans l'espace (gauche/droite, avant/arrière, haut/bas) dont l'existence physique est irréductible à des déterminations purement rationnelles ou intellectuelles.

Dans la *Dissertation de 1770*, en revanche, Kant considère l'espace comme une forme *a priori* de la sensibilité, comme

202. Kant, *Du premier fondement de la différence des régions dans l'espace*, 1768, Ak, II, p. 376 ; trad. fr. Zac, Paris, Vrin, 1970, p. 92. C'est Kant qui souligne.

203. Leibniz avait écrit dans son *De analysi situs* in Gerhardt, *Mathematische Schriften*, V, 182 : « Il convient d'appeler ce nouveau genre de calcul totalement différent du calcul algébrique, *analysis situs*, parce qu'il explique le site directement et immédiatement en sorte que les figures même non tracées sont représentées dans l'esprit par les signes et que tout ce que l'imagination empirique comprend par les figures, le calcul le déduit à partir des signes selon une démonstration certaine. » Comme on sait, Huygens qui avait reçu en 1679 un échantillon de ce nouveau calcul n'a guère manifesté d'intérêt à son sujet et s'est montré plutôt réticent dans sa réponse à Leibniz du 22 novembre 1679 en écrivant, cf. Gerhardt, *Mathematische Schriften*, II, p. 27 : « J'ai examiné attentivement ce que vous me mandez touchant votre Charactéristique nouvelle, mais pour vous l'avouer franchement je ne conçois pas, par ce que vous m'en étalez, que vous y puissiez fonder de si grandes espérances. »

204. Kant conclut, dans ce même article de 1768, Ak, II, p. 375 ; trad. fr. Zac, Paris, Vrin, 1970, p. 91 : « Il semble, du moins, qu'une certaine discipline mathématique qu'il désignait par avance *"analysis situs"*, et dont, entre autres, Buffon a regretté la perte au moment où il examinait soigneusement les plissements naturels dans le germe, n'ait jamais été rien de plus qu'une chose de pensée. »

une intuition pure, dépourvue de toute consistance ontologique et surtout nouménale. Ce renversement de perspective dénote clairement le passage à une certaine forme d'idéalisme qui ne descend pas en ligne directe de celui de Leibniz. Dans une lettre ultérieure à Lambert, du 2 septembre 1770, Kant confirme ce que la *Reflexio* 5037 nous avait laissé entrevoir :

> « Depuis près d'un an, je suis parvenu, comme je m'en flatte, à une conception telle que je ne crains pas d'avoir jamais à la modifier, mais qu'il me faudra étendre < *erweitern* >. Par cette conception on peut examiner toutes sortes de questions métaphysiques d'après des critères tout à fait sûrs et faciles, et décider avec certitude jusqu'à quel point elles peuvent être résolues ou non [205]. »

Certes, s'il est vrai que Kant découvrit en 1769 ce renversement de perspective décisif et irréversible qui marqua profondément toute son orientation philosophique ultérieure, il est également vrai que son élargissement < *Erweiterung* > lui demanda au moins douze années de labeur acharné (pour aboutir à la première *Critique* et aux *Prolégomènes*), comme il en fit la confidence à son ami Moïse Mendelssohn [206]. Aussi, importe-t-il de préciser quelle est l'étendue de ce renversement de 1769 ainsi que les obstacles qu'il lui reste à franchir pour aboutir à la solution critique. Dès sa *Dissertation inaugurale* de 1770, Kant a opéré une séparation radicale entre la *sensibilité* et l'*entendement* qui l'a amené à conclure à la *subjectivité* de l'espace et du temps, en tant que formes pures de l'intuition. Cette « subjectivité » de l'espace et du temps s'oppose directement à la perspective strictement newtonienne dont le réalisme et l'inductivisme avaient compromis gravement, du moins sur le plan

205. Kant, lettre à Lambert du 2 septembre 1770, Ak, X, p. 97 ; trad. fr. Rivelaygue, in Kant, *Œuvres philosophiques*, Paris, Gallimard, « Bibl. de la Pléiade », 1980, t. 1, p. 688.

206. Cf. Kant, lettre du 16 août 1783 à Moïse Mendelssohn, Ak, X, p. 344 *sq.* ; trad. fr. in *Correspondance par I. Kant*, Paris, Gallimard, 1991, p. 215 : « [...] Le produit d'une réflexion d'au moins douze ans, c'est en quatre ou cinq mois que je l'ai mené à bien, pour ainsi dire au fil de la plume, portant certes l'attention la plus grande au contenu, mais en donnant un moindre soin à l'exposé et en négligeant ainsi d'en faciliter la lecture. »

fondationnel ou épistémologique, la solidité de la géométrie et de la phoronomie. En effet, si l'espace était une *réalité absolue*, comme le prétendent les newtoniens, la géométrie en tant que science de l'espace tirerait la certitude de ses propositions des seules découvertes expérimentales qui sont dénuées de la nécessité et de l'universalité caractéristiques de ce qui est *a priori*. Ainsi, pour rendre compte de la certitude *apodictique* des propositions géométriques, construites entièrement *a priori*, il est nécessaire de faire de l'espace une forme de l'intuition pure. C'est en ce sens précis que Kant avait écrit au paragr. 15 de la *Dissertation de 1770* :

> « L'*espace n'est pas quelque chose d'objectif* et de réel ; il n'est ni substance, ni accident, ni relation ; mais il est *subjectif* et idéal, et provient, par une loi fixe, de la nature de l'esprit, à la manière d'un schéma destiné à coordonner dans leur ensemble toutes les données du sens externe[207]. »

L'espace n'est plus, comme c'était encore le cas chez Newton, le « *sensorium Dei* », mais (plus modestement) le « *sensorium hominis* ». Par contrecoup, les considérations sur l'espace ne portant que sur le monde sensible sont débarrassées de toute hypothèse d'ordre théologique. Toutefois, ce retour à la subjectivité opéré par Kant à propos des « principes formels du monde sensible » avait été très insuffisamment explicité dans la *Dissertation inaugurale*. C'est d'ailleurs la raison pour laquelle il fut si vivement critiqué et se heurta à l'incompréhension de ses amis Lambert, Sulzer et Mendelssohn auxquels Kant avait envoyé sa *Dissertation*. En effet, tous les trois pensaient avoir affaire à un simple subjectivisme dont certaines conséquences sont irrecevables. D'ailleurs ils protestèrent vivement en faveur de la réalité objective de l'espace et plus encore du temps. Ainsi, par exemple, Moïse Mendelssohn objecta à Kant :

> « Je ne puis me convaincre de ce que le temps serait quelque chose de purement subjectif. La succession est pourtant au moins

---

207. KANT, *Dissertation de 1770*, Ak, II, p. 403 ; trad. fr. in Pléiade, t. I, Section III, § 15 , D, p. 654. C'est Kant qui souligne.

une condition nécessaire des représentations propres à des esprits finis. Or les esprits finis ne sont pas seulement des sujets, mais aussi des objets des représentations, qu'il s'agisse de celles de Dieu ou de celles des autres esprits. Partant, il faut aussi considérer la succession comme quelque chose d'objectif[208]. »

De son côté, Lambert avait déjà fait observer à Kant que :

> « Pourtant, même un idéaliste doit concéder qu'il y a bien des transformations, ne serait-ce que dans ses représentations [...] et que ces transformations doivent avoir lieu effectivement. Ainsi le temps ne peut-il être considéré comme quelque chose qui ne serait *pas réel*. [...] Comme la durée, l'espace a quelque chose d'absolu. [...] Comme la durée, l'espace possède une réalité qui lui est propre qui ne peut être ni affirmée ni définie, sans risque d'un malentendu, par des termes empruntés à d'autres choses[209]. »

Emboîtant le pas des deux correspondants précédents, le wolffien Sulzer, secrétaire de la classe de philosophie de l'Académie de Berlin, remarquait de même :

> « Étendue et durée ne sont que des notions simples qui ne peuvent être expliquées, mais qui, selon moi, sont dotées d'une vraie réalité[210]. »

La profonde convergence de ces diverses critiques conduisit Kant à les prendre très au sérieux. Il reconnaissait même qu'elles constituent « l'objection la plus essentielle que l'on puisse faire au système[211] ». En effet, le renversement kantien de 1769-1770 qui opère un retour partiel à la subjectivité n'est pas encore l'idéalisme transcendantal de l'œuvre critique. D'où le risque d'entacher

---

208. Moïse MENDELSSOHN, lettre à Kant du 25 décembre 1770, Ak, X, p. 110 ; trad. fr. in *Correspondance par I. Kant*, Paris, Gallimard, 1991, p. 86.

209. Jean-Henri LAMBERT, lettre à Kant du 13 octobre 1770, Ak, X, p. 102-103 ; trad. fr. in *Ibid.*, p. 78-79.

210. Johann Georg SULZER, lettre à Kant du 8 décembre 1770, Ak, X, p. 107 ; trad. fr. in *Ibid.*, p. 78-83.

211. Cf. KANT, lettre à Marcus Herz du 21 février 1772, Ak, X, p. 128 ; trad. fr. in *Ibid.*, p. 98.

de psychologisme la théorie de l'espace et de compromettre de nouveau les fondements des mathématiques. Pour Kant, il était donc absolument indispensable d'éviter tous ces écueils, mais il lui fallait d'abord achever sa théorie de la connaissance et préciser le statut du sujet connaissant. Or, en 1770, bien qu'il ait aperçu les fondements des *mathématiques* au niveau des constructions opérées *a priori* dans l'intuition pure, Kant se trouvait encore dans l'incapacité de rendre compte du fondement des *sciences de la nature* et plus particulièrement de la physique. D'ailleurs il ne lui faudra pas moins de dix années de labeur acharné pour parvenir à une solution critique du problème de la connaissance métaphysique qui aspirait vainement jusque-là au statut de science.

Il convient à présent d'examiner la place que Kant accordait à la question de l'infinité cosmique à cette époque charnière de 1770 où s'achevait la période précritique désormais au seuil de la trilogie critique.

c) La question de l'infinité cosmique dans la Dissertation de 1770

Le jeune Kant s'est montré très critique à l'égard de la tendance *anti-infinitiste* qui régnait dans l'*Aufklärung* vers le milieu du XVIIIe siècle. Pour celle-ci, en effet, bien que l'infinité de Dieu n'ait aucunement été révoquée en doute, l'infini mathématique n'était qu'une simple *fiction*, un artifice imaginaire destiné à rendre des services à la mécanique rationnelle, mais dépourvu de véritable consistance ontologique. Quant à l'infinité de l'Univers, elle pouvait s'entendre suivant l'extension spatiale ou bien dans le sens d'une durée illimitée. Bien que la première ait connu défenseurs et opposants, la seconde a surtout rencontré une opposition farouche en raison du poids de la Révélation biblique, profondément créationniste, tant chez les catholiques que chez les protestants. C'est ainsi que Martin Knutzen, le maître de Kant, publia très tôt un ouvrage pour démontrer rationnellement que l'éternité du Monde était impossible[212] sous prétexte que toute série infinie doit posséder un terme initial, un *terminus a quo* et que d'autre part l'idée d'un nombre infini est proprement une absurdité. Ainsi, bien qu'un infini *a parte ante* soit impossible, l'idée d'une durée illimitée *a parte post* restait ouverte, mais elle échappait à toute possibilité de totalisation (que Kant appelait « *omnitudo collectiva* »). Kant se souvint de ces considérations dans sa *Théorie du ciel*. Toutefois, au lieu de s'en tenir prudemment à l'idée d'un infini potentiel encore en vigueur dans l'aristotélisme « christianisé » et largement répandu chez les penseurs allemands du début du xviiie siècle, il y défendit l'idée d'une étendue infinie du Monde à la fois spatiale et temporelle[213]. Cependant, à cette époque précritique, Kant devait encore recourir, dans son argumentation, à l'entendement divin :

> « S'il était possible que Dieu puisse rendre réel, dans une série successive, le concept de l'infinité, qui est présenté d'un coup à son entendement, pourquoi ne devrait-il pas représenter le concept d'une autre infinité, *dans son enchaînement lié selon l'espace, et pouvoir rendre ainsi l'étendue du monde sans limites*[214] ? »

La démarche de Kant, encore dogmatique à cette époque, reposait sur la Toute-puissance infinie de Dieu qui n'aurait produit qu'une « grandeur différentielle » par rapport à ce qu'elle aurait été capable de produire, si elle n'avait pas créé un Univers infini :

> « N'est-il pas nécessaire d'ordonner [...] l'ensemble de la création de manière qu'elle soit un témoignage de cette puissance qui ne peut être mesurée par aucun étalon ? Pour cette raison, le champ de la révélation des propriétés divines est aussi infini que celles-ci. L'éternité ne suffit pas à contenir les témoignages de l'Être suprême, là où elle n'est pas liée avec l'infinité de l'espace[215]. »

---

212. Martin Knutzen, *Dissertatio metaphysica de Aeternitate mundi impossibili*, 1733.

213. Kant, *Histoire générale de la nature et théorie du ciel*, 1755, Ak I, 306 ; trad. fr., Paris, Vrin, 1984, IIe partie, chap. VII, p. 145, intitulé : « De la création dans toute l'étendue de son infinité, tant selon l'espace que selon le temps. »

214. Kant, *Histoire générale de la nature et théorie du ciel*, 1755, Ak I, 310 ; trad. fr., Paris, Vrin, 1984, cf. IIe partie, chap. VII, note de Kant, p. 148.

215. Kant, *Ibid.*

L'enthousiasme manifeste de la *Théorie du ciel* en faveur d'un infini existant en acte perdit quelque peu de sa vigueur au cours des recherches méthodologiques et gnoséologiques que Kant mena pendant près de quinze ans, mais on trouve encore dans la *Dissertation de 1770* un très vif intérêt pour cette question. Ce qui change, c'est que Kant rédigea sa *Dissertation* en montrant qu'il faut distinguer rigoureusement entre l'*intuition humaine* (soumise aux conditions formelles que sont l'espace et le temps, ainsi qu'aux données de la sensation qui viennent l'affecter) et l'*intuition divine* totalement affranchie des conditions formelles et matérielles de la sensibilité. Seule cette dernière est donc, à ce titre, purement intellectuelle :

> « Il n'y a pas (pour l'homme) d'*intuition* des choses intellectuelles, mais seulement, en ce domaine, une *connaissance symbolique*, et l'intellection par concepts universels ne nous est permise que dans l'abstrait, et non par une perception singulière dans le concret. [...] L'*intuition* de notre esprit est toujours *passive*, elle n'est donc possible que dans la mesure où quelque chose peut affecter nos sens. Mais l'intuition divine, qui est le principe des objets, et non leur effet, demeurant indépendante, est archétypale et, de ce fait, parfaitement intellectuelle[216]. »

Or, c'est précisément cette opposition, entre les conditions de la connaissance humaine et celles de la connaissance divine absolument parfaite, qui permit à Kant d'une part d'échapper aux impasses du dogmatisme wolffien, et, d'autre part, de sauver son attachement à l'idée d'un *infini actuel* (divin, cosmologique et mathématique) tout en proposant une solution des paradoxes,

---

216. KANT, *Dissertation de 1770*, § 10, Ak II, 396-397 ; trad. fr. Alquié, in KANT, *Œuvres philosophiques*, Paris, Gallimard, « Bibl. de la Pléiade », 1980, t. 1, p. 644 : « *Intellectualium non datur (homini) Intuitus sed non nisi cognitio symbolica et intellectio nobis tantum licet per conceptus universales in abstracto, non per singularem in concreto. [...] Intuitus nempe mentis nostrae semper est passivus ; adeoque eatenus tantum, quatenus aliquid sensus nostros afficere potest, possibilis. Divinus autem intuitus, qui objectorum est principium, non principiatum, cum sit independens, est Archetypus et propterea perfecte intellectualis.* »

des apories et des contradictions que celui-ci ne cesse de susciter lorsqu'il est mal employé. Toute la *Dissertation* tend à montrer que ces difficultés sont seulement *subjectives* et ne doivent nullement être mises au compte de la nature des choses. Plus précisément, les prétendues apories ou même les contradictions de l'infini ne sont que des « illusions < *praestigiae* > », car elles tiennent au fait que l'on prend ce qui n'est qu'une *condition subjective* de la connaissance humaine (c'est-à-dire les *lois, formes* et *principes* de l'intuition sensible) pour une *condition de possibilité de l'objet lui-même*. Mais Kant n'aurait pu comprendre ni résoudre cette *illusion* de la connaissance humaine s'il n'avait opéré préalablement ce repli vers une *philosophie du sujet* (pour l'instant à peine ébauchée), dont la *Reflexio* 5037 et la correspondance de l'époque semblent faire grand cas. Ainsi peut-on dire que toute la *Dissertation* se proposait comme fin essentielle de distinguer la connaissance sensible de la connaissance intellectuelle afin que « les principes qui appartiennent en particulier à la connaissance sensible ne sortent pas de leurs limites propres et n'affectent pas les intelligibles[217] ». Tel est le sens de la nouvelle perspective méthodologique adoptée par Kant en 1770.

En ce qui concerne la question de l'infini, Kant l'aborde directement dès la *Première Section* de sa *Dissertation* qui est elle-même consacrée à « la notion de monde en général » : car il lui accordait toujours un rôle éminent. Ce qui est nouveau ici, c'est qu'il cherche moins à approfondir l'idée d'infini en elle-même (dont il semble avoir admis l'existence depuis sa *Théorie du ciel*) qu'à examiner son *rapport* à notre faculté de connaître. C'est pourquoi il étudie conjointement, au paragr. 1 de cette même *Section*, d'une part les concepts de *Monde* (pris comme totalité ultime) et de *partie* simple, et d'autre part les modes de connaissance correspondants que sont la *synthèse* et l'*analyse*. L'approche kantienne est désormais double : à la fois ontologique et épistémologique. On notera au passage que la définition kantienne du Monde

---

217. Kant, *Dissertation de 1770*, § 24, Ak II, 411 ; trad. fr. Alquié, in *Ibid.*, t. 1, p. 667 : « *Ne principia sensitivae cognitionis domestica terminos suos migrent ac intellectualia afficiant.* » Traduction légèrement rectifiée.

coïncidait avec l'idée d'un *Maximum*, puisqu'il entend par Monde non pas une totalité partielle quelconque, mais « un tout qui ne soit plus une partie[218] ». Or, après avoir distingué le mode de connaissance discursif (qui fait appel à des idées universelles de l'entendement < *per ideas intellectus et universales* >) et le mode de connaissance intuitif (qui implique « la condition de temps[219] »), Kant montrait clairement qu'il est impossible à l'esprit humain de *produire concrètement*, c'est-à-dire à l'aide des deux modes de connaissance employés conjointement, les idées d'*infini* et de *grandeur continue*. En effet, la connaissance humaine étant soumise à la condition temporelle, il lui faudrait pouvoir disposer d'un temps *infini* pour pouvoir résoudre une *grandeur continue* suivant l'infinité de ses parties constitutives, ou pour s'élever à la composition d'un tout infini. Ce qui signifie que l'*infini* et le *continu* restent inaccessibles à notre connaissance intuitive, mais Kant introduisait alors une distinction fondamentale (qui continuera à jouer un rôle éminent au sein de la trilogie critique) à savoir : entre l'*irreprésentable* < *irrepraesentabile* > et l'*impossible* < *impossibile* >. L'*irreprésentable* ressortit des lois de la connaissance intuitive, tandis que l'*impossible* relève de l'entendement et de la *raison pure* < *intellectus, rationis purae* > :

> « Tout ce qui, en effet, *contredit* les lois de l'entendement et de la raison est absolument impossible ; mais il n'en est pas de même pour ce qui, étant objet de la raison pure, *échappe* seulement aux lois de la connaissance intuitive. Car ce désaccord entre la faculté *sensitive* et l'*intellectuelle* (j'exposerai bientôt la nature de ces facultés) prouve seulement ceci : *il arrive souvent que les idées abstraites contenues dans l'esprit et reçues de l'entendement ne puissent pas être réalisées dans le concret, ni être transformées en intuitions*. Mais cette résistance *subjective* se donne très souvent l'air d'une contradiction *objective*, et trompe facilement ceux qui n'y prennent pas garde, en les amenant à prendre les limites qui circonscrivent l'esprit humain pour celles qui contiennent l'essence même des choses[220]. »

218. KANT, *Dissertation de 1770*, Ak II, 387 ; trad. fr. Alquié, in *Ibid.*, p. 629 : « *Non nisi toto quod non est pars, i. e. Mundo.* »

219. KANT, *Ibid.*

220. KANT, *Dissertation de 1770*, Ak II, 389 ; trad. fr. Alquié, in *Ibid.*, p. 632.

Kant appelle « subreption < *vitium subreptionis* > » cette faute
de l'esprit qui consiste à prendre pour *objectif* quelque chose qui
n'est en définitive que la projection des conditions de notre *subjectivité* ; ici, la subreption consiste à prendre pour équivalent ce qui
est *irreprésentable* et ce qui est *impossible*[221]. Dès lors, puisque ce
qui est irreprésentable n'est pas nécessairement impossible, il ne
reste plus qu'à montrer que l'idée d'un *infini actuel* ne répugne
pas à la raison pure (puisqu'elle ne recèle aucune contradiction
interne) pour en établir la *possibilité*. Tandis que dans sa *Théorie
du ciel*, Kant pensait avoir établi l'existence *nécessaire* de l'infinité
cosmique, dans la *Dissertation inaugurale* l'existence de l'infini
reste simplement *possible*. Or, pour démontrer cette possibilité,
Kant va devoir tout d'abord rejeter les conceptions incorrectes
de l'infini avant d'en donner une définition exempte de défauts.
À cette époque, Kant pensait pouvoir sortir de cette question
épineuse de l'infinité cosmique qui semblait « infliger au philosophe un véritable supplice[222] ».

Le concept défectueux que Kant dénonce chez les adversaires
de l'infini actuel, dans son importante note polémique, provient
d'une confusion entre l'*infini mathématique* (traditionnellement
considéré comme *potentiel*) et l'*idée métaphysique d'un Maximum*
(pensé comme un infini existant *en acte*). C'est bien là encore
une sorte de *subreption* qui mélange l'idée d'une grandeur ou
multitude infinie à celle (toute métaphysique) de *Maximum* absolu
que Kant appelle « Idéal de perfection » ou « Dieu », un peu
plus loin[223]. La collusion subreptice de ces deux idées sous

---

221. Kant, *Dissertation de 1770*, § 24 et 25, Ak II, 412-413 ; trad. fr. Alquié, in
Ibid., p. 667-668 : « Puisque le vice de l'illusion de l'entendement, qui résulte de
l'emploi trompeur d'un concept sensitif comme d'un caractère intellectuel, peut
être appelé (selon l'analogie de l'acception reçue), *vice de subreption*, l'échange
des concepts intellectuels et des concepts sensitifs sera un *vice métaphysique
de subreption* (*un phénomène intellectualisé*, si l'on me permet cette expression
barbare). »

222. Kant, *Dissertation de 1770*, Ak II, 391 ; trad. fr. Alquié, in *Ibid.*, p. 635 :
« *Crucem figere philosopho videtur.* »

223. Kant, *Dissertation de 1770*, § 9, Ak II, 396 ; trad. fr. Alquié, in *Ibid.*, p. 643.

le concept d'infini produit une furieuse contradiction qui rend celui-ci intenable, puisque l'infini serait en ce sens une « multitude maximale », c'est-à-dire d'un côté une quantité susceptible d'accroissement et, de l'autre, indépassable :

> « Ils disent que *l'infini est une grandeur telle qu'une grandeur plus grande soit impossible*, et que l'infini mathématique est une multitude (dont l'unité peut être donnée) telle qu'une multitude plus grande soit impossible. Or, comme ils substituent ainsi, à *l'infini*, le *maximum*, et qu'une multitude maximale est impossible, ils concluent aisément contre cet infini, qu'ils ont fabriqué eux-mêmes. Ou encore ils donnent à la multitude infinie le nom de *nombre infini*, et déclarent qu'un tel nombre est absurde, ce qui est tout à fait évident, mais ne réfute que des ombres issues de leur invention[224]. »

Définissant l'infini mathématique comme « une grandeur qui, rapportée à une unité de mesure quelconque, se révèle comme une multitude supérieure à tout nombre[225] », Kant montrait que cette grandeur est bien pensable de façon distincte par un « entendement qui, sans avoir recours à l'application successive d'une mesure, apercevrait distinctement, et d'un seul regard, une multitude, bien qu'un tel entendement ne soit assurément pas l'entendement humain[226] ». Kant voyait donc dans l'intuition

224. KANT, *Dissertation de 1770*, § 1, Ak II, 389 ; trad. fr. Alquié, in *Ibid.*, p. 631, (note de Kant).

225. KANT, *Ibid.* Cette définition que Kant donne de l'infini semble s'être inspirée de celle qu'avait donnée le mathématicien KÄSTNER à cette époque. En effet, on lit dans ses *Anfangsgründe der Analysis des Unendlichen*, 2ᵉ éd., Göttingen, 1770, p. 1-2 : « Une grandeur croît infiniment si elle peut devenir plus grande que toute grandeur finie assignable ou comparable avec des grandeurs déterminées de son espèce. [...] En vérité, on ne peut pas dire qu'une grandeur est infiniment grande. Toute grandeur qui est telle est assignable. Si l'on s'exprime ainsi, c'est qu'on se représente en quelque sorte une limite dont s'approche toujours la grandeur par un accroissement continu, et que l'on prend cette limite à la place de la grandeur dans un état d'accroissement que l'on considère comme ultime, même si de nouveau un tel état ultime n'existe pas. » C'est nous qui traduisons.

226. KANT, *Dissertation de 1770*, § 1, Ak II, 389 ; trad. fr. Alquié, in *Ibid.*, p. 631, (note de Kant). Cette remarque de Kant n'est pas sans rappeler le célèbre poème d'Albrecht von Haller intitulé *Unvollkommene Ode über Ewigkeit* (1736) et que la *Théorie du ciel* cite à maintes reprises, notamment lorsqu'il est question

divine « archétypale » (qui est « principe des objets et non leur effet[227] ») le lieu où disparaît cette contradiction apparente puisque, cette fois, cette intuition divine est « parfaitement intellectuelle ».

Toutefois, Kant ne remarquait guère que, pour réfuter ses adversaires, tout en prétendant rester sur le seul terrain des mathématiques, il lui faut faire encore appel à l'idée (toute métaphysique) de l'entendement divin. N'est-ce pas là commettre aussi une sorte d'axiome subreptice qui consiste à penser que ce qui est concevable par notre entendement, abstraitement et sans contradiction, existe réellement pour l'entendement divin intuitif ? On pourrait rétorquer, en suivant au plus près la pensée de Kant, que les notions d'entendement archétypal intuitif et d'entendement humain discursif sont corrélatives l'une de l'autre[228]. En ce sens, la rupture avec le leibnizianisme n'était donc pas encore totalement consommée.

En réalité, Kant ne s'est pas attardé davantage sur l'idée même d'infini ou de continu, car ce qui lui importait alors, c'était de revenir sur la définition du concept de *Monde* et plus particulièrement de la *totalité absolue d'un infini successif et simultané*[229]. Après avoir distingué la *matière* et la *forme* du Monde dans la mesure

de l'infinité de la création. Nous pensons plus particulièrement aux vers (qui n'étaient qu'une réminiscence du *Psaume* 102) où Haller opposait l'éternité du Créateur au caractère périssable de toute créature, v. 37-44 , in *Die Alpen und andere Gedichte*, Stuttgart, Reclam, 1965, p. 76 :

> « *Unendlichkeit ! wer misset dich ?*
> *Bei dir sind Welten Tag' und Menschen Augenblicke.*
> *Vielleicht die tausendste der Sonnen wälzt itzt sich,*
> *Und tausend bleiben noch zurücke.*
> *Wie eine Uhr, beseelt durch ein Gewicht,*
> *eilt eine Sonn, aus Gottes Kraft bewegt ;*
> *Ihr Trieb läuft ab und eine zweite schlägt,*
> *Du aber bleibst und zählst sie nicht.* »

227. KANT, *Op. cit.*, § 10, Ak II, 397 ; trad. fr. Alquié, in *Ibid.*, p. 644.

228. Cf. KANT, *Dissertation de 1770*, Ak II, p. 396-397 ; trad. fr. Alquié, in *Ibid.*, p. 643-644, le très important paragr. 10.

229. KANT, *Op. cit.*, § 2, Ak II, 391 ; Pléiade t. 1, p. 635.

où elles sont des composantes qui entrent dans sa définition, Kant définissait le *Monde* comme une *totalité absolue* ou comme une *totalité ultime*, en ce sens qu'elle ne soit plus elle-même une partie d'un tout plus englobant :

> « L'ensemble qui est la totalité *absolue* des "comparties". [...] Quelles que soient les "comparties" qui forment entre elles un tout, *quel qu'il soit*, elles sont conçues comme posées conjointement[230]. »

Certes, si cette définition traditionnelle du Monde ou de l'Univers pris comme totalité englobante et ultime ne présente guère d'originalité, tout son intérêt se redouble à partir du moment où Kant considère cette totalité comme *infinie*. Cela nous apprend d'une part qu'il n'a nullement renoncé à la cosmologie infinitiste de sa *Théorie du ciel*, et, d'autre part, que toutes les précautions qu'il avait prises à l'égard de l'idée d'infini étaient directement destinées à compléter sa définition du Monde. Or, le rapprochement des deux concepts d'infinité et de totalité faisait surgir de graves difficultés que Kant ne parvenait à surmonter qu'à grand-peine. En effet, reprenant le concept leibnizien de Monde entendu comme « la série qui ne doit jamais être achevée, des états de l'Univers se succédant éternellement », Kant s'efforçait de faire entrer cette idée de série infinie sous le concept de *totalité*. Ainsi, le Monde en tant qu'il constitue une totalité ultime doit pouvoir être pris comme une entité *complète*, bien définie et achevée ; mais comme la série de ses états successifs est *illimitée*, on ne saurait parvenir au *terme* de sa sommation ou de sa totalisation :

> « Comment [...] la *série, qui ne doit jamais être achevée*, des états de l'Univers se succédant éternellement pourrait-elle être ramenée à un Tout ? [...] Il paraît être totalement exclu que cette série qui, en vertu de son infinité n'a pas de terme, [...] soit la totalité absolue[231]. »

---

230. KANT, *Op. cit.*, § 2, Ak II, 391 ; trad. Mouy, Paris, Vrin, rééd. 1976 que nous préférons ici à celle de la Pléiade, p. 31 : « *UNIVERSITAS quae est omnitudo compartium absoluta.* [...] *Hic autem, quaecunque se invicem ut compartes ad totum quodcunque respiciunt, conjunctim posita intelliguntur.* »
231. KANT, *Op. cit.*, Ak II, 391 ; trad. fr. Alquié, in *Ibid.*, p. 635.

Ainsi, semblait-il reconnaître que l'idée d'un tout infini et simultané est moins difficile à concevoir que celle d'un tout infini successif. Autrement dit, l'idée d'un infini extensif existant en acte, c'est-à-dire l'infinité spatiale, est plus aisée à penser que l'infini temporel (existant en puissance). C'est d'ailleurs la raison pour laquelle Kant avait donné une définition de l'Univers pris comme une « totalité absolue de comparties < *omnitudo compartium absoluta* > », c'est-à-dire comme un ensemble de parties *coexistantes* ou *posées conjointement* < *conjunctim posita* >. De ce point de vue, le Kant précritique figure aux côtés des promoteurs de l'infinitisme en cosmologie à l'âge classique, puisqu'il considérait comme pensable et admissible l'idée d'un ensemble infini existant en acte, même dans le cas d'un infini créé. En revanche, l'idée d'un infini successif (*a parte post*) renfermait de sérieuses difficultés, car il est difficilement concevable que l'on puisse considérer comme achevé un processus illimité ! On retrouve ici un écho des analyses lockiennes de l'idée d'infini[232]. Néanmoins, Kant s'appuyait sur l'idée d'infinité cosmique *simultanée* pour montrer à ses lecteurs, à titre de conséquence, que l'infinité successive des états de l'Univers est tout à fait plausible, dans la mesure où la première doit contenir des ressources inépuisables dont la durée illimitée à venir ne saurait venir à bout :

> « Si l'on admet l'infini simultané, il faut accorder aussi la totalité de l'infini successif : si on nie la seconde, on rejette aussi le premier. Car l'infini simultané offre une matière inépuisable à l'éternité pour avancer successivement par ses parties innombrables, à l'infini, et pourtant leur série achevée par tous les nombres serait donnée en acte dans un infini simultané, et ainsi, la série qui ne doit jamais être achevée par addition successive, serait pourtant donnable en totalité[233]. »

232. Cf. *supra*, notre développement sur Locke au chapitre II.

233. KANT, *Op. cit.*, § 2, Ak II, 391-392 ; trad. Mouy (légèrement rectifiée), Paris, Vrin, rééd. 1976 que nous préférons ici à celle de la Pléiade, p. 33 : « *Verum si Infinitum simultaneum admittatur, concedenda etiam est totalitas Infiniti successivi, posteriori autem negata, tollitur et prius. Nam infinitum simultaneum inhexaustam aeternitati materiam praebet, ad successive progrediendum per innumeras eius partes in infinitum, quae tamen series omnibus numeris absoluta actu daretur in Infinito*

Ces lignes de la *Dissertation* ne sont pas sans rappeler les développements de la *Théorie du ciel*[234]. Pourtant, une fois parvenu à ce point, Kant est encore loin de pouvoir proposer une solution parfaitement satisfaisante au problème cosmologique de l'infini. En effet, il avance simplement l'idée (dont la formulation en latin est très équivoque, de l'aveu du traducteur le plus récent[235]) que si la question de la coordination (simultanée ou successive) des éléments constitutifs de l'Univers est obscure, cela doit provenir du fait que nous avons recours aux *conditions de l'intuition sensible*, alors que si l'on fait appel aux ressources de la seule pensée pure : l'idée d'un Univers infini placé sous la dépendance d'un principe d'unité reste tout à fait concevable. Dans ce cas, l'unité d'une multiplicité infinie peut bien constituer la « *totalité absolue* des comparties » du Monde. Ainsi, la difficulté disparaît si l'on admet que la pensée n'est pas nécessairement confinée dans le domaine de l'intuition.

Cette solution, qui découle en droite ligne de la conception kantienne de l'infini actuel (développée précédemment dans la note polémique), ne s'intègre pas vraiment de façon harmonieuse avec le reste de la *Dissertation de 1770*. En effet, l'on serait tenté de croire que Kant réserve au seul entendement, ou à la raison pure, la faculté de penser un infini existant en

---

simultaneo, ideoque quae successive addendo nunquam est absolvenda series tamen tota esset dabilis. »

234. Cf. KANT, *Théorie du ciel*, IIᵉ Partie, chap. VII, Ak I, p. 310 ; trad. fr. Marty, Pléiade t. 1, p. 80-81 : « On peut à bon droit poser que l'ordonnancement et l'organisation des univers se produisent peu à peu en une suite de temps, à partir de la provision de la matière créée pour la nature ; mais la matière élémentaire elle-même […] doit donc être au total assez riche, assez complète, pour que le développement de ce qu'elle compose puisse s'étendre dans le cours de l'éternité, selon un plan qui comprenne en lui tout ce qui peut être, qui n'accepte aucune mesure, bref, qui soit infini. Si donc la création est infinie quant aux espaces, ou si du moins, quant à la matière, elle l'a déjà été dès le commencement, tandis qu'elle est prête à le devenir quant à la forme ou à la formation, l'espace sera alors animé de mondes sans nombre et sans fin. »

235. Cf. les remarques de Ferdinand ALQUIÉ, in KANT, *Œuvres philosophiques*, Paris, Gallimard, « Bibl. de la Pléiade », 1980, t. 1, p. 1542 pour la note 1 de la p. 636 : « *Ideoque, etiasi non sint sensisitive conceptibiles, tamen ideo non cessare esse intellectuales.* La phrase semble peu claire, etc. »

acte, tandis que les formes *a priori* de la sensibilité viendraient brouiller par leurs représentations limitées toutes nos réflexions sur l'infinité de l'Univers. En ce sens, la solution qu'il propose consisterait à éviter soigneusement, comme il le recommande dans la Ve *Section*, que « les principes qui appartiennent en particulier à la connaissance sensitive ne sortent de leurs limites propres et n'affectent les notions intellectuelles [236] ». Jusqu'à présent, on aurait pu légitimement penser que l'idée d'infini n'avait partie liée qu'avec les seules notions *intellectuelles*, puisque c'est l'interférence des formes du monde sensible avec les principes du monde intelligible qui fait obstacle à notre compréhension de l'infini comme totalité complète et absolue. Or, il n'en est rien, car on découvre, dès le *Corollaire* de la IIIe *Section*, que les *formes* et *principes* du monde sensible ou de l'Univers, c'est-à-dire l'*espace* et le *temps*, que Kant appelle des « intuitions pures et singulières », possèdent « une infinité donnée < *non nisi dato infinito tam spatio quam tempore* >[237] ». Plus précisément, Kant entend démontrer le caractère *intuitif* et *non intellectuel* de l'espace et du temps à partir de leur *infinité*. Le caractère *immédiat* de l'intuition, en tant que donnée instantanée, exige à ce niveau que le Tout soit illimité et *précède* ses parties, car il ne peut pas être le résultat d'une composition ou d'une association progressive (donc *médiate*) de celles-ci. Le tout de l'espace ou du temps est quelque chose de plus et d'autre que la somme de ses parties ; c'est pourquoi le tout est antérieur à ses parties et ne saurait être donné qu'*immédiatement*. L'essentiel de la démonstration (que reprit la première *Critique* onze ans plus tard) figurait déjà dans ce passage étonnant de la *Dissertation* :

> « Ici, contrairement à ce que prescrivent les lois de la raison, ce ne sont pas les parties et, en définitive, les simples qui contiennent la raison de la possibilité du composé ; c'est l'*infini* qui, sur le modèle de l'intuition sensible, *contient la raison* de chaque *partie* pensable, et finalement du simple, ou plutôt de la Limite. Car, si un espace et

---

236. KANT, *Op. cit.*, Ve Section, § 24, Ak II, 411 ; trad. fr. Alquié, in *Ibid.*, p. 667.
237. KANT, *Op. cit.*, IIIe Section, *Corollaire* du paragr. 15, Ak II, 405 ; trad. fr. Alquié, in *Ibid.*, p. 657. C'est nous qui soulignons.

un temps infinis ne sont pas d'abord donnés, aucun temps et aucun espace définis ne sont assignables par *limitation* ; et, d'autre part, aucun point aucun instant ne peuvent être pensés par eux-mêmes : ils ne peuvent être conçus que dans un espace et un temps préalablement donnés, et comme leurs limites[238]. »

Certes, l'infinité de l'espace et du temps ne concerne que notre *intuition subjective* des *phénomènes* et ne saurait en rien nous renseigner sur la nature intime du *Monde*. D'ailleurs, à l'époque de la *Dissertation*, l'espace et le temps étaient considérés comme les « principes formels de l'Univers phénoménal[239] », c'est-à-dire comme des principes de la connaissance sensible humaine. Au début de la *Dissertation*, Kant s'était suffisamment élevé contre tous ceux qui, malencontreusement, prenaient l'espace et le temps « pour des conditions déjà données par soi et primitives [...] par l'effet desquelles plusieurs réalités actuelles se rapportent les unes aux autres comme parties solidaires et constituant un tout[240] ». D'où la situation paradoxale de la cosmologie dans la *Dissertation*, qui consiste à se rapporter à un objet *sensible*, mais au sujet duquel les principes formels de notre intuition ne nous font rien connaître, malgré leur infinité respective. En revanche, l'infinité de l'Univers entrevue comme possible selon les principes de l'entendement pur, l'infinité « en soi » est une question qui est du ressort du seul entendement, mais en un sens *élenchique* (c'est-à-dire purement négatif), puisqu'il nous apprend seulement à ne pas commettre un vice de *subreption métaphysique*. Kant aboutit donc à une impasse en cosmologie : d'un côté, il a dégagé les principes formels de la connaissance sensible qui ne concernent que les choses telles qu'elles *apparaissent*, tandis qu'il a bien montré, de l'autre côté, que l'idée d'un Univers infini était pensable sans contradiction, c'est-à-dire seulement *possible*, sans pouvoir déterminer pour autant sa structure *réelle*. Kant ne pouvait franchir l'abîme qui

---

238. Kant, *Ibid.*
239. Kant, *Op. cit.*, IIIe Section, § 13, Ak II, 398 ; trad. fr. Alquié, in *Ibid.*, 646 : « *Principia formalia Universi phaenomeni.* »
240. Kant, *Op. cit.*, Ire Section, § 2, Ak II, 391 ; trad. fr. Alquié, in *Ibid.*, p. 635.

sépare le possible du réel en soi. Certes, on trouve bien, çà et
là, quelques traces de son infinitisme cosmologique passé, et
même une certaine nostalgie à son égard, mais Kant reconnaît
ouvertement que ces questions métaphysiques ne comportent
pas *pour nous* la certitude apodictique requise pour constituer
véritablement une connaissance. Tel est bien le sens du *Scolie*
du paragr. 22 qui vient clore la *IVe Section* :

> « S'il était permis de faire un pas un peu en dehors des limites de
> la certitude apodictique qui convient à la métaphysique, il vaudrait,
> semble-t-il, la peine d'entreprendre des recherches sur certains
> points concernant non seulement l'intuition sensible, mais encore
> ses causes, connaissables *par* le seul *entendement*. Car l'esprit humain
> n'est affecté par les choses extérieures et le monde ne s'offre, jusqu'à
> l'infini < *patet in infinitum* >, à sa vue que *dans la mesure où cet esprit
> lui-même est soutenu, avec toutes les autres choses, par la même puissance
> infinie d'un Être unique*. […] Mais il paraît plus prudent de parcourir
> le rivage des connaissances accessibles à la médiocrité de notre enten-
> dement que de s'avancer dans la haute mer des recherches mystiques
> < *indagationum ejusmodi mysticarum* > telles que celles qu'a entreprises
> Malebranche[241]. »

On reconnaît à ces accents que la *Dissertation inaugurale* représente bien une époque charnière où la rupture avec l'époque
précritique n'est pas encore totalement consommée, bien que
nombre de thèmes fondamentaux du criticisme y affleurent
nettement déjà. En ce qui concerne la cosmologie, la *Dissertation*
représente un texte très important, malgré son caractère profondément aporétique.

Après avoir écrit sa célèbre *Dissertation inaugurale sur la forme
et les principes du monde sensible et intelligible* (1770), Kant reçut
plusieurs critiques de ses amis (Mendelssohn, Lambert et Sulzer)
qui le conduisirent à formuler dans toute sa plénitude le problème
critique, notamment dans une lettre célèbre à son ancien élève et
confident Marcus Herz du 21 février 1772 :

---

241. KANT, *Op. cit.*, Ve Section, § 22, *Scolie*, Ak II, 411 ; trad. fr. Alquié, in
Ibid., p. 663-664.

« Tandis que je méditais, [...] je remarquais qu'il me manquait encore quelque chose d'essentiel que, tout comme d'autres, j'avais négligé dans mes longues recherches métaphysiques, et qui constitue, en fait, la clef de l'énigme tout entière, celle de la métaphysique jusqu'ici encore cachée à elle-même. Je me demandais, en effet, à moi-même : quel est le fondement sur lequel repose la relation de ce que l'on nomme en nous représentation à l'objet[242] ? »

C'est bien le problème du *transcendantal* qui est posé ici, si l'on entend sous ce terme de transcendantal tout ce qui rend compte *a priori* de la relation entre le sujet et l'objet, ou plutôt le rapport du sujet connaissant avec sa connaissance. Certes, parmi toutes nos représentations, la question de l'*origine de nos représentations sensibles* ne fait pas vraiment problème, puisque nos sens sont *affectés* par les réalités sensibles que coordonnent les « formes *a priori* de la sensibilité » à savoir : le temps et l'espace. Pour ce qui est des représentations mathématiques, leurs principes sont *a priori* et elles sont construites dans les formes pures de l'intuition, comme l'avait déjà clairement montré la *Dissertation de 1770*. Enfin, subsistent les représentations propres à la métaphysique. Dans la *Dissertation de 1770*, Kant avait abordé ce problème de façon dogmatique et pensait l'avoir résolu. Ainsi avait-il déclaré dans un style philosophique apparemment platonisant :

« Les représentations sensibles représentent les choses telles qu'elles apparaissent, les représentations intellectuelles, les choses telles qu'elles sont[243]. »

Mais la lettre à Herz nétait qu'une reprise *négative* de la distinction opérée dans la *Dissertation*, car il écrivait à propos des représentations propres à la métaphysique « qu'elles ne sont précisément pas des *modifications* de l'âme produites par

242. Kant, lettre à Marcus Herz du 21 février 1772, Ak, X, 130 ; trad. fr. Rivelaygue, in *Ibid.*, p. 691.
243. Kant, *Dissertation de 1770*, Ak, II, 393 ; trad. fr. Alquié, in *Ibid.*, p. 637-638.

l'objet[244] ». La question de vie ou de mort de la métaphysique était bien de savoir comment une *représentation* qui se rapporte à un objet peut être possible si, d'une part, elle n'est en aucune façon affectée par lui, et si, d'autre part, elle n'est nullement la cause de son objet, à l'instar de l'entendement infini de Dieu (ou « *intellectus Archetypus* »). Certes, en morale, Kant faisait une exception en reconnaissant volontiers que la raison constitue elle-même son objet, en tant qu'elle nous fait agir par principe et par représentation d'une fin jugée bonne. C'est bien plutôt *en métaphysique* en se plaçant dans la perspective d'un sujet limité dans sa finitude < *intellectus ektypus* > que se pose le problème. Entre les représentations métaphysiques et les représentations sensibles se posait surtout le problème de l'*objectivité* de la physique, c'est-à-dire celui de la connaissance scientifique des *phénomènes* sensibles qui ne sont pas de simples apparences. Or, ce n'est qu'après avoir résolu le problème de l'objectivité des concepts purs de l'entendement (les « inanalysables » de la période précritique), que Kant découvrit la clé de l'énigme où était encore enfermée la métaphysique. D'où ce bilan très lucide sur les insuffisances de la *Dissertation* qu'il adresse à Herz :

> « Dans la *Dissertation de 1770*, je m'étais contenté d'exprimer la nature des représentations *intellectuelles* de façon purement *négative*, en disant qu'elles n'étaient point des *modifications* de l'âme par l'objet. Mais comment donc était possible autrement une représentation qui se rapporte à un objet sans être d'aucune façon *affectée* par lui, voilà ce que j'avais passé sous silence. J'avais dit : les représentations sensibles représentent les choses telles qu'elles apparaissent, les représentations *intellectuelles*, les choses telles qu'elles sont. Mais par quel moyen ces choses nous sont-elles donc données, si elles ne le sont pas par la façon dont elles nous affectent ? Et si de telles représentations intellectuelles reposent sur notre activité interne, d'où vient la concordance qu'elles doivent avoir avec des objets qui ne sont pourtant pas produits par elle ? Et d'où vient que les *axiomes* de la raison pure concernant ces objets concordent avec eux sans que cet accord ait pu demander le secours de l'expérience ? [...] Le *deus*

---

244. KANT, lettre à Marcus Herz du 21 février 1772, Ak, X, 130 ; trad. fr. Rivelaygue, in *Ibid.*, p. 692.

ex machina est, dans la détermination de l'origine et de la validité de nos connaissances, ce qu'on peut choisir de plus extravagant, et il comporte, outre le cercle vicieux dans la série logique de nos connaissances, l'inconvénient de favoriser tout caprice, toute pieuse ou creuse chimère [245]. »

La solution du problème critique ne vit le jour qu'une dizaine d'années plus tard avec ce que Kant comparera à la « révolution copernicienne ». Mais l'essentiel du problème figurait déjà dans cette lettre à Herz dont Alexandre Philonenko notait très justement « qu'elle peut être considérée comme le début de la métaphysique moderne [246] ».

Quant à la question de l'infinité cosmique si prisée à l'époque précritique, il convient d'examiner le traitement que lui réservèrent la philosophie critique et même les dernières liasses de l'*Opus postumum*.

---

245. KANT, lettre à Marcus Herz du 21 février 1772, Ak, X, 130-131 ; trad. fr. Rivelaygue, in *Ibid.*, p. 692-693.

246. Alexis PHILONENKO, remarque sur la lettre à Herz dans son édition de la *Dissertation de 1770*, Paris, Vrin, 1976, p. 129.

Chapitre IV

L'univers infini en question dans l'œuvre critique de Kant

« Deux choses remplissent le cœur d'une admiration et d'une vénération toujours nouvelles et toujours croissantes, à mesure que la réflexion s'y attache et s'y applique : *le ciel étoilé au-dessus de moi et la loi morale en moi.* Ces deux choses, je n'ai pas à les chercher ni à en faire la simple conjecture au-delà de mon horizon, comme si elles étaient enveloppées de ténèbres ou placées dans une région transcendante ; je les vois devant moi, et je les rattache immédiatement à la conscience de mon existence. »

KANT, *Critique de la raison pratique*,
Ak V, 161-162 ; trad. Pléiade t. 2,
p. 801-802.

La solution critique du problème de l'objectivité et du statut de la métaphysique réside essentiellement dans ce que Kant appelle sa « révolution copernicienne[1] ». C'est bien là recourir à une analogie[2] qui doit beaucoup à l'histoire de la cosmologie même si la révolution copernicienne de Kant se situe sur un autre plan que le projet du chanoine-astronome polonais. Pour ce qui est de Copernic, il ressort de sa démarche qu'elle s'est détachée du témoignage immédiat des sens pour construire un système du Monde plus cohérent et plus unifié que celui de Ptolémée. Copernic n'est pas avant tout le défenseur de l'héliocentrisme ou de l'héliolâtrie, mais plutôt un théoricien soucieux d'extirper de la cosmologie les illusions dont notre position d'observateurs terrestres risquait de faire de nous les dupes. En ce sens, Copernic a montré qu'il est possible d'expliquer les mouvements célestes en tenant compte des mouvements propres aux *observateurs* que nous sommes. De Ptolémée à Copernic, on passe de l'apparence

---

1. Peut-être Kant s'est-il appuyé sur le bref développement que Johann Jacob Brucker avait accordé au sujet de Copernic, dans son *Historia critica philosophiae*, t. IV, 2, 1744, rééd. Olms, 1975, p. 628 : « *[Copernicus] Terram a centro amovens, motum ei [Terrae] diurnum circa proximum axem, et circumductum etiam annuum circa Solem tribuebat, eique locum inter planetas assignabat, cujus centrum Sol esset. Quae cum phaenomenis multo simplicius respondere convenireque videret, etiam de singulorum motuum periodis definiendis cogitavit, indeque adhibitis observationibus astronomicis opus de* Orbium coelestium revolutionibus *confecit, ac eas geometrica methodo demonstravit.* »

2. Cf. S. M. ENGEL, *Kant's Copernican Analogy, a Re-examination*, in *Kant-Studien*, 1963, p. 243-251.

décrite (ou « sauvée » comme disait Simplicius) à l'apparence déjouée et comprise, c'est-à-dire reconduite aux raisons par l'effet desquelles l'apparence ne peut être autrement qu'elle n'est. Ce renversement opéré par Copernic n'est pas simplement le passage du géocentrisme à l'héliocentrisme, mais c'est surtout une révolution dans la manière de penser et dans la méthode qu'effectua Copernic. En cela, Kant ne s'est pas trompé. Analogiquement, du reste, Kant montre que c'est en tenant compte de l'*activité du sujet* (les mouvements du spectateur copernicien) que l'on peut expliquer la possibilité d'une connaissance objective. Certes, cette idée, Kant ne l'a pas empruntée à Copernic (qui sert plutôt de référence exemplaire), mais à Jean-Henri Lambert, auteur d'un ouvrage célèbre sur la théorie de la connaissance intitulé *Neues Organon* et publié en 1764. Lambert y montre que dans toute connaissance, il faut considérer d'une part le contenu ou la *matière* donnée par la perception, et d'autre part, la *forme*, autrement dit la pensée qui figure dans les lois logiques et mathématiques[3]. Cette idée souleva l'enthousiasme de Kant, dont les lettres à Lambert portent une trace très significative. Seulement, de la forme de la connaissance, au sens de Lambert, aux formes et aux fonctions liantes transcendantales de Kant, il restait un énorme pas à franchir. Ce pas consistait à faire des *catégories* non point des essences logiques, mais des fonctions liantes et constituantes dans lesquelles il n'y a rien à connaître, mais par l'activité desquelles nous pouvons accéder à la connaissance de tout ce qui est donné dans le champ de l'expérience possible. Cela revient à dire que c'est la raison (prise au sens large du terme) qui apporte à la *matière* de la connaissance sa *forme* et lui confère par là même son caractère *objectif*, c'est-à-dire selon Kant : sa *nécessité* et son *universalité*.

Est-ce à dire que Kant ait correctement compris Copernic ? La révolution copernicienne de Kant n'est-elle pas au contraire une méprise totale sur le sens de la révolution que Copernic fit

---

3. Lambert résume la position de son *Neues Organon* dans une lettre à Kant du 3 février 1766, Ak X, 62-67 ; trad. Fr. in *Correspondance de Kant*, Paris, Gallimard, 1991, p. 46-51.

subir à la cosmologie ? En effet, avec Copernic, l'homme en tant que *terrien* est décentré, puisque la Terre désormais « planéta-risée » tourne autour du Soleil, comme toutes les autres planètes connues d'alors. Transposant ce bouleversement cosmologique au niveau de la théorie de la connaissance, Kant écrit au sujet de sa propre « révolution copernicienne » :

> « Que l'on essaie donc une fois de voir si nous ne serions pas plus heureux dans les tâches de la métaphysique, en admettant que les objets doivent se régler sur notre connaissance, ce qui s'accorde déjà mieux avec la possibilité demandée d'une connaissance *a priori* de ces objets, qui doit établir quelque chose à leur égard avant qu'ils nous soient donnés[4]. »

Kant semble renverser, au contraire, le renversement coperni-cien en revenant subrepticement non pas au géocentrisme, mais à une sorte d'anthropocentrisme en précisant :

> « Il en est ici comme de l'idée première de Copernic : voyant qu'il ne pouvait pas venir à bout de l'explication des mouvements du ciel, en admettant que toute l'armée des étoiles < *das ganze Sternheer* > tournait autour du spectateur, il essaya de voir s'il ne réussirait pas mieux en faisant tourner le spectateur, et en laissant en revanche les étoiles < *die Sterne* > en repos. [...] Je présente dans cette préface le changement de la façon de penser exposé dans la *Critique*, analogue à cette hypothèse [*i. e.* de Copernic] seulement à titre d'hypothèse, bien que dans le traité même il soit démontré apodictiquement et non hypothétiquement[5]. »

En fait, Kant a bien saisi la portée du geste de Copernic, mais il en tire toutes les conséquences philosophiques les plus fécondes. Pour cela, il distingue le statut *empirique* de l'homme, en

---

4. KANT, *Critique de la raison pure*, Préface à la seconde édition, Ak III, 12 ; Pléiade, t. 1, p. 739.

5. KANT, *Critique de la raison pure*, Préface à la seconde édition, Ak III, 12, 15 ; trad. fr. Pléiade, t. 1, p. 739-740, 743. Nous avons modifié légèrement la traduction de la Pléiade parce qu'elle rendait « *das Sternheer* » et « *die Sterne* » par « armée des astres » et « les astres », ce qui ôte toute sa pertinence et sa précision au texte de Kant.

tant qu'il habite la Terre, et son statut *transcendantal* en tant que sujet connaissant capable de déjouer les illusions et les pièges du perceptionnisme naïf. Le *sujet transcendantal* parvient à surmonter et démonter les apparences qui affectent le sujet empirique en le dupant. Copernic représente pour Kant, non pas tant l'auteur du nouveau système du Monde qui donna naissance à la science classique, mais une nouvelle façon de concevoir les conditions de possibilité de toute connaissance en général. C'est d'ailleurs pour cela que la *Critique de la raison pure* a justement établi les conditions *a priori* de possibilité de la connaissance (qu'elle soit perceptive, scientifique ou métaphysique) en analysant la physiologie des formes *a priori* de la sensibilité, des concepts purs de l'entendement et de ses propositions fondamentales, tout en déterminant rigoureusement la méthodologie à respecter dans l'exercice de la connaissance. Il convient donc d'examiner le sens nouveau qu'a revêtu la question de l'infinité cosmique au sein de l'œuvre critique de Kant, une fois opérée sa révolution copernicienne.

De même que la révolution cosmologique de Copernic lui a permis de sortir l'astronomie des impasses techniques où l'avait conduit le système du Monde de Ptolémée, de même, c'est en renversant la perspective traditionnelle de la théorie de la connaissance que Kant espère fonder à de nouveaux frais la métaphysique comme science. Le point de départ de Kant et de Copernic s'enracine dans la réduction d'une illusion. Mais, tandis que Copernic extirpa l'illusion perceptive qui avait dupé l'astronomie antico-médiévale (à savoir, la relativité optique[6] du mouvement), Kant se proposait de dénoncer l'illusion transcendantale dont le rationalisme dogmatique fut une victime exemplaire, bien que « le plus sage des hommes ne sache s'en affranchir, [...] puisque ce sont des sophistications de la raison pure elle-même[7] ». C'est pourquoi il est essentiel de présenter

---

6. Cette dénomination, « relativité optique », bien que traditionnelle, n'est pas tout à fait adéquate à ce qu'elle dénote : on devrait parler plutôt de relativité « descriptive », comme le suggère très justement Marie-Antoinette Tonnelat in *Histoire du principe de relativité*, Paris, Flammarion, 1971, p. 22.

7. Kant, *Critique de la raison pure*, Ak, III, 261 ; PUF, 277 ; Pléiade, t. 1, p. 1045.

la *Dialectique transcendantale* comme intimement liée à la « révolution copernicienne » de Kant et d'ailleurs c'est bien ce qu'ont fait les « laudateurs de la révolution copernicienne », contrairement à ce qu'affirme Alquié[8]. En fait, le problème du statut de la métaphysique est inséparable de celui de l'objectivité, comme le précisait clairement cette *Reflexio 4976* qui remonte aux années 1776-1778 :

> « L'antithèse transcendantale se produit partout où je veux penser un objet sans les conditions sous lesquelles seules il peut être donné. Exemple : il y a un premier terme dans la série des choses contingentes. Les propositions analytiques de la raison pure sont toutes vraies inconditionnellement < *in thesi* >, les propositions synthétiques sont vraies seulement sous une condition < *in hypothesi* > ; cette condition est qu'elles doivent concerner l'expérience dont elles sont les concepts ou la condition de la sensibilité, même sans expérience, ou qu'elles concernent l'achèvement ou les limites. Là où cette condition n'est pas réalisée, ces propositions sont arbitraires[9]. »

Ainsi, c'est bien la révolution copernicienne qui est censée résoudre précisément la question cruciale que Kant avait soulevée dans la très célèbre lettre à Herz[10] de février 1772 et que nous avions présentée au chapitre précédent. Mais avant d'entrer dans les longs développements de la *Dialectique* où la cosmologie

8. Ferdinand ALQUIÉ, *La Critique kantienne de la métaphysique*, Paris, PUF, 1968, p. 68. Cette assertion est d'autant plus regrettable que cet ouvrage d'Alquié consacré à l'étude de la *Dialectique transcendantale* est tout à fait remarquable. Malheureusement, cette assertion erronée est purement polémique et ne repose que sur une connaissance de seconde main et très partielle du néokantisme puisqu'il ne cite que l'ouvrage de Jules VUILLEMIN consacré à Fichte, Cohen et Heidegger : *L'Héritage kantien et la révolution copernicienne*, Paris, PUF, 1954.

9. KANT, *Reflexio 4976*, 1776-1778, Ak XVIII, p. 46-47 ; trad. fr. Chenet, in *Le Manuscrit de Duisburg*, Paris, Vrin, 1988, p. 152.

10. KANT, lettre à Marcus Herz du 21 février 1772, in Pléiade, t. 1, p. 691 ; Ak, X, 130 : « Tandis que je méditais, [...] je remarquais qu'il me manquait encore quelque chose d'essentiel que, tout comme d'autres, j'avais négligé dans mes longues recherches métaphysiques, et qui constitue, en fait, la clé de l'énigme tout entière, celle de la métaphysique jusqu'ici encore cachée à elle-même. Je me demandais, en effet, à moi-même : quel est le fondement sur lequel repose la relation de ce que l'on nomme en nous représentation à l'objet ? »

occupe une place de choix, il nous faudra tout d'abord élucider le sens de l'infinité de l'espace et du temps dans l'*Esthétique transcendantale*, après avoir mesuré l'écart qui sépare le « contexte de la découverte » kantienne de celui de sa « justification » dans l'ordre architectonique du criticisme.

LE PROBLÈME COSMOLOGIQUE DE L'INFINI
À L'ORIGINE DE L'IDÉALISME TRANSCENDANTAL

a) L'Antinomie comme source ou origine
de l'idéalisme transcendantal

Kant n'a jamais cessé d'approfondir et de clarifier cette question de l'infini entendu comme objet de la raison pure au cours de l'élaboration de la trilogie critique en apportant de précieuses distinctions conceptuelles qui permettaient d'écarter à la fois toute fausse difficulté et toute fausse solution. Certes, il est tout à fait caractéristique de constater que Kant ne cesse de reprendre toutes ses anciennes analyses pour les intégrer à l'intérieur de ses nouvelles perspectives, tout en leur conférant une fonction et une portée nouvelles. En ce sens, on ne peut que souscrire au jugement de Victor Delbos lorsqu'il écrit à ce sujet :

> « Sur ce point comme sur d'autres, la *Critique de la raison pure* représente, en la transposant sous une forme doctrinale abstraite, l'histoire réelle de l'esprit de Kant. Cette histoire même, en ses traits les plus simples, peut être figurée par un effort constant, renouvelé sous des expressions diverses, pour déterminer une relation exacte entre les concepts rationnels élaborés par la métaphysique antérieure et l'usage défini de ces concepts dans l'ordre de la science et de l'action humaines, pour résoudre l'antinomie plus essentielle que toutes les autres, de leur origine transcendantale et de leur application immanente [11]. »

11. Victor DELBOS, *La Philosophie pratique de Kant*, Paris, Alcan, 1906, rééd. PUF, 1969, p. 50-51. De même, Delbos avait déjà affirmé dans ce même sens, *Op. cit.*, p. 49 : « De bonne heure, en effet, Kant a excellé à saisir les oppositions des doctrines entre elles comme les oppositions des doctrines avec

Loin de nous l'idée d'essayer subrepticement de *réduire* l'élaboration du criticisme à l'une de ses parties propres, ce qui serait immédiatement contestable à l'aide des textes les plus importants des trois *Critiques* ! Nous entendons simplement montrer, au contraire, que c'est la question des *Antinomies* qui mit Kant sur la voie de l'*Idéalisme transcendantal* en général [12]. À cet égard, nous ne pensons nullement avoir adopté une position originale pour aborder l'œuvre critique, car Kant affirmait lui-même, tant dans ses lettres que dans ses ouvrages publiés, entre 1781 et 1798 [13], que c'est l'*Antinomie* de la raison pure qui est à l'origine du criticisme et de l'idée critique, dont le but est de leur fournir une solution à l'aide de la philosophie transcendantale. Kant pensait également que l'*Antinomie* constituait le point de sa doctrine qui permettait le mieux d'éveiller l'esprit des penseurs encore en proie au sommeil dogmatique :

les faits : c'est la conscience vive de ces oppositions qui a excité sa pensée et lui a prescrit la formule des problèmes à résoudre : il est le philosophe des antinomies. »

12. Norbert Hinske a rappelé très utilement que le *concept* kantien d'antithétique est d'origine juridique, tandis que le recours à la *méthode* antithétique est plutôt d'ordre religieux et servait tout particulièrement dans les controverses théologiques. Cf. HINSKE, *Kants Begriff der Antithetik und seine Herkunft aus der protestantischen Kontroverstheologie des 17. Und 18. Jahrhunderts. Über eine unbemerkt gebliebene Quelle der kantischen Antinomienlehre*, in Archiv für Begriffsgeschichte, 16, 1972, p. 48-59. Cf. aussi, HINSKE, *Kants Begriff der Antinomie und die Etappen seiner Ausarbeitung*, in Kant-Studien, 56 (3-4), 1965, p. 485-496.

13. Cf. KANT, par exemple, lettre à Garve du 21 septembre 1798, Ak XII, p. 258 ; trad. fr. in *Correspondance de Kant*, Paris, Gallimard, 1991, p. 705 : « Ce n'est pas l'examen de la nature de Dieu, de l'immortalité, etc. qui a été mon point de départ, mais l'antinomie de la raison pure : "Le monde a un commencement. – Il n'a pas de commencement, etc. jusqu'à la quatrième [*sic*] : Il y a une liberté en l'homme – contre : il n'y a pas de liberté, tout est, au contraire, en lui, nécessité naturelle" ; c'est cette antinomie qui m'a d'abord réveillé de mon sommeil dogmatique et m'a conduit à la *Critique de la raison pure* elle-même afin de supprimer le scandale de la contradiction apparente de la raison avec elle-même. » On notera au passage que Kant commence à subir les effets de l'âge puisqu'il prend la troisième antinomie (celle de la *liberté transcendantale*) pour la quatrième dans l'ordre effectivement suivi dans la *Critique de la raison pure*.

« Ce produit de la raison pure dans son usage transcendant est le phénomène le plus remarquable de cette faculté, c'est aussi celui qui agit avec le plus de vigueur pour éveiller la philosophie de son sommeil dogmatique et la mouvoir en direction de cette affaire ardue qu'est la critique de la raison [14]. »

Or, puisqu'il en est ainsi, on est en droit de se demander pourquoi Kant n'a pas présenté tout autrement la première *Critique*, étant donné que l'*Antinomie* ne figure pas au début de celle-ci, mais plutôt vers la fin de la *Théorie transcendantale des éléments*, c'est-à-dire presque vers le dernier tiers de l'ouvrage. Il doit bien y avoir une raison architectonique manifeste, donc interne à l'économie propre de la première *Critique*, qui a dû présider à cette présentation et placer apparemment l'*Antinomie de la raison pure* en retrait par rapport à l'*Esthétique transcendantale* et à l'*Analytique*.

b) La place de l'Antinomie dans l'architectonique du criticisme

L'origine ou la source d'une idée ressortit de ce que Hans Reichenbach appelle le « contexte de la découverte ». À cet égard, nous avons vu que la cosmologie occupait une place éminente dans les préoccupations philosophiques de Kant depuis ses premiers écrits *précritiques*, jusqu'aux fardes de l'*Opus postumum*. En revanche, la place qui revient à l'*Antinomie* dans l'économie interne de la *Critique de la raison pure* relève plutôt de ce que l'on appelle avec Reichenbach le « contexte de la justification », c'est-à-dire de l'*architectonique* de la raison pure. Or, nous tenons à montrer d'emblée que Kant a subordonné l'*intérêt théorique* de la raison pure à son *intérêt pratique*. Cela est très manifeste dès la 1re édition de la *Critique de la raison pure*. D'où un certain retrait momentané, motivé par plusieurs raisons complexes que nous

---

14. KANT, *Prolégomènes à toute métaphysique future*, 1783, § 50, Ak IV, 338 ; trad. fr. in Pléiade t. 2, p. 118.

aurons à analyser ultérieurement, des spéculations de Kant au
sujet de l'infinité de l'Univers. Tout d'abord, il nous faut revenir
sur les raisons *internes* qui présidèrent à l'agencement architectonique de la première *Critique*, reléguant ainsi l'*Antinomie* à
un second plan : celui de simple contre-épreuve du bien-fondé
de la révolution copernicienne.

Pour Kant, une philosophie se présente comme une *totalité*,
c'est-à-dire comme l'unité d'une pluralité de concepts, de notions,
de principes, dans un *système*. Un système en philosophie, c'est
l'unité des connaissances sous une *Idée* qui détermine *a priori* leur
position respective comme les éléments d'un tout dont elle fournit
a priori le concept rationnel, puisqu'il contient sa *forme* et sa *fin*.
L'unité de la philosophie est donc une unité « architectonique ».
Kant donne un sens assez large à ce terme : « L'architectonique,
c'est l'art des systèmes < *Kunst der Systeme* >. » Aussi, Kant
oppose le système à l'agrégat, à l'amas, bref : à toute multiplicité
« rhapsodique < *Rhapsodie* > ». Donc, un système philosophique
est une totalité ordonnée et dont les diverses parties constitutives assument un rôle, une fonction, bien déterminés à l'instar
des organismes vivants, puisque Kant précise que « ce tout est
un système articulé (*articulatio*) ». Comme un organisme vivant,
un système philosophique est ordonné par la forme et par la fin
du tout[15]. Dans l'unité architectonique, il y a donc deux concepts
clés : la *forme* et la *fin*.

En ce sens, Kant reste fidèle à l'usage traditionnel de ce terme
dans l'histoire de la philosophie, car si l'architectonique fait appel
à la forme, c'est-à-dire à ce que l'on appellerait de nos jours
la *structure*, elle privilégie la notion de *fin*, voire de *fin principale* et même de *fin ultime* ou suprême. Ce terme d'« architectonique » se trouve déjà chez Aristote qui parle de « sciences ou
arts architectoniques[16] ». On le retrouve aussi chez Leibniz où

---

15. KANT, *Critique de la raison pure, Architectonique de la raison pure*, Ak, III,
539 ; Pléiade, t. 1, p. 1384 : « Le concept scientifique de la raison contient la fin
et la forme du tout qui concorde avec cette fin. »
16. ARISTOTE, *Éthique à Nicomaque*, I, 1, 1094a 14, Vrin p. 33 ; *Métaphysique*,
A, 1, 981a 30.

celui-ci place les organisations sous la dépendance des causes finales[17] et parle des systèmes présents dans les « échantillons architectoniques[18] ». Mot à mot, « ἀρχιτέκτων » désignait, en grec ancien, le chef-artisan, celui dont la pensée dirige et coordonne le travail des artisans ; par suite, il s'applique à tout ce qui concerne un plan ou un projet. L'explication est aussi éclairante que troublante :

– *éclairante*, car on comprend bien comment dans la production artisanale, suivant un *schème artificialiste*, la représentation de la fin précède et ordonne la transformation de la matière conformément à l'Idée ;

– *troublante*, parce que l'on pensait que Kant opérait un rapprochement entre le système de la philosophie et les organismes vivants suivant un *schème naturaliste* :

> « Le tout est donc un système articulé < *Das Ganze ist also gegliedert* > (*articulatio*) et non pas seulement un amas < *Haufe* > (*coacervatio*) ; il peut bien croître du dedans (*per intussusceptionem*), mais non du dehors (*per appositionem*), semblable au corps d'un animal auquel la croissance n'ajoute aucun membre, mais, sans changer la proportion, rend chaque membre plus fort et mieux approprié à ses fins[19]. »

Dans la troisième *Critique* on trouve également ces deux schèmes[20]. Cependant, Kant reconnaît lui-même que ses propres tâtonnements philosophiques durèrent, au minimum, neuf années

---

17. Leibniz, *Tentamen anagogicum*, GP VII, 273 ; *Monadologie*, § 83.

18. Leibniz, *Principes de la nature et de la grâce*, § 14.

19. Kant, *Critique de la raison pure, Architectonique de la raison pure*, Ak, III, 539 ; Pléiade, t. 1, p. 1385.

20. Cf. Kant, *Critique de la faculté de juger*, § 65, Ak, V, 373 ; Pléiade, t. 2, p. 1164 : « Pour une chose en tant que fin naturelle, on exige *premièrement* que les parties (d'après leur existence et leur forme) ne soient possibles que par leur relation au tout. Car la chose elle-même est une fin, et par suite elle est comprise sous un concept ou une Idée, qui doit *a priori* déterminer tout ce qui doit être contenu dans la chose. Mais dans la mesure où une chose n'est pensée comme possible que de cette façon, ce n'est qu'une œuvre d'art, c'est-à-dire le produit d'une cause raisonnable, distincte de la matière de ce produit (des parties), dont la causalité (dans la production et la liaison des parties) est déterminée par l'Idée d'un tout qui est ainsi possible (et non par la nature qui lui est extérieure). »

de 1772 à 1781, si l'on ne tient pas compte des vingt-trois ans qui précèdent la *Dissertation de 1770* !

> « Il est fâcheux que ce ne soit qu'après avoir passé beaucoup de temps, sous la direction d'une idée restant cachée en nous, à rassembler rhapsodiquement, comme autant de matériaux, nombre de connaissances relatives à cette idée, beaucoup de temps surtout pendant lequel nous les avons enchaînées de façon technique, qu'il nous est enfin possible, pour la première fois, de voir l'idée sous un jour plus clair et d'esquisser architectoniquement un tout d'après les fins de la raison[21]. »

Dans l'*Architectonique*, Kant entreprend à la fois de définir l'idée de *philosophie* et d'en esquisser également le plan d'ensemble systématique, conformément à son *concept rationnel* et à sa *fin*. Il est vrai que dans la *Critique de la raison pure*, la fin de la philosophie sera tout juste entrevue et qu'il faudra faire appel à la *Critique de la raison pratique* pour en donner une détermination plus complète. Kant définissait la philosophie comme système : « Le système de toute connaissance philosophique est la philosophie[22] », mais il précisa dans son cours de *Logique* :

> « La philosophie est donc le système des connaissances philosophiques ou des connaissances rationnelles par concepts. Tel est le *concept scolastique* < *Schulbegriff* > de cette science. Selon son *concept cosmique* < *Weltbegriff* >, elle est la science des fins dernières < *letzten Zwecken* > de la raison humaine. Cette conception élevée confère à la philosophie sa dignité < *Würde* >, c'est-à-dire sa valeur absolue[23]. »

Par-delà le concept *scolastique* < *Schulbegriff* > de la philosophie, Kant précise qu'il faut surtout accéder à son concept *cosmique* qui ne se réduit pas simplement à l'opposition traditionnelle

---

21. KANT, *Critique de la raison pure, Architectonique de la raison pure*, Ak, III, 540 ; PUF, 559 ; Pléiade, t. 1, p. 1386.

22. KANT, *Critique de la raison pure, Architectonique de la raison pure*, Ak, III, 542 ; PUF, 561 ; Pléiade, t. 1, p. 1388.

23. KANT, *Logique*, publiée en 1800, Ak IX, 23-24 ; trad. Guillermit, Paris, Vrin, rééd. 1979, p. 23-24.

entre l'*école* et le *monde*[24], c'est-à-dire entre le caractère ludique de l'exercice et le « sérieux de la vie », car Kant le définit ainsi :

> « La philosophie est la science du rapport de toute connaissance aux fins essentielles de la raison humaine < *von der Beziehung aller Erkenntnis auf die wesentlichen Zwecke der menschlichen Vernunft* > (*teleologia rationis humanae*), et le philosophe n'est pas un artiste de la raison, mais le législateur < *Gesetzgeber* > de la raison humaine[25]. »

Or, ces fins essentielles de la raison humaine se rapportent non seulement à l'homme, mais surtout à son agir moral, c'est-à-dire à la philosophie pratique[26]. Il ne s'agit pas de constituer une connaissance de l'homme ni une connaissance du monde (ce qui relève du concept scolastique de la philosophie), mais de considérer l'homme « en sa qualité de *citoyen du monde*[27] ». Bien sûr, l'« usage du monde » comporte pour l'homme une dimension pragmatique, mais les « fins essentielles de la raison humaine » concernent exclusivement la philosophie pratique et l'agir moral de l'homme dans l'usage de sa liberté, comme il le précise dans sa *Logique* :

> « Le philosophe pratique, le maître de la sagesse par la doctrine et par l'exemple est le vrai philosophe. Car la philosophie est l'idée d'une sagesse parfaite, qui nous désigne les fins dernières de la raison humaine[28]. »

C'est pourquoi il convient de se tourner vers la *Critique de la raison pratique* pour élucider le *concept cosmique < Weltbegriff >*

---

24. Opposition courante qui se trouvait aussi par exemple chez DESCARTES, cf. *Discours*, I, § 14, rééd. Pléiade, 1970, p. 131.

25. KANT, *Critique de la raison pure, Architectonique de la raison pure*, Ak, III, 542 ; Pléiade, t. 1, p. 1389.

26. C'est ce que HEGEL appellera plus tard « la vision morale du monde » dans sa *Phénoménologie de l'esprit* pour caractériser en propre la philosophie de Kant.

27. KANT, *Anthropologie du point de vue pragmatique*, 1800, Ak VII, 119-120 ; trad. Jalabert in Pléiade, t. 3, p. 939-940.

28. KANT, *Logique*, publiée en 1800, Ak IX, 23-24 ; trad. Guillermit, Paris, Vrin, rééd. 1979, p. 24.

de la philosophie, dans la détermination pratique de l'idée de philosophie. Or, celle-ci est « *la doctrine du souverain Bien dans la mesure où la raison* s'efforce d'y parvenir à la *science*[29] ». Toutefois, contrairement aux anciens, Kant n'admet pas que la raison spéculative puisse être en même temps raison pratique, car selon lui la connaissance ne régule pas l'action, bien que la raison ne rencontre pas de contradiction entre son usage pratique et son usage théorique, en vertu de la distinction entre phénomènes et noumènes. Kant montre que selon le *concept cosmique* de la philosophie celle-ci trouve son couronnement dans la sagesse ; mais il précise aussitôt que cette définition est toute idéale et que cet amour de la sagesse, en tant que recherche et désir, s'attaque à une *tâche infinie* à réaliser : elle est le « télos » de nos efforts. Toutefois, le philosophe de profession ne peut que chercher à se rapprocher de la sagesse, non à la posséder[30].

Pour en revenir à la *Critique de la raison pure*, elle se propose de nous libérer des vaines prétentions de la raison pure spéculative à l'égard de l'absolu. Celle-ci est victime de ses propres apparences lorsqu'elle se donne une satisfaction illusoire dans son désir d'*infini* : elle transforme l'infini en tant que tâche à réaliser (sur le plan de l'agir moral) en infini prétendument possédé (sur le plan théorique). La raison spéculative se livre alors au repos comme si elle avait accompli son œuvre. Ainsi, conçoit-elle des prétentions fantastiques et tend à une dogmatisation de sa propre tâche qui produit des ravages dans la morale, dans la religion et au niveau de la connaissance. D'où la nécessité de procéder à une critique « qui prévient les dévastations qu'une raison spéculative privée de lois ne manquerait pas de

---

29. KANT, *Critique de la raison pratique*, Ak V, 108, Pléiade, t. 2, p. 740.

30. KANT, *Critique de la raison pratique*, Ak V, 108-109, Pléiade, t. 2, p. 740 : « Car être un professeur de sagesse < *Weisheitslehrer* > [...] cela signifierait être un *maître dans la connaissance de la sagesse*, ce qui évoque plus qu'un homme modeste ne s'attribuera à lui-même. La philosophie resterait alors, comme la sagesse elle-même, toujours un idéal qui, objectivement, n'est représenté complètement que dans la raison, mais qui, subjectivement, par rapport à la personne, n'est que le but de ses efforts incessants. »

produire dans la morale aussi bien que dans la religion [31] ». Là est l'œuvre du « philosophe législateur ». Il n'est donc pas étonnant que, suivant l'ordre architectonique directement lié à la « révolution copernicienne », la première *Critique* commence tout d'abord par s'occuper des *catégories*, c'est-à-dire des « concepts *a priori* dont les objets correspondants peuvent être donnés dans l'expérience conformément à ces concepts [32] ». De cette première partie, il découle que notre pouvoir de connaître *a priori* ne nous permet nullement d'outrepasser le champ de l'expérience possible. C'est pourquoi la fonction de la *Dialectique transcendantale* (et en particulier de l'*Antinomie*) est de constituer la contre-épreuve du bien-fondé de la « révolution copernicienne ». L'*Antinomie* est donc le lieu où la *Critique* élucide l'expérience de la transgression des limites de la raison pure théorique en tentant de connaître entièrement *a priori* l'Univers pris comme chose en soi. Or, cette expérience [33] se solde par un échec dont l'utilité négative est de démontrer la nécessité de limiter les prétentions de la raison pure :

> « En cela se trouve justement l'expérimentation d'une contre-épreuve pour la vérité du résultat atteint dans cette première évaluation de notre connaissance rationnelle *a priori*, savoir qu'elle ne va qu'aux phénomènes, laissant en revanche la chose en soi être réelle pour soi, mais inconnue de nous [34]. »

31. Kant, *Critique de la raison pure*, *Architectonique de la raison pure*, Ak, III, 549 ; Pléiade, t. 1, p. 1397.

32. Kant, *Critique de la raison pure*, Préface à la 2e édition, Ak III, 13 ; trad. fr. in Pléiade t. 1, p. 741.

33. C'est le terme qu'emploie Kant lui-même, cf. *Les Progrès de la métaphysique en Allemagne*, 1793, Ak XX, 290-291 ; trad. fr. Guillermit, Paris, Vrin, 1973, p. 50 : « Ce qui avait été précédemment prouvé *a priori* de façon dogmatique dans l'*Analytique*, se trouve ici indubitablement confirmé dans la *Dialectique* au moyen d'une sorte d'expérimentation que la raison institue sur son propre pouvoir. »

34. Kant, *Critique de la raison pure*, Préface à la 2e édition, Ak III, 13-14 ; trad. fr. in Pléiade t. 1, p. 741-742. Cf. aussi la même idée, *Op. cit.*, Ak III, 347-348 ; trad. fr. in Pléiade t. 1, p. 1149 : « On peut tirer aussi de cette antinomie une véritable utilité, [...] critique [...] : je veux parler de l'avantage de démontrer indirectement par ce moyen l'idéalité transcendantale des phénomènes, si d'aventure la preuve directe donnée dans l'*Esthétique transcendantale* avait laissé quelqu'un insatisfait. »

c) La forme « populaire »
et la systématicité architectonique
de la première Critique

Bien que la première *Critique* ait délibérément placé l'*Antinomie*
au beau milieu de la *Dialectique transcendantale*, c'est-à-dire vers
la fin du deuxième tiers de l'ouvrage, cela ne signifie nullement
qu'elle ne présentait qu'un intérêt de second ordre aux yeux de
Kant. Au contraire, Kant affirme expressément qu'elle joue un rôle
primordial dans la première *Critique* et qu'elle aurait même davantage attiré l'intérêt de tous ses lecteurs si elle avait figuré au début
du livre. En effet, Kant lui reconnaît une sorte de *popularité* qui
n'était pas pour lui déplaire. En fait, c'est le « concept scientifique
de la raison » qui conduisit Kant à renoncer à cet ordre populaire,
comme il l'a clairement expliqué à son ami Marcus Herz après
la parution de la 1re édition de la *Critique de la raison pure* :

> « Ce genre de recherche restera toujours difficile, car il renferme
> *la métaphysique de la métaphysique* ; cependant j'ai en tête un plan
> susceptible de lui conférer la popularité qui pourtant aurait été mal
> venue pour commencer, puisqu'il s'agissait de mettre le terrain en
> ordre, et aurait été déplacée d'autant plus qu'il faut mettre sous
> les yeux la totalité de ce genre de connaissance en suivant toutes ses
> articulations ; je n'aurais eu sans cela qu'à commencer par ce que
> j'ai exposé sous le titre d'*Antinomie de la raison pure*, ce qui aurait
> pu donner lieu à un exposé très fleuri < *blühenden* > et aurait donné
> au lecteur le désir d'explorer les sources de ce conflit. Mais il faut
> d'abord rendre justice à l'*école*, avant de prendre aussi en considé-
> ration le fait que l'on vit pour plaire au *monde*[35]. »

Malgré cette explication, les tenants de la philosophie populaire ne désarmeront pas et continueront de reprocher à Kant
d'avoir sacrifié la forme *populaire* de l'exposé au profit de la forme
dite *scientifique*. C'est ainsi que Garve, l'auteur de la célèbre

---

35. KANT, lettre à Marcus Herz postérieure au 11 mai 1781, Ak X, 269-270 ;
trad. fr. in *Correspondance de Kant*, Paris, Gallimard, 1991, p. 181.

Recension de la première *Critique*[36], reprocha à Kant de n'avoir pas présenté tout son système de façon populaire et en particulier les *Antinomies* :

> « J'ai également trouvé, dans de très nombreuses parties de votre ouvrage, matière à instruire et à nourrir mon esprit, par exemple à l'endroit où vous montrez qu'il y a certaines propositions qui se contredisent dont on peut pourtant donner une preuve identiquement bonne. Mais même encore maintenant, j'ai pour opinion, erronée peut-être, que l'ensemble de votre système, s'il doit bien être réellement utilisable, doit absolument être exprimé de manière plus populaire[37]. »

Malgré toutes ces protestations véhémentes, Kant fit observer que, pour concilier les impératifs de rigueur architectonique avec le souci de popularité, une vie entière n'aurait pas suffi à mener de front cette double exigence[38]. Le ton de la *Préface* à la 1re édition de la *Critique de la raison pure* s'était montré moins soucieux de ne pas rebuter le lecteur par l'aspect technique et systématique de l'ouvrage : « Ce travail ne pouvait être apte à l'usage populaire et les vrais connaisseurs en matière de science n'ont pas autant besoin de voir leur tâche facilitée[39]. » En revanche, la *Préface* à

---

36. Cette célèbre *Recension* de GARVE (très sérieusement altérée par la main de J. G. H. Feder, rappelons-le), parut le 19 janvier 1782 dans le *Zugaben zu den Göttinger gelehrten Anzeigen*.

37. Christian GARVE, lettre à Kant du 13 juillet 1783, Ak X, p. 331 ; trad. fr. in *Correspondance de Kant*, Paris, Gallimard, 1991, p. 205-206. Jean Ferrari en avait déjà publié sa traduction dans les *Études philosophiques*, PUF, 1964, n° 1, janvier-mars, p. 23. La fin de cette lettre de Garve fait ressortir, à propos des *Antinomies*, que si l'exposition des contradictions est claire, leur solution reste difficilement concevable, cf. *Correspondance de Kant*, Gallimard, p. 206 : « À tout le moins, la partie de votre ouvrage où vous mettez en lumière les contradictions est incomparablement plus claire et plus évidente (et vous en conviendrez vous-même) que celle où doivent être établis les principes d'après lesquels ces contradictions doivent être surmontées. »

38. Cf. KANT, réponse à Garve du 7 août 1783, Ak X, p. 339 ; trad. in Pléiade t. 2, p. 178 : « Si j'avais voulu mener les deux tâches de front, ou bien mes capacités, ou bien la durée de ma vie, n'y auraient point suffi. »

39. KANT, *Critique de la raison pure*, édition *A*, Ak IV, 12 ; trad. fr. Pléiade t. 1, p. 731.

la seconde édition appelle de ses vœux les bons offices d'hommes de talent pour conférer l'élégance et la popularité à la *Critique* : « Si des hommes impartiaux, intelligents, et ayant le sens de la vraie popularité s'en occupent, ils serviront à lui [*i. e.* à la *Critique*] procurer même, en peu de temps l'élégance requise[40]. » Toutefois, s'il est vrai que l'ordre architectonique exigeait que la *Critique* ne commence pas par la *Dialectique transcendantale*, il reste clair cependant que la question de l'infinité se posait dès les premières pages de l'*Esthétique transcendantale* à propos de l'espace et du temps. Or, dans la mesure où la démonstration de l'idéalité transcendantale de l'espace et du temps conditionne la solution des *Antinomies* et le statut de la « chose en soi », on peut dire que la question de l'infinité des *formes de l'intuition pure* intéresse directement le « Système des Idées cosmologiques ».

L'INFINITÉ DE L'ESPACE ET DU TEMPS
DANS L'*ESTHÉTIQUE TRANSCENDANTALE*

Il semble bien que depuis ses tout premiers écrits précritiques, Kant n'ait jamais cessé d'admettre l'*infinité* de l'espace universel. Certes, force est de reconnaître que Kant a longtemps tâtonné philosophiquement avant d'établir sa propre conception définitive, oscillant tour à tour entre une conception newtonienne, puis leibnizienne, entre une conception absolutiste et relativiste de l'espace. Toutefois, l'infinité de l'espace universel représente une constante de sa propre pensée. C'est ainsi que dès sa *Théorie du ciel*, Kant avait affirmé que l'espace cosmique doit être *infini*, puisqu'il constitue le contenant infini de la présence divine[41]. Quelles sont donc les raisons de cet attachement de Kant à

---

40. KANT, *Critique de la raison pure*, édition B, Ak III, 26 ; trad. fr. Pléiade t. 1, p. 755.

41. KANT, *Théorie du ciel*, II\ :superscript{e} partie, ch. VII, Ak I, 306 : « *Diesen unendlichen Umfang der göttlichen Gegenwart.* » L'idée que l'espace universel soit le contenant infini de la présence divine est une formule qui revient très souvent dans la *Théorie du ciel*. Cf. par exemple : Ak I, 312 : « *In dem ganzen unendlichen Raume der göttlichen Gegenwart* » ; cf. aussi Ak I, p. 313, 314, 329.

l'infinité de l'espace et du temps ? C'est d'ailleurs un fait que cette infinité ne fut jamais mise en cause lorsque Kant passa d'un certain réalisme à l'idéalisme, c'est-à-dire de la cosmologie précritique à la théorie de la connaissance de la *Dissertation de 1770* et enfin à celle de la première *Critique*. Enfin, dans la mesure où l'*Esthétique transcendantale* a montré que l'espace et le temps n'ont qu'une idéalité transcendantale (corrélative de leur réalité empirique), elle a du même coup établi que ceux-ci ne sont nullement des choses en soi, ce dont la *Dialectique transcendantale* fournira négativement la contre-épreuve. En ce sens, la question de l'infinité de l'espace et du temps est étroitement liée aux *Antinomies de la raison pure* que nous examinerons par la suite.

a) L'ultime argument de l'infinité dans l'Exposition métaphysique de l'espace

Certes, l'*Esthétique transcendantale* reprend les principaux acquis de la *Dissertation de 1770* à propos du statut de l'*espace* et du *temps*, mais elle introduit une différence fondamentale qu'il convient de souligner au départ. En effet, si l'espace et le temps représentaient les « principes de la forme du monde sensible » dans la *Dissertation*, ils représentent au contraire les « formes *a priori* de la sensibilité » dans la première *Critique*. À partir de la *Critique*, le statut *transcendantal* de l'espace et du temps est clairement établi.

En ce qui concerne la question de l'infinité, le cas de l'espace est beaucoup plus important que celui du temps, car il repose sur son *infinité actuelle*. En effet, Kant entend démontrer que la représentation de l'espace est d'ordre *intuitif* en soulignant, d'une part, qu'il a partie liée à une *grandeur infinie* < *als eine unendliche Größe* > (ce qui n'est pas le cas des concepts), et, d'autre part, que « toutes ses parties coexistent à l'infini ». Le premier point (qui figure dans la version *A* et dont Kant éliminera la formulation maladroite dans la seconde édition de la *Critique*) consiste à opposer l'*indétermination* du concept de grandeur en général à

la *donation effective* de l'espace représenté comme une grandeur
infinie. Reportons-nous au texte :

> « L'espace est représenté donné comme une grandeur infinie.
> Un concept général de l'espace (qui est commun au pied aussi bien
> qu'à l'aune) ne peut rien déterminer par rapport à la grandeur. S'il
> n'y avait pas une illimitation dans le progrès de l'intuition, nul
> concept de rapports ne contiendrait en soi un principe d'infinité[42]. »

Cette formulation maladroite veut dire, semble-t-il, que
la possibilité *indéterminée* de former le *concept* d'une grandeur
de plus en plus importante en ajoutant une unité de mesure
(prise arbitrairement) à une autre, c'est-à-dire la possibilité de
progresser sans se heurter à un principe de limitation, relève
d'une construction *potentiellement illimitée,* mais dont l'illimitation doit relever d'un principe qui échappe au concept de grandeur et qui, par conséquent, doit venir d'ailleurs. Autrement
dit, nous *savons* que notre représentation de la grandeur peut
progresser sans fin, mais ce *savoir* n'est pas une conséquence
logique qui découlerait *analytiquement* du concept de grandeur.
Ce qui signifie que l'infinité de l'espace (*i. e.* l'infinité *actuelle*)
n'est pas du même ordre que celle qui accompagne une progression illimitée (*i. e.* une infinité *potentielle*). C'est d'ailleurs la certitude de l'infinité de l'espace (que nous possédons *immédiatement*)
qui nous garantit *a priori* que nos constructions conceptuelles
d'une grandeur continue quelconque ne seront jamais limitées ou
arrêtées dans leur progrès illimité. Donc cette connaissance intuitive de l'infinité *actuelle* de l'espace *précède* nécessairement l'infinité *potentielle* du progrès de la conceptualisation, puisqu'il s'agit
d'une infinité *donnée* < *gegeben* > et non pas construite progressivement < *Fortgang* >. Ici, l'infinité de l'espace est une sorte de

---

42. KANT, *Critique de la raison pure*, édition A, Ak III, 54 ; trad. fr. Pléiade
t. 1, p. 787 : « *Der Raum wird als eine unendliche Größe gegeben vorgestellt. Ein
allgemeiner Begriff vom Raum (der so wohl in dem Fuße, als einer Elle gemein ist)
kann in Ansehung der Größe nichts bestimmen. Wäre es nicht die Grenzlosigkeit im
Fortgange der Anschauung, so würde kein Begriff von Verhältnissen ein Principium
der Unendlichkeit derselben bei sich führen.* »

contre-épreuve de son caractère *intuitif, continu,* a priori, *nécessaire et universel.*

La formulation de la seconde édition est meilleure et plus précise. Toute la force de son argumentation repose sur les indices qui permettent de distinguer une intuition d'un concept. Tout d'abord, Kant insiste sur le fait que la grandeur infinie de l'espace est une infinité *donnée,* retrouvant, en cela, les acquis de la *Dissertation inaugurale*[43]. Kant écrit expressément dans la seconde édition de la *Critique* :

> « L'espace est représenté comme une grandeur infinie *donnée.* Il faut sans doute penser tout concept comme une représentation contenue elle-même dans une multitude infinie de représentations diverses possibles (comme leur caractère commun), et qui les contient donc *sous lui* ; mais aucun concept ne peut comme tel être pensé, comme s'il contenait *en lui* une multitude infinie de représentations. C'est pourtant ainsi que l'espace est pensé (car toutes les parties de l'espace coexistent à l'infini). La représentation originaire de l'espace est donc *une intuition a priori,* et non pas *un concept*[44]. »

Certes, la représentation de l'espace pourrait être soit un *concept,* soit une *intuition.* Dans les deux cas, intuition et concept contiennent une multitude infinie de représentations. Or, c'est là que réside le nerf de toute l'argumentation, la multitude infinie des représentations propres au concept est purement *potentielle,* car ce sont, comme dit Kant, des représentations

---

43. KANT avait montré, en effet, que l'espace et le temps, en tant qu'ils sont des « intuitions pures et singulières », possèdent « une infinité donnée < *non nisi dato infinito tam spatio quam tempore* > », cf. *Dissertation de 1770,* IIIe Section, *Corollaire* du paragr. 15, Ak II, 405 ; Pléiade t. 1, p. 657.

44. KANT, *Critique de la raison pure,* édition *B,* Ak III, 53 ; trad. fr. Pléiade t. 1, p. 786 : « *Der Raum wird als eine unendliche gegebene Größe vorgestellt. Nun muß man zwar einen jeden Begriff als eine Vorstellung denken, die in einer unendlichen Menge von verschiedenen möglichen Vorstellungen (als ihr gemeinschaftliches Merkmal) enthalten ist, mithin diese unter sich enthält ; aber kein Begriff, als ein solcher, kann so gedacht werden, als ob er eine unendliche Menge von Vorstellungen in sich enthielte. Gleichwohl wird der Raum so gedacht (denn alle Teile des Raumes ins unendliche sind zugleich). Also ist die ursprüngliche Vorstellung vom Raume Anschauung a priori, und nicht Begriff.* » C'est Kant qui souligne.

possibles. Ce qui signifie que l'extension de tout concept est *potentiellement* illimitée (bien que sa compréhension soit distinctement finie et bien délimitée), car elle peut dénoter et subsumer une infinité d'exemplaires ou de cas singuliers (qu'il s'agisse d'un concept empirique ou d'un concept rationnel). En revanche, la multitude infinie des représentations que contient précisément l'intuition de l'espace doit posséder une *infinité existant en acte*, car « toutes les parties de l'espace coexistent à l'infini ». Cette fois-ci la démarche de Kant est d'une rigueur implacable. Puisque la représentation de l'espace est une *donnée immédiate*, il est impossible qu'elle puisse résulter d'une quelconque opération de synthèse visant à engendrer *progressivement* le tout par adjonction *successive* de ses parties. La représentation de l'espace est un *Tout* qui *précède et détermine* ses parties, ou du moins un tout dont les parties doivent nécessairement coexister *simultanément* de manière illimitée. Sur ce point de la *coexistence simultanée*, Kant ne fait que reprendre certaines des conclusions de l'école leibnizo-wolffienne. Toutefois, comme Kant a clairement établi que la représentation de l'espace ne peut être « un concept discursif ou, comme on dit, universel, de rapports des choses en général, mais une intuition pure[45] », il s'ensuit qu'il envisage cette « coexistence des parties à l'infini » non pas comme un ordre rationnel ou intellectuel (à l'instar du leibnizo-wolffisme), mais comme une représentation originaire < *ursprüngliche Vorstellung* > et ineffaçable de notre sensibilité. À bien y regarder de près, le 4e point de la seconde édition de la *Critique* ne fait qu'ajouter la question de l'*infinité* aux considérations du 3e qui avait déjà fait appel à l'intuitivité de l'espace, à son unicité, à son caractère englobant et à l'antériorité de son uni-totalité sur ses parties.

Kant éprouve le besoin d'insister sur le fait que la façon dont la multiplicité infinie est contenue *dans* l'intuition de l'espace n'a rien à voir avec celle suivant laquelle le concept discursif contient *sous* lui l'infinité des objets auxquels s'applique son extension. Kant veut nous faire remarquer que ce serait commettre un abus de langage que de ne pas distinguer entre ces deux façons de

---

45. KANT, *Op. cit.*, édition *B*, Ak III, 53 ; trad. fr. Pléiade t. 1, p. 785-786.

contenir des objets[46]. Autrement dit, l'apparente multiplicité infinie des espaces n'est rien d'autre qu'une multiplicité infinie de parties d'un seul et unique espace qui les contient toutes *en* lui. Vaihinger avait condensé cette idée en une formule remarquablement claire : « *Die Teilräume sind somit nichts Anderes als Raumteile*[47]. » L'espace ne *subsume* pas une infinité de parties *sous* la généralité d'un genre suprême, mais il *coordonne en lui* l'infinité de ses parties coexistantes qui appartiennent à son uni-totalité singulière. Or, cette coordination de l'infinité de ses parties est simultanée, elle ne souffre aucun délai et exclut par conséquent toute succession ou toute potentialité. C'est l'infinité en acte de l'espace qui découle de la coexistence simultanée < *zugleich* > de ses parties. Kant y insiste tout particulièrement puisqu'il précise, en outre, dans le paragr. 4 consacré au temps : « Des temps différents ne sont pas simultanés mais successifs (de même que des espaces différents ne sont pas successifs mais simultanés)[48]. »

Ce point, qui semble chez la plupart des commentateurs ne représenter qu'un nouvel argument superflu en faveur de l'intuitivité de l'espace, nous paraît au contraire être le résultat de trois siècles de recherches philosophiques sur le statut de l'espace universel. Les paragr. 2 et 3 de l'*Esthétique transcendantale* condensent, sous une forme *thématique*, les acquis des travaux et des discussions de Patrizi, Bruno, Campanella, Gassendi, Descartes, Morus, Otto von Guericke, Walter Charleton, Leibniz et Newton à propos de l'espace. Certes, nous ne prétendons

---

46. Ainsi, on peut trouver des éclaircissements à ce sujet dans le cours de logique que KANT professa toute sa vie durant, mais que son jeune collègue Jäsche ne publia qu'en 1800, cf. *Logique*, Ak, IX, § 8, p. 95-96 ; trad. fr. Guillermit, Paris, Vrin, 1979, p. 105 : « L'extension ou la sphère d'un concept est d'autant plus grande que davantage de choses peuvent se trouver sous lui et être pensées grâce à lui. [...] De même qu'on dit d'un *principe* en général qu'il contient *sous* lui les *conséquences*, de même on peut également dire du concept, qu'en tant que *principe de connaissance* il contient *sous* lui toutes les choses dont il a été abstrait, par exemple le concept de métal renferme l'or, l'argent, le cuivre, etc. »

47. VAIHINGER, *Kommentar zur Kants Kritik der reinen Vernunft*, Stuttgart, 1922, t. II, p. 216.

48. KANT, *Critique de la raison pure*, édition B, Ak III, 58, § 4 ; trad. fr. Pléiade t. 1, p. 792.

nullement que Kant ait eu une connaissance explicite ni exhaustive des écrits de tous ces auteurs, mais les traités de philosophie, les encyclopédies, les manuels universitaires et les violentes polémiques de l'époque en ont largement diffusé les principaux arguments. Nous affirmons simplement à ce propos que l'*Esthétique transcendantale* constitue le lieu où il devient désormais possible d'admettre la *réalité* d'un *infini existant en acte* (celle de l'espace), sans qu'il soit question de l'infinité *absolue* de Dieu (acceptée depuis les Pères de l'Église grecs et latins et expressément thématisée en philosophie au Moyen Âge), ni d'un être de raison construit idéalement pour les besoins des mathématiques. À partir de la *Critique de la raison pure*, l'infinité de l'espace pris comme un tout semblait ne plus faire problème désormais à l'âge classique. C'est même la raison pour laquelle Kant pensait pouvoir en tirer une preuve supplémentaire du caractère *intuitif* de l'espace qui était, à ses yeux, plus délicat à démontrer. C'est cette intuition massive de la continuité et de l'infinité de l'espace pris comme totalité qui permet aussi de fonder la géométrie comme science de l'espace « dont les propositions sont toutes apodictiques [...] et ne peuvent donc être des jugements empiriques ou d'expérience, ni en être conclues[49] ». Toutefois, la *Dialectique transcendantale* prétendra ériger cette « grandeur infinie donnée » en *totalité absolue* pour faire surgir un conflit transcendantal dont la solution consistera précisément à montrer que l'Idée de *Monde* (prise comme un *tout absolu*[50]) ne saurait être entendue à la fois comme *chose en soi* et comme *phénomène*. Avant d'entrer dans les difficultés de l'*Antinomie* de la raison pure, il nous faut envisager brièvement le cas de l'infinité du temps, puis examiner les considérations sur l'infini qui émaillent l'*Analytique*.

49. KANT, *Critique de la raison pure*, édition B, Ak III, 54 ; trad. fr. Pléiade t. 1, p. 787.
50. Cf. KANT, *Critique de la raison pure*, Ak III, 334 ; trad. fr. Pléiade t. 1, p. 1132.

b) L'ultime argument de infinité
dans l'Exposition métaphysique du temps

Le dernier argument de l'*Exposition métaphysique* du temps s'efforce de démontrer, à partir de son infinité, l'*antériorité* de la représentation de l'ensemble du temps sur ses parties ou sur ses limitations internes. D'ailleurs, étant donné que le tout du temps est quelque chose de plus et d'autre que la somme de ses parties, c'est donc que le tout est antérieur à ses parties et ne saurait être donné qu'*immédiatement* ou pas du tout :

> « L'infinité du temps ne signifie rien de plus, sinon que toute grandeur déterminée du temps n'est possible que par des limitations d'un temps unique qui lui sert de fondement. Il faut donc que la représentation originaire du *temps* soit donnée comme illimitée. Or, là où les parties mêmes et toute grandeur d'un objet ne peuvent être représentées de façon déterminée qu'au moyen d'une limitation, la représentation entière ne doit pas être donnée par des concepts (car ceux-ci ne contiennent que des représentations partielles), mais il faut qu'une intuition immédiate leur serve de fondement[51]. »

Curieusement, tout se passe comme si Kant manquait, en quelque sorte, la spécificité du temps par rapport au cas de l'espace. En effet, Kant parle de la *représentation originaire du temps* en des termes statiques et négatifs (« représentation donnée comme illimitée < *als uneingeschränkt gegeben sein* > ») qui soulignent seulement son illimitation *a parte ante* et *a parte post*. Cet aspect statique du temps kantien ne sera élucidé

---

51. KANT, *Critique de la raison pure*, Ak III, 58 ; trad. fr. Pléiade, t. 1, p. 793 : « *Die Unendlichkeit der Zeit bedeutet nichts weiter, als daß alle bestimmte Größe der Zeit nur durch Einschränkungen einer einigen zum Grunde liegenden Zeit möglich sei. Daher muß die ursprüngliche Vorstellung Zeit als uneingeschränkt gegeben sein. Wovon aber die Teile selbst, und jede Größe eines Gegenstandes, nur durch Einschränkung bestimmt vorgestellt werden können, da muß die ganze Vorstellung nicht durch Begriffe gegeben sein, (denn die enthalten nur Teilvorstellungen), sondern es muß ihnen unmittelbare Anschauung zum Grunde Liegen.* »

comme tel que dans le *Schématisme* de l'*Analytique de la raison pure* où Kant précise expressément à propos du schème de la *permanence* :

> « Le temps ne s'écoule pas, mais en lui s'écoule l'existence du changeant. Au temps donc, qui est lui-même immuable et fixe, correspond, dans le phénomène, l'immuable dans l'existence, c'est-à-dire la substance, et c'est simplement en elle que peuvent être déterminées la succession et la simultanéité des phénomènes par rapport au temps[52]. »

En ce sens, il n'est pas scandaleux de dire, comme Bergson ne cesse de le déplorer dans tous ses écrits, que Kant et la plupart des philosophes ont *spatialisé* le temps[53]. Toutefois, nous ne suivons nullement Bergson, lorsqu'il laisse entendre que cette spatialisation du temps entraîne ce dernier sur un plan qui est aisé à comprendre et qui est entièrement transparent à l'intelligence[54].

---

52. KANT, *Critique de la raison pure*, Ak III, 137 ; trad. fr. Pléiade t. 1, p. 889 : « *Die Zeit verläuft sich nicht, sondern in ihr verläuft sich das Dasein des Wandelbaren. Der Zeit also, die selbst unwandelbar und bleibend ist, korrespondiert in der Erscheinung das Unwandelbare im Dasein, d. i. die Substanz, und bloß an ihr kann die Folge und das Zugleichsein der Erscheinungen der Zeit nach bestimmet werden.* »

53. Cf. par exemple, BERGSON, *La Pensée et le Mouvant*, Paris, Alcan, 1934, rééd. 1946, p. 5 : « Les termes qui désignent le temps sont empruntés à la langue de l'espace. Quand nous évoquons le temps, c'est l'espace qui répond à l'appel. » Quarante ans plus tôt, Bergson déclarait déjà dans l'*Essai sur les données immédiates de la conscience*, Paris, 1888, rééd. PUF, 1948, p. 77 : « Nous projetons le temps dans l'espace, nous exprimons la durée en étendue, et la succession prend pour nous la forme d'une ligne continue ou d'une chaîne dont les parties se touchent sans se pénétrer. » À propos de Kant, BERGSON déclare dans *L'Évolution créatrice*, 1907, rééd. PUF, 1969, chap. III, p. 207 : « Kant [...] ne pensait pas que l'esprit débordât l'intelligence, [...] parce qu'il n'attribuait pas à la durée une existence absolue, ayant mis *a priori* le temps sur la même ligne que l'espace. »

54. Cf. par exemple, BERGSON, *L'Évolution créatrice*, 1907, rééd. PUF, 1969, chap. III, p. 213-214 : « Tandis que du point de vue de l'intelligence, il y a une pétition de principe à faire sortir automatiquement de l'espace la géométrie, de la géométrie elle-même la logique, au contraire, si l'espace est le terme ultime du mouvement de détente de l'esprit, on ne peut se donner l'espace sans poser ainsi la logique et la géométrie, qui sont sur le trajet dont la pure

Dans toutes nos investigations sur la cosmologie classique, il ne nous est jamais apparu que la nature de l'*espace* ait été plus aisée à déterminer que celle du temps ou de la durée. Du reste, cela tient au fait que le *continuum* spatial est *amorphe,* comme Henri Poincaré l'a si justement remarqué[55].

Il est vrai que Kant applique effectivement au temps un traitement analogue à celui de l'espace. En effet, tout comme l'espace, le temps est une *grandeur continue,* bien qu'il n'ait qu'une seule dimension. À ce titre, le temps est directement concerné par le concept de limite, puisque Kant avait montré antérieurement que « le concept de limite ne concerne aucune autre grandeur que l'espace et le temps[56] ». Dès lors, il appert que l'infinité des parties du temps ressortit d'un découpage à l'intérieur du temps, et, par conséquent, que ce morcellement ne saurait nullement lui préexister. Suivant une perspective très *gestaltiste* (si l'on peut dire de façon anachronique), le temps est en quelque sorte le fond illimité, pris au sens de fondement originaire, sur lequel se détachent les diverses parties du temps qui ne sont que des négations ou des limitations de celui-ci. C'est en ce sens que Kant parle justement de la représentation *originaire* du temps.

c) Une grandeur infinie peut-elle être donnée ?

Dans un important et célèbre article consacré à la « Philosophie des mathématiques de Kant », Louis Couturat pensait avoir découvert de graves inconséquences dans la conception kantienne de l'infini. Avant tout, il lui reprochait de n'avoir pas adopté de position stable au sujet de l'infini :

intuition spatiale est le terme. [...] Tant qu'elle roule dans l'espace ou dans le temps spatialisé elle [*i. e.* la déduction] n'a qu'à se laisser aller. C'est la *durée* qui met les bâtons dans les roues. »

55. Henri Poincaré, *La Valeur de la science*, Paris, 1905, rééd. Flammarion, 1970, Iʳᵉ Partie, chap. III, p. 55.

56. Kant, *Dissertation de 1770*, Section III, § 15, Ak II, 404 ; trad. fr., Pléiade t. 1, note de Kant, p. 654.

« Kant croyait que l'antinomie de la raison pure portait sur la nature de l'espace et du temps et confirmait la thèse de l'idéalité de ces deux formes. Mais, en réalité, les prétendues contradictions où la raison s'engagerait inévitablement en spéculant sur le monde proviennent toutes d'une notion inexacte de l'infini et des préjugés traditionnels relatifs à cette notion. [...] D'ailleurs, s'il est juste de reconnaître que Kant n'a pas été dupe des sophismes les plus grossiers des finitistes, il faut avouer qu'il n'a pas de l'infini une notion claire et constante ; car tandis que dans l'*Esthétique transcendantale* il considère l'espace comme "une grandeur infinie donnée" (A. 25, B. 39), et donnée dans une intuition *simultanée*, dans l'*Antinomie* il définit l'infini par le fait que "la synthèse successive de l'unité dans la mesure d'une quantité ne peut jamais être achevée" (A. 430-32, B. 458-60)[57]. »

Autrement dit, la première *Antinomie* résulterait seulement d'une confusion produisant subrepticement la collusion d'une conception potentialiste et d'une conception actualiste de l'infini. Bref, l'*antinomie* ne serait pas la contre-épreuve du bien-fondé de l'idéalisme transcendantal, mais la conséquence d'un discours mal formé et reposant sur des définitions contradictoires de certains concepts fondamentaux. Nous aurons à examiner ce point extrêmement délicat dans la partie consacrée à l'étude de la *Dialectique transcendantale*. En revanche, nous voulons simplement rectifier le jugement de Couturat qui nous semble incorrect ici, parce qu'il ne tient pas compte du changement radical de perspective que Kant opère lorsqu'il passe de l'*Esthétique transcendantale* à la *Dialectique transcendantale*. Ce sera donc pour nous l'occasion de préciser la différence entre ces perspectives bien distinctes et d'opérer une transition de la première à la seconde. Il a été clairement établi dans l'*Esthétique transcendantale* que :

« L'espace est représenté comme une grandeur infinie *donnée* < *Der Raum wird als eine unendliche gegebene Größe vorgestellt* >[58]. »

---

57. Louis Couturat, *La Philosophie des mathématiques de Kant*, RMM, 1904, n° 2, p. 321-383 ; le passage cité figure p. 377-378.
58. Kant, *Critique de la raison pure*, édition B, Ak III, 53 ; trad. fr. Pléiade t. 1, p. 786. C'est nous qui soulignons.

Or, on lit dans la *Preuve de la Thèse de la première Antinomie* que :

> « Nous ne pouvons penser la grandeur d'un quantum qui n'est pas donné à l'intérieur de certaines limites propres à toute intuition < *Nun können wir die Größe eines Quanti, welches nicht innerhalb gewisser Grenzen jeder Anschauung gegeben wird, [...], gedenken* > qu'au moyen de la synthèse des parties, et la totalité d'un quantum de ce genre que par la synthèse complète ou par l'addition répétée de l'unité à elle-même[59]. »

Couturat semble n'avoir pas saisi que le vocabulaire de Kant est suffisamment précis, mais qu'il se situe sur un tout autre plan. En effet, dans le premier cas, il s'agissait de se *représenter* < *vorstellen* > l'espace intuitivement : il n'est donc pas scandaleux qu'il soit *immédiatement donné* comme une grandeur infinie, si du moins nous sommes capables d'intuitions pures illimitées. En revanche, dans le second cas, il est seulement question de *penser* < *gedenken* > et non plus d'avoir une intuition pure. En outre, l'objet de cette « pensée » n'est plus la simple grandeur spatiale intuitive, mais « le Monde comme un tout infini donné de choses existant simultanément < *so wird die Welt ein unendliches gegebenes Ganzes von zugleich existierenden Dingen sein* >[60] ». Le contexte est donc bien différent. Nous n'avons plus affaire qu'à l'Idée trans-cendantale de *Monde* (accessible à la seule pensée) qui considère l'espace comme *chose en soi* et qui est envisagé comme indissocia-blement lié à son contenu matériel pris également comme chose en soi, de manière à former une totalité absolue. Bref, les deux assertions apparemment contradictoires que nous avons citées plus haut ne se situent absolument pas sur le même plan et ne s'excluent nullement. La meilleure preuve de la bonne foi de Kant que nous puissions alléguer ici, c'est qu'il a montré lui-même dans la *Remarque sur la première Antinomie* qu'il n'a pas voulu réfuter l'antithèse infinitiste en utilisant le concept défectueux de

---

59. KANT, *Critique de la raison pure*, Ak III, 294-295 ; trad. fr. Pléiade t. 1, p. 1086 et 1088.

60. KANT, *Ibid.*, Ak III, p. 294 ; trad. fr. Pléiade t. 1, p. 1086.

l'infini cher à ses adversaires *finitistes*[61]. Sur ce point, la crédibilité de Kant reste à notre avis intacte.

Toutefois, la question qui reste en suspens, c'est de savoir si l'exposé des antinomies est lui-même bien formé sur les plans syntaxique et sémantique, s'il ne recèle pas en lui-même des glissements de sens dus à l'incroyable complexité de cette partie de la *Critique*, ou même à un changement de point de vue délibéré de l'auteur entre l'énoncé des difficultés proprement dites et celui de leur solution. C'est ce point délicat qu'il nous faut examiner à présent.

LA DIALECTIQUE DU FINI ET DE L'INFINI
DANS L'IDÉE COSMOLOGIQUE DE LA PREMIÈRE ANTINOMIE
DE LA RAISON PURE

a) La critique kantienne du concept défectueux de l'infini

Tout d'abord, Kant commence par réfuter les définitions impropres de l'*infini* qui engendrent de *fausses contradictions*. C'est ce qu'il appelle dans sa première *Critique* un « concept défectueux < *fehlerhaften* > de l'infini[62] ». Ce concept vicieux de l'infinité est véhiculé par les philosophes dogmatiques qui,

---

61. KANT dit en effet, in *Critique de la raison pure*, Ak III, 296-298 ; trad. fr. Pléiade t. 1, p. 1088 et 1090 : « Dans ces arguments en conflit, je n'ai point cherché de supercheries afin de fournir, comme on dit, une preuve d'avocat, c'est-à-dire une de ces preuves qui consistent à se servir à son avantage de l'imprudence de l'adversaire, et à admettre volontiers qu'il invoque une loi mal interprétée. [...] J'aurais pu aussi prouver la thèse en mettant en avant, suivant l'usage des dogmatiques, un concept vicieux de l'infinité d'une grandeur donnée. Une grandeur est *infinie* quand il ne peut y en avoir de plus grande au-dessus d'elle (c'est-à-dire qu'au-delà d'elle aucune grandeur supérieure n'est possible). Or, il n'y a pas de nombre qui soit le plus grand possible, puisqu'on peut toujours encore y ajouter une ou plusieurs unités. Donc une grandeur infinie donnée est impossible, et par conséquent aussi un monde infini. [...] J'aurais pu établir ainsi ma preuve ; mais ce concept ne s'accorde pas avec ce que l'on entend par un tout infini. »

62. KANT, *Critique de la raison pure*, Ak III, 297 ; trad. fr. Pléiade t. 1, p. 1090.

selon Kant, passent entièrement à côté de ce que l'on entend par un « Tout infini < *einem unendlichen Ganzen* >[63] ». Si la *Critique* est un peu allusive sur ce point, les *Leçons de métaphysique*, publiées par Pölitz, apportent d'importantes précisions. Tout d'abord, ce concept défectueux de l'infinité, que l'on rencontre chez Wolff et chez Baumgarten, prétendait réduire celle-ci au concept de *maximum*. Ainsi, par exemple, lit-on sous la plume de Christian Wolff :

> « On appelle infini en mathématiques ce à quoi on ne peut assigner nulle limite au-delà desquelles on ne puisse plus rien ajouter[64]. »

Mais aussitôt, Wolff s'était empressé d'ajouter que ces notions de *nombre infini* ou de *grandeur infinie* sont impossibles, car l'idée d'un nombre ou d'une grandeur insurpassables est contradictoire, dans la mesure où l'on définissait encore à l'époque le nombre par l'addition continue de l'unité à elle-même[65]. Il en va de même pour la ligne ou pour la surface que l'on peut toujours étendre de manière illimitée par définition : « *In infinitum produci posse*[66]. » On dirait en termes mathématiques que l'idée d'une grandeur indépassable est irrecevable car elle viole l'axiome d'Eudoxe-Archimède[67]. En un sens assez voisin de celui de Wolff, Baumgarten affirmait dans sa *Metaphysica* que le degré maximum est « ce dont il est impossible qu'il y ait quelque chose de plus grand[68] ». De même précisait-il plus loin : « L'infinitude

---

63. KANT, *Critique de la raison pure*, Ak III, 298 ; trad. fr. Pléiade t. 1, p. 1090.

64. Christian WOLFF, *Philosophia prima sive Ontologia*, Frankfurt und Leipzig, 1736, § 796, p. 597 : « *Infinitum in Mathesi dicimus, in quo nulli assignari possunt limites, ultra quos augeri amplius nequeat.* » C'est nous qui traduisons.

65. WOLFF, *Ibid*.

66. WOLFF, *Ibid*.

67. Cf. l'axiome d'Eudoxe-Archimède sous la forme qu'EUCLIDE lui a donnée, dans ses *Éléments*, Livre V, définition 4 ; trad. fr. B. Vitrac, Paris, PUF, 1994, vol. II, p. 38 : « Des grandeurs sont dites avoir un *rapport l'une relativement à l'autre* quand elles sont capables, étant multipliées, de se dépasser l'une l'autre. »

68. Alexander Gottlieb BAUMGARTEN, *Metaphysica*, 7ᵉ édition, Magdebourg, 1779, § 247, p. 73 : « *Quo major impossibilis, maximus est gradus.* »

est une réalité qui se caractérise < *ratio* > par le plus grand degré de réalité[69]. »

Or, Kant dénonce le caractère fallacieux de ce rapprochement entre le concept d'*infini mathématique* et celui de *maximum*. En effet, le concept de maximum comporte un sens *relatif*, puisque ce superlatif nécessite toujours une *comparaison* où du plus et du moins peuvent intervenir, mais l'infini ne saurait être légitimement conçu comme un terme absolu survenant à la fin d'une gradation. De son côté, l'infini échappe à la *mesure*, qui est un concept comparatif < *Vergleichungsbegriff* >, donc finitiste. Ainsi, l'infini ne saurait être atteint au terme d'une sommation quantitative, comme clôture du fini. C'est pourquoi Kant se tient, sur ce point précis, à l'écart de l'école dogmatique de Wolff et de Baumgarten qui avaient préféré, pour leur part, exclure en définitive l'idée d'une *grandeur infinie en acte* du domaine des mathématiques, sous prétexte qu'elle implique contradiction.

b) De l'infini *mathématique* à l'Idée transcendantale d'infini

Kant, au contraire, fournit un tout autre concept mathématique de l'infini qui écarte tout risque de contradiction interne en le définissant comme : « une multitude […] qui est plus grande que tout nombre[70] ». Cependant, si toute contradiction est évitée, Kant doit bien reconnaître que « dans l'infini mathématique, il ne m'est jamais possible de penser une totalité collective[71] ». Pour exprimer plus précisément son propos, Kant se réfère aux subdivisions de la systématique catégoriale. L'infinité mathématique relève des catégories de la quantité en tant qu'elle est un « *quantum in*

---

69. Baumgarten, *Op. cit.*, § 261, p. 78 : « *Infinitudo est realitas cujus ratio est gradus realitatis maximus.* »

70. Kant, *Critique de la raison pure*, Ak III, 298 ; trad. fr. Pléiade t. 1, p. 1090. C'était déjà la définition que Kant avait donnée dans sa *Dissertation de 1770*, cf. la note 224 du chapitre III p. 311.

71. Kant, *Leçons de métaphysique*, publiées par Pölitz en 1821 ; trad. fr. Monique Castillo, Paris, Le Livre de poche, 1993, *Ontologie*, p. 178.

infinitum ». Toutefois, contrairement à la multiplicité *finie* qui reste toujours déterminable par un nombre, l'infinité mathématique a comme propriété de ne pas se laisser totaliser par un nombre et, par conséquent, elle est indéterminable en tant que « totalité collective » pour un sujet connaissant fini. Kant n'a jamais exclu que l'infini mathématique puisse constituer une uni-totalité. Cependant, il s'appuie sur l'inconnaissabilité de cette dernière pour faire ressortir les limites de notre pouvoir de connaître. C'est bien pourquoi la définition kantienne de l'infinité mathématique sert la cause du criticisme en préparant la définition transcendantale du concept d'infinité comme « synthèse successive de l'unité dans la mesure d'un *quantum* qui ne peut jamais être achevé[72] ». En faisant ressortir notre impuissance à totaliser une multitude infinie, cette définition élucide le sens des difficultés rencontrées dans la *Dissertation de 1770* : l'ineffectuabilité de la synthèse ne relève pas des propriétés de l'infini quantitatif pris comme objet de la raison pure, mais des limites propres au sujet connaissant *fini*. Le point où surgit la difficulté, c'est l'opération même de *mesure*. Or, si mesurer c'est comparer une grandeur indéterminée à une grandeur finie et déterminée prise pour unité, il s'avère impossible de mettre en rapport le fini et l'infini, comme le montrait déjà clairement la théorie des proportions d'Euclide. C'est d'ailleurs ce qu'exprimait vigoureusement l'adage anticomédiéval cité à l'envi par Nicolas de Cues : « *Inter finitum et infinitum non est proportio*[73]. » Ce qui signifie en termes kantiens que notre imagination, en tant que faculté d'intuition et de synthèse, demeurera toujours incapable d'élever le sujet connaissant à l'aide

---

72. KANT, *Critique de la raison pure*, Ak III, 298 ; trad. fr. Pléiade t. 1, p. 1090 : « *Die sukzessive Synthesis der Einheit in Durchmessung eines Quantum niemals vollendet sein kann.* »

73. Nicolas DE CUES, cf. par exemple, *De la docte ignorance*, livre I, ch. III, éd. Pierre Caye et P. Magnard, Paris, GF, 2013, p. 47 : « Il va manifestement de soi qu'il n'y a pas de proportion de l'infini au fini. » Mais le Cusain ne faisait que reprendre l'adage scolastique directement inspiré par Aristote, cf. *Traité du ciel*, I, 6, 274a 7-8, Paris, Les Belles Lettres, 1965, p. 20 : < Λόγος δ'οὐθείς ἐστι τοῦ ἀπείρον πρὸς τὸ πεπερασμένον > ; il n'est pas possible d'établir un rapport entre l'infini et le limité. »

du schème de la quantité à la construction de l'infinité mathématique entendue comme concept d'« *omnitudo* < *Allheit* > *collectiva* » pour faire de la pluralité infinie un Tout.

Certes, la définition kantienne de l'infinité mathématique entendue comme « multitude plus grande que tout nombre » permet de respecter l'axiome d'Eudoxe-Archimède, mais elle entend outrepasser le monde des mathématiques (en donnant congé au schème de la quantité) pour se hisser sur le plan des *Idées transcendantales*. L'Idée transcendantale, qui est un concept pur de la raison et qui, par cela même, « dépasse la possibilité de l'expérience[74] », se caractérise par son universalité qui doit englober la « totalité < *universitas* > des conditions[75] ». Comme dit Kant :

> « Le concept transcendantal de la raison n'est donc que celui de la totalité des conditions pour un conditionné donné. Or, comme l'inconditionné seul rend possible la totalité des conditions, [...] un concept pur de la raison peut être défini en général comme le concept d'inconditionné, en tant qu'il contient un fondement de synthèse du conditionné[76]. »

Sortant des conditions de la sensibilité, la raison pure ne fait que détourner les catégories de l'entendement de leur usage immanent et conduit « l'unité synthétique qui est pensée dans celles-ci jusqu'à l'absolument inconditionné[77]. »

Dans le domaine propre aux Idées transcendantales, l'*Idée d'infini* occupe une place tout à fait particulière. Certes, comme toute Idée transcendantale, l'Idée d'infinité renvoie bien à la « totalité absolue des conditions », et, en tant que transcendantale, elle dépasse les limites de toute expérience. Toutefois, on a vu que l'idée de l'infinité mathématique ne saurait être prise comme le « concept d'un maximum[78] » (du moins, sur le plan de

---

74. Kant, *Critique de la raison pure*, Ak III, 250 ; trad. fr. Pléiade t. 1, p. 1031.

75. Kant, *Critique de la raison pure*, Ak III, 251 ; trad. fr. Pléiade t. 1, p. 1033.

76. Kant, *Ibid.*

77. Kant, *Critique de la raison pure*, Ak III, 253 ; trad. fr. Pléiade t. 1, p. 1035-1036.

78. Kant, *Critique de la raison pure*, Ak III, 248 et 254 ; trad. fr. Pléiade t. 1, p. 1029 et 1036.

l'évaluation logique) sous peine de transgresser encore une fois l'axiome d'Eudoxe-Archimède et d'engendrer une contradiction mortelle en affirmant l'existence d'un nombre insurpassable : dans la suite des nombres entiers naturels, il n'y a nul principe de limitation. En effet, *La République* de Platon pouvait bien représenter pour Kant le « degré le plus élevé où doit s'élever l'humanité < *der höchste Grade* > », ou son « modèle < *Urbild* >[79] », mais l'Idée de l'infinité mathématique ne saurait être conçue pour sa part comme le terme ultime d'une gradation. Dès lors, si l'infini mathématique peut être pensé (non pas conçu) comme un Tout qui comprend ses parties simultanément (espace) ou successivement (temps), cela tient aux exigences *a priori* de la raison qui exige présomptivement que la totalité des conditions soit réunie, même si le processus exhaustif qui lui permettrait de satisfaire à cette exigence d'achèvement lui échappe totalement, tant suivant la série descendante qui va du tout aux parties que dans la série ascendante qui suit la voie de la synthèse. Sans s'y attarder, Kant souligne simplement le caractère inadéquat du concept de *maximum* pour exprimer « ce que l'on entend par un tout infini. On ne se représente point combien ce tout est grand, et par conséquent son concept n'est pas non plus le concept d'un *Maximum*[80] ».

Kant insiste sur le caractère *transcendantal* de l'Idée d'infinité en faisant ressortir avant tout l'impuissance (*a parte subjecti* pourrait-on dire) du sujet fini dans ses tentatives d'en donner une évaluation logique. Est-ce à dire que l'Idée d'infinité ne soit qu'une idée négative ? La *Critique de la raison pure* s'inscrit explicitement en faux contre cette mésinterprétation possible en précisant au sujet de la négation transcendantale :

> « Toutes les vraies négations ne sont donc que des bornes < *Schranken* > et l'on ne pourrait les désigner ainsi si l'on ne prenait pour fondement l'illimité (le Tout) < *das Unbeschränkte (das All) zum Grunde läge* >[81]. »

---

79. KANT, *Critique de la raison pure*, Ak III, 248 ; trad. fr. Pléiade t. 1, p. 1029.
80. KANT, *Critique de la raison pure*, Ak III, 298 ; trad. fr. Pléiade t. 1, p. 1090.
81. KANT, *Critique de la raison pure*, Ak III, 388 ; trad. fr. Pléiade t. 1, p. 1098.

Il est vrai que dans ce passage, Kant fait porter ses efforts vers l'Idéal transcendantal et qu'à ce niveau, il quitte l'infinité mathématique pour tenter de s'élever vers ce qu'il appelait dans ses *Leçons de métaphysique* (suivant en cela la tradition dogmatique) l'« *Infinitum Reale* ».

c) L'« infinitum reale » de la théologie transcendantale

Kant avait pris soin de préciser que l'infini ne reçoit pas le même sens lorsque l'on passe de la structure catégoriale de quantité à celle de *qualité*. Du reste, on se souvient que c'est Leibniz qui avait déjà clairement distingué l'infini mathématique purement quantitatif de l'infini métaphysique qualitatif[82]. Dans ce dernier cas, Kant voit dans l'infini un prédicat transcendantal de Dieu pris comme Être suprême. Cet *infinitum reale*, comme Idée de la raison pure, est bien cette fois un concept déterminé, car il est le concept d'une totalité : « Dans l'infini réel, je pense la *totalité*[83]. » Sur ce point, Kant reste fidèle aux enseignements de Baumgarten qui avait abordé l'Idée de Dieu en écrivant dans sa *Metaphysica* :

82. Cf. par exemple, Leibniz, *Discours de métaphysique*, art. I, éd. Vrin, p. 37 : « La notion de Dieu la plus reçue et la plus significative que nous ayons, est assez bien exprimée en ces termes que Dieu est un être absolument parfait, mais on n'en considère pas assez les suites ; et pour y entrer plus avant, il est à propos de remarquer qu'il y a dans la nature plusieurs perfections toutes différentes, que Dieu les possède toutes ensemble, et que chacune lui appartient au plus souverain degré. Il faut connaître aussi ce que c'est que perfection, dont voici une marque assez sûre, savoir que les formes ou natures qui ne sont pas susceptibles du dernier degré, ne sont pas des perfections, comme par exemple la nature du nombre ou de la figure. Car le nombre le plus grand de tous (ou bien le nombre de tous les nombres), aussi bien que la plus grande de toutes les figures, impliquent contradiction, mais la plus grande science et la toute-puissance n'enferment point d'impossibilité. Par conséquent la puissance et la science sont des perfections, et, en tant qu'elles appartiennent à Dieu, elles n'ont point de bornes. » Cf. aussi Leibniz, lettre à Élisabeth, 1678.
83. Kant, *Leçons de métaphysique*, publiées par Pölitz en 1821 ; trad. fr. Monique Castillo, Paris, Le Livre de poche, 1993, *Ontologie*, p. 178.

> « L'entière totalité des réalités qui peuvent être, c'est le plus grand
> degré de réalité des [réalités] les plus grandes. [...] Celui-ci convient à
> Dieu l'être suprêmement réel. [...] Donc Dieu est l'étant infini réel[84]. »

Cette fois-ci, nous avons bien l'idée de *totalité infinie*, mais il
faut penser cet *infinitum reale* en pratiquant la double négation
(sur le mode *aphairétique* serait-on tenté de dire en termes néoplatoniciens), « c'est-à-dire qui ne contient pas de négations, autrement dit, pas de limitations[85] ». En effet, on ne pense cet infini
qu'en supprimant les négations et limitations, ce n'est donc pas
un résidu ! C'est, au contraire, ce à partir de quoi toute détermination particulière devient pensable. Cet « *infinitum reale* » est l'Idée
d'une réalité qui exclut toute négation et toute limitation : il est
le point où s'abolissent toutes les restrictions. C'est ce que la théologie transcendantale appelle Dieu ou l'Être suprême : « L'Être
suprême demeure donc pour l'usage purement spéculatif de
la raison un simple idéal, mais un *idéal exempt de défauts*, un concept
qui termine et couronne toute la connaissance humaine[86]. » Cet
Idéal, entendu comme totalité inconditionnée dont on peut, en
pensée, dériver la totalité conditionnée, sert de fondement, de *substrat illimité* sur le fond duquel les choses singulières se détachent
comme des limitations ou des négations particulières :

> « Toute la diversité des choses ne tient donc précisément qu'à
> une manière également diverse de limiter le concept de la suprême
> réalité, qui est leur *substratum* commun, de même que toutes
> les figures ne sont possibles que comme des manières diverses de
> limiter l'espace infini[87]. »

---

84. Alexander Gottlieb BAUMGARTEN, *Metaphysica*, 7ᵉ édition, Magdebourg,
1779, § 843, p. 342-343 : « *Omnitudo realitatum, quae esse possunt, maximarum est
gradus realitatis maximus. [...] Hic deo enti realissimo convenit. [...] Ergo deus est
ens infinitum reale.* »
85. KANT, *Leçons de métaphysique*, publiées par Pölitz en 1821 ; trad. fr.
Monique Castillo, Paris, Le Livre de poche, 1993, *Ontologie*, p. 178.
86. KANT, *Critique de la raison pure*, Ak III, 426 ; trad. fr. Pléiade t. 1, p. 1246.
C'est Kant qui souligne.
87. KANT, *Critique de la raison pure*, Ak III, 389 ; trad. fr. Pléiade t. 1, p. 1200.

Bien qu'elle soit affirmative[88], l'Idée d'*infinitum reale* ne reste qu'une Idée dont l'usage est simplement régulateur[89]. Est-ce à dire qu'entre l'*infinitum reale* et l'*infinitum mathematicum*, il n'y ait aucune espèce de rapport possible ? Kant n'apporte cette fois qu'une réponse négative et transcendantale qui vaut seulement « κατ'ἄνθρωπον ». Dans les deux cas, ce qui ressort, c'est notre *impuissance* qui est triple : impuissance transcendantale à achever la synthèse successive d'une multitude plus grande que tout nombre ; impuissance à connaître l'Être suprême dont nous n'avons qu'une simple Idée ; et enfin, impuissance à comprendre car « le type de rapport que l'infini réel entretient avec l'infini mathématique ou le nombre, « nous ne pouvons le comprendre[90] ». Ce qui caractérise en propre cette triple impuissance, c'est en définitive notre incapacité à *mesurer* l'infinité sous toutes ses formes : qu'elle soit mathématique ou qu'elle relève de l'*Ens realissimum*. Elle permet à Kant de définir l'infinité en retrouvant, dans sa reconstruction systématique de la métaphysique, les analyses traditionnelles de l'*immensitas* inaugurées par Jean de Ripa et largement diffusées dans l'enseignement traditionnel de la métaphysique et de la théologie depuis l'édition du *Livre des sentences* de Pierre Lombard. Kant déclare :

> « L'infini est une grandeur dont on ne peut donner aucune mesure déterminée. Toute grandeur est infinie quand il se révèle impossible de la mesurer ou de l'évaluer. Mais l'impossibilité réside alors dans le sujet, c'est-à-dire en nous[91]. »

Cependant, il semble qu'en passant de l'*infinitum mathematicum* à l'*infinitum reale*, un progrès notable ait été accompli. En

---

88. Car les concepts des négations sont dérivés, puisque, comme dit KANT in *Critique de la raison pure*, Ak III, 387 ; trad. fr. Pléiade t. 1, p. 1198 : « Personne ne peut penser une négation d'une manière déterminée sans avoir pour fondement l'affirmation opposée. »

89. KANT, *Critique de la raison pure*, Ak III, 452 ; trad. fr. Pléiade t. 1, p. 1279 *sq.*

90. KANT, *Leçons de métaphysique*, publiées par Pölitz en 1821 ; trad. fr. Monique Castillo, Paris, Le Livre de poche, 1993, *Ontologie*, p. 179.

91. KANT, *Op. cit.*, p. 177-178.

effet, tandis que le premier échappait à la mesure ainsi qu'à la totalisation, le second laisse la raison à même de former l'Idée d'une totalité infinie < *Omnitudo realitatis* > exempte de contradiction, bien que l'existence de son objet demeure problématique. Enfin, en faisant appel à l'Idée d'un « entendement infini » ou « archétype », il devient pensable que l'« *Omnitudo collectiva* », qui demeure inconcevable pour notre entendement fini, ne soit pas telle pour un entendement infini et originaire capable d'une intuition intellectuelle. Pour concevoir une totalité infinie comme telle, il faut s'être affranchi des conditions spatio-temporelles de l'intuition sensible qui restait prisonnière de la synthèse successive de l'unité dans son effort pour mesurer un *quantum* qui la dépasse à jamais. À ce niveau théorétique, le sujet connaissant fini est déchiré entre la synthèse inachevable d'un *quantum infinitum* ou la pensée de l'*infinitum reale* inaccessible à notre pouvoir de connaître.

d) La spécificité de l'Idée cosmologique confrontée au problème de l'infini

Chez Kant, le terme de métaphysique est plurivoque et nécessite quelques précisions. Kant emploie le mot métaphysique en deux sens principaux très différents : 1°) la métaphysique prise au sens d'ontologie, c'est-à-dire science de l'être ; 2°) la métaphysique en tant que science qui prétend nous faire passer *a priori* du sensible au suprasensible et que Kant appelle souvent « hyper-physique[92] ».

1°) La métaphysique était définie par Aristote comme science de l'être en tant qu'être, c'est-à-dire comme ontologie[93]. Christian

---

92. Sur le sens de ce terme d'« *hyperphysique* » cf., par exemple, *Fondements de la métaphysique des mœurs*, Ak IV, 410, trad. fr. Pléiade t. 2, p. 271 ; *Critique de la faculté de juger*, Ak, V, Pléiade, t. 2, § 72, p. 391-392.

93. ARISTOTE, *Métaphysique*, Γ, 1, 1003a, trad. Tricot, Paris, Vrin, 1974, t. 1, p. 171-175 : « Il y a une science qui étudie l'être en tant qu'être, et les attributs qui lui appartiennent essentiellement. Elle ne se confond nullement avec aucune des sciences dites particulières, car aucune de ces autres sciences ne considère

Wolff, qui reprit le terme « ontologie » et lui donna comme objet la détermination des propriétés générales de tous les êtres – tant spirituels que matériels (existence, essence, possibilité, réalité, durée, etc.) –, pensait que l'ontologie pouvait et devait être une science aussi démonstrative que les mathématiques elles-mêmes. Kant, pour sa part, pensait que toute connaissance d'objet implique de l'*a priori*, mais que l'usage des concepts et principes n'est légitime que si on fait un usage *immanent* de la raison. En ce sens, la métaphysique est une science qui dégage tous les concepts purs de l'entendement dans la mesure où ils s'appliquent aux objets des sens et peuvent être confirmés par l'expérience. Donc, l'ontologie se ramène chez Kant à la *philosophie transcendantale*. C'est en ce sens que Kant publie juste après la première *Critique* une *Métaphysique de la science de la nature* et une *Métaphysique des mœurs*.

2°) La métaphysique est la science qui prétend passer entièrement *a priori*, grâce à la raison, du sensible au suprasensible. Ici, la métaphysique est définie par son objet : le méta-physique, c'est-à-dire ce qui est au-delà des conditions de l'expérience possible. Lorsque la raison se donne comme tâche de suspendre la totalité du savoir humain à un absolu inconditionnel en voulant ainsi se livrer au repos comme ayant accompli son œuvre, elle fait de la métaphysique une prétendue connaissance du suprasensible. Mais elle fait là un usage *transcendant* de ses principes. En somme, Kant distingue et oppose un sens *transcendantal* (légitime) et un sens *transcendant* (illégitime) de la métaphysique.

1. L'Idée de *Monde* et l'illusion de la cosmologie spéculative

Un des thèmes les plus importants de la première *Critique*, c'est que l'on ne fait un usage légitime des catégories et des principes de l'entendement pur que dans la mesure où cet usage est *immanent* aux conditions de l'expérience possible. D'où

en général l'être en tant qu'être. [...] C'est pourquoi nous devons, nous aussi, appréhender les causes premières de l'être en tant qu'être. »

la nécessité d'aller d'une explication d'un phénomène à un autre sans jamais achever l'explication. Dans ce cas, l'usage des principes de l'entendement pur, inévitable dans l'expérience, est en même temps garanti par eux. Mais il y a un besoin et surtout un désir irrépressible d'atteindre à une connaissance totale et absolue de la part de la raison (prise au sens restreint, c'est-à-dire comme opposée à l'entendement). Ce désir d'absolu finit par l'aveugler, car elle s'efforce d'accéder à une explication totale, ultime et définitive. Kant précise que ce désir, « c'est l'irrépressible désir de poser quelque part un pied ferme tout à fait au-delà des limites de l'expérience[94] ». Les questions qui se posent lorsque la raison fait un usage immanent et donc légitime de ses principes, dans le champ de l'expérience possible, sont des questions qui n'ont jamais de fin. Aussi, la raison a-t-elle recours à un usage « transcendant » de ses principes qui *dépasse* l'expérience possible.

> « Mais ce qui a bien plus de portée, c'est que certaines connaissances quittent même le champ de toutes les expériences possibles et, au moyen de concepts auxquels jamais on ne peut donner un objet correspondant dans l'expérience, ont l'apparence d'élargir l'étendue de nos jugements au-delà de toutes les limites de l'expérience. C'est justement dans ces dernières connaissances qui vont au-delà du monde sensible, où l'expérience ne peut donner aucun fil conducteur, ni aucune rectification, que se situent les investigations de notre raison, que nous jugeons par suite de leur importance bien plus précieuses et de visée finale beaucoup plus sublime que ce que l'entendement peut apprendre dans le champ des phénomènes.[95] »

Cet usage transcendant de la raison au sens restreint ne choquait personne à l'époque, car il n'était pas contraire au « bon sens ». Cependant, ce même bon sens applique de lui-même ses principes sans chercher de quelle manière et de quel droit il agit

---

94. KANT, *Critique de la raison pure, Canon de la raison pure,* Ak III, 517 ; trad. fr. Pléiade t. 1, p. 1358 : « *Die dämpfende Begierde, durchaus über die Grenze der Erfahrung hinaus irgendwo festen Fuß zu fassen.* »
95. KANT, *Critique de la raison pure, Introduction,* Ak III, 30-31 ; trad. fr. Pléiade t. 1, p. 762.

de cette façon. Malheureusement, il arrive que dans l'usage transcendant des principes, la raison tombe dans la contradiction et dans l'obscurcissement, sans pouvoir parvenir à des Idées universellement acceptables. La raison est alors amenée à s'interroger sur elle-même et à se demander si son échec n'est pas dû à des erreurs cachées[96].

Or, lorsqu'il s'agit de déterminer quels sont les objets ou les problèmes inévitables de la raison pure, c'est-à-dire de la métaphysique au sens *transcendant*, Kant ne retient que les trois objets suivants à savoir : *Dieu*, la *Liberté* et l'*Immortalité de l'Âme*[97]. Curieusement, l'Idée transcendantale de *Monde* ou d'*Univers* ne figure pas dans cette énumération. Pourtant, on ne saurait dire que cette absence soit due à un « oubli » de la part de Kant ou à un manque d'intérêt pour la cosmologie, car il reconnaît expressément que cette Idée possède une éminente *dignité* ainsi qu'une certaine *sublimité*[98].

---

96. En ce sens, KANT se réjouit momentanément des difficultés où la raison pure s'embrouille, car sans celles-ci, il nous serait impossible de comprendre que nous avons affaire à une illusion, cf. *Critique de la raison pratique*, Ak V, 107 ; trad. fr. Pléiade, t. 2, p. 739 : « Or, par là, la raison est contrainte de se pencher sur cette apparence en se demandant d'où elle naît et comment elle peut être dissipée – ce qui ne peut avoir lieu que par une critique complète de tout le pouvoir pur de la raison, en sorte que l'antinomie de la raison pure, qui devient manifeste dans sa dialectique, est en fait l'égarement le plus bienfaisant où ait jamais pu tomber la raison humaine, puisqu'elle nous pousse finalement à chercher la clé pour sortir de ce labyrinthe. »

97. KANT, *Critique de la raison pure*, Ak III, 30-31 ; trad. fr. Pléiade t. 1, p. 762 : « Ces problèmes inévitables de la raison pure elle-même sont *Dieu*, la *liberté*, et l'*Immortalité* » ; cf. aussi, *Critique de la raison pure*, Ak III, p. 260 (note de KANT) et p. 518 ; trad. fr. Pléiade t. 1, p. 1044 et 1360.

98. KANT, *Critique de la raison pure*, Ak III, 322-323 ; trad. fr. Pléiade t. 1, p. 1117-1118 : « Pour représenter les brillantes prétentions de la raison étendant son domaine au-delà de toutes les limites de l'expérience, nous n'avons en recours qu'à de sèches formules. [...] Mais dans cette application et dans l'extension progressive de l'usage de la raison, la philosophie en quittant le champ des expériences, et en s'élevant peu à peu jusqu'à ces idées sublimes, montre une telle dignité que, si elle pouvait seulement soutenir ses prétentions, elle laisserait bien loin derrière elle toutes les autres sciences humaines, puisqu'elle nous promet de nous donner des fondements pour nos plus hautes espérances, et des lumières sur les fins dernières dans lesquels doivent s'unir en définitive tous

Donc, si le *Monde* ne figure pas dans la liste des *objets* de la métaphysique, c'est que son Idée suscite immanquablement des *antinomies* qui nous empêchent d'hypostasier l'*objet* transcendant qu'elle vise. On ne rencontre rien de tel à propos de l'Idée de Dieu ou de celle d'*Âme* :

> « Or, rien ne nous empêche d'*admettre* aussi ces Idées comme objectives et hypostatiques, à l'exception seulement de l'Idée cosmologique, où la raison se heurte à une antinomie quand elle veut la réaliser (l'Idée psychologique et l'Idée théologique ne contiennent aucune antinomie de ce genre)[99]. »

En outre, on ne peut s'empêcher de penser que la spécificité de l'Idée de *Monde* par rapport à l'Idée de Dieu ou à celle de l'Âme, c'est qu'elle ne vise pas un objet transcendant ou suprasensible, mais plutôt l'ensemble de la réalité physique, c'est-à-dire la totalité de ce qui existe dans l'espace et dans le temps[100]. Kant définit ainsi le *Monde* : « L'on entend par Monde l'ensemble de tous les phénomènes[101]. » Toutefois, on ne saurait simplement s'en tenir à l'ensemble des phénomènes, car Kant prend le terme de *Monde* en son sens transcendantal, c'est-à-dire qu'il vise par-delà les phénomènes « l'absolue totalité de l'ensemble des choses existantes[102] ». Or, pour atteindre à cette totalité absolue, la raison pure opère une synthèse *a priori* qui « dépasse toute expérience possible », puisqu'il lui faut tenter de s'élever à l'Inconditionné. Le *Monde* n'est rien d'autre qu'une Idée : l'Idée d'une totalité *absolue*. Dès lors, il nous faut être très attentifs pour saisir

les efforts de la raison. [...] Ce sont là des questions pour la solution desquelles le mathématicien donnerait volontiers toute sa science. »

99. Cf. KANT, *Critique de la raison pure*, Ak III, 444 ; trad. fr. Pléiade t. 1, p. 1269.

100. La spécificité de l'Idée cosmologique consiste en ce qu'elle se rapporte non pas à un être suprasensible (Dieu, âme), mais « simplement à la synthèse des phénomènes et, par conséquent, à une synthèse empirique », *Op. cit.*, Ak, III, 282 ; trad. fr. Pléiade t. 1, p. 1071.

101. KANT, *Critique de la raison pure*, Ak III, 289 ; trad. fr. Pléiade t. 1, p. 1079 : « *Unter Welt der Inbegriff aller Erscheinungen verstanden wird.* »

102. KANT, *Ibid.*

exactement la structure de la démarche *logique* de la raison pure, dans ses tentatives illusoires pour atteindre l'Inconditionné à partir du conditionné et des données empiriques. C'est ce que Kant nous donne à comprendre en nous avertissant au début de l'*Antinomie de la raison pure* :

> « Nous devons remarquer d'abord que c'est seulement de l'entendement que peuvent provenir des concepts purs et transcendantaux ; que la raison ne produit proprement aucun concept, mais que tout au plus elle affranchit seulement le *concept de l'entendement* des restrictions inévitables d'une expérience possible, et qu'ainsi elle cherche à l'étendre au-delà des bornes de l'empirique, mais encore en liaison avec celui-ci. [...] Elle fait ainsi de la catégorie une Idée transcendantale, afin de donner une intégralité absolue à la synthèse empirique en la poursuivant jusqu'à l'Inconditionné[103]. »

Autrement dit, le passage du conditionné à l'inconditionné, c'est-à-dire de l'empirique à l'Idée transcendantale, se fait au moyen d'un raisonnement bien déterminé (un syllogisme selon Kant) et tout à fait particulier. Le contenu de ce raisonnement obéit à un principe de la raison pure que Kant exprime sous une forme *hypothétique* : « Si le conditionné est donné, est donnée aussi la somme entière des conditions, et par conséquent l'inconditionné absolu, qui seul rendait possible le conditionné[104]. » En lui-même, ce syllogisme hypothétique n'aurait rien de répréhensible si nous voyions en lui un simple principe *subjectif*. Or, l'origine de l'illusion transcendantale vient de ce que nous prenons pour une réalité *en soi* cette exigence *subjective* d'inconditionné propre à notre raison, ce désir d'absolu et d'unité achevée : nous prenons une liaison nécessaire entre nos pensées pour une liaison nécessaire dans l'être.

> « Il y a dans notre raison (considérée subjectivement comme un pouvoir humain de connaître) des règles fondamentales et des maximes de son usage, qui ont tout à fait l'apparence de principes objectifs et qui font que la nécessité subjective d'une certaine liaison

---

103. KANT, *Critique de la raison pure*, Ak III, 283 ; trad. fr. Pléiade t. 1, p. 1072.
104. KANT, *Ibid.*, et aussi des formulations analogues in *Op. cit.*, Ak, III, 242-243 et 259.

> de nos concepts, en faveur de l'entendement, passe pour une néces-
> sité objective de la détermination des choses en soi. C'est là une *illu-
> sion* qu'on ne saurait éviter. [...] La dialectique transcendantale se
> contentera donc de mettre au jour l'apparence des jugements trans-
> cendants et en même temps d'empêcher qu'elle ne nous trompe[105]. »

Autrement dit, l'illusion transcendantale consiste à hypostasier
un désir < *Begierde* > de la raison. Le désir d'arrêter la régression
du conditionné à sa condition, elle-même conditionnée à son tour,
et ce à l'infini, conduit la raison à se reposer sur une unité fictive,
mais prétendument objective. C'est sur la base de cette *illusion* que
nous opérons subrepticement un glissement du plan des phénomènes à celui des noumènes. Ce qui nous permet de découvrir
puis de démasquer cette illusion, c'est le *conflit* interne dans lequel
sombre la raison et qu'elle ne cesse d'engendrer elle-même par
« l'application de cette Idée rationnelle de la totalité des conditions (par conséquent de l'inconditionné) à des phénomènes,
pris pour des choses en soi[106] ». Une fois dénoncée cette illusion
de la raison qui prétend avoir atteint un savoir transcendant, il
convient d'analyser la structure logique de ses démarches.

2. L'armature logique des raisonnements dialectiques dans l'*Antinomie*

Kant précise d'emblée que la raison pure procède, dans sa
démarche dialectique, naturellement selon des raisonnements
complexes ou composés qui s'efforcent de conclure des conséquences aux principes. Bien qu'elle puisse procéder suivant
une voie inverse, qu'il appelle *descendante*, la raison pure, dans
la stricte mesure où elle a besoin de remonter à un Inconditionné
absolu, elle le cherche plutôt du côté des conditions et des principes
que du côté des conditionnés et des conséquences. Or, c'est cette
démarche logique que Kant appelle un *prosyllogisme*[107]. En effet, il y

---

105. KANT, *Critique de la raison pure*, Ak III, 236 ; Pléiade, t. 1, p. 1015.
106. KANT, *Critique de la raison pratique*, Ak V, 107 ; trad. fr. Pléiade, t. 2, p. 739.
107. Cf. KANT, *Critique de la raison pure*, Ak III, 256 ; Pléiade, t. 1, p. 1039 ;
cf. aussi *Logique*, Ak IX, p. 133-134, § 87 ; trad. fr. ; Guillermit, Paris, Vrin, 1979,
p. 145.

a une dissymétrie entre la progression ou « série descendante » de l'*épisyllogisme* et la régression ascendante du *prosyllogisme*, car l'Idée transcendantale est censée désigner la *totalité* absolue des conditions, donc l'Inconditionné, en amont de la série des conditionnés. Bref, la raison pure espère trouver grâce à la régression prosyllogistique un commencement logique premier, c'est-à-dire un principe du côté des conditions, pour l'ériger ensuite comme *chose en soi* sur le plan de l'être. En revanche, la série des conditionnés pouvant être virtuellement sans fin du côté descendant des conséquences, elle reste *inachevée* et la raison ne peut espérer y découvrir l'inconditionné dont elle a besoin. Mais puisque la métaphysique a affaire à la seule *relation* entre le conditionné et l'Inconditionné qui fonde seul la *totalité* des conditions pour le conditionné, la logique formelle nous apprend qu'il n'existe que trois sortes d'inférences syllogistiques du point de vue de la *relation* :

> « Il y aura donc à chercher *en premier lieu* un *inconditionné* de la synthèse *catégorique* dans un *sujet, en second lieu* un *inconditionné* de la synthèse *hypothétique* des membres d'une *série, en troisième lieu* un *inconditionné* de la synthèse *disjonctive* des parties dans un *système*. Il y a en effet tout juste autant d'espèces de raisonnements, dont chacun par le moyen de prosyllogismes tend à l'inconditionné : la première à un sujet qui ne soit plus lui-même prédicat, la seconde à une présupposition qui ne présuppose rien au-delà, la troisième à un agrégat des membres de la division qui ne laisse rien à demander de plus pour achever la division d'un concept [108]. »

Comme nous pouvons le constater, c'est le concept de *série* qui caractérise en propre l'*Antinomie*, et qui demeure encore extrêmement fidèle à la définition wolffienne du Monde ou de l'Univers qui s'énonçait comme suit :

> « On appelle *Monde*, ou même *Univers*, la série des êtres finis qui sont liés entre eux aussi bien simultanément que successivement [109]. »

108. KANT, *Critique de la raison pure*, Ak III, 251 ; Pléiade, t. 1, p. 1033. C'est Kant qui souligne.
109. Christian WOLFF, *Cosmologia generalis*, Francfort et Leipzig, 1731 ; rééd. Olms, Hildesheim, 1964, § 48, p. 44 : « *Series entium finitorum tam*

C'est d'ailleurs dans ce cadre logico-conceptuel précis que Kant va aborder la question de l'*infinité cosmique*. Or, dans la mesure où le concept de *série* a partie liée avec le *fini* et l'*infini*, on peut dire que c'est l'opposition de ces deux derniers prédicats qui va générer et commander l'ensemble du conflit interne à la cosmologie rationnelle. La *série* des conditions doit être donnée *tout entière* avec le conditionné, mais qu'elle soit *finie* ou *infinie* cela ne change rien à l'affaire. En effet, si elle est *finie*, c'est qu'elle contient *a parte priori* un premier terme qui constitue une sorte de limitation ou de commencement absolu. Si, au contraire, elle est *infinie*, cela signifie simplement que tous ses termes sont conditionnés, alors que c'est la série elle-même, prise comme totalité, qui est inconditionnée[110].

Ces deux hypothèses opposées appliquées tour à tour aux quatre Idées cosmologiques produisent les quatre *antinomies*. Plus précisément, les *thèses* procèdent de l'hypothèse finitiste, tandis que les *antithèses* se rattachent à l'hypothèse infinitiste selon laquelle la *série* des conditions est *illimitée*, bien qu'elle soit en elle-même inconditionnée. Donc, Kant admet, au moins à ce niveau, que les idées de *totalité* et d'*infini* ne sont pas opposées ni exclusives l'une de l'autre.

3. L'infinité de l'Univers en question dans la première antinomie

Kant considère qu'il reconstruit, à l'aide de la systématique catégoriale, les conflits internes à la cosmologie rationnelle qui l'empêchent de se constituer comme science en raison des contradictions qu'elle engendre. Par contraposée, Kant entend montrer également que la science ne saurait prendre la place de la métaphysique traditionnelle. Notons également que c'est en vain désormais que l'on chercherait des propos enthousiastes de Kant en faveur de l'infinité cosmique, du moins dans l'exposition

simultaneorum, quam successivorum inter se connexorum dicitur Mundus, sive etiam *Universum*. »
110. KANT, *Critique de la raison pure*, Ak III, 288 ; Pléiade, t. 1, p. 1078-1079.

systématique des *antinomies*. En outre, les considérations cosmologiques concernant la grandeur extensive de l'Univers ne font plus appel à la toute-puissance ni à l'infinie Bonté de Dieu. Seule, la quatrième antinomie fait un peu exception à cette stricte argumentation de la cosmologie rationnelle ; mais, d'une certaine manière, elle sert de transition entre la cosmologie et la théologie rationnelles. Ce point n'est pas totalement à négliger, car nous verrons ultérieurement que l'on retrouve, cependant, des traces de l'attachement que Kant vouait, depuis ses jeunes années, sinon à l'infinité de l'Univers, du moins à la grandeur, à l'ordre et à la beauté du *spectacle* cosmique. Cependant, cet intérêt s'est retiré du plan de la cosmologie rationnelle pour revenir en force sous une autre forme dans le domaine de la physico-théologie, de la téléologie naturelle et de l'analytique du sublime, comme nous le verrons ultérieurement.

La formulation de la première antinomie est radicale et n'envisage aucune nuance par rapport à la grandeur extensive du Monde dans l'espace et le temps. Par exemple, Kant n'envisage pas le cas d'un Univers qui aurait un commencement *a parte ante*, comme dans la *Théorie du ciel*, et qui s'étendrait infiniment dans l'espace et le temps *a parte post*. Suivons de très près la formulation exacte de Kant :

« Thèse : Le monde a un commencement dans le temps, et il est aussi, quant à l'espace, renfermé dans des limites. » « *Thesis : Die Welt hat einen Anfang in der Zeit, und ist dem Raum nach auch in Grenzen eingeschlossen.* »	« Antithèse : Le monde n'a ni commencement ni limites dans l'espace, mais il est infini aussi bien par rapport au temps que par rapport à l'espace. » « *Antithesis : Die Welt hat keinen Anfang, und keine Grenzen im Raume, sondern ist, sowohl in Ansehung der Zeit, als des Raums, unendlich.* »

On peut remarquer que Kant s'est efforcé de donner une formulation symétrique et simultanée de la thèse et de l'antithèse, en

111. Kant, *Critique de la raison pure*, Ak III, 294-295 ; Pléiade, t. 1, p. 1086-1087.

affectant l'énoncé de l'antithèse du signe de la négation pour faire mieux ressortir la contradiction. Toutefois, il a voulu donner aussi à l'antithèse une formulation affirmative (après sa partie négative) qui indique clairement sa prise de position infinitiste, puisque l'on peut lire chaque antinomie en commençant aussi bien par la thèse que par l'antithèse. Ici, la « dialectique » est bien un refus de l'unilatéralité. Bien qu'il s'agisse là d'une « méthode sceptique » (inspirée, d'après certains commentateurs, de Pierre Bayle et d'Arthur Collier[112]), elle a pour fonction, au moins à titre provisoire, de faire ressortir de façon éclatante les contradictions de la cosmologie ; Kant expose dans un style *dogmatique* le contenu des énoncés contradictoires. Par conséquent, l'essentiel de l'antinomie doit résider dans les *preuves* qui ont permis d'établir respectivement la thèse et l'antithèse. Or, toutes les preuves alléguées, aussi bien en faveur des thèses que des antithèses, sont de type non pas *ostensif*, mais *apagogique*, c'est-à-dire *indirectes* et *négatives* (ou par l'absurde), et font usage du *modus tollens*[113]. Selon ce dernier qui est un mode de l'implication, si la conséquence est fausse, c'est que le principe d'où il découle est également faux. Il faut ajouter que Kant est très réservé sur la valeur de toute preuve de type apagogique, car il déclare « qu'elle est la véritable illusion qui a toujours abusé ceux qui admirent la solidité de nos raisonneurs dogmatiques[114]. »

112. Jean Ferrari a souligné à plusieurs reprises (suivant en cela Cassirer, Vleeschauwer et Heimsoeth) l'influence très probable de Bayle sur la pensée de Kant. Cf. à ce sujet, J. Ferrari, *Les Sources françaises de la philosophie de Kant*, Paris, Klincksieck, 1979, p. 91-99. Cf. aussi Ersnt Cassirer, *Le Problème de la connaissance*, Berlin, 1911, 2ᵉ édition, trad. Fréreux, Paris, Cerf, 2005, t. 2, p. 351-352 ; Jean Hermann De Vleeschauwer, *Les Antinomies kantiennes et la* Clavis universalis *d'Arthur Collier*, in *Mind*, vol. 47, p. 303-320. Voir sur ce point les analyses de notre chapitre II, p. 154-162.

113. Cf. les utiles précisions de Kant in *Logique* publiée par Jäsche, Ak IX, 52 ; trad. fr. Guillermit, Paris Vrin, 1979, p. 57 : « Le mode de raisonnement, selon lequel la conséquence peut seulement être un critère *négativement* et *indirectement* suffisant de la vérité de la connaissance, est appelé en logique le mode *apagogique (modus tollens)*. »

114. Kant, *Critique de la raison pure, Discipline de la raison pure*, Ak III, 516 ; Pléiade, t. 1, p. 1357. Kant ajoute en guise de conclusion à ce développement : « La critique découvrira aisément l'illusion dogmatique, et elle contraindra

Lorsque l'on passe de la forme au contenu de la première antinomie, on est frappé de voir que Kant ne remet nullement en cause l'infinité *de* l'espace et du temps (considérée comme définitivement établie dans l'*Esthétique transcendantale*), mais seulement l'infinité ou la finité du Monde *dans* l'espace et le temps. En effet, la cosmologie porte sur le Monde pris comme *chose en soi*, tandis que le caractère *subjectif* de l'espace et du temps ne relève pas de la cosmologie, mais des formes *a priori* de la sensibilité. La seule *réalité* propre de l'espace et du temps est d'ordre phénoménal, sinon on sombrerait dans l'impasse dogmatique du « réalisme transcendantal ». Toute la première antinomie envisage donc les conséquences d'une conception finitiste ou infinitiste de l'Idée transcendantale de *Monde* ou d'*Univers dans* l'espace et le temps. D'où la disconvenance flagrante entre les Idées cosmologiques et les conditions transcendantales de la connaissance objective (définies dans l'*Esthétique* et dans l'*Analytique*). Toutes les antinomies cosmologiques viennent de ce que le Monde ne peut être pris *à la fois* comme *chose en soi* et comme *phénomène*.

⇒ Si l'on commence par la preuve de la *Thèse finitiste*, il est manifeste que le nerf de la réfutation de l'antithèse infinitiste repose sur une conception *potentialiste* de l'infini, suivant laquelle, comme le dit la *Remarque*, « le vrai concept transcendantal de l'infinité, c'est que la synthèse successive de l'unité dans la mesure d'un *quantum* ne peut jamais être achevée[115] ». Il est clair que l'argumentation s'efforce de montrer que l'idée d'une succession infinie d'états qui serait écoulée, c'est-à-dire d'une *série* à la fois *infinie* et *achevée*, est absurde. Sur ce point, Kant se souvient des enseignements de Locke. Or, s'il est vrai que cette argumentation est tout à fait acceptable (sous certaines conditions) dans le cas de l'infinité temporelle, on est en droit de penser que Kant va suivre une autre démarche à propos de la grandeur spatiale

la raison pure à renoncer à ses prétentions exagérées dans l'usage spéculatif et à rentrer dans les limites du terrain qui lui est propre, c'est-à-dire des principes pratiques. »

115. KANT, *Critique de la raison pure*, Ak III, 298 ; Pléiade, t. 1, p. 1090.

du Monde. En effet, du point de vue de son *extension spatiale*, le Monde est « un tout infini donné de choses existant simultanément[116] ». Mais, aussitôt, Kant s'efforce de montrer que *pour nous*, c'est-à-dire pour des êtres qui doivent opérer la synthèse de l'Idée du tout cosmique (posé comme infini) à l'aide de l'*addition successive* de ses parties, le cas de l'infinité du Monde dans l'espace se réduit à l'impossibilité d'en opérer une synthèse complète dans un temps *fini*. Ainsi l'on retombe dans l'absurdité d'une série à la fois infinie et achevée. Ce qui est nouveau ici, contrairement à la *Théorie du ciel* et à la *Dissertation inaugurale*, c'est que Kant ne peut plus se permettre d'invoquer à la rescousse de l'infinitisme l'étendue infinie de l'entendement divin, car ce dernier ne peut plus être pensé que de façon *problématique*. Or, l'on ne saurait tirer le certain du probable comme le montre plus loin le chapitre de la *Critique* consacré à l'*Idéal transcendantal*. Ce qui nous fait défaut à propos de l'infinité du Monde dans l'espace, c'est que nous soyons dépourvus d'intuition intellectuelle. En effet, faute de pouvoir intuitionner d'un *seul coup* une totalité infinie, il nous faut opérer une synthèse successive de ce même tout dans le temps :

> « Le concept de la totalité n'est pas autre chose, en ce cas, que la représentation de la synthèse de ses parties ; car, comme ce n'est pas de l'intuition du tout (qui dans ce cas est impossible) que nous pouvons tirer le concept, nous ne pouvons le saisir (du moins en Idée) qu'au moyen de la synthèse des parties poussées jusqu'à l'accomplissement de l'infini[117]. »

Épousant momentanément la manière de penser propre aux dogmatiques, Kant en conclut que puisque nous ne pouvons former à l'aide d'une synthèse achevée l'Idée d'un tout infini, alors « un monde n'est pas infini quant à son étendue dans l'espace, mais il est renfermé dans ses limites ». Certes, on pourrait

---

116. KANT, *Critique de la raison pure*, Ak III, 294 ; Pléiade, t. 1, p. 1086 : « *So wird die Welt ein unendliches gegebenes Ganzes von zugleich existierenden Dingen sein.* »
117. KANT, *Critique de la raison pure*, Ak III, 296 ; Pléiade, t. 1, p. 1088, note de Kant.

s'étonner, comme Couturat[118], du fait que Kant mêle les formes et les conditions transcendantales de la connaissance empirique avec les Idées de la raison pure, mais il ne faut jamais perdre de vue que, d'après le penseur de Königsberg, tous les raisonnements cosmologiques tentent de *régresser* par un raisonnement hypothétique de la connaissance du donné conditionné à celle de l'Inconditionné. D'où ces limitations de la pensée pure lorsqu'elle tente de prendre son « envol » vers l'Inconditionné[119].

⇒ Du côté de l'*Antithèse* infinitiste, Kant réutilise les arguments que Leibniz avait opposés à la conception newtonienne défendue par Clarke, selon laquelle l'espace et le temps vides et infinis contiendraient un monde matériel *fini*. Leibniz affirmait au contraire que la matière est coextensive à l'espace illimité. La réfutation leibnizienne faisait valoir que si l'espace et le temps *absolus* sont vides et infinis, ils doivent être homogènes, uniformes et ne sauraient contenir une raison suffisante pour que le Monde commence ou finisse plutôt ici que là[120]. Kant se réapproprie

---

118. Louis Couturat, *De l'infini mathématique*, Paris, 1896, rééd. Blanchard, 1973, livre IV, chap. IV, p. 575 : « Lors même que la synthèse des parties d'une grandeur serait successive, rien n'autorise à affirmer qu'elle prendrait un temps infini et que par suite elle ne pourrait jamais être achevée : car c'est lui imposer gratuitement une condition surérogatoire que de lui assigner une durée déterminée, et de fixer la loi de succession temporelle des termes de la série à sommer. »

119. Cf. Kant, lettre à Garve du 7 août 1783, Ak X, 342 note ; Pléiade, t. 2, p. 181 : « Si l'on prend les phénomènes pour des choses en soi et si l'on requiert, en les considérant ainsi, dans la série des conditions, l'*absolument inconditionné*, alors on se trouve pris dans des contradictions pures et simples. »

120. Cf. Leibniz, *Troisième Écrit*, (5), in *Correspondance Leibniz-Clarke*, éd. Robinet, Paris, PUF, 1957, p. 53 : « Pour réfuter l'imagination de ceux qui prennent l'espace [...] pour quelque être absolu, je dis donc que si l'espace était un être absolu, il arriverait quelque chose dont il serait impossible qu'il y eût une raison suffisante, ce qui est contre notre axiome. [...] L'espace est quelque chose d'uniforme absolument, et sans les choses y placées un point de l'espace ne diffère absolument en rien d'un autre point de l'espace. Or il suit de cela, supposé que l'espace soit quelque chose en lui-même outre l'ordre des corps entre eux, qu'il est impossible qu'il y ait une raison pourquoi Dieu, gardant les mêmes situations des corps entre eux, a placé les corps dans l'espace ainsi et non pas autrement ; et pourquoi tout n'a pas été mis à rebours (par exemple) par un échange de l'orient et de l'occident. »

la réfutation leibnizienne de l'absolutisme newtonien[121], mais il
fait l'économie (« forcée ») du principe du choix de Dieu. D'où
une forme « laïcisée » de l'argument qui perd forcément de sa
puissance :

> « Dans un temps vide, il n'y a pas de naissance possible de
> quelque chose, puisque aucune partie d'un tel temps n'a en soi plutôt
> qu'un autre quelque condition qui distingue l'existence et la fasse
> prévaloir sur la non-existence[122]. »

Il s'ensuit que l'idée d'un commencement absolu *du* Monde
dans le temps est sans fondement, bien que des commencements
relatifs ou *subalternes* restent aisément pensables *dans* le Monde.
La démonstration de l'illimitation du Monde *dans* l'espace est
plus embrouillée que la précédente, mais elle revient à dire que
l'espace n'a pas la possibilité de limiter le Monde et, par conséquent, dire que le Monde est limité par un espace vide et infini
revient à dire que le Monde n'est pas limité[123]. Il faut bien reconnaître que la formulation kantienne de l'argument est lourde et
embarrassée, mais compréhensible. Dans une note assez éclairante, Kant juge utile de renforcer son argument :

> « Veut-on mettre l'un de ces deux éléments [la forme et la matière
> de l'intuition empirique] en dehors de l'autre (l'espace en dehors
> de tous les phénomènes), il en résultera toutes sortes de détermina-
> tions vides de l'intuition extérieure, qui ne sont pas des perceptions
> possibles ; par exemple, le mouvement ou le repos du monde dans
> un espace vide infini, détermination du rapport du monde et de
> l'espace entre eux, qui ne peut jamais être perçue et qui, par consé-
> quent, est elle-même le prédicat d'un simple être de raison[124]. »

---

121. En revanche, Kant a inventé une nouvelle forme de réfutation de l'absolutisme newtonien dans ses *Premiers Principes métaphysiques de la science de la nature*.

122. KANT, *Critique de la raison pure*, Ak III, 295 ; Pléiade, t. 1, p. 1087.

123. KANT dit clairement la *Remarque* sur l'Antithèse, *Critique de la raison pure*,
Ak III, 299 ; Pléiade, t. 1, p. 1091 : « Il peut donc bien se faire qu'un espace (plein
ou vide) soit limité par des phénomènes ; mais des phénomènes ne peuvent être
limités par un espace vide en dehors d'eux. »

124. KANT, *Critique de la raison pure*, Ak III, 297 ; Pléiade, t. 1, p. 1089, note
de Kant.

Cette note montre simplement que Kant pense, comme Leibniz, que la conception newtonienne de l'espace et du temps absolus n'est qu'une fiction ou, au mieux, un être de raison. Tout comme Leibniz, Kant rejette l'idée d'espace et de temps absolus au profit d'une conception relationnelle ; mais tandis que Leibniz parle d'un *ordre* de relations, Kant préfère parler de *formes* : « Sur ce dernier point, dit Kant, l'opinion des philosophes de l'école de Leibniz me satisfait complètement. L'espace est simplement la forme de l'intuition extérieure. [...] L'espace n'est pas un objet, mais seulement la forme des objets possibles[125]. » Or, ce qui distingue radicalement la position kantienne de celle de l'école leibnizienne, c'est que la différence entre le sensible et l'intelligible n'est pas *logique* (c'est-à-dire liée à une analyse plus ou moins poussée de nos idées), mais purement *transcendantale*. La distinction vient de la différenciation du rôle que remplissent respectivement la sensibilité et l'entendement dans la connaissance des objets. Elle ne porte pas sur la clarté ou l'obscurité de la forme. Il est donc faux de dire, avec Leibniz, que la sensibilité nous fait connaître obscurément la nature de la chose en soi : elle ne nous fait rien connaître de celle-ci. Toute connaissance disparaît si l'on sépare entendement et sensibilité et, si l'on fait abstraction de l'espace et du temps, il n'y a plus d'objet connaissable « pour nous ». C'est bien là le pas que Kant a franchi dans la *Critique* au-delà du reste de leibnizianisme que contenait sa *Dissertation inaugurale* de 1770.

Toute l'argumentation de l'antithèse en faveur de l'infinité du Monde consiste à dire que l'espace et le temps ne sont pas des objets, et qu'ils ne peuvent donc limiter le monde matériel de quelque manière que ce soit : « Le rapport du monde à l'espace

---

125. KANT, *Critique de la raison pure*, Ak III, 298-299 ; Pléiade, t. 1, p. 1091. Cette formule de Kant est tout à fait étonnante, car on croirait lire LEIBNIZ qui avait écrit, par exemple, *Troisième Écrit*, (5), in *Correspondance Leibniz-Clarke*, éd. Robinet, Paris, PUF, 1957, p. 53 : « L'espace n'est autre chose que cet ordre ou rapport, et n'est rien du tout sans les corps, que la possibilité d'en mettre. »

vide *ne serait pas* un rapport du monde *à un objet*[126].» En fait, Kant veut montrer, contre le rationalisme dogmatique attaché à la *Thèse*, que l'Idée de *Monde* n'a de sens que par rapport à notre expérience possible (dont l'extension est illimitée), c'est-à-dire que le Monde n'est rien pour nous, si on l'envisage en dehors de l'espace et du temps. Mais Kant veut aussi opposer à l'empirisme, qui prend appui sur cette illimitation principielle de notre expérience pour défendre l'infinitisme, qu'en tant que rien ne peut venir limiter notre expérience, celle-ci ne peut constituer précisément un tout achevé. Pour éviter de s'enfermer dans cette contradiction mortelle entre deux assertions opposées, mais aussi intenables l'une que l'autre, Kant nie simultanément ces deux affirmations absurdes en montrant que la *chose en soi* (le Monde), à laquelle elles étaient censées se rapporter, est pour nous inconnaissable. Ainsi Kant en conclut que le Monde n'est *ni* fini *ni* infini :

> « Le monde n'existe pas du tout en soi (indépendamment de la série régressive de mes représentations), il n'existe ni comme un *tout infini en soi*, ni comme un *tout fini en soi*. Il ne peut se trouver que dans la régression empirique de la série des phénomènes et nullement en soi. Si donc cette série est toujours conditionnée, elle n'est jamais entièrement donnée, et par conséquent le monde n'est pas un tout inconditionné ; il n'existe donc non plus comme tel, ni avec une grandeur infinie, ni avec une grandeur finie[127]. »

Cette conséquence extrême de la contradiction dialectique débouche en même temps sur les termes mêmes de sa solution. En effet, Kant n'avait plus qu'à déconstruire les conditions de ce conflit en analysant la source de cette illusion transcendantale particulière pour la résoudre et rétablir les conditions d'une paix durable dans ce terrain d'affrontements qu'était devenue la métaphysique. Nous retrouvons bien là l'intention fondamentale de

---

126. KANT, *Critique de la raison pure*, Ak III, 297 ; Pléiade, t. 1, p. 1089 : « *So würde das Verhältnis der Welt zum leeren Raum ein Verhältnis derselben zu keinem Gegenstände sein.* » C'est Kant qui souligne.

127. KANT, *Critique de la raison pure*, Ak III, 347 ; Pléiade, t. 1, p. 1148.

l'*idée critique* qui entendait arbitrer les conflits de la raison pure puisqu'elle présente la *Critique* « comme véritable tribunal pour toutes les controverses de cette faculté[128] ». Mais, finalement, va se poser pour nous la question de savoir si la solution de Kant en est véritablement une, c'est-à-dire si elle est tenable en cosmologie dans la mesure où elle aurait épuisé *toutes* les ressources de la raison pure. Que dire, en effet, du cas d'un Univers qui serait fini *a parte ante* et infini *a parte post* dans le temps (comme celui de Leibniz[129] ou même comme celui que le jeune Kant avait envisagé dans sa *Théorie du ciel*) ? D'ailleurs, Schopenhauer est le premier philosophe qui ait mentionné la *Théorie du ciel* de 1755 pour la confronter à la première *Antinomie de la raison pure* qu'il critique en finesse. Il rappelle, en effet, que le jeune Kant n'avait éprouvé à l'époque aucune difficulté pour affirmer que le Monde est spatialement illimité :

> « Du reste Kant lui-même, dans son *Histoire naturelle et théorie du ciel* (*Naturgeschichte und Theorie des Himmels*, IIe partie, chap. vii), affirme fort sérieusement d'après des raisons objectives, que le monde n'a point de limites dans l'espace[130]. »

En fin de compte, il est tout aussi difficile d'accepter que le Monde ne soit ni fini ni infini, que de rejeter l'existence du Monde comme *chose en soi*, surtout si celle-ci est définitivement

128. KANT, *Critique de la raison pure*, *Discipline de la raison pure*, Ak III, 492 ; Pléiade, t. 1, p. 1326.

129. Cf. LEIBNIZ, par exemple, *Cinquième Écrit*, (74), in *Correspondance Leibniz-Clarke*, éd. Robinet, Paris, PUF, 1957, p. 160. « Le commencement du monde ne déroge point à l'infinité de sa durée *a parte post*, ou dans la suite ; mais les bornes de l'univers derogeroient à l'infinité de son étenduë. Ainsi il est plus raisonnable d'en poser un commencement, que d'en admettre des bornes ; à fin de conserver dans l'un et dans l'autre le caractère d'un auteur infini. »

130. SCHOPENHAUER, *Le Monde comme volonté et représentation*, 1819 ; trad. fr. Burdeau revue par Richard Roos, Paris, PUF, 1966, p. 624. Un peu avant ce passage, Schopenhauer avait présenté l'objection suivante, *Op. cit.*, p. 622 : « Nous objecterons à Kant que l'on peut toujours concevoir la fin d'une série qui n'a point de commencement, qu'il n'y a là rien de contradictoire ; la réciproque d'ailleurs est vraie ; l'on peut concevoir le commencement d'une série qui n'a point de fin. »

inconnaissable. C'est donc le sens exact de la solution kantienne de la première antinomie qu'il nous faut examiner à présent. Cet examen nous permettra de quitter cette sécheresse et même cette indigence, inhabituelle chez Kant, des preuves de la première antinomie (en comparaison de la richesse foisonnante des arguments que l'histoire de la cosmologie nous a présentés jusqu'à présent). Heureusement, les sept sections suivantes de l'*Antinomie* apportent toutes les nuances et les éclaircissements que l'on était en droit d'attendre de l'auteur de la *Critique*.

e) La solution de la dialectique cosmologique et le déplacement du problème de l'infini

Le résultat immédiat de l'exposition de la première antinomie est plutôt déconcertant. En effet, tout l'intérêt de la méthode apagogique est de montrer que si l'on tire des conséquences fausses ou absurdes d'un quelconque principe, c'est que ce dernier est faux en vertu de la loi du *modus tollens*. Or, si le *modus tollens* nous permet d'écarter une hypothèse comme fausse, il devrait nous permettre au moins d'admettre l'hypothèse contradictoirement opposée en vertu du principe du tiers exclu [131]. Mais la première antinomie de la raison pure aboutit à une impasse dans la mesure où les deux propositions contradictoires sont également fausses et rendent intenable toute assertion finitiste ou infinitiste sur la grandeur du Monde.

---

131. KANT, in *Logique* publiée par Jäsche en 1800, Ak IX, 130 ; trad. fr. Guillermit, Paris Vrin, 1979, p. 141, formule ainsi le principe du tiers exclu : « *A contradictorie oppositorum negatione unius ad affirmationem alterius, a positione unius ad negationem alterius valet consequentia.* » Cf. aussi à ce sujet la *Critique de la raison pure*, *Discipline de la raison pure*, Ak III, 514 ; Pléiade, t. 1, p. 1354 : « Si, [...], on peut trouver une seule conséquence fausse parmi celles qui découlent du principe contraire, ce contraire est faux aussi, et par conséquent la connaissance qu'on avait à prouver est vraie. »

1. Le mirage de la raison vient de son désir d'inconditionné

Certes, d'après les principes de contradiction et du tiers exclu, il est impossible que deux propositions contradictoires soient également fausses ou qu'elles soient également vraies en même temps et sous le même rapport[132] ; à moins que l'objet lui-même, à propos duquel joue l'opposition contradictoire, ne soit qu'une sorte de notion mal formée, défectueuse et illusoire : dans ce cas, la vérité reste hors de portée de la simple démarche logique formelle. C'est précisément le cas des deux premières antinomies de la raison pure et plus particulièrement celui de la première antinomie que Kant considère comme exemplaire, puisque c'est à elle seule qu'il se réfère dans sa *Théorie transcendantale de la méthode* pour illustrer le caractère très insuffisant des preuves apagogiques :

> « Les deux parties, tant celle qui affirme que celle qui nie, trompées par l'apparence transcendantale, prennent pour fondement un concept impossible d'objet, et c'est alors que s'applique la règle : *Non entis nulla sunt praedicata*, c'est-à-dire que ce que l'on affirme comme ce que l'on nie de l'objet est également erroné, et que l'on ne saurait arriver apagogiquement, par la réfutation du contraire, à la vérité. Ainsi, par exemple, si l'on suppose que le monde sensible est donné *en soi* quant à sa totalité, il est faux qu'il doive être *ou bien* infini dans l'espace, *ou bien* fini et limité, pour cette bonne raison que les deux sont faux[133]. »

Autrement dit, la première antinomie n'est pas autre chose que la conséquence d'une Idée qui renferme une contradiction *in subjecto* : celle de l'ensemble des *phénomènes* pris comme *chose en soi*, ou, inversement, celle d'une *chose en soi* qui serait pourtant *donnée*. La position philosophique erronée qui admet et favorise

---

132. KANT y insiste, in *Logique*, 1800, Ak IX, 116-117 ; trad. fr. Guillermit, Paris Vrin, 1979, § 48 p. 127.

133. KANT, *Critique de la raison pure*, *Discipline de la raison pure*, Ak III, 515 ; Pléiade, t. 1, p. 1356.

ce genre de concept illusoire, c'est ce que Kant appelle le *réalisme transcendantal*, puisqu'il « convertit de simples représentations en choses en soi[134] ». La question rejaillit donc sur l'*origine* transcendantale de ce malentendu absurde, de ce glissement de sens subreptice. En fait, l'illusion < *Schein* > transcendantale ne provient pas tant d'une prise de position philosophique délibérée, que d'une *subreption*[135] de la raison pure qui nous fait glisser malencontreusement du plan des *phénomènes* à celui des *noumènes*. Nous prenons ce qui n'a qu'une réalité phénoménale pour une réalité absolue. Ce qui ne signifie nullement pour autant que Kant rejette l'idée que le Monde puisse avoir une existence *en soi*, car il déclare à propos des représentations partielles que nous recevons de l'ensemble des phénomènes : « La cause non sensible de ces représentations nous est entièrement inconnue, aussi ne pouvons-nous l'intuitionner comme objet[136]. » La *subreption* qui est à l'origine de cette illusion transcendantale se dissimule sous la forme d'un syllogisme défectueux qui prend le même terme en deux sens différents dans les prémisses[137]. D'où cette sorte de *sophisme* que les Anciens avaient déjà dénoncée sous le nom de « *sophisma figurae dictionis*[138] » et qui se présente ainsi dans ses prémisses :

> « Quand le conditionné est donné, est aussi donnée la série entière de toutes ses conditions ; or, les objets des sens nous sont donnés comme conditionnés ; donc, etc. […] La majeure du raisonnement cosmologique prend le conditionné dans le sens transcendantal

---

134. KANT, *Critique de la raison pure*, Dialectique transcendantale, Ak III, 339 ; Pléiade, t. 1, p. 1138.

135. Sous ce terme de *subreption*, Kant entend une illusion qui consiste à prendre pour objectif ce qui n'est que subjectif, cf. *Critique de la raison pure*, *Dialectique transcendantale*, Ak III, 349 ; Pléiade, t. 1, p. 1151.

136. KANT, *Critique de la raison pure*, Dialectique transcendantale, Ak III, 340 ; Pléiade, t. 1, p. 1140.

137. Cf. p. 310, note 221, la définition de la *subreption*.

138. KANT, *Critique de la raison pure*, Dialectique transcendantale, Ak III, 344 ; Pléiade, t. 1, p. 1144. La *Logique* précisait, Ak IX, 134-135 ; trad. fr. Guillermit, Paris Vrin, 1979, § 90, p. 146 : « Le *sophisma figurae dictionis*, où le moyen terme est pris en des sens différents. »

d'une catégorie pure, tandis que la mineure le prend dans le sens empirique d'un concept de l'entendement appliqué à de simples phénomènes[139]. »

Kant critique la formulation de la majeure parce qu'elle est beaucoup trop générale et qu'elle ne laisse apparaître qu'une simple exigence logique *a priori* qui nous fait oublier purement et simplement « les conditions de l'intuition, sous lesquelles seuls des objets peuvent être donnés[140] ». À ce niveau, c'est la philosophie transcendantale qui vient corriger les insuffisances de la logique formelle. Toutefois, avant de fournir la clé de la solution de l'*Antinomie*, Kant a jugé indispensable de déterminer les principaux avantages et les inconvénients majeurs que comportent respectivement les *Thèses* (finitistes) et les *Antithèses* (infinitistes), car la seule connaissance des termes d'un problème est insuffisante si l'on en ignore les *enjeux*.

2. L'infinitisme cosmologique menace de ruine la philosophie pratique

Puisque la logique formelle est totalement impuissante et incapable de résoudre à elle seule l'antinomie, il convient donc de revenir sur les motifs *externes* susceptibles de pousser la spéculation cosmologique vers le camp du finitisme (thèses) ou de l'infinitisme (antithèses). Kant tente ainsi d'opérer une sorte d'arbitrage entre les parties, non plus en se fondant sur un examen des preuves déjà alléguées, mais en fonction des *intérêts* de la raison qui entrent en jeu dans ce conflit et des conséquences qui rejaillissent sur toutes ses options possibles. Force est de constater que, dès la *Troisième Section* de l'antinomie, Kant va opérer un *déplacement de perspective* qui fait une part de plus en plus belle à l'usage *pratique* de la raison par rapport à son usage *théorique*. Tout se passe comme si l'ensemble de la *Dialectique transcendantale* dessinait « en creux » la place éminente que viendra occuper

---

139. Kant, *Critique de la raison pure, Dialectique transcendantale*, Ak III, 342 ; Pléiade, t. 1, p. 1142.
140. Kant, *Ibid.*

la philosophie *pratique* par la suite. Kant s'implique lui-même personnellement dans le conflit en se demandant ouvertement « de quel côté nous nous tournerions le plus volontiers, si nous étions forcés de prendre parti[141] ».

Kant qualifie de *dogmatisme* la position globale de tous les défenseurs de la thèse et d'*empirisme* celle des partisans de l'antithèse. Bien que ces dénominations soient censées s'appliquer de façon *intemporelle* aux deux parties, on sent, cependant, le poids des affrontements philosophiques contemporains de Kant : d'une part, l'héritage du rationalisme dogmatique de l'école leibnizo-wolffienne favorable à l'ontologie traditionnelle et, d'autre part, la descendance empiriste de Bacon (qui inclut Locke, Hume et même Newton, dans une certaine mesure) favorable aux sciences et à la méthode expérimentale. Quittant pendant un bref instant le plan du système pour jeter un regard furtif du côté de l'histoire, Kant place Platon à la tête du rationalisme dogmatique et Épicure comme chef de file de l'empirisme, ce qui lui permet d'éviter de désigner certains de ses contemporains, tout en indiquant une certaine constante historique qui ne fait que se manifester et se dévoiler peu à peu sur la route de l'histoire de la raison pure[142]. Ce qui est important ici, c'est de comprendre que le *dogmatisme* et l'*empirisme* sont tout autant dogmatiques l'un que l'autre, puisqu'ils osent se prononcer sur les *Idées* qui sortent du champ de l'expérience possible, le premier par ce qu'il affirme et le dernier par ce qu'il nie. En effet, malgré l'admiration que Kant porte à l'empirisme pour la rigueur implacable de sa démarche dans les sciences de la nature, il dénonce ses prétentions et son manque de modestie dans les questions qui dépassent la sphère de ses compétences :

---

141. KANT, *Critique de la raison pure, Dialectique transcendantale*, Ak III, 323 ; Pléiade, t. 1, p. 1119.

142. D'ailleurs, KANT retrouve encore Platon et Épicure dans son esquisse finale de la première *Critique*, Ak III, 550-551 ; Pléiade, t. 1, p. 1399-1400 : « Épicure peut être désigné comme le principal philosophe de la sensibilité, et Platon de l'intellectuel. Mais cette distinction des écoles, si subtile qu'elle soit, avait déjà commencé dans les temps les plus reculés, et elle s'est longtemps maintenue sans interruption. »

« Si le philosophe empiriste n'avait avec son antithèse pas d'autre but que de rabattre l'indiscrète curiosité et la présomption de la raison [...] et s'il se bornait là, son principe serait une maxime qui nous recommanderait la modération dans nos prétentions et la réserve dans nos assertions. [...] Mais si l'empiriste devient lui-même dogmatique par rapport aux Idées (comme il arrive le plus souvent), et s'il nie avec assurance ce qui est au-dessus de la sphère de ses connaissances intuitives, il tombe alors à son tour dans le vice d'immodestie qui est ici d'autant blâmable que *l'intérêt pratique de la raison en reçoit un irréparable dommage*[143]. »

Donc, si l'on revient au premier conflit de la cosmologie rationnelle, il n'y a plus lieu de s'étonner de voir figurer l'empirisme dans le camp des antithèses, puisqu'il ne s'agit que de *l'empirisme dogmatique*. Ce n'est pas la même chose, en effet, d'affirmer que l'entendement peut, en droit, « étendre sans fin ses connaissances, en restant dans le champ des expériences possibles » et de prétendre que l'Univers pris comme chose en soi est infini ! La seconde affirmation opère un saut téméraire de l'esprit qui se détourne délibérément de la méthode scientifique, chère aux empiristes, et prétend être en mesure d'atteindre l'être même des choses : c'est bien là une sorte de dogmatisme finement dissimulé derrière une façade empiriste.

Si nous revenons sur les avantages et les inconvénients respectifs du dogmatisme et de l'empirisme que Kant met ici en balance, il apparaît nettement que c'est le *dogmatisme* qui offre le plus d'avantages à la raison pure. Les thèses du dogmatisme présentent un triple intérêt. Elles satisfont, en effet, l'intérêt *pratique* (car elles favorisent la morale et la religion), l'intérêt *spéculatif* (en fournissant un point de départ absolu et inconditionné à toute spéculation), et enfin elles ont l'avantage d'être *populaires* (puisqu'elles écartent toute régression indéfinie vers un principe très éloigné ou inaccessible). On notera au passage que Kant commence *tout d'abord* par évaluer l'intérêt *pratique*, ce qui en dit long sur ses

---

143. KANT, *Critique de la raison pure*, *Dialectique transcendantale*, Ak III, 326-327 ; Pléiade, t. 1, p. 1123. C'est nous qui soulignons.

préoccupations éthico-religieuses[144]. En ce qui concerne l'*empirisme dogmatique*, le bilan lui est plutôt défavorable, car l'intérêt *pratique* des antithèses est *nul* et, en outre, il « exclut toute espèce de popularité[145] ». Kant reconnaît, malgré tout, un intérêt éminent à l'*infinitisme* des antithèses sur le plan *spéculatif*, dans la mesure où il permet d'« étendre sans fin *la connaissance < und faßliche Erkenntnis ohne Ende erweitern kann >*[146] ». D'ailleurs, cet aspect de l'empirisme (auquel Kant tient tout particulièrement) sera sauvé dans une phase ultérieure de la *Dialectique*, grâce à l'« usage régulateur des Idées de la raison pure ». En revanche, nous comprenons très clairement désormais les craintes de Kant face à l'infinitisme cosmologique des antithèses, infinitisme qu'il avait défendu avec tant d'ardeur et si brillamment dans sa *Théorie du ciel*. En effet, si nous laissons de côté momentanément la question de la popularité, Kant redoute les ravages que pourrait entraîner l'infinitisme dans la morale et dans la religion :

> « Le pur empirisme semble bientôt enlever à la morale et à la religion toute force et toute influence. S'il n'y a pas un être originaire distinct du monde, si le monde est sans commencement et par conséquent aussi sans auteur, si notre volonté n'est pas libre et si l'âme est divisible et corruptible comme la matière, alors les idées *morales* mêmes et leurs principes perdent toute valeur et s'évanouissent avec les idées *transcendantales* qui forment leurs appuis théoriques[147]. »

144. C'est bien KANT qui avait affirmé explicitement que toute la *Critique de la raison pure* doit être comme le rempart de la morale et de la religion, cf. *Architectonique*, Ak III, 549-550 ; Pléiade, t. 1, p. 1397 : « On se sera suffisamment convaincu dans tout le cours de notre critique, que, quoique la métaphysique ne puisse pas être la base de la religion, elle doit pourtant en rester toujours comme le rempart, et que la raison humaine, déjà dialectique par la tendance de sa nature, ne pourra jamais se passer d'une telle science, qui lui met un frein, et qui, par une connaissance scientifique et pleinement lumineuse de soi-même, prévient les dévastations qu'une raison spéculative privée de lois ne manquerait pas sans cela de produire dans la morale aussi bien que dans la religion. »

145. KANT, *Critique de la raison pure, Dialectique transcendantale*, Ak III, 328 ; Pléiade, t. 1, p. 1124.

146. KANT, *Critique de la raison pure, Dialectique transcendantale*, Ak III, 325 ; Pléiade, t. 1, p. 1121.

147. KANT, *Ibid*. C'est Kant qui souligne.

Ce texte indique clairement que Kant voit dans l'*infinitisme cosmologique* la matrice de l'*athéisme* (ou plutôt de l'antithéisme) et d'un certain naturalisme *panthéiste* ; c'est la raison pour laquelle il ne suit pas l'ordre catégorial et commence par la *quatrième* antithèse qu'il rapproche étroitement de la première. Comme on le voit, l'infinitisme cosmologique peut être aussi ruineux pour l'Idée de *Dieu* que pour celle de *liberté* et d'*immortalité de l'âme*, qui sont les trois pivots de la morale, de la métaphysique traditionnelle et de la religion. En des temps agités par la querelle du panthéisme < *Pantheismusstreit* >, et surtout depuis les attaques violentes (mais pénétrantes) d'un Jacobi contre le rationalisme de Mendelssohn et de Lessing, Kant n'allait sûrement pas entreprendre de revenir sur les subtilités de l'infinitisme cosmologique, surtout après avoir montré qu'il risquait de corrompre la morale et la religion. D'ailleurs n'oublions pas que Kant fut même accusé de spinozisme par Jacobi[148], accusation dont il eut à se défendre, comme on sait, dans son opuscule de 1786 : *Qu'est-ce que s'orienter dans la pensée ?* (et pour laver la mémoire de son ami, l'*Aufklärer* Moïse Mendelssohn, qui venait tout juste de mourir en cette même année). C'est, du reste, ce même Jacobi qui possédait

---

148. Jacobi trouvait des traces de spinozisme chez KANT dans le passage suivant de l'*Esthétique transcendantale*, *Critique de la raison pure*, Ak III, 53 ; Pléiade, t. 1, p. 786 : « Les parties de l'espace ne sauraient non plus être antérieures à cet espace unique qui comprend tout, comme si elles en étaient les éléments [...] ; elles ne peuvent, au contraire, être pensées qu'en lui. Il est essentiellement un : le divers en lui, et par conséquent le concept universel d'espaces en général, ne reposent que sur des limitations. » Curieusement, Jacobi voit dans ce texte de Kant une forme de spinozisme à cause du mot « limitation ». En effet, Kant y reprend l'idée que toute limitation est négation et que les parties n'existent que par rapport au tout. KANT s'est indigné de cette accusation en écrivant in *Qu'est-ce que s'orienter dans la pensée ?*, Ak VIII, 144 ; trad. Philonenko, Paris, Vrin, 1959, rééd. 1972, p. 85 : « On peut à peine concevoir comment ces savants, dont il est question, peuvent trouver dans la *Critique de la raison pure* un soutien pour le spinozisme. Par rapport à la connaissance des objets suprasensibles, la *Critique* a définitivement rogné les ailes au dogmatisme ; or, le spinozisme est sur ce point tellement dogmatique qu'il va jusqu'à rivaliser avec le mathématicien dans la rigueur des preuves. [...] Le spinozisme mène tout droit à l'extravagance < *Schwärmerei* >. »

dix ouvrages essentiels de Giordano Bruno[149] et qui avait traduit
de longs extraits de la *Causa principio et uno* en allemand dans ses
Lettres à Mendelssohn sur la doctrine de Spinoza[150]. D'où l'insistance
toute particulière de Kant pour définir le sens et la portée précis
de la *Critique* dans la préface à la seconde édition de 1787 :

> « Par la critique seulement peuvent être coupés à la racine
> même le *matérialisme,* le *fatalisme,* l'*athéisme,* l'*incrédulité* des esprits
> forts, l'*exaltation* et la *superstition,* qui peuvent être universellement
> nuisibles, enfin aussi l'*idéalisme* et le *scepticisme,* qui sont dangereux
> davantage pour les écoles, et peuvent difficilement passer dans
> le public[151]. »

Fort de cette connaissance des *méfaits* possibles d'un infinitisme cosmologique débridé dans le champ de la morale et de
la religion, Kant peut alors donner la solution de l'*Antinomie*
et montrer que l'idéalisme transcendantal permet de résoudre
le conflit de la raison avec elle-même. Ce n'est qu'après avoir
énoncé les termes de sa solution qu'il pourra enfin retrouver

---

149. Cf. M. R. STURLESE, *Bibliografia, censimento e storia delle stampe originali di
Giordano Bruno,* Florence, 1987, p. XXII, XXXIV, 2, 16, 23, 40, 51, 54, 56, 65, 104,
119. Ces livres de Bruno qui ont appartenu à Jacobi sont, entre autres, *De la causa,
De l'infinito, Spaccio, De minimo, De monade, De immenso.* Sur le rôle de Jacobi pour
la diffusion de la philosophie de Bruno, cf. l'important article de J.-L. Vieillard-
Baron, « De la connaissance de Giordano Bruno à l'époque de l'"idéalisme alle-
mand" », in *RMM,* LXXVI, 1971, spéc. p. 410-413. Cf. aussi l'article de Saverio
Ricci, « La ricezione del pensiero di Giordano Bruno in Francia e in Germania
da Diderot a Schelling », in *Giornale critico della filosofia italiana,* Fascicolo III,
Settembre-Dicembre 1991, spéc. p. 445-446.

150. Cf. JACOBI, *Briefe über die Lehre des Spinoza,* Breslau, 1785, réédit. in *Werke,*
Leipzig, t. IV, p. 9 *sq.* ; traduction souvent fautive de Anstett, Paris, Aubier, 1946,
p. 80-81 ; 213-233. En fait, Jacobi voit dans la philosophie de Bruno une anticipation de ce que sera plus tard celle de Spinoza, c'est-à-dire un panthéisme
qui développe une philosophie du « ἕν καὶ πᾶν ». Cf. sur la question du
Pantheismusstreit l'excellente étude de Pierre-Henri TAVOILLOT, *Le Crépuscule
des Lumières, les documents de la « querelle du panthéisme »,* Paris, Cerf, 1995, sans
oublier celle de Sylvain Zac, *Spinoza en Allemagne : Mendelssohn, Lessing et Jacobi,*
Paris, Méridiens-Klincksieck, 1989.

151. KANT, *Critique de la raison pure, Préface* à la seconde édition, Ak III, 21 ;
Pléiade, t. 1, p. 750-751.

un bon usage de l'Idée transcendantale de *Monde* en en faisant un *principe régulateur* dans le champ de la connaissance. Examinons tout d'abord le *déplacement* du problème cosmologique qu'implique nécessairement sa solution.

3. L'idéalisme transcendantal de Kant et la question de la grandeur du Monde

La clé de la solution de l'*Antinomie* repose sur la « révolution copernicienne » dans la mesure où elle se détourne du Monde pour se retourner vers le sujet connaissant qui prétend le connaître dans son intégralité absolue. En effet, Kant montre que pour pouvoir sortir de l'antinomie de l'infini et du fini, il est nécessaire de passer d'une spéculation sur la *grandeur absolue* du Monde à une analyse des *conditions mêmes de la connaissance* de celle-ci, c'est-à-dire à l'étude de la *régression* qui sépare notre connaissance du conditionné de celle de la série de *toutes* les conditions. Ainsi peut-on prendre cette remarque de Kant comme une réponse à la question que Copernic avait repoussée dans le champ de la philosophie :

> « Puisque le Monde n'existe pas du tout en soi (indépendamment de la série régressive de mes représentations), il n'existe ni comme un *tout infini en soi*, ni comme un *tout fini en soi*. Il ne peut se trouver que dans la régression empirique de la série des phénomènes et nullement en soi[152]. »

Cette conversion vers le sujet connaissant, qui le détourne de l'Idée cosmologique pour le retourner vers l'esprit qui cherche à connaître le Monde, permet à Kant de déjouer l'illusion transcendantale qui aurait pu leurrer à tout jamais l'interrogation cosmologique en l'absence d'une critique de la raison. Les vaines spéculations du *dogmatisme* finitiste aussi bien que les assertions infinitistes de l'*empirisme* sont désormais rejetées par la philosophie critique, puisque les unes comme les autres oublient que

---

152. KANT, *Critique de la raison pure*, *Dialectique transcendantale*, Ak III, 347 ; Pléiade, t. 1, p. 1148.

« le Monde ne m'est donné par aucune intuition (dans sa totalité), et par conséquent sa grandeur n'est nullement donnée non plus avant la régression[153] ». En faisant fonds sur ce qu'il y a de parlant dans la langue allemande, Kant précise que cette régression qui va du conditionné vers la série des conditions n'est pas *donnée* < *gegeben* >, mais qu'elle reste une *tâche à accomplir* < *aufgegeben* > :

> « Il ne suit pas du tout que, si le conditionné (dans le phénomène) est donné, la synthèse, qui constitue sa condition empirique, soit aussi donnée en même temps ou présupposée par là ; au contraire, elle a lieu d'abord dans la régression, et jamais sans elle. Mais on peut bien dire en pareil cas qu'une *régression* vers les conditions, c'est-à-dire une synthèse empirique continuée, est exigée ou *donnée comme tâche* de ce côté, et qu'il ne peut manquer de conditions données par cette régression[154]. »

Passant de l'Idée de *Monde* à la *régression*, Kant soulève alors la question de savoir si celle-ci peut aller ou non à l'infini, en tant que *tâche* pour notre connaissance. Le problème de l'infini se déplace donc et passe de la cosmologie à la critique de la connaissance. C'est pourquoi toute considération sur l'existence *actuelle* de l'infinité spatiale est désormais abandonnée au profit du *procedere* de la connaissance humaine, c'est-à-dire des synthèses successives qu'implique le *Regressus* du conditionné à la *série* de ses conditions dans l'expérience. Dans cette perspective, il va de soi que l'infini ne peut plus recevoir qu'une simple acception *potentielle*.

---

153. KANT, *Critique de la raison pure*, *Dialectique transcendantale*, Ak III, 356 ; Pléiade, t. 1, p. 1158.

154. KANT, *Critique de la raison pure*, *Dialectique transcendantale*, Ak III, 343 ; Pléiade, t. 1, p. 1143-1144 : « [...] *Aber das kann man wohl in einem solchen Falle sagen, daß ein Regressus zu den Bedingungen, d. i. eine fortgesetzte empirische Synthesis auf dieser Seite geboten oder aufgegeben sei, und daß es nicht an Bedingungen fehlen könne, die durch diesen Regressus gegeben werden.* » C'est Kant qui souligne.

4. Le fini, l'infini et l'indéfini

En voulant préciser le statut de la tâche que constitue la *régression* de la connaissance dans la série des conditions, Kant retrouve, mais en un autre sens, le problème dialectique de l'infini et du fini. Toutefois, le déplacement du problème implique un nouveau traitement de celui-ci qui prend des résonances *prescriptives*. En effet, il ne s'agit plus de savoir ce qu'*est* la grandeur du Monde, mais ce que *doit être* l'étendue de la tâche prescrite *a priori* par le principe de notre raison qui nous impose ladite régression. En *droit*, peut-on dire que la régression soit finie ou infinie ? Faute de pouvoir disposer d'un principe cosmologique *constitutif*, Kant nous dit qu'il faut appeler ce principe de *recherche* propre à notre raison un « principe *régulateur* », c'est-à-dire un principe heuristique et présomptif destiné à nous pousser à explorer l'inconnu (connaissable, mais non encore connu), au lieu de nous reposer sur l'ensemble des connaissances déjà acquises. La question est d'importance car la sobriété critique nous interdit de préjuger de l'issue de toute recherche possible :

> « C'est un principe qui fait poursuivre et étendre l'expérience le plus loin possible, et d'après lequel aucune limite empirique ne doit avoir la valeur d'une limite absolue ; par conséquent, un principe de la raison qui postule *comme règle* ce qui doit arriver de notre fait *dans la régression* et n'*anticipe pas* ce qui est donné en soi *dans l'objet* antérieurement à toute régression. [...] Cette règle ne peut pas dire *ce qu'est l'objet*, mais *comment il faut instituer la régression empirique* pour arriver au concept complet de l'objet[155]. »

La formulation de ce principe régulateur montre clairement que l'adage méthodologique aristotélicien, selon lequel « il faut s'arrêter et ne pas aller à l'infini[156] », a désormais perdu toute son autorité. Dès le début de son interrogation, Kant met en place, très labo-

---

155. KANT, *Critique de la raison pure, Dialectique transcendantale*, Ak III, 349 ; Pléiade, t. 1, p. 1150-1151. C'est Kant qui souligne.
156. ARISTOTE, *Physique*, VIII, 256 a 28-29 ; trad. fr. Carteron, Paris, rééd. Les Belles Lettres, 1956, t. 2, p. 115 : « ἀνάγκη στῆναι καὶ μὴ εἰς ἄπειρον ἰέναι ».

rieusement, une distinction un peu abstraite, mais qui se dessine plus nettement lorsqu'il l'applique à la solution de la première antinomie : à savoir, la différence entre une *Régression à l'infini (in infinitum)* et une *Régression indéfinie (in indefinitum)*. Dans le cas qui nous occupe, c'est-à-dire pour la régression qui part d'un membre donné de la série et remonte vers la totalité absolue, « il n'y a qu'une régression d'une étendue indéterminée *(in indefinitum)* [157] ». L'*indéfini* permet à Kant d'échapper à la double impasse du fini et de l'infini dans la régression. En effet, la régression pourrait être *finie* s'il était possible de rencontrer dans l'intuition empirique un membre absolument premier et inconditionné. D'un autre côté, la régression pourrait aller *à l'infini (in infinitum)* si la série entière pouvait être *donnée* empiriquement. Ainsi, la régression ne peut être *pour nous* ni finie ni infinie. Seule une intuition de l'Univers pris comme totalité permettrait de trancher véritablement la question, car si la grandeur réelle de l'Univers m'était connue, je pourrais déterminer facilement ce que devrait être l'étendue de la régression. Or, nous nous trouvons dans la situation inverse puisque nous ne pouvons rien décider au sujet de la grandeur du Monde *avant* ou *sans* la régression elle-même. Le caractère éminemment discursif et successif de nos synthèses régressives nous attelle donc à une tâche qui restera définitivement inachevée, car on ne peut rencontrer dans l'expérience que des conditions qui sont également condition- nées. Ce qui revient à dire qu'il est vain de chercher l'absolu dans le relatif, l'inconditionné dans tout ce qui est conditionné, et la *chose en soi* dans l'ensemble des *phénomènes*. Pourtant, on pourrait être tenté de penser que la régression de condition en condition dans le champ de l'expérience est bien une tâche *infinie*, puisque l'on ne saurait y rencontrer l'inconditionné. Mais Kant montre que ce serait encore trop s'avancer, car on ne peut anticiper sur ce que l'on va trouver ; simplement, il nous est *prescrit* de *chercher pas à pas*, dans l'expérience elle-même, la condition du conditionné. Cette restriction au sujet de l'étendue de notre régression empi-

---

157. KANT, *Critique de la raison pure, Dialectique transcendantale*, Ak III, 351 ; Pléiade, t. 1, p. 1153 : « *So findet nur ein Rückgang in unbestimmte Weite (in inde- finitum) statt.* »

rique ne signifie pas, cependant, que celle-ci soit limitée, car « on ne peut trouver aucune limite empirique qui présente un membre comme absolument inconditionné[158] ». En définitive, affirmer que la régression empirique dans la série des conditions est *indéfinie*, cela signifie pour Kant qu'elle est *indéterminée* dans la mesure où : avant la détermination celle-ci reste *à établir* et, une fois qu'elle est fixée, elle reste toujours incomplète, inachevée et en suspens à l'égard des autres membres plus élevés de la régression. Toute détermination régressive n'est qu'une transition entre un conditionné donné et sa condition. Notre philosophe illustre ses vues par un exemple astronomique :

> « Il ne nous est pas enjoint, par exemple, [...] d'avancer toujours dans la série des corps du Monde < *Weltkörper* >, sans admettre un soleil extrême ; seulement, il nous est ordonné d'aller de phénomènes en phénomènes, dussent ceux-ci ne fournir aucune perception réelle (si pour notre conscience, la perception est d'un degré trop faible pour devenir une expérience), parce qu'ils appartiennent malgré cela à l'expérience possible[159]. »

La parenthèse de Kant, qui fait appel à la théorie leibnizienne des petites perceptions et aux grandeurs intensives, s'applique parfaitement au problème particulier de l'observation astronomique des objets dont la lumière est extrêmement faible en raison de leur très grand éloignement. De ce fait, l'observation se heurte à la limite du pouvoir de résolution de l'œil humain, ce qui n'est pas une limite absolue dans le champ phénoménal. En effet, tout progrès dans les instruments d'optique permettrait de reculer de nouveau les limites de l'observation. On peut donc en conclure que les soleils dont la magnitude apparente est trop faible pour pouvoir être aperçue par les observateurs ne sont pas *donnés*, mais ils restent cependant *observables*, c'est-à-dire « *dabile* » comme dit Kant (comme dans le cas de notre Voie lactée).

---

158. KANT, *Critique de la raison pure, Dialectique transcendantale*, Ak III, 351 ; Pléiade, t. 1, p. 1154.
159. KANT, *Critique de la raison pure, Dialectique transcendantale*, Ak III, 357 ; Pléiade, t. 1, p. 1160.

Alors que Descartes avait montré que le Monde est *indéfini*, parce qu'il ne lui était pas possible de lui assigner des bornes, Kant se contente d'explorer la seule étendue de notre pouvoir de connaître pour en inférer que la cosmologie n'est pas une science au sens propre du terme, puisque son objet outrepasse le champ de l'expérience possible, et que, sans la pierre de touche de la vérité qu'est l'expérience, notre raison s'empêtre dans une nichée de contradictions. Si toute connaissance du Monde est *indéterminée*, cela ne veut pas dire que nous devrions nous en détourner. Bien au contraire, c'est l'idée claire que nous avons de cette indétermination radicale de notre connaissance qui devrait nous pousser à dépasser notre ignorance relative vers un savoir mieux déterminé, bien qu'inachevé. L'*indéfini* kantien n'est autre que la tâche d'ordre théorique de reculer et de dépasser continuellement les frontières du savoir constitué, tout en sachant pertinemment que cette quête incessante n'aboutira jamais à un terme définitif. Dire que la régression est *indéfinie*, cela revient à faire *comme si* elle pouvait atteindre l'objet inaccessible dont elle a pourtant l'Idée. C'est en quelque sorte le défi démesuré que lance la métaphysique à la science conquérante pour lui rappeler qu'aussi loin qu'elle aille dans l'inachevé, elle ne restera qu'une *docte ignorance* :

> « Dans la cosmologie, nous devons aller à la poursuite des conditions des phénomènes naturels tant internes qu'externes, dans une recherche qui ne doit jamais être achevée, *comme si < als ob >* elle était infinie en soi *< an sich unendlich >* et *comme si* elle n'avait pas de terme premier ou suprême, sans nier pour cela qu'en dehors de tous les phénomènes il n'y ait des fondements premiers, purement intelligibles, de ces phénomènes, mais aussi sans jamais nous permettre de les introduire dans l'enchaînement des explications naturelles, puisque nous ne les connaissons pas du tout[160]. »

Réciproquement, c'est le progrès incessant de la science qui enseigne à la métaphysique que, sur le plan théorique, elle n'est qu'un aiguillon de la recherche dans la mesure où elle incite

---

160. KANT, *Critique de la raison pure*, *Dialectique transcendantale*, Ak III, 444 ; Pléiade, t. 1, p. 1268. C'est nous qui soulignons.

la régression empirique à s'élever vers la plus grande unité possible du savoir constitué. Prendre cette exigence d'unité pour une réalité effective, c'est ériger *dogmatiquement* la croyance en savoir et sombrer dans un réalisme transcendantal intenable en raison de l'antinomie qu'il génère. Répudier toute régression empirique en s'autorisant de l'inachèvement du savoir, c'est se reposer sur un *scepticisme* stérile et inconséquent puisqu'il se prononce sur la nature du vrai qu'il pose pourtant comme inconnaissable. Par conséquent, comme dit Kant, « la route *critique* est la seule qui soit encore ouverte[161] ». Aussi, implique-t-elle donc une sorte de *tension essentielle* entre le connu et le connaissable encore inconnu, dont l'effet le plus positif est de reculer aussi loin que possible les frontières de l'inconnu, c'est-à-dire « *in indefinitum* ». On peut seulement déplorer au passage que la plupart des grands néokantiens des xixᵉ et xxᵉ siècles, sous l'influence d'un certain positivisme diffus, ont cru bon de ravaler la cosmologie au rang des illusions perdues. Kant, au contraire, rend hommage à l'Idée cosmologique, en lui assignant le rôle éminent de principe directeur de recherche :

> « Je soutiens donc que les Idées transcendantales n'ont jamais d'usage constitutif [...]. Mais elles ont au contraire un usage régulateur excellent et indispensablement nécessaire, celui de diriger l'entendement vers un certain but dans la perspective duquel les lignes directrices de toutes ses règles convergent vers un point qui, bien qu'il ne soit qu'une Idée (*focus imaginarius*), c'est-à-dire un point d'où les concepts de l'entendement ne partent pas réellement, puisqu'il se situe tout à fait en dehors des limites de l'expérience possible, sert cependant à leur fournir la plus grande unité avec la plus grande extension[162]. »

L'usage régulateur est bon en lui-même : les Idées ne deviennent dialectiques que par un malentendu, voire une illusion, à propos de leur usage. En somme, l'Idée cosmologique

---

161. KANT, *Critique de la raison pure, Théorie transcendantale de la méthode*, Ak III, 552 ; Pléiade, t. 1, p. 1401.
162. KANT, *Critique de la raison pure*, Ak III, 427-428 ; Pléiade, t. 1, p. 1248.

est le *focus imaginarius* vers lequel semblent converger toutes les diverses démarches distinctes de la recherche scientifique, bien comprise cette fois dans ses limites propres. Ce foyer, tel un point de fuite, représente à une *distance finie* un point situé à *l'infini* : tel est *l'indéfini* dans la perspective transcendantale de Kant.

5. Du spectacle du Monde à la physico-théologie

Il ne faudrait pas conclure hâtivement, à la suite de la solution de l'*Antinomie*, que Kant ne voit dans la question de la grandeur infinie du Monde qu'une simple menace permanente pour la philosophie pratique et pour la théologie. En fait, si l'on se tourne cette fois vers la *physico-théologie*, on retrouve le ton vibrant du Kant de la *Théorie du ciel*, tandis que tout ce qui faisait défaut à l'empirisme des antithèses (le manque de popularité et l'intérêt pratique menacé) est au contraire rétabli dans le cadre de la preuve physico-théologique. Toutefois, avant d'examiner certains aspects de ce texte capital, il convient de faire deux remarques très importantes sur le sens de ce déplacement du problème de l'infinité cosmique chez Kant.

• Premièrement, Kant a « clarifié » le problème de l'infini cosmologique en distinguant soigneusement d'une part ce qui relève strictement de la *cosmologie rationnelle* et, d'autre part, ce qui revient à la *théologie* dans les deux preuves dites *a posteriori* que sont la preuve *cosmologique* et la preuve *physico-théologique*.

• Deuxièmement, le Monde dont il est question dans l'*Idéal transcendantal*, ce n'est plus seulement l'*Idée transcendantale* de *Monde* pris comme totalité absolue de ce qui existe dans l'espace et le temps, mais le *spectacle du Monde*[163]. Il s'agit du Monde

---

163. C'est KANT lui-même qui insiste sur cette distinction dans la *Critique de la faculté de juger*, Ak V, 270 ; Pléiade, t. 2, § 29, Remarque, p. 1042 : « Lorsqu'on dit *sublime* le spectacle du ciel étoilé, il est impossible de fonder ce jugement sur les *concepts* des mondes habités par des êtres doués de raison, et d'y faire intervenir l'idée que les points lumineux, dont nous voyons rempli l'espace au-dessus de nous, seraient leurs soleils décrivant des cercles disposés par rapport à eux en fonction d'une finalité bien précise, mais il faut simplement considérer le ciel comme on le voit, c'est-à-dire comme une vaste voûte qui englobe tout ;

comme objet de *contemplation* que nous retrouverons, d'une part, dans la *Critique de la raison pratique* (le « ciel étoilé » de la conclusion) et, d'autre part, dans la *Critique de la faculté de juger* (la « vue sublime du ciel étoilé »).

Grâce à la délimitation parfaitement claire des territoires de la science et de la métaphysique, puis, à l'intérieur de la métaphysique, grâce à la distinction du théologique et du cosmologique (moins nette, il est vrai), opérée par la première *Critique*, Kant peut retrouver, sans aucun danger cette fois, son *sentiment* cosmique du divin qui hantait les pages de la *Théorie du ciel*. Science, métaphysique et théologie étaient encore inséparablement liées dans la cosmologie précritique de 1755. On peut même dire, à cet égard, que dans toute l'histoire de la cosmologie classique, c'est l'un des tout derniers grands ouvrages de ce type. À partir de la révolution copernicienne opérée dans la *Critique*, Kant a établi désormais des plans de clivage qui dissocient clairement ce que la cosmologie précritique avait unifié. Le criticisme est donc bien une philosophie du « *Ur-Teil* » du partage originaire entre ce que nous connaissons ou pouvons connaître et ce que nous ne faisons que penser. C'est pour cette raison que la cosmologie rationnelle ne peut devenir une science pour Kant[164]. Réciproquement, la science ne peut se risquer à prononcer de façon ultime sur la nature de la réalité physique prise comme une totalité absolue sans quitter immédiatement son propre domaine de compétence. Enfin, la perception du spectacle du Monde qui se *donne* à nous ne saurait conduire à une preuve concluante de l'existence de Dieu, malgré tout le poids que l'on pourrait accorder à ce senti-

---

et c'est seulement par cette représentation que nous devons établir le caractère sublime attribué à cet objet par un jugement esthétique pur. » Cf. aussi *Op. cit.*, § 86, Ak V, 442 ; Pléiade, t. 2, p. 1247.

164. Ce qui fut perçu comme un coup d'arrêt kantien sur la cosmologie va peser très lourd sur les orientations de la philosophie néokantienne des sciences au xixe et surtout au xxe siècle dans la mesure où il lui fera manquer le retour de la cosmologie avec la théorie de la relativité générale d'Einstein. Toutefois, les nombreux tâtonnements de l'*Opus postumum* montrent, cependant, que Kant n'était pas pleinement satisfait de ce déplacement de la question de l'infinité cosmique, comme nous le verrons à la fin de ce chapitre IV.

ment purement *subjectif*. La seule signification qui lui revienne au sein du criticisme, c'est de déboucher sur une philosophie de l'espérance :

> « Le monde présent, soit que l'on envisage dans l'infinité de l'espace < *in der Unendlichkeit des Raumes* > ou dans sa division illimitée < *unbegrenzten Teilung* >, nous offre un si vaste théâtre de variété < *einen so unermeßlichen Schauplatz von Mannigfaltigkeit* >, d'ordre, de finalité < *Zweckmäßigkeit* > et de beauté que même au seul point de vue des connaissances que notre faible entendement a pu en acquérir, devant tant de si grandes merveilles, toute langue perd sa force d'expression, tout nombre sa puissance de mesure et nos pensées mêmes toute délimitation < *Begrenzung* >, si bien que notre jugement sur le tout finit par se résoudre en un étonnement muet, mais d'autant plus éloquent. [...] Ce concept n'est en lui-même sujet à aucune contradiction ; il sert même avantageusement à étendre l'usage de la raison au milieu de l'expérience en nous conduisant dans la direction de l'ordre et de la finalité qu'indique une telle idée, et jamais cependant il n'est de manière décisive contraire à une expérience. Cet argument mérite d'être toujours nommé avec respect < *mit Achtung* >. C'est le plus ancien, le plus clair et le mieux approprié à la raison humaine commune. Il vivifie l'étude de la nature, en même temps qu'il en tire sa propre existence et qu'il y puise toujours de nouvelles forces. [...] Ces connaissances réagissent à leur tour sur leur cause, c'est-à-dire sur l'Idée qui les inspire, et elles renforcent notre croyance < *den Glauben* > en un suprême auteur du monde jusqu'à en faire une irrésistible conviction[165]. »

Ce texte n'est donc ni un retour inopportun à la cosmologie précritique, ni une sorte de « retour du refoulé » sous l'effet de la censure d'une raison aride et implacable, mais la prise de conscience (plus lucide que jamais) que le *lieu* véritable où s'opère une unification possible de ce que la critique s'est efforcée de séparer n'est autre que celui des principes *subjectifs* de la faculté de juger. Kant va retrouver la signification de ces principes au niveau des jugements *réfléchissants* dans la troisième *Critique*. Cette remontée vers un principe seulement

---

165. KANT, *Critique de la raison pure, Dialectique transcendantale*, Ak III, 414-415 ; Pléiade, t. 1, p. 1231-1233.

transcendantal ressortit de la seule faculté de juger *réfléchissante* qui se contente de *penser* en formant l'Idée du point vers lequel semblent converger toutes les connaissances particulières sans jamais pouvoir l'atteindre. Mais il ne faut pas perdre de vue que c'est la connaissance très incomplète de la nature sensible qui nous « donne à penser » ; elle est bien ce à partir de quoi et ce sur quoi s'exercent nos jugements « réfléchissants ». Toutefois, la première *Critique* nous avait permis de comprendre, grâce aux enseignements négatifs de l'*Antithétique transcendantale*, que « le pas qui nous conduit à l'absolue totalité est absolument impossible par la voie empirique. C'est cependant ce que l'on fait dans la preuve physico-théologique[166] ». Ces réflexions irrépressibles, que nous inspire la grandeur incommensurable du spectacle du Monde, ne sont nullement des connaissances ni même des promesses ; elles ne sont, tout au plus, que le miroir de nos espérances. Mais avant de retrouver la contemplation du Monde dans les deux dernières *Critiques*, revenons aux nouveaux développements de Kant sur la connaissance du système du Monde effectués en 1785 et 1786.

CONSIDÉRATIONS COSMOLOGIQUES DE KANT
DANS SES ÉCRITS SUR LES SCIENCES DE LA NATURE (1785-1786)

a) L'opuscule Sur les volcans lunaires *(1785)*

1. Les faits

Le 4 mai 1783, William Herschel crut découvrir par l'observation directe de la Lune un volcan en pleine activité. Le conseiller d'État russe Franz Aepinus[167] vit dans la découverte de Herschel une confirmation de son hypothèse sur « l'origine volcanique

---

166. KANT, *Critique de la raison pure, Dialectique transcendantale*, Ak III, 419 ; Pléiade, t. 1, p. 1236.
167. Franz, Ulrich, Theodosius AEPINUS (Rostock, 1724-Dorpat, 1802) avait été directeur de l'observatoire de Berlin en 1755 et devint membre de l'Académie des sciences de Berlin la même année.

des aspérités de la surface lunaire » qu'il avait formulée dès 1778, mais qu'il ne publia qu'en 1781. Franz Aepinus fit paraître, dans le *Gentleman's Magazine* de 1784, une lettre ouverte destinée au célèbre géologue et naturaliste Pallas[168] où il évoquait la découverte de Herschel qui avait été rapportée précédemment par Jean Hyacinthe Magellan[169]. Or, Franz Aepinus avait constaté dans le *Gentleman's Magazine* qu'il était d'accord sur ladite hypothèse volcanique avec deux autres naturalistes éminents (Beccaria[170] et Lichtenberg[171]). Toutefois, le conseiller d'État russe renvoyait aussi, certainement par pure coquetterie intellectuelle, à R. Hooke[172] l'honneur d'avoir avancé le premier l'hypothèse volcanique dans sa *Micrographie* de 1665.

168. Pyotr, Simon PALLAS (Berlin, 1741-Berlin, 1811). Grand géologue et naturaliste, Pallas fut invité à travailler à l'Académie des sciences de Saint-Pétersbourg et devint membre associé de ladite Académie en 1767. Son hypothèse sur la formation et la surrection des montagnes est très importante car elle est la toute première qui soit digne d'une véritable recherche scientifique. Suivant celle-ci, la surrection des montagnes et la récession des mers seraient le résultat de processus proprement volcaniques. On peut lire l'essentiel de cette hypothèse dans le mémoire intitulé : *Observations sur la formation des montagnes et sur les changements arrivés au globe*, paru in *Acta Academiae scientiarum imperialis petropolitanae*, Saint-Pétersbourg, 1777, p. 21-64.

169. Jean-Hyacinthe Magellan (en fait, Joâo-Jacinto de MAGALHÂES) est un scientifique d'origine portugaise (Aveiro, 1722-Islington, 1790) qui vécut en Angleterre et publia des ouvrages en français. Ses travaux sur le « feu élémentaire », inspirés de ses lectures des chimistes anglais, écossais et suédois, ont largement diffusé les recherches de Black, Irvine, et Crawford tout en introduisant la notion de « chaleur spécifique » dans la physique. Jean-Hyacinthe MAGELLAN exposa en détail les travaux de Crawford dans son ouvrage écrit en français (mais publié à Londres) sous le titre suivant : *Essai sur la nouvelle théorie du feu élémentaire et de la chaleur des corps* (1780). Après avoir longuement décrit les expériences de Crawford, il fit la remarque suivante : « Nous devons la naissance de cette branche de la philosophie naturelle à la publication de l'excellent docteur Crawford. »

170. Giambattista BECCARIA (Mondovi, 1716-Turin, 1781) était professeur de physique à l'université de Turin depuis 1748.

171. Georg, Christoph LICHTENBERG (Oberramstadt, 1742-Göttingen, 1799) était un physicien remarquable et reconnu de son temps, qui avait été professeur « extraordinarius » en 1769, puis « ordinarius » à l'université de Göttingen en 1775.

172. Cf. HOOKE (Freshwater, 1635-London, 1703), *Micrographie*, 1665, ch. XX.

De son côté, Kant a reconnu que la découverte de Herschel a établi des ressemblances entre la Terre et la Lune, mais il refusait catégoriquement, avec une rigoureuse argumentation à l'appui, de voir en celle-ci la confirmation de l'hypothèse d'Aepinus. Kant préférait comparer les cirques lunaires aux chaînes circulaires de montagnes qui existent sur notre globe plutôt qu'aux cratères volcaniques. En suivant le fil conducteur de la comparaison Terre/Lune, Kant était à la recherche d'une « autre hypothèse de la formation des corps célestes ».

2. L'analyse critique de Kant

En bref, Kant est favorable à une origine éruptive des cirques lunaires, mais non volcanique. Sur la Terre, on constate l'existence de deux sortes d'élévations circulaires : d'une part, les petites élévations cratériformes (invisibles depuis la Lune) qui sont donc d'origine volcanique ; et, d'autre part, d'immenses plaines entourées de chaînes de montagnes, dont les dimensions sont semblables à celles des taches circulaires perceptibles sur la surface de la Lune, qui ne sauraient être volcaniques. Toute la force de l'argumentation kantienne repose sur la comparaison entre les mesures terrestres et lunaires des cirques et des cratères volcaniques.

• Sur la Terre

Le Vésuve a 5 624 pieds parisiens de circonférence soit 1 822 mètres de circonférence, ce qui donne un diamètre de 160 perches rhénanes environ, c'est-à-dire 580 mètres. Or, Kant fait judicieusement observer que ce diamètre n'était alors accessible à aucun des télescopes employés pour observer la surface de la Lune. On sait, en effet, que le plus puissant télescope du monde de l'époque, que W. Herschel avait construit en 1783, comportait un miroir de 46 centimètres de diamètre (18 *inches*) avec une distance focale de 6,60 mètres (20 ft). Par conséquent, son pouvoir séparateur théorique ne pouvait dépasser 11/46, soit 0,23″ d'arc. Or, comme 1″ d'arc représente 1 868,817 mètres sur la Lune, le pouvoir séparateur théorique du télescope de 1783 était de 623 mètres environ. Ainsi, Kant avait parfaitement raison d'écrire qu'un cratère comme celui du Vésuve (580 mètres de diamètre environ) ne pourrait être résolu comme tel sur la Terre depuis la Lune : seul l'éclat du feu aurait pu apparaître comme un minuscule point brillant.

• Sur la Lune

Kant estime le diamètre du cirque Tycho à 30 milles allemands, soit environ 194,400 kilomètres[173]. Ce chiffre est très exagéré et curieusement Kant ne cite pas ses sources. Sachant que le cirque lunaire Clavius est plus grand que le Tycho et que la Bohême est plus grande que la Moravie, Kant compare pourtant le Tycho à la Bohême et le Clavius à la Moravie. Mais, cette erreur mise à part, l'exemple est bon : car l'ensemble que constituent les deux provinces austro-hongroises, Bohême et Moravie, paraît semblable à une plaine murée (au nord-ouest par les monts Métalliques, au sud-ouest par les forêts montagneuses de Bohême, au nord-est par les Carpates, et au sud-est par les Alpes). D'après Kant, les chaînes circulaires de montagnes émergent au-dessus de « l'atmosphère lunaire » [sic] qui est de faible épaisseur, et se découpent plus nettement que sur la Terre car, dans ce dernier cas, les montagnes sont recouvertes de végétation. Poursuivant sa confrontation des mesures, Kant met en évidence que si les cratères volcaniques ont environ 160 perches de diamètre (580 mètres), les formations non volcaniques (comme le Tycho) comptent une superficie de 1 000 milles allemands carrés (pour un diamètre de 194 kilomètres), ce qui fait que ces dernières sont 200 000 fois plus grandes que les premières ! Bouclant son analogie, Kant conclut que le Clavius tout comme le Tycho doivent être des formations non volcaniques à l'instar de la Bohême-Moravie. Par conséquent, Herschel a peut-être confirmé l'existence de volcans sur la Lune, mais il n'a pu en distinguer les cratères : donc, les cirques ne sauraient être

---

173. Sachant qu'au xviiie siècle 1 mille allemand valait 20 000 pieds parisiens (0,324 mètre), 30 milles allemands font donc 194,400 kilomètres de diamètre. De nos jours, les mesures précises de sélénographie nous donnent pour le cirque de Tycho : 85 kilomètres de diamètre.

assimilés à des cratères volcaniques, du moins si l'on admet que la Lune a été formée de la même manière que la Terre.

3. Géogonie

Une nouvelle question se pose alors, à savoir quelle peut être la cause ou l'origine de ces *bassins non volcaniques* ? Elle serait due, selon Kant, à une éruption non volcanique, car les constituants de ces montagnes n'ont rien de volcanique et proviennent d'un mélange aqueux. Mais, pour répondre de façon plus satisfaisante à cette question, Kant esquisse une théorie de la Terre qui s'écarte assez clairement de celle de Buffon.

La Terre était initialement un magma chaotique en fusion où se mélangeaient l'air et l'eau. Sous l'effet de la chaleur, l'air s'est échappé du magma en ébullition, puis il a entouré la Terre en formation. À leur tour les montagnes circulaires formant les bassins actuels ont été constituées par une *éruption due à l'ébullition du magma*. Le ruissellement des eaux sur les bords des crêtes montagneuses a découpé celles-ci de façon dentelée. Les éléments se sont graduellement déposés en fonction de leur pesanteur spécifique. Là où l'ébullition fut la moins violente, est apparu le fond des mers ; là où elle fut plus violente, se trouvent la terre ferme ainsi que les montagnes. L'érosion par ruissellement brisa ensuite certains des bassins, puis en descendant des bassins élevés vers des bassins de moins en moins élevés, les eaux allèrent se jeter finalement dans les mers. Ainsi se termina la formation de la croûte terrestre dont le support inférieur est fait de granit, puis de couches stratifiées déposées successivement par les alluvions pélagiques.

Kant critique l'idée de Buffon selon laquelle ce sont les courants marins qui ont creusé le fond des océans. Pour Kant, au contraire, c'est l'écoulement des eaux qui a façonné les reliefs de la Terre ferme en se retirant vers les mers dont les bassins situés le plus bas l'emportent par leur attraction sur tous les autres bassins : « Le cours des rivières me paraît être la véritable clé de la théorie de la Terre. »

Enfin, les éruptions volcaniques sont apparues beaucoup plus tardivement et remontent à l'époque de la solidification de la surface du globe terrestre. Toutefois, celles-ci n'ont produit que quelques sommets montagneux peu nombreux par rapport au reste du relief terrestre.

4. Considérations cosmogoniques

L'état initial des corps célestes a dû être liquide en raison de leur forme sphérique ou sphéroïdique. Or, la cause de la fluidité, c'est la chaleur. D'où vient la chaleur initiale ? C'est ce que ne parvient pas à expliquer Buffon qui se contente, dans sa célèbre hypothèse, de partir de la chaleur du Soleil. D'après Kant, seule la théorie de Crawford peut rendre compte de l'origine de la chaleur et de la formation des corps célestes au moyen de l'attraction chimique puis de l'attraction cosmologique. Quelle est donc cette théorie ?

Adair Crawford[174] était un célèbre chirurgien anglais qui suivit en 1776 les conférences de William Irvine en Écosse. Ainsi, Crawford se rattache à ce que Cardwell appelle, dans son ouvrage sur l'histoire de la thermodynamique[175], l'école écossaise, qui regroupait au XVIIIe siècle des chercheurs comme William Cullen, Joseph Black et James Watt. L'idée qui motiva les recherches de Crawford fut que, selon Irvine, la chaleur spécifique d'un corps est plus faible après une émission de chaleur et plus grande après absorption de chaleur. Après maintes expériences, Adair Crawford établit que la chaleur spécifique de l'air « fixé » (c'est-à-dire où le *phlogiston* a été fixé) est très inférieure à celle de l'air ordinaire dans des proportions de 1 à 67. Donc, il serait peut-être possible d'expliquer ce qu'est la chaleur animale en suivant ce fil conducteur comme le montre son premier ouvrage de 1779 sur la question : *Experiments and Observations on Animal Heat, and the Inflammation of Combustible Bodies*[176]. La chaleur animale doit s'expliquer par la respiration, phénomène au cours duquel l'air

---

174. Adair CRAWFORD (1748-1795).

175. D. S. L. CARDWELL, *From Watt to Clausius*, New York, Cornell University Press, 1971.

176. Le titre complet de l'ouvrage de CRAWFORD était le suivant : *Experiments and Observations on Animal Heat, and the Inflammation of Combustible Bodies ; being*

ordinaire est inspiré et l'air « fixé » (dont la capacité calorifique est très réduite) est exhalé. Cette réduction de la capacité calorifique est due à l'émission de chaleur qui entretient la chaleur animale. À la fin de son ouvrage, Crawford généralise sa découverte et étend ses vues aux planètes, au système solaire et à l'Univers[177]. Kant, qui fait état des considérations générales de Crawford sur la chaleur des corps célestes dans son article de 1785, semble oublier ici que celles-ci étaient parties de recherches essentiellement médicales très précises.

Kant, reprenant ici les éléments de la *Théorie du ciel* (sans jamais la citer explicitement), pense à présent être en mesure d'expliquer de façon plus rigoureuse la formation du Soleil et des planètes que dans sa cosmologie de 1755. Les théories de la chaleur et du feu ont beaucoup évolué depuis la *Brève Esquisse de quelques considérations sur le feu*[178] que Kant avait publiée sur ce sujet deux mois après la *Théorie du ciel*. Certes, Kant ne renie

an Attempt to Resolve those Phenomena into a General Law of Nature, 1ʳᵉ éd., London, 1779 ; London, chez J. Johnson, 1788².

177. Adair CRAWFORD, *Experiments and Observations on Animal Heat, and the Inflammation of Combustible Bodies*, 2ᵉ éd., 1788, p. 438-439 : « *The prosecution and advancement of this subject is, moreover, calculated to extend our knowledge of the system of the world ; for the operations of the element of fire hold a principal place in the series of causes, by which the adjustment of the universe is maintained. As the law of gravity, combined with the projectile force, regulates the motions of the great bodies which compose the planetary system, so is the repulsive force of fire, combined with corpuscular attraction, that keeps the smaller particles of matter upon the surface of the earth, and probably through the universe, in a state of constant fluctuation ; and there is little doubt that the improvements of chemistry will, at some future period, discover the same exquisite contrivance in the arrangement of the more minute parts of Nature, which the improvements of natural philosophy have shown to prevail in the planetary system.* »

178. Le titre original du mémoire, que KANT soutint publiquement le 17 avril 1755, était : *Meditationum quarundam de igne succincta delineatio*, cf. Ak I, p. 369-384. Il est vrai que le commentateur Erich ADICKES, in *Zur Lehre von der Wärme von Fr. Bacon bis Kant*, p. 367, ne se montre guère élogieux à l'égard de ce travail scientifique de Kant en déclarant : « *Es ist auch sonst, wie mein Werk über "Kant als Wissenschaftler" [sic] ausführlich nachweisen wird, kein Grund vorhanden, von den Meditationes de igne viel Aufhebens zu machen. Sie stellen ein ziemlich mäßiges produkt dar, das keinerlei neue durchgreifende Gedanken enthält und das auch die Einzelprobleme, die es behandelt, an keinem Punkt wirklich fördert. Kants Verdienste*

nullement sa théorie cosmologique de jeunesse : il veut seulement la compléter et l'enrichir à la lumière des nouvelles découvertes scientifiques de son temps.

Kant reprend à Crawford l'idée que les corps à l'état vaporeux ou gazeux ont une plus grande chaleur élémentaire que lorsqu'ils passent à l'état solide, d'où il suit que le calorique, emprisonné dans les matières fluido-chaotiques en train de se solidifier et de se conglober sous l'effet de l'attraction moléculaire (chimique) puis cosmologique (physique), produit une considérable élévation de température qui peut expliquer, par exemple, l'incandescence du Soleil. Cette double attraction produit la condensation des corps célestes en un temps extrêmement bref. D'où il suit également que plus un corps est massif, plus il est chaud : le Soleil est bien plus chaud que les planètes et, parmi celles-ci, Jupiter et Saturne sont plus chaudes que Mercure, Vénus, la Terre et la Lune ! Mais ces dernières bénéficient d'une plus grande proximité du Soleil, d'où un nouvel équilibre thermique retrouvé. Enfin, cette théorie de la chaleur développée par Crawford permettrait d'expliquer à la fois les éruptions atmosphériques initiales qui ont constitué les reliefs des surfaces planétaires (Terre-Lune, Vénus) et les rares éruptions volcaniques, qui sont d'ailleurs beaucoup plus récentes. Kant consacrera une part considérable de ses dernières forces aux recherches sur la chaleur et sur le calorique, car, comme en témoignent les mille deux cents pages de l'*Opus postumum*, c'est sur l'éther et sur le calorique < *Wärmestoff, Caloricum* > qu'il espérait fonder et réaliser le passage de la métaphysique de la nature corporelle à la physique, c'est-à-dire l'« *Übergang*[179] ».

---

um die Naturwisenschaft liegen auf ganz anderm Gebiet : nicht in seiner Wärme- und Äthertheorie, sondern vor allem in seiner Kosmogonie, seiner Theorie der Winde, etc. »

179. Citons par exemple cette formule très représentative des recherches de KANT dans l'*Opus postumum*, Ak, XXII, p. 598 : « La matière impondérable, diffuse dans tout l'espace cosmique < *Weltraum* >, [...] substance hypothétique, [...] constitue le passage < *Übergang* > du système des éléments < *Elementarsystem* > au système du Monde < *Weltsystem* >. » On peut également se reporter à l'édition française de l'*Opus postumum* réalisée par François Marty qui met en évidence la grande fréquence du traitement de ce thème par Kant en reproduisant une partie du *Kantindex*. Cf. par exemple l'abondance des références suivantes :

Kant termine son article en critiquant l'idée cosmogonique mise en avant par Buffon : l'idée d'une *première époque de la Nature*. À ce niveau très délicat de la cosmologie, Kant met en application les acquis de la première *Critique*. En effet, il s'interdit de poser à l'intérieur de la série du conditionné phénoménal un état absolument premier de la Nature qui prétendrait véritablement relever de la connaissance scientifique. Poser une toute première époque de la Nature comme le fait Buffon, cela reviendrait à transgresser le principe de causalité selon lequel « tous les changements arrivent suivant la loi de la cause et de l'effet[180] ». D'où une contradiction inadmissible de la part du naturaliste qui poserait d'un côté que tout effet doit avoir une cause dans le temps, mais qui admettrait d'un autre côté qu'il pourrait bien y avoir une première époque de la Nature qui ne serait pas elle-même l'effet d'une cause physique. En outre, si le naturaliste se hasardait à affirmer que cette cause première est transcendante et suprasensible, cela reviendrait à faire « un usage transcendant » et, par conséquent, illégitime du principe de causalité :

> « L'empiriste ne permettra donc jamais de recevoir aucune époque de la Nature comme la première absolument, ni de regarder aucune limite imposée à sa vue dans l'étendue de la Nature comme la dernière. [...] Il ne permettra pas enfin qu'on cherche en dehors de la Nature la cause de quoi que ce soit (un être premier), puisque nous ne connaissons rien de plus qu'elle, du fait qu'elle est la seule chose qui puisse nous fournir des objets et nous instruire de ses lois[181]. »

Cette réserve, qui ne relevait que du seul point de vue de l'« empirisme pur » dans le conflit de la raison avec elle-même, ne prend tout son sens que comme « principe régulateur de

Aether, Aethers, Wärme, Wärmestoff, Wärmestoffs, etc., in KANT, *Opus postumum,* trad. F. Marty, Paris, PUF, coll. Épiméthée, 1986, p. 429-439.

180. KANT, *Critique de la raison pure,* Ak III, 166 ; Pléiade t. 1, p. 925 : « *Alle Veränderungen geschehen nach dem Gesetze der Verknüpfung der Ursache und Wirkung.* »

181. KANT, *Critique de la raison pure, Antinomie de la raison pure,* IIIe section, Ak III, 326 ; Pléiade t. 1, p. 1122.

l'unité systématique du divers de la connaissance empirique en général[182] ». D'ailleurs, en revenant au problème proprement cosmologique, Kant précise :

> « *En second lieu* (dans la cosmologie) nous devons aller à la poursuite des conditions des phénomènes tant internes qu'externes, dans une recherche qui ne doit jamais être achevée, comme si elle était infinie en soi et comme si elle n'avait pas de terme premier ou suprême, sans nier pour cela qu'en dehors de tous les phénomènes il n'y ait des fondements premiers, purement intelligibles, de ces phénomènes, mais aussi sans jamais nous permettre de les introduire dans l'enchaînement des explications naturelles, puisque nous ne les connaissons pas du tout[183]. »

C'est bien un fait que, dans l'opuscule de Kant *Sur les volcans lunaires*, rien ne transgresse les limitations strictes du champ de la connaissance, du moins telles qu'elles avaient été définies dans la première *Critique*. En revanche, cet opuscule nous rappelle que les enseignements de l'*Antinomie de la raison pure* sont loin d'avoir détourné Kant des recherches d'ordre cosmologique. Bien au contraire, si le Monde pris comme *chose en soi* est inconnaissable, Kant reconnaît à l'Idée transcendantale de *Monde* un usage régulateur qui, comme tout principe régulateur de la raison, « va sans doute beaucoup trop loin pour que l'expérience et l'observation puissent lui être adéquates, mais qui, sans rien déterminer, leur trace cependant la voie de l'unité systématique[184] ». Or, dès l'instant que de nouvelles découvertes permettent d'étendre le contenu de nos connaissances, il est non seulement légitime, mais c'est même le devoir de tout chercheur d'avancer dans la régression empirique d'un conditionné à sa condition, c'est-à-dire de remonter vers un membre encore plus éloigné dans la série du conditionné.

---

182. KANT, *Critique de la raison pure, Du but final de la dialectique naturelle de la raison humaine*, Ak III, 443 ; Pléiade t. 1, p. 1268.

183. KANT, *Critique de la raison pure, Du but final de la dialectique naturelle de la raison humaine*, Ak III, 444 ; Pléiade t. 1, p. 1268.

184. KANT, *Critique de la raison pure, De l'usage régulateur des Idées de la raison pure*, Ak III, 442 ; Pléiade t. 1, p. 1266.

Toutefois, nous avons vu que Buffon s'était lui-même soucié de rechercher la cause ou l'origine de la chaleur du Soleil ainsi que celle des corps célestes qui gravitent autour de lui, contrairement à ce que Kant prétendait dans son opuscule [185]. Pour ce qui est de la « première époque de la Nature », il est certain que Buffon ne visait sous cette formule qu'un commencement relatif, à savoir celui où « la Terre et les planètes ont pris leur forme [186] ». Buffon s'est toujours gardé de faire intervenir les considérations théologiques ou métaphysiques dans ses investigations sur l'histoire naturelle, et la Sorbonne le lui reprocha assez vertement en 1751. Certes, Kant se montre donc quelque peu sévère dans ses critiques à l'égard de Buffon. Cependant, il est indéniable que Kant félicite Buffon d'avoir cherché à expliquer la formation du système du Monde sans quitter le cadre fixé par la mécanique newtonienne, mais il considère que le problème cosmogonique en est arrivé désormais au point où les recherches doivent se consacrer aux deux questions vives que sont les phénomènes d'ordre calorifique et chimique. Malheureusement pour Buffon et pour Kant, la science des phénomènes calorifiques et thermodynamiques était encore assez peu avancée, car elle n'atteignit sa maturité épistémologique que vers le milieu du XIXe siècle. La chimie, au contraire, emprunta la voie sûre de la science à la fin des années 1780 avec l'œuvre de Lavoisier, et Kant sut le reconnaître dans un texte tardif de 1797 qui déclarait : « Il n'y a qu'*une* chimie (celle de Lavoisier) [187] ». Toutefois, si Kant a montré son attachement à l'avancement des connaissances, on regrette qu'il n'ait pas donné de plus amples indications sur la façon dont il concevait le rapport entre les découvertes de Crawford et l'hypothèse cosmogonique de la *Théorie du ciel*.

Enfin, on constate, en consultant les nombreuses liasses désordonnées de l'*Opus postumum*, que Kant avait accordé une importance capitale aux recherches sur l'éther, le calorique

---

185. Cf. dans le présent ouvrage, Chapitre 1, p. 133-138.

186. BUFFON, *Op. cit.*, t. II, p. 24.

187. KANT, *Métaphysique des mœurs*, Préface, 1797, Ak VI, 207 ; Pléiade, t. 3, p. 452.

et l'attraction chimique. On peut être amené à penser que si l'ouvrage, que Kant avait alors en chantier, n'a pu aboutir à son achèvement, ce n'est pas uniquement à mettre au compte de ses forces déclinantes. Peut-être avait-il atteint les limites extrêmes de son propre système de pensée pour ce qui concernait l'« *Übergang* ». En tout cas, on ne saurait lui reprocher à notre tour « de chercher parmi les causes universelles, aussi loin que possible, et de suivre leur enchaînement selon des lois connues aussi longtemps qu'il reste cohérent », suivant ainsi ses propres préceptes. À cet égard, l'opuscule *Sur les volcans lunaires* reste en lui-même exemplaire.

b) *Physique et métaphysique* dans les Premiers Principes métaphysiques de la science de la nature *(1786)*

Quoique l'article *Sur les volcans lunaires* apporte quelques nouvelles considérations cosmologiques, il demeure assez éloigné du problème de l'infinité cosmique, alors que dans ses *Metaphysische Anfangsgründe der Naturwissenschaft* de 1786, Kant fait plusieurs remarques à ce sujet. Certes, nous ne nous proposons nullement de reprendre ici l'étude de cet ouvrage capital pour comprendre l'architectonique de la philosophie théorique de Kant, car Jules Vuillemin en a donné une analyse structurale très éclairante[188]. En revanche, nous allons plutôt examiner les passages où Kant se livre à des considérations mettant directement en cause la question de l'*infinité cosmique*. Tel est bien le cas du chapitre II consacré aux *Premiers fondements métaphysiques de la Dynamique*.

La *Dynamique* kantienne, qui correspond au moment catégorial de la *Qualité*, définit la matière comme « le *mobile* en tant qu'il *remplit un espace* ». Ce remplissement de l'espace est dû à l'action conjuguée des deux forces fondamentales : les forces d'*attraction* et de *répulsion*. La première d'entre elles est cause du

---

188. Cf. Jules Vuillemin, *Physique et métaphysique kantiennes*, Paris, PUF, 1955.

rapprochement des corps, tandis que la seconde cause leur éloignement mutuel. Transgressant les réserves expresses de Newton qui avait refusé de voir dans la force d'attraction une propriété inhérente à la matière[189], Kant montre clairement que la consistance matérielle des corps ne peut résulter que d'un équilibre relatif entre l'action de ces deux forces primordiales essentielles à la matière. Cet équilibre variable entre l'attraction et la répulsion, qui avait été clairement évoqué dès la période précritique, est pensé à l'époque critique d'une part à travers les trois catégories de la *Qualité* (*Réalité-Négation-Limitation*) ainsi que par le truchement du principe < *Grundsatz* > de l'entendement pur des *grandeurs intensives* ; et, d'autre part, à travers la thématique de l'impénétrabilité relative de la matière. Dans cette perspective, il va de soi que l'on ne peut séparer qu'abstraitement l'attraction et la répulsion pour traiter de chacune d'elles séparément :

> « Dès lors qu'une propriété joue le rôle de condition sur laquelle repose la possibilité interne elle-même d'une chose, cette propriété se trouve être une partie essentielle de cette chose. Ainsi la force de répulsion appartient à l'essence même de la matière, au même titre que la force d'attraction, et l'une ne peut être séparée de l'autre dans le concept de matière[190]. »

Or, c'est en voulant définir la spécificité de la force d'attraction par rapport à la force répulsive que Kant retrouve la question de l'infinité cosmique. Étant donné que la force d'attraction agit à distance (et non pas par contact, comme l'impénétrabilité), la question se pose de savoir *jusqu'où* s'exerce l'attraction dans

---

189. Cf. NEWTON, *Principia mathematica philosophiae naturalis*, Livre III, Règle III, trad. fr. par Mme du Châtelet, Paris, 1759, rééd. Blanchard, 1964, t. II, p. 4 : « Je n'affirme point que la gravité soit essentielle aux corps. Et je n'entends par là force qui réside dans les corps que la seule force d'inertie, laquelle est immuable ; au lieu que la gravité diminue lorsqu'on s'éloigne de la Terre. » Kant, au contraire, voit dans l'attraction une force « essentielle à toute matière », cf. *Premiers Principes métaphysiques de la science de la nature*, 1786, Dynamique, Théorème 7, Ak IV, 513 ; trad. fr. Pléiade t. 2, p. 422.

190. KANT, *Premiers Principes métaphysiques de la science de la nature*, 1786, *Dynamique*, Corollaire au Théorème 6, Ak IV, 511 ; trad. fr. Pléiade t. 2, p. 420-421.

l'espace cosmique. Kant répond sans hésiter qu'elle s'exerce à l'infini dans l'Univers :

> « La force originelle d'attraction, sur laquelle repose la possibilité même de la matière comme telle, s'étend immédiatement et à l'infini dans l'espace de l'Univers, de toute partie de cette matière à toute autre[191]. »

La démonstration de ce *Théorème 8* est apagogique, car elle montre qu'au cas où la sphère d'activité de l'attraction serait limitée, cette limitation pourrait provenir soit de la *matière*, ce qui est absurde (puisque l'attraction est *essentielle* à la matière), soit de la grandeur démesurée de l'espace, ce qui n'est nullement un obstacle à sa propagation illimitée. En effet, dans ce dernier cas, Kant fait valoir que l'attraction, comme l'a montré Newton, est directement proportionnelle aux masses en interaction, mais inversement proportionnelle au carré de la distance : c'est une loi en $1/d^2$. Très habilement, Kant met en corrélation l'infiniment grand et l'infiniment petit, de sorte que même si l'attraction s'étend à l'infini, son intensité décroîtra à l'infini sans jamais devenir nulle. D'où la conclusion qui s'impose d'elle-même :

> « Il y aurait donc certes, dans l'accroissement de distance, une raison pour que le degré d'attraction diminuât en raison inverse de la diffusion de la force, mais elle ne serait jamais pour autant entièrement supprimée. Ainsi, puisqu'il n'y a rien qui limite en quelque endroit la sphère d'action de l'attraction originelle inhérente à toute partie de la matière, cette force s'étend aux autres matières au-delà de toutes les limites assignables, et donc *à l'infini dans l'espace de l'Univers*[192]. »

Toutefois, si Jules Vuillemin admet dans ses analyses que Kant fait une place à l'infini dans la *Dynamique*, nous ne saurions

---

191. KANT, *Premiers Principes métaphysiques de la science de la nature*, 1786, *Dynamique*, Théorème 8, Ak IV, 516 ; trad. fr. Pléiade t. 2, p. 428.

192. KANT, *Premiers Principes métaphysiques de la science de la nature*, 1786, *Dynamique*, Théorème 8, *Démonstration*, Ak IV, 517 ; trad. fr. Pléiade t. 2, p. 428. C'est nous qui soulignons.

le suivre lorsqu'il en conclut qu'il ne s'agit que d'un infini potentiel[193]. Son analyse met à juste titre l'accent sur le processus
intellectuel que suit le raisonnement de Kant dans la preuve
apagogique ; elle a d'ailleurs l'avantage d'être fidèle au principe transcendantal des grandeurs *intensives*. Sans rien changer
aux propos de Jules Vuillemin sur le plan transcendantal, nous
voudrions pour notre part mettre l'accent sur le *contenu* de l'argumentation, c'est-à-dire sur le statut *physique* de la propagation de l'attraction. Kant y insiste suffisamment pour que nous
y revenions à notre tour : l'attraction, a-t-il été dit plus haut,
« s'étend immédiatement et à l'infini dans l'espace de l'Univers ». C'est le caractère d'*immédiateté* qui nous fonde à rejeter
l'interprétation potentialiste de Vuillemin, ou plutôt à la limiter
à la sphère de la connaissance. Pour Kant, l'attraction s'exerce
tot et simul de façon illimitée sur le plan *empirique*, car rien ne
saurait en limiter l'action, si ce n'est la force de répulsion. Or,
cette dernière n'agit qu'à très petite distance, car c'est, comme
dit Kant, « une *force superficielle*, [...] par laquelle des matières
ne peuvent agir immédiatement l'une sur l'autre qu'aux surfaces
communes de contact[194] ». Au contraire, l'attraction est qualifiée
de *force pénétrante*, parce qu'elle « peut agir immédiatement sur
les parties d'une autre matière, même au-delà des surfaces de
contact[195] ». Ce qui est tout à fait décisif, c'est que la force répulsive ne peut agir à distance sans intermédiaire, tandis que l'attraction agit *immédiatement*, c'est-à-dire à la fois *instantanément* et *de
manière illimitée*. Ces deux derniers termes ne s'appliquent donc
qu'à un *infini existant en acte*. D'un côté, cette assertion ne devrait
pas trop choquer des lecteurs attentifs de la première *Critique*, car

---

193. Vuillemin, *Physique et métaphysique kantiennes*, Paris, PUF, 1955,
IIe partie, chap. V, § 16, p. 169 : « [Notre pensée] s'attribue non pas une infinité
donnée comme les formes de l'intuition de l'espace et du temps, mais cette
infinité simplement potentielle où l'on approche une valeur par un procès qu'on
arrête quand on veut. »
194. Kant, *Premiers Principes métaphysiques de la science de la nature*, 1786,
Dynamique, Définition 7, Ak IV, 516 ; trad. fr. Pléiade t. 2, p. 427. C'est Kant qui
souligne.
195. Kant, *Ibid.*

celle-ci avait admis expressément l'infinité de l'espace. Toutefois, l'espace en question n'était qu'une forme *a priori* de la sensibilité, une forme pure de l'intuition externe. Dans la *Dialectique transcendantale*, nous avions dû renoncer à toute recherche sur la grandeur extensive de l'Univers pris comme *chose en soi*. Pour en revenir au texte des *Metaphysische Anfangsgründe* qui nous occupe ici, l'espace en question n'est plus la forme pure de notre intuition externe, ce n'est pas non plus une sorte de *chose en soi* (définitivement exclue du champ de la connaissance scientifique), c'est donc l'*espace physique*. De ce point de vue, Kant ne viole pas le cadre strict de la *Critique*, contrairement à ce que croyaient Überweg et Léon Brunschvicg [196], mais il laisse indéterminé le statut du rapport entre l'espace physique et la forme pure du sens externe. Surmonter cet écart, voilà qui relèvera de ce que Kant appellera dans l'*Opus postumum* le « passage < *Übergang* > des premiers principes métaphysiques de la science de la nature à la physique [197] ». Malheureusement, et malgré toutes les tentatives intéressantes qui occupèrent à peu près les dix dernières années de sa vie, Kant ne parvint pas à surmonter cette question de l'*Übergang* sans faire appel à l'élément hypothétique de l'éther (comme Newton avait déjà dû le faire lui-même). Concluons donc, avant de retrouver la question de l'infinité cosmique dans les deux autres *Critiques* et dans l'*Opus postumum*, que Kant semble bien n'avoir pas totalement écarté la conception d'un Univers infini, à condition de ne pas en faire une idole ni une chose en soi. Il est clair ici, dans le cadre d'une métaphysique de la science de la nature, que l'idée d'un Univers physique limité dans l'espace et dans l'extension de sa force pénétrante fondamentale d'attraction est inconcevable.

Toutefois, dès le *Canon de la raison pure* de la première *Critique* en 1781, puis après la publication des *Fondements de la métaphysique des mœurs* en 1785 et de la deuxième *Critique* en 1788, il devint évident que Kant accordait un primat de la raison

---

196. Léon Brunschvicg, *Écrits philosophiques*, t. 1, Paris, PUF, 1951, p. 271-292.
197. Cf. Kant, par exemple, *Opus postumum*, Ak XXI, 218 ; trad. fr. Marty, Paris, PUF, 1986, p. 56. Cf. aussi *Op. cit.*, Ak XXI, p. 594.

pure pratique sur la raison théorique. C'est pourquoi les questions d'ordre théorique passèrent au second plan, faisant plutôt la part belle à la question de la *typique* du jugement moral et de la liberté. Après 1786, il était extrêmement urgent de mettre en place l'ensemble de la philosophie pratique annoncé dès le *Canon* et l'*Architectonique* de la première *Critique*. De même, il était tout aussi urgent après la deuxième *Critique* de jeter un pont sur l'abîme qui séparait la philosophie théorique de la philosophie pratique. Par-delà ces distinctions thématiques inhérentes à la philosophie critique, il est tout à fait remarquable de constater que chaque *Critique* contenait « en creux » tour à tour une ouverture sur la *Critique* qui devait lui succéder. Ainsi trouve-t-on dans la philosophie théorique une *précession* de la philosophie pratique et dans cette dernière une *ouverture sur* la réconciliation possible entre la philosophie de la nature et celle de la liberté. Un lien dynamique unit donc les grands moments de la philosophie critique. Examinons donc la raison pour laquelle Kant a souhaité faire de nouveau appel à l'immensité cosmique (sinon à son infinité) dans sa philosophie pratique.

L'IMMENSITÉ DU « CIEL ÉTOILÉ »
COMME SYMBOLE D'UNE « GRANDEUR ILLIMITÉE »

a) Le ciel étoilé comme symbole du monde suprasensible
et de « l'infinité véritable » pour la philosophie pratique

Alors que sur le plan de la raison pure théorique, l'infini sous tous ses aspects faisait ressortir notre *finitude* dans la mesure où la connaissance humaine était engagée dans un progrès sans fin, remontant du conditionné à sa condition sans pouvoir s'attendre à rencontrer l'inconditionné dans le cours de cette série continue, il appert que la raison pure dans son usage pratique, en tant qu'elle est porteuse de la *forme* de la loi morale, renferme en elle un inconditionné « sans fournir à la raison théorique le moindre prétexte pour s'égarer dans des rêves transcendants[198] ». Il nous faut saisir ici l'important déplacement qu'opère Kant lorsqu'il passe de l'usage théorique de la raison pure à son usage pratique, car l'*infini*, qui jusqu'à présent ne concernait que les mathématiques, la cosmologie ou la théologie, revêt ici sinon la forme du moi, du moins celle de ma *Persönlichkeit*, c'est-à-dire celle d'« un être doué de *liberté* intérieure (*homo noumenon*)[199] ». Ainsi, l'inconditionné qui caractérise la causalité par la loi morale vient remplir, sur le plan *pratique*, la place entrevue comme possible, mais laissée vide par la raison pure théorique dans le champ de l'intelligible[200]. C'est pourquoi Kant précise un peu plus loin à propos de la loi morale en moi :

> « Elle rehausse ma valeur infiniment, comme *intelligence*, par ma personnalité dans laquelle la loi morale me révèle une vie indépendante de l'animalité, et même de tout le monde sensible[201]. »

En laissant de côté le premier point très justement célèbre, que Kant analyse explicitement dans le chapitre intitulé « Du droit qu'a la raison pure dans son usage pratique, à une extension qui lui est absolument impossible dans son usage spéculatif[202] », nous allons reporter toute notre attention sur le texte qui vient clore la *Critique de la raison pratique* et qui n'hésite pas à qualifier d'« infinité véritable < *wahre Unendlichkeit* >[203] » la réalité du monde intelligible qui est immanente au moi autonome. Kant est parfaitement clair sur ce statut d'immanence quand il écrit dans sa seconde *Critique* :

198. Kant, *Critique de la raison pratique*, Ak V, 57 ; trad. fr. Pléiade t. 2, p. 677.
199. Kant, *Doctrine de la vertu*, Ak VI, 418 ; trad. fr. Pléiade t. 3, p. 702. C'est Kant qui souligne.
200. Kant, *Critique de la raison pratique*, Ak V, 49 ; trad. fr. Pléiade t. 2, p. 667.
201. Kant, *Critique de la raison pratique*, Ak V, 162 ; trad. fr. Pléiade t. 2, p. 802. C'est Kant qui insiste sur les mots en italique. Nous avons ajouté et souligné l'expression « infiniment < *unendlich* > » qui a été oubliée dans la traduction de la Pléiade.
202. Kant, *Critique de la raison pratique*, Ak V, 50-57 ; trad. fr. Pléiade t. 2, p. 668-677.
203. Kant, *Critique de la raison pratique*, Ak V, 162 ; trad. fr. Pléiade t. 2, p. 802.

« Le principe de la *moralité* [...] qui est depuis longtemps dans la raison de tous les hommes et incorporé à leur nature [...] ainsi nous est donnée la réalité du monde intelligible [...] de façon certes *déterminée* au point de vue pratique ; et cette détermination, qui serait *transcendante* au point de vue théorique, est *immanente* au premier point de vue [*i. e.* pratique] [204]. »

Cela ne signifie nullement que dans mon idiosyncrasie je possède par moi-même une valeur infinie, car bien que je sois porteur de la loi morale, ma « *Willkür* » n'est pas entièrement conforme au principe de la moralité, c'est-à-dire au pur vouloir « *Wille* ».

L'homme appartient à la fois au monde sensible sur le plan empirique (en tant que soumis à la loi de causalité et au mécanisme naturel) et au monde intelligible par sa vocation morale, monde où se déploie la liberté. Toutefois, Kant n'envisageait pas que des rapports d'opposition entre le sensible et le suprasensible, c'est-à-dire entre la nature et la liberté. En effet, il est apparu dans la philosophie pratique que le « règne des fins » ne pouvait être pensé que par *analogie* avec le règne de la nature. Tel est bien le cas de la première formulation de l'impératif catégorique qui stipulait : « Agis comme si la maxime de ton action devait être érigée par ta volonté en LOI UNIVERSELLE DE LA NATURE [205]. »

Kant établit donc une sorte d'*analogie* entre les lois causales de la nature et la loi morale. D'une certaine manière, il est possible de dire que la nature *symbolise* le monde moral. Ainsi, la nature sensible permet de nous élever vers la pensée du monde intelligible et constitue un *signe* de l'Idée. D'ailleurs, la nature par son ordre, par sa beauté, sa sublimité et sa conformité à des lois nous rappelle à notre vocation morale, au moins sur le plan de la *contemplation* et non pas sur celui de la *connaissance*. C'est précisément ce que Kant avait fait remarquer à la fin de sa *Critique de*

204. KANT, *Critique de la raison pratique*, Ak V, 105 ; trad. fr. Pléiade t. 2, p. 736. C'est Kant qui souligne.
205. KANT, *Fondements de la métaphysique des mœurs*, Ak, IV, p. 421 ; Pléiade t. 2, p. 285.

la raison pratique en rapprochant sur le plan de la contemplation les *sentiments* que la vue du « ciel étoilé » et la « loi morale » lui ont toujours inspirés. C'est ce qui apparaît dans ce texte justement très célèbre, non seulement très « parlant » pour notre sujet, mais surtout parce qu'il constitue une anticipation lumineuse de la troisième *Critique* au sein même de la philosophie pratique :

> « Deux choses remplissent le cœur < *Gemüth* > d'une admiration et d'une vénération toujours nouvelles et toujours croissantes, à mesure que la réflexion s'y attache et s'y applique : *le ciel étoilé au-dessus de moi et la loi morale en moi*. Ces deux choses, je n'ai pas à les chercher ni à en faire la simple conjecture au-delà de mon horizon, comme si elles étaient enveloppées de ténèbres ou placées dans une région transcendante ; je les vois devant moi, et je les rattache immédiatement à la conscience de mon existence. La première commence à la place que j'occupe dans le monde extérieur des sens, et étend la connexion où je me trouve à l'espace immense, avec des mondes au-delà des mondes et des systèmes de systèmes, et, en outre, aux temps illimités de leur mouvement périodique, de leur commencement et de leur durée. La seconde commence à mon invisible moi, à ma personnalité, et me représente dans un monde qui possède une infinitude véritable, mais qui n'est accessible qu'à l'entendement, et avec lequel (et par cela aussi en même temps avec tous ces mondes visibles) je me reconnais lié par une connexion, non plus, comme la première, seulement contingente, mais universelle et nécessaire. La première vision d'une multitude innombrable de mondes anéantit pour ainsi dire mon importance, en tant que je suis une *créature animale*, qui doit restituer la matière dont elle fut formée à la planète (à un simple point dans l'Univers), après avoir été douée de force vitale (on ne sait comment) pendant un court laps de temps. La deuxième vision, au contraire, rehausse <u>infiniment</u> ma valeur, comme *intelligence,* par ma personnalité < *Der zweite [Anblick] erhebt dagegen meinen Werth, als einer Intelligenz, unendlich durch meine Persönlichkeit* > dans laquelle la loi morale me révèle une vie indépendante de l'animalité, et même de tout le monde sensible, autant du moins qu'on peut l'inférer de la détermination conforme à une fin que cette loi donne à mon existence, et qui ne se borne pas aux conditions et aux limites de cette vie, mais s'étend à l'infini < *ins Unendliche geht* >[206]. »

206. KANT, *Critique de la raison pratique*, IIe partie, *Méthodologie*, Ak V, 161-162 ; Pléiade t. 2, p. 801-802. Nous avons souligné de nouveau le terme oublié par la traduction de la Pléiade.

Dans ce texte, Kant met en parallèle le *sentiment du sublime* que lui inspirent aussi bien l'immensité du « ciel étoilé » que le « véritable infini » que représente la « loi morale » en moi. La supériorité de l'« infinitude véritable » de cette dernière ne relève pas de notre appartenance contingente à l'immensité du Monde sensible, mais d'une *infinité* suprasensible à laquelle participe notre *Persönlichkeit* en tant qu'elle se sait obligée inconditionnellement et infiniment par le principe moral[207]. Certes, on pourrait aussi rapprocher ce texte de Kant du fragment où Pascal mettait en balance la dignité de l'homme face à l'immensité de l'Univers :

> « Ce n'est point de l'espace que je dois chercher ma dignité, mais c'est du règlement de ma pensée. Je n'aurai point d'avantage en possédant des terres. Par l'espace l'Univers me comprend et m'engloutit comme un point : par la pensée je le comprends[208]. »

Cependant, l'originalité de Kant est d'avoir conféré une valeur infinie à notre « *Persönlichkeit* » non pas en vertu de la capacité de notre esprit à mesurer la précarité de notre condition, mais parce que par notre intelligence nous sommes porteurs de la loi morale qui nous assigne une tâche *dépassant infiniment* le prix de notre vie empirique en nous représentant des fins supérieures à tous les mobiles passionnels que peut nous inspirer pathologiquement notre nature phénoménale[209].

207. KANT, *Critique de la raison pratique*, Ak V, 31 ; trad. fr. Pléiade t. 2, p. 644 : « La volonté est pensée comme indépendante de conditions empiriques, par conséquent comme volonté pure déterminée par *la simple forme de la loi* et ce principe déterminant est considéré comme la condition suprême de toutes les maximes. » De même KANT écrit, in *Critique de la raison pratique*, Ak V, 47 ; trad. fr. Pléiade t. 2, p. 665 : « La loi morale est bien, en effet, une loi de la causalité par liberté, et, par conséquent de la possibilité d'une nature suprasensible, de même que la loi métaphysique des événements dans le monde sensible était une loi de la causalité de la nature sensible. »

208. PASCAL, in *Pensées*, fragment 113 L ; 348 B, éd. du Seuil, « L'Intégrale », Paris, 1963, p. 513.

209. KANT, *Critique de la raison pratique*, Ak V, 162 ; trad. fr. Pléiade t. 2, p. 802.

Cela ne signifie pas que je possède une valeur infinie en tant qu'individu, mais c'est en tant que la loi morale se manifeste à ma raison pure pratique en m'obligeant moralement. Autrement dit, c'est l'intrusion du « véritable infini » dans le fini, de l'inconditionné de la loi morale dans mon existence finie qui fait que celle-ci « ne se borne pas aux conditions et aux limites de cette vie empirique, mais s'étend à l'infini[210] ». Ce texte nous apprend que malgré l'éminente supériorité de la Moralité sur la Nature, Kant reconnaît que le « ciel étoilé au-dessus de moi et la loi morale en moi » sont placés sur le même plan (malgré leurs statuts très différents), en tant qu'ils suscitent en moi un sentiment absolument pur de respect pour la sublimité qui les caractérise[211]. Le ton émouvant du texte, qui n'est pas sans rappeler celui de la physico-théologie, en dit long sur l'intérêt que notre philosophe accorde à la contemplation du « ciel étoilé ». Fort heureusement, Kant a montré de façon lumineuse dans sa *Critique de la faculté de juger* le fondement, le sens et les limites de ce rapprochement qu'il nous faut analyser à présent.

b) La sublimité du ciel étoilé et l'évaluation esthétique de la grandeur infinie dans la troisième Critique

Les sentiments d'admiration < *Bewunderung* >, de vénération < *Ehrfurcht* > et de respect < *Achtung* > que peuvent susciter la vue du « ciel étoilé » et la « loi morale[212] » concernent directement la *grandeur* de ces deux objets, c'est-à-dire ce qu'ils peuvent comporter de grandiose. C'est ainsi que Kant rassemble toutes ces espèces particulières de sentiments sous le genre commun de *sentiment du sublime*. Plus précisément, ce sentiment du sublime ne peut être inspiré que par l'évaluation d'une grandeur *incom-*

---

210. KANT, *Ibid.*
211. KANT, *Critique de la raison pratique*, Ak V, 161 ; trad. fr. Pléiade t. 2, p. 802.
212. KANT, *Critique de la raison pratique*, Ak V, 161 ; trad. fr. Pléiade t. 2, p. 801-802.

parable et qui, à ce titre, peut être appelée *immense* (au sens strict) ou même *infinie* et *absolue*.

Or, ce n'est pas à une analytique du sublime qu'il convient de se livrer ici, mais plutôt à l'élucidation des conditions de possibilité et de la signification d'une *évaluation esthétique* de la grandeur *infinie* réellement distincte de l'*évaluation logico-mathématique* à laquelle nous avions été confrontés précédemment. Nous pourrons alors saisir en quel sens l'intuition esthétique de l'*immensité* et d'une *prodigieuse force* insurmontable peuvent être pour nous l'occasion d'une « subreption » (comme dit Kant) où le sentiment du sublime nous fait entrevoir et espérer un pont entre le fini et l'infini, ainsi qu'entre l'intuition sensible et les Idées de la raison.

Dans l'*Analytique du sublime*, Kant se sert de l'*évaluation logico-mathématique* de la grandeur pour faire ressortir ce que l'*évaluation esthétique* peut présenter d'original et de spécifiquement différent notamment dans le cas de ce qui est considéré comme « absolument grand ». C'est ainsi du moins que Kant commence par donner une définition nominale du sublime : « Nous nommons *sublime* ce qui est *purement et absolument grand < was schlechthin groß ist >*[213]. » Aussitôt s'empresse-t-il de préciser que ce n'est pas la même chose de dire « que quelque chose est *simplement (simpliciter)* grand [...], que de dire que c'est *purement et simplement grand (absolute, non comparative magnum)*[214] ». Toute la suite de l'analyse est ordonnée à partir de deux distinctions fondamentales : entre grandeur logico-mathématique (*quantitas*) et grandeur esthétique (*magnitudo*), puis à l'intérieur de cette dernière entre le *simpliciter magnum* et l'*absolute magnum*. Ce qui permet à Kant de repréciser le sens de sa définition nominale : « Il s'agit *ici de ce qui est grand au-delà de toute comparaison < was über Vergleichung groß ist >*[215]. » Ce qui caractérise l'évaluation logico-mathématique, c'est précisément la comparaison des grandeurs au moyen de la *mesure* pour déterminer *combien* une chose est grande. Dans

---

213. Kant, *Critique de la faculté de juger*, § 25, Ak V, 248 ; trad. fr. Pléiade t. 2, p. 1014.

214. Kant, *Ibid*. C'est Kant qui souligne.

215. Kant, *Ibid*.

cette activité métrologique, l'entendement fournit les concepts numériques qui permettent de ramener à l'unité une multiplicité homogène. Comme la philosophie théorique l'avait clairement montré au niveau des « jugements déterminants » :

> « Dans la composition < *Zusammensetzung* > nécessaire à la représentation de la grandeur, l'imagination progresse d'elle-même jusqu'à l'infini < *ins Unendliche* > sans rencontrer d'obstacle ; mais l'entendement la guide grâce à des concepts numériques auxquels elle doit donner leur schème[216]. »

Au niveau de l'évaluation logique, on ne peut aboutir qu'à un concept relatif de la grandeur < *quantitas* >, car elle ne présente la grandeur que par comparaison avec d'autres grandeurs de même espèce. Certes, cette comparaison s'appuie sur deux opérations de l'imagination :

> « L'*appréhension* < *Auffassung* > et la *compréhension* < *Zusammenfassung, comprehensio aesthetica* >. L'appréhension ne pose pas de problème, car avec elle on peut aller jusqu'à l'infini ; mais la compréhension devient toujours plus difficile à mesure que l'appréhension progresse et elle parvient vite à son maximum c'est-à-dire à la mesure esthétique fondamentale, la plus grande dans l'évaluation de la grandeur. [...] Tandis que l'imagination progresse dans l'appréhension d'autres représentations, la compréhension en perd autant d'un côté qu'elle en gagne de l'autre ; il y a ainsi dans la compréhension un maximum que l'imagination ne peut dépasser[217]. »

Autrement dit, si l'on demande à l'imagination, guidée par les concepts numériques de l'entendement, de fournir une évaluation mathématique d'une grandeur infinie, bien qu'elle soit capable de poursuivre l'appréhension successive de cette grandeur à l'infini, ce qui lui fait défaut, c'est la *Zusammenfassung*,

---

216. KANT, *Critique de la faculté de juger*, § 26, Ak V, 253 ; trad. fr. Pléiade t. 2, p. 1021-1022. Traduction rectifiée par nos soins : il s'agit de schèmes et non de schémas.

217. KANT, *Critique de la faculté de juger*, § 26, Ak V, 251-252 ; trad. fr. Pléiade t. 2, p. 1019.

la « *compréhension* [esthétique] dans une intuition de la pluralité[218] ». Cette intuition devrait être complète, achevée, et la raison réclame « une *présentation* pour chacun des éléments d'une série numérique croissante y compris même pour l'infini (l'espace et le temps écoulés)[219] ». Or, l'imagination, en tant que faculté de synthèse, est limitée et parvient à son maximum. C'est une véritable impasse pour l'imagination, car elle possède en elle-même « un effort pour progresser vers l'infini[220] », mais cet effort ne peut jamais aboutir à une saisie englobante de l'infini puisque d'une part ce qui est infini n'a pas de terme ultime, et que d'autre part la capacité de compréhension de l'imagination est limitée. D'où une certaine sorte de « désarroi < *Bestürzung* > », d'« embarras < *Verlegenheit* >[221] », c'est-à-dire un état aporétique où « l'imagination atteint alors son maximum ; dans l'effort pour en repousser les limites, elle retombe en elle-même[222] ».

Tout aurait pu en rester là si Kant s'en était tenu à une conception potentialiste de l'infini comme le voulait la tradition péripatéticienne qui permettait de satisfaire les mathématiciens d'alors. Or, pour Kant, le véritable problème est de « pouvoir penser l'infini comme un *tout*[223] », c'est-à-dire, un infini existant en acte. Or, l'*évaluation logico-mathématique* ne peut s'élever à la compréhension de l'infini comme un tout, car :

> « Il faudrait une compréhension qui donnerait pour unité une mesure qui aurait avec l'infini un rapport déterminé qu'on pourrait exprimer par des nombres – ce qui est impossible[224]. »

218. KANT, *Critique de la faculté de juger*, § 26, Ak V, 254 ; trad. fr. Pléiade t. 2, p. 1022.

219. KANT, *Ibid.*

220. KANT, *Critique de la faculté de juger*, § 25, Ak V, 250 ; trad. fr. Pléiade t. 2, p. 1017 : « *Ein Bestreben zum Fortschritte ins Unendliche.* »

221. KANT, *Critique de la faculté de juger*, § 26, Ak V, 252 ; trad. fr. Pléiade t. 2, p. 1020.

222. KANT, *Ibid.*

223. KANT, *Critique de la faculté de juger*, § 26, Ak V, 254 ; trad. fr. Pléiade t. 2, p. 1023.

224. KANT, *Ibid.*

Kant ne perd pas de vue que l'infini, tout comme le sublime, « est purement et simplement grand (*absolute, non comparative magnum*)[225] ». Ainsi, toute comparaison devient impossible et vaine, car les concepts comparatifs < *Vergleichungsbegriffe* > de l'entendement voient l'évaluation logico-mathématique frappée de nullité dans sa tentative pour déterminer numériquement la grandeur infinie. C'est du reste en ce sens que Kant déclare : « Par rapport à l'infini, tout le reste (des grandeurs de même genre) est petit[226]. »

Il reste à savoir comment nous pouvons parvenir à « penser l'infini comme un tout » sans contradiction. À première vue, cela semble impossible étant donné, d'une part, que tout concept numérique est par essence comparatif et ne permet pas de concevoir une grandeur absolue, et surtout que, d'autre part, il est contradictoire de se représenter l'infini comme un tout achevé puisqu'il est par définition illimité. La notion de Maximum ne saurait être d'aucun secours à l'évaluation mathématique de la grandeur, car « l'empire < *Macht* > des nombres s'étend à l'infini[227] ».

Pour Kant, l'exigence de totalité, d'achèvement, de perfection que nous avons lorsque nous « pensons l'infini comme un tout sans tomber sous le coup de cette contradiction » provient des Idées de notre raison, c'est-à-dire d'une « faculté de l'esprit dépassant toute mesure des sens [...] une faculté qui soit elle-même suprasensible[228] ». La contradiction disparaît du fait que l'*infini* peut être pensé comme un *tout* s'il n'est pas constitué à partir d'un « progrès < *Fortgang* > », d'un processus, d'une synthèse successive de l'unité pour le mesurer. Cette grandeur infinie est pensée comme *inconditionnée*. Or, nous avons

225. KANT, *Critique de la faculté de juger*, § 25, Ak V, 248 ; trad. fr. Pléiade t. 2, p. 1014.
226. KANT, *Critique de la faculté de juger*, § 26, Ak V, 254 ; trad. fr. Pléiade t. 2, p. 1023.
227. KANT, *Critique de la faculté de juger*, § 26, Ak V, 251 ; trad. fr. Pléiade t. 2, p. 1019.
228. KANT, *Critique de la faculté de juger*, § 26, Ak V, 254 ; trad. fr. Pléiade t. 2, p. 1023.

appris, grâce à la première *Critique*, qu'il est illégitime, du moins pour nous, d'appliquer au Monde (entendu comme l'ensemble des phénomènes) l'Idée transcendantale de l'absolue totalité, « laquelle n'a de valeur que comme condition des choses en soi[229] ». Pas plus qu'elle ne provient du sensible, l'Idée transcendantale de l'absolue totalité ne saurait s'y appliquer. Ainsi, un abîme insondable sépare nos Idées transcendantales du règne de l'intuition sensible, règne dans lequel on ne saurait trouver aucune représentation qui puisse convenir à l'infinité exigée de l'Idée. Le sentiment du sublime lui-même naît de cette opposition, voire du conflit, entre notre *imagination* « qui possède un effort pour progresser à l'infini » et notre *raison* en tant « qu'exigence de totalité absolue considérée comme une Idée réelle[230] » :

> « Il s'agit du sentiment que nous possédons une raison pure autonome < *selbständige* >, ou une faculté d'évaluer la grandeur, dont l'excellence n'est révélée par rien d'autre que l'insuffisance de cette faculté [*i. e.* l'imagination], elle-même pourtant sans limite < *unbegrenzt* > lorsqu'elle présente des grandeurs (d'objets sensibles)[231]. »

Ce conflit de nos facultés engendre un sentiment de peine qui n'est pourtant qu'une médiation indispensable vers la joie que nous procure la conscience de posséder quelque chose d'illimité dans notre faculté de raison, « autrement dit, l'Idée d'un Tout absolu[232] ».

Est-ce à dire que puisque le sentiment du sublime réside dans l'esprit de celui qui se livre à une *évaluation esthétique* de la grandeur (*magnitudo*), aucune présentation ou exhibition d'un objet sensible ne puisse être dite sublime en raison de son insuffisance par rapport à l'Idée de totalité absolue ? Sur ce point, Kant est à la fois très ferme et très subtil. En effet, il écrit d'une part :

229. Kant, *Critique de la raison pure*, Ak III, 349 ; trad. fr. Pléiade t. 1, p. 1151.
230. Kant, *Critique de la faculté de juger*, § 25, Ak V, 250 ; trad. fr. Pléiade t. 2, p. 1017.
231. Kant, *Critique de la faculté de juger*, § 27, Ak V, 258 ; trad. fr. Pléiade t. 2, p. 1028.
232. Kant, *Critique de la faculté de juger*, § 27, Ak V, 259-260 ; trad. fr. Pléiade t. 2, p. 1029.

« Ce qui est véritablement sublime doit être recherché seulement dans l'esprit de celui qui juge, et non dans l'objet de la nature[233] » ; mais il avait cependant affirmé d'autre part : « La nature est donc sublime dans ceux de ses phénomènes dont l'intuition implique l'Idée de son infinité[234]. » Entre ces deux formules, il n'y a point de contradiction, car la nature offre certains spectacles qui ne sont en fait pour nous que des occasions de déterminer notre esprit à penser négativement l'infinité. Autrement dit, le rapport de la nature avec le sublime est *indirect* et *négatif*.

L'exemple magistral que Kant a choisi pour illustrer le cheminement de l'évaluation esthétique de l'infini en grandeur (qu'il appelle sublime mathématique) est justement d'ordre *cosmologique* puisqu'il le désigne par l'expression d'« édifice universel < *Weltgebäude* >[235] » que l'on pourrait traduire par « édifice cosmique ». Kant part en effet de l'intuition d'une grandeur perceptive donnée (l'arbre) pour s'orienter peu à peu vers le spectacle cosmique en s'élevant progressivement vers une grandeur immense, qui n'est pas sans rappeler la perspective de la *Théorie du ciel* où pullulaient les nébuleuses que Kant considère toujours comme des voies lactées :

> « Un arbre, évalué d'après une échelle humaine, donne à tout le moins un critère de mesure pour une montagne, et si celle-ci avait environ un mille de haut, elle peut être utilisée comme unité du nombre qui correspond au diamètre terrestre pour en donner l'intuition ; le diamètre terrestre peut servir pour le système planétaire que nous connaissons, celui-ci pour la Voie lactée, et la multitude incommensurable de tels systèmes comparables à la Voie lactée, appelées nébuleuses, formant sans doute à leur tour un semblable système, ne nous permettent pas d'espérer ici la moindre limite[236]. »

---

233. KANT, *Critique de la faculté de juger*, § 26, Ak V, 256 ; trad. fr. Pléiade t. 2, p. 1025.

234. KANT, *Critique de la faculté de juger*, § 26, Ak V, 255 ; trad. fr. Pléiade t. 2, p. 1023.

235. KANT, *Critique de la faculté de juger*, § 26, Ak V, 256 ; trad. fr. Pléiade t. 2, p. 1025.

236. *Ibid.*

En outre, lorsqu'il s'agit de préciser quel doit être l'aspect général des objets qui nous inspirent le sentiment du sublime, Kant fait état d'objets « informes pour autant qu'y soit représentée cette absence de délimitation [...] et que, néanmoins, on puisse de surcroît penser la totalité de l'objet[237] ». En multipliant ses exemples, Kant précise que ce que certains spectacles naturels nous offrent à contempler, ce sont des cas de grandeur démesurée et de force insurmontable par rapport à notre être empirique, c'est-à-dire des cas d'*incommensurabilité* qui nous rappellent : 1°) que le sensible est toujours insuffisant pour fournir aux Idées transcendantales leur présentation adéquate à tel point que « la Nature s'efface devant les Idées de la raison[238] » ; 2°) que la Nature sensible nous fait penser à un « substrat suprasensible » qui « permet de juger *sublime* non point tant l'objet que la disposition de l'esprit qui évalue cet objet[239] ». Tout se passe comme si les spectacles naturels que nous estimons sublimes n'avaient pour seule fonction que de nous rendre intuitionnable, « par une certaine *subreption*[240] », la grandeur incomparable de notre destination suprasensible.

Ce qui nous semble tout à fait remarquable, en définitive, c'est qu'il s'établit une sorte de passage et même de va-et-vient entre le *sensible* et l'*Idée*, entre ce qui ne nous est donné que de façon conditionnelle, partielle, fragmentaire et ce que nous pensons comme un tout infini et inconditionné. Ce passage est *indirect*, car il s'opère grâce à la médiation d'une analogie qui fonctionne comme *hypotypose symbolique*[241]. Sous ce terme

237. KANT, *Critique de la faculté de juger*, § 23, Ak V, 244 ; trad. fr. Pléiade t. 2, p. 1010.
238. KANT, *Critique de la faculté de juger*, § 26, Ak V, 257 ; trad. fr. Pléiade t. 2, p. 1026.
239. KANT, *Critique de la faculté de juger*, § 26, Ak V, 255-256 ; trad. fr. Pléiade t. 2, p. 1024.
240. KANT, *Critique de la faculté de juger*, § 27, Ak V, 257 ; trad. fr. Pléiade t. 2, p. 1026. Pour la définition de ce terme de *subreption*, cf. note 221, p. 310.
241. KANT, *Critique de la faculté de juger*, § 59, Ak V, 351-352 ; trad. fr. Pléiade t. 2, p. 1142-1143 : « Les symboles [procèdent] au moyen d'une analogie [...] dans laquelle la faculté de juger mène une double entreprise qui est d'abord

d'*hypotypose* emprunté au vocabulaire technique de la rhétorique, Kant entend :

> « Le transfert < *Übertragung* > de la réflexion sur un objet de l'intuition à un tout autre concept, auquel peut-être ne peut jamais correspondre directement une intuition[242]. »

Cela ne veut pas dire qu'entre certains objets intuitionnables et des « objets » suprasensibles il peut exister une similitude de rapports (comme c'est le cas chez Platon), mais plutôt qu'il y a similitude entre *les règles de la réflexion* sur les objets sensibles et sur les objets suprasensibles. Chez Kant, nous restons au niveau d'une métaphysique de la pensée, non d'une ontologie proprement dite.

Nous devons simplement comprendre que dans le cas de l'évaluation esthétique du grandiose (qui comporte un Maximum que l'imagination ne peut dépasser) les règles de la réflexion se comportent de la même façon que lorsqu'il s'agit de « penser l'infini comme un tout ». Devant l'immensité indéterminée des vastes profondeurs du ciel étoilé, comment ne pas penser à l'Idée d'un infini qui comprend tout en lui ? Mais laissons le dernier mot à Kant :

> « C'est précisément dans l'inadéquation de la nature aux Idées, donc uniquement dans le fait de les présupposer, et de l'effort fourni par l'imagination afin de traiter la nature comme un schème pour elles, que réside ce qui effraie la sensibilité mais du même coup l'attire néanmoins : car c'est bien une violence qu'exerce la raison sur la sensibilité dans le seul but d'étendre la sensibilité à la mesure de son propre domaine (pratique), et de lui permettre de regarder vers l'infini qui, pour elle, est un abîme[243]. »

d'appliquer le concept à une intuition sensible, et ensuite d'appliquer la simple règle de la réflexion sur cette intuition à un objet tout à fait autre, dont le premier n'est que le symbole. »

242. Kant, *Critique de la faculté de juger*, § 59, Ak V, 352-353 ; trad. fr. Pléiade t. 2, p. 1143. Traduction modifiée par nos soins, car nous préférons traduire « *Übertragung der Reflexion* » par « transfert de la réflexion » plutôt que par transmission de la réflexion adopté par la Pléiade.

243. Kant, *Critique de la faculté de juger*, § 29, Ak V, 265 ; trad. fr. Pléiade t. 2, p. 1036.

LE RETOUR DE KANT À LA « COSMOTHÉOLOGIE » INFINITISTE
DANS SON *OPUS POSTUMUM*

Dans la mesure où Kant n'a plus rien publié sur la cosmologie depuis la seconde édition de la première *Critique,* on pourrait s'imaginer qu'il a désormais délaissé cette question, ou, qui pis est, qu'il a même renié la *Théorie du ciel* de sa jeunesse. Or, si l'on commence par examiner attentivement sa correspondance, on découvre que Kant tient toujours fermement à sa conception de la Voie lactée ainsi qu'à sa théorie des univers-îles, comme il tint à le préciser à son ami le mathématicien Gensichen qui réédita en 1791 le texte même de la *Théorie du ciel.* L'essentiel de la lettre précisait, si l'on écarte ce qui concerne la formation de l'anneau de Saturne et le calcul de son temps de rotation :

> « Afin d'accorder le crédit qui revient en propre à chacun de ceux qui ont contribué à l'histoire de l'astronomie, je souhaite que vous ajoutiez un appendice à votre ouvrage[244] pour expliquer combien mes modestes conjectures personnelles diffèrent de celles des théoriciens ultérieurs.
>
> 1°) La conception de la Voie lactée comme système de soleils en mouvement analogue à notre système planétaire, je l'ai exposée six ans avant que Lambert ne publie une théorie similaire dans ses *Lettres cosmologiques.*
>
> 2°) L'idée que les nébuleuses sont comparables à des Voies lactées lointaines n'a pas été hasardée par Lambert (quoique Erxleben le soutienne dans ses *Anfangsgründe der Naturlehre* page 540, même dans sa nouvelle édition), puisqu'il les prenait pour des corps obscurs (au moins l'une d'entre elles), éclairés par des soleils voisins[245]. »

244. Cet ouvrage rassemblait des écrits de HERSCHEL et de KANT, à savoir : *W. Herschel, Sur la Constitution du ciel, trois mémoires traduits par G. M. Sommer,* avec un précis authentique de l'*Histoire générale de la nature et théorie du ciel de Kant,* Königsberg, chez F. R. Nicolovius, 1791. Le texte de Kant figure de la p. 163 à 200.

245. KANT, lettre à Johann Friedrich Gensichen du 19 avril 1791, in Ak, XI, p. 252-253 ; et les *Kant-Studien,* II, 1897, p. 104 *sq.* C'est nous qui traduisons. On trouve des précisions similaires dans la lettre de KANT à l'astronome J. E. Bode du 2 septembre 1790, Ak XI, 203-204 ; trad. fr. in *Correspondance,*

En outre, Kant tient également à sa théorie de la formation des corps célestes qui s'est précisée et même affinée depuis la *Théorie du ciel* et surtout depuis la fin de son article *Sur les volcans lunaires* de 1786. En effet, c'est toujours une réflexion sur la formation de l'anneau de Saturne qui lui sert de fil conducteur pour expliquer de façon générale l'accrétion ou la formation des soleils et de leur cortège de planètes. Le pas que Kant fait au-delà de la *Théorie du ciel* consiste à faire intervenir dans cette explication non seulement l'attraction newtonienne (qui s'exerce à grande distance entre les masses), mais aussi l'attraction et les affinités chimiques qui n'agissent qu'à très courte distance. Il est vrai que notre philosophe vient de découvrir la chimie de Lavoisier et qu'il a désormais compris qu'elle s'est enfin hissée au rang de science, comme nous l'avons vu précédemment. C'est la raison pour laquelle Kant se tient informé régulièrement des découvertes scientifiques de son temps en chimie, au sujet du calorique, de l'éther, etc.

> « L'accord des récentes découvertes avec ma théorie en ce qui concerne la formation de l'anneau de Saturne à partir d'une matière vaporeuse qui se meut selon les lois de la force centripète, semble également soutenir la théorie suivant laquelle les grands corps célestes ont été formés d'après les mêmes lois, hormis le fait que leur propriété de rotation dut être produite originellement par la chute de cette substance diffuse causée par la gravité. L'approbation que M. Lichtenberg apporte à cette théorie lui donne une force accrue. Cette théorie est la suivante : la matière primitive, répandue dans

Paris, Gallimard, 1991, p. 431 : « M. Herschel a découvert pour l'anneau de *h* [Saturne] une rotation axiale de 10 h 22′ 15, et ce à partir de la particule la plus proche du bord interne de cet anneau, cela pourrait venir confirmer ce que je supposais, il y a trente-cinq ans, dans mon *Histoire générale de la nature et théorie du ciel*. [...] La façon dont M. Herschel représente les nébuleuses, c'est-à-dire comme un système en soi lui-même compris dans un système s'accorde à souhait avec ma façon de les exposer jadis in *Op. cit.*, p. 14, 15 ; ce doit être un trou de mémoire de M. Erxleben que d'attribuer, dans sa physique, cette pensée à M. Lambert qui serait le premier à l'avoir eue, alors que ses *Lettres cosmologiques* sont parues six ans après mes écrits, et que je ne parviens même pas, malgré toutes mes recherches, à y trouver ce type de représentation. »

l'Univers sous forme de vapeurs, contenait les matériaux nécessaires à une variété innombrable de substances. À l'état élastique, elle prit la forme de sphères produites simplement par l'affinité chimique des particules qui se rencontraient selon les lois de la gravitation, en détruisant leur élasticité réciproquement et en constituant ainsi des corps. La chaleur inhérente à ces corps suffisait à produire l'éclat lumineux qui est propre aux plus grandes sphères (les soleils) tandis qu'elle se réduisait à la chaleur interne des sphères plus petites (les planètes)[246]. »

Quelques années plus tard, vers 1795-1796, Kant commença la rédaction d'un ouvrage très important, consacré à la « science du passage [de la Métaphysique de la nature à la physique] », dont il disait lui-même à ses amis (entre autres à son biographe Borowski) qu'il allait être « son chef-d'œuvre » et qu'il occuperait ses dernières années de travail. Toutefois, l'on sait grâce à sa correspondance que Kant avait déjà commencé à faire des recherches sur cette question depuis 1790, mais que c'est la nécessité d'achever en priorité la philosophie pratique et celle de la religion qui l'a détourné quelque temps de ce vaste projet. Le manuscrit inachevé, et même encore à l'état de brouillon, que Kant laissa après sa mort en 1804, compte plus de mille deux cents pages dans l'édition de l'Académie de Berlin (1936-1938). Nombreux sont les passages où Kant se livre à des considérations physico-cosmologiques et cosmothéologiques, mais il serait extrêmement téméraire de notre part de prétendre pouvoir extraire de ces diverses liasses passablement décousues une nouvelle présentation de sa cosmologie et de tout nouveaux développements sur la question de l'infinité cosmique. Nous essayerons, plus modestement, de donner quelques indications sur les derniers développements cosmologiques de Kant, en gardant une certaine réserve au sujet de ses intentions réelles, car il avait formulé le vœu, d'après certains témoignages de l'époque, que son manuscrit soit détruit, comme le rappelle Gerhard Lehmann dans son *Introduction* à l'édition savante de l'*Opus postumum*.

---

246. KANT, lettre à Johann Friedrich Gensichen du 19 avril 1791, Ak XI, p. 253.

*a) Le problème de l'*Übergang *et l'éther illimité*

Il ressort des nombreuses esquisses et rédactions successives que Kant pensait pouvoir réaliser l'*Übergang* (c'est-à-dire le passage ou la transition entre la métaphysique de la nature et la physique) à l'aide du concept d'*éther* qu'il appelait également « *Äther, Elementarstoff, Wärmestoff, Caloricum* ». En effet, l'éther permet de jeter un pont sur l'abîme qui subsistait entre la métaphysique de la nature et la physique :

> « Il y a une matière répandue comme un *continuum* dans le tout de l'espace cosmique, remplissant en les pénétrant de façon uniforme tous les corps (qui n'est par suite soumise à aucun changement de lieu) ; cette matière, qu'on l'appelle éther ou calorique, etc., n'est pas un *élément hypothétique* (pour expliquer certains phénomènes) [...], mais elle peut être reconnue et postulée *a priori* comme une pièce appartenant nécessairement au passage < *Übergang* > des principes métaphysiques de la science de la nature à la physique [247]. »

Comment Kant peut-il démontrer que l'éther possède une réalité objective et non pas une existence simplement hypothétique, puisqu'il ne peut s'appuyer directement sur l'expérience ?

À l'époque de son Mémoire sur le feu, le *De igne* de 1755, l'existence de l'éther ne concernait que des questions de physique, tandis qu'à l'époque critique, dans les *Premiers Principes métaphysiques de la science de la nature* de 1786, Kant lui conférait une valeur purement méthodologique en ce sens qu'il permettait de consolider la *philosophie dynamique de la nature* en évitant le concept d'espace vide, pourtant indispensable à la *philosophie mécaniste de la nature* :

---

247. KANT, *Opus postumum*, Ak XXI, 218 ; trad. fr. Marty, Paris, PUF, 1986, p. 56. Cf. aussi *Op. cit.*, Ak XXI, p. 594. Dans un autre passage, KANT traduit en latin cette formule qui exprime si bien l'intention générale de l'*Opus postumum*, cf. Ak XXII, 519-520 ; trad. fr. Marty, Paris, PUF, 1986, p. 116 : « *Transitus, a metaphysicis principiis ad physicam principia mathematica.* » On notera au passage que le latin de Kant n'est pas tout à fait correct, car il ne s'est sûrement pas relu.

« On ne trouverait pas impossible de concevoir une matière (telle qu'on se représente par exemple l'éther) qui remplirait tout son espace sans aucun vide [...]. Dans l'éther on doit concevoir la force répulsive comme infiniment plus grande, par rapport à la force attractive, que dans toutes les autres matières connues de nous[248]. »

Ce concept d'éther est concevable, mais il échappe à l'expérience, tout comme celui d'espace vide.

En revanche, dans l'*Opus postumum*, le concept d'éther ou de calorique n'assume plus un rôle en physique ni en méthodologie, mais uniquement un rôle *transcendantal* pour assurer le passage < *Übergang* > des principes métaphysiques de la science de la nature à la physique. La démarche de Kant consiste à poser apagogiquement que l'éther est : ce sans quoi le tout de l'expérience serait impossible. En effet, toute expérience est produite par l'affection qu'occasionnent sur notre réceptivité les « forces motrices de la matière » (ainsi s'exprime le dernier Kant[249]) ; or, ces forces motrices seraient purement et simplement impossibles en l'absence de l'éther[250]. L'éther, dans l'*Opus postumum*, assume en quelque sorte le statut de *postulat* de la raison pure théorique et même davantage, puisqu'il peut même être considéré comme ayant une existence nécessaire sur le plan transcendantal.

Ces considérations sur l'éther ont été soulevées au départ à propos du problème du vide et de l'unité des forces fondamentales. En effet, le vide n'a pas de place *a parte subjecti* dans l'expérience, puisqu'il n'y a pas de hiatus ni de saut dans celle-ci (*in mundo, non*

248. Kant, *Premiers Principes métaphysiques de la science de la nature*, 1786, II, *Dynamique*, Remarque générale, Ak IV, 534 ; trad. fr. Pléiade t. 2, p. 453. Cf. aussi, *Op. cit.*, IV, *Phénoménologie*, Ak IV, 564 ; trad. fr. Pléiade t. 2, p. 491.

249. Kant, *Opus postumum*, Ak XXII, 359 ; trad. fr. Marty, Paris, PUF, 1986, p. 90 : « La physique est la science (*systema doctrinale)* du complexe (*complexus)* de la connaissance empirique des perceptions, comme des forces motrices de la matière, affectant le sujet, en tant que, liées en un tout absolu, elles constituent un système nommé expérience. »

250. Kant reconnaît que cette preuve a quelque chose d'étrange, mais qu'elle est pourtant hors de doute, cf. *Op. cit.*, Ak XXI, 221-226.

datur hiatus, non datur saltus)[251]. Donc, ce que nous prenons pour du vide < *nihil negativum* > doit être rempli par l'éther. Il aurait été absurde de poser que l'espace en tant que forme *a priori* de l'intuition externe puisse être vide, c'est-à-dire qu'elle aurait coordonné du néant. En fait, l'espace que nous intuitionnons comme vide est rempli par l'éther qui rend ainsi possible toute expérience et « rend sensible » l'espace pur, puisque ce dernier n'aurait été sans cela qu'une simple forme vide. Kant est parfaitement conscient qu'il passe de l'espace comme forme *a priori* de la sensibilité (dont le statut est subjectif et *transcendantal*) à l'espace *physique* objectif et qu'il sort du cadre de la première *Critique*. D'où la note que Kant a jugé nécessaire d'ajouter :

> « L'espace représenté simplement comme forme *subjective* de l'intuition des objets externes n'est aucunement un objet externe et dans cette mesure, ni *plein* ni *vide* (prédicats qui appartiennent aux déterminations de l'objet, dont il est fait ici abstraction). Mais l'espace comme *objet* de l'intuition externe est ou l'un ou l'autre. Comme le non-être d'un objet de la perception ne peut pas être perçu, l'espace vide n'est pas un objet d'expérience possible[252]. »

Ce *medium* qu'est l'éther transmet la lumière, la chaleur et le froid ; il est même une sorte d'intermédiaire entre les individus[253].

Pour en revenir à la cosmologie, *l'éther* ou *le calorique*, qui unifie la diversité des phénomènes en une sorte de matière première, s'étend à l'infini puisqu'il est lui-même « répandu de façon constante et illimitée dans l'espace[254] ». Nous savions déjà depuis la première *Critique* que l'espace et le temps sont infinis[255], mais à présent, nous apprenons que *l'éther* répandu

---

251. KANT, *Critique de la raison pure*, Ak III, 194-195 ; Pléiade t. 1, p. 960-961.

252. KANT, *Opus postumum*, Ak XXI, 552 ; trad. fr. Marty, Paris, PUF, 1986, p. 71.

253. KANT, *Opus postumum*, Ak XXI, p. 560.

254. KANT, *Opus postumum*, Ak XXII, 551 ; trad. fr. Marty, Paris, PUF, 1986, p. 71.

255. L'*Opus postumum* y revient souvent avec insistance, cf. par exemple : Ak XXII, 11-13, 16. Toutefois, Kant affirme explicitement qu'il est impossible de prouver expérimentalement que l'espace est infini, car il n'y a pas d'expérience de l'infini, cf. Ak XXII, 474-476 ; PUF, p. 100-102.

dans l'espace cosmique infini est lui-même *illimité*. En effet, de par sa propre nature, l'éther possède des propriétés (classées en fonction des catégories) qui fondent son illimitation : il est impondérable (quantité), incoercible (qualité), incohésible (relation), et inexhaustible (modalité). L'incoercibilité ou l'incompressibilité de l'éther vient de ce que rien ne peut s'opposer à son extension puisqu'il pénètre tous les corps. L'inépuisabilité de l'éther, tant par division que par composition, implique également son *infinité*. C'est également le cas de son incohésibilité qui découle de son caractère *répulsif* qui le pousse à se répandre partout[256]. Autrement dit, l'infinité de l'éther est prouvée à partir du fait que rien dans le Monde ne saurait le contenir pour l'enfermer dans des limites. Or, comme tout ce qui existe dans l'espace et le temps est plongé dans l'éther, il s'ensuit que l'Univers est infini :

> « Il y a un monde, un espace, un temps, et si on parle d'espaces et de temps, ceux-ci ne sont pensables que comme parties d'un espace et d'un temps. Ce tout est infini, c'est-à-dire aucune limite du divers en lui n'est possible comme limitation *réelle* < *real* >, car autrement le vide serait un objet sensible[257]. »

L'argumentation est curieuse, car elle reprend en termes *physiques* cette fois certaines démonstrations de l'antithèse qui figuraient dans la *Dialectique* avec un statut transcendantal. En outre, le vocabulaire de Kant manque un peu de stabilité, car il appelle tantôt ce Tout : l'*Univers*, tantôt : le *Monde*. Il avait pourtant pris soin de préciser correctement que l'*Univers est infini* et qu'il contient une *pluralité infinie de mondes* :

> « Il y a un Dieu et un *Universum*. La totalité, *Pluralitas mundorum*, n'est pas *universorum (contradictio in objecto)*. Dieu, le monde et la volonté libre de l'être raisonnable dans le monde. Tous sont infinis[258]. »

256. Cf. KANT, *Opus postumum*, Ak XXI, 215 ; trad. fr. Marty, Paris, PUF, 1986, p. 14-15.

257. KANT, *Opus postumum*, Ak XXII, 49 ; trad. fr. Marty, Paris, PUF, 1986, p. 184.

258. KANT, *Opus postumum*, Ak XXI, 37 ; trad. fr. Marty, Paris, PUF, 1986, p. 224 ; cf. aussi Ak XXI, 33 ; PUF, p. 221.

Il est clair que lorsque Kant emploie le terme de Monde en tant qu'Idée transcendantale totalisatrice et ultime, il pense avant tout à l'*Univers*. C'est donc par synecdoque que le monde peut désigner l'Univers[259].

b) La cosmothéologie transcendantale ou les deux infinis

C'est précisément le caractère englobant et totalisant des Idées d'Univers et de Dieu qui permet à Kant d'établir une sorte de parallèle entre ces deux objets de la philosophie transcendantale, parce que l'un comme l'autre font intervenir en pensée l'Idée de *Maximum* et d'*infinité* :

> « *Dieu* et le *monde* [...] les deux sont un maximum, l'un d'après le degré (qualitativement), l'autre d'après ce qu'il comprend d'espace (quantitativement), de façon déterminée, l'un comme objet de la raison pure, l'autre comme objet sensible. Tous deux sont infinis ; le premier comme grandeur du phénomène dans l'espace et le temps, le second d'après le degré (*virtualiter*) comme activité sans limite, en ce qui regarde les forces (grandeur mathématique ou dynamique des objets sensibles). L'un comme *chose en soi* ou *phénomène*[260]. »

Bien que la rédaction ne soit pas toujours rigoureuse, ce passage en dit long sur l'évolution de Kant. Certes, du point de vue définitionnel, on ne trouve rien de surprenant par rapport à la première *Critique*, surtout en matière de théologie. En revanche, on est très surpris de voir que notre philosophe ne fait plus aucune difficulté pour affirmer l'infinité de l'Univers[261]. Il semble avoir oublié toutes

---

259. Les linguistes appellent « synecdoque » (ou même une métonymie) la figure du discours qui prend la partie pour le tout.

260. KANT, *Opus postumum*, Ak XXI, 11 ; trad. fr. Marty, Paris, PUF, 1986, p. 197. Cf. aussi, Ak XXII, 54 ; PUF, p. 188. Le traducteur (François Marty) reconnaît (p. 343 dans la note 438) que la fin de ce passage est obscur.

261. KANT, *Opus postumum*, Ak XXI, 35 ; trad. fr. Marty, Paris, PUF, 1986, p. 222 : « Le monde *universum*. Si le monde a des limites, cela revient à se demander si l'espace a des limites ; car celui-ci ne peut être désigné par aucun objet déterminant les sens. [...] S'il s'agit de *mondes*, ce ne sont que des *masses*,

les réserves de l'*Antinomie* et pour mieux comprendre l'*infinité actuelle* de l'Univers, il la compare à celle qu'implique l'idée de Dieu (tout en distinguant le plan de la *qualité* et celui de la *quantité*). Ce qui compte désormais en cosmologie, ce n'est plus l'idée de *série*, mais celle de *totalité*. Aussi, le Monde pris comme un *Maximum*, c'est-à-dire comme une *totalité infinie*, ne saurait être conçu autrement qu'existant *en acte*, du moins en ce qui concerne son étendue spatiale, sinon nous n'aurions pas affaire à une véritable totalité achevée. De même si le Monde n'était qu'une totalité close (ou finie) existant en acte, nous n'aurions pas affaire à un *Maximum*. Ce qui est nouveau dans le parallèle que notre philosophe établit ici, c'est qu'il n'est pas induit par une sorte de relation d'expression, (comme c'était encore le cas de la tradition métaphysique selon laquelle la grandeur du Monde exprime nécessairement la gloire de Dieu) : il découle d'une simple comparaison entre les déterminations des deux Idées. Ces réflexions qui pensent conjointement Dieu et l'Univers – sans jamais les confondre – relèvent de ce que Kant appelle la « cosmothéologie transcendantale[262] ». Or, tout se passe comme si notre philosophe était resté, toute sa vie durant, indéfectiblement attaché à l'*infinité de l'Univers*, du moins telle est notre conjecture. Toutefois, il nous semble que si Kant avait écarté *momentanément* l'affirmation de l'infinité de l'Univers, à l'époque de la publication des trois *Critiques*, c'est au moins pour deux raisons :

1°) pour éviter les ravages désastreux qu'un certain infinitisme, *mal compris*, pourrait produire dans la morale et la religion, comme nous l'avons vu ;

2°) pour éviter le piège du panthéisme tant décrié à l'occasion du fameux « *Pantheismusstreit* » où Jacobi avait accusé Moïse Mendelssohn et Kant d'être spinozistes.

---

c'est-à-dire des parties limitées de la matière étendue à l'infini, occupant l'espace (*corpora*). »

262. Cf. par exemple, KANT, *Opus postumum*, Ak XXI, 24 ; trad. fr. Marty, Paris, PUF, 1986, p. 210 : « Il n'y a pas *des dieux*, pas davantage que *des mondes*, mais *un Dieu* et *un monde*. Cosmologie transcendantale et *théologie* transcendantale (cosmothéologie). »

Pour étayer notre interprétation, il faut bien reconnaître que si les liasses de l'*Opus postumum* ne sont qu'un vaste chantier, ou plutôt une sorte de laboratoire d'idées, on ne trouve *aucune démonstration de la finité de l'Univers*, ne serait-ce même qu'à titre d'hypothèse destinée à mettre à l'épreuve l'infinitisme des antithèses. On ne rencontre à ce sujet que des mises en garde très importantes afin de ne pas confondre Dieu avec l'Univers, c'est-à-dire des précautions intellectuelles destinées à éviter que l'infinitisme cosmologique ne débouche sur un panthéisme de type spinoziste :

> « La pluralité des mondes (*pluralitas mundorum*) signifie seulement la multiplicité de plusieurs systèmes, dont il peut y avoir une quantité indicible. [...] Dieu n'est pas un *habitant du monde*, mais son *possesseur*. S'il était un habitant du monde (comme être sensible), il serait l'âme du monde qui appartient à la nature[263]. »

La cosmologie infinitiste revient donc en force dans l'*Opus postumum*, car elle semble débarrassée des difficultés qui avaient conduit la première *Critique* à qualifier son objet d'illusion transcendantale. N'oublions pas que Kant a mentionné à maintes reprises dans son dernier travail inédit que le plan général de l'ouvrage devrait être scindé en deux grandes parties principales dont la première serait un *Système des éléments* et la seconde un *Système du monde*, tandis que l'éther serait chargé d'assurer le passage de l'une à l'autre :

> « La matière impondérable, diffuse dans tout l'espace cosmique < *Weltraum* > [...] substance hypothétique [...] constitue le passage < *Übergang* > du système élémentaire < *Elementarsystem* > au système du monde < *Weltsystem* >[264]. »

---

263. KANT, *Opus postumum*, Ak XXI, 30 ; trad. fr. Marty, Paris, PUF, 1986, p. 218. KANT répète cette mise en garde pour réaffirmer la transcendance divine, Ak XXI, 33 ; PUF, p. 220 : « [Dieu] n'est pas l'âme du monde (*anima mundi*), pas un esprit du monde (*spiritus*), pas *demiurgus*, comme maître d'œuvre subordonné. » De même lit-on in Ak XXI, 18 ; PUF, p. 205 : « Non que le monde soit Dieu ou Dieu un être dans le monde (âme du monde). »

264. KANT, *Opus postumum*, Ak XXII, 598. On retrouve la même idée *Op.cit.*, Ak XXI, 359 ; PUF, p. 33 et Ak XXII, 550 ; PUF, p. 70.

Ainsi, la question se pose de savoir quelle était alors la cosmologie que devait exposer cette seconde partie du système de
l'*Übergang*, étant donné que Kant est mort avant d'avoir pu
exposer intégralement son « nouveau » *Weltsystem*. En fait, il
n'est pas sûr qu'il eût intégré le *système du Monde* de Laplace au
sein de sa propre cosmologie, contrairement à ce que prétendait
Charles Andler[265]. Certes, il est vrai que l'on trouve dans l'*Opus
postumum* une mention de l'ouvrage de Laplace de la main même
de Kant : « *La Place Weltsystem*[266] », mais cela n'est pas suffisant
pour pouvoir en conclure qu'il aurait intégré ce dernier dans son
propre système, sans la moindre critique ou la moindre modifica-
tion de l'un ou de l'autre. Une seule chose est sûre, c'est que Kant
conçoit la formation des planètes et des différents corps célestes
dans ses derniers écrits d'une façon analogue à celle qu'il avait
développée dans la seconde partie de la *Théorie du ciel* :

> « Que tous les *corps célestes* qui nous sont connus de notre système
> solaire tournent autour de leur axe du couchant vers le levant [...] ce
> mécanisme résulta dans la formation des planètes, de la matière qui
> forma le soleil lui-même et qui produisit la rotation axiale dans cette
> direction ; mais que les satellites des planètes, en cela, présentent
> toujours la même face à la planète principale, comme la Lune à
> la Terre, et qu'ils accomplissent leur rotation avec la plus extrême
> exactitude, précisément dans le même temps que leur révolution

265. Charles ANDLER et CHAVANNES, *Premiers Principes métaphysiques de
la science de la nature*, Paris, Alcan, 1891, p. LXXXV.
266. KANT, *Opus postumum*, Ak XXI, 625. Ce feuillet a été daté par les spécialistes entre décembre 1798 et janvier 1799. La 1ʳᵉ édition de l'*Exposition du
système du monde* de Laplace est de 1796 et la seconde de 1799. Kant a pu lire
ou parcourir l'*Exposition* de Laplace dans la traduction allemande de Johann Karl
Friedrich Hauff, en deux volumes, parue dès 1797 à Francfort-sur-le-Main chez
Warrentrapp et Wenner : *Darstellung des Weltsystems durch Peter Simon La Place,
Mitglied des französischen Nationalinstitus und Commission wegen der Meereslänge*.
En l'absence de documents, il est impossible de forcer la conjecture. ADICKES
note dans son *Kant als Naturforscher*, Berlin, 1924-1925, t. 2, p. 309, que « Kant
ne défend plus, dans l'*Opus postumum*, toute sa propre cosmogonie ainsi appa-
rentée à celle de Laplace, comme elle est contenue dans la *Théorie du ciel* de
1755 : l'évolution du monde est définitivement abandonnée à la voie du froid ».

périodique [...] cela paraît avoir pour cause efficiente que chaque
satellite a été formé à partir d'un élément comme l'anneau de Saturne,
et l'anneau lui-même à partir des particules d'une atmosphère [...]
qui aboutirent à une surface, dont les particules en partie tombèrent
dans le noyau, en partie se formèrent en lunes, comme satellites et
planètes affiliées[267]. »

La formation de l'anneau de Saturne reste toujours manifestement un modèle épistémologique exemplaire qui permet à Kant
d'expliquer la formation des planètes et des satellites, du système
solaire et même la structure de la Voie lactée et des autres
galaxies. Tout ce qu'il nous importe de relever à présent dans
l'*Opus postumum*, ce sont les différences les plus importantes avec
les vues de la *Théorie du ciel* et avec celles de l'*Antinomie* qui
dénotent ainsi le sens de l'évolution de la pensée kantienne en
matière de cosmologie.

Tout d'abord, il est frappant de voir que Kant respecte toujours
d'assez près les enseignements de l'*Analytique transcendantale*,
tandis qu'il revient longuement sur les objets de la *Dialectique
transcendantale* sans tenir compte véritablement des mises en
garde de l'*Antinomie*[268]. S'il était resté fidèle aux conclusions de
l'*Antinomie*, que signifierait alors l'adoption délibérée du point
de vue *infinitiste* en cosmologie qui revient à maintes reprises
dans les remarques de l'*Opus postumum* ? Ne serait-ce pas plutôt
le signe que Kant a changé de position vis-à-vis du statut même
de la cosmologie ? La forme la plus « affaiblie » de notre interprétation, donc la plus prudente, consisterait à dire que Kant

---

267. KANT, *Opus postumum*, Ak XXII, 5-6 ; trad. fr. Marty, Paris, PUF, 1986,
p. 123-124. Ce texte important remonte à une période qu'ADICKES situe aux
alentours du printemps 1800.

268. On pourrait citer, malgré tout, de très exceptionnelles allusions à l'*Antinomie* qui figurent dans l'*Opus postumum*, bien qu'elles ne fassent pas vraiment
référence à l'Idée cosmologique, mais aux objets transcendants en général, cf.
Ak XXI, 75 ; trad. fr. Marty, Paris, PUF, 1986, p. 289 : « Si la limite de la philosophie transcendantale est franchie, le prétendu principe devient *transcendant* ;
c'est-à-dire l'objet < *Object* > devient un non-être et son concept se contredit
lui-même ; car il franchit la frontière de tout savoir : le mot prononcé est vide
de *sens*. »

revient, simplement à titre d'esquisse ou d'essai, aux développements cosmologiques (*infinitistes*) de l'époque précritique, dans
l'espoir d'y trouver des éléments pour réaliser l'*Übergang*. Or,
même en nous plaçant dans cette perspective « prudente », il est
frappant de constater que Kant lui-même n'affiche aucune clause
de prudence, car il n'hésite pas à affirmer ouvertement non seulement l'*infinité* de l'Univers (ce qui aurait pu n'être qu'une simple
hypothèse de travail), mais en outre son *absoluité*, ce qui devient
inadmissible aux yeux d'un lecteur de la première *Critique*. On
lit en effet dans l'*Opus postumum* :

> « Nous ne pouvons commencer que par la totalité des choses,
> comme unité synthétique absolue (dont le phénomène < *Phänomen* >
> est espace et temps). En elle est possible la détermination complète
> *a priori*, et celle-ci est l'existence du monde. Si on parle de mondes,
> ceux-ci ne sont que des systèmes divers d'un monde dans un tout
> absolu, qui cependant est illimité ; car l'espace vide n'est pas un objet
> < *Object* > des sens, pas une chose (*non est ens*) sans être pourtant
> un non-être (*non ens*), c'est-à-dire quelque chose qui se contre-
> dise[269]. »

Tout se passe comme si le changement fondamental, qui
survient dans la cosmologie de l'*Opus postumum* et qui lui permet
de dépasser à la fois les vues de la *Théorie du ciel* et les réserves
expresses de la première *Critique*, résidait dans l'adoption de
l'*éther* ou du *calorique* qui joue un rôle désormais déterminant
dans l'*Übergang*. L'éther est, en effet, le point d'arrivée de
la philosophie transcendantale, en tant que condition suprême de
la possibilité de l'expérience[270], et le point de départ du système
entier de la physique puisqu'il est le principe universel de tout

---

269. KANT, *Opus postumum*, Ak XXII, 96 ; trad. fr. Marty, Paris, PUF, 1986,
p. 163.
270. KANT, *Opus postumum*, Ak XXII, 554 ; trad. fr. Marty, Paris, PUF, 1986,
p. 74 : « Le calorique est réel parce que son concept (avec les attributs que nous
lui conférons) rend possible l'ensemble de l'expérience, [...] il est immédiatement donné par la raison pour fonder la possibilité de l'expérience même. » Cf.
aussi, Ak XXI, 549 *sq.*, trad. fr. Gibelin, p. 103 : « Le calorique qui pénètre tout
est la première condition de la possibilité de l'expérience. »

mouvement[271] ; c'est donc lui l'interface qui réalise l'*Übergang* et qui permet de passer, comme le dit Kant lui-même, du « système élémentaire au système du monde[272] ». On comprend dès lors pourquoi Kant, qui n'accordait qu'un rôle technique au *calorique* en 1786, à l'époque de son article *Sur les volcans lunaires*, lui accorde désormais une importance *philosophique* fondamentale : il voit en lui le moyen d'achever le système entier de la philosophie transcendantale. Or, il se trouve que l'adoption de l'*éther* ou *calorique* n'est pas sans infléchir quelque peu le sens même de toute la philosophie transcendantale.

En effet, l'éther a un rôle *unificateur* tout à fait comparable (sur le plan physique) à la fonction qu'assurait le sujet transcendantal ou l'« aperception transcendantale » dans le champ de la connaissance, c'est-à-dire une unification formelle par rapport aux représentations et aux fonctions liantes que sont les catégories de l'entendement. De même que le « je pense < *Ich denke* > » est qualifié d'aperception *originaire*, de même le calorique lui aussi est un « élément originaire [...] originairement moteur [...] la base du tout de l'unification des forces motrices de la matière. [...] Cette matière est répandue dans tout l'édifice du monde[273] ». Le calorique constitue ainsi le corrélatif empirique du sujet transcendantal, puisque l'un comme l'autre ne sauraient être « dérivés » et qu'ils confèrent chacun de manière différente une *unité originaire*, respectivement, à la multiplicité des représentations de la conscience ou à la diversité des mouvements de la matière. Kant tient tellement à l'introduction du calorique dans l'*Übergang* qu'il a même songé dans un passage important à en

---

271. KANT, *Opus postumum*, Ak XXII, 224 ; trad. fr. Marty, Paris, PUF, 1986, p. 61 : « La base du tout de l'unification de toutes les forces motrices de la matière est le calorique (à la façon de l'espace hypostasié même, dans lequel tout se meut), le principe la possibilité de l'unité du tout de l'expérience possible. [...] Ainsi cette matière est répandue dans tout l'édifice du monde, et son existence est nécessaire, précisément relativement aux objets des sens. »

272. KANT, *Opus postumum*, Ak XXII, 550 ; trad. fr. Marty, Paris, PUF, 1986, p. 70.

273. KANT, *Opus postumum*, Ak XXI, 223-224 ; trad. fr. Marty, Paris, PUF, 1986, p. 60-61.

faire l'objet d'un théorème qu'il énonce comme suit de manière particulièrement condensée, avant d'en fournir la preuve sur un mode évidemment apagogique :

« Théorème

Les matières originairement motrices présupposent un élément remplissant, en le pénétrant, tout l'espace cosmique, comme condition de la possibilité de l'expérience des forces motrices dans cet espace ; cet élément originaire, pensé non comme hypothétique pour l'explication des phénomènes < *Phänomene* >, mais comme élément catégoriquement démontrable *a priori* pour la raison, est contenu dans le passage des principes métaphysiques de la science de la nature à la physique[274]. »

La preuve *a priori* du théorème consiste à faire valoir, d'une part, que l'idée d'une expérience du mouvement dans un espace vide est inobservable et se réduit à un non-sens ; d'autre part, un mouvement de translation dans un espace plein est impossible. Par conséquent, il faut bien que l'espace physique (ou *matériel*, comme dit Kant) soit un milieu pénétrable pour les corps en mouvement, ce qui ne peut avoir lieu que si ledit espace est rempli d'*éther*, C.Q.F.D… On comprend mieux à présent que le calorique ou l'éther soit un élément qui intéresse à la fois la philosophie (car il vient compléter utilement l'*Esthétique transcendantale* en fournissant un corrélat *objectif* à la forme pure du sens externe : un « espace perceptible[275] ») et la physique (en unifiant la diversité des phénomènes dans un élément primordial et réel, un *continuum* physique qui ne fait plus intervenir de principe immatériel comme c'était encore le cas du « *sensorium Dei* » de Newton et de Samuel Clarke).

Toutefois, dans son théorème, Kant a pris soin de distinguer entre le plan de la *physique* où l'éther n'est admis qu'à titre *hypothétique* pour expliquer les phénomènes et le plan de la *philosophie transcendantale* où son existence est « *catégoriquement* démontrable

---

274. Kant, *Opus postumum*, Ak XXI, 223 ; trad. fr. Marty, Paris, PUF, 1986, p. 60.
275. Kant, *Ibid.*, Ak XXI, 224 ; trad. fr. Marty, p. 61.

a priori pour la raison ». Ces deux modalités distinctes pour l'existence de l'éther sont apparemment paradoxales et nécessitent
une justification précise. Tout d'abord, il est fort compréhensible que l'éther n'ait en physique, c'est-à-dire pris « directement », qu'une valeur hypothétique, puisqu'il échappe à toute
expérimentation possible et sert seulement à unifier les forces
motrices en tant qu'il pourrait bien être leur fondement originaire.
Toutefois, Kant reconnaît que l'éther ne possède pas en lui-même
les propriétés qu'il confère aux phénomènes qu'il permet
d'expliquer : il rend compte de l'*élasticité* sans être lui-même
élastique, de même pour les phénomènes de *cohésion* bien qu'il
ne soit pas cohésible, de même pour la *fluidité*, etc. On comprend
en ce sens que Max Planck ait affirmé bien plus tard à ce sujet
que l'éther a été véritablement « l'enfant de chagrin de la théorie
mécanique[276] », car toutes les déterminations que la philosophie
mécanique a tenté de donner à l'éther étaient malheureusement
contradictoires. Kant est donc sans illusion sur le caractère hypothétique de l'éther en physique, puisqu'il reconnaît que ce n'est
qu'un « être de raison < *ens rationis* > », au sens d'une « chose en
pensée < *Gedankending* >[277] » qui ne constitue pas à proprement
parler une connaissance, mais un élément simplement hypothétique. Il serait illégitime en physique d'en faire quelque chose
de plus qu'une hypothèse.

En revanche, pour la *philosophie transcendantale*, il est
impossible de se passer de l'éther puisqu'il constitue non
pas une condition de possibilité de tel ou tel phénomène
physique, mais la condition suprême de l'*unité* de toute expérience possible. En ce sens, l'éther peut être posé catégoriquement, mais seulement de façon *indirecte*, pour réaliser l'unité
des conditions formelles et matérielles de toute expérience.
Autrement dit, le caractère indirect de cette démonstration
a priori de l'existence de l'éther, c'est qu'il est ce sans quoi

---

276. Max PLANCK, *Die Stellung der neuen Physik zur mechanischen
Weltanschauung*, Verh. Der Ges. dtsch. Naturf. u. Ärzte in Königsberg, 1910,
Leipzig, 1911, p. 64 *sq.*
277. KANT, *Opus postumum*, Ak XXII, 606.

aucune expérience ne pourrait être complètement déterminée. L'éther (ou le calorique) confère un corrélat physique à l'espace pur et *a priori* du sens externe, tout en exorcisant le spectre de l'étendue infinie considérée comme une propriété résultant de l'omniprésence divine. En ce sens, la solution kantienne du problème de l'*Übergang* évite ainsi un saut transcendant ou illégitime dans le suprasensible.

Toutefois, en faisant reposer cette solution sur le concept d'*éther*, Kant fait prendre à sa philosophie une *orientation cosmologique* très marquée qui remet en question, au moins partiellement, le sens et la portée de toute l'*Antinomie* de la première *Critique*. Ce déplacement des derniers développements de Kant *vers une cosmologie infinitiste rénovée*, ou, du moins, dont la refonte était en cours, est bien le signe d'une évolution épistémologique importante qui ne craint plus désormais de ruiner la philosophie pratique ni de nuire à la religion, mais qui tente d'unir plus étroitement encore la philosophie théorique et pratique. Il nous reste donc à examiner, dans un dernier temps, comment Kant envisageait, dans cette nouvelle perspective, les rapports de Dieu, du Monde et de l'homme dans une « cosmothéologie » rénovée par la solution de l'*Übergang*. On remarquera enfin que Kant ne descend plus de la philosophie transcendantale à la physique, mais opère une « remontée » de la métaphysique des sciences de la nature à la philosophie transcendantale.

c) Le Monde, l'homme et Dieu

Nous avons affaire, d'après la datation d'Adickes, aux derniers linéaments de l'*Opus postumum*, dont la rédaction s'étend d'avril 1800 aux premiers mois de l'année 1803. Or, si cette datation n'est pas tout à fait certaine, il s'agit en tout cas des derniers développements de l'*Opus postumum*, au moins selon l'ordre logique. En effet, pour achever sa philosophie transcendantale, Kant porte toute son attention vers les Idées à pouvoir totalisant de Dieu et du Monde, tout en cherchant à élucider les types de rapports susceptibles de les relier dans une synthèse unificatrice ultime. Ce souci architectonique du dernier Kant est intéressant, parce qu'il met en relation les Idées transcendantales que la *Dialectique* avait abordées de façon séparée (même s'il existait dans l'esprit de Kant une sorte de progression au moins implicite de l'Idée d'âme à celle du Monde puis à Dieu dont « le concept termine et couronne toute la connaissance humaine[278] »). Ainsi lit-on cette remarque notée en marge dans l'*Opus postumum* : « Dieu et le Monde ne sont pas des êtres coordonnés l'un avec l'autre, mais le second est subordonné au premier[279]. » Encore reste-t-il à ordonner ces Idées pour qu'elles forment un système, mais on verra qu'après plusieurs tentatives de synthèse, Kant renonce à subsumer les Idées transcendantales sous celle de Dieu, mais rappelle que c'est l'Homme lui-même, en tant qu'il est pensant et agissant selon l'impératif catégorique, qui opère la liaison entre les deux autres Idées. Kant n'abandonne donc nullement son idéalisme critique en achevant l'*Übergang* par un retour aux Idées transcendantales. D'ailleurs, il ne fait que suivre le plan de l'*Opus postumum* déjà mentionné en annonçant que « l'*Übergang* » permet de passer du *système élémentaire* au *système du monde* » :

> « 1re partie : du système élémentaire de la matière (par analyse) ;
> 2e partie : du système du monde[280]. »

Comme l'avait déjà clairement établi la première *Critique*, le système est la forme de la science ; mais l'*Opus* entend aller plus loin que la *Dialectique transcendantale* et que l'*Architectonique* pour achever le système de la philosophie transcendantale dont la *Critique* n'était qu'une propédeutique à la science. C'est pourquoi Kant insiste sur l'importance du système des Idées transcendantales :

---

278. KANT, *Crirtique de la raison pure*, Ak III, 426 ; trad. fr., Paris, Pléiade, t. 1, 1980, p. 1246.
279. KANT, *Opus postumum*, Ak XXII, 117 ; trad. fr. Marty, Paris, PUF, 1986, p. 170.
280. KANT, *Opus postumum*, Ak XXI, 359 ; trad. fr. Marty, Paris, PUF, 1986, p. 33. Cf. aussi, Ak XXII, 598.

« La philosophie transcendantale est la conscience de la faculté du système d'être auteur des Idées d'un point de vue théorique aussi bien que pratique. [...] Elle est la science du philosopher sur la philosophie, comme un système de principes synthétiques *a priori* à partir des concepts. [...] Elle n'est pas un complexe, agrégat, de *philosophèmes*, mais le principe d'un système des Idées comprenant tout, Idées qui constituent la philosophie comme tout absolu (pas relatif) des principes du philosopher[281]. »

La question est de savoir *comment* totaliser les êtres dont nous avons l'Idée en nous. Kant a même songé une fois à caractériser la philosophie comme une « Pantologie » dans la mesure où elle est un effort de *totalisation* du savoir et de la sagesse :

« La division Dieu et le Monde est-elle licite ? Tout savoir est a) science ; b) art ; c) sagesse (*sapientia, sophia*). La dernière est simplement ce qui est subjectif. *Posséder* la sagesse, *connaître* la sagesse, *être* sage. La physiologie, cosmologie, tout du Monde ; théologie, téléologie, anthropologie, Pantologie, le tout des êtres[282]. »

Dans cette perspective, la *Pantologie* inclut la cosmologie, l'anthropologie et la théologie, comme le genre subsume l'espèce ; mais il est clair à ce niveau que Kant s'intéresse davantage à la *totalité des êtres* qu'à l'*être* lui-même. Encore faudrait-il déterminer plus précisément les rapports internes qu'entretiennent au sein de la Pantologie ces trois totalités particulières que sont le Monde, l'homme et Dieu. En fait, Kant cherche à unifier dans le tout de la philosophie transcendantale le système des Idées dont la pluralité fait encore problème ; mais, en aucun cas, notre philosophe ne veut déboucher sur une sorte de monisme (de type spinoziste) qui absorberait la totalité des êtres dans l'Être de la totalité, c'est-à-dire Dieu comme unique substance[283].

---

281. KANT, *Opus postumum*, Ak XXI, 93 ; trad. fr. Marty, Paris, PUF, 1986, p. 232.

282. KANT, *Opus postumum*, Ak XXI, 6 ; trad. fr. Marty, Paris, PUF, 1986, p. 262.

283. Nombreuses sont les références à Spinoza dans l'*Opus postumum*, où Kant pense trouver une forme d'idéalisme transcendantal (curieusement), mais

D'un autre côté, malgré les belles pages de la *Méthodologie de la faculté de juger téléologique* de la troisième *Critique*, Kant ne cherche nullement dans la *finalité* naturelle un moyen philosophique pour passer du Monde à Dieu, parce que cela impliquerait un saut transcendant pour s'élever de la matière vers un principe immatériel et pensant, auteur intelligent de ladite finalité :

> « Si le principe immatériel, qui est la cause des corps organiques et qui ne peut être pensé que comme un principe des fins, est un être pensant, et si lui conviennent la personnalité, et même tout à fait absolument la singularité, par suite le prédicat de la divinité, cela ne peut être décidé par la philosophie transcendantale. – La matière avec sa finalité constitue un *édifice du monde*. Unité de l'espace (sans limite), unité de l'attraction selon Newton. – Celle de la répulsion par la lumière et par la pénétration. "Calorique" [284]. »

Il est fort instructif de suivre les diverses tentatives kantiennes pour unifier les trois Idées traditionnelles de la métaphysique, notamment dans la *Liasse* I, 1-3 dont la rédaction remonte probablement à 1800 et 1801 d'après la datation d'Adickes. Une nette tendance se dessine qui offre une solution finalement assez proche de la troisième *Critique*. En effet, après avoir cherché tour à tour la synthèse finale dans la théologie où Dieu serait l'*Urgrund* dont dériveraient le Monde et l'Homme, puis dans la cosmologie avec les risques de panthéisme déjà évoqués (qu'il voulait éviter à tout prix), Kant s'est acheminé vers l'idée que c'est à l'Homme qu'il revient d'opérer la synthèse ultime, puisqu'il appartient à la fois au sensible et au suprasensible. C'est en ce sens que Kant qualifie l'homme de *Cosmotheoros*, en tant qu'il est un habitant et un spectateur de l'Univers liant, grâce à son statut d'être pensant, le Monde (ou l'Univers) à Dieu :

à aucun moment il ne s'est laissé tenter par le monisme de l'auteur de l'*Éthique*. Dans la *Critique de la faculté de juger*, § 85, Ak V, 439-440, Kant avait expressément écarté le panthéisme de Spinoza, comme il l'avait déjà fait dans son célèbre article publié dans la *Berlinische Monatschrift* en 1786 sous le titre : « Qu'est-ce que s'orienter dans la pensée ? »

284. KANT, *Opus postumum*, Ak XXI, 100 ; trad. fr. Marty, Paris, PUF, 1986, p. 239.

« Dieu, le monde et l'homme, un être sensiblement pratique dans le monde (architectoniquement), *Cosmotheoros*, qui crée lui-même *a priori* les éléments de la connaissance du monde, à partir desquels il construit dans l'Idée la vue du monde comme en même temps habitant du monde [285]. »

Le *Cosmotheoros* de Huygens, paru de manière posthume en 1698, était bien connu de Kant qui l'avait déjà mentionné plusieurs fois dès 1755 dans sa *Théorie du ciel* [286], mais ce dernier conféra une nouvelle signification à ce concept dans son *Opus postumum*, car il s'agit de l'Homme pris comme *Maximum*, c'est-à-dire comme idéal [287]. Ce *cosmotheoros* en tant qu'« homme idéal » est à la fois un être pensant et un être pensé : c'est à la fois l'Idée transcendantale d'Homme (donc l'Homme en pensée) et aussi l'homme pensant porteur des Idées transcendantales en ce monde. Ainsi, la boucle se referme sur le *cosmotheoros* parce qu'il est à la fois un habitant du monde et un être pensant hanté par l'Idée de Dieu. Kant ajoute qu'il se trouve qu'un caractère commun réunit ces trois objets de la philosophie transcendantale, bien qu'il prenne une acception spécifique dans chacun des cas, c'est leur *infinité* : « Dieu, le Monde et la volonté libre de l'être raisonnable dans le Monde. Tous sont infinis [288]. » C'est pourquoi

285. KANT, *Opus postumum*, Ak XXI, 31 ; trad. fr. Marty, Paris, PUF, 1986, p. 219. Kant reprend ce terme à Huygens et l'emploie à plusieurs reprises dans l'*Opus postumum*, cf. par exemple, Ak XXI, 100 ; trad. fr. Marty p. 239-240.

286. Cf. par exemple KANT, *Théorie du ciel*, Ak I, 252. Il est vrai que le *Cosmotheoros* de Huygens était une œuvre très connue qui fut traduite en quatre langues et connut douze éditions entre 1698 et 1767 !

287. KANT, *Opus postumum*, Ak XXI, 94 ; trad. fr. Marty, Paris, PUF, 1986, p. 233 : « Des êtres doivent être pensés qui, bien qu'ils n'existent que dans les pensées du philosophe, ont cependant en celles-ci une réalité < *Realität* > éthico-pratique. Ce sont Dieu, le tout du monde, et l'homme dans le monde soumis selon le concept de devoir à l'impératif catégorique (qui est par suite principe de liberté). Ces objets ne se rapportent pas seulement à des idéaux, c'est-à-dire que chacun d'eux soit un *maximum*, et ils se rapportent à des choses qui sont hors de nous. »

288. KANT, *Opus postumum*, Ak XXI, 37 ; trad. fr. Marty, Paris, PUF, 1986, p. 224.

Kant insiste tant sur l'aspect éthico-pratique et sur l'impératif catégorique qui démontrent (très indirectement) que l'Homme est bien en ce monde le seul être *libre* capable d'opérer la synthèse de la nature et de la liberté, mais cette synthèse est simplement pensée comme Idée. Là est encore le sens de son idéalisme transcendantal[289], mais on voit désormais, peut-être même plus clairement que dans la troisième *Critique*, comment la philosophie théorique et la philosophie pratique sont devenues indissociables dans cette synthèse.

---

289. KANT précise un peu ce thème en écrivant, in *Op. cit.*, Ak XXI, 34, 37, trad. fr. Marty, Paris, PUF, 1986, p. 221, 223 : « *Dieu*, le Monde et le sujet liant les deux objets, l'être pensant dans le Monde. Dieu, le Monde et ce qui réunit les deux en un système, le principe pensant de l'homme *(mens)* habitant dans le Monde. [...] Dieu, le Monde et moi, le sujet pensant dans le Monde, qui les joint. [...] C'est l'*homme* pensant, le sujet qui les lie en une proposition. »

Chapitre V

Le retrait silencieux de l'infinitisme
à l'aube des cosmologies scientifiques

> « *Voie lactée ô sœur lumineuse*
> *Des blancs ruisseaux de Chanaan*
> *Et des corps blancs des amoureuses*
> *Nageurs morts suivrons-nous d'ahan*
> *Ton cours vers d'autres nébuleuses.* »

APOLLINAIRE, *Alcools*, « Voie lactée ».

a) *La cosmogonie de Laplace :*
un paradoxe épistémologique ?

En 1796, Pierre Simon de Laplace fit paraître un ouvrage en deux volumes qui le rendit célèbre en peu de temps, auprès d'un large public européen : il s'agit bien sûr de l'*Exposition du système du monde*. Cet ouvrage connut de nombreuses rééditions du vivant même de son auteur[1], et il fut immédiatement traduit en plusieurs langues. Les variantes, les ajouts et les mises à jour successives des six principales éditions sont d'un intérêt non négligeable, comme nous le verrons ultérieurement. Mais avant d'analyser le contenu proprement cosmologique de l'ouvrage et d'en apprécier la portée, il est indispensable de situer celui-ci dans l'ensemble de l'œuvre scientifique de Laplace afin de prévenir tout risque de myopie intellectuelle.

1. L'*Exposition du système du monde* parut pour la première fois en 1796 (an IV), en deux volumes. L'ouvrage fut réédité quatre fois du vivant de Laplace : 1799[2] (an VII) en un volume ; 1808[3] en un volume ; 1813[4], en un volume, profondément remaniée par rapport aux précédentes ; 1824[5], un vol. ; une pseudo-6e édition, imprimée par De Vroom à Bruxelles en 1826-1827, ne fait que reproduire la 5e édition. Enfin, la véritable 6e édition de 1835, est préfacée par l'éloge que Fourier fit de Laplace en 1829. C'est, du reste, le texte de cette 6e édition que Fayard a réédité en 1984 dans le « *Corpus des œuvres de philosophie de langue française* » et que nous citons (après avoir vérifié l'exactitude de cette réédition d'après la grande édition de Paris, Bachelier, 1835).

Jeune prodige issu d'une très modeste famille de cultivateurs, Pierre Simon de Laplace naquit à Beaumont-en-Auge, en Basse-Normandie, le 23 mars 1749. Après avoir montré des dispositions intellectuelles tout à fait hors du commun dès son enfance, le jeune Laplace vint solliciter, à l'âge de vingt ans, l'appui de D'Alembert. Celui-ci lui fit confiance et lui obtint le poste de professeur de mathématiques à l'École royale militaire, poste qu'il occupera jusqu'en 1776. De 1771 jusqu'à la Terreur, Laplace déploya une activité scientifique inouïe : il produisit et présenta à l'Académie des sciences de nombreux mémoires importants consacrés notamment à des travaux de mécanique céleste et à la théorie des probabilités. En 1783, il devint examinateur au Corps royal d'artillerie (où il fit la connaissance du jeune Bonaparte) ainsi qu'à l'École du génie de la marine. Laplace rédigea l'*Exposition du système du monde* ainsi que les premiers volumes du monumental *Traité de mécanique céleste* dans sa retraite de Melun sous la Terreur après avoir été chassé le 3 nivôse an II (23 décembre 1793) de la Commission des poids et mesures. Il ne reprendra de charge d'enseignement qu'un an plus tard, en décembre 1794, auprès de Lagrange comme professeur adjoint de mathématiques à la toute nouvelle École normale. Peu après, en juin 1795, Laplace et Lagrange sont nommés officiellement géomètres du Bureau des longitudes nouvellement fondé, avant d'être désignés en novembre 1796 comme membres de la section des mathématiques de l'Institut national des sciences, qui ne retrouvera son titre d'Académie des sciences qu'en 1816.

L'*Exposition du système du monde* a bien été rédigée à une période où Laplace s'efforçait de constituer la synthèse monumentale de tous les travaux de mécanique effectués depuis les *Principia* de Newton, c'est-à-dire depuis plus d'un siècle. Ainsi, l'*Exposition* se propose de montrer à un large public, sans le secours des mathématiques, les découvertes de l'astronomie, ainsi que les lois générales qui lui permettent de réduire les apparences du ciel et le détail des phénomènes dont la « théorie de la pesanteur universelle » doit permettre de rendre compte sans « résidu ». Mais ce qui fit toute la célébrité de l'*Exposition*, c'est assurément l'hypothèse cosmogonique qui occupe les pages finales du dernier chapitre de l'ouvrage ainsi que la « note VII et dernière » de la 6ᵉ édition (soit environ 5 % du livre). Certes, il y a là de quoi être surpris, mais on s'étonnera bien davantage encore du fait que Laplace considère avec une extrême réserve les spéculations cosmologiques car elles demeurent purement conjecturales, contrairement aux travaux de mécanique céleste dont la certitude analytique est exemplaire. C'est ce que remarque Laplace dans une formule que l'on qualifierait aujourd'hui de positiviste :

> « J'exposerai sur cela, dans la note qui termine cet ouvrage, une hypothèse qui me paraît résulter avec une grande vraisemblance, des phénomènes précédents ; mais que je présente avec la défiance que doit inspirer tout ce qui n'est point un résultat de l'observation ou du calcul[2]. »

Or, n'est-il pas épistémologiquement paradoxal de présenter une hypothèse cosmogonique dans un ouvrage essentiellement destiné à « diffuser les lumières » de l'astronomie et de la mécanique céleste auprès d'un large public pour « offrir un grand ensemble de vérités importantes et la vraie méthode qu'il faut suivre dans la recherche des lois de la nature[3] » ? N'est-ce pas quitter le certain pour s'aventurer dans le probable ou même dans l'inconnaissable ? D'ailleurs, comme Laplace l'écrit au lendemain de la 4ᵉ édition de l'*Exposition* (1813) dans l'*Essai philosophique sur les probabilités* :

> « L'esprit humain restera toujours infiniment éloigné de [...] l'Intelligence qui embrasserait dans la même formule les mouvements des plus grands corps de l'Univers et ceux du plus léger atome[4]. »

L'épistémologie déterministe de Laplace fondée sur l'analyse qui procède du local au local est-elle en mesure de faire une place

---

2. LAPLACE, *Exposition du système du monde*, 6ᵉ éd., 1835, rééd. Fayard, 1984, p. 542.

3. LAPLACE, *Exposition du système du monde*, 6ᵉ éd., 1835, rééd. Fayard, 1984, p. 13.

4. LAPLACE, *Essai philosophique sur les probabilités*, Paris, 1814, rééd. Gauthier-Villars, 1921, t. 1, p. 3-4.

à la cosmologie qui doit au contraire s'élever au point de vue de la totalité englobante ? En fait, les préoccupations d'ordre cosmologique, bien que situées « à la limite » de l'observation et du calcul, viennent s'intégrer à l'intérieur du projet scientifique de Laplace. Celui-ci avait pour ambition de démontrer que la science newtonienne était à même de rendre compte de l'*ordre* et de la *stabilité* du système du monde (entendons par là le système solaire pour le moment). Ce projet, d'allure positiviste, se propose d'expulser de la pensée scientifique, une fois pour toutes, les *causes finales* et le *hasard* pour ne retenir que la seule juridiction des lois de la nature. Cette hypothèse dite de la « nébuleuse primitive » doit donc rendre compte de l'ordre cosmique en n'invoquant que le seul jeu des lois physiques. En effet, si la fortuité de son côté ne peut guère engendrer d'ordre, elle ne peut en tout cas nullement assurer la *stabilité* d'un système matériel macroscopique. Quant à l'explication par la finalité, elle fait appel à des « causes imaginaires[5] ». Laplace ira même jusqu'à reprocher au grand Newton, dont il se sent l'héritier le plus fidèle, d'avoir eu pourtant recours aux causes finales pour rendre raison de l'ordre et de la stabilité du système du monde :

> « Parcourons l'histoire des progrès de l'esprit humain et de ses erreurs : nous y verrons les causes finales reculées constamment aux bornes de ses connaissances. Ces causes que Newton transporte aux limites du système solaire, étaient, de son temps même, placées dans l'atmosphère, pour expliquer les météores ; elles ne sont donc aux yeux du philosophe, que l'expression de l'ignorance où nous sommes, des véritables causes[6]. »

Autrement dit, Laplace est plus newtonien que Newton dans la mesure où il lui reproche de s'être écarté, sur ce point précis, de la vraie méthode et de l'esprit scientifique des *Principia*. Le texte que nous venons de citer ci-dessus se réfère à l'« histoire des progrès de l'esprit humain ». Il fait ainsi écho à l'*Esquisse du*

---

5. LAPLACE, *Exposition du système du monde*, 2ᵉ éd., 1799, p. 347.
6. LAPLACE, *Exposition du système du monde*, 4ᵉ éd., 1813, p. 443-444 ; 6ᵉ éd., 1835, rééd. Fayard, 1984, p. 545-546.

tableau historique des progrès de l'esprit humain que Condorcet avait composé pendant la période de gestation de l'*Exposition* entre 1793 et 1794. Aussi, le « progrès » que l'hypothèse cosmogonique de Laplace tente de faire accomplir à l'esprit humain, c'est de repousser les causes finales au-delà du système solaire, et même, si faire se peut, en dehors de la réalité physique tout entière.

Ainsi, avec sa cosmogonie Laplace ne transgresse nullement les limites du paradigme épistémologique newtonien qu'il s'efforce de diffuser auprès d'un public aussi large que possible ; l'hypothèse de la nébuleuse est même plutôt le couronnement final de la science newtonienne. Certes, la cosmogonie de Laplace relève bien du probable, du vraisemblable et ne saurait être légitimement élevée, comme son auteur ne manque jamais de nous le rappeler, au degré de certitude qu'a fini par atteindre la mécanique céleste. Cependant, elle a pour fonction de montrer qu'il est possible d'appliquer, à l'ensemble des mondes dont l'Univers se compose, l'appareil théorique newtonien et d'en déduire le processus général de formation tout en imputant les diversités apparentes à des conditions initiales particulières et proprement *locales*. D'ailleurs, Laplace ne privilégie nullement le système solaire ; il ne considère pas que ce soit essentiellement à ce dernier que s'applique l'hypothèse de la nébuleuse primitive. En fait, l'hypothèse cosmologique de Laplace ne se limite pas exclusivement à l'étude du système solaire : elle étend ses considérations au monde sidéral dans son ensemble comme il l'écrit clairement :

> « Portons nos regards au-delà du système solaire, sur ces innombrables soleils répandus dans l'immensité de l'espace à un éloignement de nous tel que le diamètre entier de l'orbe terrestre, observé de leur centre, serait insensible[7]. »

On ne saurait donc affirmer comme l'astronome Hervé Faye le prétendait à tort que « la cosmogonie de Laplace [...] pousse jusqu'à ses dernières conséquences la théorie newtonienne de

---

7. LAPLACE, *Exposition du système du monde*, 6ᵉ éd., 1835, rééd. Fayard, 1984, p. 546.

notre petit monde solaire, abstraction faite du reste de l'Univers[8] ». Laplace va même bien au-delà de l'échelle de la Voie lactée puisqu'il envisage comme Kant une sorte de théorie des « univers-îles » :

> « Il paraît que loin d'être disséminées à des distances à peu près égales, les étoiles sont rassemblées en divers groupes dont quelques-uns renferment des milliards de ces astres. [...] La Voie lactée finirait par offrir à l'observateur qui s'en éloignerait indéfiniment, l'apparence d'une lumière blanche et continue d'un petit diamètre ; car l'irradiation qui subsiste même dans les meilleurs télescopes, couvrirait l'intervalle des étoiles. Il est donc probable que parmi les nébuleuses, plusieurs sont des groupes d'un très grand nombre d'étoiles, qui vus de leur intérieur, paraîtraient semblables à la Voie lactée[9]. »

Il est vrai que si Laplace applique à tous les corps célestes son hypothèse cosmogonique, il ne conçoit pas pour autant ce que l'on appellerait aujourd'hui un « modèle d'Univers ». En fait, la célèbre théorie de la condensation de la matière nébuleuse primitivement diffuse, que nous évoquerons plus loin, peut, au moins en partie, rendre compte de la formation des étoiles dans l'Univers, mais elle ne saurait précisément rien nous apprendre sur la formation ni sur l'évolution de l'Univers lui-même pris comme totalité englobante de la réalité physique dans l'espace et le temps.

b) Laplace s'est-il « inspiré »
de l'hypothèse cosmogonique de Kant ?

Depuis plus d'un siècle, et sous l'influence des scientifiques allemands Helmholtz[10] et Zöllner[11], les historiens des sciences appellent l'hypothèse de la nébuleuse primitive : « hypothèse Kant-Laplace ». Il est vrai que le jeune Kant avait fait paraître

---

8. Hervé Faye, *Sur l'origine du Monde*, 4e éd., Paris, 1907, p. 170.
9. Laplace, *Exposition du système du monde*, 6e éd., 1835, rééd. Fayard, 1984, p. 547.
10. Helmholtz, in *Voträge und Reden*, 1896, t. 1, p. 72, c'est-à-dire dans le texte de 1854 intitulé : *Über die Wechselwirkung der Naturkräfte*.
11. Zöllner, in *Photometrische Untersuchungen*, Leipzig, 1865.

en 1755 (sans nom d'auteur) l'*Histoire générale de la nature et théorie du ciel*[12] où il développait pour la première fois une théorie cosmologique nébulaire qui retraçait à l'aide des seules lois de la mécanique newtonienne la formation et l'évolution de l'Univers. Bien que l'éditeur, Petersen, ait malheureusement fait faillite et que l'ouvrage soit passé presque inaperçu à une époque où, du reste, Kant était encore inconnu, il est cependant raisonnable de se demander si Laplace a pu, au cours des quatre décennies suivantes, être « inspiré » d'une manière ou d'une autre par la *Théorie du ciel*. En effet, n'oublions pas que plus de quarante années séparent la *Théorie du ciel* de l'*Exposition du système du monde*, et qu'entre-temps Kant avait atteint le sommet de sa gloire. La célébrité de Kant avait dépassé les frontières de la Prusse à la fin des années 1780 et au début des années 1790, mais la pénétration du kantisme en France n'est pas encore totalement élucidée malgré les recherches importantes, anciennes[13] ou plus récentes[14], sur cette question. En fait, la France vivait à l'heure de la Révolution et l'on sait qu'en cette période de bouleversements les rapports avec la Prusse n'étaient pas des plus aisés même s'ils transitaient par Strasbourg ou par la Suisse...

Sur le seul plan de la critique interne, certains passages de l'*Exposition* présentent au cours de ses six éditions successives quelques ressemblances non négligeables avec la *Théorie du ciel* que des érudits allemands du xixe siècle n'ont pas manqué de relever[15]. Toutefois, aucun historien n'a jamais pu véritablement prouver, jusqu'à présent, que Kant ait directement influencé Laplace en matière de cosmologie. L'historien de la pensée scientifique de Kant, Erich Adickes, a écrit dans son étude célèbre *Kant als Naturforscher* :

12. KANT, *Allgemeine Naturgeschichte und Theorie des Himmels*, Königsberg et Leipzig, 1755. Nous avons analysé cet ouvrage au chapitre III du présent travail.

13. François PICAVET, *La Philosophie de Kant en France de 1773 à 1814*, in Kant, *Critique de la raison pratique*, Paris, 1888, p. I-XXXVII. M. VALLOIS, *La Formation de l'influence kantienne en France*, Paris, Alcan, 1924.

14. Jean FERRARI, *L'Œuvre de Kant en France dans les dernières années du xviiie siècle*, in *Les Études philosophiques*, PUF, n° 4, 1981, p. 399-411.

15. Cf., par exemple, Gustav EBERHARD, *Die Cosmogonie von Kant*, Wien, 1893, p. 29-35.

« Laplace ne savait rien de l'*Histoire générale de la nature et théorie du ciel* de Kant[16] ». Dans le même sens, Ivor Grattan-Guiness écrit dans son étude d'ensemble sur Laplace : « Il est très improbable que Laplace ait su quelque chose de Kant en 1796[17]. »

Il faut bien reconnaître que Laplace n'a jamais fait la moindre allusion, où que ce soit, à l'hypothèse de Kant. Le seul auteur dont il se soit ouvertement inspiré en cosmologie, c'est Buffon, comme il l'a souvent rappelé dans toutes les éditions successives de l'*Exposition* :

> « Buffon est le seul que je connaisse qui, depuis la découverte du vrai système du monde, ait essayé de remonter à l'origine des planètes et des satellites[18]. »

Ce qui ne facilite pas la tâche de l'historien, c'est précisément que Kant cite également Buffon non pas, certes, comme son unique source d'inspiration cosmologique, mais cependant comme un des éléments les plus importants de celle-ci : « Buffon, s'exclame Kant, ce philosophe de réputation si bien méritée[19]. » L'ouvrage de Buffon auquel Kant fait allusion est l'*Histoire naturelle générale et particulière* de 1749. Le texte fut traduit en allemand dès 1750 et le titre de cette édition allemande dut inspirer à Kant le titre de sa *Théorie du ciel* : *Allgemeine Historie der Natur nach allen ihren besonderen Theilen*[20]. Quand bien même Laplace aurait tout ignoré de la *Théorie du ciel* de Kant, il a puisé comme lui,

---

16. Erich Adickes, *Kant als Naturforscher*, Berlin, 1924-1925, Bd II, § 284, p. 297 : « *Von Kants Allgemeine Naturgeschichte und Theorie des Himmels, weiß er* [Laplace] *nichts.* »

17. Collectif, *Dictionary of Scientific Biography*, Scribner & Son, t. XV, Supplément, I, p. 344 : « *It is very unlikely that Laplace knew of Kant in 1796.* »

18. Laplace, *Exposition du système du monde*, 1ʳᵉ éd., 1796, t. II, p. 294 *sq.* ; 2ᵉ éd. p. 344 ; 3ᵉ éd. p. 389 *sq.* ; 4ᵉ éd. p. 429 *sq.* ; 5ᵉ éd. note VII, § 2 ; 6ᵉ éd., 1835, rééd. Fayard, 1984, p. 564.

19. Kant, *Allgemeine Naturgeschichte und Theorie des Himmels*, Königsberg et Leipzig, 1755, Ak, I, 277 ; trad. fr. *Histoire générale de la nature et théorie du ciel*, Paris, Vrin, 1984, p. 115.

20. Buffon, trad. allemande : *Allgemeine Historie der Natur nach allen ihren besonderen Theilen*, Hamburg und Leipzig, 1750.

cependant, dans Buffon pour édifier une explication mécanique de l'origine du système du Monde. Il faut bien reconnaître, en effet, que la rigueur scientifique de Buffon a joué le rôle d'épurateur vis-à-vis de la littérature physico-théologique traditionnelle qui florissait au cours de la première moitié du xviiiᵉ siècle. Si Kant et Laplace ont tous les deux cherché à s'inspirer de Buffon, c'est qu'ils ont retrouvé chez lui ce même souci d'expliquer la formation du système du Monde sans jamais sortir du cadre fixé par la mécanique newtonienne. C'est certainement ce qui permet de les rapprocher. Toutefois, la question de l'influence de la *Théorie du ciel* sur l'auteur de l'*Exposition du système du monde* reste ouverte, car il n'est pas impossible après tout que Laplace ait été informé d'une manière très indirecte et impersonnelle sur le contenu de l'hypothèse nébulaire de Kant dans ses grandes lignes générales.

Kant en revanche, a été informé de son côté de la parution de l'*Exposition*, comme l'indique cette brève mention de l'*Opus postumum* : « *La Place Weltsystem*[21]. » Ce fragment est daté de décembre 1798/janvier 1799. Or, c'est l'époque où Kant publiait le *Conflit des facultés* et l'*Anthropologie du point de vue pragmatique*, tandis qu'il travaillait à une nouvelle édition de la *Critique de la raison pure* qui ne vit jamais le jour, du moins sous la forme achevée qu'il souhaitait lui apporter. Il ressort des innombrables esquisses réunies dans les tomes xxi et xxii de l'édition de l'Académie de Berlin, que la cosmologie aurait occupé une place importante dans cet ultime projet[22]. Kant a même pu lire ou parcourir l'*Exposition* de Laplace dans la traduction allemande de Johann Karl Friedrich Hauff, en deux volumes, parue dès 1797 à Francfort-sur-le-Main chez Warrentrapp et Wenner : *Darstellung des Weltsystems durch Peter Simon La Place, Mitglied des französischen Nationalinstituts und Commission wegen der Meereslänge*. Malheureusement, Kant n'a rien écrit sur le texte de Laplace qui lui fournissait pourtant une belle occasion de revendiquer la priorité de son hypothèse, comme il n'avait pas manqué de

---

21. KANT, *Opus postumum*, Ak, XXI, p. 625.
22. KANT, cf. par exemple, *Opus postumum*, Ak, xxii, p. 598. Voir à ce sujet la fin de notre chapitre iv, p. 445-450.

le faire, cependant, à l'égard de la cosmologie de Lambert lors de la réédition de sa *Théorie du ciel* par Gensichen en 1791 [23].

c) L'hypothèse nébulaire de Laplace dans l'Exposition du système du monde

1. La position du problème cosmologique

Laissons donc de côté les questions externes de priorité et d'influence (qui demeurent ouvertes) pour aborder directement la cosmogonie de Laplace. Celle-ci est très brièvement exposée (en une dizaine de pages) en des termes très généraux qui ne font pas directement appel au formalisme mathématique, comme c'est d'ailleurs le cas du reste de l'ouvrage. Toutefois, les lignes directrices de l'hypothèse cosmogonique ont été tracées avec une telle rigueur de conception et de formulation qu'elles servirent de cadre général à la plupart des investigations cosmologiques du xixᵉ siècle. C'est ce que reconnaît Henri Poincaré dans la préface à ses *Leçons sur les hypothèses cosmogoniques* :

> « La plus vieille hypothèse cosmogonique est celle de Laplace, mais sa vieillesse est vigoureuse, et, pour son âge, elle n'a pas trop de rides. Malgré les objections qu'on lui a opposées, malgré les découvertes que les astronomes ont faites et qui auraient bien étonné Laplace, elle est toujours debout, et c'est encore elle qui rend le mieux compte de bien des faits. [...] De temps en temps une brèche s'ouvrait dans le vieil édifice ; mais elle était promptement réparée et elle ne tombait pas [24]. »

On peut se demander, tout d'abord, quels sont les faits précis dont l'hypothèse entend rendre raison à l'aide des seules lois de la Mécanique rationnelle. Laplace lui-même en compte cinq qu'il énumère dans l'ordre suivant :

23. Cf. KANT, lettre à Johann Friedrich Gensichen du 19 avril 1791 in AK, XI, p. 252-253 ; et les *Kant-Studien*, II, 1897, p. 104 *sq.* Nous avons donné la traduction partielle de cette lettre dans le chapitre IV, p. 430-431.

24. Henri POINCARÉ, *Leçons sur les hypothèses cosmologiques*, Paris, Hermann, 1913, préface, p. L.

« Les mouvements des planètes dans le même sens, et à peu près dans un même plan ; les mouvements des satellites dans le même sens que ceux des planètes ; les mouvements de rotation de ces différents corps et du soleil, dans le même sens que leur mouvement de projection et dans des plans peu différents ; le peu d'excentricité des orbes des planètes et des satellites ; enfin, la grande excentricité des orbes des comètes, quoique leurs inclinaisons aient été abandonnées au hasard[25]. »

La position du problème était déjà définitivement fixée en ces termes dès la 1re édition[26]. Après avoir rejeté l'hypothèse dite « catastrophique » de Buffon, comme incapable de rendre compte des quatre derniers phénomènes énumérés précédemment, Laplace développe l'hypothèse évolutionniste et non catastrophique de la « nébuleuse primitive ».

L'état initial de la nébuleuse laplacienne est celui d'un fluide gazeux très diffus, faiblement lumineux, mais très chaud et animé d'un mouvement de rotation. Poincaré avait vertement reproché à Kant de partir d'un chaos initial où la matière cosmique diffuse et décomposée en ses éléments se trouvait en repos :

« Pourquoi Kant n'a-t-il pas supposé comme le fit plus tard Laplace une rotation initiale ? [...] Peut-être aussi Kant a-t-il trouvé plus philosophique de ne pas supposer un mouvement initial[27]. »

Certes, en passant arbitrairement du repos initial au mouvement de rotation, Kant se mettait en contradiction avec le principe des aires[28], mais Laplace en tournant la difficulté ne rendait pas

25. LAPLACE, *Exposition du système du monde*, 6e éd., 1835, rééd. Fayard, 1984, p. 564.

26. LAPLACE, *Exposition du système du monde*, 1re éd., 1796, t. II, p. 294 ; 2e éd. p. 343 ; 3e éd. où Laplace ne numérote plus les cinq phénomènes, p. 389 ; 4e éd. p. 428-429 ; 5e éd. note VII, § 1.

27. Henri POINCARÉ, *Leçons sur les hypothèses cosmologiques*, Paris, Hermann, 1913, préface, p. 3.

28. Cf. les éléments de solution que nous avons développés dans le présent ouvrage au chapitre III, p. 252-254.

compte de cette rotation initiale. Laplace compare l'état primitif du système solaire aux :

> « [...] nébuleuses que le télescope nous montre composées d'un noyau plus ou moins brillant, entouré d'une nébulosité qui, en se condensant à la surface du noyau, le transforme en étoile[29]. »

Ces nébuleuses, observées à l'aide d'instruments optiques depuis le XVIIe siècle[30], n'étaient ainsi désignées qu'en raison de leur apparence phénoménale. Ce sont des objets aux contours assez vagues ou diffus, d'apparence laiteuse et très faiblement lumineuse, se détachant peu distinctement sur le fond du ciel nocturne. À l'époque où Laplace publia son *Exposition*, le meilleur observateur de nébuleuses était indiscutablement William Herschel qui recensa environ deux mille cinq cents objets de ce type entre 1783 et 1802, tandis que Charles Joseph Messier n'en avait catalogué que cent trois quelques années plus tôt. Évidemment, la question décisive était de déterminer la nature exacte des « nébuleuses ». Sont-elles des nuages de gaz et de poussières éclairés par des étoiles proches, ou bien ces nuages sont-ils lumineux par eux-mêmes ? Enfin, ne s'agit-il pas plutôt d'amas stellaires assez étendus ? Dans ce dernier cas, ces amas stellaires font-ils partie de notre Galaxie ou bien ont-ils une existence « extragalactique », comme nous dirions aujourd'hui ?

2. William Herschel et l'observation des nébuleuses

Au cours des années 1780, William Herschel avait considéré, dans de nombreuses et importantes communications à la Royal Society, que la plupart des nébuleuses étaient en fait des *amas stellaires* qui devaient pouvoir être résolus en étoiles, à l'exception

---

29. LAPLACE, *Exposition du système du monde*, 6e éd., 1835, rééd. Fayard, 1984, p. 566.

30. Cf. l'article de K. G. JONES, « The Observational Basis for Kant's Cosmogony : a Critical Analysis », paru in *Journal for History of Astronomy*, II, 1971, p. 29-34. Pour de plus amples précisions, cf. le chapitre III, p. 233-236.

de celles qui sont trop éloignées pour les moyens observationnels de l'époque. L'historien britannique de l'astronomie M. Hoskin appelle cette première interprétation de la nature des nébuleuses : « la première synthèse [31] ».

Sans entrer dans l'analyse détaillée des trois mémoires qui remontent respectivement à juin 1784, février 1785 et juin 1789, Herschel avait résolu à cette époque la Voie lactée en étoiles fixes [32], et bien qu'il distinguât, conformément aux apparences observationnelles, entre les « strates nébuleuses » et les « strates sidérales ou stellaires [33] », il espérait cependant pouvoir résoudre en étoiles la plus grande partie des nébuleuses et les classer comme des amas stellaires aux formes variées. En 1785, Herschel donna des prolongements théoriques essentiels pour la cosmologie dans un mémoire où il considérait avec profondeur que les amas stellaires sont de « véritables laboratoires de l'Univers où sont préparés les remèdes les plus salutaires contre le déclin du tout [34] ». Passant enfin à la description d'un type particulier de nébuleuses, les nébuleuses dites « planétaires [35] », il reconnaît avoir quelques difficultés à les classer et se demande s'il ne s'agit pas là d'amas d'étoiles « comprimés au plus haut degré » et en train de s'effondrer avant de se régénérer dans les « laboratoires de l'Univers [36] », comme ce fut le cas, pensait-il, pour la *nova* de 1572 observée par Tycho Brahé. William Herschel dut amender et même réviser totalement sa conception des nébuleuses lorsqu'il découvrit une nouvelle nébuleuse planétaire le 13 novembre 1790. Il n'en fit mention pour la première fois que dans une communication lue le 10 février 1791 en déclarant :

---

31. Michael HOSKIN, *W. Herschel and the Construction of the Heavens*, Londres, Oldbourne Book, 1963, chap. III, p. 60 *sq*.

32. William HERSCHEL avait écrit : « *On applying the telescope to a part of the Via lactea, I found that it completely resolved the whole whitish appearence into small stars, which my former telescopes had not light enough to effect.* » Texte du 17 juin 1784, cité par Hoskin in *W. Herschel and the Construction of the Heavens*, Londres, Oldbourne Book, 1963, p. 72. C'est Herschel qui souligne.

33. William HERSCHEL, *Ibid.* : « *Nebulous and sidereal strata.* »

34. William HERSCHEL, *Op. cit.*, p. 85.

35. William HERSCHEL, *Op. cit.*, p. 103 : « *Planetary Nebulae* ».

36. William HERSCHEL, *Op. cit.*, p. 105.

« J'ai découvert une étoile de 8ᵉ magnitude environ, entourée d'une atmosphère faiblement lumineuse, d'une étendue considérable. [...] Ce phénomène fut si frappant [...] et d'une nature telle qu'il peut conduire à des inférences qui apporteront une lumière considérable à certaines questions ayant trait à la construction du ciel[37]. »

Il finit par reconnaître que ladite nébuleuse était proche et surtout que sa nébulosité ne pouvait être résolue en étoiles : « Notre jugement, si j'ose dire, sera que la *nébulosité entourant l'étoile n'est pas de nature stellaire*[38]. » En outre, Herschel comprit bien que la luminosité qui caractérise l'atmosphère laiteuse de cette nébuleuse planétaire ne pouvait provenir du seul éclat de son étoile centrale en raison du trop grand éloignement de celle-ci, d'où il conclut en renversant ses conceptions antérieures que : d'une part, la matière diffuse qui entoure l'étoile est « lumineuse par elle-même < *this matter is self-luminous* >[39] » et, d'autre part, « elle semble bien plus disposée à produire une étoile par sa condensation qu'à dépendre de l'étoile pour son existence[40] ». Autrement dit, cette nébuleuse représente *une étoile en cours de formation* à partir de la condensation (due à la force d'attraction universelle) de la matière lumineuse primitivement diffuse, et non pas un amas stellaire en train de s'effondrer. La naissance d'une étoile résulterait ainsi du jeu combiné du mouvement dispersif propre à la lumière et du mouvement centripète de

---

37. Cité in Hoskin, W. *Herschel and the Construction of the Heavens*, Londres, Oldbourne Book, 1963, p. 118 : « *I discovered a star of about the 8ᵗʰ magnitude, surrounded with a faintly luminous atmosphere, of a considerable extent. [...] The phaenomenon was so striking [...] and such as may lead to inferences which will throw a considerable light on some points relating to the construction of the heavens.* » Cette « nébuleuse planétaire » est probablement, en nous référant aux catalogues actuels : NGC 1514, de magnitude 10,8 situé à une distance de 4 300 années-lumière, α = 4h 06,2 et δ = +30° 38', dimensions 90 x 120.

38. Cité in Hoskin, W. *Herschel and the Construction of the Heavens*, Londres, Oldbourne Book, 1963, p. 120 : « *Our judgment, I may venture to say, will be, that the nebulosity about the star is not of a starry nature.* » C'est Herschel qui souligne.

39. Cité in Hoskin, *Op. cit.*, p. 126.

40. Cité in Hoskin, *Ibid.*

l'attraction newtonienne qui aboutit à une sorte d'état d'équilibre assez stable et durable.

Ce fut donc pour Herschel l'occasion de réviser ses idées cosmologiques, dans une « seconde synthèse[41] », dont l'influence sur la pensée de Laplace fut décisive comme en témoignent de façon probante, comme nous le verrons, les ajouts considérables de la 4ᵉ édition de l'*Exposition*.

Pourtant, ce n'est qu'en 1811 que William Herschel fit part à la Royal Society de sa toute nouvelle conception d'ensemble des nébuleuses dans un mémoire d'une importance capitale[42]. Il y reconnaissait explicitement son erreur passée tout en restant très prudent dans son propos : « J'étais d'avis que les nébuleuses à proprement parler étaient des amas d'étoiles [...], mais cette conception fut rejetée comme erronée[43]. » Désormais, Herschel procéda à une sériation des nébuleuses en les classant suivant un ordre diachronique en partant de « l'apparence de diffusion de la matière nébuleuse[44] », pour aboutir à l'autre aspect extrême que constitue l'étoile, tout en considérant :

> « Si je puis risquer cette comparaison, il n'y a peut-être pas plus de différence entre ces nébuleuses, qu'il n'y en a dans les portraits annuels d'un homme < *in an annual description of the human figure* >, depuis sa naissance jusqu'à la fleur de l'âge[45]. »

Cette fois, c'est bien la perspective temporelle qui devient la dimension d'intelligibilité de cette « construction prodigieuse < *stupendous* > du ciel[46] ». À cet égard, on sait également que trois ans plus tard, dans un mémoire de février 1814, Herschel vit dans les transformations successives des nébuleuses « une sorte

---

41. Michael HOSKIN, *W. Herschel and the Construction of the Heavens*, Londres, Oldbourne Book, 1963, p. 117 *sq*.

42. William HERSCHEL, *Philosophical Transactions*, 1811, p. 269 à 336.

43. Cité in HOSKIN, *W. Herschel and the Construction of the Heavens*, Londres, Oldbourne Book, 1963, p. 134 : « [...] *This conception was set aside as erroneous*. »

44. Cité in HOSKIN, *Op. cit.*, p. 146.

45. Cité in HOSKIN, *Op. cit.*, p. 135.

46. Cité in HOSKIN, *Op. cit.*, p. 147.

de chronomètre qui peut être utilisé pour mesurer le temps de leur existence passée et future[47] ».

3. L'impact des découvertes de Herschel sur la pensée de Laplace

Le mémoire de 1811 eut un tel impact sur la pensée de Laplace qu'il vit, dans les nouvelles observations télescopiques de Herschel, la confirmation de son hypothèse cosmogonique. Cet impact laissa des traces importantes dans l'œuvre de Laplace au point, d'une part, de figurer dans l'*Essai philosophique sur les probabilités* de 1812[48], et, d'autre part, de donner lieu à une nouvelle édition de l'*Exposition*, en 1813, où l'hypothèse cosmogonique double de volume puisque le texte de l'édition précédente comptait onze pages (de p. 387 à 397), tandis que celui de la 4e édition en comptait vingt-deux (de p. 427 à 448). En outre, de la 4e à la 6e édition, le texte n'a varié que très légèrement et nous lisons dans la dernière édition cette remarque très éclairante de Laplace :

> « Herschel, en observant les nébuleuses au moyen de ses puissants télescopes, a suivi les progrès de leur condensation, non sur une seule, ces progrès ne pouvant devenir sensibles pour nous, qu'après des siècles ; mais sur leur ensemble, comme l'on suit dans une vaste forêt l'accroissement des arbres, sur les individus de divers âges, qu'elle renferme. [...] Les nébuleuses classées d'après cette vue philosophique [de Herschel] indiquent avec une extrême vraisemblance, leur transformation future en étoiles, et l'état antérieur de nébulosité des étoiles existantes. Ainsi l'on descend par le progrès de la condensation de la matière nébuleuse à la considération du Soleil environné autrefois d'une vaste atmosphère, considération à laquelle je suis remonté par l'examen des phénomènes du système solaire, comme on le verra dans la note dernière. Une rencontre aussi remarquable, en suivant des routes opposées, donne à l'existence de cet état antérieur du Soleil, une grande probabilité[49]. »

47. Cité in Hoskin, *Op. cit.*, p. 162.
48. Laplace, *Essai philosophique sur les probabilités*, Paris, 1814, rééd. Gauthier-Villars, 1921, t. 1, p. 95-101.
49. Laplace, *Exposition du système du monde*, 6e éd., 1835, rééd. Fayard, 1984, p. 548 ; cf. aussi *Exposition*, 4e éd., p. 431. Mais l'*Essai philosophique sur les probabilités*,

Toutefois, il restait encore à mettre en place le processus même de la formation du Soleil, des anneaux planétaires, des planètes et des satellites à partir de l'état initial de la nébuleuse primitive chaude et en rotation. Certes, dans son *Exposition*, Laplace se contente de donner les grandes lignes du processus. D'ailleurs les calculs approfondis furent l'œuvre des mécaniciens du XIXe siècle jusqu'à Henri Poincaré. Pour Laplace, l'atmosphère du Soleil (qui n'est qu'un gaz élastique en rotation), incroyablement dilatée par la chaleur originelle (dont le savant mathématicien n'explique pas l'origine), s'est, dit-il, « primitivement étendue au-delà des orbes de toutes les planètes, et s'est resserrée successivement jusqu'à ses limites actuelles[50] ». Tandis que dans les trois premières éditions de l'*Exposition* Laplace partait d'un Soleil déjà entièrement formé et nimbé de son atmosphère, à partir de la 4e édition (1813), il reprend l'idée herschelienne de la formation du globe solaire par condensation progressive du noyau nébulaire. Passant ensuite à la formation des planètes, Laplace montre qu'elles n'ont pu prendre naissance directement à l'intérieur de cette atmosphère en écrivant que « si ces corps avaient pénétré profondément dans cette atmosphère, sa résistance les aurait fait tomber sur le Soleil[51] ».

Paris, 1814, donnait la version suivante plus sûre de soi : « Une rencontre aussi remarquable donne à l'existence de cet état antérieur du Soleil une probabilité fort approchante de la certitude », rééd. Gauthier-Villars, 1921, t. 1, p. 97. Peu après, dans la 4e édition, p. 432, Laplace citait également les travaux de l'astronome « Mitchel » : c'est-à-dire John Michell (1724-1793) : « Depuis longtemps la disposition particulière de quelques étoiles visibles à la vue simple a frappé des observateurs philosophes. Mitchel a déjà remarqué combien il est peu probable que les étoiles des Pléiades, par exemple, aient été resserrées dans l'espace étroit qui les renferme par les seules chances du hasard, et il en a conclu que ce groupe d'étoiles, et les groupes semblables que le ciel nous présente, sont les effets d'une cause primitive ou d'une loi générale de la nature. Ces groupes sont un résultat nécessaire de la condensation des nébuleuses à plusieurs noyaux. »

50. LAPLACE, *Exposition du système du monde*, 6e éd., 1835, rééd. Fayard, 1984, p. 566.

51. LAPLACE, *Exposition du système du monde*, 6e éd., 1835, rééd. Fayard, 1984, p. 567.

Donc, une fois que la conglobation de la masse solaire a été suffisamment condensée, la force d'attraction et le refroidissement vont contracter le reste de la nébuleuse primitive, faisant ainsi diminuer son rayon. Selon le principe fondamental de la conservation du moment angulaire, la contraction de la masse gazeuse élastique s'accompagne d'un accroissement de la vitesse de rotation à l'équateur de la nébuleuse. Au cours de la contraction, il y a un moment où la force centrifuge devient égale à la force d'attraction, si bien que les molécules de matière nébulaire ne sont plus attirées vers le centre de rotation, mais vers le plan équatorial. Ce qui produit un aplatissement de la masse gazeuse en rotation formant un disque dense qui va ensuite se contracter dans son propre plan. Dans ces conditions, un anneau de matière va se détacher de temps en temps, d'où pourront naître ultérieurement les planètes ainsi que leurs satellites par condensation gravitationnelle et refroidissement progressifs. Laplace étend ensuite par induction, plus ou moins explicitement, le mode de formation de notre système solaire aux autres étoiles et aux amas stellaires que nous dévoile l'observation en précisant :

> « Ces considérations seules expliqueraient la disposition du système solaire, si le géomètre ne devait pas étendre plus loin sa vue, et chercher dans les lois primordiales de la nature, la cause des phénomènes le plus indiqués par l'ordre de l'Univers[52]. »

Cette induction est-elle le plus sûr chemin dont dispose la science pour constituer une cosmologie ? Peut-on espérer légitimement s'élever du local au global, de la partie au Tout de l'Univers au moyen de la seule inférence inductive ? Cette difficulté se redouble, car Laplace envisage même la possibilité d'un *Univers infini* lorsqu'il écrit :

---

52. LAPLACE, *Exposition du système du monde*, 6ᵉ éd., 1835, rééd. Fayard, 1984, p. 543. Il est intéressant de remarquer au passage que Laplace a rajouté cette incise dans la 2ᵉ édition (1799) p. 347 ; mais à cette différence près qu'il parlait alors du « philosophe qui devait étendre plus loin sa vue » et non du « géomètre » comme il eut soin de rectifier par la suite le texte de la 4ᵉ édition, p. 442.

> « Si l'on réfléchit maintenant à cette profusion d'étoiles et de
> nébuleuses, répandues dans l'espace céleste, et aux intervalles
> immenses qui les séparent, l'imagination étonnée de la grandeur
> de l'Univers aura peine à lui concevoir des bornes [53]. »

Il est pourtant impossible de s'élever du fini à l'infini, par
un mouvement continu d'extrapolation, sans tomber dans
des paradoxes. Aussi est-il surprenant que Laplace, qui vient
d'évoquer la possibilité d'un Univers non borné, parle malgré
tout d'un *centre* de l'Univers :

> « Le Soleil décrit lui-même une suite d'épicycloïdes dont
> les centres sont sur la courbe décrite par le centre de gravité de ce
> groupe autour de celui de l'Univers [54]. »

Peut-être que cette contradiction apparente ne fait-elle que trahir
une véritable hésitation dans la pensée cosmologique de Laplace.
Toujours est-il qu'elle ne sort jamais du cadre fixé par la physique
pour s'aventurer dans le domaine des causes finales ou du hasard.
Toutefois, Laplace ne se prononce nullement sur le devenir global
de l'Univers physique : tout se passe comme si les phases successives de transformation de la matière nébulaire étaient prises
dans une sorte de cycle perpétuel. Les atomes eux-mêmes sont
envisagés, dans les très rares textes où Laplace les mentionne
en passant, comme des points matériels en quelque sorte éter-
nels ou « génidentiques » comme dit Hans Reichenbach à propos
des points cinématiques. Pourtant Laplace reste sur la réserve et
préfère s'en tenir à un doute prudent au sujet de la destination
finale des systèmes matériels qui composent l'Univers :

> « N'y eût-il dans l'espace céleste, d'autre fluide que la lumière ; sa
> résistance et la diminution que son émission produit dans la masse

---

53. Laplace, *Exposition du système du monde*, 6ᵉ éd., 1835, rééd. Fayard, 1984,
p. 547.
54. Laplace, *Exposition du système du monde*, 6ᵉ éd., 1835, rééd. Fayard, 1984,
p. 549.

du Soleil, doivent à la longue, détruire l'arrangement des planètes ; et pour le maintenir, une réforme deviendrait sans doute nécessaire. Mais tant d'espèces d'animaux éteintes dont M. Cuvier a su reconnaître avec une rare sagacité, l'organisation, dans les nombreux ossements fossiles qu'il a décrits, n'indiquent-elles pas dans la nature, une tendance à changer les choses même les plus fixes en apparence ? La grandeur et l'importance du système solaire ne doivent point le faire excepter de cette loi générale ; car elles sont relatives à notre petitesse, et ce système, tout vaste qu'il nous semble, n'est qu'un point insensible dans l'Univers [55]. »

L'immensité cosmique, ou même l'infinité que Laplace a laissé entrevoir négativement en montrant qu'il est inconcevable d'assigner des bornes à l'Univers signifie simplement que cette question échappe à l'observation, à la mesure et au calcul. Nous retrouvons la perspective « positiviste », si l'on peut dire, déjà entrevue chez Buffon. En ce sens, l'infinité de l'Univers n'est pas vraiment pour Laplace une question d'ordre scientifique, mais plutôt une interrogation philosophique aux confins de la science qui repose sur l'inconcevabilité d'un Univers borné. Dès lors, l'infinité de l'Univers signifie seulement que sa profondeur abyssale est *insondable* pour nous, bien que nous puissions rendre compte de son insondabilité.

Toutefois, l'hypothèse nébulaire de Laplace s'est heurtée, par la suite, à des difficultés que les théoriciens du xixᵉ siècle s'efforcèrent de surmonter, parfois en revenant aux vues de Kant, mais surtout en innovant. Cette hypothèse est revenue au premier plan des théories, du moins en ce qui concerne la formation du système solaire vers le milieu du xxᵉ siècle, bien que considérablement modifiée, corrigée, transformée et élargie [56]. Malgré le bond formidable de la physique et de la cosmologie contemporaines, l'hypothèse nébulaire de Laplace reste encore exemplaire pour sa simplicité et sa généralité. L'*Exposition du système du monde* a

55. LAPLACE, *Exposition du système du monde*, 6ᵉ éd., 1835, rééd. Fayard, 1984, p. 545.

56. Ce retour de la nébuleuse de Kant-Laplace dans le champ théorique a été le fait de scientifiques comme Karl von Weizsäcker, Ter Haar et Chandrasekhar, F. Hoyle, E. Schatzman, et G. P. Kuiper.

réussi admirablement à synthétiser l'ensemble des connaissances physiques et astronomiques de son temps dans un ouvrage clair, rigoureux et même audacieux pour ses aperçus cosmologiques qui lui confèrent son unité ultime[57].

d) Reprise de l'infinitisme de la Théorie du ciel dans l'astronomie d'Olbers et son paradoxe

Pour notre étude, l'intérêt que présente le « paradoxe d'Olbers », c'est qu'il constitue une objection contre le modèle d'Univers infini difficile à réfuter. Il consiste à faire remarquer que si l'Univers était réellement infini, il devrait contenir une infinité d'étoiles et, dans ce cas, le ciel nocturne ne devrait pas être noir, mais plus lumineux que la pleine Lune ! En effet, plus on pénètre dans la vaste profondeur du ciel nocturne, donc dans la troisième dimension, plus les étoiles devraient être nombreuses et finiraient par illuminer toute la voûte céleste. Or, puisqu'il se trouve que la voûte céleste présente la nuit un aspect particulièrement obscur et très faiblement lumineux, c'est donc l'indice qu'il doit n'exister qu'une quantité limitée d'étoiles et que l'idée d'Univers infini se heurte à une grave objection tirée des apparences observationnelles.

C'est un hasard historique qui fit de l'astronome allemand Heinrich Olbers l'auteur du célèbre paradoxe qui porte son nom. En effet, le Mémoire qu'il publia en 1823 et qui contient le fameux « paradoxe » serait passé presque totalement inaperçu de son temps, s'il n'y avait eu les remarques sur ledit Mémoire faites par l'astronome John Herschel (le fils de William Herschel) à l'occasion d'un compte-rendu sur l'ouvrage d'Alexander von

---

57. On ne saurait mieux qu'Arago exprimer l'impression que procure la lecture de l'Exposition : « Cet ouvrage, écrit avec une noble simplicité, une exquise propriété d'expression, une correction scrupuleuse, est classé aujourd'hui, d'un sentiment unanime, parmi les plus beaux monuments de la langue française. » Formule citée par H. ANDOYER, in L'Œuvre scientifique de Laplace, Paris, Payot, 1922, p. 10.

Humboldt, *Kosmos*, qu'il publia dans *The Edinburg Review* de 1848. Aussi, John Herschel avait compris que la solution proposée par Olbers (l'extinction de la lumière des étoiles due à un milieu interstellaire partiellement opaque et transparent) permettait de résoudre le problème de la faible brillance du ciel nocturne ; mais il avait découvert aussi que cette solution soulève à son tour un autre paradoxe, d'ordre thermique cette fois. Or, si l'opacité du milieu interstellaire absorbe la lumière, elle absorbe aussi la chaleur qu'elle restitue en élevant (à l'infini) la température de l'Univers... D'où un paradoxe thermique qui va à l'encontre des apparences et qui réfute la conception d'un Univers infini, homogène, peuplé d'une pluralité infinie d'étoiles.

C'est surtout au milieu du xxe siècle que les astrophysiciens Thomas Gold et Hermann Bondi [58], théoriciens du modèle cosmologique de l'état stationnaire de l'Univers en expansion (*Steady State Theory*), ont rendu célèbre le petit Mémoire d'Olbers qu'ils invoquaient pour conforter leur opposition à la théorie du « big bang ». Mais dès la découverte du rayonnement fossile en 1965 par Arno Penzias et Robert Wilson, ce modèle du « SST » a été écarté et le paradoxe d'Olbers a perdu une partie de son intérêt.

1. Le « paradoxe d'Olbers » avant Olbers

Il est important de remarquer que l'idée de ce paradoxe avait été déjà formulée par Kepler, puis rediscutée par E. Halley en 1720 et par Chéseaux en 1743. Kepler s'était servi de cet argument pour combattre et réfuter la cosmologie infinitiste de Giordano Bruno. Arrêtons-nous un instant sur la forme qu'avait l'argumentation de Kepler contre l'Univers infini de Bruno. Kepler refusait d'assimiler les étoiles fixes à des soleils. Certes, Kepler acceptait de réviser sa conception des étoiles fixes en admettant qu'elles émettent une lumière qui leur est propre, car, à l'époque du *De stella nova* en 1606, il pensait que les étoiles étaient tout à fait semblables à notre planète et que les planètes émettaient

---

58. Cf. Thomas GOLD et Hermann BONDI, « The Steady-State Theory of the Expanding Universe », in *Monthly notices of the Royal Astronomical Society*, 1948, p. 252.

aussi une lumière intrinsèque. Toutefois, cette concession partielle ne l'empêchait nullement d'échapper à l'infinitisme brunien que défend âprement son ami Wacker von Wackenfels :

> « Pour éviter qu'il ne nous gagne à sa conception des mondes infinis (aussi nombreux assurément qu'il y a d'étoiles fixes) tous semblables aux nôtres, nous vient en aide ta troisième observation d'une innombrable multitude d'étoiles fixes qui vient s'ajouter à celle qui était connue depuis l'Antiquité ; toi qui n'hésites pas à affirmer qu'on peut en voir plus de dix mille. Car plus elles sont nombreuses et serrées et plus se vérifie l'argumentation contre l'infinité du monde que je propose au chapitre XXI du livre *De stella nova* ; elle montre que ce lieu où nous vivons, nous les hommes, est le véritable sein de l'Univers, et qu'il est impossible que d'aucune des fixes s'ouvre une perspective sur le monde telle qu'on en a depuis notre terre ou encore depuis le Soleil[59]. »

Outre le fait que Kepler renvoie son lecteur à l'argumentation anti-infinitiste du *De stella nova*, ce passage est d'une grande force bien qu'il soit en lui-même très elliptique. En effet, Kepler fait remarquer que la multitude foisonnante d'étoiles « télescopiques »

---

59. KEPLER, *Dissertatio cum nuncio sidereo*, Prague, 1610 ; *Opera Omnia*, édition Frisch, Frankfurt und Erlangen, 1858-1871, t. II, p. 500 ; trad. fr. I. Pantin, Paris, Les Belles Lettres, 1993, p. 23. Le passage du *De stella nova* est le suivant : KEPLER, *De stella nova in pede Serpentarii*, Prague, 1606, chap. XXI, in *Opera Omnia*, édition Frisch, Frankfurt und Erlangen, 1858-1871, t. II, p. 689 ; trad. fr. Koyré in *Du Monde clos à l'Univers infini*, Paris, rééd. Gallimard, coll. « Tel », 1988, p. 88-89 : « Prenons, par exemple, trois étoiles de deuxième grandeur dans le baudrier d'Orion, distantes entre elles de 81', et ayant chacune un diamètre d'au moins 2 minutes. Si elles étaient disposées sur une même sphère dont nous sommes le centre, l'œil dirigé vers l'une en verrait une autre à une distance angulaire d'environ 2°, distance angulaire qui, si elle était observée par nous de la terre, dépasserait celle qu'occuperaient cinq soleils alignés et juxtaposés. [...] Ainsi un observateur placé dans ce baudrier d'Orion, et qui aurait au-dessus de lui notre soleil et le centre du monde, verrait tout d'abord sur l'horizon, une sorte d'océan continu de grosses étoiles se touchant pour ainsi dire l'une l'autre, au moins pour la vue ; et à mesure qu'il lèverait le regard, il verrait de moins en moins d'étoiles paraissant, en outre, non plus contiguës mais de plus en plus écartées l'une de l'autre, et, en regardant au-dessus de sa tête, il verrait les mêmes étoiles que nous, mais deux fois plus petites et deux fois plus rapprochées que nous ne les voyons. »

découvertes par Galilée, qui ont un éclat extrêmement faible et qui apparaissent là où l'œil nu ne percevait rien, prouve que nous devons être à égale distance des unes comme des autres, c'est-à-dire très près du centre de l'Univers, ce qui ne se produirait pas dans le cas d'un Univers infini et homogène. Surtout, pour paraître extrêmement resserrées, il faut qu'elles soient d'autant plus éloignées ; donc, on a tout lieu de croire qu'elles doivent être à égale distance de l'observateur, celui-ci étant au centre et celles-là à la périphérie. C'est pourquoi le spectacle cosmique présenté par Galilée dans son *Sidereus nuncius* prouve tout simplement que le système solaire occupe une place privilégiée dans l'Univers et que le spectateur potentiel que nous sommes ne pourrait nulle part ailleurs en voir un autre vraiment comparable en tous points.

Ce raisonnement de Kepler, d'inspiration profondément copernicienne, redouble de vigueur en soulignant l'éclat particulièrement faible de ces myriades d'étoiles télescopiques ou même visibles à l'œil nu. Si les étoiles fixes étaient des soleils semblables au nôtre (comme le pense Bruno) et s'il y en avait une infinité, le ciel nocturne devrait être bien plus (voire infiniment plus) lumineux qu'il ne paraît. Ce qui doit nous conduire plutôt à penser : 1°) que les étoiles fixes ont un éclat incomparablement plus faible que notre Soleil ; 2°) que, par suite, les étoiles fixes ne sont pas des soleils ; 3°) qu'il n'y en a pas une infinité ; 4°) et que nous devons être à proximité du centre de la sphère des étoiles fixes. Sans tomber nécessairement dans une illusion rétrospective, qui est une menace permanente en histoire des sciences, on ne peut s'empêcher de voir dans l'argumentation de Kepler une amorce de ce qui deviendra plus tard le point de départ du « paradoxe d'Olbers » :

> « Ajoutons encore cette argumentation pour faire bonne mesure. [...] Si on réunissait mille étoiles dont aucune ne dépasserait une minute [...] pour en former une seule surface circulaire, elles égaleraient (et même surpasseraient) le diamètre du Soleil. Combien davantage les petits disques de dix mille étoiles rassemblées en un seul dépasseront par leur grandeur visible le disque apparent du Soleil ? Si c'est vrai, et si ces étoiles sont des soleils du même

genre que le nôtre, pourquoi ces soleils à eux tous ne dépassent-ils pas aussi en clarté notre soleil ? Pourquoi répandent-ils à eux tous une lueur si pâle dans les endroits les plus découverts ? [...] Il est donc assez clair que le corps de notre Soleil est incommensurablement < *inaestimabili mensura* > plus lumineux que la totalité des fixes et, par là, que notre monde n'est pas mêlé au troupeau d'une infinité d'autres[60]. »

D'après Kepler, cet argument supplémentaire porte un coup d'arrêt décisif à l'infinitisme de son ami Wacker von Wackenfels. Il est vrai que ni Bruno, ni Wacker ne semblent avoir songé à cette grave objection contre l'idée d'Univers infini.

2. Olbers et la solution chimérique de son paradoxe

Le cas du bref Mémoire de l'astronome allemand Heinrich Wilhelm Olbers[61] représente l'intervention d'une recherche scientifique pour maintenir une certaine vision métaphysique du Monde. Tel est bien le cas de ce que l'histoire de l'astronomie a retenu sous le nom de « paradoxe d'Olbers », car ce dernier voulait défendre à tout prix un modèle d'Univers infini fondé sur la métaphysique précritique de Kant et sur une théologie de la toute-puissance. Assurément, ce qui peut paraître le plus paradoxal, c'est qu'Olbers soulève ce paradoxe, qui est une arme anti-infinitiste redoutable, alors qu'il veut précisément établir l'infinité de l'Univers.

En effet, cet astronome allemand de Brême, Heinrich Wilhelm Olbers, était partisan de la très newtonienne cosmologie infinitiste du jeune Kant dont il cite même un extrait de la *Théorie du ciel* de 1755. Or, il avait nettement pris conscience qu'un Univers infini, contenant une infinité d'étoiles, devrait présenter un aspect

---

60. KEPLER, *Dissertatio cum nuncio sidereo*, Prague, 1610 ; *Opera omnia*, édition Frisch, Frankfurt und Erlangen, 1858-1871, t. II, p. 500 ; trad. fr. I. Pantin, Paris, Les Belles Lettres, 1993, p. 23-24.

61. Heinrich Wilhelm Matthias OLBERS (1758-1840). Son Mémoire de 1823 qui fut publié in *Astronomisches Jahrbuch für das Jahr 1826* s'intitule : *Über die Durchsichtigkeit des Weltraumes*, c'est-à-dire *Sur la transparence de l'espace cosmique*.

aussi lumineux que le ciel en plein jour, alors que la nuit étoilée apparaît vraiment noire. D'où le paradoxe qui porte son nom et qu'il formulait ainsi :

> « S'il y a réellement des soleils dans tout l'espace infini, qu'ils soient séparés par des distances à peu près égales, ou répartis dans des systèmes de Voies lactées, leur ensemble est infini et alors, le ciel tout entier devrait être aussi brillant que le Soleil. Car toute ligne que j'imagine tirée à partir de nos yeux rencontrera nécessairement une étoile fixe quelconque et par conséquent tout point du ciel devrait nous envoyer de la lumière stellaire, donc de la lumière solaire. À quel point cela contredit l'expérience, il n'est pas besoin de le dire [62]. »

Bien que cette question proprement scientifique implique nécessairement une réponse scientifique, on peut se demander sur quels fondements repose l'infinitisme cosmologique d'Olbers. En fait, son origine est purement spéculative, c'est-à-dire métaphysique et théologique, comme on peut le constater ici :

> « L'espace n'est-il pas infini ? Ses bornes se laissent-elles elles-mêmes penser ? Est-il concevable que la toute-puissance infinie ait laissé vide cet espace infini ? Je veux laisser le grand Kant parler à ma place : "Où s'arrêtera la création elle-même ? demande Kant. Il est bien clair que, pour se la figurer en rapport avec la puissance de l'Être infini, il faut la supposer sans limite. [...] Le champ de la manifestation de ces propriétés divines doit être tout aussi infini qu'elles. L'éternité ne suffit pas à englober les manifestations de l'Être suprême, si elle n'est pas liée à l'infinité de l'espace." Ainsi parle Kant. Il reste donc au plus haut point vraisemblable que [...] c'est l'espace infini tout entier qui est peuplé de Soleils, avec leurs suites de planètes et de comètes [63]. »

---

62. OLBERS, *Über die Durchsichtigkeit des Weltraumes*, 1823, in *Astronomisches Jahrbuch für das Jahr 1826*, p. 110 sq. ; trad. fr. J. MERLEAU-PONTY, *Mémoire sur la transparence de l'espace cosmique*, in *La Science de l'univers à l'âge du positivisme*, Paris, Vrin, 1983, p. 321.

63. OLBERS, *Über die Durchsichtigkeit des Weltraumes*, 1823, in *Astronomisches Jahrbuch für das Jahr 1826*, p. 110 sq. ; trad. fr. J. MERLEAU-PONTY, *Mémoire sur la transparence de l'espace cosmique*, in *La Science de l'univers à l'âge du positivisme*,

Outre cette métaphysique infinitiste, Olbers évoque avec de très sérieuses réserves un argument scientifique allégué par Edmund Halley, à savoir que si l'Univers n'était pas infini et peuplé d'une infinité de soleils, « tous les corps de l'Univers devraient tomber vers son centre de gravité d'un mouvement sans cesse accéléré[64] ». L'infinité de l'Univers permet de repousser à l'infini tout risque d'effondrement gravitationnel. Cependant, Olbers reproche à Halley de ne prendre en compte que la force gravitationnelle dans son argumentation en laissant de côté la force d'impulsion. Ainsi, la solution proprement scientifique (mais malheureusement erronée) que propose Heinrich Olbers pour lever son paradoxe était destinée à apporter un soutien à sa métaphysique infinitiste. Cette solution scientifique consistait justement à donner une estimation de la *transparence relative* de l'espace cosmique qui soit telle qu'elle *absorbe* en partie la lumière des étoiles pour que l'éclat lumineux de la sphère étoilée apparente ne cache pas aux observateurs le spectacle de l'Univers :

> « C'est donc avec une bienveillante sagesse que la toute-puissance créatrice a rendu l'espace cosmique transparent certes à un très haut degré, mais pourtant non absolument, et ainsi borné notre vision à une région déterminée de l'espace infini : car nous sommes ainsi placés en situation d'apprendre quelque chose de la construction et de l'organisation de l'Univers, dont nous ne saurions que peu, si même les soleils les plus éloignés pouvaient nous envoyer leur lumière sans aucune extinction[65]. »

Le Mémoire d'Olbers comportait quelques calculs qui reposaient sur l'idée que le nombre d'étoiles distribuées

---

Paris, Vrin, 1983, p. 320. Le passage de Kant que cite Olbers se trouve dans la *Théorie du ciel*, IIe partie, chap. vii, Ak I, 309-310.

64. La citation a été extraite par Olbers d'un mémoire de HALLEY intitulé : *On the Infinity of the Fixed Stars*, in *Philosophical Transactions*, vol. XXXI, 1720, p. 22-24.

65. OLBERS, *Über die Durchsichtigkeit des Weltraumes*, 1823, in *Astronomisches Jahrbuch für das Jahr 1826*, p. 110 *sq.* ; trad. fr. J. MERLEAU-PONTY, *Mémoire sur la transparence de l'espace cosmique*, in *La Science de l'univers à l'âge du positivisme*, Paris, Vrin, 1983, p. 326.

uniformément dans une sphère dont le rayon s'accroît progressivement est proportionnel au cube du rayon de la sphère (r^3), tandis que l'éclat d'une étoile décroît en raison inverse du carré de sa distance à l'observateur ($1/r^2$). Donc, la brillance des étoiles croît comme le rayon de la sphère. Alors, si l'Univers est infini et comporte une infinité d'étoiles réparties uniformément, le ciel nocturne devrait être aussi lumineux que le ciel diurne. Ce qui n'est pas le cas. Pour lever ce paradoxe, Olbers faisait remarquer qu'une *transparence relative* de l'espace cosmique peut absorber une partie importante de la lumière, ce qui permet de rendre compte de « l'extinction » relative de celle-ci. Malheureusement, Olbers n'avait pas conscience que sa solution se heurtait à une difficulté encore plus insurmontable, à savoir que si l'opacité du milieu interstellaire absorbe la *lumière*, elle absorbe aussi la *chaleur*, ce qui aurait pour effet d'élever la température de l'Univers à l'infini ! Ce qui n'est pas non plus acceptable.

Certes, de nos jours, on peut beaucoup plus aisément lever le paradoxe d'Olbers à partir d'une première raison essentielle : dans le cadre d'un Univers relativiste en expansion et dont l'âge est *fini*, le fait que la vitesse de la lumière est *finie* vient imposer un horizon à l'Univers observable. D'autre part, on invoque actuellement l'organisation hiérarchisée des étoiles en amas, galaxies, amas de galaxies, amas d'amas, etc.

Ce qui reste frappant dans le Mémoire d'Olbers, c'est qu'il semble contenir encore un argument métaphysique, théologique et téléologique assez ancien qui repose en définitive sur la toute-puissance créatrice de Dieu < *die schaffende Allmacht* >, expression qu'il emploie à plusieurs reprises. C'est peut-être là une des dernières lueurs de la métaphysique classique dans la cosmologie et dans l'astronomie du XIXe siècle, tout en mettant en avant la philosophie précritique de Kant. Olbers ne considère pas que son Mémoire ait atteint une certitude totale, mais seulement une grande vraisemblance, comme il le confie dans une lettre du 22 juin 1823 à l'astronome allemand Friedrich Wilhelm Bessel :

« Récemment, j'ai envoyé à Bode, pour l'annuaire, un petit mémoire sur la transparence de l'espace cosmique dans lequel, selon mon opinion, j'ai sinon démontré, du moins rendu très vraisemblable que l'espace cosmique n'est pas absolument transparent, et que c'est justement à cause de ce manque de transparence absolue que l'observation astronomique est devenue possible pour nous [66]. »

66. Lettre d'OLBERS du 22 juin 1823 à l'astronome allemand Firedrich Wilhelm BESSEL, cité in J. MERLEAU-PONTY, *La Science de l'univers à l'âge du positivisme*, Paris, Vrin, 1983, p. 135.

En guise de conclusion

Nous voici parvenus au terme du chemin tortueux qui a conduit la science classique aux confins de sa capacité à conceptualiser l'Univers en tant que totalité englobante de la réalité physique. Il convient donc de confronter cette tranche d'histoire au projet d'Alexandre Koyré.

Le résultat fondamental des recherches historiques auquel Koyré avait abouti est que la refonte des concepts fondamentaux (mouvement, inertie, espace, vitesse et accélération, hypothèse, loi, cause et connaissance), opérée au xviie siècle, n'aurait jamais été possible sans la *révolution cosmologique* qui bouleversa la pensée de la Renaissance. Or, selon lui, cette révolution cosmologique est à la fois le *point de départ* et le *point d'arrivée* d'une transformation d'ordre intellectuel (plus profonde à ses yeux), c'est-à-dire dans la manière de penser les rapports de l'homme à l'Univers et son rapport à Dieu. On aurait donc affaire à une mutation complexe où les plans scientifique et philosophique sont constamment en interaction, à tel point qu'il serait vain de chercher à déterminer une quelconque priorité chronologique ; seul émerge un certain primat de l'esprit sur ses inventions et découvertes, parce qu'il transforme non seulement ses objets, mais aussi sa propre conscience de soi. Koyré définissait lui-même le résultat des recherches qu'il avait effectuées pour son ouvrage publié en 1940, les *Études galiléennes*, dans un rapport qu'il rédigea en 1951 :

> « J'ai essayé d'analyser dans cet ouvrage, la révolution scientifique du xviie siècle, à la fois source et résultat d'une profonde transformation spirituelle qui a bouleversé non seulement le contenu, mais les cadres mêmes de notre pensée : la substitution d'un Univers infini et homogène au cosmos fini et hiérarchiquement ordonné de la pensée antique et médiévale[1]. »

Or, c'est précisément cette révolution scientifique, ce bouleversement de la cosmologie et de la philosophie qui furent le véritable point de départ des Temps modernes. Jusque-là, Koyré ne fait que rejoindre la conception idéaliste de l'histoire des sciences qui va (entre autres) de Cohen à Cassirer, et dont Léon Brunschvicg était le plus brillant représentant en France. Chez Brunschvicg, comme chez Koyré, les Temps modernes se caractérisent par une sorte de « renversement copernicien » qui consacre l'avènement de l'*idéalisme moderne*. Koyré prend même parfois des positions résolument outrées en faveur de l'idéalisme qui ne relèvent plus de la recherche proprement dite, mais d'un militantisme intellectuel qui n'hésite pas à se faire provocateur. Ainsi lit-on sous la plume de Koyré des formules polémiques telles que celle-ci : « La bonne physique se fait *a priori*[2]. » Par-delà toute polémique antiréaliste et anticontinuiste, il existe aussi un certain enthousiasme lyrique de Koyré pour les débuts spectaculaires de la science classique, enthousiasme fécond auquel on doit les plus belles pages de son œuvre monumentale.

---

1. *Études d'histoire de la pensée scientifique*, Paris, Gallimard, 1966, rééd. 1973, p. 13 (qui reproduit le texte original de 1951).
    2. Koyré, *Études galiléennes*, 1940, rééd. Paris, Hermann, 1966, p. 227. Koyré écrivit même en 1961, reproduit in *Études d'histoire de la pensée scientifique*, Paris, Gallimard, 1966, rééd. 1973, p. 398-399 : « Je crois, en effet (et si c'est là de l'*idéalisme*, je suis prêt à porter l'opprobre d'être un *idéaliste*) que la science, celle de notre époque, comme celle des Grecs, est essentiellement *theoria*, recherche de la vérité. L'histoire des sciences nous révèle l'esprit humain dans ce qu'il a de plus haut, dans sa poursuite incessante, toujours insatisfaite et toujours renouvelée, d'un but qui toujours lui échappe : recherche de la vérité, *itinerarium mentis in veritatem*. »

L'histoire koyréenne de l'infinitisation de l'Univers, qui ressemblait à une conquête intellectuelle exaltante, aux temps héroïques de la révolution astronomique, débouche brusquement sur une crise intellectuelle qui consacre simultanément le succès de la connaissance scientifique et le désenchantement du monde. L'issue négative de la révolution cosmologique n'est donc pas à la hauteur de ses ambitions initiales, mais Koyré reste trop discret sur les causes de cette inversion de sens. Le désenchantement du monde était-il déjà contenu dans le concept d'infini lui-même, ou bien est-il survenu au cours du processus d'infinitisation par une sorte d'effet pervers et absolument imprévisible ? Est-ce à dire que l'infini retrouve dans la maturité de la cosmologie classique le sens *négatif* qu'il avait déjà dans l'Antiquité ? Si ce n'est pas le cas, existe-t-il une polysémie irréductible du concept d'infini que n'avaient pas aperçue les protagonistes de la révolution cosmologique à la fin de la Renaissance ? Si, au contraire, la sécheresse philosophique de la science triomphante a finalement chassé du Monde un certain nombre d'illusions traditionnelles, n'y a-t-il pas lieu alors de se réjouir de cette victoire de l'esprit sur les mirages ou *fata morgana* dont il avait été initialement la victime ? Enfin, par son ton dramatique et ironique à la fois, Koyré n'aurait-il pas tout simplement exprimé la nostalgie d'un certain état *dépassé* de la cosmologie qui lui permettait encore d'unifier sous une idée unique (l'idée d'*infini*) ses préoccupations métaphysiques, épistémologiques et théologiques ?

C'est à propos de l'évolution ultérieure du problème au cours du xviiie siècle que nous abandonnons la perspective de Koyré, parce qu'il a eu le tort, à notre avis, de prendre position sur une époque qu'il n'a pas véritablement explorée. Contrairement aux vues qu'Alexandre Koyré proposait en toute hâte dans un raccourci saisissant à la fin de son livre, *Du monde clos à l'Univers infini*, nous ne pensons pas que l'histoire de la cosmologie classique culmine et s'achève dans l'*Exposition du système du monde* de Laplace, à la fin du xviiie siècle, en débouchant sur un Univers infini, mais totalement dénué de signification, de valeur et de consistance ontologique parce qu'il ne fait plus appel à l'infini théologique... Remarquons au passage qu'il n'est guère compréhensible ni admissible que Koyré n'ait ménagé *aucune* place à la philosophie de Kant, dans ses œuvres publiées[3].

Pour ce qui concerne Laplace, il convient de ne pas oublier qu'il présente lui-même sa cosmologie proprement dite à titre de simple *appendice* à un ouvrage de *vulgarisation* scientifique (aussi figure-t-elle à la fin du dernier chapitre consacré à l'histoire de l'astronomie). D'ailleurs, Laplace ne reconnaît comme scientifique que ce qui relève de « l'observation et du calcul ». Pour ce grand théoricien de la mécanique céleste, la partie *scientifique* de l'étude du système du monde se limitait, de son temps, à l'étude du système solaire. Tout le reste n'est qu'une extrapolation philosophique sur « les progrès futurs de l'Astronomie ». Nous avons vu que Laplace n'est pas à proprement parler un défenseur de l'infinitisme cosmologique ; il fait simplement observer que ce que nous savons est d'une petitesse incomparable par rapport à ce que nous ignorons et qu'il nous faudra pourtant tâcher de connaître au cours des prochains siècles. Les seules allusions à l'infinité de l'Univers qui figurent dans ses écrits font surtout ressortir que la grandeur immense et l'extrême complexité de l'Univers physique sont pour nous *insondables*, mais que notre imagination ne peut se résoudre à se le figurer ou à le concevoir comme fini ou limité. Ici, l'infinité de l'Univers n'est pas affirmée dogmatiquement au moyen d'une démonstration prétendument

---

3. Nous savons grâce à quelques confidences de ses anciens disciples que Koyré comptait consacrer ses dernières années d'enseignement et de recherche à l'étude, entre autres questions, de la pensée kantienne. D'ailleurs, les documents publiés par Pietro Redondi laissent apparaître que Koyré faisait une large place, au moins à la « pensée religieuse » de Kant, cf. *Alexandre Koyré. De la mystique à la science : cours, conférences et documents 1922-1962*, Paris, éditions de l'EHESS, 1986, p. 115-174. C'est aussi l'intention explicite de Koyré qui figure dans son rapport de février 1951 où on lit, in *Études d'histoire de la pensée scientifique*, Paris, Gallimard, 1966, rééd. 1973, p. 15 : « [...] Mon intention n'est-elle pas de me limiter à l'étude du seul xviie siècle : l'histoire de cette grande époque doit éclairer les périodes les plus récentes, et les sujets que je traiterais seraient caractérisés, mais non épuisés par les thèmes suivants : le système newtonien ; l'épanouissement et l'interprétation philosophique du newtonianisme (jusqu'à Kant et par Kant). »

ostensive, car elle est seulement envisagée indirectement en raison de l'inconcevabilité de sa finitude spatio-temporelle. Or, c'est l'état de la mécanique céleste de cette époque-là, et non pas la seule exploration de notre « machine mentale » qui permettait de rendre raison de cette inconcevabilité.

Pour notre part, nous pensons avoir montré que l'infinitisme cosmologique, si ardemment défendu par les philosophes et scientifiques du XVIIe siècle, entre en crise et amorce un retrait non négligeable, peu avant le milieu du siècle suivant, pour plusieurs raisons bien distinctes qui agirent à l'instar d'un puissant dissolvant intellectuel. Tout d'abord, les grands systèmes de métaphysique classique furent gravement éprouvés et ébranlés sous le coup des attaques de l'empirisme et du scepticisme philosophiques qui abandonnèrent les entreprises fondationnelles pour se livrer à une sorte de généalogie de nos idées et de nos connaissances. Désormais, ce n'est plus le *contenu* représentatif des idées qui doit faire l'objet des investigations philosophiques, mais leur *origine* et leur formation. Il ne sert plus à rien de s'extasier sur l'infini sous prétexte que son idéat dépasse et déborde l'idée que nous en avons. Il n'est plus question non plus d'arguer de quelque prétendue *priorité* intellectuelle et ontologique de l'idée d'infini, avant d'en avoir examiné la source. La question des bornes de l'esprit humain au siècle des Lumières ne passe plus par la reconnaissance préalable de la positivité de l'idée d'infini. Les empiristes eurent tôt fait de montrer que c'est l'idée du fini qui est positive, même si nos opérations mentales peuvent être réitérées sans être arrêtées par un quelconque principe de limitation. Quant à l'idée d'un infini actuel, c'est à leurs yeux une contradiction *in adjecto*. Les temps heureux de la Renaissance, si l'on peut dire, où des penseurs audacieux espéraient encore pouvoir résoudre *tous* les problèmes philosophiques traditionnels en plaçant l'idée d'infini au centre de leur doctrine, sont déjà loin et désormais révolus, malgré le relent de faveur que lui accordèrent le courant romantique et l'idéalisme post-kantien. Les paradoxes classiques de l'infini conduisirent, d'une part, les philosophes à critiquer durement son obscurité en étalant au grand jour les apories insurmontables qu'il ne cesse d'engendrer, et, d'autre part, les théoriciens du calcul infinitésimal à promouvoir un cadre plus précis et des règles plus strictes de calcul afin de mettre les nouveaux algorithmes à l'abri des difficultés que les équivoques du langage ordinaire entretiennent continuellement. La séparation, jadis *interne* à la philosophie, entre l'infini mathématique et l'infini métaphysique, devient un divorce entre la science et la philosophie : chacune poursuivant sa propre voie sans se soucier des relations qu'elle pourrait ou devrait entretenir avec l'autre discipline de plus en plus spécialisée. Quand on confronte les travaux des Bernoulli, D'Alembert ou Euler à ce que Wolff ou Baumgarten peuvent en dire sur le plan philosophique, l'écart devient gravement dommageable. Pourtant, la cosmologie demeurait toujours une discipline relevant de la science *et* de la métaphysique. En outre, les querelles religieuses étaient encore là pour nous rappeler que la théologie était, elle aussi, concernée par les questions cosmologiques.

Contre toute attente, c'est l'infini qui commença à devenir gênant pour les scientifiques, car il échappait à toute mesure possible, ce qui était inacceptable pour les sciences physiques. En outre, le goût prononcé pour la finalité naturelle et pour le dogme biblique de la création poussait les théologiens à écarter les conceptions infinitistes de l'Univers au milieu du xviiie siècle. D'où une sorte d'affadissement de ceux des arguments traditionnels qui étaient favorables à l'idée d'Univers infini dans la mesure où ils ne se renouvelèrent pas et perdirent peu à peu leur crédit. On assiste à une exténuation progressive de l'argumentation, même dans les textes des infinitistes convaincus – comme ceux de John Toland – qui reprennent à leur propre compte l'appareil probatoire d'un Bruno en essayant de l'adapter à l'image de la science newtonienne. Curieusement, on assiste à un retour en force de la philosophie de Bruno, surtout dans les pays réformés, mais celle-ci ne fit qu'alimenter le naturalisme grandissant, les *religions naturelles* et ce qui deviendra la *Naturphilosophie* des dernières décennies du xviiie siècle et des premières du siècle suivant. De son côté, la science avait admis, depuis le triomphe du newtonianisme, l'infinité de l'espace cosmique, parce que celle-ci la débarrassait du problème insoluble des limites de l'Univers. Or, considérer comme inconcevable l'idée d'un Univers clos, ce n'est pas la même chose que de thématiser très précisément le statut épistémologique de l'infinité cosmique. Les astronomes du siècle des Lumières se débarrassaient purement et simplement du problème en posant, à titre d'hypothèse commode, l'infinité de l'Univers pour signifier que la question nous dépasse, mais que l'idée d'une limitation ultime de l'Univers physique est cependant inconcevable.

C'est dans ce contexte intellectuel, profondément transformé depuis l'époque où l'infinitisme du Grand Siècle était encore dominant, que naquit la philosophie de Kant. À cet égard, la position de Kant apparaît merveilleusement féconde, car elle se situe à la croisée de tous ces divers courants scientifiques, philosophiques et religieux. Kant est un héritier brillant de la tradition métaphysique leibnizienne, mais il est également un grand défenseur de la science newtonienne. Il admire les mathématiques de son temps qu'il comprend comme un amateur éclairé quoique non spécialiste, mais il a la sagesse de se tenir à l'écart des tentatives wolffiennes synthético-déductives qui prétendaient introduire en métaphysique la certitude des mathématiques. Grand rationaliste, Kant n'en reste pas moins le grand admirateur de Hume et de Locke, car il a su comprendre la gravité des critiques empiristes à l'égard de la métaphysique, pour reprendre la question de sa fondation comme science. Logicien et métaphysicien de profession, Kant a su traiter des problèmes d'astronomie, de cosmologie et de physique avec une compétence et une pénétration rarement égalées depuis cette époque. En outre, nous avons montré qu'il fut le plus brillant défenseur de l'infinité de l'Univers dans ses écrits précritiques, et qu'il est resté très attaché au problème de l'infini toute sa vie durant, jusqu'aux dernières liasses de l'*Opus postumum*. C'est la seule crainte de voir sa philosophie pratique menacée par les développements d'une cosmologie infinitiste mal comprise qui le détourna, dans les *Antinomies*, des perspectives de sa *Théorie du ciel*, sans compter qu'il séparait déjà depuis quelques années la réflexion physico-théologique des questions d'ordre proprement cosmologique. Par son intérêt intellectuel opiniâtre pour l'infini, Kant fait presque figure d'un isolé au siècle des Lumières. Pourtant, sa démarche fut tellement exemplaire qu'elle influença profondément tous ses contemporains, ainsi que la philosophie des sciences des siècles suivants. Malheureusement, l'amalgame d'un certain positivisme grandissant avec certaines conclusions importantes de la *Dialectique transcendantale*, mal comprises, conduisit à une certaine désaffection générale des scientifiques et des philosophes à l'égard de la cosmologie au xixe siècle, comme nous avons pu le constater. D'où une extinction momentanée du problème de l'infini dans le champ de la cosmologie. En revanche, l'intérêt pour l'infini se déplace dans le champ incroyablement fécond des mathématiques à partir du milieu du xixe siècle : géométrie différentielle, géométries non euclidiennes, théorie du continu, calcul des variations, topologie, jusqu'à la théorie des ensembles infinis. Mais il fallut attendre que les théories physiques se révolutionnent à leur tour pour voir la cosmologie renaître de ses cendres à partir des équations de la relativité générale d'Einstein et des observations du monde extragalactique au cours du xxe siècle. Dès lors la question de l'infinité cosmique revient se poser avec acuité, mais sous un jour nouveau et en de tout autres termes que dans le cadre spatio-temporel rigide de la science classique. C'est donc là que prend fin notre étude, puisque c'est une autre histoire qui commence et qui exige de façon pressante un autre traitement philosophique.

Bibliographie

I. Ouvrages généraux sur l'infini

Aliotta (A.), « Il problema dell' infinito », in *La Cultura filosofica*, Firenze, 1911, V, n° 3, p. 205-232 ; n° 4 p. 309-350.

Antweiler (A.), *Das Unendliche : eine Untersuchung zur metaphysischen Wesenheit auf Grund der Mathematik, Philosophie, Theologie*, Fribourg-B., 1934.

Bergmann (H.), *Das Unendliche und die Zahl*, Halle, 1913.

Bernardete (J. A.), *Infinity, an Essay in Metaphysics*, Oxford, Clarendon Press, 1964.

Botti (L.), *L'Infinito*, 1912.
–, *In tema de infinito*, 1915.
–, *La Filosofia e l'infinito*, 1916.

Burger (D.), « L'Évolution des idées de l'infini de Platon à Cantor », actes VIᵉ congr. int. hist. sci. (Amsterdam), 1950, Paris, Hermann, 1951, p. 145-150.

Cohn (J.), *Geschichte des Unendlichkeitsproblems*, Leipzig, Engelmann, 1896, rééd. Olms, Hildesheim, 1960 ; trad. fr., introduction et notes, J. Seidengart, *Histoire de l'Infini*, Paris, Cerf, 1994.

COLLECTIF, sous la direction de F. Monnoyeur, *Infini des mathématiciens, infini des philosophes*, Paris, Belin, 1992, coll. « Regards sur la science ».

COLLECTIF, sous la direction de F. Monnoyeur, *Infini des philosophes, infini des astronomes*, Paris, Belin, 1995, coll. « Regards sur la Science ».

COLLECTIF, sous la direction de J.-M. Lardic, *L'Infini entre science et religion au XVIIe siècle*, Paris, Vrin, 1999.

CÔTÉ (A.), *L'Infinité divine dans la théologie médiévale (1220-1255)*, Paris, Vrin, 2002.

DARBON (A.), *Une doctrine de l'infini*, Paris, 1951.

DEMPF (A.), *Das Unendliche in der mittelalterlichen Metaphysik und in der Kantischen Dialektik*, in *Veröffentlichungen des katholischen Instituts für Philosophie*, 2, n° 1, Münster, Aschendorff, 1926.

ENRIQUES (F.), « L'infinito nelle storia del pensiero », in *Scientia*, 1933, 54, 381-401 ; trad. fr. in suppl., p. 163-181.

EVELLIN (F.), *Infini et Quantité*, Paris, Germer Baillière, 1881.

FARRER (A. M.), *Finite and Infinite*, London, 1943.

GAROFALO (L.), « Il problema dell'infinito dal Rinascimento a Kant », *Logos*, Napoli, 1931, XIV, p. 1-23 ; 93-132.

GEISSLER (K.), *Die Grundsätze und das Wesen des Unendlichen in der Mathematik und Philosophie*, Leipzig, 1902.

GRÉGOIRE (F.), « L'acte de mesurer et la notion générale d'infini », in *Mélanges Joseph Maréchal II*, Bruxelles-Paris, DDB, 1950.

Guastela (C.), *L'Infinito*, Palerme, 1912.

GUYOT (H.), *L'Infinité divine depuis Philon le Juif jusqu'à Plotin*, Paris, Alcan, 1906.

HEIMSOETH (H.), *Die sechs grossen Themen der abendländischen Metaphysik*, Stuttgart, 1961[3] ; trad. fr. Pernet, *Les Six Grands Thèmes de la métaphysique*, Paris, Vrin, 2003.

HUIT (C.), « Un chapitre de l'histoire de la métaphysique : les notions d'infini et de parfait », in *Revue de philo.*, La Chapelle-Montligeon, 1905.

ISENKRAHE (C.), *Untersuchungen über das Endliche und das Unendliche mit Ausblicken auf die philosophische Apologetik*, 3 vol., Bonn, A. Marcus & E. Webers Verlag, 1920.

KOSCHORKE (A.), *Die Geschichte des Horizonts : Grenze und Grenzüberschreitung in literarischen Landschaftsbildern*, Frankfurt a. M., Suhrkamp, 1990.

LEE (C.), *In Touch with the Infinite*, De Vorss, 1972[2].

LÉVINAS (E.), « La Philosophie et l'idée de l'infini », in *RMM*, n° 3, 1957, Paris, Colin.
–, *Totalité et Infini*, La Haye, Nijhoff, 1961.
–, *Sur l'idée de l'infini en nous*, in *La Passion de la raison*, Paris, PUF, 1983.

MAHNKE (D.), *Unendliche Sphäre und Allmittelpunkt*, Halle, Niemeyer, 1937.

MAOR (E.), *To Infinity and Beyond. A Cultural History of the Infinity*, Birkhäuser, 1986.

MARCHELLO (G.), *L'Etica dei valori e il problema dell'infinito*, in *Filosofia*, 1985, 36, n° 2, p. 149-166.

MONDOLFO (R.) *L'Infinito nel pensiero dei Greci*, Firenze, 1934.

MOORE (A. W.), *The Infinite*, London, Routledge, 1990.

MUGLER (C.), *L'Infini cosmologique chez les Grecs et chez nous*, in *Lettres d'humanité*, VIII, Paris, Les Belles Lettres, 1949.

PAOLI (M. DE), *L'Infinito. Il vuoto. Dialettica delle configurazioni dell'infinito e del vuoto nel pensiero occidentale*, Fasano, Schena, 1988.

ROSTENNE (P.), « Infini et indéfini. Les deux pôles de la pensée », in *Filosofia oggi*, 6, n° 2, p. 145-175.

RUCKER (R.), *Infinity and the Mind, the Science and Philosophy of the Infinite*, Boston, Basel, Stuttgart, Birkhäuser, 1982.

SWEENEY (L.) & *alii*, *Infinity, Proceedings*, vol. 55, 1981.

–, *Divine Infinity in Greek and Medieval Thought*, New York, Peter Lang, 1992.

TANNERY (P.), *Histoire du concept de l'infini au vi^e siècle avant J.-C.*, in *RPh. F. & E.*, t. XIV, 1882.

VÉRONNET (A.), *L'Infini, catégorie et réalité*, Paris, 1903.

VIGNAUX (P.), *Immensité divine et infinité spatiale chez Jean de Ripa*, in *De saint Anselme à Luther*, Paris, Vrin, 1976, p. 367-386.
–, *Être et infini selon Duns Scot et Jean de Ripa, ibid.*, p. 353-366.

ZELLINI (P.), *Breve storia dell'infinito*, Milan, Adelfi, 1988.

ZICHICHI (A.), *L'Infinito*, Milan, Rizzoli, 1994.

II. Ouvrages sur l'infini mathématique

BOLZANO (B.), *Paradoxien des Unendlichen*, Leipzig, 1851, rééd. Meiner, Hamburg, 1975 ; trad. fr. H. Sinaceur, *Les Paradoxes de l'infini*, Paris, Seuil, 1993.

BOREL (E.), *Les Paradoxes de l'infini*, Paris, Gallimard, 1946.

BRUNSCHVICG (L.), *Les Étapes de la philosophie mathématique*, Paris, rééd. Blanchard, 1972.

CANTOR (G.), *Abhandlungen zur Geschichte der Mathematik und zur Philosophie des Unendlichen*, in *Gesammelte Abhandlungen*, Berlin, 1932, rééd. Hildesheim, Olms, 1962.

CARRUCCIO (E.), *Matematica e logica nella storia e nel pensiero contemporaneo,* Torino, S. Gheroni, 1958, chap. 6 et 13.

CASTELNUOVO (G.), *Le Origini del calcolo infinitesimale nell'era moderna,* Bologne, Zanichelli, 1938, rééd. 1962, Milan, Feltrinelli.

CHARRAUD (N.), *Infini et Inconscient. Essai sur Georg Cantor,* Paris, Anthropos, 1994.

COLLECTIF, *Études sur l'infini et le réel, Revue de synthèse,* t. LXXV, janvier-juin 1954, Paris, Albin Michel.

COLLECTIF, *Histoire d'infini,* actes du IXe colloque inter-Irem, Brest, 1994.

COUTURAT (L.), *De l'infini mathématique,* Paris, 1896, rééd. Blanchard, 1973.

DAHAN (A.) & PEIFFER (J.), *Une histoire des mathématiques,* Paris, Seuil, 1986.

ENRIQUES (F.), *I numeri e l'infinito,* in *Scientia,* IX, 1911.

GARDIES (J.-L.), *Pascal entre Eudoxe et Cantor,* Paris, Vrin, 1984.

GEYMONAT (L.), *Storia e filosofia dell'analisi infinitesimale,* Torino, 1947.

GILBERT (T.) & ROUCHE (N.), *La Notion d'infini : l'infini mathématique entre mystère et raison,* Paris, Ellipses, 2001.

HOUZEL (C.) & *alii, Philosophie et Calcul de l'infini,* Paris, Maspero, 1976.

KAUFMANN (F.), *The Infinite in Mathematics,* Dordrecht, Reidel, 1978.

KRETZMANN (N.), *Infinity and Continuity in Ancient and Medieval Thought,* New York, Cornell U.P., 1982.

LEVY (T.), *Figures de l'infini,* Paris, Seuil, 1987.

PÉTER (R.), *Jeux avec l'infini,* Paris, Seuil, 1977.

Renou (X.), *L'Infini aux limites du calcul*, Paris, Maspero, 1978.

Rufini (E.), *Il Metodo di Archimede e le origini dell'analisi infinitesimale nell'antichità*, Rome, 1926, rééd. Milan, 1961.

Schrecker (P.), « On the Infinite Number of Infinite Orders, a Chapter of the Pre-history of Transfinite Numbers », in *Mélanges G. Sarton*, Paris, 1947.

Sergescu (P.), *Recherches sur l'infini mathématique*, in *Actualités industrielles*, Paris, Hermann, 1949.

Serrus (C.), « L'infini – Le Problème », in *Le Ciel dans l'histoire*, 8ᵉ semaine internationale de synthèse, Paris, 1940, p. 235-271.

Tannery (P.), « Sur le concept du transfini », in *RMM*, 1894.

Vecchietti (E.), *L'Infinito, saggio di psicologia della matematica*, Roma-Milano, 1908.

Vivanti (G.), *Il Concetto d'infinitesimo e la sua applicazione alla matematica*, Mantova, 1894 ; 2ᵉ éd. Napoli, 1901.
–, « Sull' infinitesimo attuale », in *Rivista di matematica*, I, 1891, p. 135-153 ; 248-256.
–, « La nozione dell'infinito secondo gli studi piu recenti », Accademia Peloritana, xxiii, 1908.

Warusfel, *Les Nombres et leurs mystères*, Paris, Seuil, 1980.

III. Ouvrages sur l'histoire de la cosmologie classique

Blumenberg (H.), *Die Genesis der Kopernikanischen Welt*, Frankfurt a. M., Suhrkamp, 1975[1], 2007[4].

Brunner (W.), *Pioniere der Weltallforschung*, Zürich, Büchergilde Gutenberg, 1951.

Burtt (E. A.), *The Metaphysical Foundation of Modern Physical Science*, London, 1954.

Busco (P.), *Les Cosmogonies modernes et la théorie de la connaissance*, Paris, PUF, 1924.
–, « Le problème cosmogonique, son évolution, sa valeur », in *Revue phil. de la France et de l'étranger*, PUF, t. 99, janvier-juin 1925, p. 283-303.

Carriere (M.), *Die philosophische Weltanschauung der Reformationszeit in ihren Beziehungen zur Gegenwart*, Stuttgart-Tübingen, 1847.

Cohen (I. B.), *Les Origines de la physique moderne*, trad. fr., Paris, Payot, 1962.

Collectif, *Avant, avec, après Copernic. La représentation de l'univers et ses conséquences épistémologiques*, Paris, Blanchard, 1975.

Collectif, *L'Idée de Monde et philosophie de la Nature*, Paris, Desclée de Brouwer, 1966.

Collectif, *Le Ciel dans l'histoire*, 8ᵉ semaine internationale de synthèse, Paris, 1940.

Collectif, *La Science au xviᵉ siècle*, Paris, Hermann, 1960.

Collier (K. B.), *Cosmogonies of our Fathers. Some Theories of the 17ᵗʰ & 18ᵗʰ Centuries*, New York, Columbia University Press, 1934.

Del Prete (A.), *Universo infinito e pluralità dei mondi, teorie cosmologiche in età moderna*, Napoli, La Città del Sole, 1998.

Dick (S. J.), *Plurality of Worlds : The Extraterrestrial Life Debate from Democritus to Kant*, New York, Cornell U.P., 1982 ; trad. fr. M. Rolland, Actes Sud, 1989.

Dreyer (J. L. E.), *A History of Astronomy from Thales to Kepler*, Cambridge, rééd. Dover, New York, 1953.

Dugas (R.), *Histoire de la mécanique*, Neuchâtel, Le Griffon, 1950.
–, *La Mécanique au xviiᵉ siècle*, Neuchâtel, Le Griffon, 1954.

Duhem (P.), *Le Système du monde*, tomes I à X, Paris, Hermann, 1913-1959.

–, Σώζειν τα φαινόμενα, *Essai sur la notion de théorie physique de Platon à Galilée*, 1908, rééd. Vrin, 1982.

EHRARD (J.), *L'Idée de nature en France à l'aube des Lumières*, Paris, Flammarion, 1970, rééd. Albin Michel, 1994.

FELLMAN (F.), *Scholastik und kosmologische Reform*, Münster, Aschendorff, 1971.

FUSIL (C.), *La Poésie scientifique de 1750 à nos jours*, Paris, éditions Scientifica, 1918.

GRANADA (M. A.), *Sfere solide e cielo fluido*, Milano, Guerini e Associati, 2002.

GRANT (E.), *A Source Book in Medieval Science*, Cambridge, Mass., Harvard University Press, 1974.
–, *Much ado about Nothing, Theories of Space and Vacuum from the Middle Ages to the Scientific Revolution*, Cambridge University Press, 1981.
–, *Planets, Stars, & Orbs. The Medieval Cosmos, 1200-1687*, Cambridge, CUP, 1996.

JOHNSON (F. R.), *Astronomical Thought in Renaissance England*, Baltimore, 1937.

KANITSCHEIDER (B.), *Kosmologie : Geschichte und Systematik in philoso-phischer Perspektive*, Reclam, 1984.

KOESTLER (A.), *Les Somnambules. Essai sur l'histoire des conceptions de l'univers*, trad. fr., Paris, Calmann-Lévy, 1960.

KOYRÉ (A.), *Du monde clos à l'univers infini*, Paris, Gallimard, rééd. Tel, 1988.
–, *Études galiléennes*, Paris, Hermann, 1966.
–, *La Révolution astronomique*, Paris, Hermann, 1961.
–, *Les Études newtoniennes*, Paris, Gallimard, 1968.
–, *Études d'histoire de la pensée scientifique*, Paris, Gallimard, 1973.
–, *Études d'histoire de la pensée philosophique*, Paris, Gallimard, 1971.

LASSWITZ (K.), *Geschichte der Atomistik von Mittelalter bis Newton*, Leipzig, 1890, 2 vol., rééd. Olms, Hildesheim, 1963.

LENOBLE (R.), *Histoire de l'idée de nature*, Paris, Albin Michel, 1969.
–, « L'Évolution de l'idée de nature du xviᵉ au xviiiᵉ siècle », in *RMM*, n° 1-2, 1953.

LERNER (M.-P.), *Le Monde des Sphères*, Paris, Les Belles Lettres, 1996, 2 vol.

LOVEJOY (A.), *The Great Chain of Being*, Cambridge Mass., 1936, New York, Harper, 1965⁶.

MAC COLLEY (G.), *The Seventeenth Century Doctrine of A Plurality Of Worlds*, Annals of Science, I, 1936, p. 385-430.

MC MULLIN (E.), « Is Philosophy Relevant to Cosmology ? », in *American Philosophical Quarterly*, 1981, 18, n° 3, p. 177-189.

MAIER (A.), *On the Threshold of Exact Sciences. Selected Writings of A. Maier on late Medieval Natural Philosophy*, Philadelphia, University of Pennsylvania Press, 1982.

MAILLARD (L.), *Quand la lumière fut*, 2 vol., Paris, PUF, 1922.

MASANI (A.), *Storia della cosmologia*, Roma, Editori riuniti, 1980.

MERLEAU-PONTY (J.), *Cosmologie du xxᵉ siècle*, Paris, Gallimard, 1965.

–, *La Science de l'Univers à l'âge du positivisme*, Paris, Vrin, 1983.

MERLEAU-PONTY (J.) & MORANDO (B.) *Les Trois Étapes de la cosmologie*, Paris, Laffont, 1971.

MORNET (D.), *Les Sciences de la nature au xviiiᵉ siècle*, Paris, Colin, 1911.

MOUY (P.), *Le Développement de la physique cartésienne 1646-1712*, Paris, Vrin, 1924.

MUGLER (C.), *Devenir cyclique et pluralité des mondes*, Paris, Klincksieck, 1953.

MUNITZ (M. K.), *Theories of the Universe from Babylonian Myth to Modern Science*, New York, 1957, rééd. Macmillan publishing, 1965.

NICOLSON (M. H.), *The Breaking of the Circle ; Studies in the Effect of the "new science" upon Seventeenth-century Poetry*, New York, Columbia University Press, 1950, 1960², 1962³.

PINTARD (R.), *Le Libertinage érudit dans la 1ʳᵉ moitié du xviiᵉ siècle*, Paris, Boivin, 1943.

POINCARÉ (H.), *Leçons sur les hypothèses cosmogoniques*, Paris, Hermann, 1913.

POULET (G.), *Les Métamorphoses du cercle*, Paris, Plon, 1961, rééd. Flammarion, coll. « Champs ».

REICHENBACH (H.), *Von Kopernikus bis Einstein : der Wandel unseres Weltbildes*, Berlin, Ullstein, 1927.

ROSSI (P.), *Aspetti della rivoluzione scientifica*, 1971 ; trad. fr., Paris, Seuil, 1999.

SAGERET (J.), *Le Système du monde des Chaldéens à Newton*, Paris, Alcan, 1913.
–, *Le Système du monde de Pythagore à Eddington*, Paris, Payot, 1931.

SCHMIDT (P.M.), *La Poésie scientifique en France au xviᵉ siècle*, Paris, 1938.

SELVAGGI (F.), *Filosofia del mondo. Cosmologia filosofica*, Roma, Università Gregoriana editrice, 1985.

THORNDIKE (L.), *The Sphere of Sacrobosco and its Commentators*, Chicago, University of Chicago Press, 1949.

TOCANNE (B.), *L'Idée de nature en France dans la seconde moitié du xviiᵉ siècle*, Paris, Klincksieck, 1978.

TOULMIN (S.) & GOODFIELD (J.), *Les Déchiffrements du ciel*, trad. fr., Paris, Buchet-Chastel, 1961.

TUZET (H.), *Le Cosmos et l'Imagination*, Paris, José Corti, 1965.

VERDET (J. P.), *Une histoire de l'astronomie*, Paris, Seuil, 1990.
–, *Astronomie & Astrophysique*, Paris, Larousse, 1993.

WESTMAN (R. S.), « Magical Reform and Astronomical Reform the Yates Thesis Reconsidered », in *Hermeticism and the Scientific Revolution*, Los Angeles, 1977, p. 1-91.

YOURGRAU (W.) & BRECK (A. D.), *Cosmology-History-Theology*, New York et Londres, Plenum Press, 1977.

IV. Bibliographie détaillée sur chaque chapitre

Chapitre I : Infinitisme et téléologie dans les cosmologies newtoniennes

A. NEWTON

a) Œuvres étudiées

Opera omnia Newtoni, éd. Horsley, Londres, 1779-1785, 5 vol. ; édition malheureusement incomplète ; rééd. fac-similé, Londres, Dawson, 1953.
De gravitatione et aequipondio fluidorum et solidorum in fluidis, trad. fr. M.-F. Biarnais, Paris, Les Belles Lettres, 1985.
Principia mathematica philosophiae naturalis (1687, 1714, et 1726), trad. fr. par Mme du Châtelet, Paris, 1759, rééd. Blanchard, 1964, 2 vol.
Opticks, 2ᵉ éd. angl. 1718, trad. fr. Coste, 1720, rééd. fac-similé, Paris, Gauthier-Villars, 1955.
The Correspondance of Isaac Newton, Cambridge, Cambridge University Press, 1959-1967, 4 vol.
Unpublished Scientific Papers of I. Newton, by R. Hall & M. B. Hall, Cambridge University Press, 1962.
La Méthode des fluxions et des suites infinies, trad. fr. Buffon, 1740, rééd. Paris, Blanchard, 1966.

b) Études consultées

BLAY (M.), *La Naissance de la mécanique analytique : la science du mouvement au tournant des XVIIᵉ et XVIIIᵉ siècles*, Paris, PUF, 1992.
BLOCH (L.), *La Philosophie de Newton*, Paris, 1908.
DUGAS (R.), *Histoire de la mécanique*, Neuchâtel, Le Griffon, 1950.

–, *La Mécanique au xvii⁰ siècle*, Neuchâtel, Le Griffon, 1954.

HERIVEL (J.), *The Background to Newton's Principia*, Oxford, Clarendon Press, 1965.

KOYRÉ (A.), *Les Études newtoniennes*, Paris, Gallimard, 1968.

MOUY (P.), *Le Développement de la physique cartésienne (1646-1712)*, Paris, Vrin, 1934.

WESTFALL (R. S.), *Never at Rest. A Biography of I. Newton*, Cambridge, 1980.

B. CLARKE

a) Œuvres étudiées

The Works of Samuel Clarke, John Clarke éd., 4 vol., London, 1738.
Œuvres particulières
The Being and Attributes of God, 1704.
A Discourse Concerning Natural Religion, 1705.
Traduction française des deux précédents : *Traité de l'existence et des attributs de Dieu* et *Discours sur les devoirs immuables de la religion naturelle*, in *Œuvres philosophiques de S. Clarke*, par Amédée Jacques, Paris, Charpentier, 1843.
Correspondance Leibniz-Clarke, 1715-1716, traduction et présentation par A. Robinet, Paris, PUF, 1957.

b) Études consultées

GAY (J.), « Matter and Freedom in the Thought of S. Clarke », in *Journal of the History of Ideas*, 1963.

HOADLY (B.), *Some Account of the Life, Writings and Character of S. Clarke*, in Préface au t. 1 de l'éd. en 4 vol., London, 1738.

KOYRÉ (A.), *Du monde clos à l'univers infini*, ch. XI, 1957, trad. fr. 1962, rééd. Gallimard, 1988.

RODNEY (J. M.), « Samuel Clarke and the Acceptance of Newtonian Thought », in *Research Studies*, 1968.

C. TOLAND

a) Œuvres étudiées

Pantheisticon, Cosmopoli, 1720, éd. critique de Iofrida (M.) et Nicastro (O.), Libreria Testi Universitari, Pisa, 1984.

A Collection of Sevral Pieces of Mr. John Toland, London, 1726, 2 vol., rééd. Garland, New York & London, 1977.

Letters to Serena, London, 1704, rééd. Frommann, 1964.

b) Études consultées

AQUILECCHIA (G.), « Nota su John Toland traduttore di G. Bruno », in *English Miscellany*, IX, 1958, p. 77-86.

CARABELLI (G.), « J. Toland e G. W. Leibniz otto lettere », in *Rivista critica di storia della filosofia*, XXIX, 1974, p. 412-431.

–, *Materiali bibliografici su J. Toland*, Ferrare, 1976 ; 1978.

DANIEL (S. H.), *J. Toland, his Methods, Manners and Minds*, Montreal, Mac Gill-Queen's University Press, 1984.

GIUNTINI (C.), *Panteismo e ideologia repubblicana*, Bologna, Il Mulino, 1979.

IOFRIDA (M.), *La Filosofia di J. Toland*, Milano, Angeli, 1983.

D. BUFFON

a) Œuvres étudiées

Histoire et théorie de la Terre, Second Discours, 1744, 1re édition, 1749.

Les Époques de la Nature, Paris, 1778.

« Mémoire sur les fusées volantes », 1740, rééd. Lesley Hanks, in *Revue d'histoire des sciences*, T. XIV, n° 2, avril-juin 1961, p. 143-152.

b) Études consultées

HANKS (L.), *Buffon avant l'*Histoire naturelle, Paris, PUF, 1966.

ROGER (J.), *Les Sciences de la vie dans la pensée française du XVIIIe siècle*, Paris, Colin, 1963.

Chapitre II : Remise en cause de l'infinitisme dans les théories de la connaissance

A. DES PARADOXES DE ZÉNON AUX ANTINOMIES DE L'INFINI

1) BAYLE

a) Œuvres étudiées

Dictionnaire historique et critique, 1re éd., Rotterdam, 1696 ; 1702^2 ; 1720^3.

b) Études consultées

LABROUSSE (E.), *Pierre Bayle et l'instrument critique*, Paris, 1965.

–, *Pierre Bayle*, La Haye, 1964-1965, 2 vol.

2) Collier

a) Œuvres étudiées

Clavis universalis, or a New Inquiry after Truth being a Demonstration of the Non-Existence, or Impossibility of an External World, London, 1713 ; rééd. in *Metaphysical Tracts by English Philosophers of the Eighteenth Century*, London, 1837.

b) Études consultées

Vleeshauwer (J. H. De), *Les Antinomies kantiennes et la* Clavis universalis *d'Arthur Collier*, in Mind, vol. 47, 1938, p. 303-320.

B. L'analyse critique des empiristes : Bacon, Hobbes, Locke, Berkeley et Hume

1) Bacon

a) Œuvres étudiées

Novum organum, 1620, trad. fr. Malherbe & Pousseur, Paris, PUF, 1986.

b) Études consultées

Rossi (P.), *Francesco Bacone Dalla Magia alla Scienza*, Bari, 1957.

2) Hobbes

a) Œuvres étudiées

De corpore, 1655, éd. Molesworth, Londres, 1839-1845, t. I.
Critique du De mundo *de Thomas White*, trad. fr., Paris, Vrin, 1973.

b) Études consultées

Bernhardt (J.), *Hobbes*, Paris, PUF, 1989.
Brandt (F.), *Thomas Hobbes' Mechanical Conception of Nature*, London, 1928.
Malherbe (M.), *Hobbes*, Paris, 1984.
Zarka (Y. C.), *La Décision métaphysique de Hobbes*, Paris, 1987.

3) Locke

a) Œuvres étudiées

An Essay Concerning Human Understanding, London, 1690[1], trad. fr. par Pierre Coste d'après la 4e éd. de 1700, Amsterdam, 1700, rééd. par E. Naert, Paris, Vrin, 1972.

b) Études consultées

DUCHESNEAU (F.), *L'Empirisme de Locke*, Martinus Nijhoff, La Haye, 1973.
WOOLHOUSE (R. S.), *Locke's Philosophy of Science and Knowledge*, Oxford, 1971.

4) BERKELEY

a) Œuvres étudiées

Philosophical Commentaries, trad. fr. in *Œuvres philosophiques*, éd. G. Brykman, Paris, PUF, 1985, t. I.
Of Infinites, Dublin, 1707, éd. Jessop, Vol. IV, p. 235-238 ; éd. G. Brykman, Paris, PUF, 1985, t. I.
A Treatise Concerning the Principles of Human Knowledge, 1710, rééd. 1734, trad. fr. in éd. G. Brykman, Paris, PUF, 1985, t. I.
The Analyst, Dublin-Londres, 1734, *Œuvres philosophiques*, éd. Brykman, Paris, PUF, 1987, t. II.
Siris : a Chain of Philosophical Reflections and Enquiries Concerning the Virtues of Tar-water, Dublin et Londres, 1744 ; rééd. de l'original, Paris, Vrin, 1973 ; trad. fr. Pierre Dubois, Paris, Vrin, 1971.

b) Études consultées

BLAY (M.), *Deux moments dans la critique du calcul infinitésimal : George Berkeley et Michel Rolle*, in Revue d'Histoire des Sciences, 1986.
BRYKMAN (G.), *Philosophie et Apologétique*, Paris, Vrin, 1984.
LEROY (A.-L.), *George Berkeley*, Paris, PUF, 1959.

5) HUME

a) Œuvres étudiées

A Treatise of Human Nature, London, 1739-1740.
Philosophical Essays Concerning Human Understanding, London, 1748 ; rééd. 1751.
Dialogues Concerning Natural Religion, 1779, trad. anonyme du XVIIIe siècle, Paris, Hatier, 1982.
The Natural History of Religion, 1757, trad. fr. Malherbe, Paris, Vrin, 1971.

b) Études consultées

AYER (A. J.), *Hume*, Oxford, 1980.
LEROY (A.-L.), *D. Hume*, Paris, PUF, 1953.
MALHERBE (M.), *La Philosophie empiriste de David Hume*, Paris, Vrin, 1984.
MICHAUD (Y.), *Hume et la fin de la philosophie*, Paris, PUF, 1983.

C. Critique métaphysique de l'idée
d'un « infini actuel créé » en Allemagne
de Wolff à Weitenkampf

1) Wolff et Baumgarten

a) Œuvres étudiées

BAUMGARTEN, *Metaphysica*, 1739 et 1757, rééd. Olms, Hildesheim, 1982.

KNUTZEN (M.), *Dissertatio metaphysica de aeternitate mundi impossibili*, 1734.

WEITENKAMPF (J. F.), *Gedanken über wichtige Wahrheiten aus der Vernunft und Religion*, Braunschweig et Hildesheim, 3 vol. 1753-1755, t. II, 1754, *Gedanken über die Frage ob das Weltgebäude Grenzen habe ?*, § 9-26.

–, *Lehrgebäude vom Untergange der Erden*, Braunschweig et Hildesheim, 1754.

WOLFF, *Vernünftige Gedanken von Gott, der Welt und der Seele des Menschen*, Francfort et Leipzig, 1719.

–, *Cosmologia generalis, methodo scientifica pertracta, qua ad solidam, imprimis Dei atque naturae, cognitionem via sternitur*, Francfort et Leipzig, 1731, 2ᵉ éd. 1737 ; rééd. Olms, Hildesheim, 1964.

–, *Philosophia prima sive Ontologia*, 1730, 1736 ; rééd. Olms, Hildesheim, 1962.

b) Études consultées

BIEMA (E. VAN), *Martin Knutzen : la critique de l'Harmonie préétablie*, Paris, Alcan, 1908.

CASULA (M.), *La Metafisica di A. G. Baumgarten*, Milano, 1973.

COLLECTIF, *La Spécificité des « Lumières » allemandes : Aufklärung* I et II, in *Archives de philosophie*, t. 42, cahier 3 (juil.-sept. 1979) et cahier 4 (oct.-déc. 1979).

ÉCOLE (J.), *Introduction à l'*Opus metaphysicum *de Christian Wolff*, Paris, Vrin, 1985.

ERDMANN (B.), *Martin Knutzen und seine Zeit*, Leipzig, 1876.

Chapitre III : L'Univers infini
des écrits précritiques de Kant

A. L'ENGAGEMENT INFINITISTE DU KANT PRÉCRITIQUE DANS SON *HISTOIRE GÉNÉRALE DE LA NATURE ET THÉORIE DU CIEL* (1755)

a) Œuvres précritiques de Kant concernées

Untersuchung der Frage, ob die Erde in ihrer Umdrehung um die Achse, [...] einige Veränderung seit den ersten Zeiten ihres Ursprungs erlitten habe, 1754, Ak I, 183-192.

Die Frage, ob die Erde veralte, physikalisch erwogen, 1754, Ak I, 193-214.

Allgemeine Naturgeschichte und Theorie des Himmels oder Versuch von der Verfassung und dem mechanischen Ursprunge des ganzen Weltgebäudes, nach Newtonischen Grundsätzen abgehandelt, 1755, Ak I, 215-368.

Meditationum quarundam de igne succinta delineatio, 1755, Ak I, 369-384.

Der einzig mögliche Beweisgrund zu einer Demonstration des Daseins Gottes, 1763, Ak II, p. 63-163.

Traductions françaises :

Histoire générale de la nature et théorie du ciel, trad. fr. Roviello, Paris, Vrin, 1984.

Brève Esquisse de quelques méditations sur le feu, traduction française inédite, J. Seidengart, 1982.

Monadologie physique, in *Quelques opuscules précritiques,* trad. Zac, Paris, Vrin, 1970.

L'Unique fondement possible d'une démonstration de l'existence de Dieu, trad. Zac, in KANT, *Œuvres philosophiques,* Paris, Gallimard, Pléiade, t. 1, p. 303-435, 1980.

b) Études consultées

ADICKES (E.), *Kant als Naturforscher,* Berlin, 1924-1925, 2 vol.

ARANA (J.), *Ciencia y metafisica en el Kant precritico,* Séville, 1982.

BAASNER (R.), *Das Lob der Sternkunst. Astronomie in der deutschen Aufklärung,* Vandenhoeck & Ruprecht, Göttingen, 1987.

BROWN (B.), *Copernican Revolution. An Examination of the Significance of the Term in Assessing Kant's Relation to his Predecessors and his Own Early Writings,* PHD, Cambridge (G.-B.), 1979.

Busco (P.), *Kant et Laplace*, in *Revue philosophique*, t. XCIX, juil.-déc. 1925, p. 233-279.

Eberhardt (G.), *Die Cosmogonie von Kant*, Wien, chez W. Frick, 1893.

Faye (H.), *Sur l'origine du Monde*, Paris, Gauthier-Villars, 1884, 4ᵉ éd. 1907.

Hamel (J.), *I. Kants Entwicklungsgedanke in der Kosmogonie*, Mémoire in *Rostcker Universitätsreden*, Rostock, 1974 ; repris comme postface à son édition de *Allgemeine Naturgeschichte und Theorie des Himmels*, in *Ostwalds Klassiker*, Frankfurt am Main, 2007, p. 147-210.

Hastie (W.), *Kant's Cosmogony*, Glasgow, 1900.

Hoskin (M.), « The Cosmology of Thomas Wright of Durham », in *Journal for History of Astronomy*, vol. 1, 1970.

Jones (K.G.), « The Observational Basis for Kant's Cosmogony, a Critical Analysis », in *Journal for History of Astronomy*, vol. 2, 1971.

Kerszberg (P.), « Le problème cosmologique dans la "Théorie du ciel" de Kant », in *Revue philos. de Louvain*, 1978.

Klaus (G.), « Kants "Allgemeine Naturgeschichte und das moderne Weltbild", in *Deutsche Zeitschrift für Philosophie*, 1954.

Laberge (P.), « La physicothéologie de l'"Allgemeine Naturgeschichte und Theorie des Himmels" », in *Revue philosophique de Louvain*, t. 70, 4ᵉ série n° 8, nov. 1972.

–, *La Théologie kantienne précritique*, Ottawa, 1973.

Ley (H.), « Kants Entwurf einer Naturgeschichte und Theorie des Himmels », in *Zum Kantverständnis unserer Zeit*, Berlin, 1975.

Ley (W.), *Kant's Cosmogony*, Introduction, New York, 1968.

Mansion (P.), « De la suprême importance des mathématiques en cosmologie à propos de Kant », in *Revue philosophique de Louvain*, 1920.

Marty (F.), *La Naissance de la métaphysique chez Kant*, I, ch. 1, Paris, Beauchesne, 1980.

Milhaud (G.), *Kant comme savant*, in *Revue philosophique*, n° 5, mai 1895.

Nolen (D.), *Les Maîtres de Kant*, in *Revue philosophique*, VII et VIII, 1879.

Paneth (F.), « Die Erkenntnis des Weltbaus durch Thomas Wright und I. Kant », in *Kant-Studien*, (47), 1955-1956.

Poincaré (H.), *Leçons sur les hypothèses cosmogoniques*, Paris, 1913².

Polonoff (I.), « Newtonianism in Kant's Cosmogony », in *Proc. of 10th int. Congr. Hist. Sci.* (Ithaca), Paris, 1964.

–, « Force, Cosmos, Monads and other Themes of Kant's Early Thought », in *Kant-Studien, Ergänzungshefte*, (107), Bonn, 1973.

Redmann (H. G.), *Gott und Welt. Die Schöpfungstheorie der vorkritischen Periode Kants*, Göttingen, 1962.

Schaffer (S.), « The Phoenix of Nature, Fire and Evolutionary Cosmology in Wright and Kant », in *Journal for History of Astronomy*, vol. 9, part 3, oct. 1978.

Schneider (F.), « *Kants "Allgemeine Naturgeschichte" und ihre philosophische Bedeutung* », in *Kant-Studien*, (57), 1966.

Tonelli (G.), « La polemica kantiana contra la teologia cosmologica », *1754-1756*, in *Filosofia*, Torino, (9), 1958.

–, *Elementi metodologici e metafisici in Kant dal 1745 al 1768*, Torino, 1959.

–, « Les bornes de l'entendement humain au xviiie siècle et le problème de l'Infini », in *Revue de métaphysique et de morale*, n° 4, 1959.

Veronnet (A.), *Les Hypothèses cosmogoniques modernes*, Paris, 1914, Hermann.

Vuillemin (J.), *Physique et Métaphysique kantiennes*, Paris, PUF, 1955.

Waschkies (H. J.), *Physik und Physikotheologie des jungen Kant*, Amsterdam, Grüner, 1987.

Whitrow (G. J.), « Kant's Cosmogony, a New Introduction », in *Sources of science*, n° 133, New York-London, Johnson Reprint, 1970.

Wolf (C.), *Les Hypothèses cosmogoniques. Examen des théories scientifiques sur l'origine des mondes*, Paris, 1886.

B. L'HYPOTHÈSE COSMOLOGIQUE DANS LA PHYSICO-THÉOLOGIE DU *BEWEISGRUND* (1763) OU L'EFFACEMENT DE L'INFINITÉ COSMIQUE DEVANT L'INFINITÉ DIVINE

a) Œuvres étudiées

De l'unique fondement d'une preuve < Beweisgrund > de l'existence de Dieu, (1763), trad. Zac in Kant, *Œuvres philosophiques*, Paris, Pléiade, 1980, t. 1.

b) Études consultées

Laberge (P.), *La Théologie kantienne précritique*, Ottawa, 1973.

Redmann (H.), *Die Schöpfungstheologie der vorkritischen Periode Kants*, Göttingen, Vandenhoeck und Ruprecht, 1962.

C. LES AVATARS DU CONCEPT D'ESPACE ET DE SON INFINITÉ JUSQU'À LA *DISSERTATION DE 1770*

a) Œuvres étudiées

Du premier fondement de la différence des régions dans l'espace, 1768, trad. Zac, in *Quelques opuscules précritiques*, Paris, Vrin, 1970.

Le Manuscrit de Duisbourg (1774-1775), trad. Chenet, Paris, Vrin, 1988.
La Correspondance de Kant, in Ak X-XI-XII-XIII, et trad. fr. Paris, Gallimard, 1991.

b) Études consultées

CASSIRER (E.), *Das Erkenntnisproblem*, t. II, Berlin, 1907.
PHILONENKO (A.), *L'Œuvre de Kant*, vol. 1, Vrin, 1969.
ROBINSON (L.), « Contributions à l'histoire de l'évolution philosophique de Kant », in *Revue de métaphysique et de morale*, 31ᵉ année, 1924, N° 2, avril-juin, p. 269-353.
VLEESCHAUWER (J. H. DE), *L'Évolution de la pensée kantienne*, Paris, Alcan, 1939.

D. LA QUESTION ÉMINENTE DE L'INFINITÉ COSMIQUE DANS LA *DISSERTATION INAUGURALE*

a) Œuvres étudiées

La Dissertation de 1770, trad. Mouy, rééd. Paris, Vrin, 1976 ; et trad. Alquié in Pléiade, 1980, t. 1.

b) Études consultées

GUEROULT (M.), *La Dissertation kantienne de 1770*, in Archives de philosophie, 1978, p. 3-25.
THEIS (R.), « Le silence de Kant, étude sur l'évolution de la pensée kantienne entre 1770 et 1781 », in *RMM*, 1982, n° 2, p. 200-239.

Chapitre IV : L'Univers infini en question dans l'œuvre critique de Kant

A. LE PROBLÈME COSMOLOGIQUE DE L'INFINI À L'ORIGINE DE L'IDÉALISME TRANSCENDANTAL

a) Œuvres étudiées

Kants Werke, Akademie Textausgabe, Walter de Gruyter, édition de l'Académie de Berlin, 1968, 28 vol.
Traductions des œuvres de Kant in *Œuvres philosophiques*, Gallimard, Pléiade, 3 vol.

b) Études consultées

CASSIRER (E.), *Das Erkenntnisproblem*, t. II, Berlin, 1907.

MARTI (F.), *Der Begriff des Unendlichen bei Kant*, Berne, 1922-1923.

PHILONENKO (A.), *L'Œuvre de Kant*, vol. 1, Vrin, 1969.

ROBINSON (L.), « Contributions à l'histoire de l'évolution philosophique de Kant », in *Revue de métaphysique et de morale*, 31ᵉ année, 1924, N° 2, avril-juin, p. 269-353.

RÖD (W.), « Le problème de l'infini dans le développement de la pensée critique de Kant », in COLLECTIF, *Infini des mathématiciens, Infini des philosophes*, Paris, Belin, 1992, p. 159-174.

TONELLI (G.), « La question des bornes de l'entendement humain au XVIIIᵉ siècle et la genèse du criticisme kantien, particulièrement au problème de l'infini », in *RMM*, 1959, n° 4, p. 396-427.

VLEESCHAUWER (J. H. DE), *L'Évolution de la pensée kantienne*, Paris, Alcan, 1939.

B. L'INFINITÉ DE L'ESPACE ET DU TEMPS
DANS L'*ESTHÉTIQUE TRANSCENDANTALE*

Études consultées

HAVET (J.), *Kant et le problème du temps*, Paris, 1946.

MARTI (F.), *Der Begriff des Unendlichen bei Kant*, Berne, 1922-1923.

NABERT (J.), « L'expérience interne chez Kant », in *RMM* 1924, 31ᵉ année, n° 2, avril-juin, p. 205-268.

SERRUS (C.), *L'Esthétique transcendantale de Kant et la science moderne*, Paris, 1930.

VAN BIEMA (E.), *L'Espace et le temps chez Leibniz et chez Kant*, Paris, Alcan, 1908.

C. LA DIALECTIQUE DU FINI ET DE L'INFINI
DANS L'IDÉE COSMOLOGIQUE
DE LA PREMIÈRE ANTINOMIE DE LA RAISON PURE

a) Œuvres étudiées

Critique de la raison pure, 1781/1787.

Prolégomènes à toute métaphysique future, 1783.

b) Études consultées

ALQUIÉ (F.), *La Critique kantienne de la métaphysique*, PUF, 1968.

BRUNSCHVICG (L.), « La technique des antinomies kantiennes », in *Écrits philosophiques*, I, Puf, 1951, p. 271-292.

Cassirer (E.), *Das Erkenntnisproblem*, 1922[3], t. II, livre VII.

Couturat (L.), « La philosophie des mathématiques de Kant », in *RMM*, 1904, p. 321-383.

–, « Les antinomies de Kant », in *De l'infini mathématique*, Paris, 1896, rééd. Blanchard, 1973, livre IV, chap. IV, p. 567-581.

Évellin (F.), « La dialectique des antinomies kantiennes », in *Revue de métaphysique et de morale*, Paris, 1902, n° 3, p. 294-324.

–, *La Raison pure et les antinomies*, Paris, Alcan, 1907.

Ferrari (J.), *Les Sources françaises de la philosophie de Kant*, Paris, Klincksieck, 1979.

Geissler (K.), « Kants Antinomien und das Wesen des Unendlichen », in *Kant-Studien*, 1910, 15, p. 195-232.

Heimsoeth (H.), *Zeitliche Weltunendlichkeit und das Problem des Anfangs*, Köln, 1961.

Hinske (N.), « Kants Begriff der Antinomie und die Etappen seiner Ausarbeitung », in *Kant-Studien*, 56 (3-4), 1965, p. 485-496.

–, *Kants Begriff der Antithetik und seine Herkunft aus der protestantischen Kontroverstheologie des 17. Und 18. Jahrhunderts. Über eine unbemerkt gebiebene Quelle der kantischen Antinomienlehre*, in Archiv für Begriffsgeschichte, 16, 1972, p. 48-59.

Krauser (P.), « The First Antinomy of Rational Cosmology and Kant's Three Kinds of Infinities », in *Philosophia naturalis*, 1982, 19, n° 12, p. 83-93.

Mathieu (V.), *Dialettica trascendentale e mente finita*, in Filosofia, 1959, p. 17-31.

Merleau-Ponty (J.), *La Science de l'Univers à l'âge du positivisme*, Paris, Vrin, 1983, chap. 5, p. 255-273.

Parsons (C.), « Infinity and Kant's Conception on the "possibility of experience" », in *Philosophical Review*, 1964, p. 182-197.

Rauschenberger, *Die Antinomien Kants*, in Archiv f. Gesch. d. Philos., 1923, t. XXXVI.

Toll (C.), « Die erste Antinomie Kants und der Pantheismus », in *Kant-Studien*, 1910, 18 (Ergänzungsheft).

Trotignon (P.), « Les antinomies de la raison pure et le problème de la réflexion », in *Revue de l'ens. philosophique*, 1964.

Vleeschauwer (J. H. de), « Les antinomies kantiennes et la *Clavis universalis* d'Arthur Collier », in *Mind*, vol. 47, 1938, p. 303-320.

Wundt (W.), « Kants kosmologische Antinomien », in *Philosoph. Stud.*, t. II, 1885, p. 495-538.

D. Considérations cosmologiques de Kant dans ses écrits sur les sciences de la nature (1785-1786)

a) Œuvres étudiées

Über die Vulkane im Monde, in Berlinische Monatschrift, 1785, Ak VIII, p. 67-76.
Premiers Principes métaphysiques de la science de la nature, 1785-1786.

b) Études consultées

Andler (C.), Introduction aux *Premiers Principes métaphysiques de la science de la nature*, Paris, 1891, p. I-CXXX.
Reinhardt (O.) & Oldroyd (D. R.), « Kant's Theory of Earthquakes and Volcanic Action », in *Annals of Sciences*, 1983, 40, n° 3, p. 247-272.
Vuillemin (J.), *Physique et métaphysique kantiennes*, Paris, PUF, 1955.

E. L'immensité du « ciel étoilé » comme symbole d'une grandeur illimitée

a) Œuvres étudiées

Fondements de la métaphysique des mœurs, trad. fr. in Pléiade t. 2.
Critique de la raison pratique, trad. fr. in Pléiade t. 2.
Critique de la faculté de juger, trad. fr. in Pléiade t. 2.

b) Études consultées

Delbos (V.), *La Philosophie pratique de Kant*, PUF, rééd. 1980.
Guillermit (L.), *Commentaire de la critique du jugement*, éd. du CNRS, 1988.

F. Le retour de Kant à la « cosmothéologie » infinitiste dans son *Opus postumum*

a) Œuvres étudiées

Opus postumum, Ak XXI-XXII ; trad. fr. partielle F. Marty, Paris, PUF, 1986.

b) Études consultées

Daval (R.), *La Métaphysique de Kant*, Paris, PUF, 1951.
Debru (C.), *L'Introduction du concept d'organisme dans la philosophie kantienne (1790-1803)*, in Archives de philosophie, 1980, 43, p. 487-514.

Dussort (H.), « Kant et la chimie », in *Revue philosophique*, 1956, p. 392-397.

Riese (W.), « Sur la théorie de l'organisme dans l'*Opus postumum* de Kant », in *Revue philosophique*, 1965, t. CLV, p. 327-333.

Chapitre V : Le retrait silencieux de l'infinitisme à l'aube des cosmologies scientifiques : Laplace, Herschel et Olbers

a) Œuvres étudiées

Laplace (P. S.), *Exposition du système du monde*, 1796[1] (an IV), 2 vol. ; 1799[2] (an VII), 1 vol. ; 1808[3], 1 vol. ; 1813[4], 1 vol. ; 1824[5], 1 vol. ; pseudo-6ᵉ édition, imprimée par De Vroom, Bruxelles, 1826-1827 ; 1835[6], 1 vol. ; rééd. Paris, Fayard, 1984.

–, *Essai philosophique sur les probabilités*, Paris, 1814, rééd. Gauthier-Villars, 1921, t. 1.

Herschel (W.), *Philosophical Transactions*, 1811.

b) Études consultées

Andoyer (H.), in *L'Œuvre scientifique de Laplace*, Paris, Payot, 1922.

Crosland (M.), *The Society of Arcueil*, Heinemann, 1967.

Hahn (R.), *Laplace as a Newtonian Scientist*, Los Angeles, 1967.

Hoskin (M.), *W. Herschel and the Construction of the Heavens*, Londres, Oldbourne Book, 1963.

Jaki (S. L.), « The Five Forms of Laplace's Cosmogony », in *American Journal of Physics*, 44, 1976, p. 4-11.

–, *Planets and Planeterians*, Edinburgh, Scottish Academic Press, 1978, p. 122-134.

Merleau-Ponty (J.), « Situation et rôle de l'hypothèse cosmogonique dans la pensée cosmologique de Laplace », in *Revue d'histoire des sciences*, t. XXIX, n° 1, janvier 1976, p. 20-49.

–, « Laplace, un héros de la science "normale" », in *La Recherche*, n° 98, mars 1979, p. 251-258.

Index des noms

Table des matières

COLLECTION « L'ÂNE D'OR »

Composition et mise en pages
Nord Compo à Villeneuve-d'Ascq

Cet ouvrage,
le soixante-septième
de la collection « L'Âne d'or »
publié aux Éditions Les Belles Lettres
a été achevé d'imprimer
en janvier 2020
par la Manufacture imprimeur
52200 Langres, France

N° d'éditeur : 9547
N° d'imprimeur : 200011
Dépôt légal : février 2020